Library of
Davidson College

Joseph Fourier   1768–1830

The MIT Press   Cambridge, Massachusetts, and London, England

Joseph Fourier   1768–1830

A survey of his life and work, based on a critical edition
of his monograph on the propagation of heat,
presented to the Institut de France in 1807.

I. Grattan-Guinness

in collaboration with J. R. Ravetz

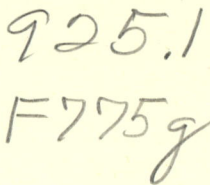

Copyright © 1972 by
The Massachusetts Institute of Technology

This book was designed by The MIT Press Design Department.
It was set in Linofilm Baskerville
by Viscom International, Inc.,
printed by The Colonial Press Inc.,
and bound by The Colonial Press Inc.
in the United States of America.

All rights reserved. No part of this book may be reproduced in any form or by any means, electronic or mechanical, including photocopying, recording, or by any information storage and retrieval system, without permission in writing from the publisher.

Library of Congress Cataloging in Publication Data

Grattan-Guinness, I
    Joseph Fourier, 1768–1830; a survey of his life and work.
    Includes Fourier's original unpublished text of 1807 with title: Théorie de la propagation de la chaleur dans les solides. The first separately published version appeared in 1822 under title: Théorie analytique de la chaleur.
    Bibliography: p. 491.
    1. Fourier, Jean Baptiste Joseph, baron, 1768–1830. 2. Heat. I. Fourier, Jean Baptiste Joseph, baron, 1768–1830. Théorie analytique de la chaleur. 1972.

QA29.F68G7   75-5768   510'.924[B]   76-128538
ISBN 0-262-07041-3

	Introduction	vii
	Acknowledgments	xi
	Abbreviations of Titles of Key Works by Fourier	xii
1	Twin Careers: Public Servant and Mathematician	1
2	Editing Fourier's Manuscript	26
3	First Steps: Heat Diffusion between Disjoint Bodies	36
4	Heat Diffusion in Continuous Bodies: A Clue from Biot	83
5	Heat Diffusion in Continuous Bodies: The Appearance of Partial Differential Equations	109
6	Progress with the Lamina: Separation of the Variables and the Appearance of Infinite Trigonometric Series	131
7	The Fourier Coefficients for Particular Series and the Convergence Problem	146
8	The Special Solution for the Lamina	174
9	Sine and Cosine Series for an Arbitrary Function	187
10	Fourier's Reflections on the Vibrating String Problem	243
11	Solution for the Annulus: The Full Fourier Series for an Arbitrary Function	254
12	Fourier's Reflections on His n-Body Analysis	282
13	Progress with the Sphere: A New Problem from External Heat Diffusion	289
14	Solution for the Sphere: "Nonharmonic" Series Solutions	305

15	Progress with the Cylinder: The Use of the Theory of Equations	332
16	Solution for the Cylinder: The Appearance of Transcendental Functions	342
17	A New Diffusion Problem for the Sphere	378
18	Steady-State Diffusion in the Rectangular Prism	389
19	Time-Dependent Diffusion in the Cube	407
20	Fourier's Experimental Work	421
21	Scientific Progress and Political Difficulties	441
22	Paris: The Final Years	460

	Bibliography	491
Section 1	Fourier's Publications.	491
Section 2	Main Sources of Scientific Manuscript.	496
Section 3	Principal Writings on Fourier's Life and Work.	498

Plate 1	Engraving by Dutertre of Fourier, about 1800.	503
Plate 2	Bas-relief of Fourier delivering the *éloge* of Kléber in Egypt in 1800.	504
Plate 3	Bas-relief of Fourier inspecting the marshes at Bourgoin during the 1800s.	505
Plate 4	Engraving by Boilly of Fourier, 1823.	506

	Name Index	507
	Subject Index	509

Introduction

The core of this book is the text (here published for the first time) of a monograph submitted by Joseph Fourier (1768–1830) to the Institut de France in Paris on 21 December 1807. The paper dealt with the diffusion, or propagation, of heat in continuous bodies; but the results which Fourier found had implications far beyond their immediate terms of reference, and their importance can be seen as threefold:

    1. The problem itself lay outside the scope of rational and celestial mechanics which had been dominant in science since Newton's time. Hence Fourier's achievements constituted a major extension of mathematical physics.

    2. By Fourier's time, the mathematical analysis of physical problems was largely based on the construction of a partial differential equation representing the phenomena under investigation together with initial and boundary conditions. Fourier enriched and modified this procedure in a variety of ways that have been important ever since. Firstly, he distinguished between two kinds of physical behavior—action at an "interior" point and action on a "surface" boundary of the material involved—and formulated separate equations for them. Secondly, he expressed these equations in a coordinate system appropriate to the geometrical and physical symmetry of the problem at hand, which would, when solved, give a general solution for the type of physical problem represented. Thirdly, he added to the interior and surface equations explicit statements of initial conditions which would allow the calculation of the unknown constants of the solution and hence give a complete description of the phenomenon under analysis capable of explicit calculation and thus of experimental test.

    3. In the course of solving the equations, Fourier developed a whole new range of mathematical techniques; they would not have arisen otherwise and they derived their significance from their application to these physical problems. By concentrating on linear partial differential equations and using the technique of "separating the variables" to develop an infinite series solution form for the interior diffusion equation, he developed methods of solution of a wide class of

equations where few had existed before. The separation of variables extended the potential of the separate equation for surface diffusion, for that equation could then be applied only to the functions of the variables involved in the surface state; and it also simplified the distinction between the general time-dependent phenomena and a steady-state situation. The linearity of the partial differential equation permitted the superposition of simple solutions; they were, for Fourier, a matter of physical reality as well of mathematical technique and led to the true "boundary-value" situation, where the determination of the constants of the general solution could be neatly formulated as a mathematical problem: set time equal to zero and equate the resulting series expression to the function representing the initial condition. The solution of this type of problem led in the 1807 manuscript to "Fourier series" and series of transcendental functions, and later to the "Fourier integral" and to operator calculus methods. Without the background of the physical phenomenon, these questions would have remained mathematical curiosities; but in Fourier's work, advances in mathematical physics and advances in mathematical analysis were intimately connected, providing mutual stimulus and reinforcement.

Fourier did not come to all these new developments at once: in fact, he began with a well-known eighteenth century approach of an n-body model to analyze the diffusion between disjoint bodies. For various reasons the analysis was unsuccessful, and so he started afresh on continuous bodies, forming the equations involved for the bar, lamina, annulus, sphere, cylinder, prism, and cube, and developing his new mathematical techniques in the course of the various solutions. Then he devised experiments to test various of his theoretical results. His 1807 paper followed the chronology of his discoveries, beginning with the analysis of the disjoint bodies, proceeding to the formation of the partial differential equations and their solution, and concluding with a section on his experimental findings. The paper caused great controversy among the examiners, mainly because of the surprising character of some of its mathematical results. Fourier sent in papers in 1808 and 1809 to meet criticisms, and eventually a prize problem on heat diffusion was proposed by the Institut de France for January 1812, to which he submitted

Introduction

a considerably revised and extended version of the 1807 paper in 1811. It won the prize; but publication was still delayed. So he began a third version of his work in the form of a book, which eventually appeared as *Théorie analytique de la chaleur* in 1822. The prize paper also appeared — unchanged — in two parts, in the *Mémoires de l'Académie Royale des Sciences de l'Institut de France*, in 1824 and 1826. But the 1807 paper disappeared after Fourier's death in 1830 until it was found by Gaston Darboux (1842–1917) in the library of the Ecole Nationale des Ponts et Chaussées in Paris during the late 1880s while he was preparing his edition of Fourier's works. On his death Fourier's papers were passed to his friend Claude Louis Marie Henri Navier (1785–1836), and Darboux announced in his edition that this fact had led him to think that maybe Fourier's paper was in the library of the institution in which Navier had made his career;[1] and now, over 160 years after its original submission, it makes its first appearance.

The paper is Fourier's masterpiece: the problems, and the consequences of their solutions, in it dominated his scientific effort, while the circumstances of the preparation and publication of its successors encompassed most of his career. Our method of presentation of the paper is to divide it in sections by the sequence of problems of which it is composed and to introduce and, where necessary, close each section with descriptive commentary relevant to later work on it (especially the papers submitted to the Institut de France by Fourier in 1808 and 1809). In addition, one opening and two concluding chapters survey both his other scientific interests and also his eventful life outside science. Our aim is not in any way to give an exhaustive study of Fourier's life and work, but rather to offer the first glimpses into the rich and exciting world of his thought and character, and thence to the activity of the period to which he made so many important contributions. In order to point the way to further possibilities of research, we conclude with a three-part bibliography listing Fourier's publications, the principal locations of his scientific manuscripts, and the

---

[1] *Oeuvres de Fourier* (ed. G. Darboux), 2 (1890, Paris), vii. The manuscript had been listed in the recently published *Catalogue des manuscrits de la bibliothèque de l'Ecole Nationale des Ponts et Chaussées* (1886, Paris), and Darboux may also have seen it mentioned there.

main writings on his life and works. Each of Fourier's publications is denoted there by a dating reference, such as *1826b*, based on the year of publication in the year in question, and in our footnotes we use these denotations to refer to them (apart from certain works cited very frequently, for which we use the abbreviations listed below). We use the same method to cite a work on Fourier listed in the third part of the bibliography, and use the abbreviation form "BN MFF 22516/71" to refer to folio 71 of volume 22516 of the *Manuscrits fonds français* in the Bibliothèque Nationale in Paris. Volumes 22501–22529 comprise the main bulk of the scientific papers left by Fourier to Navier. Totalling about 5200 folios in all, they cover all of Fourier's scientific interests; in particular, BN MFF 22525/107–149 is an important 80-page early version of the 1807 manuscript which we date around 1805. The full details of the manuscripts are given in the second part of the bibliography.

Acknowledgments

I have prepared the manuscript for publication from a photocopy made by the Centre National de la Recherche Scientifique; the work itself, along with the papers of 1808 and 1809, still lies in the library of the Ecole Nationale des Ponts et Chaussées, and I acknowledge the assistance received from the Director, M. A. Brunot, and his staff. The *secrétaires perpétuels* of the Académie des Sciences answered many inquiries and the Bibliothèque Nationale prepared microfilms of requested sections of their Fourier manuscript collection. M. René Taton of the Ecole Pratique des Hautes Etudes in Paris, and the Bibliothèque Municipale in Auxerre, advised me on a number of matters. The photographs reproduced as our plates were prepared by the Service du Documentation Photographique of the Chateau de Versailles (Plate 1), the Bibliothèque Municipale, Auxerre (Plates 2 and 3), and the Académie des Sciences (Plate 4). M. Jacques Faugeras of the Comité d'Action pour l'Isolation et l'Insonorisation in Paris kindly made available to me many details of Fourier's life which he had discovered, and my wife typed for me all but the manuscripts themselves. Finally, Dr. D. T. Whiteside gave me of his incomparable experience in handling scientific manuscripts and also put me in touch with Dr. J. R. Ravetz, on whose profound knowledge of Fourier's output and period much of this study is based.

I. Grattan-Guinness
June, 1969 – July, 1970

Abbreviations of Titles of Key Works by Fourier

We use the following abbreviations of works by Fourier to which we refer frequently; the full details are given in the bibliography, where the appropriate abbreviation has been given in the margin.
1. "1805 draft," for the paper in BN MFF 22525/107–149.
2. "1807 manuscript," for the paper now receiving publication.
3. "*Convergence*," for the paper on the convergence of trigonometric series sent by Fourier to the Institut de France perhaps in 1808.
4. "*Extrait*," for the paper sent by Fourier to the Institut de France in October 1809.
5. "*Notes*," for the set of footnotes to the *Extrait*.
6. "1811 paper, part 1" and "1811 paper, part 2," for the prize successor to the 1807 manuscript which appeared in two parts in the 1820s, listed in the first part of the bibliography as *1824d* and *1826d* respectively.
7. "Théorie," for *Théorie analytique de la chaleur*, listed as *1822a* in the first part of the bibliography.
8. "*Oeuvres*," for *Oeuvres de Fourier* (ed. G. Darboux, 2 vols: 1888–1890, Paris).
      In addition we write
9. "*Procès-Verbaux*" for the *Procès-Verbaux des séances de l'Académie* [des Sciences] *tenues depuis la fondation jusqu'au mois d'août, 1835* (10 vols: 1910–1922, Hendaye).

1 Twin Careers: Public Servant and Mathematician

Jean Baptiste Joseph Fourier was born at Auxerre in the province of the Yonne on 21 March 1768. The name "Joseph" was that of his father, a tailor of the town: the name "Fourier" is a variant on the word *fourrier*, which means in a military sense a quartermaster and in a figurative connotation a precursor or anticipator of ideas. More often than not during his life Fourier was to have his name spelled in that way; and inaccurate though it might have been, it admirably denoted the activity of a genius whose versatility encompassed both a distinguished administrative and diplomatic career and also scientific achievements of a truly revolutionary character. And these successes did not follow from a life of serene security: on the contrary, Fourier had to fight many social and political obstacles in the course of his career.[1]

The first of his difficulties arose while he was still a child. Before his ninth year both parents (of whom he was the nineteenth and not the last child) were dead, and only the support of a certain Madame Moitton in the town saved him from a life of apprenticeship and servitude. She recommended him to the Bishop of Auxerre, who in his turn sent him to the town's military school run by the Benedictines. Here his prospects were much brighter: if all went well, there was a chance that one day he might be able to pursue his special fields of interest at the Benedictine Collège de Montaigu in Paris. Soon he was showing the greatest promise, for around the age of thirteen he discovered mathematics and gave all his spare time to its study; but his main ambition at this time was a military rather than an intellectual career. He hoped very much to join either the artillery or the engineers (which were then open to everybody), and the school inspectors — one of whom was the mathematician Adrien Marie Legendre (1752–1833) — supported these ambitions. But for some reason he was turned down,[2]

---

[1] The general biographical details in this chapter are drawn mainly from: D. F. J. Arago *1838a*, lxxii–ci; *Oeuvres*, 1, 298–330. J. J. Champollion-Figeac *1844a*, 1–43. V. Cousin *1831b*, 1–34. E. Duché *1871a*, 217–236. G. G. Mauger *1837a*, 270–275. V. Parisot *1856a*, 525–529. We mention these works (written by men who, apart from Duché, knew Fourier personally) only in connection with specific points of detail or controversy; but we must also record that they contradict each other at times.

[2] See V. Cousin *1831b*, 2 (especially the footnote).

and instead he entered the Benedictine abbey of St. Benoît-sur-Loire as a novice in 1787. He was put in charge of the teaching program there and worked sufficiently well on some results that he had found in the theory of equations to be able to send a paper to the Académie des Sciences in Paris in 1789. Legendre was one of the examiners; another was Gaspard Monge (1746–1818), also a leading mathematician of the time whose own life had had a modest beginning similar to Fourier's and who later was to exercise great influence on Fourier's career.[3] But that influence was not to begin to make itself felt in 1789, for that was the year of the French Revolution and Fourier's paper was one of its casualties. Fourier himself took the opportunity to relinquish his novitiate, and he returned to Auxerre to take up a teaching post in his old school. He was called on to teach not only mathematics but also rhetoric, philosophy, and history; and he seems to have carried out all these duties with remarkable success, building up a fine reputation as a lecturer. He also began to show his political and social sense, becoming a member both of the local Société Populaire associated with the revolutionary Jacobin party, and also of the Comité de Surveillance which enforced governmental decrees in the region. He tried his best to defend the people both from tyrannical leadership and from themselves: a forceful orator, he spoke so well at a meeting of the Société Populaire at Auxerre that the quota of men required from the area for the defense of the country was drawn from genuine volunteers, while on the other hand he worked hard for the protection of victims of tyranny.[4] His outspoken criticism of corruption among his fellow officials led to the issue of a decree in 1794 demanding his arrest and summary guillotining.[5] This was Fourier's baptism into real politics. He

---

[3] The third examiner was the analyst Jacques Antoine Cousin (1739–1800). BN MFF 22511/76–78 are the last four pages of what appears to be a copy of this paper.
    For letters from Fourier at St. Benoît-sur-Loire during 1788–1789 to his former teacher Bonard in Auxerre, see A. Challe *1858a*, 106–112, especially the letter of September 1789 on p. 109 where Fourier confided his hopes for the publication of his paper.

[4] V. Cousin recounts a fine example of Fourier's conduct in *1831b*, 4–5.

[5] Fourier later wrote to Bonard on 28 October 1794 from Montargis in the Loiret department, asking him to find out details of the affair [see A. Challe *1858a*, 113–114]. Previously he had thought of being made librarian of Auxerre when public libraries were being set up [see E. Duché *1871a*, 223].

1 Twin Careers: Public Servant and Mathematician

went in person to Robespierre in Paris to plead his case; but he was unsuccessful, for on his return to Auxerre the Comité de Surveillance issued an order for his arrest. The public outcry in the town against the order secured its repeal, but it was reissued eight days later and Fourier was arrested and imprisoned. This time a deputation went on his behalf to St. Just, who grudgingly agreed to his release and was about to frame the order when Robespierre was arrested and executed on 28 July 1794, and Fourier was released anyway on a general amnesty. He returned to his school in Auxerre, but was then affected by an event of great significance: the opening of the Ecole Normale.

The Ecole Normale was a national college set up in Paris by a decree of the Convention to help repair the virtual breakdown in the system of higher education. It was to provide training in all branches of contemporary learning, as opposed to the specialization inherent in the structure of previous schools. There were to be 1500 students, each one chosen and financed by a district of the Republic. By the time of Fourier's release from prison Auxerre had already chosen its representative, but the neighboring district of St. Florentin invited him to go under their sponsorship. The professors were drawn from among the foremost men in the land: for example, Joseph Louis Lagrange (1736–1813) and Pierre Simon Laplace (1749–1827) taught mathematics, and Monge descriptive geometry. The school opened on 20 January 1795, but lasted only a few months. The failure was partly due to the severity of the winter weather, which caused the already impoverished students to live under conditions of great physical hardship; but there were other difficulties, caused by the poor organization of the teaching. Fourier himself described some of them in a letter: the lecture hall in the Jardin des Plantes was not big enough to hold all the students, often causing many of them to be locked out, while inside the method of instruction was closer to the theater than to education and can hardly have encouraged learning. The students, packed into their banked seats, witnessed — and frequently applauded — a continuous performance from eleven o'clock onwards of one-hour sessions given by the staff seated in three armchairs before them. Both Lagrange and Laplace were quiet speakers, with Lagrange outstanding for his Italian accent and Laplace for the rapidity of his teaching. The chemist Claude Louis Berthollet (1748–1822) was even more reticent, often repeating himself many times over; by contrast Monge caught Fourier's imagination, speaking with a loud voice and showing great skill in both theoretical and practical subjects.[6]

So the system was doomed to failure; in particular, the seminars—which had been intended as the backbone of the system—broke down because so few students had learned enough to be able to contribute. But it was at these seminars that Fourier made his mark, and when the school closed he transferred to the Ecole Polytechnique.

This school, initially called the Ecole Centrale des Travaux Publics, had been instituted under the general directorship of Monge by a decree of the Convention of 11 March 1794 to give a three-year training in science, engineering, and applied arts, together with the relevant mathematics. As opposed to the general aims of the Ecole Normale, the Ecole Polytechnique was designed as a military academy, for its graduates were intended mainly to provide the military elite of the Empire; and it took only four hundred students annually. It opened in November 1794 with a "trial run" of fifty of the most able students, and was converted into the full organization in the following May when the Ecole Normale closed. Most of the professors went over to the new establishment, but Fourier did not become a student there. He was over the age limit of twenty years which had been laid down, and in any case he had acquitted himself so well at the Ecole Normale that under Monge's especial support he was appointed to an assistant teaching post, with the title of *administrateur de police*.[7] But

---

[6]Undated letter to Bonard, in A. Challe *1858a*, 115–120; also in E. Duché *1871a*, 257–261.

The teaching at the Ecole Normale was taken down by stenographers and published in 1797 in 6 volumes of lectures and 2 volumes of *débats* as the *Séances des Ecoles Normales*. A second edition in 10 + 3 volumes was published in 1800–1801.

For an account of some troubles endured by Fourier from his political enemies in Auxerre while he was at the Ecole Normale, see *Le centenaire de l'Ecole Normale (1795–1895)* (1895, Paris), 132–133.

[7]For information on the reconstruction of French education at this time, including the founding of the Ecole Normale and the Ecole Polytechnique, see A. Fourcy, *Histoire de l'Ecole Polytechnique* (1828, Paris), 1–131, 375–379 and 391–404; G. Pinet, *Histoire de l'Ecole Polytechnique* (1887, Paris), 3–33

his political honesty still dogged his career. The new post-Robespierrian regime, in achieving the excesses against which it was a reaction, promoted the arrest of Fourier as a Jacobin and abettor of the same Robespierre who had rejected his appeal against the previous order for his arrest! Thus Fourier received the compliment of being arrested by both sides; this time he was saved from execution by the intervention of his colleagues at the Ecole Polytechnique.

One of Fourier's main duties as *administrateur de police* was to help with the running of Monge's course in descriptive geometry. This course embodied Monge's favorite subjects and dealt largely with the use of science and mathematics in military contexts, the art of attack and defense, and the organization of simulated battle situations: because of this, and perhaps also because of Monge's influence and activity at the school, it claimed more time on the timetable than any other course.[8] Otherwise, Fourier's academic teaching included courses in Lagrange's curricula in analysis, and there he taught the new results of equations which he found in his youth. The two main surviving collections of his lecture notes have several courses in common, showing that he made at least these two copies in his own hand for the benefit of his students. No wonder that once again he built up an enviable reputation for his teaching; as the table of these collections of notes (Table 1) shows, he must have been giving at times one lecture every day,

---

and 351–401; *Le centenaire de l'Ecole Normale (1795–1895)* (1895, Paris), esp. pp. 72–192; R. Taton, *L'oeuvre scientifique de Monge* (1951, Paris), 37–43; L. Pearce Williams, "Science, education and the French Revolution," *Isis*, 44 (1953), 311–330, "Science, education and Napoleon I," *Isis*, 47 (1956), 369–382, and "The politics of science in the French Revolution," *Critical Problems in the History of Science* (1959, Madison), 293–308. The information in Fourier's biographies is mostly inaccurate; the reason for the strange title of what was certainly a teaching post for him may have been that no more funds were available for staff and so the authorities appointed "ushers" nominally to deal with discipline.

For an absorbing description of the situation in Parisian science at the end of the eighteenth century, see M. P. Crosland, ed., *Science in France in the Revolutionary Era described by Thomas Bugge, Danish Astronomer Royal and Member of the International Commission on the Metric System (1798–1799)* (1969, Cambridge, Mass.).

J. Fayet, *La révolution française et la science 1789–1795* (1960, Paris), gives a detailed account of the political consequences of the Revolution on the rejuvenation of French science.

[8]See the allocation of time for each course in A. Fourcy, *Histoire de l'Ecole Polytechnique* (1828, Paris), 376–377.

Table 1. Synopsis of the Surviving Collections of Fourier's Lecture Notes

The two collections are as follows:

1. A bound volume of 559 pages in the library of the Institut de France in Paris [Manuscript number 2044], and entitled *Calcul Différentiel et Intégral*.

2. A group of 10 unbound *cahiers* in the library of the Ecole Nationale des Ponts et Chaussées in Paris [Manuscript number 1852] with the covering title of 8 [sic] *cahiers des Cours professés à l'Ecole Polytechnique par M. Fourier*, totaling 368 pages.

The table below outlines the content and the timetable of each course. In the column giving the number of pages for each course is also indicated the probable completeness (C)/incompleteness (I) of the corresponding set of notes; where the completeness question remains undecided, the letter (U) has been placed.

For the courses where there are sets of notes in both collections, those in 2 are less full, suggesting that they might have been written as detailed sum-

maries of the corresponding set in 1 for the students' benefit. (In fact, two of the covers of the *cahiers* in 2 have written on them the names "Vincent" and "Daydé" of two first year students at the Ecole Polytechnique in 1796.) Each lecture is dated by day and month (usually in the Republic calendar of the time, rather than the orthodox calendar) but only occasionally is a year given as well. It has been possible to find years for courses 1–6 in the table (either directly or by cross-references), but in courses 7–9 the year-datings are conjectural; those suggested bring the lectures into the period December 1795–October 1796 in which most of the other courses definitely lie. From the table we see that in that period Fourier definitely had to give 122 lectures on 6 different subjects; and if the datings of courses 7–9 are correct these figures are raised to 153 lectures over 8 subjects. Without question they are underestimates; some sets of notes are definitely incomplete, and there may well have been still other courses for which notes no longer survive.

No.	Course	Dates	Frequency of delivery of lectures (days)	Number of lectures	Number of pages (completeness) Institut de France	Number of pages (completeness) Ecole Nat. des P. et C.	Remarks
1	Analysis	25 Dec. 1795–13 May 1796	5	29	116(C)	103(C)	Covers "Eulerian" analysis – roots of equations (including Rule of Signs), logarithms, complex numbers, etc. "Base course" for several others.
2	Differential calculus	23 May 1796–21 Aug. 1796	Mostly 5	18	68(C)	45(C)	Optimization and geometry of curves } Lectures clearly planned as a sequence; set in the Ecole Nationale des Ponts et Chaussées much abbreviated relative to the other set.
	Integral calculus	31 Aug. 1796–10 Oct. 1796	Mostly 5	8	29(C)	27(C)	Foundations of integral calculus }

3	Differential calculus	31 Jan. 1796–31 Mar. 1796	5	13	55(C)	50(C)	Foundations; Taylor's theorem, etc. See part II below	Lectures clearly planned as a sequence in this order. Basic course in the Euler-Lagrange approach to the calculus. Only direct dating in Integral calculus part II; other courses dated by cross-references within the sequence and to courses 1 and 2.
	Integral calculus I	5 Apr. 1796–25 May 1796	5	11	See part II below		
	Calculus of variations	30 May 1796–8 Aug. 1796	5	15	—	48(C)	Isoperimetrical problems, etc.
	Integral calculus II	13 Aug. 1796–12 Oct. 1796	5 (with gaps)	11	78(C)	78(C)	Applications of the Calculus (geometry etc.)
4	Geometry	22 Dec. 1795–21 Feb. 1796	Mostly 5	13	67(U)	—	Euclidean geometry, conic sections, etc. Notes may be complete at both the beginning and the end.
5	Dynamics	23 Sep. 1796–8 Oct. 1796	Mostly 5	4	—	10(I)	Newton's laws; notes probably incomplete at both the beginning and the end.
6	Stereotomy	11 Mar. 1795–7 May 1795	Irregular; average 2	27	40(U)	—	Three-dimensional geometry, part of Monge's "descriptive geometry." 17 pages of "model answers," at the end.
7	Differential calculus	18 Mar. 1796?–27 May 1796?	Irregular; average 6	11	23(C)	—	Very elementary treatment of principles. Might have been a preliminary course for course 8 below.
8	Statics	26 May 1796?–19 Aug. 1796?	Mostly 5	18	68(U)	—	Balances, pulleys, weights, traction, parallelogram of forces, etc. Dates correspond in the sets with one exception. Correspondence of material not sufficiently close to establish that the sets apply to the same course.
		26 June 1796?–9 Aug. 1796?	Mostly 5	9	—	25(I)	
9	Hydrostatics	24 Aug. 1796?–29 Aug. 1796?	5	2	3(I)	—	Fluid flow. Course definitely incomplete at end. The course might have followed on from course 8.

as well as all the seminar and tutorial work which was an important and novel feature of the organization of the Ecole Polytechnique. Yet he still found time for research, for he continued his investigation into the theory of equations and began work also on problems in applied mathematics. In 1798 he published his first paper, in the *Journal de l'Ecole Polytechnique* —a treatment of the principle of virtual work, a formulation of the foundations of rational mechanics which had been promoted by Lagrange and which was now explained by Fourier with great clarity.[9] At one point in the paper, Fourier announced his intention of publishing in the *Journal* a series of papers on the theory of equations,[10] for his results had become widely known in Paris since he had taught them at the Ecole Polytechnique.

Fourier's main theorems dated from his school days at Auxerre, where he had found a new proof of Descartes's rule of signs. This rule may be expressed as follows: let

(1.1)
$$f(x) = x^m + a_1 x^{m-1} + \cdots + a_m,$$

where the a_r are constants (some possibly zero). The signs of the coefficients are incorporated in the a_r of (1.1), but if in practice some of these coefficients take negative values and some positive then we have a sequence of signs associated with the sequence of descending powers of x. We shall call a pair of adjacent signs a *combination*: if it preserves sign ($++$ or $--$) it is a *permanence*,

---

[9]J. B. J. Fourier *1798a*. Lagrange's main work on the principle of virtual work was his *Mechanique Analitique* (1st edition: 1788, Paris).

Fourier's paper was not the only one on the subject to appear in the *Journal de l'Ecole Polytechnique* at the time. Lagrange himself put one in the same volume ["Sur les principes des vitesses virtuelles," *cahier* 5, 2 (1798), 115–118; *Oeuvres*, 12, 315–321], and so did his colleague G. C. F. Riche de Prony (1755–1839) ["Sur le principe des vitesses virtuelles et la décomposition des mouvements circulaires," *cahier* 5, 2 (1798), 191–208]. According to de Prony, Fourier also had views on Lagrange's work on maxima and minima ["Suite des leçons d'analyse ..." *cahier* 4, 1 (1796), 459–569 (p. 565)].

Some early notes, which may well date from Fourier's time at the Ecole Polytechnique, show that he also tried to develop notations for representing the logic of propositions, the alphabet, and music [see BN MFF 22501/27–44 and 48–64]. He also prepared some notes on psychology [see 22501/13–24].

[10]J. B. J. Fourier *1798a*, 46; *Oeuvres*, 2, 506.

In a letter to Bonard of March 1795, Fourier reported that both Lagrange and Laplace encouraged him to publish his results [see A. Challe *1858a*, 121–125; also in E. Duché *1871a*, 254–257]. In later letters to Bonard he wrote of the difficulty of entering the Ecole Polytechnique and the bad selection system by the votes of a jury of professors [see A. Challe *1858a*, 125–128].

1 Twin Careers: Public Servant and Mathematician

while otherwise $(+-$ or $-+)$ it is a *variation*. Descartes's rule says that the number of positive roots of $f(x)$ is not more than the number of variations in the sequence, while the number of negative roots is not more than the number of permanences.

Descartes announced the result in 1637, but he seems to have obtained it from considering polynomials of low degree and did not offer a general proof.[11] He mentioned also the possibility of imaginary roots, and Newton gave examples of roots in complex conjugate pairs in his own consideration of the rule.[12] But while he indicated the limitations of the rule, he gave no general proof either, and the problem of supplying one (with or without imaginary roots) was not tackled successfully until the eighteenth century. As Fourier reported in an undated lecture at the Ecole Polytechnique:

"Segner est le premier qu'en donne une démonstration dans une lettre à Hamberges en 1728.[13] M. l'Abbé de Gua fit insérer deux belles démonstrations de cette même règle dans les mémoires de Paris, année 1741, dont l'une est purement algébrique et l'autre puisée dans la géométrie des courbes...[14] on en trouve dans le Calcul Différentiel d'Euler déduite des équations différentielles de la proposée.[15] Mais celle qui par sa simplicité mérite d'être preferée à toutes les autres est due encore à Segner. Elle se trouve dans les mémoires de Berlin."[16]

---

[11]R. Descartes, *Discours de la méthode pour bien conduire la raison, et chercher la vérité dans les sciences* (1637, Leyden): [Appendix] *La géométrie*, 373. There have been many reissues and translations of both the *Discours* and the *Géométrie*: see especially *Oeuvres de Descartes* (ed. C. Adam and P. Tannery), 6, 445; and D. E. Smith and M. L. Latham, *The Geometry of René Descartes* (1925, Chicago: reprinted 1954, New York), 160–161.

In his posthumous *Artis Analyticae Praxis* (1631, London), Thomas Harriot (1560–1621) showed himself to be aware of this result: see section 5 (numbered as pp. 72, 79–86).

[12]I. Newton, *Arithmetica universalis,...* (1707, London), esp. pp. 242–245 in "De natura radicum aequationis."

[13]J. A. von Segner, *Dissertatio epistolica qua regulam Harrioti...* (1728, Jena).

[14]J. de Gua de Malves, "Recherche du nombre des racines réelles ou imaginaires...," *Mémoires de l'Académie Royale des Sciences*, (1741: publ. 1744), 435–494.

[15]L. Euler, *Institutiones calculi differentialis* (1755, St. Petersburg), part 2, chs. 12–13; *Opera Omnia*, (1) 10, 501–542.

[16]J. A. von Segner, "Démonstration de la règle de Descartes...," *Mémoires de l'Académie Royale de Berlin*, 12 (1756: publ. 1758), 292–299.

The quotation is from p. 21 of another set of lectures in the library of the Ecole Nationale des Ponts et Chaussées [manuscript number 668] entitled *Leçons d'Analyse de l'Ecole Polytechnique*, written out by a copyist or perhaps a student. The course of 19 lectures in this set is similar in content to course 1 of the table, but definitely not identical with it.

Fourier's tribute to Segner was characteristically self-effacing, for the achievement of his youth had been to produce a proof of Descartes's rule that so far surpasses all its predecessors that it has remained standard in the literature ever since. As this work was important not only for Fourier's mathematical career in general but also for certain problems that were to arise in heat diffusion in the course of his preparation of his 1807 manuscript, it is worth describing here in detail from some of the relevant surviving manuscripts. He demonstrated his proof of the rule in his lecture courses: on 14 January 1796, he used the example

(1.2) $$+++--+-+-+++-+-+++,[17]$$

while in the undated lecture quoted above he used the following sequence of 5 permanences and 9 variations:

(1.3) $$++-+++-+-+--++-.$$

Of the two demonstrations we shall follow the latter, which is rather more clear. Fourier's method was to multiply $f(x)$ by $(x+p)$ to obtain a new sequence of signs for $(x+p)f(x)$, which would be one sign longer than that for $f(x)$ and therefore contain one more combination. His proof amounted to a demonstration of the fact that if the new root was negative (positive) the number of variations (permanences) would not be increased, and hence that there would be at least one more permanence (variation) than previously. We shall describe the derivation of this result in the case of a new negative root first, and then summarize the positive root case.

The negative root is given by $p > 0$, and we have

$$(x+p)f(x) = x^{m+1} + a_1 x^m + a_2 x^{m-1} + \cdots + a_m x$$

(1.4) $$+ px^m + pa_1 x^{m-1} + \cdots + pa_{m-1} x + pa_m,$$

and so the new sign sequence is

(1.5) $$++-+++-+-+--++- \quad \text{from } xf(x),$$

and

(1.6) $$++-+++-+-+--++- \quad \text{from } pf(x).$$

---

[17] See the lecture for *Nivôse* 24, *an* 4 (= 14 January 1796) in the analysis notes in both collections of lectures given in the table (course 1).

When we add by signs, terms with the same sign will yield a sum of that sign, but terms with a different sign add to a sum of undecided sign. Hence, from (1.5) and (1.6) we obtain the sequence for $(x+p)f(x)$

(1.7) $\quad + + ?\, ? + + ?\, ?\, ?\, ?\, ? - ? + ? -.$

To show that the number of variations is not increased, we must arrange the signs for the question marks so that the number of variations is maximized. There may be more than one way of achieving the maximum; in the case of (1.7), for example, Fourier gave the two possibilities

(1.8) $\quad + + \ominus\oplus + + \ominus\oplus\ominus\oplus\ominus - \oplus + \ominus -$

and

(1.9) $\quad + + \oplus\ominus + + \oplus\ominus\oplus\ominus\oplus - \ominus + \oplus -$

(where the ringed signs are his insertions), but in no case is it possible for the number of variations to exceed 8, which is the number in the original sequence (1.3). Therefore, neither (1.8) nor (1.9) can have more variations than the original (1.2). Meanwhile the former must possess one more combination than the latter, for it has one extra sign. Therefore this combination must of necessity be a permanence, which proves the rule.

A similar argument applies in the case of an extra positive root. The sign sequence for $(x+p)f(x)$, $p < 0$, is

(1.10) $\quad + + - + + + - + - + - - + + - \qquad$ from $xf(x)$

and

(1.11) $\quad - - + - - - + - + - + + - - + \qquad$ from $pf(x)$,

which yields

(1.12) $\quad + ? - + ?\, ? - + - + - ? + ? - +.$

Permanences are now to be maximized, and this may be done by Fourier's suggestions:

(1.13) $\quad + \oplus - + \oplus\oplus - + - + - \ominus + \oplus - +$

or

(1.14) $\quad + \ominus - + \ominus\ominus - + - + - \oplus + \ominus - +,$

which imply that this time (1.12) cannot have more permanences than the original (1.3), and therefore that its extra root must be a variation.[18]

This is as far as he took the argument with the students, but other manuscripts show that he had a clear understanding of the generality of the reasoning. Let us suppose that within the sequence for $f(x)$ we have a subsequence of variations which, if it does not comprise the whole sequence, will be bounded by permanences. Then Fourier's example in his lectures demonstrates the scheme

(1.15)
$$\cdots + + - \cdots \quad \text{for } f(x)$$
giving
$$\cdots \cdot + ? \cdots \quad \text{for } (x+p)f(x),$$

as we can see by comparing (1.3) with (1.7). Over the whole subsequence this yields the pattern

(1.16)
$$P \ V \ V \ \cdot \ \cdot \ \cdot \ \cdot \ V \ V \ P \quad \text{for } f(x)$$
giving
$$D \ ? \ ? \ \cdot \ \cdot \ \cdot \ \cdot \ ? \ ? \ D \quad \text{for } (x+p)f(x),$$

where P represents a permanence and V a variation between signs, while D and ? stand for definite and indefinite signs. Now, however the undetermined signs in (1.16) are chosen, it is clearly impossible for there to be more resultant variations for $(x+p)f(x)$ than there are already in (1.15) for $f(x)$, for the subsequence for $f(x)$ is already maximized for variations. Clearly this argument applies to all subsequences of variations, and hence to all occurrences of variations in the sequence. The remaining parts of the sequence will necessarily be subsequences of permanences, and these cannot possess fewer variations. Therefore we can safely deduce that there will be no more variations in the sequence for $(x+p)f(x)$ than there were originally in the sequence for $f(x)$, and so the extra combination that it possesses must be a permanence. Thus Descartes's rule is established for negative roots; and the case of positive roots can be established by similar reasoning.[19]

---

[18] J. B. J. Fourier (n. 16, p. 9), 18–19.
[19] For general discussion of the theorem, see especially the manuscript in BN MFF 22510/74–75, whose unusually large handwriting suggests that it might be a schoolboy text; and an early four-page note in the library of the Institut de France [*Anciens et nouveaux fonds*, volume 2038, folios 195–196].

But this was not the totality of Fourier's achievement. His main extension of Descartes's rule was the estimation of the number of real roots of an equation within a given range of values of the variable. His surviving lecture notes do not contain any mention of it, although he claimed later to have taught it also at the Ecole Polytechnique;[20] certainly as an achievement it surpasses his proof of Descartes's rule. Like that proof it is based on consideration of sequences of signs, but this time the sequence is created from $f(x)$ and its derivatives. If $f(x)$ has a simple root at $x = a$—that is, if no derivative of $f(x)$ is also zero at $x = a$—then $f(x)$ changes sign through $x = a$, and Taylor's theorem shows that the signs of the subsequence $f'(x), f''(x), \ldots$ are

(1.17)
$$\begin{array}{ccc} & f'(x) & f(x) \\ x < a & \pm & \mp \\ x = a & \pm & 0 \\ x > a & \pm & \pm \end{array} \right\} \text{ where the choice of signs is dictated by the sign of } f'(x).$$

In both cases a variation is changed to a permanence as x increases its value, and so the whole sequence for $f^{(m)}(x)$, $f^{(m-1)}(x), \ldots, f'(x), f(x)$ gains a permanence from a variation through $x = a$. If a multiple root of $f(x)$ occurs at $x = a$, then there will arise a subsequence of zeros in the sequence equal to that root's multiplicity, and Taylor's theorem will suggest a corresponding loss of variations.

These deductions indicate the behavior of the sequence as x increases its value. When $x = -\infty$ the terms of the sequence are dominated respectively by the terms

(1.18)
$$m!, \quad m!x, \quad \ldots \ldots, \quad m(m-1)x^{m-2}, \quad mx^{m-1}, \quad x^m,$$

and so the sequence of signs will be

(1.19)
$$+ \quad - \quad + \quad - \ldots \quad \pm \quad \mp \quad \pm;$$

while at $x = +\infty$ it will be

(1.20)
$$+ \quad + \quad + \quad + \ldots \quad + \quad + \quad +.$$

Hence as x passes gradually from $-\infty$ to $+\infty$ the sequence loses all of its m variations to become a sequence of m permanences,

---

[20]J. B. J. Fourier *1820c*, 160; *Oeuvres*, 2, 295.

and one is lost every time a real root is crossed (counting multiple roots multiply). Therefore if the sequence loses k_a variations as x passes from $-\infty$ to a, then there will be at most k_a real roots less than a (assuming that $f(a) \neq 0$). Similarly there will be at most k_b roots between $x = -\infty$ and $x = b$, and therefore — because of the possible presence of complex roots for $[a, b]$, of course, rather than by simple subtraction — at most $(k_b - k_a)$ roots within $[a, b]$.[21] This was Fourier's generalized theorem, and he realized that the number was an upper estimate rather than the exact answer because of the presence of complex roots to the equation. So he was led to the problem of detecting complex roots in a polynomial by means of his sequence of signs, and also to problems of approximation to the value of a real root, to investigations of polynomials of special types, to . . . .

But all these plans of work were rudely interrupted. Napoleon Bonaparte (1769–1821) had been put in charge of the forthcoming French expedition to Egypt, and Berthollet and Monge were entrusted with the selection of its scientific members. Fourier was chosen in May 1798, and when the Institut d'Egypte was founded in Cairo in the following August he was appointed *secrétaire perpétuel*. The Institut d'Egypte was organized along the lines of the Institut de France into four sections — mathematics, physics, literature and arts, and political economy — with nominally twelve members in each section.[22] Only a year later Bonaparte suddenly left Egypt to return to France to become first consul of the French Empire. He took his chance for power; and he left behind him a venture which perhaps he knew was doomed to failure. For the challenges of English forces made the occupation difficult to maintain; and the more awkward the situation became, the greater were the burdens placed upon Fourier in order to resolve it. General Jean Baptiste Kléber (1754–1800) was put in command after Bonaparte's departure, but he was assassinated in Cairo in June 1800. His successor was Jean François Abdullah Menou (1750–1810), who held his post until the end of the occupation.

---

[21] Various manuscripts in the collection at the Bibliothèque Nationale are concerned with the generalization of Descartes's rule. Some at least could date from this early period; see especially BN MFF 22509/119–133 and 22510/12, 34–47.

[22] A thirteen-page manuscript by Fourier of the members and *procès-verbaux* of the Institut d'Egypte during 1798 and 1799 is now in the library of the Institut de France [*Anciens et nouveaux fonds*, volume 3818].

Under both of these leaders Fourier held many important administrative and judicial positions: he read the *éloges* of both Kléber and Louis Charles Antoine Desaix de Veygoux (1768–1800) (another general in Egypt, who was killed at the battle of Marengo in November 1800 while "on loan" to the Italian campaign) at their funeral services,[23] and under Menou was put virtually in control of all nonmilitary affairs.[24] One of his most important assignments was to conduct the French side of the negotiations with the Egyptian beys, who were represented by Sitty-Nefiçah, the beautiful and talented wife of the chief bey, Mourâd.[25] Yet he still found time for research; in fact, one of Bonaparte's last acts in Egypt was to make Fourier leader of one of the two scientific expeditions which spent about two months of the autumn of 1799 investigating the monuments and inscriptions in Upper Egypt.[26] At the Institut d'Egypte Fourier not only edited its proceedings in the journal *La Décade Egyptienne*[27] but also read papers on a wide variety of subjects besides the theory of equations: statistical researches in Egypt,

---

[23]They were published in the occupation newspaper, the *Courier de l'Egypte*, which appeared in 116 four-page issues between 12 *Fructidor, an* 6 (= 29 August 1798) and 20 *Prairial, an* 9 (= 9 June 1801) at approximately half-*décade* (that is, 5-day) intervals. Fourier was quite heavily involved in its editorship: his *éloges* of Kléber and Desaix appeared in nos. 72 (9 *Messidor, an* 8 = 28 June 1800), 2–4; and 88 (24 *Brumaire, an* 9 = 15 November 1800), 2–4 respectively. They were republished in V. Cousin *1831b*, 21–28; and J. J. Champollion-Figeac *1844a*, 317–325.

[24]Most of these duties are described in V. Cousin *1831b*, 14–21.

For a detailed, if rather biased, study of the Egyptian campaign up to the time of Bonaparte's departure and a reproduction of our plate 1, see F. Charles-Roux, *Bonaparte, Gouverneur d'Egypte* (1936, Paris) [English translation as *Bonaparte, Governor of Egypt* (1937, London)].

[25]He also negotiated with her for the freedom of her house-slaves, especially those who interested the French generals! [See *Kléber et Menou en Egypte depuis le départ de Bonaparte (août 1799–septembre 1801)* (ed. M. F. Rousseau: 1900, Paris), 252.] For his treaty with Mourâd, see J. J. Champollion-Figeac *1844a*, 332–333.

[26]The expedition left Cairo in the middle of September 1799 [see *Courier de l'Egypte*, no. 37 (29 *Fructidor, an* 7 = 15 September 1799), 1] and returned in early November [*Courier de l'Egypte*, no. 44 (18 *Brumaire, an* 8 = 9 November 1799), 1].

One member of Fourier's party was the biologist Etienne Geoffroy-St.-Hilaire (1772–1844), who established a firm dislike for him while in Egypt. In a letter of December 1801, Geoffroy-St.-Hilaire wrote that Fourier had tried to show that his colleagues were fools and that his own (civil engineering) students were the only ones of real merit [see *Lettres écrites d'Egypte* (ed. E. J. Hamy: 1901, Paris), 215–217].

[27]The journal appeared in 3 volumes during 1799 and 1800, and contained military and civil decrees as well as research papers by members of the Institut d'Egypte.

mechanics, researches into oases, ancient monuments, and irrigation machines![28] But for the second time in his brief scientific career, his researches were abruptly terminated: under the terms of a general treaty signed between England and France, the French forces withdrew from Egypt in the autumn of 1801. Fourier organized much of the departure and returned to France in the middle of November 1801 on the English brig *Good Design*, taking the opportunity to discuss problems of equations with a colleague from the Institut d'Egypte.[29] He hoped to resume his teaching post at the Ecole Polytechnique and in fact was able to give a few lectures there,[30] but Bonaparte could not bear to let such a diplomatic talent be wasted on education and research. In February 1802 the prefect of the department of Isère, an area of France on the Italian border and centered at Grenoble, died in office, and Bonaparte appointed Fourier as his successor.[31]

It was as prefect of Isère that Fourier spent his middle years and presented his monograph on heat diffusion to the Institut de France in December 1807, so in order to indicate the circumstances of its preparation we shall describe the nature and range of his prefectural duties and the special events that were to demand his attention during his first six years in office. The post of prefect was an onerous one: the administrative orders of the government had to be implemented in the department, and at the same time the needs and requests of the area had to be put forward to the government for consideration and action. In Isère the responsibilities were especially heavy.

---

[28]The reports of these papers are listed in V. Cousin *1831b*, 13–17; only *1799a* was actually published. Extracts from Fourier's notebook during the Egyptian campaign were published as *1904a*: they deal mainly with places visited and monuments examined during the 1799 expedition of which he had been the leader.

BN MFF 22520 is devoted to problems in mechanics; one of its manuscripts is dated in *an* 7 (1798–1799) and several others also seem to be from his Egyptian period [see esp. folios 41–45]. In addition, 22514/75–93 is an essay on problems in the theory of equations which is dated December 1800–January 1801.

[29]The colleague was Louis Alexandre Olivier de Corancez (1770–1832); see his letter in J. B. J. Fourier *1831a*, xxi.

On landing at Toulon, Fourier wrote to his friend Bonard in Auxerre on 20 November 1801, and told him that he had to prepare some of his researches on Egypt for publication [see A. Challe *1858a*, 129–131].

[30]According to A. Fourcy (n. 7, p. 4), 272.

[31]Bonaparte made the appointment in consultation with Berthollet and Monge; see J. J. Champollion-Figeac *1844a*, 22.

1 Twin Careers: Public Servant and Mathematician

Fourier's predecessor, Ricard de Séalt, was the first prefect, and he had set up little administrative machinery during his two years of office; in addition, the area was both backward in development and particularly independent of spirit. Thus when Fourier arrived in Grenoble in the spring of 1802, he had to start almost afresh both with revitalizing the department and also making it amenable to the demands of the regime. Although he never wanted the job he carried it out with truly extraordinary vigor, and began at once with organizational problems. He appointed local men to the prefecture: four *conseillers de fonction* who would help with general administration; a *chef de cabinet* called Ambroise Auguste Lepasquier, who spent a year at the Ecole Polytechnique in 1806 and then returned and helped with the preparation of the 1807 manuscript; another administrative officer by the name of André Raynaud, who also wrote out scientific papers for him. Fourier also appointed three subprefects in small towns in his department: they changed with great regularity, some to become prefects elsewhere. All these people helped with day-to-day problems and left him free to carry out the larger-scale tasks neglected by Ricard.[32] One of these was to compile *carnets*, or notebooks, on prominent people in the area. Fourier began a round of visits, which on the whole seem to have been enjoyable: the retired General Joubert de la Salette, for example, who talked most of the time about music and urged him to set up a music school in Auxerre; and especially Jacques Joseph Champollion-Figeac (1778–1867) and his brother Jean François (1790–1832), who became — much under Fourier's influence — important archaeologists and Egyptologists, and his close friends.[33]

Fourier found an interesting collection of people in Grenoble, but he had to carry out other inquiries into the local

---

[32]The details of these appointments are given in A. L. Champollion-Figeac *1880a*, 79–82.

[33]For details of these visits and compilation of the *carnets* over six years, see A. L. Champollion-Figeac *1880a*, 120–127, 147–149, 167–170, 175–189. In *1881a*, 173, Champollion-Figeac mentions that some of these *carnets* are missing.

Aimé Louis Champollion-Figeac (1813–1894) was the second son of Jacques Joseph, whose *1844a*, a semibiography of Fourier, we cite from time to time; we also refer to his own rambling histories *1880a* and *1881a* of the Grenoble area in Fourier's time.

At the village of La Côte St. André, near Grenoble, in December 1803 was born the composer Hector Berlioz (1803–1869).

people which must have offended his sense of honor. Bonaparte's regime soon began to develop into a form of police state, and Fourier had to execute orders concerning the opening of letters, the suppression of antigovernmental pamphlets and the restriction of religious sects.[34] He also assumed the editorial supervision of the *Annales du département de l'Isère, journal administratif, politiques et littéraires*, the official thrice-weekly newsheet, in order to keep both revolution and scandal from its columns: he was not always successful, and more than once thought of removing the editor from his post.[35] He organized local elections and referenda, and from his *carnets* he had to abstract information on local senatorial members and important local families for the acquaintance of the Ministry of the Interior.[36]

A particularly eventful year in Fourier's prefecture was 1804. In February Bonaparte visited Grenoble,[37] and in the following May crowned himself Emperor Napoleon. The local people were suitably pleased: Fourier wrote to Napoleon to tell him that 82,084 of the electorate supported the plebiscite on hereditary descent, with 12 dissenters,[38] and he spent more than three months in the capital for the celebrations.[39] At the turn of the year he had been appointed *chevalier* of the new order of the Légion d'Honneur: there was a ceremony in Grenoble on his return to celebrate the award,[40] and in October of 1804 a service was held in the cathedral for the local awards of the order, where he delivered one of the speeches.[41] Then he became involved with the visit to France of Pope Pius VII (1740–1823). The religious situation in France had become very delicate: in 1801 Napoleon had insisted on a concordat with the Pope in which he could appoint bishops and take an oath of allegiance

---

[34]For various of Fourier's decrees on these matters, see A. L. Champollion-Figeac *1881a*, 149–163.
[35]For quotations from the dubious articles, see A. L. Champollion-Figeac *1880a*, 91–97.
[36]For information on the elections, see A. L. Champollion-Figeac *1880a*, 200–202; and for details of the information sent to the ministry, *1881a*, 171–214.
[37]For extracts from the numerous letters concerning the visit, see A. L. Champollion-Figeac *1881a*, 141–147.
[38]See A. L. Champollion-Figeac *1881a*, 136–137.
[39]According to his own list of absences from Grenoble; see G. Letonnelier *1923a*, 137.
[40]See A. L. Champollion-Figeac *1880a*, 202–203, for a report of the occasion.
[41]See the reports in A. L. Champollion-Figeac *1881a*, 271–278.

from them, and then in 1802 he added articles to the effect that papal law could be implemented only by governmental permission. This seemed to the Pope to be an excessive imposition of authority, and he came to Paris in November 1804 to try to obtain concessions. His route passed through the Isère department, and Fourier had much correspondence to handle concerning the passage.[42]

Besides the multitude of political affairs Fourier managed to do much for the development and welfare of the department. When he arrived in Grenoble, he commented on the dilapidated state of the town, especially the Town Hall and the prefect's office in the Place St. André.[43] In addition, many of the institutions of the area were not functioning. So he began to reopen schools and colleges and revitalize the mining and crafts industries.[44] He also planned an important and spectacular road through the French Alps from Grenoble to Turin via Briançon and Pinerolo. The Ministry of the Interior was opposed to the scheme, but Fourier used all his powers of persuasion and his Paris contacts to support it, and finally secured approval from Napoleon himself by means of a succinct paper summarizing its advantages.[45] The road was not completed beyond Briançon in Fourier's time because of the uncertain political situation in France following the fall of Napoleon in 1815, but when it was finished it created the quickest and shortest route from Lyons to Turin, and later Fourier recorded that of all his prefectural assignments this one gave him the greatest satisfaction.[46]

The other large-scale project handled by Fourier was the drainage of the huge area of marshland around the village of Bourgoin midway between Lyons and Grenoble. The project had been planned and attempted many times over more than a century, but opposing petty interests among the river communi-

---

[42]For quotations from it, see A. L. Champollion-Figeac *1880a*, 216–220.

[43]See G. Letonnelier *1923a*, 140. Grenoble then had a population of about twenty thousand inhabitants.

[44]See A. L. Champollion-Figeac *1880a*, 152–166 and 206–208; *1881a*, 164–168 and 337; and G. Letonnelier *1923a*, 142.

[45]For documents concerning the road, see A. L. Champollion-Figeac *1881a*, 169–170. See also *1880a*, 167–169.

[46]See G. Letonnelier *1923a*, 143–144. The completed road is now numbered *Route N91* in France and *Strada 23* in Italy.

ties of the area had always brought it to a halt. Fourier took charge of the complete negotiations, going personally to almost every household in the area to explain the advantages of the scheme. The patience and tact needed to handle narrow-minded and superstitious peasants is difficult to imagine, but by August 1807 the details of planning and compensation had been worked out to the satisfaction of the thirty-seven communities involved. Later there were disagreements between the owners of property in the area and the state organization in charge of the drainage. Fourier sided with the local people, and their position was confirmed by a decree of the Council of State in December 1812. This was also the year in which the draining of the marshes was completed, and an area of first-quality farming land created out of the poisonous marshes. While the drainage was in progress archaeological remains were found, and Fourier instructed Jacques Champollion-Figeac, then the librarian of Grenoble, to collect them and preserve them in the library.[47]

Fourier tried hard to meet the enormous demands made on him by the central government, but sometimes they were too much even for him. During 1804 especially, he received a flood of letters from the minister of the interior demanding statistical information about the department. To obtain help on this work, he made use of the Société des Sciences et des Arts in Grenoble. Soon after his arrival, he had declined the presidency of the society offered him by the musical General Joubert de la Salette, becoming only an ordinary member;[48] but now he set up a 600 francs statistical prize in the society with an additional 300 francs of his own. Some effort was put in by the members, but no adequate papers were offered for the prize and Fourier was forced to write up much of the work himself; but he still had to report delays to the ministry, and in the end it was never finished.[49] Perhaps in recompense, he did later send to the minister various publications of the society, including archaeological researches by Jacques Champollion-Figeac.[50]

---

[47] See A. L. Champollion-Figeac *1880a*, 169–170.

[48] See A. L. Champollion-Figeac *1880a*, 126–127. For a general paper on science read to the society, see J. J. Champollion-Figeac *1844a*, 333–337.

[49] For extracts from Fourier's apologies to the ministry, see A. L. Champollion-Figeac *1881a*, 323–328. See also J. J. Champollion-Figeac *1844a*, 26–27.

[50] See A. L. Champollion-Figeac *1880a*, 280–289.

With all these activities it would appear that Fourier was enjoying his prefecture after all. Certainly he must have felt the pleasure of the achievement of social aims and warmed to the demonstrations of loyalty and affection which he received at ceremonies and celebrations (of which he was very fond) and visits to public places such as the theater.[51] But he always hoped to be able to resign from the job—made even more difficult by maladministration and apathy—and return to an intellectual life.[52] Monge and Berthollet tried to persuade Napoleon to release him, but Napoleon expressed annoyance at the suggestion, and to an extent which made Fourier think of going into exile.[53] But he stayed at his post, and tried to make his life as interesting as possible for himself as well as for others. He worked hard to promote cultural activities in the department, and even put on scientific experiments as entertainment.[54] He held soirées from time to time to which he invited his cultural friends, such as Jacques Champollion-Figeac, who kept notes of the things that he said.[55] He never tried to spread his image through the kingdom, and had prepared only one lithograph while at Grenoble;[56] but on the other hand, he was concerned about his financial position, and was not satisfied with his salary of 12,000 francs per annum[57]—not a substantial sum in its day, and one which would have had to cover his considerable prefectural expenses. He was also worried about his health. A small man of slight build, his constitution was not robust: the rapid change from the tropical climate of Egypt to the chilling winds of the French Alps soon led to bad attacks of rheumatism.[58] Despite

---

[51]See A. L. Champollion-Figeac *1880a*, 196–200; and G. Letonnelier *1923a*, 138–139.
[52]On this point, see A. L. Champollion-Figeac *1881a*, 282–283.
[53]See A. L. Champollion-Figeac *1880a*, 172.
[54]See A. L. Champollion-Figeac *1881a*, 339–345; and G. Letonnelier *1923a*, 138.
[55]See A. L. Champollion-Figeac *1881a*, 288 and 360–367.
[56]He also had his portrait painted after returning from Egypt [see A. L. Champollion-Figeac *1881a*, 408–409]. Neither the portrait nor the lithograph seem to have survived.
[57]J. J. Champollion-Figeac *1844a*, 255. As a result of a complaint by Fourier in 1810, Napoleon decreed that he should receive a salary of 30,000 francs per annum, including the payment of his assistants [see G. Letonnelier *1923a*, 139]. One drain on his resources was his relatives: little is known about them, and for the apparent reason that there is nothing worth knowing, but there are indications that from time to time throughout his life he did have to support them [see A. Challe *1858a*, 131; E. Duché *1871a*, 240].
[58]See G. Letonnelier *1923a*, 136–137.

these preoccupations and difficulties, he still managed to find time for research—and even then demands were made on him by the government.

Soon after the expeditions had returned from Upper Egypt at the end of 1799, Fourier had suggested that a record of the discoveries that had been made be written, and he had been assigned to organize its preparation.[59] The prefectural duties to which he was now committed prevented him from taking the general editorship which was entrusted to another ex-member of the Institut d'Egypte, Edmé François Jomard (1777–1862); but he was still consulted over its organization and delegated to write certain articles, especially an introductory paper which would describe the history of the ancient civilization and its renaissance under French patronage. In order to prepare this work he took himself away from Grenoble when he could, to the Chateau de Beauregard in the village of Pariset a few kilometers west of the town and accessible from the village only by boat; and even then he had to write to the Ministry of the Interior explaining the necessity for these absences and denying the rumors of illegal holidays![60] It seems more than likely that he also used part of these precious periods for his mathematical researches. It may seem unbelievable that he could accomplish anything scientific at all, but in fact he worked on several problems in addition to the masterpiece of 1807 on heat diffusion. He wrote up various papers on equations which he had mentioned in his paper of 1798 on the principle of virtual work in the *Journal de l'Ecole Polytechnique*.[61] He developed some of Monge's ideas on differential geometry in unpublished work on the curvature of surfaces, which were further extended in two papers by a colleague from Egypt, Michel Ange Lancret (1774–1807),[62] and

---

[59]See the *Courier de l'Egypte*, no. 48 (19 Frimaire, an 8=10 December 1799), 1.

[60]See a letter to the ministry in September 1806, in A. L. Champollion-Figeac *1881a*, 375.

[61]The opening pages of an early note entitled "Première mémoire sur l'algèbre" survives, and it begins: "J'avais annoncé dans un écrit sur le statique le dessein d'insérer dans ce receuil différents mémoires d'algèbre. Je n'ai pu remplir cet engagement pendant la durée d'un voyage considérable entrepris pour l'interêt des lettres et par ordre du governement" [see BN MFF 22510/48–50, and the draft in 72–73].

[62]Fourier had mentioned the problems of defining surfaces and their curvature first at Monge's early meetings at the Ecole Normale. [See *1800a*. The early (?) manuscript BN MFF 22519/23–33 deals with the curvature of lines.]

mentioned later by Sylvestre François Lacroix (1765–1843), the chief mathematics textbook writer of the day.[63] He continued to look for problems in rational mechanics, especially related to the analysis of friction;[64] but at some stage during his early years at Grenoble (or even perhaps in Egypt), he turned his back on mechanics altogether and took up a completely new problem—the diffusion of heat.

Fourier never described how or when he came to be motivated to this problem, though it seems likely that he simply saw it as one of the unsolved problems of his time rather than that some significant event brought it to his attention. He apparently began to obtain results with his n-body analysis during the period 1802–1804, found difficulties which we describe later, and does not seem to have found his new approach to the problem until the latter half of 1804. Then, during the next three years he achieved in the brief intervals of research time available to him the main body of his contributions to mathematical physics; and between September 1807 and February 1808 he forsook his prefectural duties for what he described as "an occupation prescribed by the government."[65] Presumably he convinced them of the necessity for extended Egyptological research in the capital; certainly he used some of the time to write up his results on heat diffusion,[66] and present them to the

---

Lancret's papers are "Mémoire sur les courbes à double courbure," *Mémoires présentés à l'Institut de France par divers savans*, (1) 1 (1805), 416–454 [read April 1802; for reference to Fourier see p. 420] and "Sur les devéloppoïdes des courbes planes, des courbes à double courbures et des surfaces devéloppables," ibid., (1) 2 (1811), 1–79. For commentary see R. Taton, *L'oeuvre scientifique de Monge* (1951, Paris), 236–239.

[63]S. F. Lacroix, *Traité du calcul différentiel et du calcul intégral* (2nd edition), 1 (1810), 503–505 and 633.

[64]Many of the mechanics manuscripts in BN MFF 22520 which are not of Fourier's Egyptian period would appear, by the handwriting, to belong to Fourier's early years at Grenoble. On friction, see folios 56–104, and also the paper on elastic bodies dated January–February 1804 in folios 106–107.

[65]According to his list of absences: see G. Letonnelier *1923a*, 137–138. During his preparation Fourier corresponded with Pierre Prevost (1751–1839), who was also interested in heat, concerning the latest works on the subject [see A. L. Champollion-Figeac *1881a*, 288–289]. His manuscripts occasionally deal with Prevost's work: see, for example, BN MFF 22525/105.

[66]See A. L. Champollion-Figeac *1881a*, 375–376 for a letter from Fourier at Grenoble to the minister of the interior announcing the need to work on his introductory paper for the Egypt volumes, and also mentioning the intention of presenting *and publishing* a work on the theory of heat. The date given by Champollion-Figeac to this letter—1 January 1808—however, must be a mistake, as Fourier had certainly presented his paper by then

Institut de France on 21 December 1807.[67] The *secrétaire perpétuel* for the mathematical and physical sciences was the astronomer Jean Baptiste Joseph Delambre (1749–1822), and he asked Lagrange, Laplace, Lacroix, and Monge to examine the paper. Monge would surely have supported the work of his protégé, and we shall see later that Laplace and Lacroix were certainly in favor; but Lagrange was adamant in his rejection of several of its features (especially the "Fourier series") and thus of the paper altogether. So the public saw only an unenthusiastic five-page summary and review by Siméon Denis Poisson (1781–1840), one of the rising young scientists in Paris who was interested in heat diffusion himself.[68] Fourier sent a note to Lagrange on the convergence of his trigonometric series[69] and a supplementary paper on the same subject to the Institut de France;[70] in October 1809 he submitted to the Institut de France a short nonmathematical paper on the general features of the 1807 manuscript together with a set of extended footnotes on points raised by the examiners.[71] He may well have sent in additional supplementary papers too (although no others have survived), for at the back of the 1807 manuscript is a note written by Delambre which reads as follows:

"Notes jointés au mémoire sur la propagation de la chaleur remises à Mm. Lg. [Lagrange] et Lp. [Laplace] mars et Sep^{bre} 1808, 8bre [Octobre] 1809. Convergence des séries, diffusion de la chaleur dans un prisme infine, émission des rayons à la surface et constructions remarquables, formes générales.

"Notes diverses: nature des équations déterminées, températures terrestres périodiques."

Topics such as surface emission and terrestrial temperatures are not covered by the surviving papers, and belong to Fourier's later interests in heat: they were also mentioned by Fourier himself in a note which he put at the end of the publica-

---

and was still in Paris. [See, for example, the letter of 4 January 1808 by Jacques Champollion-Figeac to his brother Jean in Paris inquiring after Fourier, on pp. 396–397.]

[67]See the minutes of the meeting in *Procès-Verbaux*, 3, 632.

[68]J. B. J. Fourier *1808a*.

[69]The manuscript is now with Lagrange's papers in the library at the Institut de France in Paris [*Anciens et nouveaux fonds*, volume 906, folio 103].

[70]J. B. J. Fourier *Convergence*. The paper is now with the 1807 manuscript.

[71]J. B. J. Fourier *Extrait* and *Notes*. Both papers (of which only the first ten pages of the *Extrait* have survived) are now with the 1807 manuscript.

tion of his prize paper of 1811.[72] But they can have made little difference to the general situation. Fourier wrote to Delambre asking for the date of publication of the 1807 manuscript, and Delambre assured him that something would be done. . . .[73] But nothing happened: Lagrange was unrepentant.

---

[72]J. B. J. Fourier 1811 paper, part 2, 245–246; *Oeuvres*, 2, 93–94.

[73]See BN MFF 22529/121 for the exchange of notes between Fourier and Delambre.

2 Editing Fourier's Manuscript

Fourier's manuscript is in a bound volume measuring $25\frac{1}{2}$ cm by 40 cm (10 in. by $15\frac{1}{2}$ in.). The paper itself is complete and covers 234 sides, but only the first six pages of the table of contents at the end have survived and we have not included it in the edition. The papers sent by Fourier to the Institut de France in 1808 and 1809 (of which only the first 10 pages of the *Extrait* are extant) lie inside the back cover. The whole work shows signs of considerable wear, doubtless incurred by Fourier himself during his preparation of his prize paper and the book; he recorded that it was kept in the archives of the Académie des Sciences during his later years,[1] and then presumably it passed to Navier and at some stage came to the library of the Ecole Nationale des Ponts et Chaussées in Paris.

In an unpublished note now in the collection at the Bibliothèque Nationale, Fourier described the preparation of the manuscript. Apparently it was all done in Paris by several public copyists during December 1807, before its presentation to the Institut de France on the twenty-first; the final editing of the text, the drawing of the excellent diagrams, and the preparation of the table of contents were carried out by his prefectural assistant, Ambroise Auguste Lepasquier.[2] There were also various alterations and additions made by Fourier himself, but the drafts from which the copyists worked have not survived. Neither has the extract which he actually read at the meeting of the Institut de France (if in fact he read from a prepared text at all); but on the other hand the other manuscript sources are at hand, and we have followed various principles in editing both the 1807 manuscript and extracts from other manuscripts for publication.

Given the hurried circumstances of the preparation of the paper, M. Lepasquier and his team did a fine job; but inevitably there were many shortcomings and inaccuracies in the rendition of a complicated text by men of limited scientific acquaintance. Had Fourier been able to publish the work for himself he would have done some editorial work of his own before committing it to the firm of Firmin Didot, printers for the Institut de France; but it is impossible to say exactly what he would have done, and our

---

[1] J. B. J. Fourier *1831d*, 136–137 and 144; *Oeuvres*, 2, 201 and 208.

[2] See BN MFF 22529/125.

own procedures must not be taken as a substitute. Thus we present below a "printing version" of the manuscript, rather than its author's own decided intentions. There are guidelines provided by the text of the 1811 prize paper, and to a lesser extent, the *Théorie* of 1822, which at times are closely related to our text; but we have not made complete imitations of these works, as even in basically identical passages minor differences of intention are evident in the manuscript, or the published works themselves lack clarity of layout. We may describe our editorial treatment under four main headings:

1. We give the text of the manuscript complete, but in general we have not indicated specifically the minor deletions and alterations made by Fourier (which appear to be concerned with small points of expression) or the very occasional additions that he made himself in the body of the text. We indicate the original pagination by means of a double line ‖ in the text with the page number in the margin.

2. We have preserved the notations of the equations, and features of their layout which have been indicated (apart from a few modifications to reduce printing costs); but often text and equations read on continuously and so we have felt bound to introduce orthodox styles of presentation. The copying mistakes that occur in the equations have also been corrected and we have omitted the occasional dittograph.

3. We have amended the bad or even nonexistent punctuation—the chief defect of the manuscript—in order to lend intelligibility to the text. We have also tried to impose a certain amount of consistency in the spelling: the French language at the time was in a state of general change, especially in the declining use of the subjunctive mood and in many individual features of spelling, and the conventions used in the manuscript changed with the change of public copyist. Fourier's own additions show him in general to have been less conservative than his assistants, and we have used the style of French then evident in the *Mémoires* and other journals of the Institut de France, and especially in the text of the 1811 paper. This French is close to the modern conventions of spelling and avoidance of the subjunctive; but it also makes greater use of the circumflex such as in "vîtesse" or "paraît," and the mutation ¨, as in "coïncider" or "coëfficient," for example. Sometimes Fourier

used both old and new spelling conventions, such as with "fesant" and "faisant," and "devant" as an alternative to "devenant"; he also spelled words like "de-là" and "par-là" both with and without the hyphen, and spelled "en sorte" as one and as two words.

4. We have commented on particular points of interest of the text in footnotes, and have also supplemented Fourier's own cross-references (which themselves sometimes require completion) with the page locations of this book. In footnotes we have completed his vague references to the works of others, insofar as it is possible to tell exactly what work he had in mind. All our own footnotes to the text are prefaced by "[Ed.]," while Fourier's own occasional footnotes have been prefaced by "[J. F.]."

In order to indicate the nature and scope of all these editorial modifications, we have reproduced certain pages of the manuscript opposite the place of their appearance in the book.

Our introductory commentaries in each chapter are intended as general guides to the text that follows. They preserve the order of presentation of the text, with the article number placed in the margin at the end of the appropriate portion of the summary, and are followed by a comparative table of references between the 1805 draft (by folio numbers), the 1807 manuscript (by article numbers), the 1811 paper (by page numbers), and the *Théorie* (by article numbers). Sometimes the issues involved in a chapter go far beyond the immediate confines of Fourier's thought, when our introductions (and also, perhaps, closing remarks) have taken a more extended form.

Fourier's paper began with a short statement of its aims, formulating the general problem of heat diffusion as an analysis of the way in which a body passes from a given state of thermal disequilibrium to a uniform distribution of heat by diffusion both within its molecules and also into the surrounding atmosphere. As illustrations of the general problem he took experimental examples of a horizontal annulus heated at one point until a steady state is reached and then allowed to cool, and of a sphere removed into the atmosphere from a long immersion in a hot fluid; and he promised both the theoretical solution of such problems and their experimental verification.

Comparative references for this chapter

1805 draft: BN MFF 22525/109–109 bis.
1807 manuscript: introduction.
1811 paper: part 1, 185–193.
Théorie: arts. 1–21.

Sur la propagation de la Chaleur.

Mémoire sur la propagation de la chaleur avec notes séparées sur cette propagation—sur la convergence des séries sin. $x - \frac{1}{2}$ sin. $2x + \frac{1}{3}$ sin. $3x$ &c.—par M. Fourier. Mémoire présenté à l'Académie—29 octobre 1809.[3]

---

[3][Ed.]This note was written on a small piece of paper now attached to the sheet opposite p. 1 of the text. It seems to have been written by Delambre. The abbreviated title given on the reverse side of this sheet is reproduced on the facing page.

Lu le 21 X.bre 1807
Commissaires M.rs Lagrange
Laplace, Monge et Lacroix.

Delambre
S.re p.el

MS
1851

Théorie de la propagation de la Chaleur dans les Solides

Objet de cet Ouvrage.

Lorsque la chaleur est inégalement distribuée entre les différens points d'un corps solide, elle tend à se mettre en équilibre et passe successivement des parties qui sont plus échauffées dans celles qui le sont moins. En même tems la chaleur se dissipe d'elle-même par la surface et se perd dans le milieu ou dans le vuide. Cette tendance à une distribution uniforme, et ce refroidissement spontanée qui a lieu à la surface des corps, sont les deux causes qui changent à chaque instant la température des différens points. La question de la propagation de la chaleur consiste à déterminer quelle est la température de chaque point d'un corps à un instant donné. On suppose que les températures initiales soient connues, et on demande suivant quelle loi varient les températures. Les exemples suivans feront connoître plus clairement la nature de ces questions.

Supposons qu'un cercle ou anneau métallique, dont le plan est horizontal, soit exposé à la flamme d'un foyer dans une partie de sa circonférence. L'action de ce foyer étant durable et uniforme, les autres parties s'échaufferont continuellement, et, après un certain tems, chaque point de l'anneau aura acquis presqu'entièrement la plus haute température à laquelle il puisse parvenir. Cette limite, ou maximum de température, n'est pas la même pour tous les points. Elle est d'autant moindre qu'ils sont plus éloignés de ceux où le foyer est immédiatement appliqué.

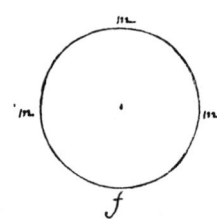

La ligne $f\,m\,m\,m\,m\,f$ représente la circonférence moyenne de l'anneau, c'est-à-dire, celle qui joint tous les centres des sections circulaires, faites par des plans perpendiculaires au plan de l'anneau, et qui passent par le centre de cet anneau. Le diamètre de cette section est assez petit pour qu'on puisse sans erreur sensible, regarder comme égales les températures des différens points d'une même section. Le point f est celui au dessous duquel le foyer se trouve placé.

Lorsque les températures sont devenues permanentes, le foyer transmet à chaque instant une quantité de chaleur qui compense exactement celle qui se dissipe par la surface dans tous les points de l'anneau.

Si maintenant on supprime le foyer, la chaleur continuera de se propager dans l'intérieur du solide, mais celle qui se dissipe par la surface ne sera plus remplacée par

1 ‖ Lû le 21 X^bre 1807
Commissaires M^rs LaGrange, LaPlace, Monge et LaCroix.
Delambre
Sec. pptl.⁴

Objet de cet ouvrage.

Théorie de la propagation de la chaleur dans les solides

Lorsque la chaleur est inégalement distribuée entre les différents points d'un corps solide, elle tend à se mettre en équilibre et passe successivement des parties qui sont plus échauffées dans celles qui le sont moins. En même temps la chaleur se dissipe d'elle-même par la surface et se perd dans le milieu ou dans le vide. Cette tendance à une distribution uniforme, et ce refroidissement spontanée qui a lieu à la surface des corps, sont les deux causes qui changent à chaque instant la température des différents points. La question de la propagation de la chaleur consiste à déterminer quelle est la température de chaque point d'un corps à un instant donné. On suppose que les températures initiales soient connues, et on demande suivant quelle loi varient les températures. Les exemples suivants feront connaître plus clairement la nature de ces questions.

Supposons qu'un cercle ou anneau métallique, dont le plan est horizontal, soit exposé à la flamme d'un foyer dans une partie de sa circonférence. L'action de ce foyer étant durable et uniforme, les autres parties s'échaufferont continuellement, et, après un certain temps, chaque point de l'anneau aura acquis presqu'entièrement la plus haute température à laquelle il puisse parvenir. Cette limite, ou maximum de température, n'est pas la même pour tous les points. Elle est d'autant moindre qu'ils sont plus éloignés de ceux où le foyer est immédiatement appliqué.

La ligne *fmmmf* représente la circonférence moyenne de

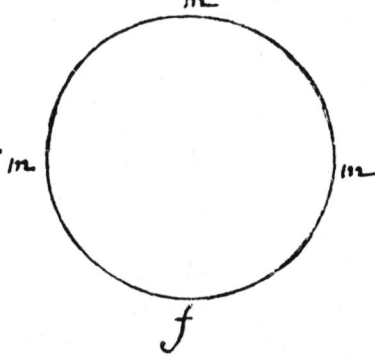

---

⁴[Ed.] A note written by Delambre. [See reproduction of p. 1 of the manuscript.]

l'anneau, c'est-à-dire, celle qui joint tous les centres des sections circulaires faites par des plans perpendiculaires au plan de l'anneau, et qui passent par le centre de cet anneau. Le diamètre de cette section est assez petit pour que l'on puisse, sans erreur sensible, regarder comme égales les températures des différents points d'une même section. Le point f est celui au-dessous duquel le foyer se trouve placé.

Lorsque les températures sont devenues permanentes, le foyer transmet à chaque instant une quantité de chaleur qui compense exactement celle qui se dissipe par la surface dans tous les points de l'anneau.

Si maintenant on supprime le foyer, la chaleur continuera de se propager dans l'intérieur du solide, mais celle qui se dissipe par la surface ne sera plus remplacée par ‖ celle qui provenait du foyer, en sorte que toutes les températures varieront et diminueront continuellement, jusqu'à ce qu'elles soient devenues égales à celle du milieu.

Pendant que les températures sont permanentes et que le foyer subsiste, si on élève, en chaque point de la circonférence moyenne de l'anneau, une ordonnée perpendiculaire à son plan et dont la longueur soit proportionnelle au maximum de température en ce point, la ligne courbe qui passerait par les extrémités de ces ordonnées représentera l'état durable dont nous avons parlé plus haut, et il est facile de trouver par le calcul la nature de cette ligne. Mais lorsqu'on aura enlevé le foyer, la ligne qui termine les ordonnées proportionnelles aux températures des différents points changera continuellement de forme. La question consiste à exprimer par une équation les états successifs de cette courbe, et à comprendre ainsi dans une seule formule toutes les circonstances du refroidissement.

Si l'on place une sphère solide dans un milieu, entretenu à une température constante, et qu'elle y demeure long-temps plongée, elle acquerra dans tous ses points la température même du fluide. Supposons qu'on l'en retire pour l'exposer à un air plus froid, la chaleur commencera à se dissiper par sa surface. La température des différentes couches cessera d'être la meme, et chacune d'elles transmettra une certain quantité de chaleur à celle qui lui est immédiatement supérieure. Il s'agit d'exprimer par des formules analytiques les états successifs du corps qui se refroidit, en sorte que l'on puisse connaître, pour un instant donné, la température de chaque couche et la quantité de chaleur qui s'écoule entre deux couches contiguës, ou dans le milieu environnant.

Les deux exemples précédents donnent une idée suffisante des questions qui sont traitées dans ce mémoire; il a pour objet d'établir les principes mathématiques de la théorie de la chaleur, et de déterminer les effets de sa propagation dans les corps solides, par l'analyse des équations aux différences partielles. La difficulté principale provenait de l'imperfection actuelle de cette analyse. On est parvenu dans chaque question à l'intégrale convenable de l'équation qui exprime le mouvement de la chaleur et l'on a déterminé par une nouvelle méthode les constantes qui entrent dans ces intégrales et tiennent lieu de fonctions arbitraires.

Il était important de comparer cette théorie avec les faits observés. On a rapporté à la suite du mémoire quelques-unes des expériences qui ont été entreprises dans cette vue; elles fournissent ∥ des résultats conformes à ceux du calcul et concourent ainsi à lui donner une autorité qu'on eût été porté à lui refuser, dans une matière encore obscure et qui paraît sujette à tant d'incertitudes.[5]

---

[5][Ed.] Fourier's final sentence is rather cryptic: it would appear to refer both to the new study of the mathematical analysis of heat diffusion and perhaps also to some of the rivalries in this study that were then beginning to form.

3   First Steps: Heat Diffusion between Disjoint Bodies

The analysis of the diffusion of heat between disjoint bodies was Fourier's first attack on the problem, and possibly dates from his first years at Grenoble (that is, around 1802 or 1803). It was unsuccessful in the sense that it did not achieve the aim for which it was intended; but nevertheless it was a fine effort as far as it went and Fourier preserved it basically unchanged from the version in the 1805 draft through the 1807 manuscript to the prize paper of 1811 and the book. However, in the latter three accounts he did not explain in what way it was a failure, and in the final two he even relegated it to an obscure place in the body of the respective works. He formulated an artificial model of heat diffusion, placing his disjoint bodies *in vacuo* and transmitting heat between pairs of them by means of a surface layer which shuttled to and fro, removing heat instantaneously on contact with the hotter body of the pair and adding it in a similar fashion to the colder body. Thus the system was closed, and obeyed a heat conservation law in which the total heat gained by colder bodies equalled that lost by the hotter bodies. Heat transference itself was expressed as the product of the mass of the body (or layer), specific heat (taken to be unity), and change in temperature.

    Fourier started with the simplest possible example of this model: just two bodies of equal mass and unequal initial temperatures exchanging heat by means of a single shuttling layer. One factor in the problem was still missing from the model, however: the ability of the material of the bodies to conduct heat at all, expressible in a "coefficient of heat conductivity" K. He identified this coefficient with the rapidity of exchange of heat: if the shuttling layer was of mass dm and took dt to pass from one body to the other, then K was defined by the equation

(3.1)
$$\frac{K}{dm} = \frac{1}{dt}.$$

From there he was able to proceed to the first-order linear ordinary differential equations which gave the temperature of each body as a function of time, and then easily on to the solution of the two-body problem. But the introduction of K seems ad hoc; and the argument to show that it must be constant does little to dispel the impression.

Art. 1
Art. 2

3 First Steps: Heat Diffusion between Disjoint Bodies

Art. 3

Fourier's next problem was a generalization of its predecessor to the case of n equal bodies in a line, with shuttles moving between neighbors. This time he found n ordinary differential equations to represent the situation, whose integration was again straightforward; but while the determination of the "eigenvalues" for the full solution for each temperature required a measure of ingenuity which he could provide, he was able to proceed further only to form a system of n linear equations in terms of the initial temperatures for the n constants of integration. The inversion of the matrix to evaluate these constants proved to be beyond his powers, and so he contented himself with the explicit solution for the two- and three-body cases and then with remarks on the asymptotic behavior of the physical system. But he tried again, this time with the problem of n equal bodies placed in a circle, and, with the aid of a more sophisticated system of notation and a more amenable "eigenvalue" situation, he had far greater success. As before, he formed the differential equations, found their solution form, evaluated the eigenvalues of the system, and wrote down the general solution as a sum of n trigonometric-exponential terms:

Art. 4
Art. 5

Arts. 6–7

Art. 8

Art. 9
(3.2)
$$\alpha_j = \sum_{r=1}^{n} (A_r \sin(\overline{j-1}u_r) + B_r \cos(\overline{j-1}u_r)) \exp\left(-2\frac{K}{m}t(1-\cos u_r)\right),$$

where

(3.3)
$$u_r = \frac{2r\pi}{n};$$

but this time he found that the inversion of (3.2) to find the unknowns $A_1, B_1, A_2, B_2, \ldots$ in terms of the initial temperatures $a_1, a_2, \ldots$ after putting $t = 0$ there was within his capabilities, and by elimination through trigonometric identities he achieved a full formal solution:

Art. 10

Art. 11
$$\alpha_j = \frac{1}{n}\sum_{r=1}^{n} a_r + \frac{2}{n}\sum_{r=1}^{n}\left\{\left[\sin\left(\overline{j-1}\frac{2r\pi}{n}\right)\sum_{i=1}^{n} a_i \sin\left(\overline{i-1}\frac{2r\pi}{n}\right)\right.\right.$$
$$\left.+ \cos\left(\overline{j-1}\frac{2r\pi}{n}\right)\sum_{i=1}^{n} a_i \cos\left(\overline{i-1}\frac{2r\pi}{n}\right)\right]$$

(3.4)
$$\left.\times \exp\left(-\frac{2Kt}{m}\left(1-\cos\frac{2r\pi}{n}\right)\right)\right\}.$$

Arts. 12–13

In developing a discrete model of the continuous phenomenon by stages from the simplest case, Fourier followed an eighteenth-century technique for analogous problems.[1] But despite his achievements with the n-body cases, he studied the solutions only for these two examples, and then stopped. After all these successes the end seems sudden; but in fact he had reached a point from which only the investigation of special cases was possible. He had had greater aims in mind, but there was a defect in the reasoning which he could not detect; so he took it no further and did not even mention that there was a difficulty.

Comparative references for this chapter

1805 draft: BN MFF 22525/109 bis–122.
1807 manuscript: arts. 1–13.
1811 paper: part 1, 342–389.
Théorie: arts. 247–276.

---

[1] For commentary on some such analyses, see C. A. Truesdell, "The rational mechanics of flexible or elastic bodies 1638–1788," L. Euler *Opera Omnia*, (2)11, section 2 (1960, Zurich), 222–234, 263–273.

De la communication de la chaleur entre des masses disjointes.

1. De la communication de la chaleur entre deux corps.

La chaleur ne pénètre les corps que successivement, et l'on ne peut regarder la transmission comme instantanée que lorsqu'il s'agit de tranches d'une épaisseur infiniment petite, qui recevroient sur tous les points de leur surface la même quantité de chaleur. Nous examinerons, en premier lieu, comment la chaleur se distribue entre des corps d'une conductibilité parfaite. On reconnaîtra par la suite que ces résultats peuvent s'appliquer aux éléments infiniment petits des solides. L'analyse qui sert à déterminer les lois de la communication de la chaleur entre des masses disjointes a des rapports essentiels avec celle qui représente la propagation dans les corps continus, et on peut regarder la solution des questions suivantes comme une introduction à la théorie mathématique de la chaleur.

Supposons que deux masses cubiques m et m, d'égale dimension et de même matière, soient inégalement échauffées, que leurs températures respectives soient a et b, et qu'elles soient d'une conductibilité parfaite. Si l'on mettait ces deux corps en contact, la température deviendrait subitement égale, dans l'une et dans l'autre, à la température moyenne $\frac{1}{2}(a+b)$. Supposons que les deux masses ne se touchent point, mais qu'elles soient très-voisines; qu'une tranche infiniment petite du premier corps s'en détache pour se joindre au second, et qu'elle retourne au premier immédiatement après le contact. En continuant ainsi de se porter alternativement et dans des instants égaux et infiniment petits de l'une des masses à l'autre, la tranche interposée fait passer successivement la chaleur du corps le plus échauffé dans celui qui l'est moins.

Il s'agit de déterminer quelle est, après un temps donné, la température de chaque corps; au reste, on ne suppose point que la transmission de la chaleur dans les solides s'opère d'une manière analogue à celle que l'on vient de décrire; ce premier problème et les deux suivants ne doivent être considérés que comme des questions abstraites et accessoires.

On remarquera d'abord que, chacune des deux masses jouissant d'une conductibilité parfaite, la quantité de chaleur contenue dans la tranche infiniment petite s'ajoute subitement à celle du corps avec lequel elle est en contact, et il en résulte une température commune égale au ‖ quotient de la somme des quantités de chaleur par la somme des masses.

Soit dm la masse de la tranche infiniment petite, qui se sépare du corps le plus échauffé, dont la température est a; soient α et β les températures variables qui correspondent au temps t, et qui ont pour valeurs initiales a et b.

Lorsque la tranche dm se sépare de la masse m, qui devient $m - dm$, elle a comme cette masse la température α; et dès qu'elle touche le second corps affecté de la température β, elle prend en même temps que lui une température égale à $\dfrac{m\beta + \alpha dm}{m + dm}$, c'est-à-dire, au quotient de la somme des quantités de chaleur divisée par la somme des masses. La tranche dm, retenant cette dernière température, retourne au premier corps dont la masse est $m - dm$ et la température α; on trouvera donc pour la température après le second contact:

$$\dfrac{\alpha[m-dm] + \dfrac{m\beta + \alpha dm}{m+dm} dm}{m}, \qquad \text{ou} \qquad \dfrac{\alpha m + \beta dm}{m + dm}.$$

Les températures variables α et β sont donc devenues après l'instant dt, $\dfrac{\alpha m + \beta dm}{m + dm}$ et $\dfrac{\beta m + \alpha dm}{m + dm}$, ou, développant selon les puissances de dm, en retenant la première seulement,

$\alpha - [\alpha - \beta]\dfrac{dm}{m}$ et $\beta + [\alpha - \beta]\dfrac{dm}{m}$; on a donc:

$$d\alpha = -[\alpha - \beta]\dfrac{dm}{m} \qquad \text{et} \qquad d\beta = [\alpha - \beta]\dfrac{dm}{m}.$$

Ainsi la masse qui avait la température initiale β a reçu dans un instant une quantité de chaleur égale à $md\beta$, ou $[\alpha - \beta]dm$, laquelle a été perdue dans le même temps par la première masse.

On voit par-là que la quantité de chaleur qui passe en un instant du corps plus échauffé dans celui qui l'est moins, est, toutes choses d'ailleurs égales, proportionnelle à la différence actuelle de la température de ces deux corps.

Le temps étant divisé en intervalles égaux, la quantité infiniment petite dm pourra être remplacée par Kdt, K étant le nombre des unités de masse dont la somme contient dm autant de fois que l'unité de temps contient dt, ensorte que l'on ait

$\dfrac{K}{dm} = \dfrac{1}{dt}$ ou $dm = Kdt$. On obtient ainsi les équations

$$d\alpha = -[\alpha - \beta]\frac{K}{m} dt \quad \text{et} \quad d\beta = [\alpha - \beta]\frac{K}{m} dt.$$

Si on attribuait une plus grande valeur au volume *dm* qui sert, pour ainsi dire, à puiser la chaleur de l'un des corps pour la porter à l'autre, la transmission serait plus prompte; il faudrait, pour exprimer cette condition, augmenter dans la même raison la valeur de *K* qui entre dans les équations. On pourrait aussi conserver la valeur de *dm*, et supposer que cette tranche accomplit, dans un temps donné, un plus grand nombre d'oscillations, ce qui serait encore indiqué par une plus grand valeur de *K*. Ainsi ce coëfficient représente en quelque sorte la vîtesse de la transmission, ou la facilité avec laquelle la chaleur passe de l'un des corps dans l'autre, c'est-à-dire, leur ‖ conductibilité réciproque.

En ajoutant les deux équations précédentes, on a $d\alpha + d\beta = 0$, ou $\alpha + \beta = $ const. $= a + b$.

Si on retranche l'une des équations de l'autre on trouvera

$$d\alpha - d\beta + 2[\alpha - \beta]\frac{K}{m} dt = 0,$$

et faisant $\quad \alpha - \beta = y,$

$$dy + 2\frac{K}{m} y\, dt = 0;$$

intégrant et déterminant la constante par la condition que la valeur initiale soit $a - b$, on a

$$y = [a-b]\, e^{-2\frac{K}{m}t}.$$

La différence *y* des températures diminue donc comme l'ordonnée d'une logarithmique, ou comme les puissances successives de la fraction $e^{-2\frac{K}{m}}$. On a pour les expressions de α et β

$$\alpha = \tfrac{1}{2}[a+b] + \tfrac{1}{2}[a-b]\, e^{-2\frac{K}{m}t},\ \beta = \tfrac{1}{2}[a+b] - \tfrac{1}{2}[a-b]\, e^{-2\frac{K}{m}t}.$$

Supposons que les deux parties *aa* et *bb* d'une droite représentent [Fig. 1] les deux températures initiales, et qu'on

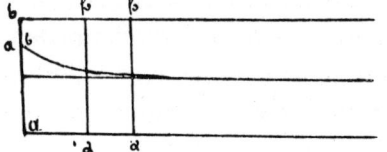

[Fig. 1]

élève une perpendiculaire sur le milieu de cette droite, ainsi que deux autres aux extrémités, il faudra par le point qui sépare les deux parties aa et bb décrire une logarithmique qui aura pour asymptote la perpendiculaire sur le milieu, et dont la figure dépend de la valeur de $\frac{K}{m}$.

Une interceptée $\alpha\beta$, entre les deux perpendiculaires extrêmes, est divisée par la courbe en parties inégales qui déterminent, après un temps donné, les températures variables α et β. Cette figure rend sensible la loi suivant laquelle les températures des deux corps tendent à devenir égales.

2. Remarque sur la valeur du coëfficient qui mesure la conductibilité.

On suppose dans ce qui précède que la masse infiniment petite dm, par le moyen de laquelle s'opère la transmission, est toujours la même partie de l'unité de masse, ou, ce qui est la même chose, que le coëfficient K, qui mesure la conductibilité réciproque, est une quantité constante. Pour rendre la recherche dont il s'agit plus générale, il faudrait considérer le coëfficient K comme une fonction des deux températures actuelles α et β; on aurait alors les deux équations:

$$d\alpha = -[\alpha-\beta]\frac{K}{m}dt, \quad \text{et} \quad d\beta = [\alpha-\beta]\frac{K}{m}dt,$$

dans lesquelles K serait égal à $\phi[\alpha, \beta]$.

Dans ce cas la courbe qui détermine à chaque instant les valeurs des ordonnées α et β n'est point nécessairement une logarithmique, mais elle a encore pour asymptote la perpendiculaire élevée sur le milieu de la droite ab. Il s'agit maintenant de connaître la nature de la dernière partie de cette courbe, ou de son cours infini, qui s'approche continuellement de l'asymptote. Cette branche infinie de la courbe représente la loi que suivent les températures finales α et β dans l'état extrême pendant lequel elles tendent à devenir égales.

Pour cela on désignera par une nouvelle indéterminée, y, la différence $\|$ entre α et la dernière température $\frac{1}{2}[a+b]$ ou c. Une autre indéterminée z désignera la différence $c-\beta$; on substituera au lieu de α et β leurs valeurs $c-y$ et $c-z$, et comme il ne s'agit que de trouver les valeurs de y et de z, lorsqu'on les suppose infiniment petites, on ne doit retenir dans les résultats des substitutions que la première puissance de y et de z.

On trouve en substituant les valeurs de α et β les deux équations:

$$-dy = -[z-y]\frac{K}{m}\phi\{c-y, c-x\}\,dt \text{ et } dz = \frac{K}{m}[z-y]\phi\{c-y, c-z\}dt.$$

En développant les quantités qui sont sous le signe ϕ, et rejettant les puissances supérieures de y et de z, on trouvera les équations:

$$dy = [z-y]\frac{\phi[c,c]\,dt}{m} \quad \text{et} \quad dz = -[z-y]\frac{\phi[c,c]\,dt}{m}$$

qui, étant retranchées l'une de l'autre, donnent

$$d[z-y] + 2[z-y]\frac{\phi[c,c]\,dt}{m} = 0.$$

La quantité $\phi[c,c]$ étant constante, quelle que soit la fonction ϕ, il s'ensuit que l'équation précédente donnera, pour la valeur de la différence $z-y$, un résultat semblable à celui que l'on a trouvé plus haut pour la valeur de $\alpha - \beta$. C'est pourquoi la courbe dont il s'agit de trouver la branche asymptotique finit par se confondre dans cette partie de son cours avec une logarithmique; elle ne dépend de l'espèce de la fonction ϕ que dans sa première partie.

L'examen précédent fait voir que si le coëfficient K, que l'on avait d'abord supposé constant, était représenté par une fonction quelconque des températures variables, les derniers changements qu'éprouvent ces températures pendant un temps infini seraient encore assujettis à la même loi que si la conductibilité réciproque était constante.

3. De la communication de la chaleur entre plusieurs corps. Equations différentielles qui expriment les variations de températures.

Il s'agit actuellement de déterminer les lois de la propagation de la chaleur dans un nombre quelconque de masses égales qui ont actuellement des températures différentes.

Supposons qu'un nombre n de masses prismatiques, dont chacune est égale à m, sont rangées sur une même ligne droite et affectées de températures différentes $a, b, c, d, \ldots$ &c, que des tranches infiniment petites qui ont chacune la masse dm se séparent de ces différents corps, excepté du dernier, et se portent en même temps du premier au second, du second au troisième, du troisième au quatrième, ainsi de suite; qu'aussitôt après le contact, ces mêmes tranches retournent aux masses dont elles s'étaient séparées. Ce double mouvement ayant lieu autant de fois qu'il y a d'instants infiniment petits dt, on demande à quelle loi sont assujettis les changements de température?

Soient $\alpha, \beta, \gamma, \delta, \ldots \psi, \omega$ les valeurs variables qui correspondent au même temps t, et qui ont succédé aux valeurs initiales $a, b, c, d, \ldots$ &c. ‖ Lorsque les tranches dm se seront séparées des $\overline{n-1}$ premières tranches et mises en contact avec les masses voisines, il est aisé de voir que les températures seront devenues:

$$\frac{\alpha[m-dm]}{m-dm}, \quad \frac{\beta[m-dm]+\alpha dm}{m}, \quad \frac{\gamma[m-dm]+\beta dm}{m},$$

$$\frac{\delta[m-dm]+\gamma dm}{m} \ldots \frac{\omega m + \psi dm}{m+dm},$$

ou

$$\alpha, \qquad \beta+[\alpha-\beta]\frac{dm}{m}, \qquad \gamma+[\beta-\gamma]\frac{dm}{m},$$

$$\delta+[\gamma-\delta]\frac{dm}{m} \quad \cdots \quad \omega+[\psi-\omega]\frac{dm}{m},$$

en observant qu'on ne doit point écrire les termes qui contiendraient une puissance supérieure de dm.

Lorsque les tranches dm seront revenues à leur première place on trouvera les valeurs des nouvelles températures en suivant la même règle, qui consiste à diviser la somme des quantités de chaleur par la somme des masses, et l'on aura pour les valeurs de $\alpha, \beta, \gamma, \delta, \ldots \omega$ après l'instant dt:

$$\alpha-[\alpha-\beta]\frac{dm}{m}, \ldots \beta+\overline{[\alpha-\beta]-[\beta-\gamma]}\frac{dm}{m}, \ldots$$

$$\gamma+\overline{[\beta-\gamma]-[\gamma-\delta]}\frac{dm}{m}, \ldots \omega+[\psi-\omega]\frac{dm}{m}.$$

Le coëfficient de $\frac{dm}{m}$ étant la différence de deux différences consécutives, on supposera que le terme α est précédé d'un terme égal à α et que le terme ω est suivi d'un terme égal à ω. On aura par conséquent, en substituant Kdt à dm, les équations suivantes:

(E)
$$d\alpha = \frac{K}{m} dt \, [\,[\beta - \alpha] - [\alpha - \alpha]\,]$$

$$d\beta = \frac{K}{m} dt \, [\,[\gamma - \beta] - [\beta - \alpha]\,]$$

$$d\gamma = \frac{K}{m} dt \, [\,[\delta - \gamma] - [\gamma - \beta]\,]$$

. . . .

$$d\omega = \frac{K}{m} dt \, [\,[\omega - \omega] - [\omega - \psi]\,].$$

4. Intégration de ces équations.

Pour intégrer ces équations on fera, suivant la méthode connue:

$$\alpha = a_1 e^{ht}, \ \beta = a_2 e^{ht}, \ \gamma = a_3 e^{ht}, \ \delta = a_4 e^{ht}, \ldots \omega = a_n e^{ht},$$

$h, a_1, a_2, a_3, \ldots a_n$ étant des quantités constantes qu'il faudra déterminer.

Les substitutions étant faites, on aura les équations suivantes:

(e)
$$a_1 h = \frac{K}{m} [a_2 - a_1]$$

$$a_2 h = \frac{K}{m} [\,[a_3 - a_2] - [a_2 - a_1]\,]$$

$$a_3 h = \frac{K}{m} [\,[a_4 - a_3] - [a_3 - a_2]\,]$$

$$a_4 h = \frac{K}{m} [\,[a_3 - a_4] - [a_4 - a_3]\,]$$

. . . .

$$a_n h = \frac{K}{m} [\,\cdots - [a_n - a_{n-1}]\,].$$

Si l'on regarde a_1 comme une quantité connue, on trouvera facilement l'expression de a_2 en a_1 et h, puis celle de a_3 en a_1 et h, ... Il est de même de toutes les autres indéterminées $a_4, a_5, \ldots$ &c. Il faut remarquer que la première de ces équations peut être écrite sous cette forme:

$$a_1 h = \frac{K}{m} [\,[a_2 - a_1] - [a_1 - a_0]\,]$$

et la dernière sous cette forme:

$$a_n h = \frac{K}{m}[[a_{n+1} - a_n] - [a_n - a_{n-1}]],$$

∥ pourvu que l'on retienne ces deux conditions $a_0 = a_1$ et $a_n = a_{n+1}$.

La valeur de a_2 contiendra la première puissance de h. La valeur de a_3 contiendra la seconde puissance de h: ainsi de suite jusqu'à a_{n+1}, qui contiendra la $n^{\text{ème}}$ puissance de h. Cela posé, a_{n+1} devenant être égal à a_n, on aura pour déterminer h une équation du $n^{\text{ème}}$ degré et a_1 demeurera indéterminée.

Il suit de-là que l'on pourra trouver pour h un nombre n de valeurs, et que d'après la nature des équations linéaires, la valeur générale de α sera composée d'un nombre n de termes, en sorte que les quantités $\alpha, \beta, \gamma, \ldots$ seront déterminées de la manière la plus générale possible au moyen des équations:

$$\alpha = a_1 e^{ht} + a_1' e^{h't} + a_1'' e^{h''t} + \cdots$$

$$\beta = a_2 e^{ht} + a_2' e^{h't} + a_2'' e^{h''t} + \cdots$$

$$\gamma = a_3 e^{ht} + a_3' e^{h't} + a_3'' e^{h''t} + \cdots$$

$$\delta = a_4 e^{ht} + a_4' e^{h't} + a_4'' e^{h''t} + \cdots$$

$$\cdots\cdots\cdots\cdots\cdots\cdots\cdots\cdots\cdots\cdots\cdots$$

$$\omega = a_n e^{ht} + a_n' e^{h't} + a_n'' e^{h''t} + \cdots.$$

Les valeurs $h, h', h'', \ldots$ sont en nombre n et égales aux n racines de l'équation algébrique du $n^{\text{ème}}$ degré en h, qui a, comme on le verra plus bas, toutes ses racines réelles. Les coëfficients de la première équation $a_1, a_1', a_1'', a_1''', \ldots$ sont arbitraires; quant aux coëfficients des lignes inférieures, ils sont déterminés par un nombre n de systèmes d'équations semblables aux équations précédentes (e).

Ecrivant la lettre q au lieu de $\dfrac{hm}{K}$, on aura les équations suivantes:

$$a_0 = a_0 = a_1$$

$$a_1 = a_1$$

$$a_2 = a_1[q+2] - a_0$$

$$a_3 = a_2[q+2] - a_1$$
$$a_4 = a_3[q+2] - a_2$$
$$a_5 = a_4[q+2] - a_3$$
. . . .
$$a_{n+1} = a_n[q+2] - a_{n-1}.$$

On voit que ces quantités appartiennent à une série récurrente dont l'échelle de relation a les deux termes $q+2$ et -1. On pourra donc exprimer le terme général a_m par l'équation:

$$a_m = A \sin. mu + B \sin. (m-1)u,$$

en déterminant convenablement les quantités A, B et u. On trouvera d'abord A et B, en supposant m égal à zéro et ensuite égal à 1, ce qui donne

$$a_0 = -B \sin. u \quad \text{et} \quad \| \; a_1 = A \sin. u$$

et par conséquent

$$a_m = \frac{a_1}{\sin. u} \sin. [mu] - \frac{a_1}{\sin. u} \sin. \overline{m-1}u.$$

En substituant ensuite les valeurs de a_m, a_{m-1}, a_{m-2} dans l'équation générale

$$a_m = a_{m-1}[q+2] - a_{m-2},$$

on trouvera

$$\sin. mu = \overline{q+2} \sin. [\overline{m-1} . u] - \sin. [\overline{m-2} . u].$$

En comparant cette équation à celle-ci:

$$\sin. mu = 2 \cos. u \sin. [\overline{m-1} . u] - \sin. [\overline{m-2} . u],$$

qui exprime une propriété connue des sinus d'arcs en progression arithmétique, on en conclut

$$q+2 = 2 \cos. u \quad \text{ou} \quad q = -2 \text{ sinus vers. } u.[2]$$

Il ne reste plus qu'à déterminer la valeur de l'arc u.

---

[2] [Ed.] The notation "sinus vers." denotes the versed sine, defined by: sinus vers. $\theta = 1 - \cos \theta$. Fourier usually writes it from now on as "sin. V."

La valeur générale de a_m étant

$$\frac{a_1}{\sin. u.} [\sin. mu - \sin. \overline{m-1}. u],$$

on aura pour satisfaire à la condition $a_{n+1} = a_n$ l'équation suivante:

$$\sin. \overline{n+1}. u - \sin. nu = \sin. nu - \sin. \overline{n-1}u$$

ou

$$[\cos. u - 1] \sin. [nu] = 0,$$

d'où l'on tire

$$\sin. nu = 0, \quad \text{ou} \quad u = i\frac{\pi}{n},$$

π étant la demi-circonférence et i un nombre entier quelconque $0, 1, 2, 3, 4, 5, \ldots \overline{n-1}$. On en peut déduire les n valeurs de q ou $\frac{hm}{K}$. Ainsi toutes les racines de l'équation en h qui donnent les valeurs de $h, h', h'', h''', \ldots h^{(n)}$ sont réelles, négatives et fournies par les équations:

$$h = -2\frac{K}{m}\sin. \text{V.} \left[0\frac{\pi}{n}\right]$$

$$h' = -2\frac{K}{m}\sin. \text{V.} \left[1\frac{\pi}{n}\right]$$

$$h'' = -2\frac{K}{m}\sin. \text{V.} \left[2\frac{\pi}{n}\right]$$

$$h''' = -2\frac{K}{m}\sin. \text{V.} \left[3\frac{\pi}{n}\right]$$

. . . .

$$h^{[n-1]} = -2\frac{K}{m}\sin. \text{V.} \left[n-1.\frac{\pi}{n}\right].$$

Supposons donc qu'on ait divisé la demi-circonférence π en un nombre n de parties égales, et que l'on prenne pour former l'arc u un nombre entier i de ces parties, i étant moindre que n; on satisfera aux équations différentielles (E), en choisissant pour a_1 une quantité quelconque et faisant:

$$\alpha = a_1 \frac{\sin. 1u - \sin. 0u}{\sin. u} \quad e^{-2\frac{K}{m}t\sin. \text{V.} u}$$

$$\beta = a_1 \frac{\sin. 2u - \sin. 1u}{\sin. u} e^{-2\frac{K}{m}t\sin. V. u}$$

$$\gamma = a_1 \frac{\sin. 3u - \sin. 2u}{\sin. u} e^{-2\frac{K}{m}t\sin. V. u}$$

. . . .

$$\omega = a_1 \frac{\sin. nu - \sin. \overline{n-1}u}{\sin. u} e^{-2\frac{K}{m}t\sin. V. u}.$$

Comme il y a un nombre n d'arcs différents que l'on peut prendre pour u, savoir: $0\frac{\pi}{n}, 1\frac{\pi}{n}, 2\frac{\pi}{n}, 3\frac{\pi}{n}, \cdots (n-1)\frac{\pi}{n}$, il y a aussi un nombre n des systèmes de valeurs particulières pour α, $\beta, \gamma, \delta, \ldots \omega$, et les valeurs les plus générales de ces variables sont les sommes de ces valeurs particulières.

On voit d'abord que si l'arc u est nul, les quantités qui multiplient a_1 dans les valeurs de $\alpha, \beta, \gamma, \delta, \ldots \omega$ deviennent toutes égales à l'unité; car $\frac{\sin. 2u - \sin. u}{\sin. u}$, qui se réduit à $\frac{0}{0}$, a pour valeur exacte 1 lorsque l'arc est nul. Il en est de même des quantités qui se trouvent dans les ‖ équations suivantes. On conclut de là qu'il doit entrer dans les valeurs générales de $\alpha, \beta, \gamma, \delta, \ldots \omega$ des termes constants qui sont tous égaux.

De plus, en ajoutant toutes les valeurs particulières correspondantes de $\alpha, \beta, \gamma, \ldots \omega$, on aura

$$\alpha + \beta + \gamma + \cdots \omega = a_1 \frac{\sin. nu}{\sin. u} e^{-2\frac{K}{m}t\sin. V. u},$$

équation dont le $2^{\text{ème}}$ membre se réduit à zéro toutes les fois que l'arc u n'est pas nul. Mais dans ce cas on trouvera pour la valeur de $\frac{\sin. nu}{\sin. u}$ l'expression $\frac{0}{0}$, dont la valeur est n. On a donc en général

$$\alpha + \beta + \gamma + \cdots \omega = na_1.$$

Or, les valeurs initiales des variables étant $a, b, c, d, \ldots$ &c., il est nécessaire que l'on ait

$$na_1 = a + b + c + d + \cdots \text{&c.}$$

Il en résulte que le terme constant qui doit entrer dans chacune des valeurs générales de $\alpha, \beta, \gamma, \ldots, \omega$ est $\frac{1}{n}[a+b+c+d+\cdots]$, c'est-à-dire, la température moyenne entre toutes les températures initiales $a, b, c, d \ldots$.

Les valeurs générales de $\alpha, \beta, \gamma, \ldots \omega$ sont exprimées par les équations suivantes:

$$\alpha = \frac{1}{n}[a+b+c+\cdots] + a_1 \frac{\sin. u - 0}{\sin. u} e^{-2\frac{K}{m}t\sin. V. u}$$

$$+ b_1 \frac{\sin. u' - 0}{\sin. u'} e^{-2\frac{K}{m}t\sin. V. u'} + c_1 \frac{\sin. u'' - 0}{\sin. u''} e^{-2\frac{K}{m}t\sin. V. u''} + \ldots \&c.$$

$$\beta = \frac{1}{n}[a+b+c+\cdots] + a_1 \frac{\sin. 2u - \sin. u}{\sin. u} e^{-2\frac{K}{m}t\sin. V. u}$$

$$+ b_1 \frac{\sin. 2u' - \sin. u'}{\sin. u'} e^{-2\frac{K}{m}t\sin. V. u'} + \ldots$$

$$\gamma = \frac{1}{n}[a+b+c+\cdots] + a_1 \frac{\sin. 3u - \sin. 2u}{\sin. u} e^{-2\frac{K}{m}t\sin. V. u} + \ldots$$

$$\delta = \frac{1}{n}[a+b+c+\cdots] + \ldots$$

$$\cdots\cdots\cdots\cdots\cdots\cdots\cdots\cdots\cdots\cdots\cdots\cdots\cdots\cdots\cdots$$

$$\omega = \frac{1}{n}[a+b+c+\cdots] + a_1 \frac{\sin. nu - \sin. \overline{n-1}u}{\sin. u} e^{-2\frac{K}{m}t\sin. V. u}$$

$$+ b_1 \frac{\sin. nu' - \sin. \overline{n-1}u'}{\sin. u'} e^{-2\frac{K}{m}t\sin. V. u'}$$

$$+ c_1 \frac{\sin. nu'' - \sin. \overline{n-1}u''}{\sin. u''} e^{-2\frac{K}{m}t\sin. V. u''} + \ldots.$$

A l'égard des constantes $a, b, c, \ldots$ &c. elles sont arbitraires et pour les déterminer il faut considérer l'état initial du système. En effet, le temps t étant nul, les valeurs de $\alpha, \beta, \gamma, \ldots$ &c. doivent être égales à $a, b, c, \ldots$ &c. En représentant par C la $1^{\text{ère}}$ constante $\frac{1}{n}[a+b+c+\cdots]$, on aura n équations semblables pour déterminer les n constantes. Les quantités

$\sin. u - \sin. 0u, \quad \sin. 2u - \sin. u, \quad \sin. 3u - \sin. 2u,$

$\sin. 4u - \sin. 3u, \ldots \sin. nu - \sin. \overline{n-1}u,$

peuvent être indiquées de cette manière:

$\Delta \sin. 0u, \ldots \Delta[\sin. u], \ldots \Delta[\sin. 2u], \ldots \Delta[\sin. \overline{n-1}u].$

Les équations propres à déterminer les constantes sont:

$$a = C + a_1 \qquad\qquad + b_1 \qquad\qquad + c_1 \qquad\qquad + d_1 + \cdots$$

$$b = C + a_1 \frac{\Delta \sin. u}{\sin. u} + b_1 \frac{\Delta \sin. u'}{\sin. u'} + c_1 \frac{\Delta \sin. u''}{\sin. u''} + \cdots$$

(ϵ)

$$c = C + a_1 \frac{\Delta \sin. 2u}{\sin. u} + b_1 \frac{\Delta \sin. 2u'}{\sin. u'} + c_1 \frac{\Delta \sin. 2u''}{\sin. u''} + \cdots$$

$$d = C + a_1 \frac{\Delta \sin. 3u}{\sin. u} + b_1 \frac{\Delta \sin. 3u'}{\sin. u'} + c_1 \frac{\Delta \sin. 3u''}{\sin. u''} + \cdots$$

&c.

Les quantités $a_1, b_1, c_1, d_1, \ldots$ et C étant déterminées par ces équations, on connaîtra entièrement les valeurs des variables $\alpha, \beta, \gamma, \delta, \ldots$.

Si l'on fait $n = 2$ on trouvera pour l'arc u une seule valeur $\frac{1}{2}\pi$. Le coëfficient $\frac{\sin. 2u - \sin. u}{\sin. u}$ devient égal à -1 et sin. V. u équivaut au rayon. L'on aura donc:

$$\alpha = C + a_1 e^{-2\frac{K}{m}t}, \qquad \beta = C - a_1 e^{-2\frac{K}{m}t},$$

et pour déterminer C et a_1,

$$a = C + a_1 \qquad\qquad b = C - a_1,$$

d'où

$$C = \tfrac{1}{2}[a+b] \qquad \text{et} \qquad a_1 = \tfrac{1}{2}[a-b].$$

Donc

$$\alpha = \tfrac{1}{2}[a+b] + \tfrac{1}{2}[a-b]e^{-2\frac{K}{m}t}$$

et

$$\beta = \tfrac{1}{2}[a+b] - \tfrac{1}{2}[a-b]e^{-2\frac{K}{m}t},$$

comme on l'a trouvé plus haut.

Si l'on fait $n = 3$ on trouvera deux valeurs de u, savoir $\tfrac{1}{3}\pi, \tfrac{2}{3}\pi$; donc

$\|$ sin. V. $u = \tfrac{1}{2}$ et sin. V. $u' = \tfrac{3}{2}$, $\dfrac{\Delta \sin. u}{\sin. u} = 0$ et $\dfrac{\Delta \sin. u'}{\sin. u'} = -2$.

On aura par conséquent:

$$\alpha = C + a_1 e^{-\frac{K}{m}t} + b_1 e^{-3\frac{K}{m}t}$$

$$\beta = C \qquad\qquad -2b_1 e^{-3\frac{K}{m}t}$$

$$\gamma = C - a_1 e^{-\frac{K}{m}t} + b_1 e^{-3\frac{K}{m}t}.$$

Puis

$$a = C + a_1 + b_1$$

$$b = C \qquad -2b_1$$

$$c = C - a_1 + b_1.$$

En ajoutant ces dernières équations on trouvera

$$a + b + c = 3C.$$

Les ajoutant après les avoir multipliées respectivement par $1, -2, 1$, on a

$$a - 2b + c = 6b_1.$$

En les ajoutant après les avoir multipliées par $1, 0, -1$, on a

$$a \qquad - c = 2a_1.$$

Donc les valeurs de α, β, γ sont:

$$\alpha = \tfrac{1}{3}[a+b+c] + \tfrac{1}{2}[a-c]\, e^{-\frac{K}{m}t} + \tfrac{1}{6}[a-2b+c]\, e^{-3\frac{K}{m}t}$$

$$\beta = \tfrac{1}{3}[a+b+c] \qquad\qquad - \tfrac{1}{3}[a-2b+c]\, e^{-3\frac{K}{m}t}$$

$$\gamma = \tfrac{1}{3}[a+b+c] - \tfrac{1}{2}[a-c]\, e^{-\frac{K}{m}t} + \tfrac{1}{6}[a-2b+c]\, e^{-3\frac{K}{m}t}.$$

On peut effectuer en général l'élimination des inconnues dans les équations (ϵ), et déterminer les valeurs des quantités $a_1, b_1, c_1, d_1, \ldots$ &c., même lorsque le nombre des équations est infini; mais l'exposition de cette méthode ne nous est point nécessaire présentement; on la trouvera dans la suite du mémoire.

5. Remarque sur les températures finales.

En examinant les équations qui donnent les valeurs générales des variables $\alpha, \beta, \gamma \ldots \omega$, on voit que le temps t venant à augmenter, les termes qui se succèdent dans la valeur de chaque variable décroissent très inégalement; car les valeurs de $u, \ldots u', \ldots u'', \ldots u''', \ldots u^{(n)}, \ldots$ &c. étant $1\frac{\pi}{n}, \ldots 2\frac{\pi}{n}, \ldots 3\frac{\pi}{n}, \ldots$

$4\frac{\pi}{n}$ &c., les exposants, sin. V. u, ... sin. V. u', ... sin. V. u'', ... &c. deviennent de plus en plus grands. Si l'on suppose que le temps t est infini, le 1er terme de chaque valeur subsiste seul et la température de chacune des masses devient égale à la température moyenne $\frac{1}{n}[a+b+c+\cdots]$.

Lorsque le temps t augmente continuellement, chacun des termes de la valeur des variables diminue proportionnellement aux puissances successives d'une fraction qui est pour le second terme $e^{-2\frac{K}{m}\sin. V. u}$, pour le 3ème terme $e^{-2\frac{K}{m}\sin. V. u'}$, ainsi de suite. La plus grand de ces fractions étant celle qui répond à la moindre des valeurs de u, il s'ensuit que pour connaître la loi que suivent les dernières changements de température on ne doit conserver que les deux premiers termes, car tous les autres deviennent incomparablement plus petits à mesure que le temps augmente. Les dernières variations de températures $\alpha, \beta, \gamma, \ldots \omega$ sont donc ∥ exprimés par les équations suivantes:

$$\alpha = \frac{1}{n}\left[a+b+c+\cdots\right] + a_1 \frac{\sin. u - 0}{\sin. u} e^{-2t\frac{K}{m}\sin. V. u}$$

$$\beta = \frac{1}{n}\left[a+b+c+\cdots\right] + a_1 \frac{\sin. 2u - \sin. u}{\sin. u} e^{-2t\frac{K}{m}\sin. V. u}$$

$$\gamma = \frac{1}{n}\left[a+b+c+\cdots\right] + a_1 \frac{\sin. 3u - \sin. 2u}{\sin. u} e^{-2t\frac{K}{m}\sin. V. u}$$

$$\cdots\cdots\cdots\cdots\cdots\cdots\cdots\cdots\cdots\cdots\cdots\cdots\cdots\cdots$$

$$\omega = \frac{1}{n}\left[a+b+c+\cdots\right] + a_1 \frac{\sin. nu - \sin. \overline{n-1}u}{\sin. u} e^{-2t\frac{K}{m}\sin. V. u}.$$

Si l'on divise la demi-circonférence en un nombre n de parties égales, et qu'ayant abaissé les sinus, on prenne les différences entre deux sinus consécutifs, ces n différences seront proportionnelles aux coëfficients de $e^{-2t\frac{K}{m}\sin. V. u}$, ou aux seconds termes des valeurs de $\alpha, \beta, \gamma, \ldots \omega$.

C'est pourquoi si on considère les dernières valeurs de $\alpha, \beta, \gamma, \ldots \omega$, on trouvera que les différences entre ces températures extrêmes et la température moyenne initiale $\frac{1}{n}[a+b+c+\cdots]$ sont toujours proportionnelles aux différences des sinus consécutifs.

De quelque manière que les masses soient d'abord échauffées, la distribution de la chaleur s'opère à la fin suivant une loi constante. Si l'on mesurait ces températures dans les derniers instants où elles diffèrent peu de la température moyenne, on observerait que la différence entre la température d'une même masse quelconque à la température moyenne decroît continuellement comme les puissances successives de la même fraction, et, en comparant les températures des différentes masses pour un même instant, on verrait que les différences entre la température actuelle et la température moyenne sont proportionnelles aux différences des sinus consécutifs, la demi-circonférence étant divisée en un nombre n de parties égales.

Si l'on suppose que les masses qui se communiquent la chaleur sont en nombre infini, on trouve pour l'arc n une valeur infiniment petite; alors les différences des sinus consécutifs, prises dans le cercle, sont proportionnelles aux cosinus des arcs correspondants, car

$$\frac{\sin. mu - \sin. \overline{m-1u}}{\sin. u} \quad \text{ou} \quad \frac{\sin. mu - \sin. mu \cos. u + \sin. u \cos. mu}{\sin. u}$$

équivaut à cos. mu, lorsque l'arc u est infiniment petit; dans ce cas les quantités dont les températures, prises au même instant, diffèrent de la température moyenne à laquelle elles doivent toutes parvenir, sont proportionnelles aux cosinus qui répondent aux différents points de la demi-circonférence divisée en une infinité de parties égales.

Si les masses qui se transmettent la chaleur sont situées à distances égales les unes des autres sur le périmètre de la demi-circonférence π, le cosinus de l'arc à l'extrémité duquel ‖ une masse quelconque est placée est la mesure de la quantité dont la température de cette masse diffère encore de la température moyenne. Ainsi le corps placé au milieu de tous les autres est celui qui parvient le plus promptement à cette température moyenne; ceux qui se trouvent placés d'un même côté du milieu ont tous une température excédante et d'autant plus supérieure à la température moyenne qu'ils sont plus éloignés du milieu. Les corps qui sont placés de l'autre côté ont tous une température moindre que le température moyenne, et s'en écartent autant que ceux du côté opposé, mais dans un sens contraire. Enfin ces différences, soit positives, soit négatives, décroissent toutes en même temps et proportionnellement aux puissances successives de la même fraction, ensorte qu'elles ne cessent point d'être représentées au même instant par les valeurs des cosinus d'une même demi-circonférence. Telle est la loi à laquelle sont toujours assujettis les températures finales; l'état initial du système ne change point ces résultats.

6. De la communication de la chaleur entre des corps rangés circulairement.

Nous allons présentement traiter une question du même genre que les précédentes, et dont la solution fournit plusieurs remarques importantes. On suppose un nombre n de masses prismatiques égales, placées à distances égales sur la circonférence d'un cercle; tous ces corps sont parfaitement conductibles et ont actuellement des températures connues, différentes pour chacun d'eux. Une tranche infiniment mince se sépare de la première masse pour se réunir à la seconde qui est placée vers la droite; dans le même temps une tranche pareille se sépare de la seconde masse et se joint à la troisième; il en est de même de toutes les autres masses, de chacune desquelles une tranche infiniment mince se sépare au même instant et se joint à la masse suivante. Ces mêmes tranches reviennent immédiatement après et se réunissent aux corps dont elles avaient été séparées; on suppose que la chaleur se propage entre les masses au moyen de ces mouvements alternatifs qui s'accomplissent deux fois pendant chaque instant d'une égale durée; il s'agit de trouver suivant quelle loi les températures varient, c'est-à-dire, que les valeurs initiales des températures étant données, il faut connaître, après un temps quelconque, la nouvelle température de chacune des masses.

On désignera par $a_1, a_2, a_3 \ldots a_i \ldots a_n$ les températures initiales dont les valeurs sont entièrement arbitraires, et par $\alpha_1 \ldots \alpha_2 \ldots \alpha_3 \ldots \alpha_i \ldots \alpha_n$ les valeurs de ces mêmes températures correspondantes au temps t. Il est visible que chacune des quantités α est une fonction du temps t et de toutes les valeurs initiales $\| a_1, a_2, \ldots a_n$; ce sont ces n fonctions qu'il s'agit de déterminer. On représentera par ω la masse infiniment petite qui se porte d'un corps à l'autre. On remarquera en premier lieu que lorsque les tranches ont été séparées des masses dont elles faisaient partie, et mises respectivement en contact avec les masses placées vers la droite, les quantités de chaleur contenues dans les différents corps sont

$$[m-\omega]\alpha_1 + \omega\alpha_n \ldots [m-\omega]\alpha_2 + \omega\alpha_1 \ldots [m-\omega]\alpha_3 + \omega\alpha_2,$$
$$\ldots [m-\omega]\alpha_i + \omega\alpha_{i-1} \ldots \text{ et } [m-\omega]\alpha_n + \omega\alpha_{n-1};$$

en divisant chacune de ces quantités de chaleur par la masse m on aura pour les nouvelles valeurs des températures les termes représentés en général par $\alpha_n + \frac{\omega}{m}[\alpha_{n-1} - \alpha_n]$, c'est-à-dire, que pour trouver le nouvel état de la température après le premier contact, il faut ajouter à la valeur qu'elle avait auparavant le produit de $\frac{\omega}{m}$ par l'excès de la température du corps dont la tranche s'est séparée sur celle du corps qu'elle est venue toucher. Par la même raison si le mouvement des tranches n'eût point en lieu de gauche à droite, mais au contraire de droite à gauche, il aurait fallu, pour trouver la nouvelle température d'un corps donné, ajouter à sa valeur primitive le produit de $\frac{\omega}{m}$ par l'excès de la température du corps placé vers la droite sur la température du corps donné; or, on suppose maintenant que les tranches qui s'étaient séparées des masses dont elles faisaient partie, reviennent à ces mêmes masses en se portant de droite à gauche; c'est pourquoi il sera facile de trouver qu'elles sont les températures après le second contact. Il faut à la valeur de chaque température prise avec le premier contact, c'est-à-dire, à chaque terme de la suite précédente, ajouter le produit de $\frac{\omega}{m}$ par la différence du terme placé vers la droite au terme dont il s'agit, mais il est nécessaire d'omettre tous les termes où la quantité infiniment petite ω serait élevée à une puissance supérieure à la première. On trouvera de cette manière pour la suite qui comprend toutes les températures après le second contact:

$$\alpha_1 + \frac{\omega}{m}[\alpha_n - \alpha_1] \quad + \frac{\omega}{m}[\alpha_2 - \alpha_1]$$

$$\alpha_2 + \frac{\omega}{m}[\alpha_1 - \alpha_2] \quad + \frac{\omega}{m}[\alpha_3 - \alpha_2]$$

$$\alpha_3 + \frac{\omega}{m}[\alpha_2 - \alpha_3] \quad + \frac{\omega}{m}[\alpha_4 - \alpha_3]$$

$$\ldots\ldots\ldots\ldots\ldots\ldots\ldots\ldots\ldots\ldots$$

$$\alpha_i + \frac{\omega}{m}[\alpha_{i-1} - \alpha_i] + \frac{\omega}{m}[\alpha_{i+1} - \alpha_i]$$

$$\dots\dots\dots\dots\dots\dots\dots\dots\dots\dots$$

$$\alpha_n + \frac{\omega}{m}[\alpha_{n-1} - \alpha_n] + \frac{\omega}{m}[\alpha_1 - \alpha_n].$$

**7.
Equations
différentielles
qui contiennent
les températures
variables.**

15

Le temps étant divisé en instants égaux, on désignera par *dt* la durée de cet instant, et, si l'on suppose que ω soit contenu dans un nombre *K* d'unités des masses autant de fois que *dt* est ‖ contenu dans l'unité de temps, on aura

$$\frac{K}{\omega} = \frac{1}{dt} \quad \text{ou} \quad \omega = Kdt.$$

En désignant aussi par $d\alpha_1, \dots d\alpha_2, \dots d\alpha_i, \dots d\alpha_n$ les accroissements infiniment petits que reçoivent, après le second contact, pendant l'instant *dt*, les températures $\alpha_1 \dots \alpha_2 \dots \alpha_i \dots \alpha_n$, on aura les équations différentielles suivantes:

$$d\alpha_1 = \frac{K}{m} dt [\alpha_n - 2\alpha_1 + \alpha_2]$$

$$d\alpha_2 = \frac{K}{m} dt [\alpha_1 - 2\alpha_2 + \alpha_3]$$

$$\dots\dots\dots\dots\dots\dots\dots\dots$$

$$d\alpha_i = \frac{K}{m} dt [\alpha_{i-1} - 2\alpha_i + \alpha_{i+1}]$$

$$\dots\dots\dots\dots\dots\dots\dots\dots$$

$$d\alpha_{n-1} = \frac{K}{m} dt [\alpha_{n-2} - 2\alpha_{n-1} + \alpha_n]$$

$$d\alpha_n = \frac{K}{m} dt [\alpha_{n-1} - 2\alpha_n + \alpha_1].$$

Il ne s'agit plus que de résoudre ces équations; on supposera en premier lieu suivant la méthode connue:

$$\alpha_1 = b_1 e^{ht}$$

$$\alpha_2 = b_2 e^{ht}$$

$$\alpha_3 = b_3 e^{ht}$$

$$\dots\dots\dots\dots$$

[a]
$$\alpha_i = b_i e^{ht}$$
$$\dotfill$$
$$\alpha_n = b_n e^{ht}.$$

Les quantités $b_1, b_2, b_3, \ldots b_n$ sont des constantes indéterminées, ainsi que l'exposant h. Il est facile de reconnaître si ces valeurs de $\alpha_1, \alpha_2, \alpha_3, \ldots \alpha_n$ peuvent satisfaire aux équations différentielles. En effet, en faisant les substitutions de ces valeurs, on trouve

$$b_1 h = \frac{K}{m}[b_n - 2b_1 + b_2]$$

$$b_2 h = \frac{K}{m}[b_1 - 2b_2 + b_3]$$

$$b_3 h = \frac{K}{m}[b_2 - 2b_3 + b_4]$$

$$\dotfill$$

$$b_i h = \frac{K}{m}[b_{i-1} - 2b_i + b_{i+1}]$$

$$\dotfill$$

$$b_{n-1} h = \frac{K}{m}[b_{n-2} - 2b_{n-1} + b_n]$$

$$b_n h = \frac{K}{m}[b_{n-1} - 2b_n + b_1].$$

8. Remarques sur les cas particuliers dans lesquels ces équations sont satisfaites.

Si l'on prend pour $b_1, b_2, b_3, \ldots b_i, \ldots b_n$ et h des quantités qui satisfassent aux équations précédentes, on aura, aux moyen des équations (a), des valeurs de $\alpha_1, \alpha_2, \alpha_3, \ldots \alpha_i, \ldots \alpha_n$ qui satisferont aux équations différentielles. Soit $q = \dfrac{hm}{K}$: on aura, après avoir substitué et en réglant l'ordre des équations ensorte que la première des précédentes soit ensuite la seconde:

$$b_1 = b_n[q+2] - b_{n-1}$$

$$b_2 = b_1[q+2] - b_n$$

$$b_3 = b_2[q+2] - b_1$$

$$\|b_4 = b_3[q+2] - b_2$$

$$\dotfill$$

$$b_i = b_{i-1}[q+2] - b_{i-2}$$

. . . .

$$b_n = b_{n-1}[q+2] - b_{n-2}.$$

Il en résulte que l'on peut prendre pour $b_1, b_2 \ldots b_i \ldots b_n$ les n sinus consécutifs que l'on obtient en divisant la circonférence entière 2π en un nombre n de parties égales. En effet, en appellant u l'arc $\dfrac{2\pi}{n}$, les quantités sin. $0u$, sin. $1u$, sin. $2u$, sin. $3u$ … et sin. $\overline{n-1}u$, qui sont en nombre n, appartiennent, comme on le sait, à une série récurrente dont l'échelle de relation a deux termes, savoir, $2\cos. u$ et -1; ensorte que l'on a toujours la condition

sin. $iu = 2\cos. u$ sin. $[i-1]u -$ sin. $[i-2]u$.

On prendra donc pour $b_1, b_2, b_3, \ldots b_i, \ldots b_n$, les quantités sin. $0u$, sin. $1u$, sin. $2u$, sin. $3u$, … et sin. $\overline{n-1}u$
et l'on aura ensuite

$q + 2 = 2\cos. u$, ou $q = -2$ sin. Vers. u, ou $q = -2$ sin. Vers. $\dfrac{2\pi}{n}$.

On a mis précédemment la lettre q au lieu de $\dfrac{hm}{K}$, ensorte que la valeur de h est $\dfrac{2K}{m}$ sin. Vers. $\dfrac{2\pi}{n}$. En substituant dans les equations ces valeurs de b et de h on aura:

$$\alpha_1 = \sin.(0u)\, e^{-2\frac{K}{m}t\sin.\text{V.}\frac{2\pi}{n}}$$

$$\alpha_2 = \sin.(1u)\, e^{-2\frac{K}{m}t\sin.\text{V.}\frac{2\pi}{n}}$$

$$\alpha_3 = \sin.(2u)\, e^{-2\frac{K}{m}t\sin.\text{V.}\frac{2\pi}{n}}$$

$$\alpha_4 = \sin.(3u)\, e^{-2\frac{K}{m}t\sin.\text{V.}\frac{2\pi}{n}}$$

. . . .

$$\alpha_n = \sin.(\overline{n-1}u)\, e^{-2\frac{K}{m}t\sin.\text{V.}\frac{2\pi}{n}}$$

Ces dernières équations ne fournissent jusqu'ici qu'une solution très-particulière de la question proposée. Car si l'on suppose $t = 0$ on aura pour les valeurs initiales de $\alpha_1, \alpha_2, \alpha_3, \ldots \alpha_n$ les quantités

sin. $0u$, sin. $1u$, sin. $2u \ldots$ sin. $\overline{n-1}u$, qui ne s'accordent point avec les valeurs données $a_1, a_2, a_3, a_4,$ ... a_n.

La solution précédente mérite d'autant plus d'être remarquée qu'elle exprime, comme on le verra par la suite, une circonstance qui appartient à tous les cas possibles, savoir: les dernières variations des températures. On voit par cette ∥ solution que si les températures initiales $a_1, a_2, a_3, \ldots a_n$ étaient proportionnelles aux sinus

$$\sin. \, 0\frac{2\pi}{n}, \, \sin. \, 1\frac{2\pi}{n}, \, \sin. \, 2\frac{2\pi}{n}, \, \sin. \, 3\frac{2\pi}{n}, \ldots \sin. \, \overline{n-1}\frac{2\pi}{n},$$

elles demeureraient continuellement proportionnelles à ces mêmes sinus et l'on aurait les équations:

$\alpha_1 = a_1 e^{-ht}$

$\alpha_2 = a_2 e^{-ht}$

$\alpha_3 = a_3 e^{-ht}$

$\alpha_4 = a_4 e^{-ht}$

. . . .

$\alpha_n = a_n e^{-ht}$.

La valeur de h étant $-\frac{2K}{m}\sin. \text{V}. \frac{2\pi}{n}$, c'est pourquoi si les masses m, m, m, qui sont placées à distances égales sur la circonférence du cercle, ont des températures initiales proportionnelles aux perpendiculaires abaissées sur le diamètre qui passe par le premier point. Les températures varient avec le temps en devenant proportionnelles à ces perpendiculaires, et ces températures diminueront toutes-à-la-fois comme les termes d'une même progression géométrique dont la raison sera la fraction $e^{-2\frac{K}{m}\sin. \text{V}. \frac{2\pi}{n}}$, c'est-à-dire, comme les ordonnées d'une même logarithmique, et deviendront toutes nulles après un temps infini.

Il s'agit maintenant de former la solution générale qui doit convenir aux valeurs quelconques attribuées aux températures initiales; on remarquera en premier lieu que l'on pourrait prendre pour $b_1, b_2, b_3, \ldots b_n$ les n cosinus correspondants aux points de division de la circonférence, partagée en un nombre n de parties égales. Ces quantités cos. $0u, \ldots$ cos. $1u, \ldots$ cos. $2u,$

... cos. $3u$, ... cos. $[n-1]u$, où u désigne l'arc $\frac{2\pi}{n}$, forment aussi une série récurrente dont l'échelle de relation a les deux termes $2\cos. u$ et -1, car on a en général l'équation

cos. $iu = 2\cos. u \cos. [i-1]u - \cos. [i-2]u$.

C'est pourquoi on pourrait prendre pour satisfaire aux équations différentielles les équations suivantes:

$\alpha_1 = \cos. 0u\, e^{-2\frac{K}{m}t\sin.\mathrm{V}.u}$

$\alpha_2 = \cos. 1u\, e^{-2\frac{K}{m}t\sin.\mathrm{V}.u}$

$\alpha_3 = \cos. 2u\, e^{-2\frac{K}{m}t\sin.\mathrm{V}.u}$

$\alpha_4 = \cos. 3u\, e^{-2\frac{K}{m}t\sin.\mathrm{V}.u}$

. . . .

$\alpha_n = \cos. [n-1]u\, e^{-2\frac{K}{m}t\sin.\mathrm{V}.u}$.

18 Indépendamment des deux solutions précédentes on pourrait choisir ∥ pour les valeurs de $b_1, b_2, \ldots b_n$ les n quantités

sin. $0.2u$, ... sin. $1.2u$, ... sin. $2.2u$, ... sin. $3.2u$, ... sin. $[n-1].2u$,

ou celles-ci:

cos. $0.2u$, ... cos. $1.2u$, ... cos. $2.2u$, ... cos. $3.2u$, ... cos. $[n-1].2u$.

En effet, chacune de ces séries est récurrente et formée de n termes; l'échelle de relation a les deux termes $2\cos. 2u$ et -1, et si l'on continuait la série au-delà de n termes, on en trouverait n autres qui seraient respectivement égaux aux n précédents. En général, si on désigne par $u_1, u_2, u_3, u_4 \ldots u_i \ldots u_n$ les arcs

$0\frac{2\pi}{n}, 1\frac{2\pi}{n}, 2\frac{2\pi}{n}, 3\frac{2\pi}{n}, 4\frac{2\pi}{n} \cdots [n-1]\frac{2\pi}{n},$

on pourra prendre pour les valeurs de $b_1, b_2, b_3 \ldots b_n$ les n quantités

sin. $0u_i$ ... sin. $1u_i$ ... sin. $2u_i$ ... sin. $3u_i$ ... sin. $\overline{n-1}u_i$

ou celles-ci:

cos. $0u_i$ ... cos. $1u_i$ ... cos. $2u_i$ ... cos. $3u_i$ ... cos. $\overline{n-1}u_i$,

et la valeur de h correspondante à chacune de ces séries est donnée par l'équation

$$h = -2\frac{K}{m}\sin. \text{V}. u_i.$$

On peut donner à i n valeurs différentes depuis $i = 1$ jusqu'à $i = n$. En substituant ces valeurs de $b_1, b_2, b_3 \ldots b_n$ dans les équations, on aura pour satisfaire aux équations différentielles les résultats suivants:

$\alpha_1 = \sin. 0 u_i\, e^{-2\frac{K}{m}t\sin.\text{V}.u_i}$ $\qquad$ $\alpha_1 = \cos. 0 u_i\, e^{-2\frac{K}{m}t\sin.\text{V}.u_i}$

$\alpha_2 = \sin. 1 u_i\, e^{-2\frac{K}{m}t\sin.\text{V}.u_i}$ $\quad$ ou $\quad$ $\alpha_2 = \cos. 1 u_i\, e^{-2\frac{K}{m}t\sin.\text{V}.u_i}$

$\alpha_3 = \sin. 2 u_i\, e^{-2\frac{K}{m}t\sin.\text{V}.u_i}$ $\quad$ ceux-ci: $\quad$ $\alpha_3 = \cos. 2 u_i\, e^{-2\frac{K}{m}t\sin.\text{V}.u_i}$

[h] $\qquad\alpha_4 = \sin. 3 u_i\, e^{-2\frac{K}{m}t\sin.\text{V}.u_i}$

$\qquad\qquad\vdots$

$\alpha_n = \sin. \overline{n-1} u_i\, e^{-2\frac{K}{m}t\sin.\text{V}.u_i}$ $\qquad$ $\alpha_n = \cos. \overline{n-1} u_i\, e^{-2\frac{K}{m}t\sin.\text{V}.u_i}.$

9.
Intégration
des équations.

Maintenant il est facile de voir que l'on satisferait également aux équations linéaires, en composant la valeur de chacune des variables $\alpha_1, \alpha_2, \alpha_3 \ldots \alpha_n$ de la somme de plusieurs valeurs particulières que l'on aurait trouvées pour cette même variable, et l'on peut aussi multiplier par des coëfficients constants quelconques chacun des termes particuliers qui entre dans la valeur générale d'une des variables. Il suit de là qu'en désignant par $A_1, B_1, A_2, B_2, A_3, B_3, \ldots A_n, B_n$ des coëfficients quelconques, on pourra prendre pour exprimer la valeur générale d'une variable, par exemple de $\alpha_{(m+1)}$, l'équation:

$$\alpha_{(m+1)} = \left.\begin{matrix}A_1 \sin. m u_1 \\ B_1 \cos. m u_1\end{matrix}\right| e^{-2\frac{K}{m}t\sin.\text{V}.u_1} + \left.\begin{matrix}A_2 \sin. m u_2 \\ B_2 \cos. m u_2\end{matrix}\right| e^{-2\frac{K}{m}t\sin.\text{V}.u_2} +$$

$$\left.\begin{matrix}A_3 \sin. m u_3 \\ B_3 \cos. m u_3\end{matrix}\right| e^{-2\frac{K}{m}t\sin.\text{V}.u_3} + \cdots + \left.\begin{matrix}A_n \sin. m u_n \\ B_n \cos. m u_n\end{matrix}\right| e^{-2\frac{K}{m}t\sin.\text{V}.u_n}.$$

Les quantités $\begin{matrix}A_1, A_2, A_3, \ldots A_n \\ B_1, B_2, B_3, \ldots B_n\end{matrix}$ qui entrent dans cette équation sont entièrement arbitraires, et les arcs $u_1, u_2, u_3, \ldots u_n$ sont données par ∥ les équations:

19

$$u_1 = 0\,\frac{2\pi}{n},\ u_2 = 1\,\frac{2\pi}{n},\ u_3 = 2\,\frac{2\pi}{n},\ u_4 = 3\,\frac{2\pi}{n},\ \ldots u_n = \overline{n-1}\,\frac{2\pi}{n}.$$

Les valeurs générales des variables $\alpha_1, \alpha_2, \alpha_3, \ldots$ &c. sont exprimées par les équations suivantes:

$$\alpha_1 = \left.\begin{array}{l} A_1 \sin. 0u_1 \\ B_1 \cos. 0u_1 \end{array}\right| e^{-2\frac{K}{m}t\sin.\text{V}.u_1} + \left.\begin{array}{l} A_2 \sin. 0u_2 \\ B_2 \cos. 0u_2 \end{array}\right| e^{-2\frac{K}{m}t\sin.\text{V}.u_2} +$$

$$\left.\begin{array}{l} A_3 \sin. 0u_3 \\ B_3 \cos. 0u_3 \end{array}\right| e^{-2\frac{K}{m}t\sin.\text{V}.u_3} + \cdots + \left.\begin{array}{l} A_n \sin. 0u_n \\ B_n \cos. 0u_n \end{array}\right| e^{-2\frac{K}{m}t\sin.\text{V}.u_n}$$

$$\alpha_2 = \left.\begin{array}{l} A_1 \sin. 1u_1 \\ B_1 \cos. 1u_1 \end{array}\right| e^{-2\frac{K}{m}t\sin.\text{V}.u_1} + \left.\begin{array}{l} A_2 \sin. 1u_2 \\ B_2 \cos. 1u_2 \end{array}\right| e^{-2\frac{K}{m}t\sin.\text{V}.u_2} +$$

$$\left.\begin{array}{l} A_3 \sin. 1u_3 \\ B_3 \cos. 1u_3 \end{array}\right| e^{-2\frac{K}{m}t\sin.\text{V}.u_3} + \cdots + \left.\begin{array}{l} A_n \sin. 1u_n \\ B_n \cos. 1u_n \end{array}\right| e^{-2\frac{K}{m}t\sin.\text{V}.u_n}$$

$$\alpha_3 = \left.\begin{array}{l} A_1 \sin. 2u_1 \\ B_1 \cos. 2u_1 \end{array}\right| e^{-2\frac{K}{m}t\sin.\text{V}.u_1} + \left.\begin{array}{l} A_2 \sin. 2u_2 \\ B_2 \cos. 2u_2 \end{array}\right| e^{-2\frac{K}{m}t\sin.\text{V}.u_2} +$$

$$\left.\begin{array}{l} A_3 \sin. 2u_3 \\ B_3 \cos. 2u_3 \end{array}\right| e^{-2\frac{K}{m}t\sin.\text{V}.u_3} + \cdots + \left.\begin{array}{l} A_n \sin. 2u_n \\ B_n \cos. 2u_n \end{array}\right| e^{-2\frac{K}{m}t\sin.\text{V}.u_n}$$

$$\cdots\cdots\cdots\cdots\cdots\cdots\cdots\cdots\cdots\cdots\cdots\cdots\cdots\cdots\cdots\cdots\cdots\cdots$$

$$\alpha_n = \left.\begin{array}{l} A_1 \sin. [n-1]u_1 \\ B_1 \cos. [n-1]u_1 \end{array}\right| e^{-2\frac{K}{m}t\sin.\text{V}.u_1} + \left.\begin{array}{l} A_2 \sin. [n-1]u_2 \\ B_2 \cos. [n-1]u_2 \end{array}\right| e^{-2\frac{K}{m}t\sin.\text{V}.u_2} +$$

$$\left.\begin{array}{l} A_3 \sin. [n-1]u_3 \\ B_3 \cos. [n-1]u_3 \end{array}\right| e^{-2\frac{K}{m}t\sin.\text{V}.u_3} + \cdots + \left.\begin{array}{l} A_n \sin. [n-1]u_n \\ B_n \cos. [n-1]u_n \end{array}\right| e^{-2\frac{K}{m}t\sin.\text{V}.u_n}.$$

10. Application à l'état initial et détermination des coëfficients.

Si l'on suppose le temps nul, les valeurs $\alpha_1, \alpha_2, \alpha_3, \ldots$ &c. doivent se confondre avec les valeurs initiales $a_1, a_2, a_3, a_4, \ldots$ &c. On tire de là un nombre n d'équations qui doivent servir à déterminer les coëfficients $A_1, B_1, A_2, B_2, A_3, B_3, \ldots$ &c.

On reconnaîtra facilement que le nombre des inconnues est toujours égal à celui des équations. En effet, le nombre des termes qui entrent dans la valeur de chacune des variables dépend du nombre des quantités différentes sin. V. u_1, sin. V. u_2, sin. V. $u_3, \ldots$ &c. que l'on trouve en divisant la circonférence 2π en un nombre n de parties égales. Or, le nombre des quantités sin. V. $0\frac{2\pi}{n}$, sin. V. $1\frac{2\pi}{n}$, sin. V. $2\frac{2\pi}{n}, \ldots$ &c. est beaucoup moindre que n, si l'on ne compte que celles qui sont réellement différentes. En désignant le nombre n par $2i+1$, s'il est impair, et par $2i$, s'il est pair, $i+1$ désignera toujours le nombre des sinus-verses différents. D'un autre côté, lorsque dans la suite des quantités sin. V. $0 \frac{2\pi}{n}$, sin. V. $1 \frac{2\pi}{n}$, sin. V. $2 \frac{2\pi}{n}$, ... &c., on parviendra à un sinus-verse sin. V. $\lambda \frac{2\pi}{n}$ égal à l'un des précédents sin. V. $\lambda' \frac{2\pi}{n}$, les deux termes des équations qui contiendront ce même sinus-verse n'en formeront qu'un seul; les deux arcs différents u_λ et $u_{\lambda'}$ qui auront le même sinus-verse auront aussi le meme cosinus, et les sinus ne différeront que par le signe. Il est aisé de voir que ces arcs u_λ et $u_{\lambda'}$, qui ont le même sinus-verse, sont tels que le cosinus d'un multiple quelconque de u_λ est égal au cosinus du même multiple de $u_{\lambda'}$, et que le sinus d'un multiple quelconque de u_λ ne diffère que par le signe du sinus du même multiple de $u_{\lambda'}$; il résulte de-là que lorsque l'on réunit en un seul les deux termes correspondants de chacune des deux équations, les indéterminées A_λ et $A_{\lambda'}$ qui entrent dans les équations sont remplacées par une ‖ seule indéterminée, savoir: $A_\lambda - A_{\lambda'}$; quant aux deux indéterminées B_λ et $B_{\lambda'}$, elles sont aussi remplacées par une seule, qui est $B_\lambda + B_{\lambda'}$. Il s'ensuit que le nombre des indéterminées est égal dans tous les cas au nombre des équations; car le nombre des termes étant toujours $i+1$, il faut ajouter que l'indéterminée A_1 disparaît d'elle-même dans tous les premiers termes, parce qu'elle multiplie le sinus d'un arc nul; de plus lorsque le nombre n est pair, il se trouve à la fin de chaque équation un terme dans lequel une des indéterminées disparaît d'elle-même, parce qu'elle y multiplie un sinus nul; ainsi le nombre des inconnues qui entrent dans les équations est égal à $2[i+1] - 1$, lorsque le nombre n est impair, et est égal à $2[i+1] - 2$, lorsque le nombre n est pair; par conséquent, le nombre des inconnues est le même dans tous les cas que le nombre n des équations.

L'analyse précédente nous fournit pour exprimer les valeurs générales des températures $\alpha_1, \alpha_2, \alpha_3, \alpha_4, \ldots \alpha_n$ les équations:

$$\alpha_1 = \left. \begin{matrix} A_1 \sin. 0.0 \frac{2\pi}{n} \\ B_1 \cos. 0.0 \frac{2\pi}{n} \end{matrix} \right| e^{-2\frac{K}{m}t\sin. V. 0. \frac{2\pi}{n}} +$$

$$\left. \begin{matrix} A_2 \sin. 0.1 \frac{2\pi}{n} \\ B_2 \cos. 0.1 \frac{2\pi}{n} \end{matrix} \right| e^{-2\frac{K}{m}t\sin. V. 1 \frac{2\pi}{n}} + \left. \begin{matrix} A_3 \sin. 0.2 \frac{2\pi}{n} \\ B_3 \cos. 0.2 \frac{2\pi}{n} \end{matrix} \right| e^{-2\frac{K}{m}t\sin. V. 2 \frac{2\pi}{n}} + \&\text{c.}$$

$$\alpha_2 = \left.\begin{array}{l} A_1 \sin. 1.0 \dfrac{2\pi}{n} \\ B_1 \cos. 1.0 \dfrac{2\pi}{n} \end{array}\right| e^{-2\frac{K}{m}t\sin.\text{V.}0\frac{2\pi}{n}} +$$

$$\left.\begin{array}{l} A_2 \sin. 1.1 \dfrac{2\pi}{n} \\ B_2 \cos. 1.1 \dfrac{2\pi}{n} \end{array}\right| e^{-2\frac{K}{m}t\sin.\text{V.}1\frac{2\pi}{n}} + \left.\begin{array}{l} A_3 \sin. 1.2 \dfrac{2\pi}{n} \\ B_3 \cos. 1.2 \dfrac{2\pi}{n} \end{array}\right| e^{-2\frac{K}{m}t\sin.\text{V.}2\frac{2\pi}{n}} + \text{\&c.}$$

(m)

$$\alpha_3 = \left.\begin{array}{l} A_1 \sin. 2.0 \dfrac{2\pi}{n} \\ B_1 \cos. 2.0 \dfrac{2\pi}{n} \end{array}\right| e^{-2\frac{K}{m}t\sin.\text{V.}0\frac{2\pi}{n}} +$$

$$\left.\begin{array}{l} A_2 \sin. 2.1 \dfrac{2\pi}{n} \\ B_2 \cos. 2.1 \dfrac{2\pi}{n} \end{array}\right| e^{-2\frac{K}{m}t\sin.\text{V.}1\frac{2\pi}{n}} + \left.\begin{array}{l} A_3 \sin. 2.2 \dfrac{2\pi}{n} \\ B_3 \cos. 2.2 \dfrac{2\pi}{n} \end{array}\right| e^{-2\frac{K}{m}t\sin.\text{V.}2\frac{2\pi}{n}} + \text{\&c.}$$

. . . .

$$\alpha_n = \left.\begin{array}{l} A_1 \sin. [n-1].0 \dfrac{2\pi}{n} \\ B_1 \cos. [n-1].0 \dfrac{2\pi}{n} \end{array}\right| e^{-2\frac{K}{m}t\sin.\text{V.}0\frac{2\pi}{n}} +$$

$$\left.\begin{array}{l} A_2 \sin. [n-1].1 \dfrac{2\pi}{n} \\ B_2 \cos. [n-1].1 \dfrac{2\pi}{n} \end{array}\right| e^{-2\frac{K}{m}t\sin.\text{V.}1\frac{2\pi}{n}} +$$

$$\left.\begin{array}{l} A_3 \sin. [n-1].2 \dfrac{2\pi}{n} \\ B_3 \cos. [n-1].2 \dfrac{2\pi}{n} \end{array}\right| e^{-2\frac{K}{m}t\sin.\text{V.}2\frac{2\pi}{n}} + \text{\&c.}$$

Pour former ces équations il faut continuer dans chacune la suite des termes qui contiennent $\sin.\text{V.}0\frac{2\pi}{n}$, $\sin.\text{V.}1\frac{2\pi}{n}$, $\sin.\text{V.}2\frac{2\pi}{n}$, $\sin.\text{V.}3\frac{2\pi}{n}$ jusqu'à ce qu'on ait épuisé tous les sinus-verses différents, et omettre tous les termes subséquents, en commençant par celui où il entrerait un sinus-verse égal à l'un des précédents: le nombre des équations est n. Si n est un nombre pair égal à $2i$, le nombre des termes de chaque équation est $i+1$. Si le nombre n des équations est un nombre impair représenté par $2i+1$, le nombre des termes est encore égal à $i+1$. Enfin parmi les quantités A_1, B_1, A_2, B_2, &c. qui entrent dans ces équations, il y en a qui doivent être omises et disparaissent d'elles-mêmes, comme multipliant des sinus nuls.

‖Pour déterminer les quantités A_1, B_1, A_2, B_2, &c. qui entrent dans les équations précédentes, il faut considérer l'état initial qui est connu; on supposera $t = 0$, et l'on écrira au lieu de $\alpha_1, \alpha_2, \alpha_3, \ldots \alpha_n$, les quantités données $a_1, a_2, a_3, \ldots$ &c. $\ldots a_n$, qui sont les valeurs initiales des températures. On aura donc pour déterminer $A_1, B_1, A_2, B_2, A_3, B_3, \ldots$ &c. les équations suivantes:

$$a_1 = \frac{A_1 \sin. 0.0 \frac{2\pi}{n}}{B_1 \cos. 0.0 \frac{2\pi}{n}} + \frac{A_2 \sin. 0.1 \frac{2\pi}{n}}{B_2 \cos. 0.1 \frac{2\pi}{n}} + \frac{A_3 \sin. 0.2 \frac{2\pi}{n}}{B_3 \cos. 0.2 \frac{2\pi}{n}} + \frac{A_4 \sin. 0.3 \frac{2\pi}{n}}{B_4 \cos. 0.3 \frac{2\pi}{n}}$$

$+$ &c.

$$a_2 = \frac{A_1 \sin. 1.0 \frac{2\pi}{n}}{B_1 \cos. 1.0 \frac{2\pi}{n}} + \frac{A_2 \sin. 1.1 \frac{2\pi}{n}}{B_2 \cos. 1.1 \frac{2\pi}{n}} + \frac{A_3 \sin. 1.2 \frac{2\pi}{n}}{B_3 \cos. 1.2 \frac{2\pi}{n}} + \frac{A_4 \sin. 1.3 \frac{2\pi}{n}}{B_4 \cos. 1.3 \frac{2\pi}{n}}$$

$+$ &c.

$$a_3 = \frac{A_1 \sin. 2.0 \frac{2\pi}{n}}{B_1 \cos. 2.0 \frac{2\pi}{n}} + \frac{A_2 \sin. 2.1 \frac{2\pi}{n}}{B_2 \cos. 2.1 \frac{2\pi}{n}} + \frac{A_3 \sin. 2.2 \frac{2\pi}{n}}{B_3 \cos. 2.2 \frac{2\pi}{n}} + \frac{A_4 \sin. 2.3 \frac{2\pi}{n}}{B_4 \cos. 2.3 \frac{2\pi}{n}}$$

(p)

$+$ &c.

. . . .

$$a_n = \frac{A_1 \sin. [n-1].0 \frac{2\pi}{n}}{B_1 \cos. [n-1].0 \frac{2\pi}{n}} + \frac{A_2 \sin. [n-1].1 \frac{2\pi}{n}}{B_2 \cos. [n-1].1 \frac{2\pi}{n}} +$$

$$\frac{A_3 \sin. [n-1].2 \frac{2\pi}{n}}{B_3 \cos. [n-1].2 \frac{2\pi}{n}} + \frac{A_4 \sin. [n-1].3 \frac{2\pi}{n}}{B_4 \cos. [n-1].3 \frac{2\pi}{n}} + \text{\&c.}$$

Dans ces équations dont le nombre est n et qui sont du premier degré, les quantités inconnues sont $A_1, B_1, A_2, B_2, A_3, B_3$, &c. Il s'agit d'effectuer les éliminations et de trouver les valeurs de ces indéterminées. Voici le moyen d'y parvenir; on remarquera d'abord que la même indéterminée a un multiplicateur différent dans chaque équation, et que la suite de ces multiplicateurs compose une série récurrente. En effet cette suite est celle des sinus croissants en progression arithmétique, ou celle des cosinus des mêmes arcs; elle peut être représentée par:

$$\sin. 0u, \ldots \sin. 1u, \ldots \sin. 2u, \ldots \sin. 3u, \ldots \sin. [n-1]u,$$

ou par

$$\cos. 0u, \ldots \cos. 1u, \ldots \cos. 2u, \ldots \cos. 3u, \ldots \cos. [n-1]u.$$

L'arc u est égal à $i\frac{2\pi}{n}$, si l'indéterminée dont il s'agit est A_{i+1} ou B_{i+1}; cela posé, pour déterminer l'inconnue A_{i+1} au moyen des équations précédentes, il faut comparer à la suite des équations la série des multiplicateurs

$$\sin. 0u, \ldots \sin. 1u, \ldots \sin. 2u, \ldots \sin. 3u, \ldots \sin. [n-1]u$$

et multiplier chaque équation par le terme correspondant de la série; si l'on prend la somme des équations ainsi multipliées, on éliminera toutes les inconnues, excepté celle qu'il s'agit de
‖ déterminer; il en sera de même si on veut trouver la valeur de B_{i+1}. Il faudra multiplier chaque équation par le multiplicateur de B_{i+1} dans cette même équation, et prendre ensuite la somme de toutes les équations. Il s'agit de démontrer qu'en opérant de cette manière on fera disparaître en effet des équations toutes les inconnues, excepté une seule; pour cela il suffit de faire voir:

1° que si l'on multiple terme à terme les deux suites:

$$\sin. 0u, \ldots \sin. 1u, \ldots \sin. 2u, \ldots \sin. 3u, \ldots \sin. [n-1]u$$

et

$$\sin. 0v, \ldots \sin. 1v, \ldots \sin. 2v, \ldots \sin. 3v, \ldots \sin. [n-1]v,$$

la somme des produits

$$\sin. 0u \sin. 0v + \sin. 1u \sin. 1v + \sin. 2u \sin. 2v + \&c.$$

sera nulle, excepté lorsque les arcs u et v seront les mêmes, chacun de ces arcs étant d'ailleurs supposé un multiple d'une partie de la circonférence égale à $\frac{2\pi}{n}$.

2° que si l'on multiplie terme à terme les deux séries:

cos. $0u$, ... cos. $1u$, ... cos. $2u$, ... cos. $3u$, ... cos. $[n-1]u$

et

cos. $0v$, ... cos. $1v$, ... cos. $2v$, ... cos. $3v$, ... cos. $[n-1]v$,

la somme des produits sera nulle excepté le cas où u est égal à v.

3° que si l'on multiplie terme à terme les deux suites:

sin. $0u$, ... sin. $1u$, ... sin. $2u$, ... sin. $3u$, ... sin. $[n-1]u$,

cos. $0v$, ... cos. $1v$, ... cos. $2v$, ... cos. $3v$, ... cos. $[n-1]v$,

la somme des produits sera toujours nulle. On désignera par q l'arc $\dfrac{2\pi}{n}$, par μq l'arc u et par νq l'arc v, μ et ν étant des nombres entiers positifs moindres que n. Le produit de deux termes correspondants des deux premières séries sera représenté par

sin. $j\mu q$ sin. $j\nu q$, ou $\tfrac{1}{2}$ cos. $\overline{j\mu - \nu q} - \tfrac{1}{2}$ cos. $\overline{j\mu + \nu q}$,

[la lettre j désignant un terme quelconque de la suite $0, \ldots 1, \ldots 2, \ldots 3, \ldots j, \ldots n-1$]. Or il est facile de prouver que si l'on donne à j ses n valeurs successives depuis 0 jusqu'à $n-1$, la somme

$\tfrac{1}{2}$ cos. $\overline{0\mu - \nu q} + \tfrac{1}{2}$ cos. $\overline{1\mu - \nu q} + \tfrac{1}{2}$ cos. $\overline{2\mu - \nu q} +$ &c.

$+ \tfrac{1}{2}$ cos. $\overline{n-1}\ \overline{\mu - \nu q}$

aura une valeur nulle, et qu'il en sera de même de la suite:

$\tfrac{1}{2}$ cos. $\overline{0\mu + \nu q} + \tfrac{1}{2}$ cos. $\overline{1\mu + \nu q} + \tfrac{1}{2}$ cos. $\overline{2\mu + \nu q} + \cdots$

$+ \tfrac{1}{2}$ cos. $\overline{n-1}\ \overline{\mu + \nu q}$.

En effet, en représentant l'arc $\overline{\mu - \nu q}$ par α, qui est par conséquent un multiple de $\dfrac{2\pi}{n}$, on aura la suite récurrente:

cos. 0α, ... cos. 1α, ... cos. 2α, ... cos. $\overline{n-3}\alpha$, ... cos. $\overline{n-2}\alpha$, ...

cos. $\overline{n-1}\alpha$,

dont la somme est nulle. Pour le faire voir, on représentera cette somme par S et, les deux termes de l'échelle de relation étant $2 \cos. \alpha$ et -1, on multipliera successivement les deux membres de l'équation

$$S = \cos. 0\alpha + \cos. 1\alpha + \cos. 2\alpha + \cdots + \cos. [n-2]\alpha + \cos. [n-1]\alpha$$

par $-2\cos.\alpha$ et par $+1$. Puis, ajoutant les trois équations, on remarquera que les termes intermédiaires se détruisent d'eux-mêmes d'après ‖ la nature de la série récurrente; ainsi qu'on le voit dans l'équation suivante:

$$S \quad = \cos. 0\alpha + \cos. 1\alpha \quad + \cos. 2\alpha \quad +$$
$$\cdots + \cos. [n-1]\alpha$$
$$-2S\cos.\alpha = \quad -2\cos.\alpha\cos. 0\alpha - 2\cos.\alpha\cos. 1\alpha -$$
$$\cdots - 2\cos.\alpha\cos. [n-2]\alpha - 2\cos.\alpha\cos. [n-1]\alpha$$
$$S \quad = \quad \cos. 0\alpha \quad +$$
$$\cdots + \cos. [n-3]\alpha \quad + \cos. [n-2]\alpha$$
$$+ \cos. [n-1]\alpha.$$

Si l'on remarque maintenant que, $n\alpha$ étant un multiple de la circonférence entière, les quantités

$$\cos. \overline{n-1}\alpha, \ldots \cos. \overline{n-2}\alpha, \ldots \cos. (n-3)\alpha, \&c.$$

sont respectivement les mêmes que celles que l'on désignerait par

$$\cos. [-\alpha], \ldots \cos. [-2\alpha], \ldots \cos. [-3\alpha], \&c.,$$

on en conclura les résultats suivants:

$$\cos. 0\alpha - 2\cos.\alpha\cos.\overline{n-1}\alpha + \cos.\overline{n-2}\alpha = 0$$

et

$$\cos. 1\alpha - 2\cos.\alpha\cos. 0\alpha \quad + \cos.\overline{n-1}\alpha = 0.$$

On aura donc en général

$$2S - 2S\cos.\alpha = 0.$$

Ainsi la somme cherchée S doit être nulle. On a représenté $\overline{\mu - \nu q}$ par α, et l'on trouve que la somme des n termes dus au développement de $\frac{1}{2}\cos.\overline{j\mu - \nu q}$ est nulle; il en sera de même de la somme des termes dus au développement de $\frac{1}{2}\cos.\overline{j\mu + \nu q}$. Donc la somme des produits termes à termes des deux premières séries est nulle. Il faut excepter la cas où l'arc répresenté par α serait nul, car l'équation

$2S - 2S \cos. \alpha = 0$

est satisfait par celle-ci:

$\cos. \alpha = 1.$

Ce cas est précisement celui où l'on a $\mu = \nu$, c'est-à-dire, où les arcs μ et ν sont les mêmes; alors le terme $\frac{1}{2} \cos. \overline{j\mu + \nu q}$ donne encore en développement dont la somme est nulle, mais le terme $\frac{1}{2} \cos. \overline{j\mu - \nu q}$ fournit des termes égaux dont chacun a pour valeur $\frac{1}{2}$. Donc le développement de $\sin. j\mu q \sin. j\nu q$, ou la somme des produits terme à terme des deux premières séries, est $\frac{1}{2} n$. On trouvera de la même manière la valeur de la somme des produits terme à terme des deux secondes séries, ou $S[\cos. j\mu q \cos. j\nu q]$. En effet, en substituant à $\cos. j\mu q \cos. j\nu q$ la quantité

$\frac{1}{2} \cos. \overline{j\mu - \nu q} + \frac{1}{2} \cos. \overline{j\mu + \nu q},$

on en conclura, comme dans le cas précédent, que

$S[\frac{1}{2} \cos. \overline{j\mu + \nu q}]$

est nulle, et que

$S[\frac{1}{2} \cos. \overline{j\mu - \nu q}]$

est nulle, excepté le cas où $\mu = \nu$. Il suit de là que la somme des produits terme à terme des deux secondes séries, ou

$S[\frac{1}{2} \cos. j\mu q \sin. j\nu q],$

est toujours nulle lorsque les arcs μ et ν sont différents, et égale à $\frac{1}{2} n$ lorsque $\mu = \nu$. Il ne faut plus que distinguer les cas où les arcs μq et νq sont tous les deux nuls; alors on a 0 pour la valeur de

$S[\frac{1}{2} \cos. \overline{j\mu - \nu q} - \frac{1}{2} \cos. \overline{j\mu + \nu q}]$

ou

$S[\sin. j\mu q \sin. j\nu q],$

qui désigne la somme des deux produits terme à terme des deux premières séries. Il n'en est pas de même de la somme

$S[\sin. j\mu q \sin. j\nu q]$

prise dans le cas où μq et νq sont nuls. Cette somme des produits terme à terme des deux secondes séries est évidemment égale à n, ce qui résulte ‖ d'ailleurs de l'expression

$S[\frac{1}{2}\cos.\overline{j\mu-\nu q}+\frac{1}{2}\cos.\overline{j\mu+\nu q}]$.

Quant à la somme des produits terme à terme des deux séries:

sin. $0u, \ldots$ sin. $1u, \ldots$ sin. $2u, \ldots$ sin. $3u, \ldots$ sin. $[n-1]u$

et

cos. $0v, \ldots$ cos. $1v, \ldots$ cos. $2v, \ldots$ cos. $3v, \ldots$ cos. $[n-1]v$,

leur somme

$S[\sin. j\mu q \cos. j\nu q]$

est nulle dans tous les cas: on a en effet

$S[\sin. j\mu q \cos. j\nu q] = \frac{1}{2} S[\sin. \overline{j\mu+\nu q}] + \frac{1}{2} S[\sin. \overline{j\mu-\nu q}]$.

Si l'on représente l'arc $\overline{\mu+\nu q}$ par α, on aura la suite récurrente

sin. $0\alpha, \ldots$ sin. $1\alpha, \ldots$ sin. $2\alpha, \ldots$ sin. $[n-3]\alpha, \ldots$ sin. $[n-2]\alpha$,

$\ldots$ sin. $[n-1]\alpha$,

dont la somme est nulle, car en représentant cette somme par S on aura:

$S \quad = \sin. 0\alpha + \sin. 1\alpha \quad + \sin. 2\alpha + \cdots$

$\quad + \sin. [n-1]\alpha$

$-2S \cos. \alpha = \quad -2 \cos. \alpha \sin. 0\alpha - 2 \cos. \alpha \sin. 1\alpha - \cdots$

$\quad -2 \cos. \alpha \sin. [n-2]\alpha - 2 \cos. \alpha \sin. [n-1]\alpha$

$S \quad = \quad \sin. 0\alpha + \cdots$

$\quad + \sin. [n-3]\alpha \quad + \sin. [n-2]\alpha + \sin. [n-1]\alpha.$

Les trois termes qui se correspondent verticalement se détruisent d'eux-mêmes dans une partie du second membre, parce que la série récurrente

sin. $0\alpha, \ldots$ sin. $1\alpha, \ldots$ sin. 2α, &c.

a pour échelle de relation $2 \cos. \alpha - 1$. De plus, $n\alpha$ étant un multiple de la circonférence, sin. $\overline{n-1}\alpha$ équivaut à sin. $[-\alpha]$, et sin. $\overline{n-2\alpha}$ équivaut à sin. $[-2\alpha]$. Ainsi le second membre se réduit entièrement à zéro. On en tire l'équation

$2S - 2S \cos. \alpha = 0$, ou $S = 0$;

ainsi la somme des termes dus au développement de $\frac{1}{2}$ sin. $j\overline{\mu + \nu q}$ est nulle. On représentera pareillement l'arc $\overline{\mu - \nu q}$ par α et l'on trouvera encore que la somme S des termes dus au développement de $\frac{1}{2}$ sin. $j\overline{\mu - \nu q}$ satisfait à l'équation

$S[1 - \cos. \alpha] = 0$.

Quant au cas où l'on aurait cos. $\alpha = 1$, ou $\alpha = 0$, et par conséquent $\mu = \nu$, la somme

$S[\frac{1}{2}$ sin. $j\overline{\mu + \nu q} + \frac{1}{2}$ sin. $j\overline{\mu - \nu q}]$

ne cessera point d'être nulle; d'où l'on conclut que la somme des produits terme à terme des deux séries:

sin. $0u$, ... sin. $1u$, ... sin. $2u$, ... sin. $3u$, ... sin. $\overline{n-1}u$;

cos. $0v$, ... cos. $1v$, ... cos. $2v$, ... cos. $3v$, ... cos. $\overline{n-1}v$

est nulle dans tous les cas possibles.

La comparaison de ces séries fournit donc les conséquences suivantes. Si l'on partage la circonférence 2π en un nombre n de parties égales, que l'on prenne un arc u composé d'un nombre entier μ de ces parties, et que l'on marque les extrémités des arcs $u, 2u, 3u, 4u, \ldots \overline{n-1}u$, il résulte des propriétés connues des quantités trigonométriques que les quantités:

sin. $0u$, ... sin. $1u$, ... sin. $2u$, ... sin. $3u$, ... sin. $\overline{n-1}u$;

ou celles-ci:

cos. $0u$, ... cos. $1u$, ... cos. $2u$, ... cos. $3u$, ... cos. $\overline{n-1}u$;

formeront une série récurrente périodique composée de n termes; cela posé, si l'on compare une de ces deux séries correspondantes à un arc u, ou $\mu \frac{2\pi}{n}$, à une série correspondante à un autre arc v, ou $\nu \frac{2\pi}{n}$, et qu'on multiplie terme à terme les deux séries comparées, la somme des produits sera nulle ‖ lorsque les arcs u et v seront différents. Si les arcs u et v sont égaux, la somme des produits est égale à $\frac{1}{2}n$ lorsque l'on compare deux séries de sinus, ou lorsque l'on compare deux séries de cosinus;

mais cette somme est nulle si l'on compare une série de sinus à une série de cosinus. Si l'on supposait nuls les arcs u et v, il est manifeste que la somme des produits terme à terme est nulle, toutes les fois que l'une des deux séries est formée de sinus et lorsqu'elles le sont toutes les deux; mais dans ce cas la somme des produits est n, si les deux séries comparées sont formées de cosinus. En général la somme des produits terme à terme est égale à 0, ou $\frac{1}{2}n$, ou n, ce que d'ailleurs l'on déduirait facilement de la règle connue pour la formation des suites trigonométriques. Il est aisé d'effectuer, au moyen de ces remarques, l'élimination des inconnues dans les équations précédentes. L'indéterminée A_1 disparaît d'elle-même, comme ayant des coëfficients nuls; pour trouver B_1 on multipliera les deux membres de chaque équation par le coëfficient de B_1 dans cette même équation, et l'on ajoutera toutes les équations ainsi multipliées. On trouvera

$$[a_1 + a_2 + a_3 + \cdots + a_n] = nB_1.$$

Pour déterminer A_2, on multipliera les deux membres de chaque équation par le coëfficient de A_2 dans cette équation, et en désignant l'arc $\frac{2\pi}{n}$ par q, on aura, après avoir ajouté les équations:

$$a_1 \sin. 0q + a_2 \sin. 1q + a_3 \sin. 2q + \cdots + a_n \sin. \overline{n-1}q = \tfrac{1}{2}nA_2.$$

On aura pareillement pour déterminer B_2:

$$a_1 \cos. 0q + a_2 \cos. 1q + a_3 \cos. 2q + \cdots + a_n \cos. \overline{n-1}q = \tfrac{1}{2}nB_2.$$

En général on trouvera chaque indéterminée, en multipliant les deux membres de chaque équation par le coëfficient de l'indéterminée dans cette même équation et en ajoutant les produits; on parvient ainsi aux résultats suivants:

$$nB_1 = a_1 + a_2 + a_3 + \cdots + a_n = S[a_i]$$

$$\begin{cases} \tfrac{1}{2}nA_2 = a_1 \sin. 0\tfrac{2\pi}{n} + a_2 \sin. 1\tfrac{2\pi}{n} + a_3 \sin. 2\tfrac{2\pi}{n} \\ \tfrac{1}{2}nB_2 = a_1 \cos. 0\tfrac{2\pi}{n} + a_2 \cos. 1\tfrac{2\pi}{n} + a_3 \cos. 2\tfrac{2\pi}{n} \end{cases}$$

$$+ \cdots + a_n \sin. \overline{n-1}\tfrac{2\pi}{n} = S\left[a_i \sin. \overline{i-1}\tfrac{2\pi}{n}\right]$$

$$+ \cdots + a_n \cos. \overline{n-1}\tfrac{2\pi}{n} = S\left[a_i \cos. \overline{i-1}\tfrac{2\pi}{n}\right]$$

$$\begin{cases} \tfrac{1}{2}nA_3 = a_1 \sin. \ 0\frac{2.2\pi}{n} + a_2 \sin. \ 1\frac{2.2\pi}{n} + a_3 \sin. \ 2\frac{2.2\pi}{n} \\ \tfrac{1}{2}nB_3 = a_1 \cos. \ 0\frac{2.2\pi}{n} + a_2 \cos. \ 1\frac{2.2\pi}{n} + a_3 \cos. \ 2\frac{2.2\pi}{n} \end{cases}$$

$$+ \cdots + a_n \sin. \ \overline{n-1}\frac{2.2\pi}{n} = S\left[a_i \sin. \ \overline{i-1}\frac{2.2\pi}{n}\right]$$
$$+ \cdots + a_n \cos. \ \overline{n-1}\frac{2.2\pi}{n} = S\left[a_i \cos. \ \overline{i-1}\frac{2.2\pi}{n}\right]$$

(n)

$$\begin{cases} \tfrac{1}{2}nA_4 = a_1 \sin. \ 0\frac{3.2\pi}{n} + a_2 \sin. \ 1\frac{3.2\pi}{n} + a_3 \sin. \ 2\frac{3.2\pi}{n} \\ \tfrac{1}{2}nB_4 = a_1 \cos. \ 0\frac{3.2\pi}{n} + a_2 \cos. \ 1\frac{3.2\pi}{n} + a_3 \cos. \ 2\frac{3.2\pi}{n} \end{cases}$$

$$+ \cdots + a_n \sin. \ \overline{n-1}\frac{3.2\pi}{n} = S\left[a_i \sin. \ \overline{i-1}\frac{3.2\pi}{n}\right]$$
$$+ \cdots + a_n \cos. \ \overline{n-1}\frac{3.2\pi}{n} = S\left[a_i \cos. \ \overline{i-1}\frac{3.2\pi}{n}\right]$$

$$\begin{cases} \tfrac{1}{2}nA_5 = a_1 \sin. \ 0\frac{4.2\pi}{n} + a_2 \sin. \ 1\frac{4.2\pi}{n} + a_3 \sin. \ 2\frac{4.2\pi}{n} \\ \tfrac{1}{2}nB_5 = a_1 \cos. \ 0\frac{4.2\pi}{n} + a_2 \cos. \ 1\frac{4.2\pi}{n} + a_3 \cos. \ 2\frac{4.2\pi}{n} \end{cases}$$

$$+ \cdots + a_n \sin. \ \overline{n-1}\frac{4.2\pi}{n} = S\left[a_i \sin. \ \overline{i-1}\frac{4.2\pi}{n}\right]$$
$$+ \cdots + a_n \cos. \ \overline{n-1}\frac{4.2\pi}{n} = S\left[a_i \cos. \ \overline{i-1}\frac{4.2\pi}{n}\right]$$

. . . .

26 ‖Il faut, pour trouver le développement indiqué par le signe S, donner à i les n valeurs successives $1, \ldots 2, \ldots 3, \ldots 4, \ldots$ &c. et prendre la somme. On aura en général

$$\tfrac{1}{2}nA_j = S\left[a_i \sin. \ \overline{i-1}\frac{(j-1)2\pi}{n}\right]$$

et

$$\tfrac{1}{2}nB_j = S\left[a_i \cos. \ \overline{i-1}\frac{(j-1)2\pi}{n}\right].$$

Si l'on donne à j toutes les valeurs successives $1, \ldots 2, \ldots 3, \ldots 4, \ldots$ &c. qu'il peut avoir, ces deux formules fourniront les équations (n) et si l'on développe le terme sous le signe S, en donnant à i ses n valeurs $1, \ldots 2, \ldots 3, \ldots n$, on aura les valeurs

Théorie de la propagation de la chaleur. Art. 11

des inconnues $A_1, B_1, A_2, B_2, A_3, B_3$, &c., et les équations seront entièrement résolues.[3]

11.
Equation générale qui représente la température variable de chacun des corps.

Il faut maintenant substituer les valeurs connues des coëfficients $A_1, B_1, A_2, B_2, A_3, B_3$, &c. dans les équations (m), et l'on trouvera les valeurs suivantes de $\alpha_1, \alpha_2, \alpha_3, \alpha_4, \ldots \alpha_n$:

$$\alpha_1 = N_0 + N_1 \, \epsilon^{t\sin.V.q_1} + N_2 \, \epsilon^{t\sin.V.q_2} + N_3 \, \epsilon^{t\sin.V.q_3}$$
$$+ N_4 \, \epsilon^{t\sin.V.q_4} + \&c.$$

$$\alpha_2 = N_0 + \left. \begin{matrix} M_1 \sin. q_1 \\ N_1 \cos. q_1 \end{matrix} \right| \epsilon^{t\sin.V.q_1} + \left. \begin{matrix} M_2 \sin. q_2 \\ N_2 \cos. q_2 \end{matrix} \right| \epsilon^{t\sin.V.q_2}$$

$$+ \left. \begin{matrix} M_3 \sin. q_3 \\ N_3 \cos. q_3 \end{matrix} \right| \epsilon^{t\sin.V.q_3} + \&c.$$

$$\alpha_3 = N_0 + \left. \begin{matrix} M_1 \sin. 2q_1 \\ N_1 \cos. 2q_1 \end{matrix} \right| \epsilon^{t\sin.V.q_1} + \left. \begin{matrix} M_2 \sin. 2q_2 \\ N_2 \cos. 2q_2 \end{matrix} \right| \epsilon^{t\sin.V.q_2}$$

$$+ \left. \begin{matrix} M_3 \sin. 2q_3 \\ N_3 \cos. 2q_3 \end{matrix} \right| \epsilon^{t\sin.V.q_3} + \&c.$$

$$\alpha_4 = N_0 + \left. \begin{matrix} M_1 \sin. 3q_1 \\ N_1 \cos. 3q_1 \end{matrix} \right| \epsilon^{t\sin.V.q_1} + \left. \begin{matrix} M_2 \sin. 3q_2 \\ N_2 \cos. 3q_2 \end{matrix} \right| \epsilon^{t\sin.V.q_2} + \&c.$$

. . . .

$$\alpha_j = N_0 + \left. \begin{matrix} M_1 \sin. \overline{j-1}q_1 \\ N_1 \cos. \overline{j-1}q_1 \end{matrix} \right| \epsilon^{t\sin.V.q_1} + \left. \begin{matrix} M_2 \sin. \overline{j-1}q_2 \\ N_2 \cos. \overline{j-1}q_2 \end{matrix} \right| \epsilon^{t\sin.V.q_2} + \&c.$$

. . . .

$$\alpha_n = N_0 + \left. \begin{matrix} M_1 \sin. \overline{n-1}q_1 \\ N_1 \cos. \overline{n-1}q_1 \end{matrix} \right| \epsilon^{t\sin.V.q_1} + \left. \begin{matrix} M_2 \sin. \overline{n-1}q_2 \\ N_2 \cos. \overline{n-1}q_2 \end{matrix} \right| \epsilon^{t\sin.V.q_2}$$

$$+ \left. \begin{matrix} M_3 \sin. \overline{n-1}q_3 \\ N_3 \cos. \overline{n-1}q_3 \end{matrix} \right| \epsilon^{t\sin.V.q_3} + \&c.$$

---

[3][Ed.] Euler carried out a somewhat similar and only partially successful analysis in the course of his considerations of the vibrating string. ["De propagatione pulsuum per medium elasticum," *Novi commentarii Academiae Scientarum Petropolitanae*, 1 (1747–1748: publ. 1750), 67–105; *Opera Omnia*, (2) 10, 98–131. See esp. arts. 31–44.] On Fourier's own reasoning note the remarks by Darboux in the *Oeuvres*, 1, 271–273.

Dans ces équations on a

$$\epsilon = e^{-2\frac{K}{m}}, \; q_1 = 1\frac{2\pi}{n}, \; q_2 = 2\frac{2\pi}{n}, \; q_3 = 3\frac{2\pi}{n}, \; q_4 = 4\frac{2\pi}{n}, \; \&c.$$

$$N_0 = \frac{1}{n} S[a_i]$$

$$N_1 = \frac{2}{n} S[a_i \cos. [\overline{i-1}q_1]] \qquad M_1 = \frac{2}{n} S[a_i \sin. [\overline{i-1}q_1]]$$

$$N_2 = \frac{2}{n} S[a_i \cos. [\overline{i-1}q_2]] \qquad M_2 = \frac{2}{n} S[a_i \sin. [\overline{i-1}q_2]]$$

$$N_3 = \frac{2}{n} S[a_i \cos. [\overline{i-1}q_3]] \qquad M_3 = \frac{2}{n} S[a_i \sin. [\overline{i-1}q_3]]$$

&c. &c.

27 Les équations précédentes renferment la solution complète de ‖ la question proposée; elles sont représentées par cette équation générale:

$$\alpha_j = \frac{1}{n} S[a_i] +$$

$$\left. \begin{array}{l} \frac{2}{n} \sin. \left(\overline{j-1} \; \frac{2\pi}{n}\right) S\left[a_i \sin. \left[\overline{i-1} \; \frac{2\pi}{n}\right]\right] \\ \frac{2}{n} \cos. \left(\overline{j-1} \; \frac{2\pi}{n}\right) S\left[a_i \cos. \left[\overline{i-1} \; \frac{2\pi}{n}\right]\right] \end{array} \right| e^{-2\frac{K}{m} t \sin. \text{V.} 1 \frac{2\pi}{n}} +$$

$$\left. \begin{array}{l} \frac{2}{n} \sin. \left(\overline{j-1}.2 \; \frac{2\pi}{n}\right) S\left[a_i \sin. \left[\overline{i-1}.2 \; \frac{2\pi}{n}\right]\right] \\ \frac{2}{n} \cos. \left(\overline{j-1}.2 \; \frac{2\pi}{n}\right) S\left[a_i \cos. \left[\overline{i-1}.2 \; \frac{2\pi}{n}\right]\right] \end{array} \right| e^{-2\frac{K}{m} t \sin. \text{V.} 2 \frac{2\pi}{n}} +$$

$$\left. \begin{array}{l} \frac{2}{n} \sin. \left(\overline{j-1}.3 \; \frac{2\pi}{n}\right) S\left[a_i \sin. \left[\overline{i-1}.3 \; \frac{2\pi}{n}\right]\right] \\ \frac{2}{n} \cos. \left(\overline{j-1}.3 \; \frac{2\pi}{n}\right) S\left[a_i \cos. \left[\overline{i-1}.3 \; \frac{2\pi}{n}\right]\right] \end{array} \right| e^{-2\frac{K}{m} t \sin. \text{V.} 3 \frac{2\pi}{n}} +$$

... &c.

dans laquelle il n'entre que deux quantités entièrement connues, savoir: $a_1, \ldots a_2, \ldots a_3, \ldots a_4, \ldots a_n$ qui sont les températures initiales, K mesure de la conductibilité, m la valeur de la masse, n le nombre des masses échauffées et t le temps écoulé.

Il résulte de toute l'analyse précédente que si plusieurs corps, égaux en nombre n, sont rangés circulairement et qu'ayant reçu des températures initiales quelconques, ils viennent à se communiquer la chaleur, comme on l'a expliqué, la masse de chaque corps étant designée par m, le temps par t, et par K un coëfficient constant. La température variable de chacune des masses qui doit être une fonction des quantités t, m et K et de toutes les températures initiales, est donnée par l'équation générale que nous venons de rapporter. Il faut d'abord mettre au lieu de j le numéro qui indique la place du corps dont on veut connaître la température (savoir, 1 pour le 1er corps, 2 pour le 2ème, &c.); ensuite il restera la lettre i qui entre sous le signe S. On donnera à i ses n valeurs successives $1,\ldots 2,\ldots 3,\ldots 4,\ldots n$ et l'on prendra la somme de tous les termes. Quant au nombre des termes qui entrent dans cette équation, il doit y en avoir autant que l'on trouve de sinus-verses différents, lorsque la suite des arcs est $0\frac{2\pi}{n}, \ldots 1\frac{2\pi}{n}, \ldots 2\frac{2\pi}{n}, \ldots 3\frac{2\pi}{n}$, $\ldots$ &c., c'est-à-dire, que le nombre n étant égal à $2\lambda + 1$, ou à 2λ, selon qu'il est impair ou pair, le nombre des termes qui entrent dans l'équation générale est toujours $\lambda + 1$.

12. Remarque sur le cas où la chaleur d'un seul corps se communique à tous les autres.

Pour donner un exemple de l'application de cette formule, nous supposerons que la première masse est la seule que l'on ait d'abord échauffée, ensorte que les températures initiales $a_1 \ldots a_2 \ldots a_3 \ldots a_n$ soient toutes nulles excepté la première a_1; il est visible que la quantité de chaleur contenue dans la première masse se distribuera successivement entre toutes les autres. Or la loi de cette communication de la chaleur sera exprimée par l'équation suivante:

$$\alpha_j = \frac{a_1}{n} + \frac{2}{n} a_1 \cos.\left(\overline{j-1}.\ \frac{2\pi}{n}\right)\bigg| e^{-2\frac{K}{m}t\sin.\text{V.}1\frac{2\pi}{n}}$$

$$+ \frac{2}{n} a_1 \cos.\left(\overline{j-1}.2\frac{2\pi}{n}\right)\bigg| e^{-2\frac{K}{m}t\sin.\text{V.}2\frac{2\pi}{n}}$$

$$+ \frac{2}{n} a_1 \cos.\left(\overline{j-1}.3\frac{2\pi}{n}\right)\bigg| e^{-2\frac{K}{m}t\sin.\text{V.}3\frac{2\pi}{n}} + \&c.$$

‖Si la seconde masse était seule échauffée et que les températures $a_1 \ldots a_2 \ldots a_3 \ldots a_n$ fussent nulles, on aurait:

$$\alpha_j = \frac{a_2}{n} + \begin{array}{l} \frac{2}{n} a_2 \cos.\left(\overline{j-1}\ \frac{2\pi}{n}\right) \sin. \frac{2\pi}{n} \\ \frac{2}{n} a_2 \sin.\left(\overline{j-1}\ \frac{2\pi}{n}\right) \cos. \frac{2\pi}{n} \end{array}\bigg| e^{-2\frac{K}{m}t\sin.\text{V.}1\frac{2\pi}{n}}$$

$$+ \begin{array}{l} \frac{2}{n} a_2 \cos.\left(\overline{j-1}.2\frac{2\pi}{n}\right) \sin. 2\frac{2\pi}{n} \\ \frac{2}{n} a_2 \sin.\left(\overline{j-1}.2\frac{2\pi}{n}\right) \cos. 2\frac{2\pi}{n} \end{array}\bigg| e^{-2\frac{K}{m}t\sin.\text{V.}2\frac{2\pi}{n}} + \&c.$$

Et si l'on suppose que toutes les températures initiales sont nulles excepté a_1 et a_2, on trouverait pour la valeur de α_j la somme des valeurs trouvées dans chacune des deux hypothèses précédentes. En général il est facile de conclure de l'équation précédente que pour trouver la loi suivant laquelle les différentes quantités initiales de chaleur se repartissent entre les masses, on peut considérer séparément les cas où les températures initiales seraient nulles excepté une seule. On supposera que la quantité de chaleur contenue dans une des masses se communique à toutes les autres, en regardant ces dernières comme affectées de températures nulles; et ayant fait cette hypothèse, pour chacune des masses en particulier, à raison de la chaleur initiale qu'elles ont reçue, on connaîtra quelle est, après un temps donné, la température de chacun des corps, en ajoutant toutes les températures que ce même corps a dû recevoir dans chacune des hypothèses précédentes.

13.
Remarque sur l'état final du système.

Si dans l'équation générale qui donne la valeur de α_j on suppose que le temps a une valeur infinie, on trouvera $\alpha_j = \frac{1}{n} S[a_i]$, ensorte que chacune des masses aura acquis la température moyenne; résultat qui est évident par lui-même. A mesure que la valeur du temps augmente, le premier terme $\frac{1}{n} S[a_i]$ devient de plus en plus grand par rapport au suivant, ou à la somme des suivants. Il en est de même du second par rapport aux termes qui le suivent; et lorsque le temps a acquis une valeur considérable, la valeur de α_j est représentée sans erreur sensible par l'équation suivante:

$$\alpha_j = \frac{1}{n} S[a_i] + \left\lvert \begin{array}{l} \frac{2}{n} \sin.\left(\overline{j-1}\frac{2\pi}{n}\right) S\left[a_i \sin.\left[\overline{i-1}\frac{2\pi}{n}\right]\right] \\ \frac{2}{n} \cos.\left(\overline{j-1}\frac{2\pi}{n}\right) S\left[a_i \cos.\left[\overline{i-1}\frac{2\pi}{n}\right]\right] \end{array}\right\rvert e^{-2\frac{K}{m}t\sin.V.\frac{2\pi}{n}}.$$

En désignant par a et b les coëfficients de $\sin.\left(\overline{j-1}\frac{2\pi}{n}\right)$ et de $\cos.\left(\overline{j-1}\frac{2\pi}{n}\right)$, et la fraction $e^{-2\frac{K}{m}\sin.V.\frac{2\pi}{n}}$ par ω on aura:

$$\alpha_j = \frac{1}{n} S[a_i] + \left\lvert \begin{array}{l} a \sin.\left(\overline{j-1}\frac{2\pi}{n}\right) \\ b \cos.\left(\overline{j-1}\frac{2\pi}{n}\right) \end{array}\right\rvert \omega^t.$$

29 Les quantités a et b sont constantes, ‖ c'est-à-dire, indépendantes du temps t et de la lettre j, qui indique le rang de la masse dont la température est α_j. Ces quantités sont les mêmes pour toutes les masses. La différence de la température variable α_j à la température finale $\frac{1}{n}S[a_i]$ décroît donc pour chacune des masses proportionnellement aux puissances successives de la fraction ω. Chacun des corps tend de plus en plus à acquérir la température finale $\frac{1}{n}S[a_i]$, et la différence entre cette dernière limite et la température variable du même corps finira toujours par décroître comme les puissances successives d'une fraction. Cette fraction est la même quel que soit le corps dont on considère les changements de température. Le coëfficient de ω^t, ou $a\sin. u + b\cos. u$, en désignant par u l'arc $(j-1)\frac{2\pi}{n}$, peut être mis sous cette forme $A\sin.[u+B]$, en prenant A et B tels que l'on ait $a = A\cos. B$ et $b = A\sin. B$. Si l'on voulait déterminer le coëfficient de ω^t qui se rapporte aux corps suivants dont la température est $\alpha_{j+1}, \ldots \alpha_{j+2}, \ldots \alpha_{j+3}, \ldots$ &c. il faudrait ajouter à u_j l'arc $\frac{2\pi}{n}$, ou $2\frac{2\pi}{n}$, ou $3\frac{2\pi}{n}$, ainsi de suite; c'est-à-dire, que l'on a les équations:

$$\alpha_j - \frac{1}{n}S[a_i] = A\sin.[B+u_j]\omega^t + \&c.$$

$$\alpha_{j+1} - \frac{1}{n}S[a_i] = A\sin.\left[B+u_j+1\frac{2\pi}{n}\right]\omega^t + \&c.$$

$$\alpha_{j+2} - \frac{1}{n}S[a_i] = A\sin.\left[B+u_j+2\frac{2\pi}{n}\right]\omega^t + \&c.$$

$$\alpha_{j+3} - \frac{1}{n}S[a_i] = A\sin.\left[B+u_j+3\frac{2\pi}{n}\right]\omega^t + \&c.$$
$$\&c.$$

On voit par là que les dernières différences entre les températures actuelles et les températures finales sont représentées par les équations précédentes, en ne conservant que le premier terme du second membre de chaque équation. Ces dernières différences varient donc suivant la loi suivante. Si l'on ne considère qu'un seul corps, la différence variable dont il s'agit, c'est-à-dire, l'excès de la température actuelle du corps sur la température finale et commune, diminue comme les puissances successives d'une fraction, le temps augmentant par parties égales; et si l'on compare dans un seul et même instant la température de tous les corps, la différence dont il s'agit varie proportionnellement aux sinus successifs de la circonférence divisée en parties égales. La température d'un même corps pris à divers instants successifs est représentée par les ordonnées d'une logarithmique dont l'axe est divisé en parties égales; et la température de chacun de ces corps prise au même instant pour tous est représentée par les ordonnées du cercle dont la circonférence est divisée en parties égales. Il est facile de voir, comme on l'a remarqué plus haut, ‖ que si les températures initiales sont telles que les différences de ces températures à la température moyenne ou finale soient proportionnelles aux sinus successifs des arcs multiples, ces différences diminueront toutes-à-la-fois sans cesser d'être proportionnelles à ces mêmes sinus. Cette loi, qui régnerait entre les températures initiales, ne serait point troublée par l'action réciproque des corps, et se conserverait jusqu'à ce qu'ils eussent tous acquis une température commune. La différence diminuerait pour chaque corps comme les puissances successives d'une même fraction. Telle est la loi la plus simple à laquelle puisse être assujettie la communication de la chaleur entre une suite de masses contiguës. Lorsque cette loi est établie entre les températures initiales elle se conserve d'elle-même, et lorsque cette loi ne règne point entre les températures initiales, c'est-à-dire, lorsque les différences de ces températures à la température moyenne ne sont proportionnelles aux sinus successifs des arcs multiples, la loi dont il s'agit tend toujours à s'établir et le système des températures variables finit bientôt par se confondre sensiblement avec celui qui depend des ordonnées du cercle et de celles de la logarithmique.

Puisque les dernières différences entre l'excès de la température d'un corps sur la température moyenne sont proportionnelles au sinus de l'arc à l'extrémité duquel le corps est placé, il s'ensuit que si l'on désigne deux corps placés aux extrémités du même diamètre, la température du premier surpassera la température moyenne et constante, autant que cette température constante surpassera celle du second corps. C'est pourquoi si l'on prend à chaque instant la somme des températures de deux masses dont la situation est opposé on trouvera une somme constante, et cette somme aura la même valeur pour deux masses quelconques placées aux extrémités d'un même diamètre.

The examiners of the 1807 manuscript raised the question of the manner of communicating heat between the bodies. Perhaps objection had been raised to the idea of a shuttling layer, for in his 1809 paper Fourier expanded on the point, explaining that heat passed to and fro between consecutive bodies by means of these narrow slices.[4] Apart from this point there was no discussion of this first section of the paper, least of all concerning its general aim. n-body analysis of physical problems were among the known techniques in mathematical physics, and their purpose was to solve the n-body discrete model and then obtain the solution to the corresponding continuous body by letting n tend to infinity. To take Fourier's first example, if we take n to infinity in the general solution for n bodies in a line we should obtain the general solution for a bar. In the 1805 draft Fourier tried to carry this out, but gave up.[5] Perhaps the reason was his failure to find the constants of integration in the solution; but he might have seen the other flaw in it, which also appears in the (complete) solution to n bodies in a circle. We may write that solution from article 11 (our page 76) as:

$$(3.5) \quad \alpha_j = \frac{1}{n}\sum_{r=1}^{n} a_r + \frac{2}{n}\sum_{r=1}^{n}\left\{\left[\sin\left(\overline{j-1}\,\frac{2r\pi}{n}\right)\sum_{i=1}^{n} a_i \sin\left(\overline{i-1}\,\frac{2r\pi}{n}\right)\right.\right.$$
$$\left.+\cos\left(\overline{j-1}\,\frac{2r\pi}{n}\right)\sum_{i=1}^{n} a_i \cos\left(\overline{i-1}\,\frac{2r\pi}{n}\right)\right]$$
$$\left.\times\left[\exp\left(-\frac{2Kt}{m}\left(1-\cos\frac{2r\pi}{n}\right)\right)\right]\right\},$$

and if we take n to infinity there to obtain the solution for the annulus, we find that its x-component becomes

$$(3.6) \quad \sin rx \int_0^{2\pi} f(u)\sin ru\,du + \cos rx \int_0^{2\pi} f(u)\cos ru\,du,$$

where $f(x)$ is the (continuous) distribution of initial temperatures. Now the total mass of the bodies will be constant for all n.

---

[4] J. B. J. Fourier *Extrait*, 2.   [5] See BN MFF 22525/120 bis.

So in the t-component of (3.5) we must put

(3.7)
$$m = \frac{2\pi}{n}$$

and obtain for the limiting expression

(3.8)
$$\lim_{n \to \infty} \left[\exp\left(-\frac{2nKt}{2\pi}\left\{\frac{1}{2}\left(\frac{2\pi r}{n}\right)^2 + O\left(\frac{1}{n^4}\right)\right\}\right)\right].$$

But the limiting value is *unity*, implying the obvious falsehood that the temperature in the annulus remains constant, and therefore equal to its initial value $f(x)$. So the now familiar deduction

(3.9)
$$\pi f(x) = \tfrac{1}{2} \int_0^{2\pi} f(u)\, du + \sin rx \int_0^{2\pi} f(u) \sin ru\, du$$
$$+ \cos rx \int_0^{2\pi} f(u) \cos ru\, du$$

would have been of no interest to him, since (3.5) obviously did *not* describe the diffusion of heat in the annulus over time.

So Fourier was in trouble; and, moreover, he could not see his way out of it. He gave up heat diffusion altogether, and between September 1803 and October 1804 wrote up a substantial amount of work related to the theory of equations. The generalization of Descartes's rule was one topic; but so were many of the other questions which had been on Fourier's mind when he was sent from the Ecole Polytechnique to Egypt.[6] Heat was forgotten; the old love had returned.

---

[6]The papers that survive in the Bibliothèque Nationale are dated by month and year in the Republican calendar. In chronological order (in the orthodox calendar) they are:
1. September 1803–November 1804: BN MFF 22512/42–67. A series of notes on approximations to roots.
2. October 1803–December 1803: BN MFF 22514/3–74. An incomplete essay on Descartes's rule of signs and the generalized theorem, approximation to roots, etc., together with other notes on the same topics.
3. January 1804–February 1804: BN MFF 22510/99–102. Part of an essay on recurrent series.
4. March 1804–May 1804: BN MFF 22507/139–194. A fifty-five page paper, in a copyist's hand, on the resolution of equations.
5. April 1804–June 1804: BN MFF 22514/126–137. Part (pp. 56–67) of a large paper on the generalization of Descartes's rule of signs, the use of complex numbers, etc.
6. June 1804–July 1804: BN MFF 22510/2–5 and 51; 22512/34–41. On the resolution of equations.
7. June 1804–July 1804: BN MFF 22513/178–180. On the detection of the roots in the quintic
$x^5 + 3x^4 + 3x^3 - 2x - 2 = 0$.
8. July 1804–August 1804: BN MFF 22516/188–195. On distinguishing between real and imaginary roots by Newton's method of approximation.
9. July 1804–September 1804: BN MFF 22514/103–125. On Newton's method of approximation to a root.
10. September 1804–October 1804: BN MFF 22512/75–78. A short paper on algebraic equations.

4 Heat Diffusion in Continuous Bodies: A Clue from Biot

Novel though the subject of heat diffusion was, Fourier was not the only person to be interested in it in the early years of the nineteenth century. One aim of such research was to lend more purpose to the experiments that had been carried out during the eighteenth century by introducing some theoretical representation of the phenomenon. One experimenter had been Laplace,[1] and in 1804 a protégé of his published a short paper containing not only experimental results but some effort at a mathematical formulation of heat diffusion.

Jean Baptiste Biot (1774–1862) took as the starting point in his paper[2] Newton's law of cooling, which stated that the rate of loss of heat of a body to its surroundings was proportional to the difference of temperature between them.[3] Biot refined this law by introducing a distinction between the conduction of heat within a body and into the surrounding atmosphere, and he specified a coefficient of conductivity for each phenomenon in order to improve Newton's proportionality relation to an exact equation. He applied his ideas to the particular case of a thin bar heated at one end, each "point" of which would receive heat from its predecessor and transmit it to its successor, and also lose heat to the exterior. By Newton's law of cooling, the internal heat situation would be represented by a second-order difference term, while the external heat expression would involve the difference between the local and atmospheric temperatures; and in the case of a steady-state situation the terms would be equated to give a second-order linear ordinary differential equation, solvable by known methods (in fact the exponential substitution used by Fourier in his n-body analysis). In the variable temperature case, however, the internal and external condition terms would not balance out, but lead to a net change

---

[1] Laplace and Antoine Laurent de Lavoisier (1743–1794) carried out experiments on the specific heat of different substances and published a joint paper in 1784. ["Mémoire sur la chaleur," *Mémoires de l'Académie Royale des Sciences*, (1780: publ. 1784), 355–408; P.S. Laplace *Oeuvres*, 10, 147–200; A. L. Lavoisier *Oeuvres*, 2, 283–333]. For a recent account of researches into heat at the beginning of the last century see R. G. Olson, "Count Rumford, Sir John Leslie, . . . ," *Annals of Science*, 26 (1970), 273–304.

[2] J. B. Biot, "Mémoire sur la propagation de la chaleur," *Bibliothèque Britannique*, 27 (1804), 310–329; *Journal des Mines*, 17 (*an* 13 = 1804–1805), 203–224.

[3] For an exhaustive account of the origins of Newton's conjecture amid a jungle of thermometric calibrations, see J. A. Ruffner, "Reinterpretation of the genesis of Newton's 'law of cooling,'" *Archive for history of exact sciences*, 2 (1962–1966), 138–152.

in temperature expressible by a second-order *partial* differential equation.[4]

Biot took his reasoning no further than this in the paper, and although he did take some readings of temperatures as they changed in time he concentrated his effort on the steady-state case, represented by the ordinary differential equation. He knew perfectly well what this equation was, and even wrote down its exponential solution to compare with his results; but he did not produce any of the mathematics in this paper because he encountered insoluble difficulties with the formulation of the equation itself. The reasons are traceable to his philosophical views on physics, where he followed Laplace in regarding all physical phenomena as the products of Newtonian actions between nearby, *but not necessarily adjacent*, molecules. Thus in his paper he spoke of heat diffusion between "points," and literally had in mind point centers of action and not infinitesimally narrow sections of the bar. Thus if we represent the temperature of a point by y and take the air temperature to be zero, then to Biot the external loss of heat would be given by

(4.1) $$-[h \times y],$$

where h is the external coefficient of conductivity. Meanwhile, the point would receive from the "hotter" direction a quantity of heat proportional to the difference in temperature dy and lose to the "colder" direction a similar multiple of dy', where y' is the nearby colder temperature. Therefore the net gain is proportional to $dy - dy'$, or d^2y, and is given precisely by

(4.2) $$+[K \times d^2y],$$

where K is the internal coefficient of conductivity. In the steady-state case, these terms are equal; but they give only the incoherent inhomogeneous equation

(4.3) $$Kd^2y - hy = 0,$$

and Biot must have found it impossible to find the missing dx's.

Biot sent Fourier his paper of 1804 on its publication, and

---

[4]J. B. Biot (n. 2, p. 83), *Bibliothèque Britannique*, 27 (1804), 317–318; *Journal des Mines*, 17 (an 13 = 1804– 1805), 209–210. The paper was read to the Institut de France on 21 May.

seemingly some further information,[5] so perhaps Fourier knew then that the inhomogeneity of (4.3) was Biot's difficulty. It is impossible to say what Biot knew of Fourier's own work, which comprised only the unsuccessful n-body analysis, but Fourier certainly learned one important idea from Biot's paper—the distinction between internal and external heat diffusion, and their associated coefficients of conductivity. His work on equations came to an end, presumably around the end of 1804; and the next section of his 1805 draft was devoted precisely to the bar. Unlike Biot, Fourier took a genuinely "continuous" view of heat diffusion as flow through a body, and—perhaps under the influence of his n-body analysis of the bar—constructed a model of it in which each general section of infinitesimal width dx would be influenced only by the adjacent sections, and by the atmosphere in immediate contact with its exterior surface. Thus the external loss of heat would be given by

(4.4) $$-[dx \times h \times y],$$

while internally there would pass the quantity

(4.5) $$+[1 \times K \times d^2y],$$

which when equated to (4.4) gives the equation

(4.6) $$K\frac{d^2y}{dx} - hy = 0.$$

---

[5] According to a remark in the 1805 draft: see BN MFF 22525/108 bis. 22526/98 and 22529/152 contain information on Biot's 1804 experiments, and 22525/12–14 and 187–189 mention Biot's inability to form the differential equation.

When did Fourier obtain Biot's paper and, therefore, when did he restart his work on heat? Apart from the usual possibilities of obtaining the journal concerned, it seems possible that he was given a copy by Biot personally, and, more important, learned further of Biot's difficulties, when Biot came to Grenoble in the autumn of 1804 while examining students for recruitment to the Ecole Polytechnique. [See M. P. Crosland, *The Society of Arcueil* (1967, London), 201 and 264.] This dating also correlates with the dated manuscripts on equations listed in n. 6, p. 82.

In I. Grattan–Guinness *1969a*, 234–235, Biot's equation (4.3) was suggested to be

$$K\frac{d^2y}{dx} - hy = 0,$$

in which only *one* dx is missing. Biot's failure to specify his difficulty over homogeneity complicates historical interpretation; our present view is that he may have been unable to introduce either dx, as described in the present text. In either case, of course, the equation is still inhomogeneous and the basic problem remains to be solved.

So seems Fourier to have argued: for (4.6) is still inhomogeneous, and in his 1805 draft he produced homogeneity simply by replacing K by K/dx on the grounds that the facility of conduction increased as the width of the sections decreased and so was proportional to $1/dx$. The maneuver allowed him to substitute for (4.6) the comprehensible

(4.7) $$K\frac{d^2y}{dx^2} - hy = 0;[6]$$

but at this stage it was only an ad hoc modification, and in the draft he did not even give the solution of (4.7) that he doubtless knew. But he did develop it in the 1807 manuscript; and he showed there also the results of much deeper thought on the physical aspects of heat diffusion, for he preceded the development of (4.7) (and its solution) with special sections on the principle of communication of heat, specific heat, internal and external conductivity, and he also gave a far more profound argument for the introduction of K. His reasoning seems to have proceeded as follows: the flow of heat from the hot end of a "solid prism" to the cold end must tend toward uniformity in order that equilibrium could be achieved. Therefore the drop in temperature along that bar must be linear: in general, if the points x_0 and x_1 are at temperatures y_0 and y_1, the temperature at an intermediate point y is given by

Art. 14

Arts. 15–16

(4.8) $$y - y_0 = (x - x_0)\left(\frac{y_1 - y_0}{x_1 - x_0}\right).$$

Hence if we take K to be defined for some unit volume, and therefore length, of the bar, the loss of heat from $x = x_0$ to $x = x_1$ is given by

(4.9) $$-\left[1 \times \left(\frac{K}{x_1 - x_0}\right) \times (y_1 - y_0)\right]$$

(4.10) $$= -\left[1 \times \quad K \quad \times \left(\frac{y_1 - y_0}{x_1 - x_0}\right)\right].$$

When x_0 and x_1 are only dx apart, (4.7) becomes

(4.11) $$-\left[1 \times \quad K \quad \times \frac{dy}{dx}\right],$$

---

[6] See BN MFF 22525/122 bis–124 bis.

Arts. 17–18 and so K is introduced in an unforced way associated with a temperature gradient rather than by the ad hoc modifications. As many of these ideas appear in footnotes, it would seem that Fourier came to the full reformulation of K at a very late stage in his work on the manuscript.

Fourier was now ready to present his analysis of the steady-state situation in the bar (which he called a "prism") at his "first question" for continuous bodies, beginning with **Art. 19** the formation of the ordinary differential equation via (4.11) **Arts. 20–22** and passing onto the solution and various of its consequences. But Biot himself was not mentioned; rivalries were well under way.

Comparative references for this chapter

1805 draft: BN MFF 22525/122 bis–124 bis (formation of equation only).
1807 manuscript: arts. 14–22.
1811 paper: part 1, 197–198, 205–208, 211–212, 216–222.
Théorie: arts. 25–37, 65–80.

De la propagation de la Chaleur
dans les Corps continus

(14-15) Principes de la Théorie de la Chaleur définition et mesure de la température de la quantité de Chaleur de la Chaleur Spécifique.

On a examiné dans les questions précédentes comment la chaleur se distribue entre des masses disjointes, et ces résultats ont une analogie manifeste avec...

[heavily struck-through passage]

On détermine deux températures fixes, savoir: la température de la glace fondante qui est désignée par 0, et la température de l'eau bouillante que nous désignerons par 1. On suppose que l'ébullition a lieu sous une pression de l'atmosphère représentée par une certaine hauteur du baromètre [$0^{m},76$].

On mesure les différentes quantités de chaleur en déterminant combien de fois elles contiennent une quantité que l'on a fixée et prise pour unité. On suppose qu'une masse de glace d'un poids déterminé [un Kilogramme] soit à la température 0 et que par l'addition d'une certaine quantité de chaleur on la convertisse en eau à la même température 0, cette quantité de chaleur ajoutée est la mesure prise pour unité. Ainsi la quantité de chaleur exprimée par le nombre V contient un nombre V de fois la quantité nécessaire pour résoudre en eau un Kilog. de glace.

Pour élever une masse métallique d'un certain poids, par exemple un Kilog. de fer, depuis la température 0 jusqu'à la température 1 qui est celle de l'eau bouillante sous une pression moyenne de l'atmosphère, il est nécessaire d'ajouter une nouvelle quantité de chaleur à celle qui étoit déjà contenue dans cette masse. Le nombre C qui désigne cette quantité de chaleur ajoutée est la chaleur spécifique du fer.

Ce nombre C a des valeurs différentes pour les

‖ De la propagation de la chaleur dans les corps continus.[7]

14. Principes de la théorie de la chaleur.

On a examiné dans les questions précédentes comment la chaleur se distribue entre des masses disjointes, et ces résultats ont une analogie manifeste avec la propagation de la chaleur dans les corps continus. La suite de ce mémoire reconnaîtra comment on peut passer de la première question à la seconde; nous allons traiter de la résolution immédiate de cette dernière question.

15. Définition et mesure de la température, de la quantité de chaleur, de la chaleur spécifique.[8]

Il faut en premier lieu définir exactement toutes les quantités qui doivent entrer dans le calcul et rappeler les faits généraux dont la connaissance résulte des observations.

On détermine deux températures fixes, savoir: la température de la glace fondante qui est désignée par 0, et la température de l'eau bouillante que nous désignerons par 1. On suppose que l'ébullition a lieu sous une pression de l'atmosphère représentée par une certaine hauteur du baromètre [$0^{\text{mèt}}$, 76].[9]

On mesure les différentes quantités de chaleur, en déterminant combien de fois elles contiennent une quantité que l'on a fixée et prise pour unité. On suppose qu'une masse de glace d'un poids déterminée [un kilogramme] soit à la température 0 et que par l'addition d'une certaine quantité de chaleur on la convertisse en eau à la même température 0. Cette quantité de chaleur ajoutée est la mesure prise pour unité. Ainsi la quantité de chaleur exprimée par le nombre V contient un nombre V de fois la quantité nécessaire pour résoudre en eau un kilog. de glace.

Pour élever une masse métallique d'un certain poids,

---

[7][Ed.] Fourier gave this general title to the rest of his monograph to distinguish it from the previous section on disjoint bodies. [See the reproduction of p. 31.]

[8][Ed.] Fourier altered the text in his own hand from "nous allons traiter ..." of art. 14 to "... résulte des observations" of art. 15, and so the titles of both articles were put together in the margin. [See the reproduction of p. 31.] We have inserted the title of art. 15 at the obvious point of division.

[9][Ed.] By this notation Fourier meant "0 mètres, 76 centimètres," and he assumed that the mercury was at zero degrees [compare the *Théorie*, art. 24].

par exemple un kilog. de fer, depuis la température 0 jusqu'à la température 1 qui est celle de l'eau bouillante sous une pression moyenne de l'atmosphère, il est nécessaire d'ajouter une nouvelle quantité de chaleur à celle qui était déjà contenue dans cette masse. Le nombre C qui désigne cette quantité de chaleur ajoutée est la chaleur spécifique du fer.

Ce nombre C a des valeurs différentes pour les ∥ différentes substances.

Cette même masse de fer [un Kilog[e].] étant à la température 0, si l'on ajoute seulement une quantité de chaleur $\frac{1}{2}C$, elle acquérera la température que nous désignons par $\frac{1}{2}$. En général la température z est celle que l'on obtient lorsqu'on ajoute une quantité de chaleur Cz à cette même masse métallique qui était à la température 0, et qui acquérait celle de l'eau bouillante, si on eût ajouté une quantité de chaleur égale à C. Supposons qu'une pareille masse d'une autre substance [un kilog[e]. de mercure] étant à la température 0, il faille une quantité de chaleur C' pour l'élever à la température 1; C' exprimera la chaleur spécifique de cette seconde substance. Si au lieu d'ajouter cette quantité C' on ajoute seulement $\frac{1}{2}C'$, le corps parviendra à une température sensiblement égale à celle que nous avons désignée plus haut par $\frac{1}{2}$. En général les accroissements respectifs zC et zC' correspondront dans les deux substances dont il s'agit à la même température z.

L'expérience a fait connaître plusieures substances pour lesquelles des accroissements égaux de chaleur correspondent sensiblement à des températures égales et à des accroissements égaux de volume.

Si un corps d'une nature déterminée [le mercure] occupe le volume 1 étant à la température 0, il occupera un volume plus grand $1 + \Delta$ lorsqu'il aura acquis la température 1. Si l'on porte ce même corps à la température désignée plus haut par $\frac{1}{2}$, la valeur de son nouveau volume sera exprimée, sans erreur sensible, par $1 + \frac{1}{2}\Delta$, et en général le volume $1 + z\Delta$ est celui qui correspond pour cette substance à la température exprimée par z.

On peut donc mesurer aussi les températures par les accroissements correspondants du volume d'une substance déterminée; nous les exprimons dans ce mémoire par les accroissements de la quantité de chaleur.

Il faut remarquer que les accroissements de volume, les accroissements de la quantité de chaleur et les accroissements de température ne doivent être regardés comme proportionnels entre eux, que dans les cas où les corps dont il s'agit sont assujettis à des températures éloignées de celles ‖ qui déterminent leur changement d'état. On ne serait point fondé à appliquer aux liquides les résultats précédents. A l'égard de l'eau en particulier, des accroissements égaux de chaleur ne correspondent point à des accroissements égaux du volume. Il arrive au contraire qu'une masse d'eau, étant à la température 0 et devenant successivement plus échauffée, occupe un volume qui devient de plus en plus petit jusqu'à ce que la température ait acquis une certaine valeur. Les dilations ne commencent qu'au-delà de ce terme.

16.
De la conductibilité extérieure et du principe de la communication de la chaleur.

Supposons qu'un corps terminé par une surface plane d'une certaine étendue [un décimètre quarré] soit entretenu d'une manière quelconque à une température constante 1 commune à tous ses points, et que la surface dont il s'agit soit en contact avec l'air à la température zéro, ou placée dans le vide. La chaleur qui s'écoulera continuellement par la surface et passera dans le milieu environnant sera toujours remplacée par celle qui provient de la cause constante à laquelle le corps est exposé. Il passe ainsi par la surface, dans un temps déterminé, une certaine quantité de chaleur continuel et toujours semblable à lui-même qui a lieu dans une unité de surface à une température fixe, nous servira à mesurer exactement la conductibilité extérieure du corps, c'est-à-dire, la facilité avec laquelle il transmet la chaleur à l'air, ou la laisse échapper dans le vide. Différentes circonstances influent sur la valeur de cette quantité de chaleur qui se dissipe par la surface.

On remarquera qu'elle se compose du produit de l'irradiation spontanée qui a lieu à la surface, et de la quantité de chaleur qui se communique à l'air. Nous supposerons que ce dernier fluide est continuellement déplacé avec une vîtesse uniforme et d'une valeur déterminée. Si la vîtesse du courant augmentait, la partie de la chaleur dissipée qui se communique à l'air augmenterait aussi; il en serait de même si l'on augmentait la densité du milieu. Si l'excès de la température constante du corps sur la température constante de l'air et des corps environnants, qui est ici exprimé par 1, recevait une valeur moindre, la quantité de chaleur écoulée diminuerait aussi. Il résulte des observations, faites par Newton et plusieurs autres physiciens, que cette quantité de chaleur dissipée est, toutes choses d'ailleurs égales, proportionnelle à l'excès de la température du corps sur celle de l'air et des corps environnants. ‖ Chacune des deux parties qui la composent, savoir, la quantité communiquée à l'air et celle qui est projettée de tous les points de la surface, est séparément et sans erreur sensible proportionnelle à cet excès de température.

Ainsi, en désignant par h la quantité de chaleur qui se dissipe par la surface dans un temps donné lorsque cette surface echauffée est à la température 1, et le milieu à la température 0, on peut en conclure que cette quantité aurait la valeur hz si la température de la surface etait z, toutes les autres circonstances demeurant les mêmes.[10]

---

[10][J. F.] La quantité de chaleur qu'une molécule solide transmet à celle qui on l'a voisine dépend de plusieurs circonstances variables et spécialement de la différence actuelle entre les températures. Si cette différence était nulle il n'y aurait aucune action d'une molécule sur l'autre. Les expériences ont fait connaître la loi à laquelle cette action est assujettie. Voici en quoi consiste le principe de la communication de la chaleur.

Si deux corps qui ont des températures inégales sont mis en contact, l'un transmettra à l'autre pendant un instant infiniment petit une quantité de chaleur proportionnelle à la différence des températures. La vérité de cette remarque est manifeste lorsqu'il s'agit de deux tranches égales infiniment épaisses dont l'un a dans tous les points la température A et l'autre la température moindre B. Si ces deux tranches sont mises en contact, elles acquièrent dans un instant infiniment petit une température commune. La quantité de chaleur transmise pendant cet instant est donc aurait représentée par $\frac{1}{2}(A-B)$. Si les mêmes corps avaient eus des températures différentes A' et B' la quantité de chaleur transmise aurait représentée par $\frac{1}{2}(A'-B')$. Donc les quantités de chaleur communiquées pendant un instant infiniment petit sont dans le rapport de $A-B$ à $A'-B'$. Deux corps, dont l'épaisseur n'est point infiniment petite, offrent encore le même résultat, parce qu'on ne considère que la chaleur communiquée dans un instant infiniment petit, c'est-à-dire, que l'on peut supposer l'instant assez court pour que l'effet soit le même que celui qui se passe entre deux tranches infiniment petites.

Newton a connu le premier le principe précédent et il en a fait usage pour déterminer la loi du refroidissement d'un corps exposé à un courant d'air. Il a confirmé la vérité de cette loi par ses propres expériences. Plusieurs autres physiciens ont déduit des résultats semblables d'observations variées et leurs recherches autorisent à appliquer ce même principe à la ‖ propagation de la chaleur dans les solides. Les expériences que nous rapportons à la fin de cet ouvrage concourent au même but, car les températures permanentes d'un anneau métallique ne seraient point telles que nous les avons observées si la quantité de chaleur transmise n'était point

La valeur h de la quantité de chaleur qui se dissipe par la surface échauffée est différente pour les différents corps, et elle varie pour une même surface selon différentes circonstances. L'effet de l'irradiation est d'autant moindre que la surface échauffée est plus polie; de sorte qu'en faisant disparaître le poli de la surface on augmente considérablement la valeur de h. Par exemple, un corps métallique échauffé se refroidira beaucoup plus vite, si l'on couvre sa surface extérieure d'un enduit noir propre à ternir entièrement l'éclat métallique. On obtient un effet pareil en appliquant à la surface diverses enveloppes. La quantité h paraît avoir des valeurs peu différentes pour les différents métaux dont la surface est polie, les autres circonstances demeurant les mêmes.

Les rayons de chaleur qui s'échappent de la surface d'un corps se transmettent dans un espace vide d'air, terminé par des corps plus froids. Ces rayons pénètrent aussi dans l'air atmosphérique et le traversent sans l'échauffer sensiblement; leur direction n'est point troublée par les agitations de l'air intermédiaire; ils peuvent être réfléchis et se réunissent aux foyers des miroirs métalliques.

Lorsque le corps échauffé est placé dans un air tranquille qui conserve une température constante 0, la chaleur qui se communique à l'air rend plus légère la couche de ce fluide voisine de la surface. Cette couche s'élève d'autant plus vite qu'elle est plus échauffée et est remplacée par une égale masse d'air à la température 0. Il s'établit ainsi un courant d'air dont la direction est verticale et dont la vîtesse est d'autant plus grande que la température du corps est plus élevée. C'est pourquoi, si le corps se refroidissait successivement, la vîtesse du courant dim-

---

sensiblement prop.^{elle} à la différence des températures et si la chaleur qui se dissipe dans le milieu n'était point proportionnelle à l'excès de la température de la surface sur celle du milieu.

Au reste, on pourra, en employant des instruments plus précis, distinguer par la suite les corrections qu'il faudrait apporter a ce même principe, et alors il sera facile de modifier des résultats de la théorie que nous établissons aujourd'hui. Mais aucune observation n'a indiqué jusqu'ici que l'on dut recourir à ces corrections. (Voyez Pag. Précéd. 2° linéa.)

[Ed.] This note was written by the copyist in the margins of pp. 34 and 35 of the manuscript; therefore the reference at the end is to "la quantité communiquée à l'air..." mentioned at the top of his p. 34 [see our p. 92]. The last paragraph of the footnote, incidentally, is a testimony to the experimental limitations of the time.

35

inuerait avec la ∥ température, et la loi du refroidissement ne serait par la même que si le corps était exposé à un courant d'air d'une vîtesse constante, comme nous les supposerons toujours dans ce mémoire.

La valeur h de la quantité de chaleur perdue par la surface est proportionnelle à l'étendue de cette surface. Cette quantité varie aussi selon la nature du liquide environnant. La vîtesse du refroidissement d'un corps plongé dans un liquide est beaucoup plus grande que si le milieu était un fluide élastique, mais elle n'est point déterminée par le rapport des densités; enfin cette quantité de chaleur dissipée est différente pour les différents fluides élastiques.

Nous prendrons pour mesure de la conductibilité extérieure d'un corps solide un coëfficient h exprimant la quantité de chaleur qui passerait pendant un temps déterminé [1 minute] de la surface de ce corps dans l'air atmosphérique, en supposant que cette surface ait une étendue déterminée [1 décimètre quarré], que la température du corps soit 1, que celle de l'air soit 0, et que la surface échauffée soit exposée à un courant d'air d'une vîtesse déterminée et invariable.

17. De la conductibilité propre. Remarque sur le mouvement uniforme de la chaleur.

Les substances solides diffèrent encore par la propriété qu'elles ont d'être plus ou moins perméables à la chaleur; cette qualité est leur conductibilité propre. Pour en avoir la définition et la mesure exacte, nous avons considéré la question suivante qui se rapporte au mouvement uniforme de la chaleur.

On suppose qu'un prisme solide d'une certaine substance a une longueur indéfinie et que la section perpendiculaire à l'arête a une étendue déterminée [un décimètre quarré]. Une extrémité du prisme est assujettie à l'action d'une cause durable qui est telle que tous les points de la section a conservent la température 1. L'autre extrémité est soumise à une cause contraire qui donne incessamment à tous les points de l'autre section

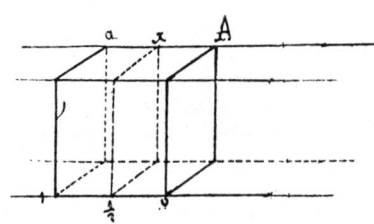

extrême A[11] la température 0. La distance aA est une quantité donné (un décimètre). On fait abstraction de la chaleur qui se dissiperait par la surface extérieure de la partie du solide‖ comprise entre les deux sections a et A, c'est-à-dire, qu'on suppose qu'il ne se fait aucune déperdition de chaleur par cette surface.

Cela posé, il s'établira un courant de chaleur de a en A qui traversera toute la masse du prisme. Ce mouvement de la chaleur, qui sera varié dans les premiers instants, tendra continuellement à un état uniforme et permanent. Ce dernier état est celui qui subsisterait de lui-même s'il était formé. Or il est facile de voir que dans cet état permanent les températures doivent diminuer depuis 1 jusqu'à 0, comme les ordonnées d'une ligne droite. En effet, supposons que le prisme soit divisé en une infinité de tranches égales par des plans perpendiculaires à l'axe, et que l'on donne à ces différentes tranches de telles températures que l'excès de la température de l'une sur celle de la suivante soit le même dans toute l'étendue du prisme pour deux tranches consécutives quelconques, le système de

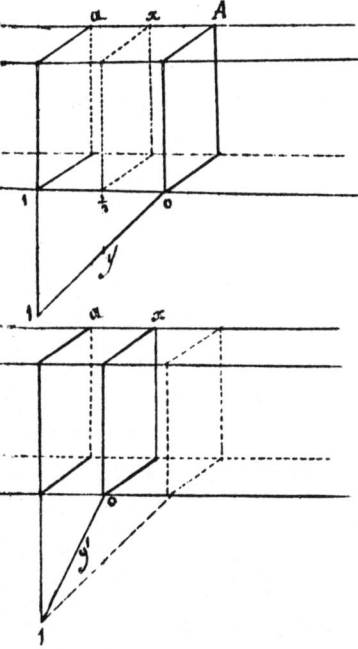

---

[11][Ed.] Fourier now begins to use the letter A to denote both one end of the bar and also the constant temperature there, and he continues this double usage until the end of art. 22. It is clear in all cases, however, whether it is the point or the temperature which is being referred to.

température n'éprouvera aucun changement. Car la quantité de chaleur qui passe d'une portion de matière à une autre dépend (toutes choses d'ailleurs égales) de l'excès de la température du premier corps sur la température du second; donc si les tranches du même prisme ont toutes la même épaisseur et que de plus la différence des températures de deux tranches consécutives quelconques soit constante, chacune de ces tranches communiquera autant de chaleur à celle qui la suit qu'elle en reçoit de celle qui la précède; donc le prisme conservera son état actuel.

Si l'on changeait la nature de ce prisme, en conservant toutes ses dimensions et que la distance des deux sections demeurât la même; si l'on substituait, par exemple, le cuivre au fer, l'effet que l'on vient de décrire serait différent. Les températures des sections intermédiaires seraient les mêmes que dans le cas précédent, mais la quantité de chaleur qui s'écoule, dans un temps donné, entre deux tranches, serait différente. La conductibilité intérieure de chacune des deux substances [le fer et le cuivre] serait représentée exactement par la quantité de chaleur qui s'écoule, en un temps donné, dans chacun de ces deux cas.

Supposons maintenant un second prisme de la même substance que le premier et dont l'épaisseur ax soit deux fois plus petite que aA, ensorte que la température constante de la section a, ‖ d'un décimètre quarré, soit 1, que la température de la section x soit 0, et que la distance ax soit $\frac{1}{2}$ décimètre. Concevons ce nouveau prisme divisé en une infinité de tranches égales qui aient la même épaisseur que celle du premier prisme. La différence des températures de deux tranches contiguës sera encore la même dans toute l'étendue du solide, lorsque les températures seront permanentes; d'où l'on peut facilement conclure qu'elle sera double de ce qu'elle était dans le premier prisme, car les températures sont représentées dans le premier cas par les ordonnées de la droite $0y$, et dans le second cas par les ordonnées de la droite $0y'$. Donc si l'on compare deux tranches contiguës du second prisme à deux tranches contiguës du premier, ces quatre tranches ayant toutes la même épaisseur, les deux systèmes différeront en ce que l'excès de température sera deux fois plus grand pour le second que pour le premier; donc la quantité de chaleur transmise, qui est, toutes choses d'ailleurs égales, indépendante des températures absolues et proportionnelle à l'excès de température d'un corps sur l'autre, sera aussi deux fois plus grand dans le second prisme qu'elle ne l'est dans le premier, et, en général, pour comparer entr'elles les quantités de chaleur qui s'écoulent uniformément dans les différents prismes de même substance, il faut supposer que deux tranches consécutives ont, dans un système, la même épaisseur que dans l'autre, et comparer les excès de température. Le rapport de ces différences est celui des quantités de chaleur écoulées dans un temps donné. Il résulte de là que la quantité de chaleur qui traverse une même section d'un prisme, pendant un temps donné, ne dépend pas seulement de l'excès de température des deux surfaces extrêmes, mais encore de la distance à laquelle ces deux surfaces sont placées. Cette quantité de chaleur écoulée devient double, triple, quadruple, &c. lorsque l'excès des températures des surfaces extrêmes devient double, triple, quadruple, &c. Elle est, toutes les dimensions demeurant les mêmes, en raison directe de la différence des températures. Cette même quantité de chaleur écoulée devient double, triple, quadruple, &c. lorsque l'intervalle des deux surfaces devient deux fois, trois fois, quatre fois plus petit; elle est en raison inverse de la distance des surfaces.

Lorsque les températures des différentes tranches du prisme sont devenues permanentes elles sont proportionnelles aux ordonnées d'une ligne droite, et la quantité de chaleur écoulée est représentée par la tangente de l'inclinaison de cette droite. Si l'on désigne par a la distance perpendiculaire de la première section à l'origine, par b la température de cette section, par A l'abcisse qui répond à la section ∥ opposée, et par B la température de cette section, enfin par y la température permanente d'une section intermédiaire qui répond à l'abcisse x,

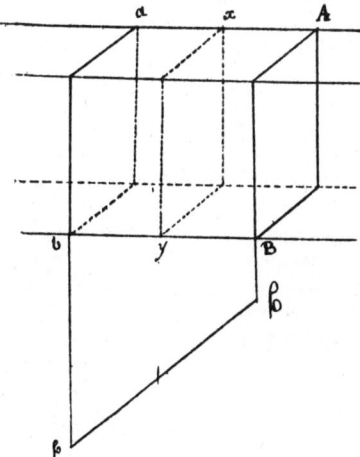

le système des températures permanentes sera représenté par l'équation

$$y = b + x\left[\frac{B-b}{A-a}\right].^{12}$$

La quantité de chaleur qui s'écoule dans un temps donné par une certaine section du prisme a pour expression

$$-K\left[\frac{B-b}{A-a}\right] \quad \text{ou} \quad -K\frac{\Delta y}{\Delta x},$$

en désignant les différences par Δ, et K étant un coëfficient constant. Si l'on suppose

$$b = 1 \quad \text{et} \quad B = 0,$$

et si $A - a$, ou Δx, est l'unité de longueur, la quantité de chaleur écoulée sera exprimée par le coëfficient K.

18. Mesure de la quantité de chaleur qui s'écoule dans un prisme dont les températures sont permanentes.

Ce coëfficient est la véritable mesure de la conductibilité intérieure d'une substance; il représente la quantité de chaleur qui s'écoule uniformément dans un temps donné (1 minute) à travers un prisme formé de cette substance, lorsque les deux sections extrêmes d'un décimètre quarré de superficie et distantes d'un décimètre sont entretenues aux températures fixes 1 et 0, la surface extérieure du prisme étant imperméable à la chaleur.[13]

---

[12][Ed.] This equation should read

$$y = b + (x-a)\left[\frac{B-b}{A-a}\right].$$

[13][J. F.] Nous considérons encore le cas où les différentes sections du prisme sont assujetties à des températures fixes. Supposons que, la section qui répond à l'abcisse a conservant la temperature b, une section intermédiaire qui répond à l'abcisse x soit maintenue par une cause extérieure quelconque à la température y, qu'une autre section à la distance x' soit maintenue à la température y' et qu'il en soit de même des diverses autres sections qui, étant placées aux distances x'', ... x''', ..., conservent par l'effet d'une cause quelconque les températures y'', ... y''', ..., enfin que la dernière section à la distance A conserve la température B. Il suit de ce que nous avons remarqué plus haut que le solide assujetti à ces conditions parviendra à un état permanent dans lequel les températures seront représentées par les ordonnées du polygone. Donc le flux de chaleur qui traverse une section quelconque n'aura plus la même valeur dans toute l'étendue du prisme. Il ne variera point avec le temps pour la même section, mais il sera en général proportionnel à la tangente de l'inclinaison du côté du polygone.

La conséquence précédente ne dépendant point de la figure du polygone, il s'ensuit que si chaque section du prisme était maintenue par une cause extérieure à une tempéra-

La valeur du coëfficient K est très-différente pour les différentes substances. On observe plus difficilement l'effet de la conductibilité dans les liquides, parce que leurs molécules changent de situation en changeant de température. C'est de ce déplacement continuel que résulte presqu'entièrement la propagation de la chaleur dans les fluides, toutes les fois que les parties inférieures de la masse sont le plus exposées à l'action du foyer. Si au contraire on applique la chaleur à la portion de la masse qui est plus élevée que les autres, la transmission de la chaleur, qui est alors très-lente et très-bornée, n'occasionne aucun déplacement, à moins que l'accroissement de la température ne diminue le volume, ce qui a lieu pour l'eau très-froide.

Les liquides ne jouissent qu'à un degré extrêmement faible de la propriété de se transmettre la chaleur de molécule à molécule; cependant ils n'en sont pas entièrement dépourvus et les valeurs numériques de la conductibilité varient selon la nature des liquides.

On vient d'exposer les faits généraux et les définitions qui servent de fondement à la théorie de la chaleur. Des observations précises et plus variées pourront donner par la suite une connaissance plus complète de ces faits. On découvrira alors les corrections qu'il peut être nécessaire d'introduire dans les ‖ valeurs C, h et K qui représentent la chaleur spécifique, la facilité avec laquelle la chaleur se dissipe par la surface, et la conductibilité propre des diverses substances. Toutes les expériences que l'on a faites jusqu'ici autorisent à regarder les valeurs C, h, K comme constantes pour les substances métalliques et pour des températures peu distantes de celles que l'on observe ordinairement; il faut d'abord établir de cette manière la théorie de la chaleur et ramener la question à l'analyse mathématique. C'est en comparant les résultats du calcul avec ceux des observations que l'on découvrira si les quantités regardées comme constantes et indépendantes des températures absolues

---

ture permanente, ensorte que la loi des températures fut représentée par les ordonnées d'une courbe quelconque dont x est l'abcisse et y l'ordonnée. La quantité de chaleur qui s'écoulerait dans cette hypothèse en un temps donné par une section du prisme parvenu à un état fixe sera proportionnelle à la tangente de l'inclinaison de la courbe et a pour mesure exacte $-K\frac{dy}{dx}$.

[Ed.] This note was written by the copyist in all the spare space on p. 38 of the manuscript. It uses the diagram reproduced on our p. 100, which was originally drawn to accompany the next article.

éprouvent des variations sensibles. Il est vraisemblable que les phénomènes de la chaleur sont modifiés par quelques causes encore ignorées; mais on en fait abstraction aujourd'hui, comme on a déterminé autrefois les lois du mouvement indépendamment des resistances que le frottement oppose. Nous allons maintenant traiter les questions principales que présente cette théorie et former, dans ces différents cas, les équations de la propagation de la chaleur.

19.
1ère question
Equation de la propagation linéaire de la chaleur dans un prisme.

Une barre métallique, dont la forme est celle d'un parallélipipède rectangle d'une longueur infinie, est plongée par son extrémité dans un liquide échauffé qui donne à cette extrémité la température constante A. Il s'agit de déterminer les températures fixes des différentes sections de la barre.

On suppose que la section perpendiculaire à l'axe est un quarré dont le côté $2l$ est assez petit pour que l'on puisse, sans erreur sensible, regarder comme égales les températures des différents points d'une même section; l'air dans lequel la barre est placée est entretenu à une température constante 0 et emporté par un courant d'une vîtesse uniforme.

La chaleur passera successivement dans l'intérieur du solide et toutes ses parties s'échaufferont de plus en plus, mais la température de chaque point ne pourra point augmenter au-delà d'un certain terme. Ce maximum de température n'est pas le même pour chaque section; il est en général d'autant moindre que cette section est plus éloignée de l'origine A.

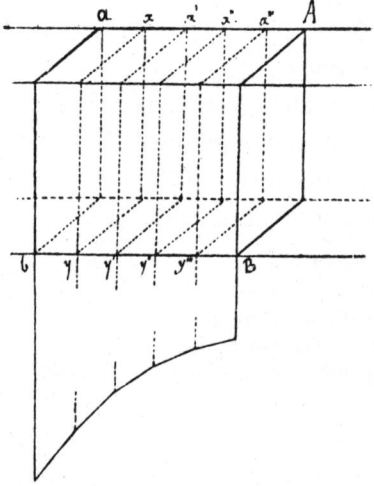

40

Ainsi le système des températures variera continuellement et s'approchera de plus en plus d'un état fixe. Cet état est celui qui se conserverait de lui-même s'il était formé. Concevons le prisme divisé par des plans perpendiculaires à l'axe en tranches infiniment petites, ∥ d'une égale épaisseur. Soit x la distance d'un de ces plans à l'origine, y la température des points de cette surface, x' ou $x + dx$ la distance du plan suivant à l'origine, y' la température des points de ce plan, x'' ou $x' + dx$ la distance du troisième plan à l'origine, et y'' la température de ses points. Pour que les températures soient permanentes, il est nécessaire que chaque tranche reçoive autant de chaleur qu'elle en perd. Pour trouver la quantité de chaleur qui passe de la première tranche à la seconde dans un temps donné pris pour unité, il faut multiplier le coëfficient K, mesure de la conductibilité, par l'étendue $4l^2$ de la surface de contact et par le rapport $\frac{dy}{dx}$.

En effet, cette première tranche est un prisme[14] d'une longueur égale à $x' - x$ dont la première surface, égale à $4l^2$, conserve la température y et dont la seconde conserve la temperature y'. La quantité de chaleur qui traverse une section quelconque de ce prisme a donc pour mesure $-K.4l^2 \left[\dfrac{y' - y}{x' - x} \right]$. Cette quantité de chaleur est celle qui, parcourant toute la masse du prisme, dont l'épaisseur est dx, s'écoule par sa dernière surface et parvient jusqu'à la surface antérieure de la seconde tranche. Elle a pour expression $-4Kl^2 \dfrac{dy}{dx}$; pareillement la seconde tranche communique à celle qui la suit une quantité de chaleur égale à $-4Kl^2 \dfrac{dy'}{dx}$. Donc cette tranche intermédiaire acquiert, à raison de sa place, une quantité de chaleur égale à la différence de ces deux résultats:

$$-4Kl^2 \left[\frac{dy'}{dx} - \frac{dy}{dx} \right] \qquad \text{ou} \qquad 4Kl^2 d\left[\frac{dy}{dx} \right].$$

D'un autre côté, cette même tranche, dont la surface extérieure est $8l\,dx$, dissipe dans l'air une quantité de chaleur que l'on détermine en multipliant la surface exposée, qui est $8l\,dx$, par h, mesure de la conductibilité extérieure, et par sa température

---
[14][J. F.] Voyer la note [15].

qui diffère infiniment peu de *y*. Cette quantité 8*hly dx* doit être égale à la précédente $4Kl^2 d\left[\dfrac{dy}{dx}\right]$; on aura donc:

$$4Kl^2 d\left[\dfrac{dy}{dx}\right] = 8hly\,dx \qquad \text{ou} \qquad \dfrac{d^2y}{dx^2} = \dfrac{2h}{Kl}y.^{15}$$

41 L'intégrale de cette ∥ équation est

$$y = M e^{-x\sqrt{\frac{2h}{Kl}}} + N e^{x\sqrt{\frac{2h}{Kl}}},$$

M et *N* étant deux constantes arbitraires. On remarque d'abord que si l'on suppose la distance *x* infinie, la valeur de la température *y* doit être infiniment petite d'après l'état de la question. Donc le terme $Ne^{x\sqrt{\frac{2h}{Kl}}}$ ne doit point subsister dans l'intégrale et la constante *N* est nulle. D'un autre côté, la température prise à l'origine lorsque *x* est égale à 0 est la température donnée *A*; donc la loi des températures permanentes est exprimée par

---

[15][J. F.] On suppose que le prisme est divisé en tranches infiniment petites, que chacune d'elles peut être considérée comme un prisme dont les surfaces extrêmes sont maintenues à des températures fixes et que la déperdition de la chaleur s'opère à la surface entre deux éléments voisins. Ces suppositions sont fondées sur les principes du calcul différentiel. Mais si on ne les regardait point comme suffisamment exactes, on pourrait résoudre la question comme il suit.

Puisque l'état du solide est permanent il est nécessaire que la quantité de chaleur qui pénètre en un temps donné dans une section placée à la distance *x* soit compensée par la quantité qui sort en même temps de la surface du solide dans toute la partie située à la droite de la section *x*. L'intégrale ∫ 8*hly dx* pris depuis *x* = 0 jusqu'à *x* infini donne un résultat *A* égal à la quantité de chaleur qui sort de la surface entière du solide pendant l'unité de temps. Cette même intégrale pris depuis *x* = 0 jusqu'à *x* = *x* fait connaître la quantité de chaleur qui sort par la partie de la surface placée à la gauche de la section dont la distance est *x*. Donc $A - \int 8hly\,dx$ est la quantité de chaleur qui sort par le reste de la surface.

D'un autre côté, toutes les sections du prisme étant maintenues par hypothèse à des températures fixes représentées par les ordonnées *y* d'une courbe dont l'abcisse est *x*, il suit de ce qui a été démontré plus haut page (38) que la quantité de chaleur qui traverse la section placée à la distance *x* est $-4Kl^2\dfrac{dy}{dx}$. On a donc l'équation

$$-4Kl^2\dfrac{dy}{dx} = A - \int 8hly\,dx,$$

ou

$$4Kl^2 \dfrac{d^2y}{dx^2} = 8\,hly.$$

[Ed.] This note was added by the copyist in the margin of p. 40 of the manuscript: we have completed Fourier's own page reference to the derivation of the temperature gradient in n. 13, p. 98.

Théorie de la propagation de la chaleur. Art. 20

l'équation

$$y = Ae^{-x\sqrt{\frac{2h}{Kl}}}.\text{[16]}$$

La courbe dont les ordonnées représenteront ces températures est une logarithmique. La figure de cette courbe dépend des quantités K, h, l.

Plus la conductibilité K est grande, plus l'exposant négatif de e est petit et plus les ordonnées décroissent lentement;

Plus le coëfficient h qui mesure la facilité avec laquelle la chaleur se dissipe est grand, plus les ordonnées décroissent rapidement;

Enfin, plus la demi-épaisseur l de la barre est grande et plus les températures décroissent lentement à mesure qu'on s'éloigne de l'origine, ainsi la chaleur se manifeste d'autant plus loin dans l'intérieur de la barre que l'épaisseur $2l$ de cette barre est plus grande, que la conductibilité extérieure h est moindre et que la conductibilité intérieure K est plus grande.

On peut tirer diverses conséquences de la solution précédente.

20. Remarque sur la valeur du rapport de la conductibilité extérieure à la conductibilité spécifique.

1° Supposons que l'on place dans l'intérieur d'une barre métallique continuellement échauffée par son extrémité un thermomètre qui serve à mesurer la plus haute température que puisse acquérir le point de la barre distant de l'origine d'une quantité x_1 et que l'on observe pareillement au moyen d'un second thermomètre la température fixe d'un second point à la distance x_2. Soit y_1 la température connue du premier point et y_2 la température du second, on aura:

$$y_1 = Ae^{-x_1\sqrt{\frac{2h}{Kl}}}$$

$$y_2 = Ae^{-x_2\sqrt{\frac{2h}{Kl}}}$$

et

$$\frac{y_1}{y_2} = e^{[x_2-x_1]\sqrt{\frac{2h}{Kl}}}$$

---

[16][Ed.] Fourier deleted the rest of this article from the 1811 prize paper and the *Théorie*.

42

‖ou

$$\sqrt{\frac{2h}{Kl}} = \frac{\log. y_1 - \log. y_2}{[x_2 - x_1]\log. e}.$$

On peut donc trouver par une expérience semblable la valeur de la quantité $\frac{h}{K}$. La racine quarrée de ce rapport considéré dans deux barres de la même dimension et de différents métaux est proportionnelle au logarithme de la fraction $e^{-\sqrt{\frac{2h}{Kl}}}$ que l'expérience fait connaître. Quant aux valeurs distinctes de h et de K, on ne peut point les déterminer par des observations de ce genre.

21.
Remarque sur la distance à laquelle on observerait la même température dans des prismes de mêmes dimensions et formés de substances différentes, ou dans des prismes de même substance et de dimensions différentes.

43

2° Quelques physiciens se sont proposés de comparer la conductibilité de diverses substances en plongeant dans un liquide entretenu à une température élevée et permanente des baguettes formées de ces substances et enduites de cire dans une partie de leur longueur. La distance comprise entre l'extrémité et le point où la cire cesse de fondre n'est pas la même pour toutes les substances. Nous allons examiner comment les résultats de cette expérience peuvent faire connaître la conductibilité des corps.

Supposons que les prismes métalliques mis en expérience aient une longueur considérable et une épaisseur commune $2l$; désignons par B la température à laquelle la cire cesse de fondre et A celle du liquide dans lequel le solide est plongé.

‖On déterminera la distance X à laquelle la température est égale à B, au moyen de l'équation

$$B = Ae^{-X\sqrt{\frac{2h}{Kl}}}.$$

Une équation semblable

$$B = Ae^{-X'\sqrt{\frac{2h'}{K'l'}}}$$

ferait connaître à quelle distance X' on obtient la même température B dans une seconde barre assujettie par son extrémité à la température A et qui aurait pour épaisseur $2l'$, pour conductibilité intérieure K' et pour conductibilité extérieure h'. On aura donc

$$e^{-X'\sqrt{\frac{2h'}{K'l'}}} = e^{-X\sqrt{\frac{2h}{Kl}}} \qquad \text{ou} \qquad \frac{X'^2}{X^2} = \frac{h}{h'} \cdot \frac{K'}{K} \cdot \frac{l'}{l}.$$

Les dimensions l' et l sont supposées égales. Quant aux valeurs h et h', il parait résulter de diverses expériences que ces quantités diffèrent peu entr'elles pour des substances métalliques dont la surface est polie, et d'ailleurs ces surfaces sont couvertes d'un enduit pareil. Donc on pourra comparer leurs conductibilités propres. En général, les conductibilités des divers métaux, qui laisseraient échapper la chaleur avec une égale facilité par leur surface, sont proportionnelles aux quarrées des distances auxquelles on observe une même température, dans des prismes très-longs et d'une égale épaisseur. On commettrait une erreur considérable, en prenant le rapport des distances pour celui des conductibilités, et cela donne lieu de remarquer combien il est important d'éclairer par une théorie exacte les recherches expérimentales. Au reste, cette même théorie indique les moyens de déterminer avec beaucoup plus de précision la conductibilité des diverses substances. L'équation

$$\frac{X'^2}{X^2} = \frac{h}{h'} \cdot \frac{K'}{K} \cdot \frac{l'}{l}$$

fait connaître suivant quelle loi la chaleur se propage dans des barres de même matière et de dimensions inégales. En effet, si les quantités h et h', K et K' sont les mêmes, on aura

$$\frac{X'}{X} = \frac{\sqrt{l'}}{\sqrt{l}};$$

ainsi les distances auxquelles on peut observer la même température croissent comme les racines quarrées des épaisseurs.

22. Remarque sur la quantité de chaleur qui est employée pendant un temps donné à entretenir un prisme à la même température.

3° Lorsque les températures sont devenues permanentes dans un prisme solide, échauffé par son extrémité, la quantité de chaleur qui pénètre pendant un temps donné dans l'extrémité A, assujettie à la température constante A, doit être égale à celle qui se dissipe dans le même temps par la surface entière de la barre. Plus généralement, la quantité de chaleur qui s'écoule par une section du prisme placée à la distance x est égale à celle que la surface du prisme perd depuis cette section jusqu'à une distance infinie. En effet, il est nécessaire que la chaleur perdue à chaque instant par la surface d'une partie du prisme soit remplacée par la chaleur que cette même partie reçoit de celle qui la précède. On peut reconnaître par le calcul l'exactitude de cette compensation. En effet, la quantité de chaleur perdue par un élément de la surface se trouve en multipliant la surface de cet élément $8l\,dx$ par la température y et la conductibilité extérieure h. Il faut donc pour déterminer la quantité de chaleur perdue à partir depuis ∥ la section dont la distance est X, prendre l'intégrale $\int 8lhy\,dx$ depuis $x = X$ jusqu'à $x = \frac{1}{0}$; on aura

$$\int 8lhAe^{-x\sqrt{\frac{2h}{Kl}}}\,dx = \text{cons.} - 4\sqrt{2}A\sqrt{l}\sqrt{h}\sqrt{K}e^{-x\sqrt{\frac{2h}{Kl}}}.$$

L'intégrale devant commencer lorsque $x = X$, on trouve pour la valeur de la constante $4\sqrt{2}Al\sqrt{l}\sqrt{h}\sqrt{K}e^{-X\sqrt{\frac{2h}{Kl}}}$, et cette intégrale devant s'étendre jusqu'à une distance x infinie, on aura pour l'expression de la quantité de chaleur dissipée par la surface depuis la section dont la distance est X jusqu'à l'infini;

$4\sqrt{2Al}\sqrt{l}\sqrt{h}\sqrt{K}e^{-X\sqrt{\frac{2h}{Kl}}}$. D'un autre côté, il résulte des principes établis précédemment que la quantité de chaleur produite par le flux continuel et uniforme qui est établi entre deux tranches consécutives est exprimée par $-KS\dfrac{dy}{dx}$, S étant l'étendue de la surface de contact qui est ici $4l^2$; mettant donc pour $\dfrac{dy}{dx}$ sa valeur $-\sqrt{\dfrac{2h}{Kl}}Ae^{-x\sqrt{\frac{2h}{Kl}}}$, on trouvera comme ci-dessus

$4\sqrt{2}Al\sqrt{l}\sqrt{h}\sqrt{K}e^{-x\sqrt{\frac{2h}{Kl}}}$ pour la quantité de chaleur qui pénètre dans la barre à travers la section dont la distance à l'origine est X.

La chaleur qui s'écoule par la surface est donc toujours, et en toutes les parties, remplacée par celle qui s'introduit dans l'intérieur du prisme, condition qui est d'ailleurs la même que celle qui a servi à trouver l'équation différentielle.

La quantité de chaleur qui s'écoule à l'origine par la première section est exprimée par $4\sqrt{2}Al\sqrt{l}\sqrt{h}\sqrt{K}$. On connaît par là combien il faut de chaleur pour entretenir une barre donnée dans un état permanent, en l'échauffant par son extrémité. La dépense de la source de chaleur est d'autant plus grande que la conductibilité de la substance est plus grande, qu'elle dissipe plus facilement par la surface, et que la barre a plus d'épaisseur. Cette dépense est proportionnelle à la température constante qu'il faut entretenir à l'origine, à la racine quarré de la conductibilité extérieure, à la racine quarré de la conductibilité intérieure, et à la racine quarré du cube de l'épaisseur.

    La question que l'on vient de traiter ne présentait aucune difficulté; les suivantes exigent, sous le rapport du calcul, un examen beaucoup plus approfondi, mais on se convaincra qu'elles sont résolues avec la même exactitude.

The examiners did not raise any question on this section. Laplace at least would have been familiar with Biot's own work and probably with the fact that rivalry between Fourier and Biot had developed: a letter from Fourier, accompanying the 1809 paper and seemingly addressed to Laplace, mentioned that he had sent part of his 1807 paper both to Biot and Poisson.[17] Thus Biot would have seen his own ideas anonymously immersed in their great extension — a death knell to harmonious relations in the France of the early 1800s. But he wreaked what vengeance he could. By 1816 he had been left far behind in heat diffusion by his friend Poisson as well as by Fourier, and in his large treatise on theoretical and experimental physics included only a small section on it. There he invoked (without analysis) Laplace's Newtonian hypothesis of heat as a consequence of action over a small distance to supercede Fourier's idea of temperature gradient to achieve homogeneity in the diffusion equation, and also tried to imply Laplace's priority for its development.[18] He also criticized Fourier's arguments for their lack of generality as opposed to Poisson's.[19]

    But we must return to Fourier's manuscript. There is one aspect of it which Fourier might well have been called upon to discuss. If in the steady state the flow of heat is uniform, then

---

[17] A draft of this letter exists among other drafts which are certainly addressed to Laplace in BN MFF 22501/72–74; see especially folio 72.

[18] J. B. Biot, *Traité de physique expérimentale et mathématique* (1816, Paris), 4, 667–668. Laplace's philosophical views on science as related to heat diffusion were most fully outlined in a paper of 1809. ["Sur les mouvements de la lumière dans les milieux diaphanes," *Mémoires de la classe des sciences mathématiques et physiques de l'Institut de France*, (1809: publ. 1810), 300–342 (esp. pp. 332–342); *Oeuvres*, 12, 265–298 (esp. pp. 290–298).]

    Fourier referred to Biot's work in the 1811 paper, part 1, 250; and in the *Théorie*, art. 429, remark 3.

[19] Ibid., 669–670 (footnote) and 682.

how is it that that is not the complete solution for the bar? Why is the solution for the bar not the linear

(4.12) $$y = A + Bx$$

instead of the exponential

(4.13) $$y = Ae^{-x\sqrt{2h/Kl}}$$

of article 19? The reason is that the uniformity of heat is essentially a phenomenon of internal heat conduction only, whereas external heat diffusion was also taking place in the "solid prism" and so upsetting the linearity of the phenomenon. In his published works on heat diffusion Fourier did produce the three-dimensional generalization of his

(4.14) $$y = b + (x - a)\left(\frac{B - b}{A - a}\right)$$

from article 17;[20] but never did he made it properly clear that in noninfinite bodies the result was to be applied only *im Kleinen* in order to obtain the temperature gradient expression for internal heat flow at a point.

---

[20] J. B. J. Fourier, 1811 paper, part 1, 208–216; *Théorie*, arts. 65–72.

5   Heat Diffusion in Continuous Bodies: The Appearance of Partial Differential Equations

We return to the draft of 1805, to the point where Fourier had found the ordinary differential equation

(5.1) $$K\frac{d^2v}{dx^2} - hv = 0$$

for the steady-state situation in the bar. He now turned to the question which seemed to have defeated Biot completely, the equation for the time-dependent case. He took his expressions from the steady-state situation to apply in the new problem over a period of time dt; hence during that time the molecule of width dx would gain

(5.2) $$+\left[1 \times \frac{K}{dx} \times d^2v \times dt\right]$$

internally, and lose

(5.3) $$-[dx \times h \times v \times dt]$$

externally, and the net exchange would be identified with the calorimetric rise in temperature, expressible as

(5.4) $$+[(1 \times dx) \times 1 \times dv]$$

(where density and specific heat are taken to be unity). Thus from (5.2)–(5.4), we have the equation

(5.5) $$K\frac{d^2v}{dx}dt - hv\,dx\,dt = dx\,dv,$$

or

(5.6) $$K\frac{d^2v}{dx^2} - hv = \frac{dv}{dt}.[1]$$

Fourier actually wrote (5.6) exactly like this: the modern notation for partial differentials

(5.7) $$K\frac{\partial^2 v}{\partial x^2} - hv = \frac{\partial v}{\partial t}$$

did not become popular until the end of the century.[2] But in

---

[1] See BN MFF 22525/125–126.   *Notations*, 2 (1929, Chicago), 224–226.
[2] See F. Cajori, *History of Mathematical*

working through (5.2)–(5.5) he showed an influence of Monge's teaching in using the device of writing different kinds of "d" to represent differentiation with respect to different variables.³ In (5.5) he employed dv/dx and $\delta v/\delta t$, and in forming the equations for two and three spatial dimensions dv/dy and Dv/Dz also. The equations themselves followed the same style of derivation, and therefore the same form, as (5.6): for heat diffusion in a lamina, for example, a molecule would receive in time δt the amount $+[K\,(d^2v/dx)\,dy\,\delta t]$ from the heat flow in the x-direction and $+[K\,(d^2v/dy^2)\,dx\,\delta t]$ in the y-direction, and lose $-[hv\,dx\,dy\,\delta t]$ into the atmosphere, while the temperature rose δv. Hence the representing equation was

(5.8)
$$K\frac{d^2v}{dx}\,dy\,\delta t + K\frac{d^2v}{dy}\,dx\,\delta t - hv\,dx\,dy\,\delta t = dx\,dy\,\delta v,$$

or in the modern notation which we ourselves shall always use,

(5.9)
$$K\left(\frac{\partial^2 v}{\partial x^2}+\frac{\partial^2 v}{\partial y^2}\right) - hv = \frac{\partial v}{\partial t}.^4$$

Similarly the equation of heat diffusion in a solid body was

(5.10)
$$K\left(\frac{\partial^2 v}{\partial x^2}+\frac{\partial^2 v}{\partial y^2}+\frac{\partial^2 v}{\partial z^2}\right) - hv = \frac{\partial v}{\partial t}.^5$$

So Fourier had obtained the diffusion equations that he needed; but at some stage while he was trying to solve the latter two he realized that he had got them wrong. By the time of the 1807 paper they were correctly formulated, with the term $[-hv]$ removed; and in making the correction Fourier achieved one of his most important ideas, a way of tackling physical problems mathematically which influenced not only his own work but also that of his successors for decades.

The model of the bar for which Fourier formed (5.6) was essentially one-dimensional, a line: each of its molecules communicated heat not only with its neighbors on either side but also with the atmosphere which surrounded it in all other direc-

---

³In his paper "Sur la construction des fonctions arbitraires qui entrent dans les intégrales des équations aux différences partielles," *Mémoires présentés à l'Académie Royale des Sciences par divers savans*, 7 (1773: publ. 1776), 267–300 (p. 268), Monge remarked that he always followed this notational practice.

⁴See BN MFF 22525/126–127.

⁵See BN MFF 22525/127–127 bis.

tions, and Biot had brought out the difference between these two kinds of diffusion by identifying with each its own coefficient of conductivity. The same point applies for the lamina and the general three-dimensional solid body; but in these cases not all the molecules exhibit both internal and external diffusion, for internal diffusion is a property only of the interior molecules while external diffusion takes place only through the edge or surface molecules. When Fourier included external diffusion in the lamina equation (5.9) he forgot that the two-dimensionality of the model allowed external diffusion only through the edges: when he included it in the solid body equation (5.10) he was just careless.[6] At all events he rectified the mistake in the 1807 manuscript and, for example, reduced (5.10) to

(5.11)
$$K\left(\frac{\partial^2 v}{\partial x^2}+\frac{\partial^2 v}{\partial y^2}+\frac{\partial^2 v}{\partial z^2}\right) = \frac{\partial v}{\partial t},$$

which is simply an equation to represent the diffusion phenomenon taking place inside the body. Which body? What shape does it have? What conditions apply on its surface? The diffusion equation had nothing to say on these questions, which could therefore be handled *separately* in a surface equation (or equations, if necessary). This gave enormous new power to the formulation of physical problems; for the independence of the two factors of "phenomenon" and "body" allowed not only the examination of problems at a new level of sophistication, but also the adjustment of "body" equations until solutions of the "phenomenon" equation could be found to fit them.

Fourier followed these principles throughout his work on heat diffusion; but he devoted the section of the paper contained in this chapter to the formation of the diffusion equation on various coordinate systems, incorporating the physical constants of density and specific heat which had been taken as unity in the draft. He did not actually construct (5.6) for the bar, but in

---

[6]But in a footnote to (5.10), written in the margin and probably added after the preparation of the draft he wrote:

"Lorsque l'on connaîtra mieux par les résultats des expériences en quoi consiste cette propriété qu'ont tous les corps de dissiper spontanement une partie de leur chaleur, on distinguera si le dernier terme hv doit entrer dans les équations relatives à l'intérieur des corps ou seulement dans les équations qui se rapportent à leur surface,"

which suggests that he had realized that something was amiss. [1805 draft: BN MFF 22525/127 bis.]

	taking the annulus as his "second question" concerning heat diffusion in continuous bodies following the analysis of the bar in the previous chapter, he found exactly the same equation,
Art. 23	with x now acting as an angular variable. After a section on the distribution of temperature on an annulus heated at several
Art. 24	places along its circumference—a situation to be subjected later to experimental test—he took as his third problem the equation
Art. 25	for the sphere with radial symmetry of heat distribution. This was his first body of more than one dimension: as he remarked at the end of the article, external heat diffusion was not involved here and would have to be introduced separately. The same
Art. 26	situation applied in the fourth problem, a cylinder with axial symmetry of distribution. Both these equations involved only one spatial variable, but in the fifth problem he tackled the
Art. 27	distribution inside a bar of *finite* cross-section and so required three space variables. As with the one-dimensional bar which he had examined in our previous chapter, he took only the steady-state case, reserving the full three-dimensional diffusion
Art. 28	equation for the sixth and last question: heat diffusion in a cube.
Art. 29	This was the general diffusion equation for continuous bodies, and he concluded by converting it under the appropriate transformation of coordinates to produce independently the
Arts. 30–31	equations for the sphere and the cylinder—an unusual procedure for the time, perhaps also showing a Mongean line of thinking in the manipulation of partial differentials.
Comparative references for this chapter	1805 draft: BN MFF 22525/125–127 bis (cartesian coordinates only). 1807 manuscript: arts. 23–31. 1811 paper: part 1, 222–229, 231–247. *Théorie*: arts. 101–113, 118–119, 121–123, 126–127, 142, 155–156.
23. 2ème question **Equation du mouvement linéaire de la chaleur dans une armille.** 45	La seconde question que nous traiterons a pour objet de déterminer la loi de la propagation de la chaleur dans un anneau, ou une armille, dont les différents points auraient reçu des températures quelconques. ‖ S, est la surface de la section faite par un plan perpendiculaire au plan de l'anneau et passant par son centre, le solide étant supposé engendré par la révolution de cette section. l, est le périmètre de la section.

h, le coëfficient qui mesure la déperdition de la chaleur à la surface.

K, la conductibilité intérieure.

C, la chaleur spécifique de la substance dont l'armille est formée.

D, sa densité.

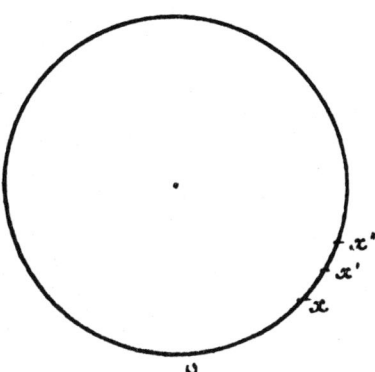

La ligne $Oxx'x''\ldots$ représente la circonférence moyenne de l'armille, ou celle qui passe par les centres de gravité de toutes les sections.

R, est le rayon de la circonférence moyenne.

On suppose encore qu'à raison des petites dimensions et de la forme de la section, on puisse regarder comme égales les températures des différents points d'une même section.

Concevons que l'on donne actuellement aux différentes tranches de l'armille des températures initiales quelconques, et que ce solide soit immédiatement après exposé à l'air, dont la température permanente est 0 et qui est déplacé avec une vîtesse constante 1. Le système des températures variera continuellement et la chaleur éprouvera à la fois deux mouvements; celui qui tend à la propager dans l'anneau et celui qui tend à la dissiper par la surface. Il s'agit de connaître quelles seront, après un temps écoulé t, les nouvelles températures de chaque tranche.

Soit z la température que doit acquérir après le temps t la section placée à la distance x. z est une certaine fonction de x et de t, dans laquelle doivent entrer aussi toutes les températures initiales arbitraires; c'est cette fonction qu'il s'agit de découvrir.

On imaginera que le solide est divisé en tranches infiniment petites, d'une égale épaisseur dx, et l'on considérera trois tranches consécutives.

Soit z la température des points de la section qui répond à l'abcisse x, z' et z'' les températures des sections qui répondent aux abcisses x' et x''.[7] La quantité de chaleur qui s'écoule dans un instant δt par une section quelconque de la première tranche est égale au produit de la conductibilité K de la surface S, du rapport $-\dfrac{dz}{dx}$, et de la durée de l'instant. Cette quantité de chaleur est celle qui, traversant la masse de la première tranche, pénètre jusqu'à la tranche suivante et s'ajoute à la chaleur qu'elle contenait déjà. On aura donc $-KS\dfrac{dz}{dx}\delta t$ pour ∥ l'expression de la quantité de chaleur transmise par la première tranche à celle qui la suit. Pour connaître la quantité analogue de chaleur qui s'écoule entre la seconde tranche et la troisième, il faut seulement changer z en z', ou, ce qui est la même chose, ajouter à l'expression précédente sa différentielle, qui est $-\dfrac{KS\,d^2z}{dx}\delta t$; donc si l'on diminue la quantité de chaleur qui passe dans la seconde tranche de la quantité qu'elle communique à la troisième, on aura pour l'expression de ce qui reste la différentielle précédente prise avec un signe contraire, c'est-à-dire $\dfrac{KS\,d^2z}{dx}\delta t$.

De l'autre côté, la seconde tranche, dont la surface extérieure est $l\,dx$ et dont la température diffère infiniment peu de z, laisse échapper dans l'air pendant l'instant δt une quantité de chaleur exprimée par $hlz\,dx\,\delta t$. Il suit de là que la tranche intermédiaire conserve en effet une quantité de chaleur représentée par $KS\dfrac{d^2z}{dx}\delta t - hlz\,dx\,\delta t$, et qui est destinée à faire varier sa température; il faut examiner quelle est la quantité de ce changement.

Le coëfficient C exprime ce qu'il faut de chaleur pour faire passer l'unité de poids de la matière dont il s'agit de la température 0 à la température 1. Par conséquent, en multipliant le volume Sdx de la tranche infiniment petite par la densité D pour connaître son poids, et par la chaleur spécifique C, on aura $CDSdx$ pour l'expression de la quantité de chaleur qui élèverait le volume de la tranche de la température 0 à la température 1. Donc l'accroissement de température dû à la

---

[7][Ed.] In later articles Fourier used z as one of his space variables and v for temperature.

chaleur ajoutée, $KS \dfrac{d^2z}{dx} \delta t - hlz\, dx\, \delta t$, se trouvera en divisant cette dernière quantité par $CDS dx$. Or cet accroissement de température, qui a lieu pendant l'instant δt, se trouverait en faisant varier z par rapport à t seulement, et est désigné par δz. On aura donc l'équation:

$$\delta z = \frac{KS \dfrac{d^2z}{dx} \delta t - hlz\, dx\, \delta t}{CDS\, dx},$$

ou, suivant les notations ordinaires,

$$\frac{dz}{dt} = \frac{K}{CD} \cdot \frac{d^2z}{dx^2} - \frac{hl}{CDS} z.$$

Cette équation est aux différences partielles et sa résolution complète exige un examen attentif et détaillé qui sera l'objet d'un article séparé. Nous nous proposons ici principalement de faire voir comment toutes les questions de ce genre peuvent être réduites au calcul.

Nous rapporterons seulement une remarque analogue à celles du problème précédent.

24.
De la loi à laquelle sont assujetties les températures permanentes de l'anneau exposé à l'action de plusieurs foyers de chaleur.

47

1° On peut appliquer aussi l'équation générale (b)[8] au cas où l'anneau serait exposé en un ou plusieurs de ses points à l'action constante de divers foyers de chaleur.

‖ Supposons que le plan de l'anneau soit horizontal, que l'on place au-dessous de divers points m, n, p des foyers d'une

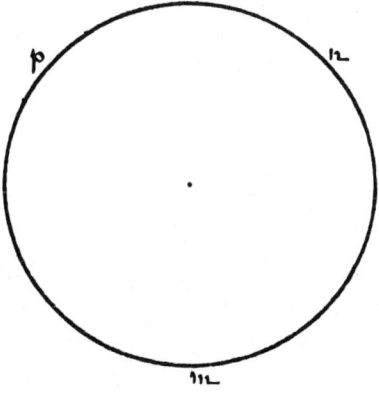

---

[8][Ed.] Fourier's reference is to the (undenoted) equation at the end of art. 23 on this page.

chaleur constante, que l'on observe au moyen de thermomètres placés aux points n et m dans l'intérieur du solide, la plus haute température à laquelle ces points parviendront; ces températures fixes sont représentées par M, N et P. La chaleur se propagera dans l'anneau, et celle qui se dissipe par la surface étant incessamment remplacée par celle qui émane des foyers, chaque point de l'anneau tendra à acquérir une température stationnaire qui est la plus haute à laquelle ce point puisse parvenir. Pour exprimer, au moyen de l'équation (b), la loi de ces dernières températures, qui subsisteraient d'elles-mêmes si elles étaient établies, il faut supposer que la quantité z ne varie point par rapport à t, et par conséquent écrire 0 au lieu du terme $\frac{dz}{dt}$. En effet, la quantité de chaleur qu'une tranche intermédiaire non exposée à l'action d'un foyer acquiert à raison de sa place est comme dans le cas précédent $KS\, d\left(\frac{dz}{dx}\right)\delta t$ et celle qu'elle dissipe en même temps par la surface est $hlz\, dx\, \delta t$.[9] On aura ainsi l'équation

$$\frac{d^2z}{dx^2} = \frac{hl}{KS} z, \quad \text{ou} \quad \frac{d^2z}{dx^2} = gz, \quad \text{en faisant} \quad g = \frac{hl}{KS}.$$

Soit

$$z = a\alpha^x + b\alpha^{-x},$$

a, b et α étant des quantités à déterminer. On aura en substituant:

$$a(l\alpha)^2 \alpha^x + b(l\alpha)^2 \alpha^{-x} = ga\alpha^x + gb\alpha^{-x},$$

$l\alpha$ désignant le logarithme hyperbolique de α. On en concluera

$$g = (l\alpha)^2, \quad \text{ou} \quad \alpha = e^{\sqrt{g}} = e^{\sqrt{\frac{hl}{KS}}}.$$

A l'égard des quantités a et b, on les déterminerait en assujettissant la valeur de z à devenir égale à M au point m, et à N au point n. On aurait ainsi la loi que suivent les valeurs de z depuis m jusqu'à n. Soient a_1 et b_1 ces valeurs. On trouverait

---

[9][Ed.] Fourier added this sentence himself in the margin of p. 47 of the manuscript, but clearly he intended it to be placed in the text, as he also wrote the words "On aura ainsi" of the following sentence.

pareillement, pour l'espace compris depuis n jusqu'à p, des valeurs a_2 et b_2 qui rendraient z égale à N au point n, et à P au point p; on aurait en général pour chacun des espaces compris entre deux foyers une équation différente prise parmi celles-ci:

$$z = a_1\alpha^x + b_1\alpha^{-x}$$

$$z = a_2\alpha^x + b_2\alpha^{-x}$$

$$z = a_3\alpha^x + b_3\alpha^{-x}$$

&c.,

dans lesquelles il entre une quantité commune α ou $e^{\sqrt{\frac{hl}{KS}}}$.

48 Si l'on suppose qu'il y ait un foyer seulement qui ‖ détermine à l'origine une température constante A, on trouvera a et b au moyen d'une autre condition. On considérera que dans le point le plus éloigné de l'origine il n'y a aucun flux de chaleur. Lorsque les températures sont devenues stationnaires, toute la chaleur émanée du foyer est employée à réparer de part et d'autre la perte qui s'opère à la surface; et si cette compensation est établie, il est manifeste que les températures doivent subsister sans qu'il y ait aucun flux de chaleur au point opposé à l'origine. Or la quantité de chaleur écoulée est proportionnelle, entre deux tranches quelconques, à la valeur de $\frac{dz}{dx}$; donc on doit avoir, au point dont il s'agit,

$$\frac{dz}{dx} = 0 \quad \text{ou} \quad a\alpha^x = b\alpha^{-x}.$$

Cette seconde équation, combinée avec celle qui assujettit la température à égaler M au point m, donnera dans ce cas les valeurs de a et de b. On peut remarquer ici que la température M de l'origine est à la vérité la plus grande de toutes lorsqu'on ne place qu'un seul foyer, mais elle n'est point un maximum analytique et ce serait une erreur considérable que de supposer en ce point $\frac{dz}{dx} = 0$.

L'anneau étant exposé à l'action constante de divers foyers, si l'on représente par z_1, z_2, z_3, les températures fixes de trois points placés entre deux foyers consécutifs m et n des distances de l'origine x_1, x_2, x_3, et que l'intervalle $x_2 - x_1$, désigné par τ, soit égal à $x_3 - x_2$, on aura les trois équations:

$z_1 = a\alpha^{x_1} + b\alpha^{-x_1}.$

$z_2 = a\alpha^{\tau}\alpha^{x_1} + b\alpha^{-\tau}\alpha^{-x_1}.$

$z_3 = a\alpha^{2\tau}\alpha^{x_1} + b\alpha^{-2\tau}\alpha^{-x_1}.$

Par conséquent $z_1 + z_3 = a\alpha^{x_1}[1 + \alpha^{2\tau}] + b\alpha^{-x_1}[1 + \alpha^{-2\tau}]$.
Or le second membre est le produit de z_2 par $(\alpha^{\tau} + \alpha^{-\tau})$. Donc

$$\frac{z_1 + z_3}{z_2} = \alpha^{\tau} + \alpha^{-\tau}.$$

Il résulte de là que, si l'on observait les températures $z_1, z_2, z_3, z_4, z_5, z_6$, &c. de plusieurs points successifs tous placés entre les deux mêmes foyers m et n et séparés par un même intervalle τ, on reconnaîtrait que trois températures consécutives quelconques sont toujours telles que la somme des deux extrêmes divisée par ‖ la moyenne donne un quotient constant $\alpha^{\tau} + \alpha^{-\tau}$.

Si l'on passait ensuite à l'espace compris entre deux autres foyers n et p et que l'on observât les températures de divers autres points séparés par le même intervalle τ, on trouverait encore que pour trois points consécutifs quelconques la somme des deux températures extrêmes divisée par la moyenne donne le même quotient $\alpha^{\tau} + \alpha^{-\tau}$. Cette relation constitue la loi suivant laquelle les températures permanentes se succèdent dans les divers points, la circonférence étant divisée en parties égales; elle a lieu à plus forte raison lorsque l'anneau n'est échauffé que par un seul foyer et alors elle règne sans interruption dans toute l'étendue de l'anneau.

Soit q le quotient $\alpha^{\tau} + \alpha^{-\tau}$; on aura

$z_1 + z_3 = qz_2$ ou $z_3 = qz_2 - z_1.$

On voit par là que, lorsque la circonférence est divisée en parties égales, les températures des points de division sont représentées par les termes d'une série récurrente. L'échelle de relation est composée des deux termes q et -1, et cette échelle est la même, en quelque partie de l'anneau que ce soit et de quelque manière qu'il soit échauffé, pourvu que l'on obtienne des températures constantes et que l'on compare des points placés entre deux foyers consécutifs.

25.
3ème question
Equation du mouvement de la chaleur dans une sphère solide.

Un solide de forme sphérique, ayant été long-temps plongé dans un milieu entretenu à une température permanente, a acquis dans tous ses points cette même température; on l'expose ensuite à l'air qui conserve la température 0 et qui est déplacé avec une vîtesse constante; il s'agit de déterminer les états successifs du corps pendant la durée du refroidissement.

x désigne une abcisse variable comprise entre 0 et X qui est le rayon de la sphère. Il résulte de l'hypothèse que tous les points d'une surface quelconque également éloignés du centre ont à chaque instant une température commune. On désigne par z la température qui correspond à la distance x. On supposera, pour rendre la question plus générale, que les températures initiales peuvent être différentes pour les différentes couches concentriques qui forment le solide, sans que cette température varie dans l'étendue d'une même couche. C'est ce qui arriverait si l'immersion ne durait qu'un temps peu considérable.

z est une fonction de l'abcisse x et du temps écoulé t, et lorsqu'on suppose $t = 0$ il est nécessaire que la valeur de cette fonction convienne à l'état initial qui est donné. On peut désigner cet état initial par une fonction Fx entièrement arbitraire. Ainsi ‖ la ligne dont les ordonnées représentent les valeurs successives de Fx depuis $x = 0$ jusqu'à $x = X$ peut avoir une figure quelconque qui n'est assujettie à aucune loi; il s'agit de trouver la fonction de x et de t qui, en satisfaisant à cette dernière condition, exprime les variations successives des températures. On imaginera que le solide est divisé en une infinité de couches concentriques d'une égale épaisseur dx.

Soient x, x', x'', trois valeurs consécutives du rayon variable; z la température de tous les points de la surface sphérique qui a pour rayon x; z', z'' les températures des surfaces suivantes qui ont pour rayon x' et x''.

On désignera par d les différentiations faites par rapport à x et par δ les différentiations faites par rapport à t. La quantité de chaleur qui, traversant la première couche, pénètre jusqu'à la couche suivante, est mesurée par le produit de la conductibilité

K, de la surface de contact $4\pi x^2$ et du rapport $\frac{dz}{dx}$ pris avec un signe contraire. Ainsi la couche intermédiaire reçoit de celle qui la précède pendant l'instant δt une quantité de chaleur égale à $-4\pi K x^2 \frac{dz}{dx}\delta t$. Pour connaître la quantité de chaleur que cette seconde couche transmet à la suivante, il faut changer dans l'expression précédente x en x' et z en z', c'est-à-dire, ajouter au terme $-4\pi K x^2 \frac{dz}{dx}\delta t$ la différentielle de ce terme prise par rapport à x. Si l'on retranche maintenant de la quantité de chaleur qui s'écoule entre la première couche et la seconde, celle qui s'écoule entre la seconde et la troisième, on aura cette différentielle même du terme $-4\pi K \frac{x^2 dz}{dx}\delta t$ prise avec un signe contraire, ou $4\pi K\left[\frac{x^2 dz}{dx}\right]\delta t$. Cette différence entre les deux quantités de chaleur transmise est évidemment la quantité de chaleur qui s'accumule dans la tranche intermédiaire et dont l'effet est de faire varier sa température.

Le coëfficient C désigne la chaleur spécifique, ou ce qu'il faut de chaleur pour élever de la température 0 à la température 1 un poids déterminé qui sert d'unité, $4\pi x^2 dx$ est le volume de la couche intermédiaire, ou n'en diffère que d'une quantité qui doit être omise. Donc $4\pi C D x^2 dx$ est la quantité de chaleur nécessaire pour porter la couche intermédiaire de la température 0 à la température 1. Il faudra par conséquent diviser la quantité de chaleur qui s'accumule dans la couche intermédiaire par $4\pi C D x^2 dx$, et l'on trouvera l'accroissement de la température z dû à l'instant δt. On obtient ainsi l'équation:

$$\delta z = \frac{K\delta t d\left[x^2 \frac{dz}{dx}\right]}{CDx^2 dx} = \frac{K}{CD}\delta t \left[\frac{d^2 z}{dx^2} + \frac{2}{x}\frac{dz}{dx}\right],$$

ou, suivant les notations ordinaires:

$$\frac{dz}{dt} = \frac{K}{CD}\left[\frac{d^2 z}{dx^2} + \frac{2}{x}\frac{dz}{dx}\right],$$

équation qu'il faut actuellement résoudre et appliquer à l'état initial. La valeur ‖ du coëfficient h ne se trouve point dans cette équation; mais on commence à l'introduire dans le calcul lorsqu'on exprime les conditions relatives à la surface.

26.
4ᵉᵐᵉ question
Equation du mouvement de la chaleur dans un cylindre solide.

Un cylindre solide d'une longueur infinie et à base circulaire est échauffé par l'immersion dans un liquide, ensorte que tous les points également éloignés de l'axe ont les mêmes températures; on l'expose ensuite à un courant d'air plus froid. Il s'agit de déterminer par le calcul les températures des différentes couches après un temps donné.

x désigne le rayon variable d'une enveloppe dont tous les points sont également distants de l'axe. X est le rayon du cylindre, l sa longueur infinie, z est la température de cette enveloppe après le temps écoulé t. Ainsi z est une fonction de x et de t; et si l'on fait $t = 0$ il est nécessaire que la fonction de x qui en proviendra satisfasse à l'état initial qui est entièrement arbitraire. C'est cette fonction de x et t qu'il faut découvrir.

On imagine que le solide est divisé en une infinité de couches concentriques d'une égale épaisseur dx. x, x', x'', désigneront les rayons de trois couches consécutives et z, z', z'', leurs températures. La lettre d indique la différentiation par rapport à x seulement et la lettre δ la différentiation par rapport à t. Il s'écoule entre la première couche et la seconde une certaine quantité de chaleur qui est en raison directe composée de la surface de contact $2\pi lx$, de la conductibilité K, de la durée de l'instant δt et du rapport $-\dfrac{dz}{dx}$. Ainsi la quantité de chaleur que la première couche transmet à la seconde est $-2K\pi lx \left[\dfrac{dz}{dx}\right]\delta t$. Donc celle que la seconde couche transmet à la troisième est $-2K\pi lx'\left[\dfrac{dz'}{dx'}\right]\delta t$, ou $-2K\pi lx\dfrac{dz}{dx}\delta t - 2K\pi l\,\delta t\,d\left[x\dfrac{dz}{dx}\right]$.

Donc la quantité de chaleur qui s'accumule dans la couche intermédiaire et détermine le changement de sa température est $2K\pi l\,\delta t\,d\left[\dfrac{xdz}{dx}\right]$. D'un autre côté le volume de cette couche intermédiaire est $2\pi lx\,dx$, et $2CD\pi lx\,dx$ exprime ce qu'il faut de chaleur pour élever cette couche de la température 0 à la température 1, C étant la chaleur spécifique et D la densité; donc le quotient $\dfrac{2K\pi l\,\delta t\,d\left[x\dfrac{dz}{dx}\right]}{2CD\pi lx\,dx}$ est l'accroissement δz qu'éprouve la température pendant l'instant δt. On obtient ainsi l'équation

$$\delta z = \dfrac{Kd\left[\dfrac{xdz}{dx}\right]\delta t}{CDx\,dx},$$

ou, suivant les notations ordinaires,

$$\frac{dz}{dt} = \frac{K}{CD}\left[\frac{d^2z}{dx^2} + \frac{1}{x}\frac{dz}{dx}\right];$$

52 il reste à intégrer ‖ cette équation, à exprimer la condition relative à la surface et à appliquer l'intégrale à l'état initial qui est arbitraire. [Voyez pour la suite de la solution.]

27.
5ème question
Equation du mouvement de la chaleur dans un prisme rectangulaire.

Une barre prismatique conserve à une de ses extrémités la température constante A; le reste de cette barre, dont la longueur est infinie, demeure exposée à un courant uniforme d'air atmosphérique entretenu à la température 0. Il s'agit de déterminer la plus haute température qu'un point donné de la barre puisse acquérir.

Cette question diffère de la première en ce que l'on a égard ici à toutes les dimensions du solide, ce qui est nécessaire pour que l'on puisse obtenir une solution exacte. En effet, on conçoit facilement que dans une barre d'une épaisseur très-médiocre tous les points d'une même tranche acquièrent des températures sensiblement égales. Cependant il peut rester quelqu'incertitude sur les résultats de cette supposition; il est plus avantageux de résoudre la question rigoureusement et d'examiner ensuite par le calcul même jusqu'à quel point et dans quel cas on est autorisé à regarder comme égales les températures des divers points d'une même section.

La section faite perpendiculairement à la longueur de la barre est un quarré dont le côté est $2l$, l'axe de la barre est l'axe des x et l'origine de ces abcisses est à l'extrémité; les trois coordonnées rectangulaires d'un point de la barre sont x, y, z. La température du même point est désignée par v.

La question consiste à déterminer les températures que l'on doit donner aux divers points de la barre pour qu'elles continuent de subsister sans aucun changement, tandis que la surface extrême A qui communique avec la source de chaleur demeure assujettie dans tous ses points à la température permanente A. Ainsi v est une fonction de x, de y et de z.

On imaginera que le solide est divisé en une infinité de molécules prismatiques égales dont chacune est en contact avec six autres; x, y, z sont les coordonnées de ces molécules et l'on désignera par Dx, dy et dz les accroissements respectifs des coordonnées et par les lettres D,[10] d et d les trois différentiations de v par rapport à x, par rapport à y et par rapport à z.

Cela posé, on considérera qu'une molécule quelconque est d'abord placée entre deux autres dans le sens des x et, en s'arrêtant à ces trois molécules consécutives, on voit que la quantité de chaleur qui s'écoule dans un instant de la première à la seconde est proportionnelle ∥ à l'étendue de la surface de contact, qui est dy dz, à la conductibilité K et au rapport $-\dfrac{Dv}{Dx}$.

Cette quantité de chaleur est donc représentée par $-K\,\mathrm{d}y\,dz\,\dfrac{Dv}{Dx}$. Donc la quantité de chaleur qui passe de la seconde tranche à la troisième est

$$-K\mathrm{d}y\,dz\,\frac{Dv}{Dx}-K\mathrm{d}y\,dz\,D\left[\frac{Dv}{Dx}\right].$$

Ainsi la différence $K\mathrm{d}y\,dz\,D\left[\dfrac{Dv}{Dx}\right]$ exprime la quantité de chaleur qui, à raison de la propagation dans le sens des x, s'accumule dans la seconde molécule et ferait varier la température, si cette augmentation de chaleur n'était point compensée par d'autres causes.

Cette même molécule est placée entre deux autres dans le sens des y, et, en considérant les trois molécules qui se suivent dans ce sens, on voit qu'il passe de la première à la seconde une quantité de chaleur proportionnelle à la surface de contact qui est $Dx\,.\,dz$, à la conductibilité K et au rapport $-\dfrac{\mathrm{d}v}{\mathrm{d}y}$. En ajoutant à ce produit $-K\,Dx\,dz\,\dfrac{\mathrm{d}v}{\mathrm{d}y}$ sa différentielle prise par rapport à y seulement on aura

$$-K\,Dx\,dz\,\frac{\mathrm{d}v}{\mathrm{d}y}-K\,Dx\,dz\,\mathrm{d}\left[\frac{\mathrm{d}v}{\mathrm{d}y}\right]$$

pour représenter la quantité de chaleur que la seconde molécule transmet à la troisième dans le sens des y; la différence de ces deux quantités est $K\,Dx\,dz\,\mathrm{d}\left[\dfrac{\mathrm{d}v}{\mathrm{d}y}\right]$ et exprime la chaleur que la

---

[10][Ed.] This is a use of D additional to its denotation of the density of material in arts. 25 and 26. Density does not appear in this article, but in the next one Fourier uses D in both senses.

seconde molécule acquiert en vertu de la propagation qui se fait dans le sens des y.

Pareillement la même molécule est placée entre deux autres dans le sens des z; la quantité de chaleur qui passe dans ce sens de la première à la seconde est $-K\,Dx\,\mathrm{d}y\,\dfrac{dv}{dz}$; celle que la seconde transmet à la troisième surpasse la quantité précédente de $-K\,Dx\,\mathrm{d}y\,d\left[\dfrac{dv}{dz}\right]$. Donc cette seconde molécule acquiert en effet en vertu de la propagation dans le sens des z une quantité de chaleur égale à la différence des deux précédentes, ou à $K\,Dx\,\mathrm{d}y\,d\left[\dfrac{dv}{dz}\right]$. Pour que la molécule intermédiaire ne change point de température, il est nécessaire qu'elle ne conserve réellement aucune nouvelle quantité de chaleur et que ce qu'elle acquerrait dans un sens serve à compenser ce qu'elle perd dans les deux autres. On doit donc avoir l'équation

$$K\,\mathrm{d}y\,dz\,D\left[\dfrac{Dv}{Dx}\right] + K\,Dx\,dz\,\mathrm{d}\left[\dfrac{\mathrm{d}v}{\mathrm{d}y}\right] + K\,Dx\,\mathrm{d}y\,d\left[\dfrac{dv}{dz}\right] = 0.$$

Divisant maintenant par le produit $Dx\,\mathrm{d}y\,dz$ et effectuant les différentiations, on aura, en se servant des notations ∥ ordinaires,

54

$$\dfrac{d^2v}{dx^2} + \dfrac{d^2v}{dy^2} + \dfrac{d^2v}{dz^2} = 0,$$

équation aux différences partielles qu'il faut résoudre et appliquer à la question. Les coëfficients K et h n'entrent point dans cette équation, mais ils sont introduits dans la solution lorsqu'on exprime par la suite les conditions relatives à la surface.

Voyez pour la suite de la solution.

28.
6ème question
Equation du mouvement de la chaleur dans un cube.

Un solide de forme cubique, ayant été long-temps plongé dans un fluide entretenu à une température constante, a acquis dans tous ses points cette même température. On l'expose ensuite à l'air qui conserve la température 0 et qui est déplacé avec une vîtesse uniforme. Il s'agit de déterminer les états successifs du corps pendant la durée du refroidissement, c'est-à-dire, de trouver la température d'un point quelconque du cube après un temps donné.

Le centre du cube est pris pour l'origine des coordonnées rectangulaires; les trois perpendiculaires abaissées de ce point sur les faces sont les axes des x, des y et des z; v est la température à laquelle un point, dont les coordonnées sont x, y, z, se trouve abaissé après le temps écoulé t. Il est question de déterminer v en fonction de x, y, z et t. On conçoit le solide divisé en une infinité de molécules prismatiques égales. x, y, z, désignent les coordonnées d'une molécule quelconque et on indique par les lettres D, d, d et δ les différentiations de v par rapport à x, à y, à z et à t.

Une molécule quelconque, dont les dimensions sont Dx, dy, dz, est placée entre deux autres dans le sens des x; elle reçoit de la première molécule qui la précède dans ce sens une quantité de chaleur proportionnelle à la surface du contact dy dz, à la conductibilité K, à la durée δt et au rapport $-\dfrac{Dv}{Dx}$.

Cette quantité de chaleur est exprimée par $-K$ dy dz $\dfrac{Dv}{Dx} \delta t$. On trouvera donc celle que la seconde molécule transmet à la troisième en ∥ ajoutant au terme précédent sa différentielle prise par rapport à x; donc cette différentielle affectée d'un signe contraire, ou K dy dz $D\left[\dfrac{Dv}{Dx}\right] \delta t$, est la quantité de chaleur que la molécule intermédiaire acquiert en vertu de la propagation considérée dans le sens des x. Pareillement la même molécule, qui est placée entre deux autres dans le sens des y, reçoit de celle qui la précède une quantité de chaleur exprimée par $-K\, Dx\, dz \left[\dfrac{dv}{dy}\right] \delta t$ et transmet à celle qui la suit la quantité exprimée par

$$-K\, Dx\, dz \left[\dfrac{dv}{dy}\right] \delta t - K\, Dx\, dz\, d\left[\dfrac{dv}{dy}\right] \delta t,$$

et acquiert par conséquent à raison de sa place dans le sens des y la quantité $K\, Dx\, dz\, d\left[\dfrac{dv}{dy}\right] \delta t$. Enfin cette même molécule reçoit de celle qui la précède dans le sens des z la quantité de chaleur exprimée par $-K\, Dx\, dy \left[\dfrac{dv}{dz}\right] \delta t$ et transmet à celle qui la suit la quantité

$$-K\, Dx\, dy \left[\dfrac{dv}{dz}\right] \delta t - K\, Dx\, dy\, d\left[\dfrac{dv}{dz}\right] \delta t.$$

Elle acquiert donc en vertu de la propagation dans le sens des z la quantité $K D x \, dy \, d \left[\dfrac{dv}{dz}\right] \delta t$.

Ces trois quantités de chaleur réunies déterminent le changement de température de la molécule, et pour connaître la valeur de ce changement, qui est désigné par δv, il faut diviser la somme des trois quantités par celle qui est nécessaire pour élever la molécule de la température 0 à la température 1. Cette dernière quantité est $CD\,Dx\,dy\,dz$, car C désigne la chaleur spécifique de la substance, D sa densité, et $Dx\,dy\,dz$ le volume de la molécule. On a donc, pour exprimer le mouvement de la chaleur dans l'intérieur du solide, l'équation

$$\delta v = \frac{K\,dy\,dz\,D\left[\dfrac{Dv}{Dx}\right]\delta t + K\,Dx\,dz\,d\left[\dfrac{dv}{dy}\right]\delta t + K\,Dx\,dy\,d\left[\dfrac{dv}{dz}\right]\delta t}{CD\,Dx\,dy\,dz},$$

ou, suivant les notations ordinaires:

$$\frac{dv}{dt} = \frac{K}{CD}\left[\frac{d^2v}{dx^2} + \frac{d^2v}{dy^2} + \frac{d^2v}{dz^2}\right].$$

Voyez pour la suite de la solution.

29.
Equation générale du mouvement de la chaleur.

56

L'équation que l'on vient d'obtenir représente les états successifs ‖ d'un solide quelconque dont les différents points changent continuellement de température. Le coëfficient h, qui est la mesure de la conductibilité extérieure, n'entre point dans cette équation. Mais il reste à exprimer une condition relative à la surface, ce qu'on expliquera dans la suite du mémoire. C'est dans cette partie du calcul que le coëfficient h est introduit. L'équation générale de la propagation de la chaleur dans les solides est donc celle-ci;

$$\frac{dv}{dt} = \frac{K}{CD}\left[\frac{d^2v}{dx^2} + \frac{d^2v}{dy^2} + \frac{d^2v}{dz^2}\right].$$

v est une fonction des trois coordonnées x, y, z et du temps t, K est la mesure de la conductibilité propre à la substance dont le solide est formé, C est la chaleur spécifique de cette substance, et D sa densité. Le sens propre de cette équation consiste en ce que la fonction v doit satisfaire à la condition générale qui y est exprimée. Mais indépendamment de cette condition générale à tous les cas, il y a plusieurs autres conditions particulières qui dépendent de la forme du corps, de la nature et de l'état de la surface, de l'action d'un ou de plusieurs foyers et de diverses autres circonstances que peuvent présenter les questions individuelles.

30. Application au cas du cylindre.

On aurait pu déduire par exemple de cette équation celles que nous avons trouvées plus haut pour exprimer le mouvement de la chaleur dans le cylindre et dans le sphère. Dans le premier cas désignons par r le rayon variable d'une enveloppe cylindrique quelconque; pour appliquer l'équation générale

$$\frac{dv}{dt} = \frac{K}{CD}\left[\frac{d^2v}{dx^2} + \frac{d^2v}{dy^2} + \frac{d^2v}{dz^2}\right]$$

on remarquera que la variation de v par rapport à x est nulle; le terme $\frac{d^2v}{dx^2}$ doit donc être omis. On posera ensuite l'équation

$$x^2 + y^2 = r^2.$$

On aura maintenant, suivant les principes du calcul différentiel, les équations

$$\frac{dv}{dx} = \frac{dv}{dr}\frac{dr}{dx} \quad \text{et} \quad \frac{d^2v}{dx^2} = \frac{d^2v}{dr^2}\left[\frac{dr}{dx}\right]^2 + \frac{dv}{dr}\frac{d^2r}{dx^2}.$$

$$\frac{dv}{dy} = \frac{dv}{dr}\frac{dr}{dy} \quad \text{et} \quad \frac{d^2v}{dy^2} = \frac{d^2v}{dr^2}\left[\frac{dr}{dy}\right]^2 + \frac{dv}{dr}\frac{d^2r}{dy^2}.$$

Donc

[a]
$$\frac{d^2v}{dx^2} + \frac{d^2v}{dy^2} = \frac{d^2v}{dr^2}\left[\left[\frac{dr}{dx}\right]^2 + \left[\frac{dr}{dy}\right]^2\right] + \frac{dv}{dr}\left[\frac{d^2r}{dx^2} + \frac{d^2r}{dy^2}\right].$$

57 ‖ Il faut remplacer dans le second membre les quantités $\frac{dr}{dx}, \frac{dr}{dy}, \frac{d^2r}{dx^2}, \frac{d^2r}{dy^2}$ par leurs valeurs respectives. Pour cela on employera l'équation $x^2 + y^2 = r^2$; on en tire

$$x = r\frac{dr}{dx} \quad \text{et} \quad 1 = \left[\frac{dr}{dx}\right]^2 + r\frac{d^2r}{dx^2}.$$

$$y = r\frac{dr}{dy} \quad \text{et} \quad 1 = \left[\frac{dr}{dy}\right]^2 + r\frac{d^2r}{dy^2}.$$

Par conséquent

$$x^2 + y^2 = r^2 \left[\left[\frac{dr}{dx} \right]^2 + \left[\frac{dr}{dy} \right]^2 \right]$$

$$2 = \left[\frac{dr}{dx} \right]^2 + \left[\frac{dr}{dy} \right]^2 + r \left[\frac{d^2r}{dx^2} + \frac{d^2r}{dy^2} \right].$$

La première dont le premier membre est égal à r^2 donne

[b] $\qquad \left[\frac{dr}{dx} \right]^2 + \left[\frac{dr}{dy} \right]^2 = 1.$

La seconde donne, lorsqu'on met pour $\left[\frac{dr}{dx} \right]^2 + \left[\frac{dr}{dy} \right]^2$ sa valeur 1,

[c] $\qquad \frac{d^2r}{dx^2} + \frac{d^2r}{dy^2} = \frac{1}{r}.$

Si maintenant on substitue dans l'équation [a] les valeurs données par les équations [b] et [c] on aura

$$\frac{d^2v}{dx^2} + \frac{d^2v}{dy^2} = \frac{d^2v}{dr^2} + \frac{1}{r} \frac{dv}{dr};$$

donc l'équation qui exprime le mouvement de la chaleur dans le cylindre est

$$\frac{dv}{dt} = \frac{K}{CD} \left[\frac{d^2v}{dr^2} + \frac{1}{r} \frac{dv}{dr} \right],$$

comme on l'a trouvé précédemment page 51.[11]

31. Application au cas de la sphère.

Pour déterminer au moyen de l'équation générale le mouvement de la chaleur dans une sphère qui a été plongée dans un liquide, on posera l'équation

$$x^2 + y^2 + z^2 = r^2.$$

r étant le rayon variable d'une enveloppe, on écrira en suite:

$$\frac{dv}{dx} = \frac{dv}{dr} \frac{dr}{dx} \quad \text{et} \quad \frac{d^2v}{dx^2} = \frac{d^2v}{dr^2} \left[\frac{dr}{dx} \right]^2 + \frac{dv}{dr} \frac{d^2r}{dx^2}$$

$$\frac{dv}{dy} = \frac{dv}{dr} \frac{dr}{dy} \quad \text{et} \quad \frac{d^2v}{dy^2} = \frac{d^2v}{dr^2} \left[\frac{dr}{dy} \right]^2 + \frac{dv}{dr} \frac{d^2r}{dy^2}$$

---

[11][Ed.] See our p. 122.

$$\frac{dv}{dz} = \frac{dv}{dr}\frac{dr}{dz} \quad \text{et} \quad \frac{d^2v}{dz^2} = \frac{d^2v}{dr^2}\left[\frac{dr}{dz}\right]^2 + \frac{dv}{dr}\frac{d^2r}{dz^2}.$$

En faisant les substitutions dans l'équation générale

$$\frac{dv}{dt} = \frac{K}{CD}\left[\frac{d^2v}{dx^2} + \frac{d^2v}{dy^2} + \frac{d^2v}{dz^2}\right],$$

on aura

[a]
$$\frac{dv}{dt} = \frac{K}{CD}\left[\frac{d^2v}{dr^2}\left[\left[\frac{dr}{dx}\right]^2 + \left[\frac{dr}{dy}\right]^2 + \left[\frac{dr}{dz}\right]^2\right] + \frac{dv}{dr}\left[\frac{d^2r}{dx^2} + \frac{d^2r}{dy^2} + \frac{d^2r}{dz^2}\right]\right].$$

58 ‖ L'équation $x^2 + y^2 + z^2 = r^2$ donnera:

$$x = r\frac{dr}{dx} \quad \text{et} \quad 1 = \left[\frac{dr}{dx}\right]^2 + r\frac{d^2r}{dx^2}$$

$$y = r\frac{dr}{dy} \quad \text{et} \quad 1 = \left[\frac{dr}{dy}\right]^2 + r\frac{d^2r}{dy^2}$$

$$z = r\frac{dr}{dz} \quad \text{et} \quad 1 = \left[\frac{dr}{dz}\right]^2 + r\frac{d^2r}{dz^2}.$$

Les trois équations du 1er ordre donnent:

$$x^2 + y^2 + z^2 = r^2\left[\left[\frac{dr}{dx}\right]^2 + \left[\frac{dr}{dy}\right]^2 + \left[\frac{dr}{dz}\right]^2\right],$$

ou

$$1 = \left[\frac{dr}{dx}\right]^2 + \left[\frac{dr}{dy}\right]^2 + \left[\frac{dr}{dz}\right]^2.$$

Les trois équations du second ordre donnent:

$$3 = \left[\frac{dr}{dx}\right]^2 + \left[\frac{dr}{dy}\right]^2 + \left[\frac{dr}{dz}\right]^2 + r\left[\frac{d^2r}{dx^2} + \frac{d^2r}{dy^2} + \frac{d^2r}{dz^2}\right]$$

et, mettant pour $\left[\frac{dr}{dx}\right]^2 + \left[\frac{dr}{dy}\right]^2 + \left[\frac{dr}{dz}\right]^2$ sa valeur 1,

$$\frac{d^2r}{dx^2} + \frac{d^2r}{dy^2} + \frac{d^2r}{dz^2} = \frac{2}{r}.$$

Faisant les substitutions dans l'équation [a] on aura l'équation:

$$\frac{dv}{dt} = \frac{K}{CD}\left[\frac{d^2v}{dr^2} + \frac{2}{r}\frac{dv}{dr}\right],$$

que l'on avait trouvée précédemment.

The derivation of the equations of heat diffusion occupied much of the opening of the 1809 paper and two of its footnotes. It must be remembered that the novelty of the subject was such that the equations to represent the phenomenon were as unknown as some of the methods used by Fourier to solve them; so it is not surprising that their derivation was subject to careful scrutiny. Fourier's new remarks added nothing to the 1807 paper: he merely stressed the tendency towards uniform distribution of heat as an essential feature of heat diffusion,[12] and discussed the physical constants of specific heat used in the theory.[13] The only part of the derivation which he reworked at all was the temperature gradient to represent spatial heat transference;[14] and indeed it seems likely that the equations themselves were generally accepted as correct. The sources of trouble for Fourier with the examiners lay ahead.

---

[12] J. B. J. Fourier *Extrait*, 1–2.
[13] J. B. J. Fourier *Extrait*, 2–3; and *Notes*, footnote 4.
[14] J. B. J. Fourier *Notes*, footnote 8 (part of which is missing).

6

Progress with the Lamina: Separation of the Variables and the Appearance of Infinite Trigonometric Series

The first of his problems for continuous bodies that Fourier solved in both the 1805 draft and the 1807 manuscript was a steady-state situation in the lamina. The analysis in the 1805 draft might have been expected to head straight for disaster, for from his incorrect diffusion equation

(6.1)
$$\frac{\partial z}{\partial t} = K\left(\frac{\partial^2 z}{\partial x^2} + \frac{\partial^2 z}{\partial y^2}\right) - hz$$

he would have deduced that the equation in this particular case was

(6.2)
$$0 = K\left(\frac{\partial^2 z}{\partial x^2} + \frac{\partial^2 z}{\partial y^2}\right) - hz$$

instead of the correct

(6.3)
$$0 = \frac{\partial^2 z}{\partial x^2} + \frac{\partial^2 z}{\partial y^2}.$$

However, Fourier avoided this difficulty: *obviously* (6.2) was wrong, for it was supposed to represent the diffusion situation within the lamina, and so could not include h at all. Perhaps this point put him onto the scent of the invalidity of (6.2); at any rate he began by forming (6.3) directly from first principles.[1] The particular lamina on which he was working was semi-infinite in length, and of width two units: the y-axis ran along the short edge and the x-axis parallel to and equidistant from the sides. The choice of boundary conditions was, of course, a separate question: Fourier arranged for himself a very simple case with the edge at 1 unit of temperature and the sides cold at 0 units.

So the problem was set up; but how does one solve it mathematically? Fourier used the method of separation of variables, substituting the form

(6.4)
$$z = \phi(x)\psi(y)$$

to obtain

(6.5)
$$\frac{\phi(x)}{\phi''(x)} = -\frac{\psi(y)}{\psi''(y)} = A,$$

---
[1] See BN MFF 22525/128–128 bis.

where A is a constant, and thus

(6.6) $\quad z = ae^{\pm nx} \cos ny, \quad A = 1/n^2.$

Clearly the positive sign in the exponential is unsatisfactory, for the temperature along the lamina would tend to infinity, which is impossible. Therefore we use the negative sign only, and deduce from the linearity of (6.3) itself that the full solution would be made up of a combination of the examples of the type (6.6) to give

(6.7) $\quad z = a_1 e^{-n_1 x} \cos n_1 y + a_2 e^{-n_2 x} \cos n_2 y + \cdots,$

where $a_1, \ldots n_1, \ldots$ are constants to be found from the initial and boundary conditions.[2]

This is now a familiar procedure, but our familiarity with it derives mainly from Fourier's work. The method of separating the variables was commonly used in solving ordinary differential equations, but in the context of partial differential equations its appearances were infrequent and then were usually confined to the prior substitution of particular types of function for one or more of the variables involved.[3] By contrast, Fourier put the *general* form of (6.4) into the differential equation and *then* deduced the appropriate functions from the auxiliary equations (6.5). Further, and more importantly, having developed the series solution given for this particular problem by (6.7), he made no effort at all to convert it into other types of solution but preserved and exploited it in that series form in ways and to lengths which had not previously been attempted. To compare Fourier's manuscript with current practices, we may refer to the text books on the calculus that appeared during its preparation, which gave the method only a limited and restricted role.[4]

Thus Fourier went directly into a method of solution that was not at all popular in his time; and it seems clear that he was led to it by the results of his own n-body analysis of years

---

[2] See BN MFF 22525/128 bis–129 bis.
[3] See *passim* in C. A. Truesdell, "The rational mechanics of flexible or elastic bodies 1638–1788," L. Euler *Opera Omnia*, (2)11, section 2 (1960, Zurich), esp. pts. 3 and 4; and "Editor's introduction," L. Euler *Opera Omnia*, (2) 13 (1955, Zurich), vii–cxviii.
[4] See S. F. Lacroix, *Traité du calcul différentiel et calcul intégral* (1st edition), 2 (1798, Paris), 453–654; and J. A. J. Cousin, *Traité du calcul différentiel et du calcul intégral* (1796, Paris), 1, 252–270, and 2, 147–243.

previously. Although the solutions obtained there had not transformed successfully into a continuous limiting case, the trigonometric-exponential solution form might well have seemed to him to reflect the physical reality of the process, or at least a valid mathematical form to represent physical phenomena: for in this aspect of his work he showed clear influences of the procedures of his eighteenth century predecessors in representing, for example, the small vibrations and oscillations of bodies. So he committed himself to a solution form to the diffusion equation given by the product of a function of one variable and a function of the other: in other words, the form (6.4) following from the separation of variables. Of course, in the lamina the independent variables are x and y rather than x and t; but Fourier probably experimented with various of his equations to obtain such solutions before he wrote this one up as his first example, and the problem of solving (6.3) is mathematically similar to solving the diffusion equation.

The rest of this part of the draft was taken up with the discussion and interpretation of the solution (6.7),[5] which he expanded in the 1807 manuscript. Having formed the partial differential equation (6.3) from the (correct!) version of the general diffusion equation and produced the general solution (6.7) to it, he inserted the boundary condition to produce for the hot edge the equation

Art. 32
Art. 33
Art. 34

(6.8) $\quad 1 = a_1 \cos \tfrac{1}{2}\pi y + a_2 \cos \tfrac{3}{2}\pi y + a_3 \cos \tfrac{5}{2}\pi y + \cdots, \; -1 \leq y \leq +1.$

But, in the way that his text seems to follow the autobiographical sequence of his discoveries, he postponed the evaluation of the coefficients (or perhaps was defeated by the problem!) to discuss in detail the interpretation of both the full solution (6.7) and each of its component terms as surfaces, with the temperature taken as a new space variable. This was another example in Fourier of the influence of Monge, who always utilized the geometrical interpretations of solutions to partial differential equations, especially to justify the use of discontinuous functions in them.[6]

Arts. 35–37

---

[5]See BN MFF 22525/129 bis–132 bis.
[6]See especially G. Monge, "Sur la détermination des fonctions arbitraires dans les intégrales de quelques équations aux différences partielles," *Miscellanea Taurinensia*, 5 (1770–1773), classe mathématique, 16–78; "Second mémoire sur le calcul intégral de

| Comparative references for this chapter | 1805 draft: BN MFF 22525/128–132 bis.
1807 manuscript: arts. 32–37.
1811 paper: part 1, 250–261.
Théorie: arts. 163–170. |

**|| 32.
De la propagation de la chaleur dans une lame rectangulaire. Equation qui exprime les relations entre les diverses températures.**[7]

L'objet qu'on s'est proposé est de déterminer les lois du mouvement de la chaleur dans l'intérieur des solides. Nous avons fait un premier pas dans cette recherche en réduisant la question à une expression analytique. Il reste à faire usage des équations pour en déduire la résolution complète des différents problèmes auxquels elles se rapportent. Il faut en premier lieu obtenir les intégrales de ces équations, et ensuite déterminer d'une manière convenable les fonctions arbitraires. Mais les méthodes connues ne fournissent pour ainsi dire aucune ressource pour satisfaire à ces deux conditions. Il était donc nécessaire de recourir à d'autres procédés pour appliquer utilement les équations précédentes à la théorie de la chaleur; l'on peut dire même que la principale difficulté consistait dans cet emploi des équations aux différences partielles. Pour donner un exemple de la méthode que j'ai suivie, je traiterai la question suivante, qui est une des plus curieuses et une des plus simples que l'on puisse se proposer dans cette matière.

On suppose qu'une lame ou une surface rectangulaire, d'une longueur infinie, soit échauffée par son extrémité 1, et conserve dans tous les points de cet arête une température constante, et que chacune des deux autres arêtes 0 et 0 soit aussi assujettie dans tous ses points à une température constante 0. Il s'agit de déterminer qu'elles doivent être les températures stationnaires de chaque point de la lame.

On suppose qu'il ne se fait à la superficie aucune déperdition de chaleur, et pour donner en quelque sorte une existence

---

quelques équations aux différences partielles," ibid., 79–122; "Sur la construction des fonctions arbitraires qui entrent dans les intégrales des équations aux différences partielles," *Mémoires présentés à l'Académie Royale des Sciences par divers savans*, 7 (1773: publ. 1776), 267–300; "Mémoire sur la détermination des fonctions . . . ," ibid., 305–327. For commentary, see R. Taton, *L'oeuvre scientifique de Monge* (1951, Paris), 278–284.

[7][Ed.] The copyist has written "solutions" rather than "relations" in the title; "relations" is clearly intended, however, and is given in the table of contents at the end of the manuscript.

physique à la question, on peut se représenter que l'épaisseur de la lame est infiniment grande et qu'elle se trouve ainsi comprise entre trois plans perpendiculaires au plan horizontal, dont l'un passant par l'arête transversale est assujetti dans tous ses points à la température 1 et dont les autres qui passent par les arêtes parallèles sont dans toute leur étendue à la température 0. On prend pour l'axe des x la ligne qui divise la surface en deux parties égales, et les coordonnées des différents points sont x et y.

Concevons qu'un point de la lame qui a pour coordonnées x et y soit actuellement affecté d'une température z et que les variables z, ∥ qui correspondent aux différents points, soient telles qu'il ne puisse en résulter aucun changement de température, les points de l'arête 1 retenant une température égale à l'unité et ceux des deux arêtes 0 et 0 une température égale à 0.

Si l'on élevait pour chaque point dont les coordonnées sont x et y une ordonnée verticale z égale à la température du point, on formerait une surface qui s'étendrait au-dessus de la lame et se prolongerait à l'infini vers la droite, c'est la nature de cette surface qu'il s'agit de déterminer. Il est visible que la surface passera par une ligne parallèle élevée au-dessus de l'arête 1 à une distance égale à l'unité et qu'elle coupera le plan horizontal suivant les deux arêtes infinies 0 et 0.

Pour appliquer l'équation générale

$$\frac{dv}{dt} = \frac{K}{CD}\left\{\frac{d^2v}{dx^2} + \frac{d^2v}{dy^2} + \frac{d^2v}{dz^2}\right\},$$

on considérera que dans le cas dont il s'agit on fait abstraction d'une coordonnée z, ensorte que le terme $\frac{d^2v}{dz^2}$ est nul. Le premier membre $\frac{dv}{dt}$ s'évanouit aussi puisqu'on veut déterminer des températures stationnaires. Ainsi, l'équation qui convient à la question actuelle et détermine les propriétés de la surface cherchée, est celle-ci:

$$\frac{d^2z}{dx^2} + \frac{d^2z}{dy^2} = 0,$$

la température designée plus haut par v étant ici désignée par z.

qui correspondent aux différens points soient telles qu'il ne puisse en résulter aucun changement de température, les points de l'arête 1 retenant une température égale à l'unité et ceux des deux arêtes 0 et 0 une température égale à 0.

Si l'on élevait pour chaque point dont les co-ordonnées sont x et y une ordonnée verticale z égale à la température du point, on formerait une surface qui s'étendrait audessus de la lame et se prolongerait à l'infini vers la droite, c'est la nature de cette surface qu'il s'agit de déterminer. Il est visible que la surface passera par une ligne parallèle élevée audessus de l'arête 1 à une distance égale à l'unité et qu'elle coupera le plan horizontal suivant les deux arêtes infinies 0 et 0.

Pour appliquer l'équation générale

$$\frac{\partial v}{\partial t} = \frac{K}{CD} \cdot \left\{ \frac{\partial^2 v}{\partial x^2} + \frac{\partial^2 v}{\partial y^2} + \frac{\partial^2 v}{\partial z^2} \right\}$$

on considérera que dans le cas dont il s'agit on fait abstraction d'une co-ordonnée z, ensorte que le terme $\frac{\partial^2 v}{\partial z^2}$ est nul. Le premier membre $\frac{\partial v}{\partial t}$ s'évanouit aussi puisqu'on veut déterminer des températures stationnaires. Ainsi, l'équation qui convient à la question actuelle et détermine les propriétés de la surface cherchée, est celle-ci :

$$\frac{\partial^2 z}{\partial x^2} + \frac{\partial^2 z}{\partial y^2} = 0.$$

La température désignée plus haut par v étant ici désignée par z.

33. *Solutions particulières de cette Équation Et formation de la Solution générale.*

On recherchera en premier lieu quelles sont les fonctions de x et y les plus simples qui étant prises pour z satisfont à la condition $\frac{\partial^2 z}{\partial x^2} + \frac{\partial^2 z}{\partial y^2} = 0$.

34. *Détermination de la 1ère Série des Constantes arbitraires.*

Or, il est facile de voir que la fonction z peut être égale au produit d'une fonction de x par une fonction de y ; en effet, écrivant $z = \varphi x \cdot \psi y$ on aura $\varphi'' x \cdot \psi y + \varphi x \cdot \psi'' y = 0$ où l'on désigne $\frac{\partial^2 \varphi x}{\partial x^2}$ par $\varphi'' x$ et $\frac{\partial^2 \psi y}{\partial y^2}$ par $\psi'' y$. On en conclud que si $\frac{\psi'' y}{\psi y}$ est une quantité constante le quotient $\frac{\varphi(x)}{\varphi''(x)}$ sera égal à cette même quantité prise avec un signe contraire : car on a $\frac{\varphi(x)}{\varphi''(x)} + \frac{\psi(y)}{\psi''(y)} = 0$ il suffit donc que $\varphi(x)$ et $\psi(y)$ satisfassent l'une et l'autre à une équation linéaire du second ordre qui est $\frac{\varphi x}{\varphi'' x} = A$ ou $\frac{\psi y}{\psi'' y} = -A$. On voit par là que l'on peut prendre pour φx une quantité de cette forme e^{mx} et $\psi(y)$ la quantité $\cos(ny)$ on supposera donc $z = a e^{mx} \cdot \cos(ny)$ et substituant dans la proposée on aura l'équation de condition $m^2 = n^2$. C'est pourquoi si cette condition est remplie la fonction $a e^{mx} \cos(ny)$ étant prise pour z satisfera à la propriété.

33.
Solutions particulières de cette équation et formation de la solution générale.

On recherchera en premier lieu quelles sont les fonctions de x et y les plus simples qui, étant prises pour z, satisfont à la condition

$$\frac{d^2z}{dx^2}+\frac{d^2z}{dy^2}=0.$$

Or, il est facile de voir que la fonction z peut être égale au produit d'une fonction de x par une fonction de y; en effet, écrivant

$$z = \phi(x)\psi(y),$$

on aura

$$\phi''(x)\psi(y)+\phi(x)\psi''(y)=0,$$

où l'on désigne $\dfrac{d^2\phi(x)}{dx^2}$ par $\phi''(x)$ et $\dfrac{d^2\psi(y)}{dy^2}$ par $\psi''(y)$. On en conclut que si $\dfrac{\psi(y)}{\psi''(y)}$ est une quantité constante,[8] le quotient $\dfrac{\phi(x)}{\phi''(x)}$ sera égale à cette même quantité prise avec un signe contraire; car on a

$$\frac{\phi(x)}{\phi''(x)}+\frac{\psi(y)}{\psi''(y)}=0.$$

Il suffit donc que $\phi(x)$ et $\psi(y)$ satisfassent l'une et l'autre à une équation linéaire du second ordre, qui est

$$\frac{\phi(x)}{\phi''(x)}=A \quad \text{ou} \quad \frac{\psi(y)}{\psi''(y)}=-A.$$

On voit par là que l'on peut prendre pour $\phi(x)$ une quantité de cette forme e^{mx} et pour $\psi(y)$ la quantité cos. (ny). On supposera donc

$$z = a\,e^{mx}\cos.(ny),$$

et substituant dans la proposée on aura l'équation de condition

$$m^2 = n^2.$$

---

[8][Ed.] For no obvious reason, Fourier wrote out the rest of this page of the manuscript in his own hand. [See the reproduction of p. 60.] Here, as always, the "∂" in partial derivatives is only the style of writing; it is to be read as "d."

61

C'est pourquoi si cette condition ait remplie la fonction ae^{mx} cos. (ny) étant prise pour z satisfera à la proposée. ‖ La condition $m^2 = n^2$ sera toujours remplie si l'on prend pour la valeur de z la quantité ae^{nx} cos. ny, ou celle-ci: ae^{-nx} cos. ny; mais on considérera que la première ae^{nx} cos. ny ne peut point être admise d'après la nature de la question. En effet, si la fonction z avait cette forme et que n fut un nombre positif, la valeur de z pourrait devenir infiniment grande lorsque la distance x serait infinie. Or cela ne doit point avoir lieu, puisque, toute la chaleur partant de l'arête 1 et se dissipant par les arêtes 0 et 0, il ne s'en transmet qu'une portion infiniment petite dans les points de la lame infiniment éloignés du foyer. On réduira donc la solution précédente à $z = ae^{-nx}$ cos. ny, n étant un nombre positif quelconque et a une constante indéterminée. On formera maintenant la solution générale en écrivant

$$z = a_1 e^{-n_1 x} \cos. n_1 y + a_2 e^{-n_2 x} \cos. n_2 y + a_3 e^{-n_3 x} \cos. n_3 y + \cdots \&c.$$

Cette valeur de z contient deux séries infinies de constantes arbitraires, savoir $a_1 \ldots a_2 \ldots a_3 \ldots a_4 \ldots$ &c. et $n_1 \ldots n_2 \ldots n_3 \ldots n_4 \ldots$ &c. Nous assignerons bientôt les valeurs que doivent avoir ces constantes pour que la question soit entièrement résolue.

Premièrement, on déterminera les valeurs des quantités $n_1, n_2, n_3, n_4, \ldots$ &c. qui composent la seconde série en exprimant la condition de l'intersection de la surface cherchée avec les arêtes 0 et 0. On supposera que la lame est partagée en deux parties égales par l'axe des x et que sa demi-longueur est égale à 1. Il est nécessaire que, quelle que soit la valeur de x, celle de z s'évanouisse lorsque l'on fait $y = 1$ ou $y = -1$. Cette condition sera remplie, si les quantités cos. $n_1 y \ldots$ cos. $n_2 y \ldots$ cos. $n_3 y \ldots$ &c. se réduisent toutes à zéro, lorsqu'on fait $y = +1$ ou $y = -1$. On ne peut donc prendre pour $n_1 \ldots n_2 \ldots n_3 \ldots$ &c. que des multiples impairs du quart de la circonférence. C'est pourquoi on écrira au lieu des quantités $n_1 \ldots n_2 \ldots n_3 \ldots$ &c. celles-ci: $\frac{1}{2}\pi \ldots \frac{3}{2}\pi \ldots \frac{5}{2}\pi \ldots$ &c.

On aura maintenant pour valeur de z:

$$z = a_1 e^{-\frac{1}{2}\pi x} \cos. (\tfrac{1}{2}\pi y) + a_2 e^{-\frac{3}{2}\pi x} \cos. (\tfrac{3}{2}\pi y)$$
$$+ a_3 e^{-\frac{5}{2}\pi x} \cos. (\tfrac{5}{2}\pi y) + \ldots \&c.$$

**34.
Détermination de la 1ère série des constantes arbitraires.**[9]

62

Il reste à déterminer la série infinie des constantes $a_1 \ldots a_2 \ldots a_3 \ldots$ &c. en exprimant que toutes les premières ordonnées doivent être égales à 1. Il faut donc que, x étant égal à zéro, z devienne égale à 1 quelque valeur que l'on donne à y. On aura ainsi l'équation

$$1 = a_1 \cos. \tfrac{1}{2}\pi y + \| a_2 \cos. \tfrac{3}{2}\pi y + a_3 \cos. \tfrac{5}{2}\pi y + a_4 \cos. \tfrac{7}{2}\pi y + \cdots \&c.,$$

qui doit subsister quelle que puisse être la valeur de y comprise entre 1 et -1.

En supposant $\tfrac{1}{2}\pi y = u$ on aura

$$1 = a_1 \cos. u + a_2 \cos. 3u + a_3 \cos. 5u + a_4 \cos. 7u + \cdots \&c.$$

C'est pourquoi il s'agit de trouver pour $a_1 \ldots a_2 \ldots a_3 \ldots a_4 \ldots$ &c. des valeurs telles que le second membre soit toujours équivalent à l'unité, quelle que soit la valeur de l'arc u comprise entre $\tfrac{1}{2}\pi$ et $-\tfrac{1}{2}\pi$. On pourrait douter qu'il existe de pareilles valeurs de $a_1 \ldots a_2 \ldots a_3 \ldots$ &c., puisque le second membre de l'équation se réduit évidemment à zéro lorsque $u = \tfrac{1}{2}\pi$, et qu'il doit passer subitement d'une valeur déterminée 1 à une valeur nulle; mais cette difficulté sera pleinement éclaircie par la suite. On a supposé que tous les points de la première arête 1 ont une même température: on rendrait la question plus générale en attribuant a chacun des points de cette arête une température fixe, mais différente pour les différents points, les deux arêtes 0 et 0 étant toujours entretenues à une température nulle. La surface qui aurait dans ce cas pour ses trois coordonnées x, y, et la température z, passera par les deux arêtes 0 et 0, et à l'origine elle passera par une courbe plane dont les ordonnées représentent les températures des différents points de l'arête. Nous supposerons que cette courbe est composée de deux arcs semblables, afin que la surface qui représente l'état de la lame soit divisée en deux parties symétriques, et nous regarderons d'ailleurs la forme de la courbe comme entièrement arbitraire. L'équation de la surface sera toujours

$$z = a_1 e^{-\tfrac{1}{2}\pi x} \cos. \tfrac{1}{2}\pi y + a_2 e^{-\tfrac{3}{2}\pi x} \cos. \tfrac{3}{2}\pi y + a_3 e^{-\tfrac{5}{2}\pi x} \cos. \tfrac{5}{2}\pi y + \&c.,$$

---

[9][Ed.] The copyist wrote the titles of 33 and 34 immediately underneath each other in the margin at the head of the text of art. 33. It is clear from the context, however, that this is the intended location of the title of art. 34. [See the reproduction of p. 60 on our p. 136.]

et pour déterminer les coëfficients $a_1, a_2, a_3, \ldots$ &c. il faudra assujettir l'équation précédente à représenter les valeurs données de z lorsque $x = 0$. On aura donc, en désignant ces valeurs variables par ψy, l'équation

$$\psi(y) = z = a_1 \cos.\tfrac{1}{2}\pi y + a_2 \cos.\tfrac{3}{2}\pi y + a_3 \cos.\tfrac{5}{2}\pi y + \&c.$$

Il restera à trouver quelles sont les valeurs que l'on doit donner aux coëfficients $a_1 \ldots a_2 \ldots a_3 \ldots$ pour que l'équation soit satisfaite, quelle que soit la valeur de y comprise entre 1 et -1. Avant de donner la solution de cette question, nous examinerons comment s'opère la transmission de la chaleur dans un cas particulier.

35.
De l'état de la surface qui correspond à la 1ère solution particulière.

63

Supposons que la température fixe de l'arête *1*, au lieu d'être égale à l'unité pour tous ses points, soit d'autant moindre que le point de l'arête est plus éloigné du milieu, et soit proportionnelle au cosinus de cette distance; ensorte que l'équation de la section faite dans la surface à l'origine perpendiculairement à l'axe des x soit $z = \cos.(\tfrac{1}{2}\pi y)$; on déterminerait alors les constantes $a_1 \ldots a_2 \ldots a_3 \ldots a_4 \ldots$ &c. en prenant $a_1 = 1$, $a_2 = 0$, $a_3 = 0$, $a_4 = 0, \ldots$ &c., et l'on aurait pour l'équation de la surface

$$z = e^{-\tfrac{1}{2}\pi x} \cos.(\tfrac{1}{2}\pi y).$$

Si l'on coupe cette surface perpendiculairement à l'axe des y on aura toujours une logarithmique. Si on la coupe perpendiculairement à l'axe des x on aura une courbe de cosinus. La 1ère de ces deux courbes tourne toujours sa convexité vers l'axe et la 2de sa concavité. Il suit de là que le $\frac{d^2z}{dx^2}$ est toujours positif, et que le $\frac{d^2z}{dy^2}$ est toujours négatif. La quantité de chaleur qu'une molécule acquiert à raison de sa place entre deux autres dans le sens des x étant proportionnelle au $\frac{d^2z}{dx^2}$, il s'en suit que la molécule intermédiaire reçoit de celle qui la précède plus de chaleur qu'elle n'en communique à celle qui la suit; mais si on considère cette même molécule comme placée entre deux autres dans le sens des y, le $\frac{d^2z}{dy^2}$ étant négatif, la molécule intermédiaire communique à celle qui la suit plus de chaleur qu'elle n'en reçoit de celle qui la précède. Il arrive alors que l'excédant de chaleur qu'elle tendrait à conserver dans le sens des *x* compense ce qu'elle perd dans le sens des *y*, et cette compensation est exacte puisque la molécule conserve sa température, comme l'exprime l'équation

$$\frac{d^2z}{dx^2}+\frac{d^2z}{dy^2}=0.$$

Cette remarque fait connaître la route que suit la chaleur qui passe du foyer dans l'arête *1*. Elle se dissipe continuellement en se détournant vers les arêtes *0* et *0*, et la partie qui se transmet d'abord dans le sens des *x*, se décompose elle-même en deux autres, dont l'une descend vers l'arête latérale *0* et l'autre continue de s'éloigner dans le sens des *x* pour être décomposée comme la précédente, et ainsi de suite à l'infini.

La surface que nous considérons est engendrée par la courbe des cosinus qui répond à l'arête *1*, et se meut perpendiculairement à l'axe des *x* en suivant cet axe, tandis que chacune de ces coordonnées décroît à l'infini proportionnellement aux puissances successives d'une même fraction, ou à l'ordonnée d'une logarithmique.

36. Remarque sur la partie extrême de la surface qui correspond à la solution générale.

On tire de ce qui précède une conséquence remarquable; elle consiste en ce que dans tous les cas possibles, et quel que soit l'état initial et donné de l'arête *1*, la surface se confond toujours dans son cours infini avec la surface particulière dont nous venons de parler, qui a pour équation

$$z = ae^{-\frac{1}{2}\pi x}\cos.\tfrac{1}{2}\pi y.$$

En effet, la valeur générale de *z* étant

$$z = a_1 e^{-\frac{1}{2}\pi x}\cos.\tfrac{1}{2}\pi y + a_2 e^{-\frac{3}{2}\pi x}\cos.\tfrac{3}{2}\pi y + a_3 e^{-\frac{5}{2}\pi x}\cos.\tfrac{5}{2}\pi y \ldots \&c.$$

lorsque *x* devient une quantité de plus en plus grande, chacun des termes de cette valeur devient extrêmement petit par rapport à celui qui le précède, car les quantités $a_1 \ldots a_2 \ldots a_3 \ldots$ &c. étant une fois déterminées ne varient point avec *x*. Il s'ensuit que si *x* est infini, la valeur de *z* se réduit à

$$z = a_1 e^{-\frac{1}{2}\pi x}\cos.\tfrac{1}{2}\pi y.$$

Par conséquent la surface qui correspond à la question est

terminée dans tous les cas par une nappe asymptotique infinie, qui est la surface particulière que nous venons de considérer. La figure de la section faite à l'origine par l'axe des y n'influe point sur la nature de cette nappe asymptotique, elle détermine seulement la forme de la surface vers l'origine. Ainsi, quelles que soient les températures permanentes des différents points de l'arête, la chaleur se propage à l'infini, dans la partie extrême de la lame suivant la loi que l'on a décrite plus haut, et qui convient au cas particulier où la surface a pour équation

$$z = ae^{-\frac{1}{2}\pi x} \cos. \tfrac{1}{2}\pi y.$$

Si l'on conçoit que cette dernière surface est construite, et qu'on le compare à la surface plus générale qui a lieu lorsque les températures des points de la première arête sont représentées par une fonction quelconque ψy, on reconnaîtra que ces deux surfaces tendent de plus en plus à se confondre et ont une nappe asymptotique commune.

37.
Des surfaces qui correspondent aux autres solutions particulières.

Si l'on considère maintenant la différence des ordonnées verticales de ces deux surfaces comme l'ordonnée verticale z' d'une nouvelle surface, on aura pour l'équation de cette dernière

$$z' = a_2 e^{-\frac{3}{2}\pi x} \cos. \tfrac{3}{2}\pi y + a_3 e^{-\frac{5}{2}\pi x} \cos. \tfrac{5}{2}\pi y + \ldots \&c.$$

et il est visible que cette troisième surface a aussi une nappe asymptotique représentée par l'équation

$$z' = a_2 e^{-\frac{3}{2}\pi x} \cos. \tfrac{3}{2}\pi y.$$

On tirera la même conséquence pour la surface dont l'équation serait

$$z'' = a_3 e^{-\frac{5}{2}\pi x} \cos. \tfrac{5}{2}\pi y + a_4 e^{-\frac{7}{2}\pi x} \cos. \tfrac{7}{2}\pi y + \&c.,$$

z'' désignant la différence $z' - a_2 e^{-\frac{3}{2}\pi x} \cos. \tfrac{3}{2}\pi y$, et le même raisonnement s'applique à tous les cas suivants. On voit par là que les ∥ surfaces représentées par les équations

$$z = ae^{-\frac{1}{2}\pi x} \cos. \tfrac{1}{2}\pi y$$

$$z = ae^{-\frac{3}{2}\pi x} \cos. \tfrac{3}{2}\pi y$$

$$z = ae^{-\frac{5}{2}\pi x} \cos. \tfrac{5}{2}\pi y$$

&c.

sont indiquées par la nature même de la question. Elles se retrouvent dans tous les cas individuels qui diffèrent par l'état initial de la première arête.

Si cet état initial est tel que l'on ait, x étant nulle, $z = a \cos. \frac{1}{2}\pi y$, l'état de la lame sera représenté par l'équation

$$z = ae^{-\frac{1}{2}\pi x} \cos. \tfrac{1}{2}\pi y.$$

Si les températures de la première arête sont telles que l'on ait $z = a \cos. \frac{3}{2}\pi y$ les températures des autres points seront données par l'équation

$$z = ae^{-\frac{3}{2}\pi x} \cos. \tfrac{3}{2}\pi y.$$

Il en sera de même des équations suivantes:

$$z = ae^{-\frac{5}{2}\pi x} \cos. \tfrac{5}{2}\pi y,$$

$$z = ae^{-\frac{7}{2}\pi x} \cos. \tfrac{7}{2}\pi y.$$

Ainsi chacune de ces équations constitue un mode propre et élémentaire, suivant lequel la chaleur peut se propager dans l'intérieur d'une lame solide. Si l'un quelconque de ces modes est établi à l'origine, il subsiste de lui-même et se conserve à l'infini, jusqu'aux extrémités de la lame. Mais cela n'arrive que dans les cas dont il s'agit; savoir, lorsque les températures initiales z satisfont à l'équation $z = a \cos. \frac{1}{2}n\pi y$, n étant un nombre entier impair. Dans tous les autres cas, la surface dont les ordonnées z représentent les températures variables se déforme successivement à mesure qu'elle s'éloigne de l'origine, et finit toujours par se confondre avec l'une des surfaces dont nous avons rapporté les équations. La loi suivant laquelle la chaleur se propage, qui est d'abord très-composée vers l'origine, devient de plus en plus simple et dégénéré, si l'on peut parler ainsi, dans une des lois élémentaires exprimées par les équations

$$z = ae^{-\frac{1}{2}\pi x} \cos. \tfrac{1}{2}\pi y,$$

$$z = ae^{-\frac{3}{2}\pi x} \cos. \tfrac{3}{2}\pi y,$$

$$z = ae^{-\frac{5}{2}\pi x} \cos. \tfrac{5}{2}\pi y,$$

&c.

66 ‖ Quelle que soit donc la fonction $\psi(y)$, qui exprime les températures initiales et détermine la figure de la courbe dans la section faite à l'origine, la surface qui passe par cette courbe et par les arêtes 0 et 0 a toutes ses ordonnées composées de la somme des ordonnées qui appartiennent aux surfaces particulières dont on vient de parler. Il faut concevoir qu'il y a autant de lames solides différentes qu'il entre de termes dans l'équation de la surface générale, que chacune de ces tables est échauffée séparément de la même manière que s'il n'y avait qu'un seul terme dans l'équation, que toutes ces lames demeurent superposées; enfin que les quantités de chaleur qui affectent les points correspondants sont accumulées sur un seul. Cela posé, on peut imaginer que la chaleur qui sort à chaque instant du foyer se distribue ainsi par portions distinctes, qu'elle se propage suivant une des lois élémentaires que l'on a exposées, et que tous ces mouvements partiels s'accomplissent à-la-fois sans se troubler.

Nous venons de remarquer que les termes dont la valeur générale de la fonction z se compose ne peuvent pas être choisis arbitrairement, et que la forme que l'on doit donner à l'intégrale dérive en quelque sorte de la nature physique de la question. Quant au nombre des termes qui entrent dans la valeur de z, il dépend de l'espèce de la courbe qui représente les températures à l'origine. Il y a des cas particuliers où quelques-uns de ces termes suffisent. En général ce nombre est indéterminé et on doit le regarder comme infini, parce que la fonction $\psi(y)$ est arbitraire.

In his 1809 paper to the Institut de France Fourier discussed briefly the physical interpretation of his general solutions as a sum of their component terms, arguing again that each component corresponded to an independent simple state of heat diffusion and that their combination to form the general state followed from "the physical properties of heat."[10] At this stage in his career Fourier did not discuss at all the question of the nature of heat or its explanation in terms of other physical

---

[10] J. B. J. Fourier *Extrait*, 4–5.

phenomena; but he presumably had in mind here an interpretation of heat flow in terms of component oscillatory waves, corresponding to the vibrations of mechanical systems around a position of equilibrium to which he had referred in his paper on statics.[11]

We now see Fourier well launched into the first of his solutions to partial differential equations, and it will be opportune here to stress a feature of all the solutions that he was to develop in detail throughout his life—namely, their *linearity*. The diffusion equation is a linear equation, allowing for the linear combination of particular solutions into a more general one: it was not the first such equation to appear in the history of mathematical physics by any means, but the series solutions that Fourier used to solve it opened up such enormous new possibilities that the linearity that they demanded of the partial differential equation that they were solving was often regarded by his successors to be a price worth paying in the mathematical expression of physical phenomena. Thus we find with Fourier's 1805 draft and his later works the birth of an *era of linearization* in the development of mathematical physics, an era which dominated the subject for the first half of the nineteenth century and which remained important ever afterwards. Before Fourier the differential equation was linear or nonlinear simply according to the occasion; but after Fourier we usually find an effort to render a seemingly nonlinear physical problem in a linear form in order to exploit the power and generality of the solutions which we are now seeing Fourier develop in his 1805 draft.

---

[11] J. B. J. Fourier *1798a*, 47–49; *Oeuvres*, 2, 506–509.

7

The Fourier Coefficients for Particular Series and the Convergence Problem

The next section of the 1805 draft appeared virtually intact in the three later versions of Fourier's work on heat diffusion, and dealt with the calculation of the coefficients in

(7.1) $$1 = a \cos u + b \cos 3u + c \cos 5u + \ldots,$$

where

(7.2) $$u = \tfrac{1}{2}\pi y.$$

Art. 38 Fourier differentiated (7.1) term-by-term infinitely many times and put $u = 0$ each time to obtain an infinite sequence of equations in the unknown constants: then he took the first seven equations in the first seven unknowns, solved them by successive elimination, and found the solution for the full infinite system by inductive reasoning. The solutions all took the form of a quotient of infinite products of integers, which Wallis's equation

(7.3) $$\frac{\pi}{2} = \frac{2 \cdot 2 \cdot 4 \cdot 4 \cdot 6 \cdot 6 \ldots}{1 \cdot 3 \cdot 3 \cdot 5 \cdot 5 \cdot 7 \ldots}$$

reduced to multiples of $\dfrac{1}{\pi}$: hence the solution for (7.1) was

Arts. 39–41
(7.4) $$\tfrac{1}{4}\pi = \cos u - \tfrac{1}{3}\cos 3u + \tfrac{1}{5}\cos 5u - \ldots.[1]$$

Art. 42 Fourier then explained what kind of function his series represented: over $(-\tfrac{1}{2}\pi, +\tfrac{1}{2}\pi)$ of u, it took the constant value $\tfrac{1}{4}\pi$, at $u = \pm\tfrac{1}{2}\pi$ it was zero, and over $(+\tfrac{1}{2}\pi, \tfrac{3}{2}\pi)$ it was equal to $-\tfrac{1}{4}\pi$. The general problem of the representability of the function by a series was discussed later in the paper: here Fourier concentrated further on (7.3) to give an alternative derivation of it by producing the form

(7.5) $$+\frac{1}{2} \int_0^u \frac{\sin 2mx}{\cos x} dx$$

Art. 43 for the sum of the first m terms (m even), and showing by integration by parts that it tended towards $\tfrac{1}{4}\pi$ as m tended to infinity.[2]

---

[1] BN MFF 22519 contains many sheets of calculation, mostly concerned with this method of determining the coefficients of (7.3) and of other series; see especially folios 33–51, 55–59, 65–66.

[2] BN MFF 22529/67–78, which is part (pp. 21–22, 25–44) of what seems to be a still earlier version of the 1805 draft, deals mainly with the determination of the coefficients for (7.3) and the derivation of the form (7.5).

Art. 44 (7.6)	By the same method he proved that $\frac{1}{2}x = \sin x - \frac{1}{2}\sin 2x + \frac{1}{3}\sin 3x - \ldots$ and
Art. 45 (7.7)	$\log(2\cos\frac{1}{2}x) = \cos x - \frac{1}{2}\cos 2x + \frac{1}{3}\cos 3x - \ldots,$
Art. 46	and briefly described the representability of (7.6). Finally he returned to (7.4) and examined in greater detail the behavior of the integrals arising from integrating (7.5) by parts, to show that
Art. 47	in fact there was no danger of divergence.

This section of Fourier's manuscript typifies well the character of most of the 1807 manuscript and its draft and, to a lesser extent, the "more considered" prize paper and book — a closeness to the birth of the ideas. One can see especially well here the almost hour-by-hour development of his thinking, doubtless reflecting the brief hours of intellectual relaxation from the endless administrative toil. It is this style of presentation that makes Fourier historically exciting in a way which many other scientists are not. Often one feels separated by more than time from the thoughts of the writer; but in Fourier it is all there, waiting only for the sympathetic reader.

Comparative references for this chapter	1805 draft: BN MFF 22525/133–144 bis. 1807 manuscript: arts. 38–47. 1811 paper: part 1, 261–280. *Théorie*: arts. 171–188.

38. **Détermination des coëfficients qui entrent en nombre infini dans l'intégrale et formation des équations auxquelles ces coëfficients doivent satisfaire.** **67**	Il nous reste à déterminer les constantes $a_1 \ldots a_2 \ldots a_3 \ldots a_4 \ldots$ &c. qui entrent dans l'équation générale $$z = a_1 e^{-\frac{1}{2}\pi x} \cos.(\tfrac{1}{2}\pi y) + a_2 e^{-\frac{3}{2}\pi x}\cos.(\tfrac{3}{2}\pi y) + a_3 e^{-\frac{5}{2}\pi x}\cos.(\tfrac{5}{2}\pi y)$$ $$+ a_4 e^{-\frac{7}{2}\pi x}\cos.(\tfrac{7}{2}\pi y) + \ldots \text{\&c.}$$ On traitera en premier lieu le cas qui se rapporte à la question présente où tous les points qui se rapportent à la première arête ont une température commune. La condition qui sert à déterminer les coëfficients consiste ‖ en ce que, l'abscisse x étant supposée nulle, la valeur du 2e membre doit être égale à l'unité, quelle que soit la valeur de y

comprise entre 1 et -1. On doit donc avoir

$$1 = a \cos. (\tfrac{1}{2}\pi y) + b \cos. (\tfrac{3}{2}\pi y) + c \cos. (\tfrac{5}{2}\pi y) + \ldots \&c.$$

ou, supposant $\tfrac{1}{2}\pi y = u$,

$$1 = a \cos. u + b \cos. 3u + c \cos. 5u + \ldots \&c.,$$

u devant être comprise entre $\tfrac{1}{2}\pi$ et $-\tfrac{1}{2}\pi$.

Pour que l'équation dont il s'agit subsiste, il est nécessaire que les constantes satisfassent aux équations qu'on obtient par des différentiations successives, ce qui donne les résultats suivants:

$$1 = a \cos. u + b \cos. (3u) + c \cos. (5u) + d \cos. (7u)$$
$$\quad + e \cos. (9u) + \ldots \&c.$$

$$0 = a \sin. u + 3b \sin. (3u) + 5c \sin. (5u) + 7d \sin. (7u)$$
$$\quad + 9e \sin. (9u) + \ldots \&c.$$

$$0 = a \cos. u + 3^2 b \cos. (3u) + 5^2 c \cos. (5u) + 7^2 d \cos. (7u)$$
$$\quad + 9^2 e \cos. (9u) + \ldots \&c.$$

$$0 = a \sin. u + 3^3 b \sin. (3u) + 5^3 c \sin. (5u) + 7^3 d \sin. (7u)$$
$$\quad + 9^3 e \sin. (9u) + \ldots \&c.,$$

ainsi de suite à l'infini.

Ces équations devant avoir lieu lorsque $u = 0$, on aura:

$$a + b + c + d + e + f + g + \&c. = 1$$
$$a + 3^2 b + 5^2 c + 7^2 d + 9^2 e + 11^2 f + \&c. = 0$$
$$a + 3^4 b + 5^4 c + 7^4 d + 9^4 e + \&c. = 0$$
$$a + 3^6 b + 5^6 c + 7^6 d + \&c. = 0$$
$$a + 3^8 b + 5^8 c + 7^8 d + 9^8 e + 11^8 f + 13^8 g + \&c. = 0$$
$$a + 3^{10} b + \&c. = 0$$
$$a + \&c. = 0.$$

Le nombre de ces équations linéaires est infini, comme celui des indéterminées $a, b, c, d, \ldots$ &c.

39.
Elimination des inconnues et valeur numérique du 1er coëfficient.

Pour se former une idée claire des résultats de ces éliminations lorsque le nombre des inconnues est infini, on imaginera que le nombre des quantités $a, b, c, d, \ldots$ &c. croît successivement, et que pour chaque valeur de ce nombre on détermine par l'élimination les valeurs des inconnues. Il est visible qu'à chaque fois augmentera d'une unité le nombre des indéterminées, les valeurs de celles que l'on avait précédemment calculées changeront. L'indéterminée a, par exemple, recevra une valeur pour le cas de deux inconnues, une autre pour le cas de trois inconnues, ainsi de suite pour quatre, &c. Il en sera de même de l'indéterminée b, qui recevra autant de valeurs différentes qu'on aura effectué de fois l'élimination. Chacune des autres indéterminées est pareillement susceptible d'une ‖ infinité de valeurs différentes. Or, la valeur d'une de ces inconnues, pour le cas où leur nombre est infini, est la limite vers laquelle tendent continuellement les valeurs différentes qu'elle reçoit au moyen des éliminations successives. Il s'agit donc d'examiner si, à mesure que le nombre des inconnues augmente, chacune des valeurs de $a, b, c, d, \ldots$ &c. ne converge point vers une limite finie, qu'elle ne peut point outre-passer, mais dont elle approche continuellement. Proposons-nous en premier lieu, d'opérer l'élimination pour un nombre d'inconnues déterminé.

Les équations étant rangées comme les précédentes et complètes, on voit que les coëfficients de la même inconnue dans une ligne verticale forment une progression géométrique dont la raison est 1^2 pour la première, 3^2 pour la seconde et successivement $5^2, 7^2, 9^2, 11^2, 13^2, \ldots$ &c. Si on veut éliminer la dernière inconnue, on multipliera la première équation par la raison de la progression qui répond à cette inconnue (par exemple par 13^2, si l'inconnue est g et qu'elle soit la dernière), et du produit on retranchera la seconde équation. On multipliera la seconde équation par la même raison 13^2, et du produit on retranchera la troisième équation. On continuera de multiplier chaque équation par 13^2 et d'en retrancher l'équation suivante. On trouvera de cette manière toutes les équations qui ne contiennent plus g.

Or, il est aisé de voir que dans les nouvelles équations les coëfficients placés dans une ligne verticale et qui affectent la même inconnue sont encore en progressions géométriques qui auront les mêmes raisons que les précédentes, savoir: $1^2 \ldots 3^2 \ldots$

$5^2 \ldots 7^2 \ldots 9^2 \ldots 11^2 \ldots$ &c. C'est pourquoi en multipliant chacune de ces nouvelles équations par 11^2 pour en retrancher la suivante on aura facilement toutes les équations qui ne contiennent plus f, et dans ces nouvelles équations, comme dans les précédentes, les coëfficients placés les uns au-dessous des autres seront en progressions géométriques dont les raisons seront $1^2 \ldots 3^2 \ldots 5^2 \ldots 7^2 \ldots 9^2 \ldots$. On continuera donc le même procédé d'élimination en se servant successivement ‖ des nombres $9^2 \ldots 7^2 \ldots 5^2 \ldots 3^2 \ldots 1^2$ pour multiplicateur commun de l'équation dont on doit retrancher la suivante.

Maintenant, si on s'arrête à la lettre g voici quels sont les résultats de l'élimination.

Les sept équations qui contiennent toutes les inconnues sont:

$$a + b + c + d + e + f + g = 1$$
$$a + 3^2 b + 5^2 c + 7^2 d + 9^2 e + 11^2 f + 13^2 g = 0$$
$$a + 3^4 b + 5^4 c + 7^4 d + 9^4 e + 11^4 f + 13^4 g = 0$$
$$a + 3^6 b + 5^6 c + 7^6 d + 9^6 e + 11^6 f + 13^6 g = 0$$
$$a + 3^8 b + 5^8 c + 7^8 d + 9^8 e + 11^8 f + 13^8 g = 0$$
$$a + 3^{10} b + 5^{10} c + 7^{10} d + 9^{10} e + 11^{10} f + 13^{10} g = 0$$
$$a + 3^{12} b + 5^{12} c + 7^{12} d + 9^{12} e + 11^{12} f + 13^{12} g = 0.$$

Les six équations qui ne contiennent plus g sont:

$$a(13^2 - 1) + b(13^2 - 3^2) + c(13^2 - 5^2) + d(13^2 - 7^2)$$
$$+ e(13^2 - 9^2) + f(13^2 - 11^2) = 13^2$$

$$a(13^2 - 1) + 3^2 b(13^2 - 3^2) + 5^2 c(13^2 - 5^2) + 7^2 d(13^2 - 7^2)$$
$$+ 9^2 e(13^2 - 9^2) + 11^2 f(13^2 - 11^2) = 0$$

$$a(13^2 - 1) + 3^4 b(13^2 - 3^2) + 5^4 c(13^2 - 5^2) + 7^4 d(13^2 - 7^2)$$
$$+ 9^4 e(13^2 - 9^2) + 11^4 f(13^2 - 11^2) = 0$$

$$a(13^2 - 1) + 3^6 b(13^2 - 3^2) + 5^6 c(13^2 - 5^2) + 7^6 d(13^2 - 7^2)$$
$$+ 9^6 e(13^2 - 9^2) + 11^6 f(13^2 - 11^2) = 0$$

$$a(13^2 - 1) + 3^8 b(13^2 - 3^2) + 5^8 c(13^2 - 5^2) + 7^8 d(13^2 - 7^2)$$
$$+ 9^8 e(13^2 - 9^2) + 11^8 f(13^2 - 11^2) = 0$$

$$a(13^2 - 1) + 3^{10} b(13^2 - 3^2) + 5^{10} c(13^2 - 5^2) + 7^{10} d(13^2 - 7^2)$$
$$+ 9^{10} e(13^2 - 9^2) + 11^{10} f(13^2 - 11^2) = 0.$$

Les cinq équations qui ne contiennent ni g, ni f, sont:

$$a(13^2-1)(11^2-1) + b(13^2-3^2)(11^2-3^2) + c(13^2-5^2)(11^2-5^2)$$
$$+ d(13^2-7^2)(11^2-7^2) + e(13^2-9^2)(11^2-9^2) = 13^2 \cdot 11^2$$

$$a(13^2-1)(11^2-1) + 3^2 b(13^2-3^2)(11^2-3^2) + 5^2 c(13^2-5^2)(11^2-5^2)$$
$$+ 7^2 d(13^2-7^2)(11^2-7^2) + 9^2 e(13^2-9^2)(11^2-9^2) = \quad 0$$

$$a(13^2-1)(11^2-1) + 3^4 b(13^2-3^2)(11^2-3^2) + 5^4 c(13^2-5^2)(11^2-5^2)$$
$$+ 7^4 d(13^2-7^2)(11^2-7^2) + 9^4 e(13^2-9^2)(11^2-9^2) = \quad 0$$

$$a(13^2-1)(11^2-1) + 3^6 b(13^2-3^2)(11^2-3^2) + 5^6 c(13^2-5^2)(11^2-5^2)$$
$$+ 7^6 d(13^2-7^2)(11^2-7^2) + 9^6 e(13^2-9^2)(11^2-9^2) = \quad 0$$

$$a(13^2-1)(11^2-1) + 3^8 b(13^2-3^2)(11^2-3^2) + 5^8 c(13^2-5^2)(11^2-5^2)$$
$$+ 7^8 d(13^2-7^2)(11^2-7^2) + 9^8 e(13^2-9^2)(11^2-9^2) = \quad 0.$$

Après avoir éliminé g, f, e, on aura les quatre équations:

$$a(13^2-1)(11^2-1)(9^2-1) + b(13^2-3^2)(11^2-3^2)(9^2-3^2)$$
$$+ c(13^2-5^2)(11^2-5^2)(9^2-5^2)$$
$$+ d(13^2-7^2)(11^2-7^2)(9^2-7^2) = 13^2 \cdot 11^2 \cdot 9^2$$

$$a(13^2-1)(11^2-1)(9^2-1) + 3^2 b(13^2-3^2)(11^2-3^2)(9^2-3^2)$$
$$+ 5^2 c(13^2-5^2)(11^2-5^2)(9^2-5^2)$$
$$+ 7^2 d(13^2-7^2)(11^2-7^2)(9^2-7^2) = \quad 0$$

$$a(13^2-1)(11^2-1)(9^2-1) + 3^4 b(13^2-3^2)(11^2-3^2)(9^2-3^2)$$
$$+ 5^4 c(13^2-5^2)(11^2-5^2)(9^2-5^2)$$
$$+ 7^4 d(13^2-7^2)(11^2-7^2)(9^2-7^2) = \quad 0$$

$$a(13^2-1)(11^2-1)(9^2-1) + 3^6 b(13^2-3^2)(11^2-3^2)(9^2-3^2)$$
$$+ 5^6 c(13^2-5^2)(11^2-5^2)(9^2-5^2)$$
$$+ 7^6 d(13^2-7^2)(11^2-7^2)(9^2-7^2) = \quad 0.$$

Les trois équations en a, b, c sont:

$$a(13^2-1)(11^2-1)(9^2-1)(7^2-1)$$
$$+ b(13^2-3^2)(11^2-3^2)(9^2-3^2)(7^2-3^2)$$
$$+ c(13^2-5^2)(11^2-5^2)(9^2-5^2)(7^2-5^2) = 13^2 \cdot 11^2 \cdot 9^2 \cdot 7^2$$

$$a(13^2-1)(11^2-1)(9^2-1)(7^2-1)$$
$$+ 3^2 b(13^2-3^2)(11^2-3^2)(9^2-3^2)(7^2-3^2)$$
$$+ 5^2 c(13^2-5^2)(11^2-5^2)(9^2-5^2)(7^2-5^2) = \quad 0$$

7 The Fourier Coefficients for Particular Series

$$a(13^2-1)(11^2-1)(9^2-1)(7^2-1)$$
$$+3^4b(13^2-3^2)(11^2-3^2)(9^2-3^2)(7^2-3^2)$$
$$+5^4c(13^2-5^2)(11^2-5^2)(9^2-5^2)(7^2-5^2) = 0.$$

Les deux équations en a et b sont:

$$a(13^2-1)(11^2-1)(9^2-1)(7^2-1)(5^2-1)$$
$$+\ b(13^2-3^2)(11^2-3^2)(9^2-3^2)(7^2-3^2)(5^2-3^2)$$
$$= 13^2 \cdot 11^2 \cdot 9^2 \cdot 7^2 \cdot 5^2$$
$$a(13^2-1)(11^2-1)(9^2-1)(7^2-1)(5^2-1)$$
$$+3^2b(13^2-3^2)(11^2-3^2)(9^2-3^2)(7^2-3^2)(5^2-3^2)$$
$$= 0.$$

‖ Enfin, l'équation finale en a est:

$$a(13^2-1)(11^2-1)(9^2-1)(7^2-1)(5^2-1)(3^2-1)$$
$$= 13^2 \cdot 11^2 \cdot 9^2 \cdot 7^2 \cdot 5^2 \cdot 3^2.$$

Il est visible maintenant que si on avait employé un plus grand nombre d'équations, on aurait trouvé pour déterminer a une équation analogue à la précédente, ayant au 1er membre un facteur de plus, savoir: $15^2 - 1$, et au 2e membre 15^2 pour nouveau facteur.

Il suit de là que la valeur de a qui correspond à un nombre infini d'équations, est:

$$a = \frac{3^2 \cdot 5^2 \cdot 7^2 \cdot 9^2 \cdot 11^2 \cdot 13^2 \ldots}{(3^2-1)(5^2-1)(7^2-1)(9^2-1)(11^2-1)(13^2-1)\ldots}.$$

Si on décompose chacun des facteurs $(3^2-1)(5^2-1)(7^2-1)\ldots$ on donnera à la valeur de a la forme suivante:

$$a = \frac{3\cdot 3\cdot 5\cdot 5\cdot 7\cdot 7\cdot 9\cdot 9\cdot 11\cdot 11\cdot 13\cdot 13 \ldots}{2\cdot 4\cdot 4\cdot 6\cdot 6\cdot 8\cdot 8\cdot 10\cdot 10\cdot 12\cdot 12\cdot 14 \ldots}.\ {}^3$$

---

[3][Ed.] Fourier wrote this infinite product here in the incorrect form

$$\frac{1}{2} \cdot \frac{3.3.5.5.7.7\ldots}{4.4.6.6.8.8\ldots}.$$

In the 1811 paper [part 1, 264] he wrote the still more incorrect

$$\frac{3.3.5.5.7.7\ldots}{4.4.6.6.8.8\ldots}.$$

But in the *Théorie* [art. 173], he finally gave the correct version used by us here.

Or, cette dernière expression est connue et suivant le théorème de Wallis, on trouve

$$a = \frac{4}{\pi}.$$

40.
Remarque sur les valeurs des autres coëfficients.

Il s'agit maintenant de trouver les valeurs des autres indéterminées $b, c, d, \ldots$ &c.

J'observe en premier lieu que les six équations qui restent après l'élimination de g peuvent être comparées aux six équations que l'on aurait dû employer, s'il n'y avait eu que six inconnues. Ces dernières équations ne diffèrent de celles qui résultent de l'élimination précédente qu'en ce que les lettres f, e, d, c, b, a s'y trouvent multipliées par les facteurs

$$\frac{13^2 - 11^2}{13^2}, \frac{13^2 - 9^2}{13^2}, \frac{13^2 - 7^2}{13^2}, \frac{13^2 - 5^2}{13^2}, \frac{13^2 - 3^2}{13^2}, \frac{13^2 - 1^2}{13^2}.$$

Il suit de là que si on avait résolu les six équations linéaires que l'on doit employer dans le cas de six indéterminées, et que l'on eût calculé la valeur de chaque inconnue, il serait facile de conclure la valeur des mêmes indéterminées correspondantes au cas où l'on aurait employé sept équations. Il suffirait de multiplier les valeurs de f, e, d, c, b, a trouvées dans le 1er cas par les facteurs respectifs

$$\frac{13^2}{13^2 - 11^2}, \frac{13^2}{13^2 - 9^2}, \frac{13^2}{13^2 - 7^2}, \frac{13^2}{13^2 - 5^2}, \frac{13^2}{13^2 - 3^2}, \frac{13^2}{13^2 - 1^2}.$$

On voit par cette remarque qu'il est aisé de passer de la valeur de l'une des quantités, prise dans la supposition d'un certain nombre d'équations et d'inconnues, à la valeur de la même quantité prise dans le cas où il y aurait une inconnue et une équation ∥ de plus. Par exemple, si la valeur de f, trouvée dans l'hypothèse de six équations et six inconnues, est représentée par F, celle de la même lettre prise dans le cas d'une inconnue de plus sera $F \dfrac{13^2}{13^2 - 11^2}$. Cette même valeur prise dans le cas de huit inconnues sera par la même raison $F \dfrac{13^2}{13^2 - 11^2} \cdot \dfrac{15^2}{15^2 - 11^2}$, et dans le cas de neuf inconnues, elle sera $F \dfrac{13^2}{13^2 - 11^2} \cdot \dfrac{15^2}{15^2 - 11^2} \cdot \dfrac{17^2}{17^2 - 11^2}$, ainsi de suite.

Pareillement, il suffira de connaître la valeur de c pour le cas de trois inconnues, et on multipliera cette valeur par les facteurs successifs

$$\frac{7^2}{7^2-5^2}, \frac{9^2}{9^2-5^2}, \frac{11^2}{11^2-5^2}, \&c.$$

On calculera de même la valeur de d pour le cas de quatre inconnues seulement et on multipliera cette valeur par

$$\frac{9^2}{9^2-7^2}, \frac{11^2}{11^2-7^2}, \frac{13^2}{13^2-7^2}, \frac{15^2}{15^2-7^2}, \&c.$$

Le calcul de la valeur de a est assujetti à la même règle, car si on prend cette valeur pour le cas d'une inconnue et qu'on la multiplie successivement par

$$\frac{3^2}{3^2-1^2}, \frac{5^2}{5^2-1^2}, \frac{7^2}{7^2-1^2}, \frac{9^2}{9^2-1^2}, \&c.,$$

on trouve la valeur finale de cette quantité.

41.
Valeur numérique de tous ces coëfficients.

Toute la question est donc réduite à déterminer la valeur de a dans le cas d'une inconnue, la valeur de b dans le cas de deux inconnues, celle de c pour le cas de trois inconnues, ainsi de suite pour les autres.

Or, si on suppose que le nombre des équations soit m et que l'on veuille calculer la valeur de la dernière ou $m^{\text{ème}}$ inconnue, on éliminera par ordre les $\overline{m-1}$ autres en suivant le même procédé que celui qui a été employé plus haut.

Il est facile de juger à l'inspection seule de ces équations que les résultats de ces éliminations successives doivent être:

$a = \quad 1$

$b = \dfrac{1^2}{1^2-3^2}$

$c = \dfrac{1^2 \quad \cdot \quad 3^2}{(1^2-5^2)(3^2-5^2)}$

$d = \dfrac{1^2 \quad \cdot \quad 3^2 \quad \cdot \quad 5^2}{(1^2-7^2)(3^2-7^2)(5^2-7^2)}$

$$e = \frac{1^2 \cdot 3^2 \cdot 5^2 \cdot 7^2}{(1^2-9^2)(3^2-9^2)(5^2-9^2)(7^2-9^2)}$$

&c.

Il ne reste qu'à multiplier les quantités précédentes par les séries des produits qui doivent les compléter et que nous avons données plus haut. On aura, en conséquence, pour les valeurs finales des inconnues $a, b, c, d, e \ldots$ &c. les expressions suivantes:

$$a = \quad 1 \quad \cdot \frac{3^2}{3^2-1^2} \cdot \frac{5^2}{5^2-1^2} \cdot \frac{7^2}{7^2-1^2} \cdot \frac{9^2}{9^2-1^2} \cdot \frac{11^2}{11^2-1^2} \ldots$$

$$b = \frac{1^2}{1^2-3^2} \quad \cdot \quad \frac{5^2}{5^2-3^2} \cdot \frac{7^2}{7^2-3^2} \cdot \frac{9^2}{9^2-3^2} \cdot \frac{11^2}{11^2-3^2} \ldots$$

$$c = \frac{1^2}{1^2-5^2} \cdot \frac{3^2}{3^2-5^2} \quad \cdot \quad \frac{7^2}{7^2-5^2} \cdot \frac{9^2}{9^2-5^2} \cdot \frac{11^2}{11^2-5^2} \ldots$$

$$d = \frac{1^2}{1^2-7^2} \cdot \frac{3^2}{3^2-7^2} \cdot \frac{5^2}{5^2-7^2} \quad \cdot \quad \frac{9^2}{9^2-7^2} \cdot \frac{11^2}{11^2-7^2} \ldots$$

$$e = \frac{1^2}{1^2-9^2} \cdot \frac{3^2}{3^2-9^2} \cdot \frac{5^2}{5^2-9^2} \cdot \frac{7^2}{7^2-9^2} \quad \cdot \quad \frac{11^2}{11^2-9^2} \ldots$$

$$f = \frac{1^2}{1^2-11^2} \cdot \frac{3^2}{3^2-11^2} \cdot \frac{5^2}{5^2-11^2} \cdot \frac{7^2}{7^2-11^2} \cdot \frac{9^2}{9^2-11^2} \quad \cdot \quad \ldots$$

Si on décompose chacun des facteurs qui se trouvent aux dénominateurs, on aura:

$$a = 1 \cdot \frac{3.3}{2.4} \cdot \frac{5.5}{4.6} \cdot \frac{7.7}{6.8} \cdot \frac{9.9}{8.10} \cdot \frac{11.11}{10.12} \ldots$$

$$b = - \frac{1.1}{2.4} \cdot \frac{5.5}{2.8} \cdot \frac{7.7}{4.10} \cdot \frac{9.9}{6.12} \cdot \frac{11.11}{8.14} \ldots$$

$$c = \frac{1.1}{4.6} \cdot \frac{3.3}{2.8} \cdot \frac{7.7}{2.12} \cdot \frac{9.9}{4.14} \cdot \frac{11.11}{6.16} \ldots$$

$$d = - \frac{1.1}{6.8} \cdot \frac{3.3}{4.10} \cdot \frac{5.5}{2.12} \cdot \frac{9.9}{2.16} \cdot \frac{11.11}{4.18} \cdot \frac{13.13}{6.20} \ldots$$

$$e = \frac{1.1}{8.10} \cdot \frac{3.3}{6.12} \cdot \frac{5.5}{4.14} \cdot \frac{7.7}{2.16} \cdot \frac{11.11}{2.20} \cdot \frac{13.13}{4.22} \cdot \frac{15.15}{6.24} \ldots$$

$$f = - \frac{1.1}{10.12} \cdot \frac{3.3}{8.14} \cdot \frac{5.5}{6.16} \cdot \frac{7.7}{4.18} \cdot \frac{9.9}{2.20} \cdot \frac{13.13}{2.24} \cdot \frac{15.15}{4.26} \cdot \frac{17.17}{6.28} \ldots .$$

On sait que la quantité $\frac{\pi}{2}$, ou le quart de la circonférence, équivaut, suivant l'expression de Wallis, à

$$\frac{2.2.4.4.6.6.8.8.10.10.12.12\ldots}{1.3.3.5.5.7.7.9.\ 9\ .11.11.13\ldots}\ \&\text{c.},\ ^4$$

ou au produit continuel de tous les nombres pairs divisés par tous les nombres impairs, chacun de ces deux produits étant répetés deux fois.

Si l'on remarque maintenant quels sont les facteurs que l'on doit écrire aux numérateurs et aux dénominateurs pour y compléter la double série des nombres impairs et des nombres pairs, on trouvera que ces facteurs à suppléer sont:

$$a = \quad 2\frac{2}{\pi}$$

Pour $b \cdots \dfrac{3.3}{6}$ $\qquad b = -2\dfrac{\frac{2}{\pi}}{3}$

Pour $c \cdots \dfrac{5.5}{10}$ $\qquad c = \quad 2\dfrac{\frac{2}{\pi}}{5}$

Pour $d \cdots \dfrac{7.7}{14}$ d'où l'on conclut $d = -2\dfrac{\frac{2}{\pi}}{7}$

Pour $e \cdots \dfrac{9.9}{18}$ $\qquad e = \quad 2\dfrac{\frac{2}{\pi}}{9}$

Pour $f \cdots \dfrac{11.11}{22}$ $\qquad f = -2\dfrac{\frac{2}{\pi}}{11}$

&c. . . .

C'est ainsi qu'on est parvenu à affectuer entièrement les éliminations et à déterminer les coëfficients $a_1, a_2, a_3, a_4, \ldots$ &c. de l'équation

$1 = a_1 \cos. u + a_2 \cos. 3a + a_3 \cos. 5u + a_4 \cos. 7u + a_5 \cos. 9u$
$\qquad + a_6 \cos. 11u +$ &c.

[Ed.]This infinite product was also expressed incorrectly in the manuscript, as

$\dfrac{2.2.4.4.6.6\ldots}{1.1.3.3.5.5\ldots}.$

The mistake was perpetuated in the 1811 paper [part 1, 268], but in the *Théorie* [art. 176] the correct version used by us here was given.

42.
Remarque sur les valeurs alternatives de la fonction qui exprime le développement d'une constante en cosinus d'arcs multiples et sur la ligne dont les ordonnées variables représentent cette fonction.

La substitution de ces coëfficients donne l'équation suivante:

$$\| \tfrac{1}{4}\pi = \cos. u - \tfrac{1}{3}\cos. 3u + \tfrac{1}{5}\cos. 5u - \tfrac{1}{7}\cos. 7u + \tfrac{1}{9}\cos. 9u$$
$$- \tfrac{1}{11}\cos. 11u + \ldots \&c.,$$

c'est-à-dire, que si on prend le cosinus d'un arc quelconque plus petit que le quadrant, moins le tiers du cosinus de trois fois cet arc, plus le cinquième du cosinus de cinq fois cet arc, et continuant à l'infini suivant les nombres impairs, on trouvera toujours pour somme des termes à l'infini la huitième partie de la circonférence.

Ainsi, le second membre de cet équation est une fonction de u qui ne change point de valeur quand on donne à la variable u une valeur comprise entre $-\tfrac{1}{2}\pi$ et $\tfrac{1}{2}\pi$. L'équation cesse d'avoir lieu lorsqu'on suppose $u = \tfrac{1}{2}\pi$, car le second membre se réduit à zéro. Si l'arc u est plus grand que le quadrant et égal à $\tfrac{1}{2}\pi + \alpha$ on aura d'abord les relations suivantes:

$\cos. (\tfrac{1}{2}\pi + \alpha) \ \ = -\cos. (\tfrac{1}{2}\pi - \alpha)$

$\cos. (\tfrac{3}{2}\pi + 3\alpha) = -\cos. (\tfrac{3}{2}\pi - 3\alpha) = -\cos. 3(\tfrac{1}{2}\pi - \alpha)$

$\cos. (\tfrac{5}{2}\pi + 5\alpha) = -\cos. (\tfrac{5}{2}\pi - 5\alpha) = -\cos. 5(\tfrac{1}{2}\pi - \alpha)$

$\cos. (\tfrac{7}{2}\pi + 7\alpha) = -\cos. (\tfrac{7}{2}\pi - 7\alpha) = -\cos. 7(\tfrac{1}{2}\pi - \alpha),$

ainsi de suite.

Maintenant si l'arc $\tfrac{1}{2}\pi + \alpha$ est $> \tfrac{1}{2}\pi$ et $< \tfrac{3}{2}\pi$ l'arc $\tfrac{1}{2}\pi - \alpha$ sera $> -\tfrac{1}{2}\pi$ et $< \tfrac{1}{2}\pi$. On aura donc pour cet arc désigné par u' l'équation

$\tfrac{1}{4}\pi = \cos. u' - \tfrac{1}{3}\cos. 3u' + \tfrac{1}{5}\cos. 5u'$ &c.

Or, on vient de trouver

$\cos. u = -\cos. u'$

$\cos. 3u = -\cos. 3u'$

$\cos. 5u = -\cos. 5u'$

&c.

Donc

$-\tfrac{1}{4}\pi = \cos. u - \tfrac{1}{3}\cos. 3u + \tfrac{1}{5}\cos. 5u - \tfrac{1}{7}\cos. 7u +$ &c.

On conclut de ce qui précède que la fonction de u

exprimée par

cos. $u - \frac{1}{3}$ cos. $3u + \frac{1}{5}$ cos. $5u -$ &c.

est telle

1° que le second membre a pour valeur $\frac{1}{4}\pi$, quel que soit l'arc u, pourvu qu'il soit compris entre $-\frac{1}{2}\pi$ et $\frac{1}{2}\pi$;

2° que ce second membre est nul lorsque l'arc u est égal à $\frac{1}{2}\pi$;

3° que ce second membre a pour valeur $-\frac{1}{4}\pi$ toutes les fois que l'arc u a une valeur quelconque comprise entre $\frac{1}{2}\pi$ et $\frac{3}{2}\pi$.

Comme ces résultats paraissent s'écarter des conséquences ∥ ordinaires du calcul, il est nécessaire de les examiner avec soin et de les interpréter dans leur véritable sens.

On considérera l'équation

$$y = \cos. u - \tfrac{1}{3}\cos. 3u + \tfrac{1}{5}\cos. 5u - \tfrac{1}{7}\cos. 7u + \text{&c.}$$

comme celle d'une ligne dont u est l'abscisse et y l'ordonnée. On voit déjà par les remarques précédentes que cette ligne devra être composée de parties séparées aa, bb, cc, $dd\ldots$, dont chacune est parallèle à l'axe et égale à la demi-circonférence. Ces parallèles sont placées alternativement au-dessus et au-dessous de l'axe à la distance 1 et jointes par les perpendiculaires ab, cb, cd, $ed\ldots$ &c. qui font elles-mêmes partie de la ligne.[5]

Pour se former une idée exacte de la nature de cette ligne, il faut supposer que le nombre des termes de la fonction

cos. $u - \tfrac{1}{3}$ cos. $3u + \tfrac{1}{5}$ cos. $5u - \tfrac{1}{7}$ cos. $7u + \tfrac{1}{9}$ cos. $9u \ldots$

reçoit d'abord une valeur déterminée. Dans ce dernier cas, l'équation

$y = $ cos. $u - \tfrac{1}{3}$ cos. $3u + \tfrac{1}{5}$ cos. $5u - \tfrac{1}{7}$ cos. $7u + \tfrac{1}{9}$ cos. $9u + \ldots$ &c.

---

[5][Ed.] The diagram envisaged — but not presented — by Fourier is the following:

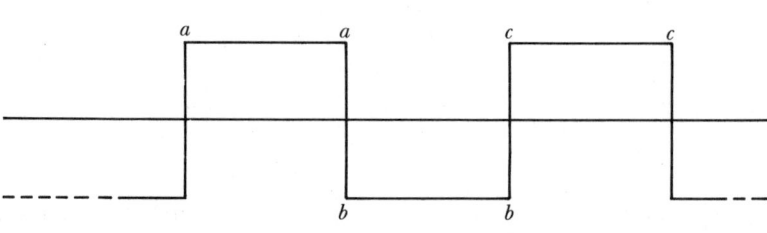

appartient à une ligne courbe qui passe alternativement au-dessous et au-dessous de l'axe, en le coupant toutes les fois que l'abscisse u devient égale à l'une des quantités $\pm\frac{1}{2}\pi$ ... $\pm\frac{3}{2}\pi$ ... $\pm\frac{5}{2}\pi$ ... $\pm$ &c. A mesure que le nombre des termes de l'équation augmente, la courbe dont il s'agit tend de plus en plus à se confondre avec la ligne précédente composée de droites parallèles et de droites perpendiculaires, ensorte que cette ligne est la véritable limite des courbes que l'on décrirait successivement au moyen des équations:

$y = \cos. u$

$y = \cos. u - \frac{1}{3}\cos. 3u$

$y = \cos. u - \frac{1}{3}\cos. 3u + \frac{1}{5}\cos. 5u$

$y = \cos. u - \frac{1}{3}\cos. 3u + \frac{1}{5}\cos. 5u - \frac{1}{7}\cos. 7u$

&c.

43. Calcul direct de la valeur analytique de cette fonction et vérification du résultat précédent.

On peut envisager ces mêmes équations sous un autre point de vue et vérifier immédiatement l'équation

$\frac{1}{4}\pi = \cos. x - \frac{1}{3}\cos. 3x + \frac{1}{5}\cos. 5x - \frac{1}{7}\cos. 7x + \frac{1}{9}\cos. 9x + \ldots$ &c.

La quantité

$\cos. x - \frac{1}{3}\cos. 3x + \frac{1}{5}\cos. 5x - \frac{1}{7}\cos. 7x + \frac{1}{9}\cos. 9x \ldots$ &c.

est une fonction de x dont la valeur dépend du nombre des termes qui entrent dans son expression. On peut donc la considérer comme une function de x et de m, m étant le nombre des termes. Si on connaissait cette fonction de x et m, on examinerait comment elle varie à mesure que m augmente, et l'on s'assurerait si elle approche continuellement de la limite $\frac{1}{4}\pi$, quelle que soit la valeur de x. C'est-à-dire plus brièvement, qu'en fesant m infini la fonction doit se réduire à $\frac{1}{4}\pi$ sans x. Or on peut trouver la valeur analytique de cette fonction de x et de m.

Soit y la fonction cherchée qui est donnée par l'équation

$y = \cos. x - \frac{1}{3}\cos. 3x + \frac{1}{5}\cos. 5x - \frac{1}{7}\cos. 7x + \ldots$ &c.

$$- \ldots \frac{1}{2m-1}\cos. \overline{2m-1}x,$$

le nombre m des termes étant supposé pair.

En différentiant cette équation par rapport à x on aura

$$-\frac{dy}{dx} = \sin. x - \sin. 3x + \sin. 5x - \sin. 7x + \sin. 9x \ldots$$
$$+ \sin. \overline{2m-3}x - \sin. \overline{2m-1}x.$$

75 ‖ On multipliera chaque terme par $2\sin. 2x$, afin qu'il devienne un produit de sinus qu'on pourra remplacer par la différence de deux cosinus.

On a ainsi:

$$-2\frac{dy}{dx}\sin. 2x = 2\sin. x\sin. 2x - 2\sin. 3x\sin. 2x$$
$$+ 2\sin. 5x\sin. 2x - 2\sin. 7x\sin. 2x$$
$$+ 2\sin. 9x\sin. 2x - 2\sin. 11x\sin. 2x$$
$$+ 2\sin. 13x\sin. 2x - 2\sin. 15x\sin. 2x$$
$$\cdots\cdots\cdots\cdots\cdots\cdots\cdots\cdots\cdots\cdots\cdots\cdots$$
$$+ 2\sin. \overline{2m-3}x\sin. 2x - 2\sin. \overline{2m-1}x\sin. 2x,$$

ou

$$-2\frac{dy}{dx}\sin. 2x =$$

$$\cos.(x-2x) - \cos.(x+2x) + \cos.(3x-2x) - \cos.(3x+2x)$$
$$+\cos.(5x-2x) - \cos.(5x+2x) + \cos.(7x-2x) - \cos.(7x+2x)$$
$$+\cos.(9x-2x) - \cos.(9x+2x) + \cos.(11x-2x) - \cos.(11x+2x)$$
$$\cdots\cdots\cdots\cdots\cdots\cdots\cdots\cdots\cdots\cdots\cdots\cdots$$
$$+\cos.(\overline{2m-5}x) - \cos.(\overline{2m-1}x) + \cos.(\overline{2m-3}x) - \cos.(\overline{2m+1}x),$$

ou

$$-2\frac{dy}{dx}\sin. 2x = \cos. \overline{2m+1}x - \cos. \overline{2m-1}x$$
$$= -2\sin. 2mx \sin. x.$$

Donc

$$2\frac{dy}{dx} = \frac{\sin. 2mx}{\cos. x}$$

ou

$$y = \tfrac{1}{2}\int dx \frac{\sin. 2mx}{\cos. x}.$$

On intégrera le second membre par parties en comparant à la formule suivante, qui se vérifie immédiatement par la différentiation

$$\int (uv\,dx) = c + u\int dx\,v - \frac{du}{dx}\int dx \int dx\,v + \frac{d^2u}{dx^2}\int dx \int dx \int dx\,v \ldots \&\text{c.}$$

On distinguera dans l'intégrale $\int \left(\frac{1}{\cos. x} \sin. (2mx)\,dx\right)$ la quantité sin. $(2mx)\,dx$ qui doit être intégrée successivement, et la quantité $\frac{1}{\cos. x}$ ou sec. x que l'on doit différentier successivement. En désignant d'abord les résultats de ces différentiations successives par sec.$'$ $x \ldots$ sec.$''$ $x \ldots$ sec.$'''$ $x \ldots$ &c., on aura

(m) $$y = c - \frac{1}{2}\left(\frac{1}{2m}\cos. (2mx)\sec. x + \frac{1}{2^2m^2}\sin. 2mx \sec.' x\right.$$
$$\left. - \frac{1}{2^3m^3}\cos. (2mx)\sec.'' x + \ldots \&\text{c.}\right).$$

Voilà donc la fonction y ou cos. $x - \frac{1}{3}$ cos. $3x + \frac{1}{5}$ cos. $5x$ $\ldots$ &c. résolue en une série infinie qui renferme dans ses coëfficients les puissances négatives du nombre des termes. Il est visible maintenant que plus le nombre m augmente, plus la valeur de y approche de celle de la constante c. C'est pourquoi lorsque le nombre m est infini la quantité

cos. $x - \frac{1}{3}$ cos. $3x + \frac{1}{5}$ cos. $5x \ldots$ &c.

a une valeur constante et indépendante de x. Or, si on suppose l'arc x nul la fonction se réduit à

$1 - \frac{1}{3} + \frac{1}{5} - \frac{1}{7} + \ldots$ &c.

qui est la série donnée par Leibnitz pour la valeur de $\frac{1}{4}\pi$. Donc on aura généralement

(n) $\frac{1}{4}\pi =$ cos. $x - \frac{1}{3}$ cos. $3x + \frac{1}{5}$ cos. $5x - \frac{1}{7}$ cos. $7x + \ldots$ &c.

Il faut remarquer que la même conséquence ne peut pas être déduite de l'équation (m) si l'arc x est égal à $\frac{1}{4}\pi$ car tous les termes se réduisent à $\frac{0}{0}$ lorsque le nombre m est infini. Mais cette conséquence est rigoureuse toutes les fois que l'arc x n'a pas une sécante infinie. Par conséquent l'équation (n) a lieu pour toutes les valeurs de x comprises entre $-\frac{1}{2}\pi$ et $\frac{1}{2}\pi$.

76 ‖Si dans l'équation

$$\tfrac{1}{4}\pi = \cos. x - \tfrac{1}{3}\cos. 3x + \tfrac{1}{5}\cos. 5x - \tfrac{1}{7}\cos. 7x + \ldots \&\text{c.}$$

on suppose $x = \tfrac{1}{2} \cdot \tfrac{1}{2}\pi$, on trouvera

$$\frac{\pi}{2\sqrt{2}} = 1 + \frac{1}{3} - \frac{1}{5} - \frac{1}{7} + \frac{1}{9} + \frac{1}{11} - \frac{1}{13} - \frac{1}{15} + \ldots \&\text{c.}$$

En donnant à l'arc x d'autres valeurs particulières on trouvera d'autres séries qu'il est inutile de rapporter et dont plusieurs ont déjà été publiées dans les ouvrages d'Euler.[6]

Si l'on multiplie l'équation (n) par dx et que l'on intègre, on aura

$$\frac{\pi x}{4} = \sin. x - \frac{1}{3^2}\sin. 3x + \frac{1}{5^2}\sin. 5x - \frac{1}{7^2}\sin. 7x + \ldots \&\text{c.}$$

En faisant dans cette équation $x = \tfrac{1}{2}\pi$ on trouve

$$\frac{\pi^2}{8} = 1 + \frac{1}{3^2} + \frac{1}{5^2} + \frac{1}{7^2} + \frac{1}{9^2} + \frac{1}{11^2} + \ldots \&\text{c.,}$$

série déjà connue.

On pourrait énumérer à l'infini les cas particuliers, mais il convient mieux à l'objet de ce mémoire d'employer la méthode précédente pour trouver les valeurs de diverses séries formées de sinus ou cosinus d'arcs multiples.

44.
Application du même calcul au développement de $\tfrac{1}{2}x$ en sinus d'arcs multiples.

Soit par exemple

$$y = \sin. x - \tfrac{1}{2}\sin. 2x + \tfrac{1}{3}\sin. 3x - \tfrac{1}{4}\sin. 4x \ldots + \frac{1}{m-1}\sin. \overline{m-1}x$$

$$- \frac{1}{m}\sin. mx$$

(m étant un nombre pair quelconque), on tire de cette équation

$$\frac{dy}{dx} = \cos. x - \cos. 2x + \cos. 3x - \cos. 4x \ldots + \cos. \overline{m-1}x - \cos. mx.$$

Si l'on multiplie les deux membres par $2\sin. x$ on aura

$$2\frac{dy}{dx}\sin. x =$$

	$2\cos. x \sin. x =$	$\sin.(x+x) -$	$\sin.(x-x)$
$-$	$2\cos. 2x \sin. x = -$	$\sin.(2x+x) +$	$\sin.(2x-x)$

---

[6][Ed.] See especially his *Introductio ad analysin infinitorum* (1748, Lausanne), 1, ch. 10; *Opera Omnia*, (1) 8, 177–195.

$$+ \quad 2\cos.3x\sin.x = + \quad \sin.(3x+x) - \quad \sin.(3x-x)$$

$$- \quad 2\cos.4x\sin.x = - \quad \sin.(4x+x) + \quad \sin.(4x-x)$$

$$\cdots\cdots\cdots\cdots\cdots\cdots\cdots\cdots\cdots\cdots\cdots\cdots\cdots\cdots$$

$$+2\cos.\overline{m-1}x\sin.x = +\sin.(\overline{m-1}x+x) - \sin.(\overline{m-1}x-x)$$

$$- \quad 2\cos.mx\sin.x = - \quad \sin.(mx+x) + \quad \sin.(mx-x)$$

$$= \sin.x + \sin.((m+\tfrac{1}{2})x - \tfrac{1}{2}x) - \sin.((m+\tfrac{1}{2})x + \tfrac{1}{2}x)$$

$$= \sin.x - 2\cos.(m+\tfrac{1}{2})x\sin.\tfrac{1}{2}x.$$

Donc

$$\frac{dy}{dx} = \frac{1}{2} - \frac{\cos.(m+\tfrac{1}{2})x\sin.\tfrac{1}{2}x}{\sin.x} = \frac{1}{2} - \frac{\cos.(m+\tfrac{1}{2})x}{2\cos.\tfrac{1}{2}x}.$$

On a donc

$$y = \tfrac{1}{2}x - \int \frac{\cos.(m+\tfrac{1}{2})x}{\cos.\tfrac{1}{2}x}dx = C + \tfrac{1}{2}x + \frac{1}{2}\frac{1}{m+\tfrac{1}{2}}\frac{\sin.(m+\tfrac{1}{2})x}{\cos.\tfrac{1}{2}x} + \&c.,$$

et si m est infini on aura

$$y = C + \tfrac{1}{2}x.$$

La valeur de y étant nulle en même temps que x, la constante est nulle et l'on trouve

$$\tfrac{1}{2}x = \sin.x - \tfrac{1}{2}\sin.2x + \tfrac{1}{3}\sin.3x - \tfrac{1}{4}\sin.4x + \ldots \&c.,$$

équation connue qui a été remarquée par Euler.[7]

On pourrait aussi déduire facilement de cette dernière série celle que nous avons donnée plus haut pour la valeur de $\tfrac{1}{4}\pi$.

‖ 45. Développement de la fonction $l.(2\cos.\tfrac{1}{2}x).$[8]

Soit maintenant

$$y = \tfrac{1}{2}\cos.2x - \tfrac{1}{4}\cos.4x + \tfrac{1}{6}\cos.6x - \tfrac{1}{8}\cos.8x + \tfrac{1}{10}\cos.10x$$

$$- \tfrac{1}{12}\cos.12x \ldots + \frac{1}{2n-2}\cos.(2n-2)x - \frac{1}{2n}\cos.(2nx).$$

---

[7][Ed.] See L. Euler, "Subsidium calculi sinuum," *Novi commentarii Academiae Scientiarum Petropolitanae*, 5 (1754–1755: publ. 1760), 164–204 (p. 204); *Opera Omnia*, (1) 14, 542–584 (p. 584).

[8][Ed.] The title was inaccurately placed near the end of this article. "*l*" is Fourier's notation for the natural logarithm.

Différentiant, multipliant par 2 sin. $2x$, substituant les différences de cosinus et réduisant, on aura

$$2\frac{dy}{dx}\sin. 2x = 1 - \cos. 2x - 2\sin. \overline{(2n+1)x}\sin. x$$
$$= 2(\sin. x)^2 - 2\sin. \overline{(2n+1)x}\sin. x.$$

Donc

$$2\frac{dy}{dx} = -\tan. x + \frac{\sin. \overline{(2n+1)x}}{\cos. x},$$

d'où l'on tire

$$2y = C - \int \tan. x\, dx - \frac{1}{2n+1}\frac{\cos. \overline{(2n+1)x}}{\cos. x}$$
$$+ \frac{1}{2n+1}\int\left[\cos. \overline{(2n+1)x}\, d\left(\frac{1}{\cos. x}\right)\right].$$

Si n est infini, on aura

$$y = C - \tfrac{1}{2}\int \tan. x\, dx = \text{const.} + \tfrac{1}{2} l. \cos. x.$$

Si dans l'équation

$$y = \tfrac{1}{2}\cos. 2x - \tfrac{1}{4}\cos. 4x + \tfrac{1}{6}\cos. 6x - \tfrac{1}{8}\cos. 8x + \ldots \&c.$$

on suppose x nulle, on aura

$$y = \tfrac{1}{2} - \tfrac{1}{4} + \tfrac{1}{6} - \tfrac{1}{8} + \ldots \&c.$$

La valeur du second membre de cette équation étant $\tfrac{1}{2} l. 2$, il s'ensuit que la constante précédente équivaut à $\tfrac{1}{2} l. 2$, donc

$$y = \tfrac{1}{2} l. 2 + \tfrac{1}{2} l. \cos. x.$$

On parvient ainsi à la série donnée par Euler:

$$\tfrac{1}{2} l.(2\cos. x) = \tfrac{1}{2}\cos. 2x - \tfrac{1}{4}\cos. 4x + \tfrac{1}{6}\cos. 6x - \tfrac{1}{8}\cos. 8x + \ldots \&c.$$

ou

$$l.\left(2\cos. \frac{z}{2}\right) = \cos. z - \tfrac{1}{2}\cos. 2z + \tfrac{1}{3}\cos. 3z - \tfrac{1}{4}\cos. 4z + \ldots \&c.[9]$$

---

[9][Ed.] In the 1750s Euler proved that

$$\tfrac{1}{2}\tan \tfrac{1}{2} z = \sin z - \sin 2z + \sin 3z - \sin 4z + \cdots,$$

from which the series proved by Fourier follows by integration term-by-term. [L. Euler (n. 7, p. 163), 202; *Opera Omnia*, (1) 14, 583.] Later he

Si l'on traite de la même manière l'équation

$$y = \sin. x + \tfrac{1}{3}\sin. 3x + \tfrac{1}{5}\sin. 5x + \tfrac{1}{7}\sin. 7x + \ldots \frac{1}{2m-1}\sin. \overline{2m-1}x,$$

on trouvera la série suivante qui n'avait pas été remarquée:

$$\tfrac{1}{4}\pi = \sin. x + \tfrac{1}{3}\sin. 3x + \tfrac{1}{5}\sin. 5x + \tfrac{1}{7}\sin. 7x + \&c.$$

46. Développement d'une constante en sinus d'arcs multiples.

Il est essentiel d'observer à l'égard de toutes ces séries que les équations qui la contiennent n'ont point lieu de la même manière toutes les valeurs de la variable, et que les valeurs des séries infinies de sinus ou de cosinus d'arcs multiples changent de signes subitement, comme nous l'avons vu pour l'équation

$$y = \cos. x - \tfrac{1}{3}\cos. 3x + \tfrac{1}{5}\cos. 5x - \tfrac{1}{7}\cos. 7x + \ldots \&c.,$$

dont le deuxième membre devient alternativement $\tfrac{1}{4}\pi$, 0 et $-\tfrac{1}{4}\pi$.

Quant à la fonction

$$\sin. x - \tfrac{1}{2}\sin. 2x + \tfrac{1}{3}\sin. 3x - \tfrac{1}{4}\sin. 4x + \ldots \&c.,$$

elle donne la valeur de $\tfrac{1}{2}x$ tant que l'arc x est plus grand que zéro et moindre que π. Elle devient nulle subitement à la fin de cet intervalle et au-delà elle reprend les valeurs précédentes avec le signe contraire. Ainsi l'équation

$$y = \sin. x - \tfrac{1}{2}\sin. 2x + \tfrac{1}{3}\sin. 3x - \tfrac{1}{4}\sin. 4x + \&c.$$

appartient à une ligne composée de parallèles inclinées $aa \ldots bb \ldots cc \ldots$ &c. et de droites perpendiculaires $ab, bc, cd, \ldots$ &c.[10]

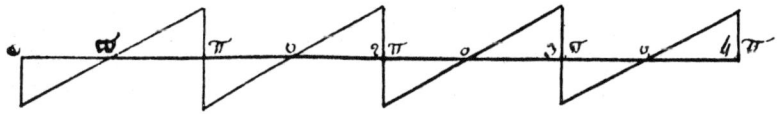

showed that
$$\sum_{r=1}^{\infty} \frac{1}{r} x^r \cos r\phi = -\tfrac{1}{2}\log(1 - 2x\cos\phi + x^2)$$
from which Fourier's result follows by putting $x = -1$. ["Summatio progessionum...," *Novi commentarii Academiae Scientiarum Petropolitanae*, 18 (1773: publ. 1774), 24–36 (pp. 35–36); *Opera Omnia*, (1) 15, 168–184 (pp. 182–183).]

[10][Ed.] Fourier did not have the diagram lettered according to his description in the text, but that description is quite clear to follow.

|| 47.
Evaluation exacte de la somme des derniers termes qui expriment le développement d'une constante en cosinus d'arcs multiples, et remarques sur la nature des séries précédentes.

78

Les résultats que nous avons obtenus étant fondés sur le développement de quantités cherchées en séries infinies, il a paru nécessaire de prévenir les difficultés que présente quelquefois l'usage de ces séries; en conséquence nous examinerons comment les séries précédentes doivent être terminées.

On a vu plus haut (page 75[11]) que l'équation

$$y = \cos. x - \tfrac{1}{3} \cos. 3x + \tfrac{1}{5} \cos. 5x - \tfrac{1}{7} \cos. 7x \ldots$$

$$+ \frac{1}{2m-3} \cos. \overline{2m-3}x - \frac{1}{2m-1} \cos. \overline{2m-1}x,$$

dans laquelle m représente le nombre des termes, fournit celle-ci:

$$2 \frac{dy}{dx} = \frac{\sin. (2mx)}{\cos. x},$$

d'où l'on peut tirer la valeur de y en intégrant par parties.

Or l'intégrale $\int (uvdx)$ peut être résolue en une série composée d'autant de termes que l'on voudra. On peut écrire, par exemple,

$$\int uvdx = c + u \int vdx - \frac{du}{dx} \int dx \int vdx + \frac{d^2u}{dx^2} \int dx \int dx \int vdx$$

$$- \int \left(d\left(\frac{d^2u}{dx^2}\right) \int dx \int dx \int vdx \right),$$

équation qui se vérifie d'elle-même par les différentiations. En désignant sin. $(2mx)$ par v et sec. x par u, on trouvera

$$2y = c - \sec. x \frac{1}{m} \cos. (2mx) + \sec.' x \frac{1}{2^2 m^2} \sin. 2mx$$

$$+ \sec.'' x \frac{1}{2^3 m^3} \cos. 2mx - \int \left(d(\sec.'' x) \frac{1}{2^3 m^3} \cos. (2mx) \right).$$

Il s'agit maintenant de connaître la valeur du terme $\frac{1}{2^3 m^3} \int (d(\sec.'' x) \cos. (2mx))$ qui complète la série.

Pour former cette intégrale il faudrait donner à l'axe x une infinité de valeurs depuis 0, terme où l'intégrale commence, jusqu'à x qui est la valeur finale de l'arc, déterminer pour chacune des valeurs de x celle de la différentielle $d(\sec.'' x)$ et celle du facteur cos. $(2mx)$, et ajouter tous les produits

---
[11][Ed.] See our p. 160.

partiels. Or le facteur variable cos. $2mx$ est nécessairement une fraction positive ou négative. Par conséquent l'intégrale se compose de la somme des valeurs variables de la différentiel $d(\text{sec.}'' x)$ prise depuis $x = 0$ jusqu'à $x = x$, et elle est plus grande que cette même somme prise négativement; car dans le premier cas on remplace le facteur par 1, et dans le second cas on le remplace par -1. Or cette somme des différentielles $d(\text{sec.}'' x)$ ou, ce qui est la même chose, l'intégrale $\int d(\text{sec.}'' x)$, prise depuis $x = 0$, est $\text{sec.}'' x - \text{sec.}'' 0$. L'intégrale cherchée est donc comprise entre $\text{sec.}'' x - \text{sec.}'' 0$ et $-(\text{sec.}'' x - \text{sec.}'' 0)$; c'est-à-dire, qu'en représentant par K une fraction positive ou négative, on aura toujours

$$\int (d(\text{sec.}'' x)) \cos. (2mx)) = K(\text{sec.}'' x - \text{sec.}'' 0).$$

On parvient ainsi à l'équation

$$2y = c - \frac{1}{2m} \text{sec.} x \cos. (2mx) + \frac{1}{2^2 m^2} \text{sec.}' x \sin. (2mx)$$

$$- \frac{1}{2^3 m^3} \text{sec.}'' x \cos. (2mx) + \frac{K}{2^3 m^3} (\text{sec.}'' x - \text{sec.}'' 0),$$

équation dans laquelle la quantité $\| \frac{K}{2^3 m^3} (\text{sec.}'' x - \text{sec.}'' 0)$ complète rigoureusement la suite de trois termes qui exprime la valeur de $2y$. Si l'on eût cherché deux termes seulement, on aurait eu l'équation

$$2y = c - \frac{1}{2m} \text{sec.} x \cos. (2mx) + \frac{1}{2^2 m^2} \text{sec.}' x \sin. 2mx$$

$$+ \frac{K}{2^2 m^2} (\text{sec.}' x - \text{sec.}' 0).$$

Il résulte de là que l'on peut développer la valeur de y en autant de termes que l'on voudra, et exprimer exactement le reste de la série. On trouve ainsi cette suite d'équations:

$$2y = c - \frac{1}{2m} \text{sec.} x \cos. 2mx + \frac{K}{2m} (\text{sec.} x - \text{sec.} 0),$$

$$2y = c - \frac{1}{2m} \text{sec.} x \cos. 2mx + \frac{1}{2^2 m^2} \text{sec.}' x \sin. 2mx$$

$$+ \frac{K}{2^2 m^2} (\text{sec.}' x - \text{sec.}' 0),$$

$$2y = c - \frac{1}{2m}\sec. x \cos. 2mx + \frac{1}{2^2 m^2}\sec.' x \sin. 2mx$$

$$-\frac{1}{2^3 m^3}\sec."x \cos. 2mx + \frac{K}{2^3 m^3}(\sec." x - \sec." 0)$$

$$2y = c - \frac{1}{2m}\sec. x \cos. 2mx + \frac{1}{2^2 m^2}\sec.' x \sin. 2mx$$

$$-\frac{1}{2^3 m^3}\sec." x \cos. 2mx + \frac{1}{2^4 m^4}\sec.''' x \sin. 2mx$$

$$+\frac{K}{2^4 m^4}(\sec.''' x - \sec.''' 0) \ \&c.$$

Le nombre K qui entre dans les équations n'est pas le même pour toutes, et il représente dans chacune une certaine quantité qui est toujours comprise entre 1 et -1, m est égal au nombre de termes qui entrent dans la valeur de y, ou

$$\cos. x - \tfrac{1}{3}\cos. 3x + \tfrac{1}{5}\cos. 5x - \tfrac{1}{7}\cos. 7x \ldots - \frac{1}{2m-1}\cos. \overline{2m-1}x.$$

On ferait usage de ces équations si le nombre m était donné, et quelque grand que fut ce nombre, on pourrait déterminer aussi exactement qu'on le voudrait la partie variable de la valeur de y. Si le nombre m est infini, comme on le suppose, on considérera la première équation seulement, et il est manifeste que les deux termes qui suivent la constante c deviennent de plus en plus petit, en sorte que $2y$ a pour limite la constante c.

Pour déterminer cette constante, on supposera $x = 0$ dans l'équation

$2y = c$, ou $2(\cos. x - \tfrac{1}{3}\cos. 3x + \tfrac{1}{5}\cos. 5x - \tfrac{1}{7}\cos. 7x + \ldots \&c.) = c$,

ce qui donnera

$\tfrac{1}{2}c = 1 - \tfrac{1}{3} + \tfrac{1}{5} - \tfrac{1}{7} + \tfrac{1}{9} \ldots \&c = \tfrac{1}{4}\pi,$

d'où l'on conclut l'équation

$\tfrac{1}{4}\pi = \cos. x - \tfrac{1}{3}\cos. 3x + \tfrac{1}{5}\cos. 5x - \tfrac{1}{7}\cos. 7x + \ldots \&c.$

Il est facile de voir que cette équation aura lieu toutes les fois que l'arc x sera moindre que $\tfrac{1}{2}\pi$; car si cet arc a une valeur déterminée X aussi voisine de $\tfrac{1}{2}\pi$ qu'on voudra le supposer, on pourra toujours donner à m une valeur si grande que le terme

7 The Fourier Coefficients for Particular Series

80

$\frac{K}{2m}$ (sec. x — sec. 0), qui complète la série, devienne moindre qu'une quantité quelconque.

On peut appliquer la même analyse aux diverses séries qui expriment les valeurs de $\frac{1}{2}x$, ou $l.(\cos. x)$ &c. ‖ en sinus ou cosinus d'arcs multiples, et cette méthode a l'avantage de faire connaître les limites entre lesquelles la variable doit être comprise pour que l'équation ait lieu.

En général ces séries se présentent d'elles-mêmes, et il est facile de les former par divers moyens; mais le point essentiel est de distinguer les limites entre lesquelles on doit prendre la valeur de la variable. Par exemple, l'équation donnée par Euler

$\frac{1}{2}x = \sin. x - \frac{1}{3} \sin. 3x \ldots$ &c.

n'a lieu qu'autant que la valeur de x est comprise entre 0 et π ou entre 0 et $-\pi$. Pour toutes les autres valeurs de x le second membre a une valeur déterminée très-différente de $\frac{1}{2}x$.

On doit employer avec beaucoup de reserve les procédés de calcul qui fournissent ces séries sans faire connaître les limites au-delà desquelles l'équation cesse de subsister. En effet, ces limites n'étant pas les mêmes pour diverses équations, on pourrait obtenir, par la combinaison de différentes séries, des résultats très-erronés. C'est par cette remarque que l'on doit expliquer des conséquences contradictoires que présente la combinaison de différentes séries de sinus et de cosinus. Mais, sans insister davantage sur cet objet, nous reprendrons la question de la propagation de la chaleur dans l'intérieur d'une lame solide.

The main problem towards which this section of the paper was leading was the convergence of the Fourier series. It was one of the points of controversy with Lagrange: therefore it was worth serious consideration and was so treated by Fourier in the years following the presentation of his main paper. The eight-page note submitted to the Institut de France perhaps in 1808 dealt with the convergence of the series

(7.8) $\sin x - \frac{1}{2} \sin 2x + \frac{1}{3} \sin 3x - \ldots$

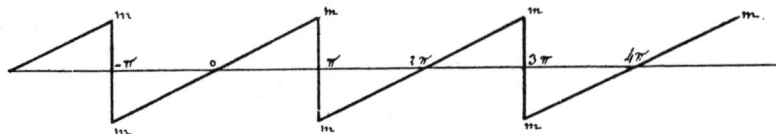

Fourier's diagram for the representation of $\frac{1}{2}x$ by (7.8)

from article 44 (our page 162), beginning with a geometrical illustration of how the series represented the function $\frac{1}{2}x$, and passing on to a closer investigation of the direct method used to produce the summation of the series.[12] Here Fourier showed his clear appreciation of the point that convergence of a series should be formulated *solely* in terms of its term-by-term summation and the behavior of the sum of its first n terms as n increased. The insight involved in this approach is greater than might be imagined. It had of course been understood during the eighteenth century that a series was to be interpreted as a term-by-term addition of its members: indeed, Euler and Daniel Bernoulli had included some consideration of convergence during a discussion of trigonometric series in the 1770s.[13] But the level of investigation was not high, and Fourier's treatment here was decidedly more careful than had usually been given to convergence. He had in fact taught convergence in his lectures at the Ecole Polytechnique ten years previously, along with its then rather unusual consequence that there were series with no sum at all from the point of view of term-by-term addition in addition to those which tended to a finite or infinite value.[14] In the note of 1808 to the Institut de France he made use of his insights to formulate the convergence of his new series in terms of the tendency of the partial sum curves

---

[12] J. B. J. Fourier *Convergence*, 1–5.
[13] See L. Euler (n. 7, p. 163). D. Bernoulli, "De indole singulari serierum . . ."; and "Theoria elementaria serierium . . . ," *Novi commentarii Academiae Scientiarum Petropolitanae*, 17 (1772: publ. 1773), 3–23; and 18 (1773: publ. 1774). 3–23. On the treatment of convergence in the eighteenth century, see I. Grattan-Guinness *1970a*, ch. 4.
[14] BN MFF 22510/61–68 is a summary in a copyist's hand of a series of lectures on analysis which was more advanced than course 1 in the table in chapter 1 on p. 6; for convergence see folio 65.

7 The Fourier Coefficients for Particular Series

(7.9)
$$\left.\begin{array}{l} y = \sin x \\ y = \sin x - \tfrac{1}{2} \sin 2x \\ y = \sin x - \tfrac{1}{2} \sin 2x + \tfrac{1}{3} \sin 3x \\ \dots\dots\dots\dots\dots\dots\dots \end{array}\right\}$$

to the shape of the diagram, as he had done for the cosine series for $\tfrac{1}{4}\pi$ in article 42 (our page 159). By the direct method he showed that the sum of the first m terms was

(7.10)
$$\frac{1}{2}x - \frac{1}{2}\int_0^x \frac{\cos(m+\tfrac{1}{2})u}{\cos\tfrac{1}{2}u}\,du$$

(m even) and by integration by parts that the integral in (7.10) tended to zero as m tended to infinity: then he explained why the periodicity of the trigonometric series caused the limiting shape to be that of his diagram above.[15] Next, as supporting evidence for convergence, he put the value $\tfrac{1}{2}\pi$ for x into (7.8) to obtain the series

(7.11) $1 - \tfrac{1}{3} + \tfrac{1}{5} - \tfrac{1}{7} + \tfrac{1}{9} - \tfrac{1}{11} + \dots ,$

which was certainly convergent, since Leibniz had shown that a series of terms of alternating sign and monotonically decreasing value converged to a finite value.[16] Finally he remarked that the divergent

(7.12) $1 + \tfrac{1}{2} + \tfrac{1}{3} + \tfrac{1}{4} + \tfrac{1}{5} + \tfrac{1}{6} + \dots ,$

which apparently had been mentioned by Lagrange as a counter example to the allegedly convergent (7.8), was in fact not obtainable from it: the convergence of (7.8), along with all the other trigonometric series in the 1807 paper, could be demonstrated by the direct method exemplified in (7.10). As for the general solutions to the diffusion equation, the fact that they were made up of the terms of the series each multiplied by a t-component of the highly convergent form $e^{-n^2 Kt}$ implied that their convergence would follow *a fortiori* from the above arguments.[17]

---

[15] J. B. J. Fourier *Convergence*, 2–7.
[16] J. B. J. Fourier *Convergence*, 7–8.
[17] J. B. J. Fourier *Convergence*, 8. Footnote 2 of the *Notes* also made the point in a brief discussion of convergence which merely reaffirmed faith in the direct method.

This paper was obviously meant especially for Lagrange's eyes: the one-page note which Fourier sent him privately seems to have been written later and in response to still further objections, for it dealt with

(7.13) $$\frac{\pi - x}{2} = \sin x + \tfrac{1}{2}\sin 2x + \tfrac{1}{3}\sin 3x + \ldots,$$

which Fourier pointed out followed from the convergent (7.8) by putting $(\pi - x)$ for x there. His main aim was to refute an assertion that Lagrange must have made, that if we differentiate (7.13) to obtain

(7.14) $$-\tfrac{1}{2} = \cos x + \cos 2x + \cos 3x + \ldots$$

and then integrate to give

(7.15) $$C - \tfrac{1}{2}x = \sin x + \tfrac{1}{2}\sin 2x + \tfrac{1}{3}\sin 3x + \ldots,$$

then the insertion of the value 0 of x into (7.15) shows that C was zero and therefore that

(7.16) $$-\tfrac{1}{2}x = \sin x + \tfrac{1}{2}\sin 2x + \tfrac{1}{3}\sin 3x + \ldots,$$

as opposed to Fourier's (7.13). Fourier pointed out that $x = 0$ was *not* a value for which (7.13) was valid: as we can see in the diagram for (7.8), the value 0 of x corresponds to $\tfrac{1}{2}\pi$ there and thus to discontinuity in the representation of the series.[18]

So we find that Lagrange found difficulty in understanding the representability of a function by a series as well as the question of convergence. This fact is a clue to the depth of his opposition of Fourier's ideas, which we explain in detail in Chapter 10 in connection with the vibrating string problem, where it came to a climax; and in Chapter 22 we see the influence on the convergence problem of Fourier series that Fourier's later thoughts were to have. In 1807 Fourier's ideas were as mathematically refined as he wished them to be, for his sympathies did not lie with "pure" mathematical proofs. We recall that his main interest was not in trigonometrical series of functions of the variable x, but in solutions in x and t of the diffusion equation; and their convergence would be guaranteed by their interpretation as temperatures and the further

---

[18]The note is in the library of the Institut de France [*Anciens et nouv- eaux fonds*, volume 906, folio 103].

(Mongean) interpretation of the temperatures as surfaces. The temperatures were finite and so the surfaces were bounded (even if discontinuous); hence the series solutions were convergent, because they converged to that surface. In particular the Fourier series themselves would converge to the section of the surfaces by the plane $t = 0$, as in the case of the partial sums (7.9) of the series (7.8) in the earlier diagram.[19]

Fourier's analysis of the lamina was in the space variables x and y rather than x and t; but all the above points applied there too, since every variable was taken as an axis on which the surface would be constructed. In the next section of his paper he summed up his results from the lamina analysis, his first success with continuous bodies—and not his last with the lamina.

---

[19]P. E. B. Jourdain saw in two passages common to the 1811 paper and the *Théorie* ideas close to the later developments of uniform and nonuniform convergence. [1811 paper, part 1, 270 and 279; *Théorie*, arts. 177 and 188. The latter passage comes near the end of art. 47 of the 1807 manuscript (see our p. 169).] But it is optimistic of him to read the passages in this way and to expect that even Fourier perceived this profound aspect of analysis, which began to emerge only in the late 1840s and in its full importance later still with the lectures in analysis of Karl Weierstrass (1815–1897). [See P. E. B. Jourdain *1913a*. On the birth of uniform and nonuniform convergence, see I. Grattan-Guinness *1970a*, ch. 6.]

8 The Special Solution for the Lamina

The last part of Fourier's draft was taken up with a general discussion of the solution

(8.1) $$\tfrac{1}{4}\pi z = e^{-\tfrac{1}{2}\pi x}\cos\tfrac{1}{2}\pi y - \tfrac{1}{3}e^{-\tfrac{3}{2}\pi x}\cos\tfrac{3}{2}\pi y + \ldots$$

for the distribution of heat in the semi-infinite lamina. Again the text was basically preserved in the 1807 manuscript, although it was somewhat reduced in the later published versions: after stating (8.1) and describing it briefly as a surface, Fourier analyzed the flow of heat within the lamina in terms of heat input into the hot edge continually replacing loss to the atmosphere through the cold sides—that is, not so much as an instantaneous steady-state situation as a state of perpetuating stability. The flow of heat itself was interpreted as the movement of waves corresponding to the trigonometric terms, and from his solution (8.1) Fourier found expressions for heat flow in terms of temperature gradient and was able to show that the rate of heat intake via the edge exactly balanced the rate of loss through the sides, as it should. Fourier was taking the opportunity to check the accuracy and validity of his results.

Art. 48

Art. 49

Comparative references for this chapter

1805 draft: BN MFF 22525/144 bis–149.
1807 manuscript: arts. 48–49.
1811 paper: part 1, 280–281 (solution only).
Théorie: arts. 190, 192–195.

48. Intégrale de l'équation qui exprime l'état permanent de la lame.

Si dans l'équation

$$\tfrac{1}{4}\pi = \cos. x - \tfrac{1}{3}\cos. 3x + \tfrac{1}{5}\cos. 5x - \tfrac{1}{7}\cos. 7x + \ldots \&c.$$

on suppose $x = \pi y$, on aura

$$1 = \frac{4}{\pi}(\cos. \pi y - \tfrac{1}{3}\cos. 3\pi y + \tfrac{1}{5}\cos. 5\pi y - \tfrac{1}{7}\cos. 7\pi y + \ldots \&c.)$$

et en comparant à l'équation de condition

$$1 = a_1 \cos. (\tfrac{1}{2}\pi y) + a_2 \cos. (\tfrac{3}{2}\pi y) + a_3 \cos. (\tfrac{5}{2}\pi y) + a_4 \cos. (\tfrac{7}{2}\pi y) + \&c.,$$

on trouvera que les valeurs des coëfficients sont exprimées ainsi:

$$a_1 = \frac{4}{\pi} \cdots a_2 = -\frac{1}{3}\cdot\frac{4}{\pi} \cdots a_3 = \frac{1}{5}\cdot\frac{4}{\pi} \cdots a_4 = -\frac{1}{7}\cdot\frac{4}{\pi} \cdots \&c.$$

Il résulte de là que l'équation de la surface cherchée est:

$$\tfrac{1}{4}\pi z = e^{-\tfrac{1}{2}\pi x}\cos.\tfrac{1}{2}\pi y - \tfrac{1}{3}e^{-\tfrac{3}{2}\pi x}\cos.\tfrac{3}{2}\pi y + \tfrac{1}{5}e^{-\tfrac{5}{2}\pi x}\cos.\tfrac{5}{2}\pi y - \ldots \&c.$$

Telle est la forme particulière que l'on doit donner à l'intégrale générale de l'équation

$$\frac{d^2z}{dx^2}+\frac{d^2z}{dy^2}=0$$

pour que la fonction z satisfasse aux conditions qui dérivent de la nature physique de la question. Ces conditions se réduisent à ce que la surface dont l'ordonnée verticale est z doit

1° avoir des ordonnées infiniment petites dans les points infiniment ∥ éloignés du corps,

2° couper le plan des x et y selon les arêtes 0 et 0,

3° passer par une droite tracée parallèlement à la première arête dans le plan des y et z.

Si donc on suppose qu'une lame solide reçoit la chaleur par l'arête 1, et la perd par les arêtes 0 et 0, ensorte que les points de la première arête soient toujours entretenus à la température 1 et que les deux autres arêtes conservent dans tous leurs points la température 0, les différentes parties de la lame s'échaufferont successivement jusqu'à ce qu'ils parviennent à une température fixe. La valeur de ce maximum de température sera donnée par l'équation

$$\tfrac{1}{4}\pi z = e^{-\tfrac{1}{2}\pi x}\cos.\tfrac{1}{2}\pi y - \tfrac{1}{3}e^{-\tfrac{3}{2}\pi x}\cos.\tfrac{3}{2}\pi y \ldots \&c.,$$

x et y étant les coordonnées des divers points, z la température correspondante ou l'ordonnée de la surface, et 1 la demi-longueur de l'arête 1. Si l'on avait pris $\tfrac{1}{2}\pi$ pour unité de mesure on aurait eu l'équation

$$\tfrac{1}{2}z = e^{-x}\cos. y - \tfrac{1}{3}e^{-3x}\cos. 3y + \tfrac{1}{5}e^{-5x}\cos. 5y - \tfrac{1}{7}e^{-7x}\cos. 7y \ldots \&c.$$

49. Du mode de propagation de la chaleur dans l'intérieur de la lame.

Nous examinerons maintenant comment s'opère la distribution de la chaleur dans l'intérieur de la lame.

Si l'on affecte chaque point dont les coordonnées sont x et y d'une température égale à

$$ae^{-\tfrac{1}{2}\pi x}\cos.\tfrac{1}{2}\pi y + be^{-\tfrac{3}{2}\pi x}\cos.\tfrac{3}{2}\pi y + ce^{-\tfrac{5}{2}\pi x}\cos.\tfrac{5}{2}\pi y \ldots$$

les constantes $a, b, c, \ldots$ ayant été déterminées par la température connue des divers points de l'arête *1*. Si en même temps les points de l'arête *1* sont entretenus à ces températures données et ceux des arêtes *0* et *0* à la température 0 dans toute leur longueur, il n'y aura par la suite aucun changement dans l'état de la lame. Chacun de ses points conservera la température qui lui aura été donnée et toute la quantité de chaleur qui se dissipera à chaque instant par les arêtes sera incessemment remplacée par celle qui émane du foyer. Le calcul fait connaître facilement en quoi consiste cette propagation.

En effet, la ligne *mm* infiniment voisine de *MM* étant moins échauffée que cette seconde ligne, il passera dans un instant quelconque dt une certaine quantité de chaleur de la première ligne dans la seconde. Pour trouver ∥ l'expression de cette quantité, on remarquera que celle qui est transmise par une partie infiniment petite de cette ligne dy parallèlement à la longueur de la lame est proportionnelle à la valeur de $-K\frac{dz}{dx}dy$ en ce point, c'est-à-dire, au produit de la conductibilité K, du rapport $-\frac{dz}{dx}$ pris avec une signe contraire, et de l'élément dy qui représente ici l'étendue du contact, parce qu'on fait abstraction de l'épaisseur de la lame. Ainsi la chaleur totale qui passe de la ligne *MM* dans celle qui la suit est $-K\int\left(\frac{dz}{dx}\right)dy$, cette intégrale étant prise depuis $y = -1$ jusqu'à $y = 1$.

Il passe dans le même instant une certaine quantité de chaleur de la ligne *mm* dans celle qui la suit vers la droite, et cet effet a lieu en même temps dans toute l'étendue de la lame, ensorte que chacun des lignes est échauffée par celle qui la précède. Or la ligne *mm* ne perd pas seulement la chaleur qu'elle transmet à celle qui la suit. Elle en perd encore par ses deux extrémités *m* et *m*, et les quantités de ces deux pertes sont compensées par la chaleur qui sort de l'arête *MM*. Il en est de même des lignes qui suivent *mm* dans toute l'étendue de la lame. Chacune de ces lignes perd la chaleur qui passe dans la suivante, et elle en perd aussi par ses deux extrémités. La somme des deux quantités de chaleur que la ligne vient de perdre est à chaque moment rétablie par la chaleur que transmet la ligne précédente, et c'est à raison de cette compensation que la surface ne change point de température dans ses différents points.

Non seulement la chaleur se propage d'une ligne à la suivante dans le sens des x, comme nous venons de la décrire, elle se transmet en même temps par ondes longitudinales, si l'on peut s'exprimer ainsi. En effet, la température d'un point d'une ligne mm est d'autant plus grande que le point est plus proche du milieu de cette ligne. Ainsi, la chaleur passant à chaque instant du point qui est le plus échauffé dans celui qui l'est moins, il en résulte qu'une ligne nn parallèle à l'arête 0 communique ‖ dans l'instant dt une certaine quantité de chaleur à la ligne suivante $n'n'$. Quant à la dernière de ces lignes, qui est l'arête 0 et qui conserve une température nulle, elle reçoit à chaque instant de la ligne qui la précède une quantité de chaleur qui sort de la lame pour se perdre dans le milieu. La quantité de cette chaleur perdue a pour expression $-K \int dx \frac{dz}{dy}$, le coëfficient $\frac{dz}{dy}$ ayant dans cette intégrale la valeur qu'il reçoit lorsque $y = 1$ et l'intégrale étant prise depuis $x = 0$ jusqu'à $x = \frac{1}{0}$.

La quantité de chaleur qui passe du foyer dans la table échauffée est $-K \int dy \frac{dz}{dx}$, en mettant pour x la valeur 0 dans la quantité $\frac{dz}{dx}$ et intégrant par rapport à y depuis $y = -1$ jusqu'à $y = 1$. D'un autre côté, la quantité de chaleur qui sort de la lame pour se perdre dans le milieu par l'une des arêtes est $-K \int dx \frac{dz}{dy}$, comme on l'a dit plus haut.

Il est donc nécessaire que la valeur de cette dernière intégrale soit la moitié de la valeur de la première, parce que, l'état de la lame ne changeant point, elle perd à chaque instant par les deux arêtes longitudinales autant de chaleur qu'elle en reçoit par l'arête transversale MM. On trouve en effet que le calcul vérifie le résultat de l'équation

$$z = ae^{-\frac{1}{2}\pi x} \cos. \tfrac{1}{2}\pi y + be^{-\frac{3}{2}\pi x} \cos. \tfrac{3}{2}\pi y + ce^{-\frac{5}{2}\pi x} \cos. \tfrac{5}{2}\pi y + \ldots$$

On tire

$$\frac{dz}{dx} = -\tfrac{1}{2}\pi (ae^{-\frac{1}{2}\pi x} \cos. \tfrac{1}{2}\pi y - 3be^{-\frac{3}{2}\pi x} \cos. \tfrac{3}{2}\pi y$$
$$+ 5ce^{-\frac{5}{2}\pi x} \cos. \tfrac{5}{2}\pi y \ldots),$$

dans l'instant dt une certaine quantité de chaleur à la ligne suivante nn'. Quant à la dernière de ces lignes qui est l'arête O, et qui conserve une température nulle, elle reçoit à chaque instant de la ligne qui la précède une quantité de chaleur qui sort de la lame pour se perdre dans le milieu. la quantité de cette chaleur perdue a pour expression $-K \int dx . \frac{\partial z}{\partial y}$ le coëfficient $\frac{\partial z}{\partial y}$ ayant dans cette intégrale la valeur qu'il reçoit lorsque $y=1$ et l'intégrale étant prise depuis $x=0$ jusqu'à $x=\frac{1}{0}$.

La quantité de chaleur qui passe du foyer dans la table échauffée est $-K \int dy . \frac{\partial z}{\partial x}$ en mettant pour x la valeur 0 dans la quantité $\frac{\partial z}{\partial x}$, et intégrant par rapport à y depuis $y=-1$ jusqu'à $y=1$. d'un autre côté, la quantité de chaleur qui sort de la lame pour se perdre dans le milieu par l'une des arêtes est $-K \int dx . \frac{\partial z}{\partial y}$ comme on l'a dit plus haut.

Il est donc nécessaire que la valeur de cette dernière intégrale soit la moitié de la valeur de la première; parceque l'état de la lame ne changeant point, elle perd à chaque instant par les deux arêtes longitudinales autant de chaleur qu'elle en reçoit par l'arête transversale MM. On trouve en effet que le calcul vérifie le résultat. de l'équation $z = a e^{-\frac{\pi x}{2}} \cos \frac{\pi y}{2} + b e^{-\frac{3\pi x}{2}} \cos 3\frac{\pi y}{2} + c e^{-\frac{5\pi x}{2}} \cos 5\frac{\pi y}{2} + \ldots$ on tire $\frac{\partial z}{\partial x} = -\frac{1}{2}\pi (a e^{-\frac{\pi x}{2}} \cos \frac{\pi y}{2} - 3 b e^{-\frac{3\pi x}{2}} \cos 3\frac{\pi y}{2} + 5 c e^{-\frac{5\pi x}{2}} \cos 5\frac{\pi y}{2} \ldots)$ Et lorsque $x=0$ $(\frac{\partial z}{\partial x}) = -\frac{1}{2}\pi (a \cos \frac{\pi y}{2} - 3 b \cos 3\frac{\pi y}{2} + 5 c \cos 5\frac{\pi y}{2} \ldots)$

multipliant par $-K dy$ et intégrant depuis $y=-1$ jusqu'à $y=1$ on trouvera $2K(a-b+c-d \ldots)$ pour expression de la quantité de chaleur qui est transmise par le foyer.

D'un autre côté, on a $\frac{\partial z}{\partial y} = -\frac{\pi}{2}(a e^{-\frac{\pi x}{2}} \sin \frac{\pi y}{2} + 3 b e^{-\frac{3\pi x}{2}} \sin 3\frac{\pi y}{2} + 5 c e^{-\frac{5\pi x}{2}} \sin 5\frac{\pi y}{2} \ldots)$, qui se réduit à $\frac{\partial z}{\partial y} = -\frac{\pi}{2}(a e^{-\frac{\pi x}{2}} + 3 b e^{-\frac{3\pi x}{2}} + 5 c e^{-\frac{5\pi x}{2}} \ldots)$ Lorsque $y=1$ multipliant par $-K dx$ et intégrant depuis $x=0$ jusqu'à $x=\frac{1}{0}$ on trouvera $K(a-b+c-d \ldots)$ pour la quantité de chaleur qui passe de la lame dans le milieu, c'est-à-dire, la moitié de ce que le foyer a fourni dans le même tems.

Si l'on examine pareillement quelle est la quantité de chaleur qui passe d'une ligne mm

et lorsque $x = 0$

$$\frac{dz}{dx} = -\tfrac{1}{2}\pi(a\cos.\tfrac{1}{2}\pi y - 3b\cos.\tfrac{3}{2}\pi y + 5c\cos.\tfrac{5}{2}\pi y\ldots).$$

Multipliant par $-Kdy$ et intégrant depuis $y = -1$ jusqu'à $y = 1$, on trouvera $2K(a - b + c - d\ldots)$ pour expression de la quantité de chaleur qui est transmise par le foyer.

D'un autre côté, on a

$$\frac{dz}{dy} = -\tfrac{1}{2}\pi(ae^{-\tfrac{1}{2}\pi x}\sin.\tfrac{1}{2}\pi y - 3be^{-\tfrac{3}{2}\pi x}\sin.\tfrac{3}{2}\pi y$$

$$+ 5ce^{-\tfrac{5}{2}\pi x}\sin.\tfrac{5}{2}\pi y\ldots)$$

qui se réduit à

$$\frac{dz}{dy} = -\tfrac{1}{2}\pi(ae^{-\tfrac{1}{2}\pi x} - 3be^{-\tfrac{3}{2}\pi x} + 5ce^{-\tfrac{5}{2}\pi x}\ldots)$$

lorsque $y = 1$. Multipliant par $-Kdx$ et intégrant depuis $x = 0$ jusqu'à $x = \tfrac{1}{0}$, on trouvera $K(a - b + c - d\ldots)$ pour la quantité de chaleur qui passe de la lame dans le milieu, c'est-à-dire, la moitié de ce que le foyer a fourni dans le même temps.

Si l'on examine pareillement quelle est la quantité de chaleur qui passe d'une ligne $mm\|$ correspondante à une abscisse x à la ligne suivante $m'm'$, on devra la trouver double de celle qui sort dans le même instant de la lame par l'arête longitudinale depuis le point m jusqu'à l'infini; car s'il en était autrement, la quantité de chaleur contenue dans la lame à la droite de mm ne serait pas constante: ce qui est contraire à l'hypothèse. Cette remarque nous donne encore lieu de reconnaître comment le calcul représente les conditions physiques de la question.

En effet, l'intégrale $-K\int\left(dy\dfrac{dz}{dx}\right)$ prise par rapport à y depuis $y = -1$ jusqu'à $y = 1$ a pour valeur

$$2K(ae^{-\tfrac{1}{2}\pi x} - be^{-\tfrac{3}{2}\pi x} + ce^{-\tfrac{5}{2}\pi x} - \ldots).$$

Si dans la valeur de $\dfrac{dz}{dy}$ on suppose $y = 1$ et qu'ayant multiplié par dx on prenne l'intégrale, en sorte qu'elle commence lorsque $x = x$ et soit terminée lorsque $x = \tfrac{1}{0}$, on trouvera que la valeur totale est égale à

$$K(ae^{-\frac{1}{2}\pi x} - be^{-\frac{3}{2}\pi x} + ce^{-\frac{5}{2}\pi x} - \ldots),$$

qui est la moitié de la valeur de $\int dy \frac{dz}{dx}$.

On conçoit d'après ce qui vient d'être dit comment s'opère la transmission de la chaleur dans l'intérieur d'une lame solide d'une longueur infinie qui, étant échauffée par son extrémite et refroidie par ses bords, conserve en chaque point une température fixe.

La chaleur se meut uniformément par ondes perpendiculaires à la longueur de la lame, et en même temps par ondes parallèles à cette longueur. Les premières parcourent toute la lame en s'éloignant du foyer. Les ondes parallèles aux côtés s'éloignent de part et d'autre du milieu de la lame, ensorte que les deux dernières d'entr'elles se perdent de chaque côté dans les corps environnants.

Le mouvement de ces ondes est uniforme, en ce qu'il passe, par une ligne de position donnée, la même quantité de chaleur pendant chacun des instants égaux qui se succèdent; mais la quantité de chaleur qui s'écoule n'est pas la même pour chacune de ces lignes.

La quantité de chaleur dont se compose une des ondes perpendiculaires à la longueur a pour mesure la ‖ quantité

$$K \int \frac{dz}{dx} dy \quad \text{ou} \quad 2K(ae^{-\frac{1}{2}\pi x} - be^{-\frac{3}{2}\pi x} + ce^{-\frac{5}{2}\pi x} - de^{-\frac{7}{2}\pi x} + \ldots).$$

On voit par là que les ondes transversales qui propage la chaleur jusqu'à l'extrémité de la lame diminuent de masse (si l'on peut parler ainsi) à mesure qu'elles s'éloignent de foyer et deviennent infiniment petites lorsque $x = \frac{1}{0}$. Une ligne ne transmet pas à celle qui la suit toute la chaleur qu'elle a reçue de celle qui la précède. Elle en conserve une partie qui n'est point portée dans le même sens, mais qui s'écoule dans le sens des y en se dirigeant vers les bords de la lame, et ce sont ces dernières quantités de chaleur qui composent les ondes parallèles à la longueur.

Voilà en quoi consiste le mouvement de la chaleur lorsqu'on entretient à la même température les divers points d'une lame solide. Cette uniformité ne s'établit pas rigoureusement d'elle-même et l'état permanent que nous venons de considérer n'aurait lieu qu'après un temps infini. La surface qui s'échauffe tend continuellement vers cet état, et après un laps de temps un peu considérable elle en approche sensiblement. Ces températures sont celles qui se conserveraient d'elles-mêmes si elles étaient une fois établies. La question que nous venons de soumettre au calcul est en quelque sorte rationnelle, puisqu'on n'a point égard à l'épaisseur de la lame et à la déperdition de chaleur qui s'opère à la surface. On a choisi ce cas particulier pour avoir lieu d'exposer simplement et avec plus de clarté les principes dont on s'est servi. On rétablira par la suite toutes les circonstances physiques dont on avait d'abord fait abstraction.

These results give us the first sign of the power of Fourier's approach. In the first place, because of the fact that the shape of the body and the boundary conditions on it could be treated separately from the equation for heat diffusion itself, he was able to arrange as simple an example as possible for his first investigations. As he remarked at the end of his above text, his succeeding problems could be seen as generalizations of this one, to incorporate time-dependence, three-dimensionality of the body and external heat diffusion taking place across its surface; and in the *Théorie* he took his present solution into a new mathematical form by the use of complex variables. Writing the solution in the form

(8.2) $$\tfrac{1}{4}\pi v = e^{-x}\cos y - \tfrac{1}{3}e^{-3x}\cos 3y + \ldots,$$

he used Euler's formulae

(8.3) $$e^{\pm iy} = \cos y \pm i \sin y$$

to transform it to

$$\tfrac{1}{2}\pi v = e^{-(x-iy)} - \tfrac{1}{3}e^{-3(x-iy)} + \ldots + e^{-(x+iy)} - \tfrac{1}{3}e^{-3(x+iy)} + \ldots$$

$$= \tan^{-1}\left[e^{-(x-iy)}\right] + \tan^{-1}\left[e^{-(x+iy)}\right]$$

(8.4) $$= \tan^{-1}\left[\frac{2\cos y}{e^x - e^{-x}}\right],$$

a respectable analytical expression as opposed to heretical trigonometric series.[1] It is impossible to say when Fourier made this development of (8.2),[2] but if he had been able to give it in the 1807 paper, it might have helped him a little with Lagrange.

We have come now to the end of the 1805 draft. To it Fourier wrote a preface not only summarizing its main results but hinting that some new ones were in preparation. Not all of the previous difficulties had been resolved, however: he completely ignored the trouble with the n-body analysis and still claimed the equation

$$\frac{\partial v}{\partial t} = K\left(\frac{\partial^2 v}{\partial x^2} + \frac{\partial^2 v}{\partial y^2}\right) - hv \qquad (8.5)$$

for the diffusion of heat in a two-dimensional body. But he gave a few more examples of Fourier series and claimed to know how to express *any* function in such a series—and, moreover, by a new method. The extra examples and the production of a series for any function were to come in the section of his 1807 paper contained in our next chapter, and in Chapter 10 we see expounded his allusions to the vibrating string problem.

We may wonder as to the purpose of this summary. It was mentioned on page 107 that Fourier had sent part of his 1807 paper to Biot and Poisson; perhaps this was it, with its ignoring of the difficulty of the n-body analysis and also an acknowledgement of assistance from Biot near the end. At all events, here is the text in full:

|| J'ai supposé qu'un nombre déterminé de masses finies parfaitement conductibles étaient rangées sur la circonférence d'un cercle et separées par un petit intervalle. Les températures initiales des corps sont des quantités données arbitrairement. Une tranche infiniment petite se meut dans l'intervalle qui

---

[1] J. B. J. Fourier *Théorie*, art. 205; see also art. 206. Fourier first gave this solution form in *1816a*, 359.
[2] Some reasonably early manuscripts show interest in complex numbers and variables, though mostly in connection with complex roots of equations; see especially BN MFF 22512/79–82,

88–97, 128–132, 158–162. The closest approximation to the use of complex variables for heat diffusion is a mention of

$$z = \phi(x+y\sqrt{-1}) - \phi(x-y\sqrt{-1})$$

in 22519/50, in a mass of calculations of various parts of his analysis.

sépare deux corps consécutifs quelconques et se porte alternativement dans chaque instant de l'une des masses à l'autre. Ces mouvements des tranches font varier continuellement les températures. On détermine par le calcul ces changements et on suppose ensuite que le nombre des corps devienne infini et leur épaisseur infiniment petite. J'ai d'abord été curieux de connaître quel serait le résultat analytique de cette hypothèse. Il est absolument le même que si l'on employait le principe connu de Newton. De là je passe facilement aux équations de la propagation de la chaleur.[3]

Lorsqu'on ne considère que le mouvement linéaire on trouve l'équation

$$\frac{dv}{dt} = K\frac{d^2v}{dx^2} - hv.$$

v est la température variable, K et h sont des coëfficients dont l'un est relatif à la conductibilité et l'autre au refroidissement spontané.

Le mouvement de la chaleur dans une surface plane est représenté par l'équation

$$\frac{dv}{dt} = K\left(\frac{d^2v}{dx^2} + \frac{d^2v}{dy^2}\right) - hv.$$

On parvient à une équation analogue lorsque la chaleur se propage selon les trois dimensions.

Ces équations aux différences partielles sont sujettes à des difficultés majeures lorsqu'on entreprend de les intégrer et de déterminer effectivement les fonctions arbitraires. C'est le point auquel je me suis attaché parce qu'il paraît être le véritable noeud de la question.

Il résulte de mes recherches sur cet objet que les fonctions arbitraires même discontinues peuvent toujours ∥ être représentées par les développements en sinus ou cosinus d'arcs multiples, et que les intégrales qui contiennent ces développements sont precisement aussi générales que celles où entrent les fonctions arbitraires d'arcs multiples. Conclusion que le célèbre Euler a toujours repoussée.[4]

---

[3][Ed.] Presumably this remark is intended by Fourier to conceal the difficulties from his readers.

[4][Ed.] This is an allusion to the vibrating string problem, discussed in Chapter 10.

Voici quelques exemples des développements dont il s'agit.

L'équation

$$y = \cos. x - \tfrac{1}{3}\cos. 3x + \tfrac{1}{5}\cos. 5x - \tfrac{1}{7}\cos. 7x + \tfrac{1}{9}\cos. 9x - \ldots \&c.$$

appartient à la ligne discontinue $mmnnm'm'n'n'm''\ldots \&c.$

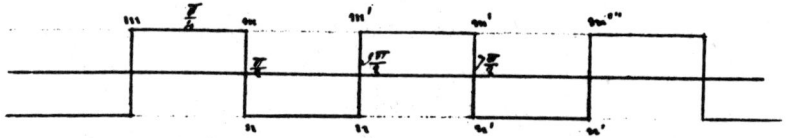

L'équation

$$\frac{\pi y}{2} = \frac{\sin. x}{1^2} - \frac{1}{3^2}\sin. 3x + \frac{1}{5^2}\sin. 5x - \frac{1}{7^2}\sin. 7x + \ldots \&c.$$

appartient à la ligne $mmnnm'm'n'n'm''m''n''n''\ldots.$

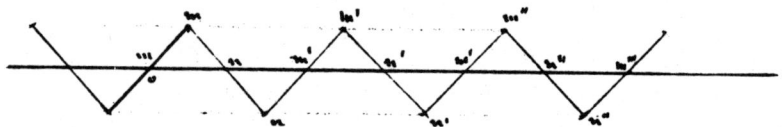

L'équation

$$\frac{\pi^2}{4} - \frac{\pi y}{2} = \frac{1}{1^2}\cos. x + \frac{1}{3^2}\cos. 3x + \frac{1}{5^2}\cos. 5x + \frac{1}{7^2}\cos. 7x + \ldots \&c.$$

appartient à la ligne $mmm'm'm''m''m'''m'''\ldots,$

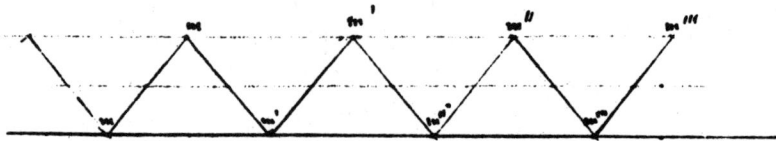

ou au périmètre du triangle isoscèle depuis $x = 0$ jusqu'à $x = 2\pi$.

La fonction sin. x, dont le développement ne contient que des puissances impaires, peut être développée aussi en une série de cosinus d'arcs multiples quoiqu'il n'entre dans cette série que des puissances paires, et l'on a cette équation:

$$\tfrac{1}{2}\pi \sin. x = \frac{1}{2} - \frac{\cos. 2x}{1\cdot 3} - \frac{\cos. 4x}{3\cdot 5} - \frac{\cos. 6x}{5\cdot 7} - \frac{\cos. 8x}{7\cdot 9} - \frac{\cos. 10x}{9\cdot 11}$$
$$- \ldots \&c.$$

Les valeurs des deux membres sont égales toutes les fois que l'arc x est compris entre 0 et π, 2π et 3π, 4π et 5π, ... etc. ‖ Elles sont de signe contraire lorsque l'arc est compris entre π et 2π, 3π et 4π, ... &c.

Il en est de même de la fonction qui est développée en sinus d'arcs multiples dans l'équation

$$\tfrac{1}{4}\pi \cos. x = \frac{2}{1.3}\sin. 2x + \frac{4}{3.5}\sin. 4x + \frac{6}{5.7}\sin. 6x + \ldots$$

L'équation

$$y = \sin. \text{Vers.} \, \alpha \sin. x + \frac{\sin. \text{Vers.} \, 2\alpha \sin. 2x}{2} + \frac{\sin. \text{Vers.} \, 3\alpha \sin. 3x}{3} + \ldots$$

appartient à la ligne $mmm\pi$,

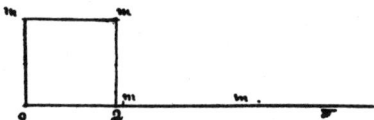

c'est-à-dire que le 2e membre a une valeur réelle et constante tant que l'arc x est compris entre 0 et α et qu'il a une valeur nulle toutes les fois que l'arc x est compris entre α et π.

On peut représenter par des équations analogues les lignes discontinues composées d'arcs paraboliques et de parties de ligne droite les ordonnées des surfaces qui terminent en les polyèdres.

J'étais d'abord parvenu à plusieurs de ces équations par des éliminations très-laborieuses, mais j'emploie maintenant une règle beaucoup plus générale et très-expéditive pour résoudre une fonction arbitraire quelconque en série de sinus ou de cosinus d'arcs multiples. Ces résultats confirment pleinement l'opinion de Daniel Bernoulli.[5]

Les développements dont il s'agit ont donc cela de commun avec les équations aux différences partielles qu'ils peuvent exprimer les propriétés des fonctions entièrement arbitraires et discontinues; c'est pour cela qu'ils se présentent naturellement pour l'intégration de ces dernières équations, et leur application offre des facilités singulières dans les questions des lignes ‖ mouvements des fluides, de la propagation du

---

[5][Ed.] This is another reference to the vibrating string problem.

son, des vibrations des corps élastiques, et donne un moyen aisé de déterminer les mouvements avec toute la généralité que l'on obtiendrait de l'emploi des fonctions arbitraires. J'en ai fait une application plus particulière à la question de la propagation de la chaleur et l'on parvient ainsi à reconnaître distinctement comment elle se propage par ondes successives dans l'intérieur des corps. Au reste le calcul ne suffit point pour lever toutes les incertitudes de cette théorie du mouvement de la chaleur. Il y en a qui ne peuvent être résolues que par la voie de l'expérience. C'est ce que M^r. Biot a déjà entrepris avec le plus grand succès. Il a bien voulu m'en communiquer depuis les premiers résultats consignés dans un mémoire imprimé.[6]

Il était de quelqu'interêt de soumettre la même question à une analyse exacte et l'on en peut du moins retirer l'avantage de distinguer facilement quels sont les points douteux que la seule expérience peut éclaircir, tels surtout que la déperdition de chaleur qui s'opère à la surface par une espèce d'irradiation.

Je désire singulièrement d'apprendre comment la figure, le poli ou l'enduit de la surface modifie l'effet de cette propriété.[7]

At the end of the draft itself Fourier placed a footnote, reporting the frequent interruptions (from all his extrascientific commitments) to his work. Nevertheless, he stated his resolve for new results in forceful terms:

"La rédaction de ce mémoire ayant été fréquemment interrompue et les calculs faits à diverses reprises, il peut se faire qu'il y ait quelques ommissions essentiels, et que l'on n'a point donné aux résultats toute l'étendue dont ils sont susceptibles. Je me serais attaché à rectifier ces erreurs, si cet écrit eût dû être rendu public. Mon véritable objet est de montrer comment il faut employer les équations aux différences partielles pour déduire la théorie de la chaleur des expériences qui doivent toujours servir de base à cette théorie."[8]

The fulfillment of this aim constitutes the rest of the manuscript of 1807, to which we now return.

---

[6][Ed.] This is doubtless a reference by Fourier to Biot's paper described by us on pp. 83–84.

[7][Ed.] J. B. J. Fourier 1805 draft: BN MFF 22525/107–108 bis.
[8]See BN MFF 22525/149.

9   Sine and Cosine Series for an Arbitrary Function

This section of Fourier's paper contains the bulk of his discoveries concerning trigonometric series. His analysis of a lamina held at constant temperature along its edge had led him to an equation of the form

(9.1) $$1 = a \cos x + b \cos 3x + \ldots ;$$

the first generalization that he tackled was the representation of an arbitrary function $\phi(x)$ by a sine series:

(9.2) $$\phi(x) = a \sin x + b \sin 2x + \ldots .$$

Art. 50 After reminding the reader of (9.1), he began to reveal the method of solving (9.2) to which he had alluded in the summary of the 1805 draft. It was a remarkable extension of his technique of infinitely differentiating (9.1): after expressing $\phi(x)$ by Taylor's series and the sine terms of (9.2) by their power forms, he equated the coefficients of like powers of x to obtain the infinite

Art. 51 sequence of equations that he needed. This time, however, the process of successive elimination was more difficult to carry out, since the coefficients from Taylor's series on the other side of the equations (which he denoted by $A, B, C, \ldots$) were in general all nonzero; and for the same reason the method of induction would need to be handled more carefully. So Fourier named the n constants for the first n equations $a_n, b_n, c_n, \ldots$ and the corresponding terms for Taylor's series on the other side of the equations $A_n, B_n, C_n, \ldots$ to obtain

Art. 52

(9.3)
$$a_1 = A_1, \; a_2 + 2b_2 = A_2, \; a_3 + 2b_3 + 3c_3 = A_3, \ldots$$
$$a_2 + 2^3 b_2 = B_2 \quad a_3 + 2^3 b_3 + 3^3 c_3 = B_3$$
$$a_3 + 2^5 b_3 + 3^5 c_3 = C_3$$

The solution of this system fell into several stages, and involved the calculation of the limiting values of $a_1, a_2, a_3, \ldots$, $b_1, b_2, b_3, \ldots, A_1, A_2, A_3, \ldots, B_1, B_2, B_3, \ldots, \ldots$, corresponding to the infinite system of equations. Now these limiting values were $a, b, c, \ldots, A, B, C, \ldots$, and Fourier began by finding recurrence relations for the sequence of values of each of the unknowns, obtaining equations such as (the formally impossible!)

(9.4) $$a = \frac{a_1}{(2^2 - 1)(3^2 - 1)(4^2 - 1) \ldots},$$

Art. 53
Art. 54
Art. 55

with similar results for b and b_2, c and c_3, ... Next he evaluated A_1 in terms of $A, B, C, \ldots$, used (9.3) to find a_1 and (9.4) to obtain a; and in a like manner he calculated $b_2, c_3, \ldots$ and thus $b, c, \ldots$ as required. But there was a drawback to each of the answers, in that they contained within them a quotient of infinite products of integers and also series whose sums needed to be found; for example, the solution for a was

(9.5)
$$a = \frac{2^2 \cdot 3^2 \cdot 4^2 \cdot 5^2 \cdots}{(2^2-1)(3^2-1)(4^2-1)(5^2-1)\cdots} \times$$
$$\left[A - B\left(\frac{1}{2^2} + \frac{1}{3^2} + \frac{1}{4^2} + \cdots\right) \right.$$
$$\left. + C\left(\frac{1}{2^2 \cdot 3^2} + \frac{1}{2^2 \cdot 4^2} + \frac{1}{3^2 \cdot 4^2} + \cdots\right) - \cdots \right].$$

The quotients were easily reduced by canceling; but to find the sums of the series, Fourier had to resort to comparing the infinite product and series forms for $\sin x$:

(9.6)
$$\sin x = x - \frac{x^3}{3!} + \frac{x^5}{5!} - \cdots$$
$$= x\left(1 - \frac{x^2}{1^2 \cdot \pi^2}\right)\left(1 - \frac{x^2}{2^2 \cdot \pi^2}\right)\left(1 - \frac{x^2}{3^2 \cdot \pi^2}\right)\cdots,$$

for the coefficients in the expansion of the infinite product were the series in question, whose sums were to be found from the appropriate coefficients of the series expansion. Hence (9.5) became

Art. 56
(9.7)
$$\frac{1}{2}a = A - B\left(\frac{\pi^2}{3!} - \frac{1}{1^2}\right) + C\left(\frac{\pi^4}{5} - \frac{\pi^2}{1^2 \cdot 3!} + \frac{1}{1^4}\right)$$
$$- D\left(\frac{\pi^6}{7} - \frac{\pi^4}{1^2 \cdot 5!} + \frac{\pi^2}{1^4 \cdot 3!} - \frac{1}{1^6}\right) + \cdots,$$

leading to a solution to (9.2) in which Fourier replaced $A, B, C, \ldots$ by their actual values $\phi^{(1)}(0), -\phi^{(3)}(0), \phi^{(5)}(0), \ldots$;

$$\frac{1}{2}\phi(x) =$$

Art. 57
(9.8)
$$\left\{\phi^{(1)}(0) + \phi^{(3)}(0)\left(\frac{\pi^2}{3!} - \frac{1}{1^2}\right) + \phi^{(5)}(0)\left(\frac{\pi^4}{5!} - \frac{\pi^2}{1^2 \cdot 3!} + \frac{1}{1^4}\right) + \cdots\right\}\sin x$$
$$- \frac{1}{2}\left\{\phi^{(1)}(0) + \phi^{(3)}(0)\left(\frac{\pi^2}{3!} - \frac{1}{2^2}\right) + \phi^{(5)}(0)\left(\frac{\pi^4}{5!} - \frac{\pi^2}{2^2 \cdot 3!} + \frac{1}{2^4}\right) + \cdots\right\}\sin 2x$$
$$+ \cdots.$$

9 Sine and Cosine Series for an Arbitrary Function

Art. 58 After giving a few examples for series derived from (9.8), Fourier reduced it in size by rearranging each coefficient into a combination of Taylor's series:

Art. 59
(9.9)
$$\tfrac{1}{2}\phi(x) = \left\{\phi(\pi) - \tfrac{1}{1^2}\phi^{(2)}(\pi) + \tfrac{1}{1^4}\phi^{(4)}(\pi) - \cdots\right\} \sin x$$
$$-\left\{\phi(\pi) - \tfrac{1}{2^2}\phi^{(2)}(\pi) + \tfrac{1}{2^4}\phi^{(4)}(\pi) - \cdots\right\} \sin 2x + \cdots.$$

Art. 60 And still he was not satisfied. After producing another example of a series from (9.9), he put the coefficient of its general term into the form

(9.10)
$$\frac{S_n}{n} = \phi(\pi) - \frac{1}{n^2}\phi^{(2)}(\pi) + \frac{1}{n^4}\phi^{(4)}(\pi) - \cdots$$

(together with a positive sign for odd n and a negative sign for even n) and then interpreted S_n as a function of the variable π to show that it satisfied the ordinary differential equation

(9.11)
$$S_n + \frac{1}{n^2}\frac{d^2 S_n}{dx^2} = \phi(x).$$

Now the general solution to (9.11) was

$$S_n(x) = a \cos nx + b \sin nx$$
(9.12)
$$+ n \sin nx \int_0^\pi \phi(u) \cos nu\, du - n \cos nx \int_0^\pi \phi(u) \sin nu\, du,$$

which reduced to

(9.13)
$$S_n(x) = \pm n \int_0^\pi \phi(u) \sin nu\, du$$

when x did take the value π. Thus — at last — Fourier had found his general sine series for $\phi(x)$:

Art. 61
(9.14)
$$\tfrac{1}{2}\pi\phi(x) = \sum_{r=1}^\infty \sin rx \int_0^\pi \phi(u) \sin ru\, du.[1]$$

Fourier's method of producing both the general result (9.14) and also the particular series (9.1) in Chapter 7 saw the birth of the theory of infinite matrices, a subject which next received attention at the end of the century when his far-sightedness here earned him the ultimate tribute of being criticized for the naivety of his methods in the light of the

---

[1] Some notes on the calculation of (9.14) may be found in BN MFF 22519/70–73.

developments that he helped to stimulate.[2] Granted that series were being differentiated term-by-term and rearranged without the examination of convergence properties, that $\phi(x)$ was assumed to have a Taylor expansion, and so on if we care to look further, the reasoning is still a magnificent exercise in the formal manipulation of analytical techniques of its time, and our wisdom after the event should not be allowed to dismiss Fourier's wisdom during it. In the context of his work, the procedure was entirely natural: to generalize a method which had proved successful in a simple case. As always, he was not content with his analysis until it led him to a result of sufficiently simple and lucid form. In itself, the genuine "Fourier series," with its coefficients in their integral forms, would have amounted to an extension and rediscovery of forgotten results from the preceding century in a context where their significance could be appreciated and utilized. But he proceeded further to a bold examination of a result which was to have profound implications for the mathematical analysis of the whole century. For in the final version, the function $\phi(x)$ appeared only inside the integrals: the Taylorian expansions turned out to be scaffolding which could be dispensed with.

Points of this kind are examples of a basic problem which occurs throughout the history of mathematical physics: the question of making rigorous to within carefully and independently defined sufficient conditions the formal processes which have been used to devise some particular solution form to a partial differential equation. In particular, Fourier's formal processes, and the results that he obtained from them, were the

---

[2] See E. B. van Vleck *1914a*, 120–121; P. E. B. Jourdain *1917a*, 250; R. E. Langer *1947a*, 35–36, 41; M. Bernkopf, "A history of infinite matrices . . . ," *Archive for history of exact sciences*, 4 (1968), 308–358 (pp. 313–316). By contrast see A. B. Paplauskas *1961a*, esp. p. 214; and *1966a*, esp. pp. 45–46 and 54–55. For an early but unimportant application of Fourier's method of infinite matrices, see G. Piola, "Sulla teoria delle funzioni discontinue," *Memoirie della Società Italiana della Scienze*, 20, part 1 (1828), 573–639; and for a considered study of the rigor of Fourier's procedure (especially as used in our Chapter 7) before the general development of the theory of infinite matrices, see T. J. van Stieltjes, "Sur un passage de la théorie analytique de la chaleur," *Nouvelles annales de mathématiques*, (3) 8 (1889), 472–478; *Oeuvres*, 2, 205–210. Note also Darboux's corrective remarks in J. B. J. Fourier *Oeuvres*, 1, 191–193, 206.

A detailed account of Fourier's method of infinite matrices is given in Daev *1940a*, 9–22.

great prototype for research throughout his century and into ours, and to have expected him to perceive the techniques of "rigorization" which we now know partially because of the problems that these results had suggested *for the first time* in the development of mathematics is to apply entirely inappropriate criteria of adequacy and interpretation to the work under discussion.

Fourier's first examination of the foundational aspects of his new results concerned the generality of the function and the integrals involving it. Since presumably the result was true for "any" function, it extended to those which were not differentiable everywhere; therefore, the integrals of (9.14) would require consideration as the area under the curve produced by multiplying $\phi(x)$ by a trigonometric function. This interpretation of the integral had been known since the seventeenth century, but the dominating practice of defining integration as the inverse of differentiation had led to its comparative neglect. Next Fourier showed the other method of calculating the coefficients of (9.2) to which he had alluded in his summary to the 1805 draft, that is, the now standard method of multiplying through (9.2) by sin rx and then integrating term-by-term over $[0, \pi]$. Without doubt Fourier found the new method for himself. Leonhard Euler (1707–1783) had used it, along with methods using series of *powers* of the cosine function, when he stated the cosine version of the series

$$\frac{1}{2}\pi\phi(x) = \frac{1}{2}\int_0^\pi \phi(u)\,du + \sum_{r=1}^\infty \cos rx \int_0^\pi \phi(u) \cos ru\,du$$

in a paper of 1777 published posthumously in 1798;[3] but Fourier reported later that he had learned of Euler's paper only when it had been indicated to him by Lacroix.[4]

---

[3]L. Euler, "Disquisito ulterior super seriebus secundum multipla cuiusdem anguli progedientibus," *Nova acta Academiae Scientarum Petropolitanae*, 11 (1793: publ. 1798), 114–132; *Opera Omnia*, (1) 16, section 1, 333–355. For commentary on Euler's method using powers of cosines, and a preference of it over Fourier's use of infinite matrices, see R. E. Langer *1947a*, 28–30. The statement in I. Grattan-Guinness *1969a*, 240, that Euler asserted (9.15) without proof is a mistake.

[4]J. B. J. Fourier *1829c*, 613; *Oeuvres*, 2, 174. Fourier may well have known of a treatment of trigonometric expansions such as

$$(1 + n\cos z)^m = \sum_{r=0}^\infty A_r \cos rz \qquad (1)$$

Arts. 64–74
Art. 67
Arts. 66, 68–70
Arts. 71–74
Art. 74

Art. 68

So Fourier now had a rapid and general method of calculating series, and he put it to good use in the rest of this section of his paper. As well as producing the general cosine series (9.15) which was known to Euler, he described in detail the new examples mentioned in the summary to the 1805 draft as well as still further new series (including the construction of a double Fourier series), and he also gave three different series for the function $\frac{1}{2}x$, all giving different representations along the real line. The text of these articles is written with a clarity which has not often been achieved since in the presentation of Fourier series; and throughout it there is an understanding of another problem which may not be evident at first glance. In general terms, the mathematical analysis which Fourier inherited had been developed mainly by Euler and Lagrange and was basically algebraic in character. One of its features was the treatment of integration as the inverse of differentiation, which made Fourier's description of it as an area rather unusual;[5] another feature (which had seventeenth century origins) was to distinguish between different kinds of function by their different kinds of algebraic expression. The idea was important, but the plethora of often antiquated terminology to describe the (allegedly) different categories had made the distinctions very unclear. The position over convergence and divergence of series was rather similar; different methods of summation were used without much understanding of the implications of their difference, and we saw in Chapter 7 Fourier's desire to treat convergence solely in terms of the term-by-term addition of the series. In the same way, he classified functions here by making *analytical*—rather than algebraic—distinctions between them: differentiable functions

---

carried out by Lacroix. After putting

$$z = \frac{r\pi}{N}, r = 0, 1, \ldots (N-1) \quad (2)$$

into the first N terms of (1) to give N equations in N unknowns, he obtained by rather crude approximations the result

$$A_0 = \frac{1}{N} \sum_{r=0}^{N-1} f\left(\frac{r\pi}{N}\right) \quad (3)$$

and the other coefficients by ancilliary equations. He also indicated that solutions like (3) tended to an integral form when N tended to infinity.

[*Traité du calcul différentiel et du calcul intégral* (1st edition), 2 (1798, Paris), 127–141. For commentary see A. P. Yushkevich (А. П. Юшкевич), "О возникновении понятия об определенном интеграле коши," *Труды института истории естествознания*, 1 (1947), 373–411 (pp. 380–384).]

[5]The general return in analysis to the geometrical interpretation of the integral as an area did not happen until some years after Fourier's paper: see I. Grattan-Guinness *1970a*, ch. 2.

(which, in the style of his time, he called "continuous") and "discontinuous" functions, which he saw clearly were either continuously joined without necessarily being differentiable or else were composed of separate sections.[6] An interesting related feature is that in all the diagrams of representations of discontinuous functions, the discontinuities were joined by vertical lines. These verticals were obviously drawn intentionally, since Fourier mentioned them in the verbal descriptions of these representations. To the modern view such a vertical indicates a multiple-value, or indeterminacy, of the function at that point; but it is likely that Fourier conceived the curves as geometrical objects, for which "contiguity," or connectedness, was more essential than single-valuedness with respect to a particular axis. If in a Mongean fashion we imagine these discontinuous curves as the boundaries of surfaces containing all the continuous approximation curves, we can see the naturalness of Fourier's depiction. Here as elsewhere we notice Fourier's undogmatic approach to his mathematical objects: as the representation of a physical state, a function must be finite and single-valued, while its algebraic expression freely admits of infinite values in the course of its manipulation, and its geometrical depiction need only be well behaved as a curve.

Comparative references for this chapter

1807 manuscript: arts. 50–74.
1811 paper: part 1, 281–316.
Théorie: arts. 207–229.

86 (blank)

**‖ 50.
De la résolution d'une fonction arbitraire en sinus ou en cosinus d'arcs multiples.**

La question de la propagation uniforme de la chaleur dans une lame rectangulaire a conduit à l'équation

$$\frac{d^2v}{dx^2}+\frac{d^2v}{dy^2}=0,$$

et pour appliquer convenablement l'intégrale, il a fallu déterminer les coëfficients de la quantité

87

$a_1 \cos. u + a_2 \cos. 2u + a_3 \cos. 3u + a_4 \cos. 4u + \ldots$ &c.,

---

[6]The eighteenth-century situation with regard to mathematical functions is described in I. Grattan-Guinness *1970a*, ch. 1; and J. R. Ravetz, "Vibrating strings and arbitrary functions," *Logic of personal knowledge: essays presented to M. Polanyi on his 70th birthday* (1961, London), 71–88 (pp. 72, 76–81).

ensorte que sa valeur fut égale à une constante toutes les fois que l'arc u est comprise entre $-\frac{1}{2}\pi$ et $\frac{1}{2}\pi$. Il n'y a point de doute qu'il ne soit possible de satisfaire à cette condition, puisqu'on a trouvé les valeurs numériques de ces coëfficients, savoir:

$$+\frac{4}{\pi}\cdots-\frac{4}{3\pi}\cdots+\frac{4}{5\pi}\cdots-\frac{4}{7\pi}\cdots \&c.;$$ mais on n'a traité qu'un

seul cas d'un problème plus général qui consiste à savoir si une fonction entièrement arbitraire peut toujours être développée en une suite de termes qui contiennent des sinus ou des cosinus d'arcs multiples. Cette question, importante en elle-même, est liée à la théorie des équations aux différences partielles, et a été longtemps agitée dès l'origine de cette analyse. Il était nécessaire de la résoudre pour intégrer convenablement les équations de la propagation de la chaleur. On en trouvera la solution complète dans l'application des principes que nous allons exposer.

51.
Développement d'une fonction qui ne contient que des puissances impaires de la variable. Formation des équations auxquelles les coëfficients doivent satisfaire.

Nous examinerons en premier lieu le cas où il s'agit de développer en série de sinus d'arcs multiples une fonction qui, ne contenant que des puissances impaires de la variable x, peut être exprimée par une série dont les termes sont formés des puissances x, x^3, x^5, x^7, x^9 ... &c. Désignant une telle fonction par ϕx, on pose l'équation ...

$$\phi x = a \sin. x + b \sin. 2x + c \sin. 3x + d \sin. 4x + \&c.,$$

et il s'agit de déterminer les valeurs des coëfficients $a, b, c, d, \ldots$ &c.

On écrira d'abord, conformément aux principes du calcul différentiel, l'équation:

$$\phi x = x\phi'(0) + \frac{x^2}{2}\phi''(0) + \frac{x^3}{2.3}\phi'''(0) + \frac{x^4}{2.3.4}\phi^{IV}(0)$$
$$+ \frac{x^5}{2.3.4.5}\phi^{V}(0) + \ldots \&c.$$

dans laquelle $\phi'(0) \ldots \phi''(0) \ldots \phi'''(0) \ldots$ &c. désignent les valeurs que prennent les fonctions $\dfrac{d(\phi x)}{dx} \ldots \dfrac{d^2(\phi x)}{dx^2} \ldots \dfrac{d^3(\phi x)}{dx^3}$ ... &c. lorsqu'on y suppose $x = 0$.

Ainsi, en représentant le développement selon les

puissances de x par l'équation:

$$\phi x = Ax - \frac{B}{2.3}x^3 + \frac{C}{2.3.4.5}x^5 - \frac{D}{2.3.4.5.6.7}x^7$$

$$+ \frac{E}{2.3.4.5.6.7.8.9}x^9 \ldots \&c.,$$

on aura

$$\phi(0) = 0 \quad \text{et} \quad \phi'(0) = A$$
$$\phi''(0) = 0 \quad \text{et} \quad -\phi'''(0) = B$$
$$\phi^{IV}(0) = 0 \quad \text{et} \quad \phi^{V}(0) = C$$
$$\phi^{VI}(0) = 0 \quad \text{et} \quad -\phi^{VII}(0) = D$$
$$\&c. \qquad\qquad \&c.$$

Si maintenant on compare l'équation précédente à celle-ci:

$$\phi x = a \sin. x + b \sin. 2x + c \sin. 3x + d \sin. 4x + e \sin. 5x + \ldots \&c.$$

et que l'on développe le second membre par rapport aux puissances de x, on aura les équations:

$$a + 2b + 3c + 4d + 5e + \&c. = A$$

$$a + 2^3 b + 3^3 c + 4^3 d + 5^3 e + \&c. = B$$

(e) $\quad a + 2^5 b + 3^5 c + 4^5 d + 5^5 e + \&c. = C$

$$a + 2^7 b + 3^7 c + 4^7 d + 5^7 e + \&c. = D$$

$$a + 2^9 b + 3^9 c + 4^9 d + 5^9 e + \&c. = E$$

$$\&c.$$

52.
De l'élimination des inconnues dont le nombre est infini.

Ces équations doivent servir à trouver les coëfficients a, b, c, d, … dont le nombre est infini. Pour y parvenir, on regardera d'abord comme déterminé le nombre des inconnues, et l'on supposera un pareil nombre d'équations. Les coëfficients $a, b, c, d, \ldots$ ont dans ce cas des valeurs fixes que l'on peut trouver par l'élimination. Or, on obtiendrait pour ces mêmes quantités des valeurs différentes, si le nombre des équations et celui des inconnues augmentait d'une unité. Ainsi, la valeur de chacun des coëfficients varie à mesure que l'on augmente le nombre de ces coëfficients, et celui des équations qui les doivent déterminer. Il s'agit de chercher quelles sont les limites vers lesquelles les valeurs des inconnues convergent continuellement, à mesure que le nombre des équations devient plus grand. Ces limites sont les véritables valeurs des inconnues qui satisfont aux équations précédentes, lorsque leur nombre est infini. On considérera donc successivement les cas où l'on aurait à déterminer une inconnue par une équation; deux inconnues par deux équations; trois inconnues par trois équations; ainsi de suite à l'infini, et l'on examinera quelle est l'analogie de chacun des cas avec celui qui le suit, ∥ afin de parvenir à connaître les résultats du dernier.

On distinguera ces différents cas, en les représentant comme il suit:

$$a_1 = A_1 \quad a_2 + 2b_2 = A_2 \quad a_3 + 2b_3 + 3c_3 = A_3$$
$$a_2 + 2^3 b_2 = B_2 \quad a_3 + 2^3 b_3 + 3^3 c_3 = B_3$$
$$a_3 + 2^5 b_3 + 3^5 c_3 = C_3$$

$$a_4 + 2b_4 + 3c_4 + 4d_4 = A_4 \quad a_5 + 2b_5 + 3c_5 + 4d_5 + 5e_5 = A_5$$
$$a_4 + 2^3 b_4 + 3^3 c_4 + 4^3 d_4 = B_4 \quad a_5 + 2^3 b_5 + 3^3 c_5 + 4^3 d_5 + 5^3 e_5 = B_5$$
$$a_4 + 2^5 b_4 + 3^5 c_4 + 4^5 d_4 = C_4 \quad a_5 + 2^5 b_5 + 3^5 c_5 + 4^5 d_5 + 5^5 e_5 = C_5$$
$$a_4 + 2^7 b_4 + 3^7 c_4 + 4^7 d_4 = D_4 \quad a_5 + 2^7 b_5 + 3^7 c_5 + 4^7 d_5 + 5^7 e_5 = D_5$$
$$a_5 + 2^9 b_5 + 3^9 c_5 + 4^9 d_5 + 5^9 e_5 = E_5.$$

53.
Réduction du cas précédent à celui dans lequel le nombre des inconnues est déterminé.

Si maintenant on veut éliminer la dernière inconnue e au moyen de 5 équations, il suffira de multiplier la 1ère équation par 5^2 et d'en retrancher la seconde; de multiplier la 2de par 5^2 et d'en retrancher la 3e; de multiplier la 3e par 5^2 et d'en retrancher la 4e; ainsi de suite. Cette élimination étant faite, on trouvera

$$a_5(5^2-1) + 2(5^2-2^2)b_5 + 3(5^2-3^2)c_5 + 4(5^2-4^2)d_5 = 5^2 A_5 - B_5$$
$$a_5(5^2-1) + 2^3(5^2-2^2)b_5 + 3^3(5^2-3^2)c_5 + 4^3(5^2-4^2)d_5 = 5^2 B_5 - C_5$$
$$a_5(5^2-1) + 2^5(5^2-2^2)b_5 + 3^5(5^2-3^2)c_5 + 4^5(5^2-4^2)d_5 = 5^2 C_5 - D_5$$
$$a_5(5^2-1) + 2^7(5^2-2^2)b_5 + 3^7(5^2-3^2)c_5 + 4^7(5^2-4^2)d_5 = 5^2 D_5 - E_5.$$

On voit qu'on aurait pu déduire ces quatre équations des quatre qui répondent au cas précédent, en mettant dans ces dernières:

au lieu de $\quad a_4, \; a_5(5^2-1) \quad\quad$ et au lieu de $\quad A_4, \; 5^2A_5 - B_5$

$\quad\quad\quad\quad\quad b_4, \; b_5(5^2-1) \quad\quad\quad\quad\quad\quad\quad\quad B_4, \; 5^2B_5 - C_5$

$\quad\quad\quad\quad\quad c_4, \; c_5(5^2-1) \quad\quad\quad\quad\quad\quad\quad\quad C_4, \; 5^2C_5 - D_5$

$\quad\quad\quad\quad\quad d_4, \; d_5(5^2-1) \quad\quad\quad\quad\quad\quad\quad\quad D_4, \; 5^2D_5 - E_5.$

On pourra toujours, par des substitutions semblables, passer du cas qui répond à un nombre m d'inconnues a celui qui répond à un nombre $m-1$. Et en écrivant par ordre toutes ces relations entre les quantités qui répondent à un cas et celles qui répondent au suivant, on aura:

(a)

$a_1 = a_2(2^2-1)$

$a_2 = a_3(3^2-1) \quad b_2 = b_3(3^2-2^2)$

$a_3 = a_4(4^2-1) \quad b_3 = b_4(4^2-2^2) \quad c_3 = c_4(4^2-3^2)$

$a_4 = a_5(5^2-1) \quad b_4 = b_5(5^2-2^2) \quad c_4 = c_5(5^2-3^2) \quad d_4 = d_5(5^2-4^2)$

$a_5 = a_6(6^2-1) \quad b_5 = b_6(6^2-2^2) \quad c_5 = c_6(6^2-3^2) \quad d_5 = d_6(6^2-4^2)$

$\quad\quad\quad\quad e_5 = e_6(6^2-5^2)$

$a_6 = a_7(7^2-1) \quad b_6 = b_7(7^2-2^2) \quad c_6 = c_7(7^2-3^2) \quad d_6 = d_7(7^2-4^2)$

$\quad\quad\quad\quad e_6 = e_7(7^2-5^2) \quad f_6 = f_7(7^2-6^2)$

&c.

‖ Et

(b)

$A_1 = 2^2A_2 - B_2$

$A_2 = 3^2A_3 - B_3 \quad B_2 = 3^2B_3 - C_3$

$A_3 = 4^2A_4 - B_4 \quad B_3 = 4^2B_4 - C_4 \quad C_3 = 4^2C_4 - D_4$

$A_4 = 5^2A_5 - B_5 \quad B_4 = 5^2B_5 - C_5 \quad C_4 = 5^2C_5 - D_5 \ldots$ &c.

&c.

On conclut des équations (a) qu'en représentant par $a, b, c, d, \ldots$ &c. les inconnues, dont le nombre est infini, on doit avoir:

$$a = \frac{a_1}{(2^2-1)(3^2-1)(4^2-1)(5^2-1)\ldots}$$

$$b = \frac{b_2}{(3^2-2^2)(4^2-2^2)(5^2-2^2)(6^2-2^2)\ldots}$$

(c)
$$c = \frac{c_3}{(4^2-3^2)(5^2-3^2)(6^2-3^2)(7^2-3^2)\ldots}$$

$$d = \frac{d_4}{(5^2-4^2)(6^2-4^2)(7^2-4^2)(8^2-4^2)\ldots}$$

&c.

54.
Calcul de la valeur du 1er coëfficient.

Il reste donc à déterminer les valeurs de $a_1, b_2, c_3, d_4, \ldots$ &c. La première est donnée par une équation dans laquelle entre A_1; la seconde est donnée par deux équations dans lesquelles entrent A_2 et B_2; la troisième est donnée par trois équations dans lesquelles entrent A_3, B_3 et C_3; ainsi de suite. Il suit de là que si on connaissait les valeurs de

A_1

$A_2 \quad B_2$

$A_3 \quad B_3 \quad C_3$

$A_4 \quad B_4 \quad C_4 \quad D_4$

&c.,

on trouverait facilement a_1 en résolvant une équation, b_2 en résolvant deux équations, c_3 en résolvant trois équations, ainsi de suite, après quoi on déterminerait $a, b, c, d \ldots$ &c. Il s'agit maintenant de calculer les valeurs de $A_1; A_2, B_2; A_3, B_3, C_3; \ldots$ &c. Au moyen des équations (b) on trouvera la valeur de A_1,

1° en A_2 et B_2,

2° par deux substitutions, on trouvera cette valeur de A_1 en A_3, B_3, C_3,

3° par trois substitutions, on trouvera la même valeur de A_1 en $A_4, B_4, C_4, D_4, \ldots$ &c., ainsi de suite. Ces valeurs successives de A_1 sont:

$$A_1 = A_2 2^2 - B_2$$

$$= A_3 2^2 \cdot 3^2 - B_3 \left| \begin{array}{l} 2^2 \\ 3^2 \end{array} \right. + C_3$$

$$= A_4 2^2 \cdot 3^2 \cdot 4^2 - B_4 \begin{vmatrix} 2^2 \cdot 3^2 \\ 2^2 \cdot 4^2 \\ 3^2 \cdot 4^2 \end{vmatrix} + C_4 \begin{vmatrix} 2^2 - D_4 \\ 3^2 \\ 4^2 \end{vmatrix}$$

$$= A_5 2^2 \cdot 3^2 \cdot 4^2 \cdot 5^2 - B_5 \begin{vmatrix} 2^2 \cdot 3^2 \cdot 4^2 \\ 2^2 \cdot 3^2 \cdot 5^2 \\ 2^2 \cdot 4^2 \cdot 5^2 \\ 3^2 \cdot 4^2 \cdot 5^2 \end{vmatrix} + C_5 \begin{vmatrix} 2^2 \cdot 3^2 - D_5 \\ 2^2 \cdot 4^2 \\ 3^2 \cdot 4^2 \\ 2^2 \cdot 5^2 \\ 3^2 \cdot 5^2 \\ 4^2 \cdot 5^2 \end{vmatrix} \begin{vmatrix} 2^2 + E_5 \\ 3^2 \\ 4^2 \\ 5^2 \end{vmatrix} \text{ \&c.,}$$

dont il est aisé de remarquer la loi. On voit d'abord que la dernière valeur de A_1 contiendra des produits d'un nombre infini de facteurs; mais cette valeur, qui est celle de a_1, devant être divisée par le produit infini $(2^2 - 1)(3^2 - 1) \ldots$ &c., donnera pour le 1er coëfficient a une valeur numérique. En cherchant la dernière valeur de A_1 et la divisant par le produit infini $2^2 \cdot 3^2 \cdot 4^2 \cdot 5^2 \cdot 6^2 \ldots$ &c., on aura

(g)

$$A - B\left(\frac{1}{2^2} + \frac{1}{3^2} + \frac{1}{4^2} + \frac{1}{5^2} + \cdots\right)$$

$$+ C\left(\frac{1}{2^2 \cdot 3^2} + \frac{1}{2^2 \cdot 4^2} + \frac{1}{2^2 \cdot 5^2} + \frac{1}{3^2 \cdot 4^2} + \cdots\right)$$

$$- D\left(\frac{1}{2^2 \cdot 3^2 \cdot 4^2} + \frac{1}{2^2 \cdot 3^2 \cdot 5^2} + \frac{1}{3^2 \cdot 4^2 \cdot 5^2} + \cdots\right)$$

$$+ E\left(\frac{1}{2^2 \cdot 3^2 \cdot 4^2 \cdot 5^2} + \text{\&c.}\right) + \text{\&c.}$$

Les quantités $A, B, C, \ldots$ &c. sont les mêmes que celles qui entrent dans les équations (c). Les coëfficients sont la somme de produits formés par les diverses combinaisons des fractions $\frac{1}{1^2}, \frac{1}{2^2}, \frac{1}{3^2}, \frac{1}{4^2}, \frac{1}{5^2} \ldots$ &c. dont on aurait séparé la 1ère $\frac{1}{1^2}$. Si l'on représente ces différentes sommes de produits par $P, Q, R, S, T, \ldots$ &c., on aura pour déterminer le premier coëfficient a l'équation:

$$a \frac{(2^2 - 1)(3^2 - 1)(4^2 - 1)(5^2 - 1) \ldots}{2^2 \cdot 3^2 \cdot 4^2 \cdot 5^2 \ldots} = A - BP_1 + CQ_1 - DR_1$$

$$+ ES_1 - FT_1 + \cdots.$$

Or, les quantités $P_1, Q_1, R_1, S_1, \ldots$ &c. peuvent être facilement déterminées comme on le verra plus bas. Ainsi, le premier coëfficient a sera entièrement connu.

55. Calcul de la valeur des coëfficients suivants.

Il faut passer à la recherche des coëfficients suivants: $b, c, d, e, f, \ldots$ qui dépendent des quantités $b_2, c_3, d_4, \ldots$ &c. On reprendra pour celà les équations suivantes:

$a_1 = A_1 \quad a_2 + 2\,b_2 = A_2 \quad a_3 + 2\,b_3 + 3\,c_3 = A_3$

$a_2 + 2^3 b_2 = B_2 \quad a_3 + 2^3 b_3 + 3^3 c_3 = B_3$

$a_3 + 2^5 b_3 + 3^5 c_3 = C_3$

$a_4 + 2\,b_4 + 3\,c_4 + 4\,d_4 = A_4 \quad a_5 + 2\,b_5 + 3\,c_5 + 4\,d_5 + 5\,e_5 = A_5$

$a_4 + 2^3 b_4 + 3^3 c_4 + 4^3 d_4 = B_4 \quad a_5 + 2^3 b_5 + 3^3 c_5 + 4^3 d_5 + 5^3 e_5 = B_5$

$a_4 + 2^5 b_4 + 3^5 c_4 + 4^5 d_4 = C_4 \quad a_5 + 2^5 b_5 + 3^5 c_5 + 4^5 d_5 + 5^5 e_5 = C_5$

$a_4 + 2^7 b_4 + 3^7 c_4 + 4^7 d_4 = D_4 \quad a_5 + 2^7 b_5 + 3^7 c_5 + 4^7 d_5 + 5^7 e_5 = D_5$

$a_5 + 2^9 b_5 + 3^9 c_5 + 4^9 d_5 + 5^9 e_5 = E_5.$

La $1^{\text{ère}}$, qui a déjá été employée, donne la valeur de a_1, les deux autres donnent la valeur de b_2, ainsi de suite. En effectuant le calcul, on trouvera, à la seule inspection de ces équations, pour les valeurs de $b_2, c_3, d_4, e_5, \ldots$ &c., les résultats suivants:

$2b_2(1^2 - 2^2) = A_2 \cdot 1^2 - B_2.$

$3c_3(1^2 - 3^2)(2^2 - 3^2) = A_3 \cdot 1^2 \cdot 2^2 - B_3 \begin{vmatrix} 1^2 \\ 2^2 \end{vmatrix} + C_3.$

$4d_4(1^2 - 4^2)(2^2 - 4^2)(3^2 - 4^2)$
$= A_4 \cdot 1^2 \cdot 2^2 \cdot 3^2 - B_4 \begin{vmatrix} 1^2 \cdot 2^2 \\ 1^2 \cdot 3^2 \\ 2^2 \cdot 3^2 \end{vmatrix} + C_4 \begin{vmatrix} 1^2 \\ 2^2 \\ 3^2 \end{vmatrix} - D_4.$

$5e_5(1^2 - 5^2)(2^2 - 5^2)(3^2 - 5^2)(4^2 - 5^2)$
$= A_5 \cdot 1^2 \cdot 2^2 \cdot 3^2 \cdot 4^2 - B_5 \begin{vmatrix} 1^2 \cdot 2^2 \cdot 3^2 \\ 1^2 \cdot 2^2 \cdot 4^2 \\ 1^2 \cdot 3^2 \cdot 4^2 \\ 2^2 \cdot 3^2 \cdot 4^2 \end{vmatrix} + C_5 \begin{vmatrix} 1^2 \cdot 2^2 \\ 1^2 \cdot 3^2 \\ 1^2 \cdot 4^2 \\ 2^2 \cdot 3^2 \\ 2^2 \cdot 4^2 \\ 3^2 \cdot 5^2 \end{vmatrix} - D_5 \begin{vmatrix} 1^2 \\ 2^2 \\ 3^2 \\ 4^2 \end{vmatrix} + E_5.$

92 ‖ La loi que suivent ces équations est facile à saisir. Il ne reste plus qu'a déterminer les quantités $A_2, B_2, \ldots A_3, B_3, C_3, \ldots A_4, B_4, C_4, D_4, \ldots$ &c. Or, les quantités A_2, B_2 peuvent être exprimées en A_3, B_3, C_3, ces dernières en $A_4, B_4, C_4, D_4, \ldots$ &c. Il suffit pour cela d'opérer les substitutions indiquées par les équations (b). Il est aisé de voir que ces changements successifs réduiront les seconds membres des équations précédentes (e) à ne contenir que A, B, C, &c. Les coëfficients de ces quantités seront les différents produits que l'on peut faire en combinant les quarrés des nombres $1^2, 2^2, 3^2, 4^2 \ldots$ &c. à l'infini. Il faut seulement remarquer que le 1er de ces quarrés, 1^2, n'entrera point dans les coëfficients de la valeur de a; que le 2e quarré, 2^2, n'entrera point dans les coëfficients de la valeur de b; que le 3e quarré, 3^2, sera seul omis parmi ceux qui servent à former les coëfficients de la valeur de c, ainsi de reste à l'infini. On aura donc pour les valeurs de $b, c, d, e, \ldots$ des résultats entièrement analogues à celui que l'on a trouvé plus haut pour la valeur du 1er coëfficient a. Si maintenant on représente par $P_2, Q_2, R_2, S_2, \ldots$ &c. les quantités:

$$\frac{1}{1^2}+\frac{1}{3^2}+\frac{1}{4^2}+\cdots, \frac{1}{1^2 \cdot 3^2}+\frac{1}{1^2 \cdot 4^2}+\frac{1}{1^2 \cdot 5^2}+\frac{1}{3^2 \cdot 4^2}+\cdots,$$

$$\frac{1}{1^2 \cdot 3^2 \cdot 4^2}+\frac{1}{1^2 \cdot 3^2 \cdot 5^2}+\frac{1}{3^2 \cdot 4^2 \cdot 5^2}\cdots, \frac{1}{1^2 \cdot 3^2 \cdot 4^2 \cdot 5^2}+\cdots,$$

que l'on forme par les combinaisons des fractions $\frac{1}{1^2}, \frac{1}{2^2}, \frac{1}{3^2}, \frac{1}{4^2}, \frac{1}{5^2}, \ldots$ à l'infini, en omettant la seconde de ces fractions $\frac{1}{2^2}$, on aura pour déterminer la valeur de b_2 l'équation

$$\frac{2b_2(1^2-2^2)\cdots}{1^2 \cdot 3^2 \cdot 4^2 \cdot 5^2 \cdots} = A - BP_2 + CQ_2 - DR_2 + ES_2 - FT_2 + \cdots.$$

En représentant en général par $P_n, Q_n, R_n, S_n, T_n, \ldots$ &c. les sommes de produits que l'on peut faire en combinant diversement toutes les fractions $\frac{1}{1^2}, \frac{1}{2^2}, \frac{1}{3^2}, \frac{1}{4^2}, \ldots$ &c. à l'infini, après avoir seulement omis la fraction $\frac{1}{n^2}$, on aura en général pour déterminer les quantités $a_1, b_2, c_3, d_4, e_5, \ldots$ &c., les quantités suivantes:

$$A_1 - BP_1 + CQ_1 - DR_1 + ES_1 \ldots = \frac{a_1}{2^2 \cdot 3^2 \cdot 4^2 \cdot 5^2 \ldots \&c.}$$

$$A_2 - BP_2 + CQ_2 - DR_2 + ES_2 \ldots = \frac{2b_2(1^2-2^2)}{1^2 \cdot 3^2 \cdot 4^2 \cdot 5^2 \ldots \&c.}$$

$$A_3 - BP_3 + CQ_3 - DR_3 + ES_3 \ldots = \frac{3c_3(1^2-3^2)(2^2-3^2)}{1^2 \cdot 2^2 \cdot 4^2 \cdot 5^2 \cdot 6^2 \ldots \&c.}$$

$$A_4 - BP_4 + CQ_4 - DR_4 + ES_4 \ldots = \frac{4d_4(1^2-4^2)(2^2-4^2)(3^2-4^2)}{1^2 \cdot 2^2 \cdot 3^2 \cdot 5^2 \cdot 6^2 \ldots \&c.}$$

&c. &c.

93

Ce sont les valeurs de $a_1, b_2, c_3, d_4, \ldots$. Si l'on considère maintenant les équations (c) que donnent les valeurs ‖ des coëfficients $a, b, c, d, \ldots$ on aura les résultats suivants:

$$a \frac{(2^2-1)(3^2-1)(4^2-1)(5^2-1)}{2^2 \cdot 3^3 \cdot 4^2 \cdot 5^2} \ldots$$

$$= A - BP_1 + CQ_1 - DR_1 + ES_1 - FT_1 + \cdots$$

$$2b \frac{(1^2-2^2)(3^2-2^2)(4^2-2^2)(5^2-2^2)}{1^2 \cdot 3^2 \cdot 4^2 \cdot 5^2} \ldots$$

$$= A - BP_2 + CQ_2 - DR_2 + ES_2 - FT_2 + \cdots$$

$$3c \frac{(1^2-3^2)(2^2-3^2)(4^2-3^2)(5^2-3^2)}{1^2 \cdot 2^2 \cdot 4^2 \cdot 5^2} \ldots$$

$$= A - BP_3 + CQ_3 - DR_3 + ES_3 - FT_3 + \cdots$$

$$4d \frac{(1^2-4^2)(2^2-4^2)(3^2-4^2)(5^2-4^2)}{1^2 \cdot 2^2 \cdot 3^2 \cdot 5^2} \ldots$$

$$= A - BP_4 + CQ_4 - DR_4 + ES_4 - FT_4 + \cdots$$

&c.

56. Détermination des quantités qui entrent dans l'expression de chaque coëfficient.

En observant quels sont les facteurs qui manquent au numérateur et au dénominateur pour y compléter la double série des nombres naturels, on voit que la 1ère quantité se réduit à $\frac{1.1}{1.2}$, la seconde à $-\frac{2.2}{2.4}$, la 3e à $\frac{3.3}{3.6}$, la 4e à $-\frac{4.4}{4.8}$; ensorte que les produits qui multiplient $a, 2b, 3c, 4d, \ldots$ &c., sont alternativement $\frac{1}{2}$ et $-\frac{1}{2}$. Il ne s'agit donc plus que de trouver les quantités $P_1, Q_1, R_1, \ldots P_2, Q_2, R_2, \ldots P_3, Q_3, R_3, \ldots$ &c. Pour y parvenir, on remarquera que l'on peut faire dépendre ces valeurs des quantités P, Q, R, S, T qui représentent les différents produits

que l'on peut former avec les fractions $\frac{1}{1^2}, \frac{1}{2^2}, \frac{1}{3^2}, \frac{1}{4^2}, \ldots$ &c.,
sans en omettre aucune. Quant à ces derniers produits, leurs valeurs sont données par les séries des développements de sinus.

Nous représenterons donc par P, $\frac{1}{1^2} + \frac{1}{2^2} + \frac{1}{3^2} + \frac{1}{4^2} + \cdots$

par Q, $\frac{1}{1^2 \cdot 2^2} + \frac{1}{1^2 \cdot 3^2} + \frac{1}{2^2 \cdot 3^2} + \cdots$

par R, $\frac{1}{1^2 \cdot 2^2 \cdot 3^2} + \frac{1}{2^2 \cdot 3^2 \cdot 4^2} + \cdots$

par S, $\frac{1}{1^2 \cdot 2^2 \cdot 3^2 \cdot 4^2} + \cdots$

&c.

La série

$$\sin. x = x - \frac{x^3}{2.3} + \frac{x^5}{2.3.4.5} - \frac{x^7}{2.3.4.5.6.7} + \text{&c.}$$

nous fournira les quantités P, Q, R, S, ... &c. En effet, la valeur du sinus devant s'évanouir lorsque l'arc est nul ou lorsqu'il est égal à un multiple positif ou négatif de la demi-circonférence π, il est nécessaire que l'on ait

$$\sin. x = x\left(1 - \frac{x^2}{1^2 \cdot \pi^2}\right)\left(1 - \frac{x^2}{2^2 \cdot \pi^2}\right)\left(1 - \frac{x^2}{3^2 \cdot \pi^2}\right)\left(1 - \frac{x^2}{4^2 \cdot \pi^2}\right)\cdots$$

C'est pourquoi en divisant par x le développement de sin. x en séries, on aura l'équation:

$$1 - \frac{x^2}{2.3} + \frac{x^4}{2.3.4.5} - \frac{x^6}{2.3.4.5.6.7} + \cdots$$
$$= \left(1 - \frac{x^2}{1^2 \cdot \pi^2}\right)\left(1 - \frac{x^2}{2^2 \cdot \pi^2}\right)\left(1 - \frac{x^2}{3^2 \cdot \pi^2}\right)\left(1 - \frac{x^2}{4^2 \cdot \pi^2}\right)\left(1 - \frac{x^2}{5^2 \cdot \pi^2}\right)\cdots,$$

d'où l'on conclut immédiatement:

$$P = \frac{\pi^2}{2.3}$$

$$Q = \frac{\pi^4}{2.3.4.5}$$

$$R = \frac{\pi^6}{2.3.4.5.6.7}$$

$$S = \frac{\pi^8}{2.3.4.5.6.7.8.9}$$

&c.

94   ∥ Supposons maintenant que $P_n, Q_n, R_n, S_n, T_n, \ldots$ représentent les produits différents que l'on peut faire avec les fractions $\frac{1}{1^2}, \frac{1}{2^2}, \frac{1}{3^2}, \ldots$ &c. dont on aurait séparé la fraction $\frac{1}{n^2}$. Il s'agit de déterminer $P_n, Q_n, R_n, S_n, \ldots$ au moyen de P, Q, R, S.

Si on représente par

$$1 - uP_n + u^2 Q_n - u^3 R_n + u^4 S_n - u^5 T_n + \cdots$$

le produit des facteurs

$$\left(1 - u\frac{1}{1^2}\right)\left(1 - u\frac{1}{2^2}\right)\left(1 - u\frac{1}{3^2}\right)\left(1 - u\frac{1}{4^2}\right) \cdots$$

parmi lesquels on aurait omis le seul produit $\left(1 - u\frac{1}{n^2}\right)$, il faudra qu'en multipliant

$$1 - uP_n + u^2 Q_n - u^3 R_n + u^4 S_n - u^5 T_n + \cdots$$

par $1 - u\frac{1}{n^2}$, on trouve

$$1 - uP + u^2 Q - u^3 R + u^4 S - u^5 T + \cdots.$$

Cette comparaison donne les équations suivantes

$$P_n + \frac{1}{n^2} = P \qquad \text{ou} \qquad P_n = P - \frac{1}{n^2}$$

$$Q_n + P_n \frac{1}{n^2} = Q \qquad\qquad Q_n = Q - \frac{1}{n^2} P + \frac{1}{n^4}$$

$$R_n + Q_n \frac{1}{n^2} = R \qquad\qquad R_n = R - \frac{1}{n^2} Q + \frac{1}{n^4} P - \frac{1}{n^6}$$

$$S_n + R_n \frac{1}{n^2} = S \qquad\qquad S_n = S - \frac{1}{n^2} R + \frac{1}{n^4} Q - \frac{1}{n^6} P + \frac{1}{n^8}$$

&c.   &c.

En employant les valeurs connues de $P, Q, R, S, T, \ldots$ et faisant successivement $n = 1, 2, 3, \ldots$ on aura les valeurs de $P_1, Q_1, R_1, S_1, T_1, \ldots$, celles de $P_2, Q_2, R_2, S_2, T_2, \ldots$, celles de $P_3, Q_3, R_3, S_3, T_3, \ldots$, ainsi de suite.

Il résulte de tout ce qui précède que les valeurs de $a, b, c, d, e, \ldots$ déduites des équations:

$$a+ 2b+ 3c+ 4d+ 5e+\&c. = A$$

$$a+ 2^3b+ 3^3c+ 4^3d+ 5^3e+\&c. = B$$

$$a+ 2^5b+ 3^5c+ 4^5d+ 5^5e+\&c. = C$$

$$a+ 2^7b+ 3^7c+ 4^7d+ 5^7e+\&c. = D$$

$$a+ 2^9b+ 3^9c+ 4^9d+ 5^9e+\&c. = E$$

$$\&c.$$

sont exprimées ainsi:

$$\frac{1}{2}a = A - B\left(\frac{\pi^3}{2.3} - \frac{1}{1^2}\right) + C\left(\frac{\pi^4}{2.3.4.5} - \frac{1}{1^2}\cdot\frac{\pi^2}{2.3} + \frac{1}{1^4}\right)$$

$$-D\left(\frac{\pi^6}{2.3.4.5.6.7} - \frac{1}{1^2}\cdot\frac{\pi^4}{2.3.4.5} + \frac{1}{1^4}\cdot\frac{\pi^2}{2.3} - \frac{1}{1^6}\right)$$

$$+E\left(\frac{\pi^8}{2.3.4.5.6.7.8.9} - \frac{1}{1^2}\cdot\frac{\pi^6}{2.3.4.5.6.7} + \frac{1}{1^4}\cdot\frac{\pi^4}{2.3.4.5} - \frac{1}{1^6}\cdot\frac{\pi^2}{2.3} + \frac{1}{1^8}\right) \&c.$$

$$-\frac{1}{2}2b = A - B\left(\frac{\pi^2}{2.3} - \frac{1}{2^2}\right) + C\left(\frac{\pi^4}{2.3.4.5} - \frac{1}{2^2}\cdot\frac{\pi^2}{2.3} + \frac{1}{2^4}\right)$$

$$-D\left(\frac{\pi^6}{2.3.4.5.6.7} - \frac{1}{2^2}\cdot\frac{\pi^4}{2.3.4.5} + \frac{1}{2^4}\cdot\frac{\pi^2}{2.3} - \frac{1}{2^6}\right)$$

$$+E\left(\frac{\pi^8}{2.3.4.5.6.7.8.9} - \frac{1}{2^2}\cdot\frac{\pi^6}{2.3.4.5.6.7} + \frac{1}{2^4}\cdot\frac{\pi^4}{2.3.4.5} - \frac{1}{2^6}\cdot\frac{\pi^2}{2.3} + \frac{1}{2^8}\right) \&c.$$

$$\frac{1}{2}3c = A - B\left(\frac{\pi^2}{2.3} - \frac{1}{3^2}\right) + C\left(\frac{\pi^4}{2.3.4.5} - \frac{1}{3^2}\cdot\frac{\pi^2}{2.3} + \frac{1}{3^4}\right)$$

$$-D\left(\frac{\pi^6}{2.3.4.5.6.7} - \frac{1}{3^2}\cdot\frac{\pi^4}{2.3.4.5} + \frac{1}{3^4}\cdot\frac{\pi^2}{2.3} - \frac{1}{3^6}\right) + \ldots \&c.$$

$$-\frac{1}{2}4d = A - B\left(\frac{\pi^2}{2.3} - \frac{1}{4^2}\right) + C\left(\frac{\pi^4}{2.3.4.5} - \frac{1}{4^2}\cdot\frac{\pi^2}{2.3} + \frac{1}{4^4}\right) + \ldots \&c.$$

$$\frac{1}{2}5e = A - B\left(\frac{\pi^2}{2.3} - \frac{1}{5^2}\right) + \ldots \&c.$$

$$-\frac{1}{2}6f = A \ldots \ldots \ldots \ldots \&c.$$

57.
Equation générale qui exprime le développement de la fonction.

95

Ayant les valeurs de $a, b, c, d, e, f, \ldots$ &c. on les substituera dans l'équation proposée (page 87):[7]

$$\phi(x) = a \sin. x + b \sin. 2x + \| c \sin. 3x + \ldots \&c.$$

Mettant aussi au lieu des quantités $A, B, C, D, \ldots$ &c. leurs valeurs $\phi'0, -\phi'''0, +\phi^{V}0, -\phi^{VII}0, \ldots$ &c. on aura l'équation générale:

$$\frac{1}{2}\phi x = \left\{\phi'0 + \phi'''0\left(\frac{\pi^2}{2.3} - \frac{1}{1^2}\right) + \phi^{V}0\left(\frac{\pi^4}{2.3.4.5} - \frac{1}{1^2} \cdot \frac{\pi^2}{2.3} + \frac{1}{1^4}\right)\right.$$

$$\left. + \phi^{VII}0\left(\frac{\pi^6}{2.3.4.5.6.7} - \frac{1}{1^2} \cdot \frac{\pi^4}{2.3.4.5} + \frac{1}{1^4} \cdot \frac{\pi^2}{2.3} - \frac{1}{1^6}\right)\right\} \sin. x$$

$$- \frac{1}{2}\left\{\phi'0 + \phi'''0\left(\frac{\pi^2}{2.3} - \frac{1}{2^2}\right) + \phi^{V}0\left(\frac{\pi^4}{2.3.4.5} - \frac{1}{2^2} \cdot \frac{\pi^2}{2.3} + \frac{1}{2^4}\right)\right.$$

(A)
$$\left. + \cdots\cdots\cdots\cdots\cdots\cdots\cdots\cdots\cdots\cdots\right\} \sin. 2x$$

$$+ \frac{1}{3}\left\{\phi'0 + \phi'''0\left(\frac{\pi^2}{2.3} - \frac{1}{3^2}\right) + \cdots\cdots\cdots\cdots\cdots\cdots\right\} \sin. 3x$$

$$- \frac{1}{4}\left\{\phi'0 \cdots\cdots\cdots\cdots\cdots\cdots\cdots\cdots\cdots\cdots\cdots\right\} \sin. 4x$$

&c.

On peut se servir de l'équation précédente pour développer en séries de sinus d'arcs multiples une fonction proposée dans laquelle il n'entre que des puissances impaires de la variable x.

58.
Application de cette équation aux fonctions $x \ldots x^3 \ldots x^5 \ldots$

Le cas qui se présente le 1er est celui où l'on aurait $\phi(x) = x$. On trouve alors $\phi'0 = 1$ et $\phi'''0 = 0$, $\phi^{V}0 = 0$, ainsi du reste. On aura donc la série

$$\tfrac{1}{2}x = \sin. x - \tfrac{1}{2}\sin. 2x + \tfrac{1}{3}\sin. 3x - \tfrac{1}{4}\sin. 4x + \ldots \&c.,$$

qui a été donnée par Euler.[8]

Si l'on suppose que la fonction de x proposée soit x^3, on

---

[7][Ed.] See our p. 194.   [8][Ed.] See L. Euler (n. 7, p. 163).

aura $\phi'0 = 0$ et $\phi'''0 = 2.3$, $\phi^{\mathrm{V}}0 = 0$, &c., ce qui donnera l'équation:

$$\frac{1}{2}x^3 = \left(\pi^2 - \frac{2.3}{1^2}\right)\sin. x - \left(\pi^2 - \frac{2.3}{2^2}\right)\sin. 2x + \left(\pi^2 - \frac{2.3}{3^2}\right)\sin. 3x$$
$$+\ldots\&c.$$

On parviendrait à ce même résultat, en partant de l'équation précédente

$$\tfrac{1}{2}x = \sin. x - \tfrac{1}{2}\sin. 2x + \tfrac{1}{3}\sin. 3x - \tfrac{1}{4}\sin. 4x + \ldots \&c.$$

En effet, en multipliant chacun des membres par dx et intégrant, on aura

$$-\frac{x^2}{4} = \cos. x - \frac{1}{2^2}\cos. 2x + \frac{1}{3^2}\cos. 3x - \frac{1}{4^2}\cos. 4x + \ldots \&c.$$

La valeur de la constante est

$$-1 + \frac{1}{2^2} - \frac{1}{3^2} + \frac{1}{4^2} - \frac{1}{5^2} + \ldots \&c.,$$

série dont on sait que la somme est $\dfrac{-\frac{1}{2}\pi}{2.3}$. Multipliant par dx les deux membres de l'équation

$$\frac{x^2}{4} = \frac{\pi^2}{2.3} \quad -\cos. x + \frac{1}{2^2}\cos. 2x - \frac{1}{3^2}\cos. 3x + \frac{1}{4^2}\cos. 4x + \ldots \&c.$$

et intégrant, on aura

$$\frac{1}{2}\frac{x^3}{2.3} = \frac{\pi^2}{2.3}x - \sin. x + \frac{1}{2^3}\sin. 2x - \frac{1}{3^3}\sin. 3x + \frac{1}{4^3}\sin. 4x + \ldots \&c.$$

Si maintenant on met au lieu de x sa valeur tirée de l'équation

$$\tfrac{1}{2}x = \sin x - \tfrac{1}{2}\sin. 2x + \tfrac{1}{3}\sin. 3x - \tfrac{1}{4}\sin. 4x + \ldots \&c.,$$

on obtiendra la même équation que ci-dessus:

$$\frac{1}{2}x^3 = \left(\pi^2 - \frac{2.3}{1^2}\right)\sin. x - \left(\pi^2 - \frac{2.3}{2^2}\right)\sin. 2x + \ldots \&c.$$

On parviendrait de la même manière à développer en séries de sinus d'arcs multiples les puissances x^5, x^7, x^9, et en général toute fonction dont le développement ne contiendrait que des puissances impaires de la variable.

59.
Formes que l'on peut donner à l'équation générale.

96

L'équation (A) peut être mise sous une forme plus simple ‖ que nous allons faire connaître.

On remarque d'abord qu'une partie du coëfficient de sin. x est

$$\phi'(0) + \frac{\pi^2}{2.3}\phi'''(0) + \frac{\pi^4}{2.3.4.5}\phi^{V}(0) + \frac{\pi^6}{2.3.4.5.6.7}\phi^{VII}(0) + \ldots \&c.,$$

série qui représente la quantité $\frac{1}{\pi}\phi(\pi)$. En effet on a, en général:

$$\phi(x) = \phi(0) + x\phi'(0) + \frac{x^2}{2}\phi''(0) + \frac{x^3}{2.3}\phi'''(0) + \frac{x^4}{2.3.4}\phi^{IV}(0)$$

$$+ \frac{x^5}{2.3.4.5}\phi^{V}(0) + \ldots \&c.$$

Or, la fonction ϕx ne contenant, par hypothèse, que des puissances impaires, on doit avoir: $\phi(0) = 0$, $\phi''(0) = 0$, $\phi^{IV}(0) = 0$, ainsi de suite. Donc

$$\phi(x) = x\phi'(0) + \frac{x^3}{2.3}\phi'''(0) + \frac{x^5}{2.3.4.5}\phi^{V}(0) + \ldots \&c.$$

Il est facile de voir qu'une seconde partie du coëfficient de sin. x se trouve en multipliant par $-\frac{1}{1^2}$ la série

$$\phi'''(0) + \frac{\pi^2}{2.3}\phi^{V}(0) + \frac{\pi^4}{2.3.4.5}\phi^{VII}(0) + \ldots \&c.$$

dont la valeur est $\frac{1}{\pi}\phi''(\pi)$. On pourra réduire de cette manière les différentes parties du coëfficient de sin. x et pareillement celles qui composent les coëfficients de sin. $2x$, sin. $3x$, sin. $4x$, ... On écrira donc les équations suivantes:

$$\phi'(0) + \frac{\pi^2}{2.3}\phi'''(0) + \frac{\pi^4}{2.3.4.5}\phi^{V}(0) + \frac{\pi^6}{2.3.4.5.6.7}\phi^{VII}(0)$$

$$+ \cdots\cdots = \frac{1}{\pi}\phi(\pi)$$

$$\phi'''(0) + \frac{\pi^2}{2.3}\phi^{V}(0) + \frac{\pi^4}{2.3.4.5}\phi^{VII}(0) + \cdots\cdots\cdots\cdots = \frac{1}{\pi}\phi''(\pi)$$

$$\phi^{\text{V}}(0) + \frac{\pi^2}{2.3}\phi^{\text{VII}}(0) + \cdots\cdots\cdots\cdots\cdots\cdots = \frac{1}{\pi}\phi^{\text{IV}}(\pi) \quad \&\text{c.},$$

au moyen desquelles on peut facilement réduire l'équation (*A*) à la forme suivante:

(*B*)
$$\frac{1}{2}\pi\phi(x) = \left\{\phi\pi - \frac{1}{1^2}\phi''\pi + \frac{1}{1^4}\phi^{\text{IV}}\pi - \frac{1}{1^6}\phi^{\text{VI}}\pi + \ldots\right\}\sin. x$$

$$-\frac{1}{2}\left\{\phi\pi - \frac{1}{2^2}\phi''\pi + \frac{1}{2^4}\phi^{\text{IV}}\pi - \frac{1}{2^6}\phi^{\text{VI}}\pi + \ldots\right\}\sin. 2x$$

$$+\frac{1}{3}\left\{\phi\pi - \frac{1}{3^2}\phi''\pi + \frac{1}{3^4}\phi^{\text{IV}}\pi - \frac{1}{3^6}\phi^{\text{VI}}\pi + \ldots\right\}\sin. 3x$$

$$-\frac{1}{4}\left\{\phi\pi - \frac{1}{4^2}\phi''\pi + \frac{1}{4^4}\phi^{\text{IV}}\pi - \frac{1}{4^6}\phi^{\text{VI}}\pi + \ldots\right\}\sin. 4x$$

$$\&\text{c.}$$

ou à celle-ci:

(*C*)
$$\frac{1}{2}\pi\phi(x) = \phi\pi\left\{\sin. x - \frac{1}{2}\sin. 2x + \frac{1}{3}\sin. 3x - \frac{1}{4}\sin. 4x + \ldots\right\}$$

$$-\phi''\pi\left\{\frac{1}{1^3}\sin. x - \frac{1}{2^3}\sin. 2x + \frac{1}{3^3}\sin. 3x - \frac{1}{4^3}\sin. 4x + \ldots\right\}$$

$$+\phi^{\text{IV}}\pi\left\{\frac{1}{1^5}\sin. x - \frac{1}{2^5}\sin. 2x + \frac{1}{3^5}\sin. 3x - \frac{1}{4^5}\sin. 4x + \ldots\right\}$$

$$-\phi^{\text{VI}}\pi\left\{\frac{1}{1^7}\sin. x - \frac{1}{2^7}\sin. 2x + \frac{1}{3^7}\sin. 3x - \frac{1}{4^7}\sin. 4x + \ldots\right\}$$

$$+\&\text{c.}$$

**60.
Application de ces dernières équations au développement de la fonction $\{e^x - e^{-x}\}$.**

On peut appliquer l'une ou l'autre de ces formules toutes les fois que l'on aura à développer une fonction proposée en fonction de sinus ou de cosinus d'arcs multiples. Si, par ∥ exemple, la fonction proposée est $e^x - e^{-x}$, dont le développement ne contient que des puissances impaires de *x*, on aura, en se servant de la formule (*C*):

$$\phi x = e^x - e^{-x}$$
$$\phi'' x = e^x - e^{-x}$$

$$\phi^{IV}x = e^x - e^{-x}$$

&c.

et par conséquent:

$$\frac{1}{2}\pi(e^x-e^{-x}) = (e^\pi-e^{-\pi})\left(\sin. x - \frac{1}{2}\sin. 2x + \frac{1}{3}\sin. 3x - \ldots\right)$$

$$-(e^\pi-e^{-\pi})\left(\sin. x - \frac{1}{2^3}\sin. 2x + \frac{1}{3^3}\sin. 3x - \ldots\right)$$

$$+(e^\pi-e^{-\pi})\left(\sin. x - \frac{1}{2^5}\sin. 2x + \frac{1}{3^5}\sin. 3x - \ldots\right)$$

$$-(e^\pi-e^{-\pi})\left(\sin. x - \frac{1}{2^7}\sin. 2x + \frac{1}{3^7}\sin. 3x - \ldots\right)$$

$$+ \&c.,$$

ou

$$\frac{1}{2}\pi\left(\frac{e^x-e^{-x}}{e^\pi-e^{-\pi}}\right) = \sin. x \left\{\frac{1}{1} - \frac{1}{1^3} + \frac{1}{1^5} - \frac{1}{1^7} + \ldots\right\}$$

$$-\sin. 2x \left\{\frac{1}{2} - \frac{1}{2^3} + \frac{1}{2^5} - \frac{1}{2^7} + \ldots\right\}$$

$$+\sin. 3x \left\{\frac{1}{3} - \frac{1}{3^3} + \frac{1}{3^5} - \frac{1}{3^7} + \ldots\right\}$$

&c.,

et mettant au lieu de $\frac{1}{n} - \frac{1}{n^3} + \frac{1}{n^5} - \frac{1}{n^7} + \ldots$ &c. sa valeur $\frac{n}{n^2+1}$,[9]
on aura

$$\frac{1}{2}\pi\left(\frac{e^x-e^{-x}}{e^\pi-e^{-\pi}}\right) = \frac{\sin. x}{1+\frac{1}{1}} - \frac{\sin. 2x}{2+\frac{1}{2}} + \frac{\sin. 3x}{3+\frac{1}{3}} - \frac{\sin. 4x}{4+\frac{1}{4}} + \ldots.$$

On pourrait multiplier ces applications à l'infini et en déduire plusieurs séries remarquables. J'ai choisi l'exemple précédent parce qu'il se présente dans diverses questions relatives à la propagation de la chaleur.

---

[9][Ed.] Fourier either overlooked or ignored the fact that for the case of $n = 1$, we have the "result"

$$1 - \frac{1}{1^3} + \frac{1}{1^5} - \frac{1}{1^7} + \ldots$$
$$= 1 - 1 + 1 - 1 + \ldots = \tfrac{1}{2},$$

which contradicted his own understanding of the convergence of a series being based on its term-by-term summation.

61.
Forme plus générale donnée à l'équation qui exprime le développement de la fonction.

Nous avons supposé jusqu'ici que la fonction dont on demande le développement en séries de sinus d'arcs multiples peut être développée suivant les puissances de la variable x, et qu'il n'entre dans cette dernière série que des puissances impaires. Mais on peut étendre les mêmes conséquences à des fonctions quelconques, même à celles qui seraient discontinues et entièrement arbitraires. Pour établir clairement la vérité de cette proposition, il est nécessaire de poursuivre l'analyse qui fournit l'équation précédente (B) et d'examiner quelle est la nature des coëfficients qui multiplient sin. x, sin. $2x$, sin. $3x$, sin. $4x$, ... &c.

En désignant par $\dfrac{s}{n}$ la quantité qui multiplie dans cette équation sin. x, si n est impair, et $-\sin. x$, si n est pair, on aura

$$s = \phi\pi - \frac{1}{n^2}\phi''\pi + \frac{1}{n^4}\phi^{IV}\pi - \frac{1}{n^6}\phi^{VI}\pi + \ldots \&c.$$

‖ En considérant s comme une fonction de π et différentiant deux fois, on aura

$$\frac{1}{n^2}\frac{d^2 s}{d\pi^2} = \frac{1}{n^2}\phi''\pi - \frac{1}{n^4}\phi^{IV}\pi + \frac{1}{n^6}\phi^{VI}\pi \ldots \&c.$$

Ajoutant ces deux équations, on trouve

$$s + \frac{1}{n^2}\frac{d^2 s}{d\pi^2} = \phi\pi,$$

équation différentielle du second ordre à laquelle la valeur précédente de s doit satisfaire. Or, l'équation

$$s + \frac{1}{n^2}\frac{d^2 s}{dx^2} = \phi(x),$$

dans laquelle s est considérée comme $\phi(x)$, a pour intégrale

$$s = a \cos. nx + b \sin. nx + \sin. nx\, S(\cos. nx\, \phi(x)dx)$$
$$- n \cos. nx\, S(\sin. nx\, \phi(x)dx).[10]$$

En mettant dans le second membre π au lieu de x et observant que n est un nombre entier, on trouvera

$$s = C \pm n\, S(\phi x \sin. nx\, dx),$$

---

[10][Ed.] Having used "S" as a summation symbol for finite trigonometric series in his n-body analysis, Fourier now began to employ it as an integration sign to denote specially significant integrals, such as the coefficients for the trigonometric series.

et la constante pouvant faire partie du terme intégral, on a

$$\frac{s}{n} = \pm S(\phi x \sin. \; nx \, dx).$$

Le signe $+$ doit être choisi lorsque n est impair, et le signe $-$ lorsque ce nombre est pair. On doit supposer $x = \pi$ après l'intégration indiquée.

Ce résultat se vérifie par lui-même lorsqu'on développe au moyen de l'intégration par parties le terme $n\,S(\phi x \sin. \; nx \, dx)$. On a en effet:

$$n\,S(\phi x \sin.\, nx\, dx) = \text{const.} - \phi x \cos.\, nx + \frac{\phi' x \sin.\, nx}{n}$$

$$- \frac{\phi'' x \cos.\, nx}{n^2} + \frac{\phi''' x \sin.\, nx}{n^3} - \frac{\phi^{IV} x \cos.\, nx}{n^4} + \ldots \,\&\text{c.}$$

Fesant $x = \pi$, le second membre devient

$$\text{const.} + \phi x - \frac{\phi'' x}{n^2} + \frac{\phi^{IV} x}{n^4} - \frac{\phi^{VI} x}{n^6} + \ldots \,\&\text{c.}$$

lorsque n est impair, et

$$\text{const.} - \phi x + \frac{\phi'' x}{n^2} - \frac{\phi^{IV} x}{n^4} + \frac{\phi^{VI} x}{n^6} - \ldots \,\&\text{c.}$$

lorsque n est pair.

Si on prend l'intégrale de manière qu'elle commence lorsque $x = 0$, on aura

$$\text{const.} + \phi 0 - \frac{\phi'' 0}{n^2} + \frac{\phi^{IV} 0}{n^4} - \ldots \,\&\text{c.} = 0$$

ou

$$\text{const.} - \phi 0 + \frac{\phi'' 0}{n^2} - \frac{\phi^{IV} 0}{n^4} + \ldots \,\&\text{c.} = 0.$$

Or, suivant l'hypothèse précédente, la fonction ϕx ne contient dans son développement que des puissances impaires de la variable, ce qui fournit les équations

$$0 = \phi(0) = \phi''(0) = \phi^{IV}(0) \,\&\text{c.}$$

Donc les constantes sont nulles et le terme $n\,S(\phi x \sin.\, nx\, dx)$, dans lequel l'intégrale est prise depuis 0 jusqu'à π, a pour valeur

$$\pm\left(\phi\pi - \frac{\phi''\pi}{n^2} + \frac{\phi^{IV}\pi}{n^4} - \frac{\phi^{VI}\pi}{n^6} + \ldots \&c.\right).$$

Si on substitue cette valeur de $\frac{s}{n}$ dans l'équation (B), en prenant le signe + lorsque le terme de cette équation est impair et le signe − lorsque n est pair, on aura en général $S(\phi x \sin. nx\,dx)$ pour le coëfficient de sin. nx.

On parvient de cette manière à un résultat très-remarquable, qui est exprimé par l'équation suivante:

(E) $\quad \frac{1}{2}\pi\phi x = \sin. x\, S(\phi x \sin. x\,dx) + \sin. 2x\, S(\phi x \sin. 2x\,dx)$

$\qquad + \sin. 3x\, S(\phi x \sin. 3x\,dx) + \ldots \&c.$

99 ‖ Le second membre donnera toujours le développement cherché de la fonction ϕx, si l'on effectue les intégrations depuis zéro jusqu'à π, qui est la valeur de la demi-circonférence.

62.
Remarques sur les intégrales définies qui entrent dans les valeurs des coëfficients.

On voit par là que les coëfficients $a, b, c, d, \ldots$ &c. qui entrent dans l'équation

$\frac{1}{2}\pi\phi x = a \sin. x + b \sin. 2x + c \sin. 3x + d \sin. 4x + \ldots$ &c.,

et que nous avons trouvés précédemment par la voie des éliminations successives, sont des valeurs d'intégrales définies exprimées par le terme général $S(\phi(x) \sin. ix\,dx)$, i étant le numéro du terme dont on cherche le coëfficient. Cette remarque est essentielle, en ce qu'elle conduit à connaître comment les fonctions entièrement arbitraires peuvent aussi être développées en séries de sinus d'arcs multiples.

En effet, si la fonction $\phi(x)$ est représentée par l'ordonnée variable d'une courbe quelconque, dont l'abscisse s'étend depuis 0 jusqu'à π, et que l'on construise sur cette même partie de l'axe la courbe connue, dont l'ordonnée est $y = \sin. x$, il sera facile de se représenter la valeur du terme intégral $S(\phi(x) \sin. x \, dx)$. Il faut concevoir que pour chaque abscisse x à laquelle répond une valeur de $\phi(x)$ et une valeur de sin. x, on multiplie cette dernière valeur par la première, et qu'au même point de l'axe on élève une ordonnée proportionnelle au produit. On formera, par cette opération continuelle, une 3e courbe dont les ordonnées sont celles de la courbe des sinus, réduites proportionnellement aux ordonnées de la courbe arbitraire qui représente $\phi(x)$. Cela posé, l'aire de la courbe réduite, étant prise depuis 0 jusqu'à π, donnera la valeur exacte du coëfficient de sin. x. Or, quelle que puisse être la courbe donnée qui

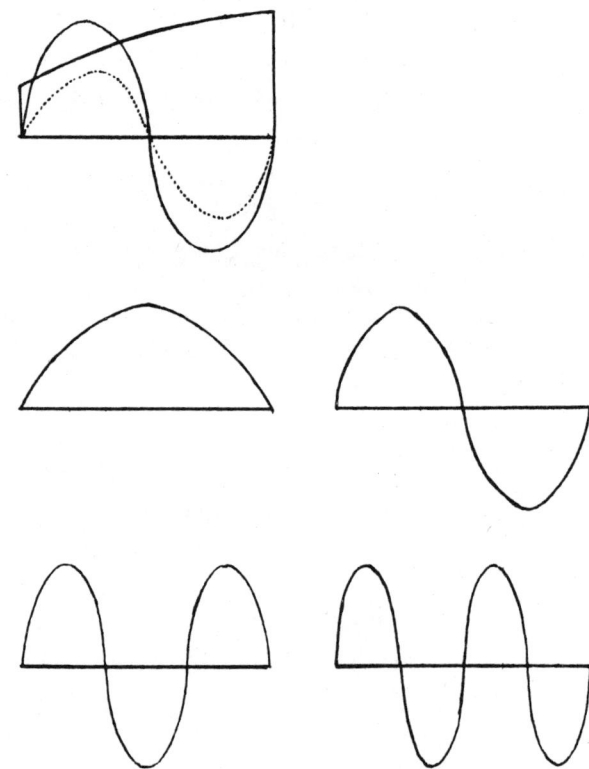

[1] [2]

[3] [4]

répond à ϕx, et, soit qu'on puisse lui assigner une équation analytique, soit qu'elle ne dépende d'aucune loi regulière, il est évident qu'elle servira toujours à réduire d'une manière quelconque la courbe des sinus; ensorte que l'aire de la courbe réduite a, dans tous les cas, une valeur déterminée qui donne celle du coëfficient de sin. x dans le développement de la fonction. Il en est de même du coëfficient suivant b ou $S(\phi x \sin. 2x\, dx)$. Pour en construire la valeur, on supposera que la courbe $SSSS$, dont l'équation est $y = \sin. 2x$, et la courbe arbitraire $\phi\phi\phi$ qui a pour équation $y = \phi x \|$ sont déjà tracées, et que l'on forme une 3e courbe $S'S'S'$, en réduisant la courbe SSS par la comparaison continuelle de ses ordonnées avec les ordonnées correspondantes de la courbe arbitraire. L'équation qui appartient à cette 3e courbe est $y = \phi(x) \sin. 2x$. Le coëfficient cherché b est l'aire de la courbe réduite $S'S'S'$.

Il faut en général, pour construire les valeurs des coëfficients $a, b, c, d, \ldots$ &c., imaginer que les courbes $1, 2, 3, 4, \ldots$ &c., dont les équations sont:

$y = \sin. x$, $y = \sin. 2x$, $y = \sin. 3x$, $y = \sin. 4x, \ldots$ &c.,

ont été tracées pour un même intervalle pris sur l'axe depuis $x = 0$ jusqu'à $x = \pi$;[11] et qu'ensuite on a déformé les courbes en multipliant toutes leurs ordonnées par les ordonnées correspondantes d'une même courbe dont l'équation est $y = \phi(x)$.

Les équations des courbes réduites seront

$y = \sin. (x)\phi x$, $y = \sin. (2x)\phi x$,

$y = \sin. (3x)\phi x$, $y = \sin. (4x)\phi x, \ldots$ &c.

Les aires de ces dernières courbes, prises depuis $x = 0$ jusqu'à $x = \pi$, seront les valeurs des coëfficients $a, b, c, d, \ldots$ &c., dans l'équation:

$\frac{1}{2}\pi\phi x = a \sin. x + b \sin. 2x + c \sin. 3x + d \sin. 4x + \ldots$ &c.

---

[11][Ed.] The purpose of Fourier's diagrams is not clear: the first one in the series, which is drawn both at the bottom of his p. 99 and at the top of p. 100, shows the arbitrary function $y = f(x)$ and $y = \sin 2x$, and the product function $y = f(x) \sin 2x$ (shown as the dotted line) over the interval $[0, \pi]$. (The labels of the curves were omitted.) The other four diagrams show, in order, the trigonometric functions $y = \sin x$, $y = \sin 2x$, $y = \sin 3x$, and $y = \sin 4x$, presumably to imply that in turn they could similarly affect the arbitrary function $f(x)$.

**63.
Démonstration directe du théorème qui sert à résoudre une fonction arbitraire en sinus d'arcs multiples.**

Le procédé d'élimination que nous avons employé plus haut, étant fondé sur la comparaison des deux développements de $\phi(x)$ et de $a\sin. x + b\sin. 2x + c\sin. 3x + \ldots$ &c., il paraîtra d'abord que les conséquences auxquelles nous venons d'être conduits sont bornées aux seuls cas où la fonction ϕx peut être résolue en une série qui ne contient que les puissances impaires de la variable. Je vais maintenant démontrer immédiatement que l'équation

$$\tfrac{1}{2}\pi\phi x = \sin. x\, S(\phi x \sin. x\, dx) + \sin. 2x\, S(\phi x \sin. 2x\, dx)$$
$$+ \sin. 3x\, S(\phi x \sin. 3x\, dx) + \text{\&c.}$$

a toujours lieu quelle que soit la nature de la fonction proposée $\phi(x)$.

On posera d'abord l'équation

$$\phi(x) = a_1 \sin. x + a_2 \sin. 2x + \ldots a_i \sin. ix + \ldots,$$

dans laquelle il s'agit de déterminer les coëfficients numériques $a_1 \ldots a_2 \ldots a_3 \ldots a_i$ &c.

Pour cela, on multipliera chacun des membres de l'équation par $\sin. ix$, et l'on prendra l'intégrale depuis 0 jusqu'à π. On aura, en représentant ces intégrations par le signe S:

$$S(\phi x \sin. ix\, dx) = a_1 S(\sin. x \sin. ix\, dx) + a_2 S(\sin. 2x \sin. ix\, dx)$$
$$+ \ldots a_i S(\sin. ix \sin. ix\, dx) + \ldots.$$

‖ Or, on peut prouver facilement
1° que toutes les intégrales qui entrent dans le second membre ont une valeur nulle, excepté le seul terme $S(\sin. ix \sin. ix\, dx)$;

2° que la valeur de $S(\sin. ix \sin. ix\, dx)$ est $\tfrac{1}{2}\pi$; où on conclura la valeur de a_i, qui est $\dfrac{S(\phi(x)\sin. ix\, dx)}{\tfrac{1}{2}\pi}$. Ainsi tout se réduit à déterminer les valeurs des intégrales qui entrent dans le second membre. Pour cela, on supposera que i et h représentent des nombres entiers positifs et l'on prendra l'intégrale $S(\sin. ix \sin. hx\, dx)$ depuis $x = 0$ jusqu'à $x = \pi$. On aura:

$$2S(\sin. ix \sin. hx\, dx) = S(\cos. (i-h)x\, dx) - S(\cos. (i+h)x\, dx)$$
$$= C + \frac{1}{i-h}\sin. (i-h)x - \frac{1}{i+h}\sin. (i+h)x.$$

L'intégrale devant commencer lorsque $x = 0$, la constante est nulle, et les nombres i et h étant entiers, la valeur de l'intégrale deviendra nulle lorsque l'on fera $x = \pi$. Il s'ensuit que chacun des termes, tels que $a_1 S(\sin. x \sin. ix\, dx)$, $a_2 S(\sin. 2x \sin. ix\, dx)$, ... &c., s'évanouit et que cela aura lieu toutes les fois que les nombres i et h seront différents.

Il n'en est pas de même lorsque les nombres i et h sont égaux; car le terme $\dfrac{1}{i-h} \sin. (i-h)x$, auquel se réduit l'intégrale, devient $\tfrac{0}{0}$ et sa véritable valeur est π. On a par conséquent

$2S(\sin. ix. \sin. ix\, dx) = \pi$.

On obtient ainsi de la manière la plus briève les valeurs de $a_1, a_2, a_3, a_4, \ldots a_i$ &c. qui sont

$$a_1 = \frac{S(\phi x \sin. x\, dx)}{\tfrac{1}{2}\pi}$$

$$a_2 = \frac{S(\phi x \sin. 2x\, dx)}{\tfrac{1}{2}\pi}$$

$$a_3 = \frac{S(\phi x \sin. 3x\, dx)}{\tfrac{1}{2}\pi}$$

. . . .

$$a_i = \frac{S(\phi x \sin. ix\, dx)}{\tfrac{1}{2}\pi} \ldots$$

En les substituant dans l'équation

$\phi x = a_1 \sin. x + a_2 \sin. 2x + a_3 \sin. 3x + \ldots a_i \sin. ix + \ldots$,

on a

$\tfrac{1}{2}\pi \phi x = \sin. x\, S(\phi x \sin. x\, dx) + \sin. 2x\, S(\phi x \sin. 2x\, dx)$

$\qquad + \ldots \sin. ix\, S(\phi x \sin. ix\, dx) \ldots$

Ce théorème, qui nous servira à développer les fonctions en séries de sinus d'arcs multiples, n'est donc point limité aux seules fonctions dont le développement ne contient que les puissances impaires de la variable; il s'applique à toutes les fonctions que l'on peut représenter par des courbes analytiques ou irrégulières. Les remarques suivantes rendront cette proposition plus claire et en fixeront le véritable sens.

**64.
Application au développement d'une constante en sinus d'arcs multiples et remarque sur la nature de ces développements.**

Le cas qui se présente le premier est celui où la ligne arbitraire qui correspond à une partie de l'axe est une droite parallèle à cet axe.

Supposons donc qu'il s'agisse de former une série

$$a_1 \sin. x + a_2 \sin. 2x + a_3 \sin. 3x \ldots \&c.,$$

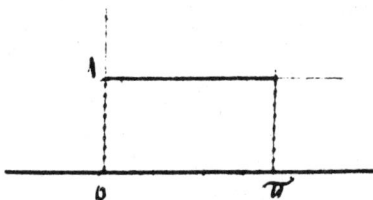

telle que sa valeur soit ‖ constante pour toutes les valeurs de la variable x comprises entre 0 et π. On demande quelles doivent être dans ce cas les coëfficients $a_1, a_2, a_3, a_4, \ldots$ &c. En supposant la constante égale à l'unité et comparant à l'équation générale, on aura:

$$\tfrac{1}{2}\pi = \sin. x \, S(\sin. x \, dx) + \sin. 2x \, S(\sin. 2x \, dx) + \sin. 3x \, S(\sin. 3x \, dx)$$
$$+ \ldots \&c.$$

Or, le terme $S(\sin. ix \, dx)$ est égal à $\left(\dfrac{1 - \cos. ix}{i}\right)$ si l'intégrale est prise depuis $x = 0$. Donc l'intégrale totale prise depuis $x = 0$ jusqu'à $x = \pi$ sera égale à $\dfrac{2}{i}$ si le nombre i est impair, et égal à 0 si le nombre i est pair; on en déduit l'équation

$$\tfrac{1}{4}\pi = \sin. x + \tfrac{1}{3}\sin. 3x + \tfrac{1}{5}\sin. 5x + \tfrac{1}{7}\sin. 7x + \ldots \&c.,$$

que l'on a obtenue précédemment.

Dans ce cas, les courbes dont nous avons parlé plus haut et qui ont pour équation

$$y = \sin. x, y = \sin. 2x, y = \sin. 3x, \ldots \&c.,$$

n'éprouvent aucun changement lorsqu'on multiplie leurs ordonnées par les ordonnées correspondantes de la courbe arbitraire, parce qu'on suppose ici que cette dernière courbe a toutes ses ordonnées égales à l'unité. Les coëfficients $a_1, a_2, a_3, \ldots$ &c. sont donc simplement les aires de ces courbes qui répondent à l'axe depuis 0 jusqu'à π. Ces aires sont en effet proportionnelles à $1, 0, \tfrac{1}{3}, 0, \tfrac{1}{5}, 0, \tfrac{1}{7}, \ldots$ &c.

Pour concevoir comment la ligne courbe, dont l'équation est

$$y = \sin. x + \tfrac{1}{3}\sin. 3x + \tfrac{1}{5}\sin. 5x \ldots \&c.$$

à l'infini, coïncide avec la droite dont l'équation est $y = 1$ dans toute l'étendue de l'intervalle compris depuis 0 jusqu'à π, il faut supposer que l'on a construit sur la partie de l'axe dont la longueur est π les courbes *1, 3, 5, 7, 9*, dont nous avons parlé plus haut et qui ont pour équation

$$y = \sin. x, \quad y = \sin. 3x, \quad y = \sin. 5x, \quad y = \sin. 7x, \quad \ldots \&c.$$

Si l'on ajoute à l'ordonnée de la première courbe le tiers de l'ordonnée de la seconde, plus le cinquième de l'ordonnée de la troisième, plus le septième de l'ordonnée de la suivante, ainsi de suite, on formera une courbe qui approchera continuellement de se confondre avec la droite parallèle à l'axe. Plus il y aura de ces courbes dont les ordonnées sont ajoutées, plus la coïncidence sera parfaite; en sorte que la droite est la véritable limite dont les lignes tracées approchent ∥ continuellement, à mesure que l'on employe un plus grand nombre de termes.

Il est essentiel de remarquer que la ligne dont l'ordonnée est composée d'une infinité d'ordonnées partielles coupe toujours l'axe en ces deux points 0 et π, ce qui n'empêche pas que dans tous les autres points compris entre eux, elles ne se confondent avec la droite parallèle à l'axe, c'est-à-dire plus exactement, qu'à mesure que l'on employe un plus grand nombre de termes pour former l'ordonnée de la courbe dont l'équation est

$$y = \sin. x + \tfrac{1}{3}\sin. 3x + \tfrac{1}{5}\sin. 5x + \ldots \&c.,$$

la courbe change continuellement de figure et son périmètre approche de plus en plus de se confondre avec celui du rectangle *0nπ*.

Si l'on examine quel est le cours de la courbe qui répond à la partie de l'axe placée au-delà du point π, on voit que la figure est la même, mais qu'elle est disposée en sens inverse au-dessous de l'axe depuis le point π jusqu'au point 2π. Elle se rétablit ensuite au-dessus de l'axe dans l'intervalle de 2π à 3π; ainsi du reste à l'infini.

Ainsi la courbe qui a pour équation

$y = \sin. x + \frac{1}{3}\sin. 3x + \frac{1}{5}\sin. 5x + \ldots$ &c.

est une ligne sinueuse dont les parties sont alternativement placées au-dessus et au-dessous de l'axe, et se confondent avec la droite dont l'équation est $y = \frac{1}{4}\pi$, ou avec celle dont l'équation est $y = -\frac{1}{4}\pi$. La ligne $0n\pi\, n\, 2\pi\, n\, 3\pi\, n\, 4\pi \ldots$, qui jouit de cette propriété, est composée de droites parallèles et de droites perpendiculaires à l'axe, et a pour équation

$y = \sin. x + \frac{1}{3}\sin. 3x + \frac{1}{5}\sin. 5x + \frac{1}{7}\sin. 7x + \ldots$ &c.

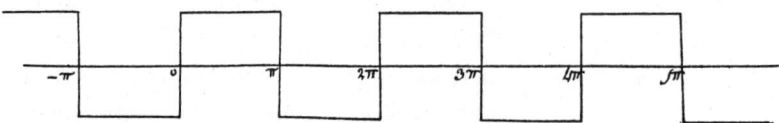

On doit donc observer avec beaucoup de soin que lorsqu'on est parvenu à développer une fonction ϕx en séries de sinus d'arcs multiples, la valeur du développement $a \sin. x + b \sin. 2x + c \sin. 3x + \ldots$ est la même que celle de la fonction ϕx, tant que la valeur de la variable x est comprise entre 0 et π. Mais lorsque la valeur de x sort de ces limites celle du développement et celle de la fonction ‖ ne sont point nécessairement égales, et peuvent devenir entièrement différentes. Cette conséquence est manifeste dans l'exemple suivant.

65. Développement de la fonction $\frac{1}{2}x$ et construction de la ligne qui le représente.

Supposons que la fonction dont on demande le développement soit x; on aura d'après le théorème précédent:

$\frac{1}{2}\pi x = \sin. x\, S(x \sin. x\, dx) + \sin. 2x\, S(x \sin. 2x\, dx)$

$\qquad + \sin. 3x\, S(x \sin. 3x\, dx) + \ldots$ &c.

Or,

$S(x \sin. ix\, dx) = C - \dfrac{x}{i}\cos. ix + \dfrac{1}{i} S(\cos. ix\, dx)$

$\qquad\qquad = C - \dfrac{x}{i}\cos. ix + \dfrac{1}{i^2}\sin. ix,$

et prenant l'intégrale depuis $x = 0$ jusqu'à $x = \pi$,

$S(x \sin. ix\, dx) = \pm \frac{1}{2}\pi.$

Le signe $+$ doit être choisi lorsque i est impair, et le signe $-$ lorsque i est pair. On aura donc pour les valeurs des divers coëfficients, $\pi, -\frac{1}{2}\pi, +\frac{1}{3}\pi, -\frac{1}{4}\pi, \ldots$ &c. et par conséquent:

$$\tfrac{1}{2}x = \sin. x - \tfrac{1}{2}\sin. 2x + \tfrac{1}{3}\sin. 3x - \tfrac{1}{4}\sin. 4x + \tfrac{1}{5}\sin. 5x - \ldots \text{ &c.}$$

Le véritable sens dans lequel on doit prendre ce résultat consiste en ce que la ligne sinueuse qui a pour équation:

$$y = \sin. x - \tfrac{1}{2}\sin. 2x + \tfrac{1}{3}\sin. 3x + \ldots,$$

et la ligne droite dont l'équation est $y = \tfrac{1}{2}x$, se confondent dans la partie de leur cours qui est placée au-dessus de l'axe, depuis 0 jusqu'à π. Au-delà de ce point, la première ligne se sépare

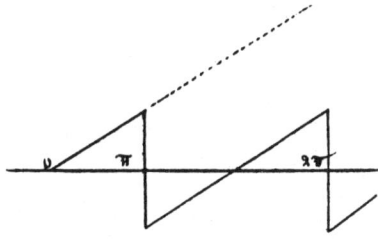

de la seconde et s'abaisse pour couper l'axe perpendiculairement. Ainsi l'équation

$$y = \sin. x - \tfrac{1}{2}\sin. 2x + \tfrac{1}{3}\sin. 3x - \tfrac{1}{4}\sin. 4x + \ldots$$

appartient en effet à la ligne $0\ 1\ \pi\ 1\ 0\ 1\ 3\pi\ 1 \ldots$, qui est composée de lignes inclinées et de lignes verticales.

66. Développement de la fonction cos. x en sinus d'arcs multiples et construction de la ligne courbe qu'ils représentent.

On développera pareillement en séries de sinus d'arcs multiples les fonctions différentes de celles où il n'entre que des puissances impaires de la variable. Pour apporter un exemple qui ne laisse aucun doute sur la possibilité de ce développement, je choisirai la fonction cos. x, qui ne contient que des puissances paires et que l'on développera sous la forme suivante: $a \sin. x + b \sin. 2x + c \sin. 3x + \ldots$ &c., quoi qu'il n'entre dans cette dernière série que des puissances impaires de la variable.

On aura, en effet, d'après le théorème précédent:

$$\tfrac{1}{2}\pi \cos. x = \sin. x\, S(\cos. x \sin. x\, dx) + \sin. 2x\, S(\cos. x \sin. 2x\, dx)$$
$$+ \sin. 3x\, S(\cos. x \sin. 3x\, dx) + \ldots.$$

Tout se réduit donc à prendre l'intégrale

$S(\cos. x \sin. ix\, dx)$ ou $S(\tfrac{1}{2}\sin. (i+1)x\, dx) + S(\tfrac{1}{2}\sin. (i-1)x\, dx)$.

On aura

$$2\, S(\cos. x. \sin. ix\, dx) = \frac{1-\cos. (i+1)x}{i+1} + \frac{1-\cos. (i-1)x}{i-1}.$$

Déterminant la constante ensorte que l'intégrale commence lorsque $x = 0$, on a

$$0 = C - \frac{1}{i-1} - \frac{1}{i+1}$$

et

$$2\, S(\cos. x. \sin. ix\, dx) = \frac{1-\cos. (i+1)x}{i+1} + \frac{1-\cos. (i-1)x}{i-1},$$

et fesant $x = \pi$,

$S(\cos. x \sin. ix\, dx) = \quad 0 \quad$ lorsque i est un nombre impair, et

$S(\cos. x \sin. ix\, dx) = \dfrac{2i}{i^2-1}$ lorsque i est un nombre pair.

Si l'on fait successivement $i = 2 \ldots 4 \ldots 6 \ldots 8 \ldots$ &c., on aura la série suivante:

$$\tfrac{1}{4}\pi \cos. x = \frac{2}{1.3}\sin. 2x + \frac{4}{3.5}\sin. 4x + \frac{6}{5.7}\sin. 6x + \ldots,$$

qui donne le développement cherché de cos. x en fonctions qui ne contiennent que des puissances impaires; résultat curieux et qui paraît d'abord s'écarter des principes ordinaires de l'analyse. Si on fait dans l'équation précédente $x = \tfrac{1}{4}\pi$, on trouvera

$$\frac{1}{4}\frac{\pi}{\sqrt{2}} = \frac{2}{1.3} - \frac{6}{5.7} + \frac{10}{9.11} - \frac{14}{13.15} + \ldots \text{ \&c.}$$

$$= \frac{1}{2}\left(\frac{4}{1.3} - \frac{12}{5.7} + \frac{20}{9.11} - \frac{28}{13.15} \ldots \right)$$

ou

$$= \frac{1}{2}\left(\frac{1}{1} + \frac{1}{3} - \frac{1}{5} - \frac{1}{7} + \frac{1}{9} + \frac{1}{11} - \frac{1}{13} - \ldots\right).$$

Cette dernière série est connue (Introd. analysin. Inf. Cap. X).[12]

---

[12][Ed.] L. Euler, *Introductio ad analysin infinitorum* (1748, Lausanne), 1, art. 179; *Opera Omnia*, (1) 8, 191.

Il est facile de voir que l'équation

$$y = \frac{2}{1.3}\sin. 2x + \frac{4}{3.5}\sin. 4x + \frac{6}{5.7}\sin. 6x + \ldots$$

appartient à la ligne $mmm\pi m'm'm'\ 2\pi\ m''m''m''\ 3\pi \ldots$, qui est composée d'arcs séparés par des lignes droites verticales.

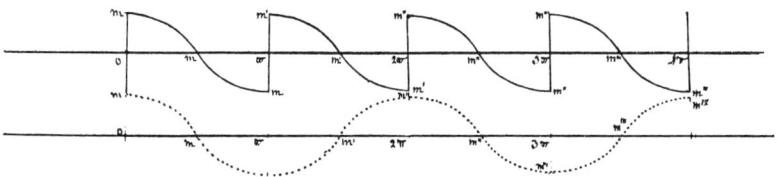

L'équation $y = \frac{1}{4}\pi \cos. x$ appartient à la ligne continue $mmm'm'm''m''m'''$ .... Les courbes exprimées par ces deux équations coïncident dans le premier intervalle de 0 à π; elles se séparent et ont des ordonnées opposées dans le second intervalle de π à 2π; elles coïncident aussi dans le troisième de 2π à 3π, et se séparent dans l'intervalle suivant et continuent ainsi à se séparer des valeurs de la série

$$\frac{2}{1.3}\sin. 2x + \frac{4}{3.5}\sin. 4x + \frac{6}{5.7}\sin. 6x + \frac{8}{7.9}\sin. 8x + \frac{10}{9.11}\sin. 10x$$

$$+ \ldots \&c.,$$

ou à se confondre avec elles.

67. Démonstration du théorème qui sert à développer une fonction arbitraire en cosinus d'arcs multiples et remarques sur les valeurs des coëfficients.

On peut employer une analyse semblable pour développer une fonction quelconque en séries de cosinus d'arcs multiples. Soit ϕx la fonction dont on demande le développement, on aura:

$$\phi x = a_0 \cos. 0x + a_1 \cos. x + a_2 \cos. 2x + a_3 \cos. 3x$$
$$+ a_4 \cos. 4x + \ldots + a_i \cos. ix + \ldots. \qquad (e)$$

Si l'on multiplie les deux membres de cette équation par $\cos. ix\, dx$ et que l'on intègre chacun des termes du second membre depuis $\|x = 0$ jusqu'à $x = \pi$, il est facile de s'assurer que la valeur de cette intégrale sera nulle, excepté pour le seul terme qui contient déjà $\cos. ix$. Cette remarque donne immédiatement la valeur du coëfficient a_i. Le calcul dont il s'agit se réduit donc à prendre l'intégrale $S(\cos. mx \cos. nx\, dx)$ depuis 0 jusqu'à π; en supposant que m et n sont des nombres entiers différents, on a;

$$S(\cos. \, mx \cos. \, nx \, dx) = \frac{S(\cos. \, (m+n)x \, dx) + S(\cos. \, (m-n)x \, dx)}{2}$$

$$= \frac{\sin. \, (m+n)x}{2(m+n)} + \frac{\sin. \, (m-n)x}{2(m-n)} + C.$$

Or cette intégrale, prise depuis $x = 0$ jusqu'à $x = \pi$, est évidemment nulle toutes les fois que m et n sont deux nombres différents.

Il n'en est pas de même lorsque ces deux membres sont égaux. Le dernier terme $\frac{\sin. \, (m-n)x}{2(m-n)}$ devient $\frac{0}{0}$ et sa véritable valeur est $\frac{1}{2}\pi$ lorsque l'arc x est égal à π. Si donc on multiplie les deux termes de l'équation précédente (e) par cos. x et que l'on intègre depuis 0 jusqu'à π, on aura

$$S(\phi(x) \cos. \, ix \, dx) = a_i \cdot \tfrac{1}{2}\pi,$$

équation qui fera connaître la valeur du coëfficient a_i toutes les fois que i n'est pas nul. Pour trouver le 1er coëfficient a_0, il suffit de multiplier chaque membre de l'équation (e) par dx et de prendre l'intégrale depuis $x = 0$ jusqu'à $x = \pi$, ce qui donne

$$a_0 \pi = S(\phi(x) \, dx).$$

Au reste, on aurait pu déduire de la même formule la valeur de a_0. En effet, dans l'équation précédente

$$S(\cos. \, mx \cos. \, nx \, dx)$$

$$= \frac{1}{2(m+n)} \sin. \, (m+n)x + \frac{1}{2(m-n)} \sin. \, (m-n)x,$$

si $m = 0$ et $n = 0$, chacun des termes du second membre devient $\frac{0}{0}$ et la valeur de chaque terme est $\frac{1}{2}\pi$. Ainsi, l'intégrale $S(\cos. \, mx \cos. \, nx \, dx)$ prise depuis $x = 0$ jusqu'à $x = \pi$ est nulle lorsque les deux nombres entiers m et n sont différents. Elle est $\frac{1}{2}\pi$ lorsque les deux nombres sont égaux, mais différents de 0; elle est égale à π lorsque m et n sont l'un et l'autre égaux à zéro. On obtient donc sur-le-champ l'équation suivante:

$$\tfrac{1}{2}\pi\phi x = \tfrac{1}{2} S(\phi x \, dx) + \cos. \, x \, S(\phi x \cos. \, x \, dx)$$

$$+ \cos. \, 2x \, S(\phi x \cos. \, 2x \, dx) + \ldots \cos. \, ix \, S(\phi x \cos. \, ix \, dx) + \ldots$$

(B)

Le signe S indique que les intégrations doivent être faites depuis $x = 0$ jusqu'à $x = \pi$. Ce théorème et le précédent (A)[13] conviennent à toutes les fonctions possibles, soit que l'on puisse exprimer ∥ par les moyens connus de l'analyse la nature de la fonction, soit qu'elle corresponde à une courbe tracée d'une manière quelconque, entièrement arbitraire. Nous voyons, en effet, que les coëfficients $a_0, a_1, a_2, \ldots a_i$ qui entrent dans le développement cherché

$$a_0 + a_1 \cos. x + a_2 \cos.2x + a_3 \cos. 3x + \ldots a_i \cos. ix + \ldots$$

sont proportionnels aux intégrales définies, dont on peut toujours concevoir les valeurs, quelle que puisse être la fonction proposée. Ces valeurs des coëfficients a_0, a_1, a_2, &c. peuvent aussi être représentées par des constructions. On supposera que pour une partie de l'axe d'une longueur égale à π, on ait tracé les courbes qui ont pour équation $y = \cos. x$, $y = \cos. 2x$, $y = \cos. 3x, \ldots$ &c. On construira aussi sur la même partie de l'axe la courbe dont l'équation est $y = \phi x$, ϕx étant la fonction arbitraire donnée. Cela posé, on comparera cette courbe qui répond à ϕx à la première dont l'équation est $y = \cos. x$, et l'on se représentera qu'il résulte de cette comparaison d'ordonnées une courbe réduite dont l'équation est $y = \phi x \cos. x$. On imaginera de même que les courbes qui répondent à $\cos. x$, $\cos. 2x$, $\cos. 3x, \ldots$ &c. sont toutes comparées à la courbe arbitraire qui répond à ϕx; ensorte que l'on a tracé un nombre égal de courbes réduites, dont les équations sont $y = \phi x \cos. x$, $y = \phi x \cos. 2x$, $y = \phi x \cos. 3x, \ldots$ &c. Cela posé, les aires de ces courbes réduites, étant prises depuis 0 jusqu'à π, représenteront les valeurs des coëfficients $a_1, a_2, a_3, \ldots$ &c. Quant au coëfficient a_0, il est égal à la moitié de l'aire terminée par la courbe arbitraire elle-même. Or, il est manifeste que, de quelque manière que la courbe arbitraire soit tracée, elle donnera toujours lieu à une certaine réduction des courbes de cosinus; ensorte que les coëfficients du développement auront dans tous les cas des valeurs déterminées, savoir, celles des aires des courbes réduites.

---

[13][Ed.] Fourier appears to be referring to the unnumbered equation on his p. 100 where he states the Fourier sine series: see our p. 216.

68.
Application à la fonction $\frac{1}{2}x$. Construction de la ligne qui représente le développement et comparaison des 3 développements de $\frac{1}{2}x$.

108

Si, par exemple, la fonction proposée, dont on demande le développement en fonctions d'arcs multiples, est la variable x elle-même, on écrira l'équation

$$\tfrac{1}{2}\pi x = a_0 + a_1 \cos. x + \| a_2 \cos. 2x + a_3 \cos. 3x + \ldots \&c.,$$

et l'on aura pour déterminer un coëfficient quelconque a_i l'équation

$$a_i = S(x \cos. ix\, dx),$$

cette intégrale étant prise depuis $x = 0$ jusqu'à $x = \pi$. En développant cette quantité au moyen de l'intégration par parties, on trouve que la valeur de l'intégrale est nulle lorsque i est un nombre pair, et qu'elle est égale à $-\dfrac{2}{i^2}$ lorsque i est impair.

On a en même temps

$$a_0 = \tfrac{1}{2} S(x\, dx) \text{ ou } \tfrac{1}{4}\pi^2.$$

On formera donc la série suivante:

$$\frac{1}{2}\pi x = \frac{1}{4}\pi^2 - \frac{2 \cos. x}{1^2} - \frac{2 \cos. 3x}{3^2} - \frac{2 \cos. 5x}{5^2} \ldots \&c.$$

ou

$$\frac{1}{2}x = \frac{1}{4}\pi - \frac{2 \cos. x}{\pi} - \frac{2 \cos. 3x}{3^2 \pi} - \frac{2 \cos. 5x}{5^2 \pi} \ldots \&c.$$

Il est aisé de voir que l'équation

$$y = \frac{1}{4}\pi - \frac{2 \cos. x}{\pi} - \frac{2 \cos. 3x}{3^2 \pi} - \frac{2 \cos. 5x}{5^2 \pi} \ldots \&c.$$

appartient à la ligne $0.1.2\pi. \ldots$

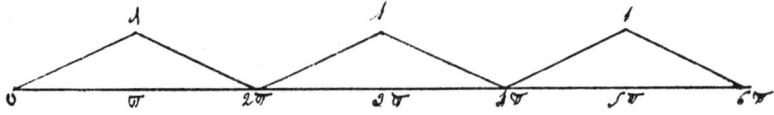

On peut remarquer ici que nous sommes parvenus à trois développements différents de la fonction $\tfrac{1}{2}x$, savoir:

$$\frac{1}{2}x = \sin. x - \tfrac{1}{2}\sin. 2x + \tfrac{1}{3}\sin. 3x - \tfrac{1}{4}\sin. 4x + \ldots \&c.$$

$$\frac{1}{2}x = \frac{2\sin. x}{\pi} - \frac{2\sin. 3x}{3^2\pi} + \frac{2\sin. 5x}{5^2\pi} - \frac{2\sin. 7x}{7^2\pi} + \ldots \&c.$$

$$\frac{1}{2}x = \frac{1}{4}\pi \quad -\frac{2}{\pi}\cos. x - \frac{2}{3^2\pi}\cos. 3x - \frac{2}{5^2\pi}\cos. 5x - \ldots \&c.$$

Le premier est représenté par la ligne *0.1.π.1.2π.1.3π. 1.4π. &c.*,

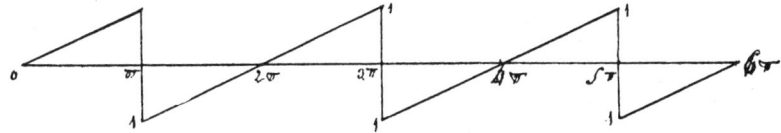

qui a pour équation

$$y = \sin. x - \tfrac{1}{2}\sin. 2x + \tfrac{1}{3}\sin. 3x - \tfrac{1}{4}\sin. 4x + \ldots.$$

Le second se rapporte à la ligne *0.1.π.1.2π* …,

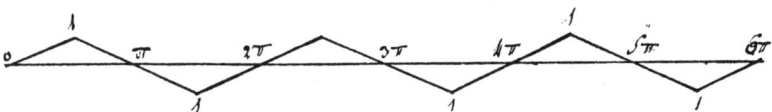

dont l'équation est

$$y = \frac{2\sin. x}{\pi} - \frac{2\sin. 3x}{3^2\pi} + \frac{2\sin. 5x}{5^2\pi} - \ldots.$$

Le troisième est représenté par la ligne précédente *0.1.2π.1.4π*, dont l'équation est

$$y = \frac{1}{4}\pi - \frac{2}{\pi}\cos. x - \frac{2}{3^2\pi}\cos. 3x - \frac{2}{5^2\pi}\cos. 5x - \ldots.$$

On voit par là que ces trois valeurs de $\tfrac{1}{2}x$ ne doivent point être considérées comme égales, abstraction faites de toutes les valeurs de *x*. Les trois développements précédents n'ont une valeur commune que lorsque la variable *x* est comprise entre 0 et $\tfrac{1}{2}\pi$. A mesure que *x* reçoit une plus grande ‖ valeur, celles du développement deviennent inégales jusqu'à ce que, la variable continuant d'augmenter, les développements reprennent des valeurs égales. La comparaison des lignes précédentes explique complètement cette coïncidence, et cette distinction alternative des trois séries.

**69.
Développement du sinus de l'arc en cosinus d'arcs multiples et construction de la ligne qui le représente.**

Pour donner un second exemple du développement d'une fonction en séries de cosinus d'arcs multiples, nous choisirons la fonction sin. x, dont l'expression ne contient que des puissances impaires de la variable, et nous nous proposerons de la développer sous la forme suivante:

$a + b \cos. x + c \cos. 2x + d \cos. 3x + \ldots$ &c.

En fesant à ce problème particulier l'application de l'équation générale:

$\frac{1}{2}\pi \phi x = \frac{1}{2} S(\phi x \, dx) + \cos. x \, S(\phi x \cos. x \, dx)$

$\qquad + \cos. 2x \, S(\phi x \cos. 2x \, dx) + \ldots$ &c.,

on trouvera pour l'équation cherchée:

$$\frac{1}{4}\pi \sin. x = \frac{1}{2} - \frac{\cos. 2x}{2^2 - 1} - \frac{\cos. 4x}{4^2 - 1} - \frac{\cos. 6x}{6^2 - 1} \ldots \text{&c.}$$

ou

$$\frac{1}{4}\pi \sin. x = \frac{1}{2} - \frac{\cos. 2x}{1.3} - \frac{\cos. 4x}{3.5} - \frac{\cos. 6x}{5.7} \ldots \text{&c.}$$

On parvient ainsi à développer une fonction qui ne contient que des puissances impaires en une série de cosinus dans laquelle il ne peut entrer que des puissances paires de la variable.

Si l'on donne à x la valeur particulière $\frac{1}{2}\pi$, on trouvera

$$\frac{1}{4}\pi = \frac{1}{2} + \frac{1}{1.3} - \frac{1}{3.5} + \frac{1}{5.7} - \frac{1}{7.9} + \text{&c.}$$

Or, de l'équation connue:

$$\frac{1}{4}\pi = 1 - \frac{1}{3} + \frac{1}{5} - \frac{1}{7} + \frac{1}{9} - \ldots \text{&c.},$$

on tire

$$\frac{1}{8}\pi = \frac{1}{1.3} + \frac{1}{5.7} + \frac{1}{9.11} + \frac{1}{13.15} + \ldots$$

et aussi

$$\frac{1}{8}\pi = \frac{1}{2} - \frac{1}{3.5} - \frac{1}{7.9} - \frac{1}{11.13} - \ldots,$$

et en ajoutant ces deux dernières, on a comme précédemment:

$$\frac{1}{4}\pi = \frac{1}{2} + \frac{1}{1.3} - \frac{1}{3.5} + \frac{1}{5.7} - \frac{1}{7.9} + \ldots$$

L'équation

$$y = \frac{1}{2} - \frac{\cos. 2x}{2^2-1} - \frac{\cos. 4x}{4^2-1} - \frac{\cos. 6x}{6^2-1} - \ldots \&c.$$

appartient à la ligne $0.m.\pi.m.2\pi.m.3\pi.\ldots$

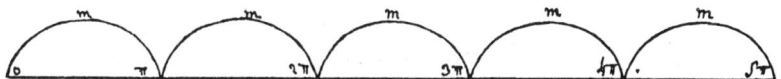

L'équation $y = \frac{1}{2}\pi \sin. x$ appartient à la ligne $0.m'.\pi.m'. 2\pi.m'.3\pi.m'.4\pi.\ldots$

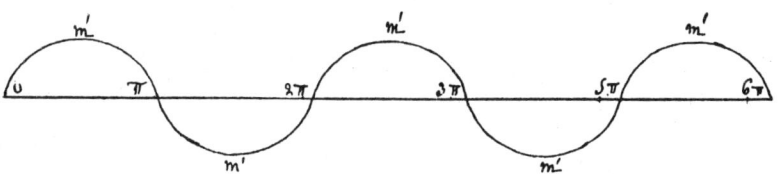

On voit par là que les deux quantités

$$\frac{1}{4}\pi \sin. x \text{ et } \frac{1}{2} - \frac{\cos. 2x}{1.3} - \frac{\cos. 4x}{3.5} - \&c.$$

sont toujours égales lorsque la valeur de x est comprise entre 0 et π, ... 2π et 3π, 4π et 5π, &c., et toujours ∥ de signes contraires, lorsque la valeur de x est comprise entre π et 2π, 3π et 4π, &c.

70. Développement d'une fonction dont la valeur est constante dans un intervalle et nulle dans l'intervalle suivant. Construction correspondante.

L'analyse précédente donnant le moyen de développer une fonction arbitraire quelconque en séries de sinus ou de cosinus d'arcs multiples, nous l'appliquerons facilement au cas où la fonction à developper a des valeurs déterminées tant que la variable est comprise entre de certaines limites, et a des valeurs nulles lorsque la variable est comprise entre d'autres limites. Je m'arrêterai à l'examen de ce cas particulier, parce qu'il se présente fréquemment dans les questions physiques qui dépendent des équations aux différences partielles et qu'il avait été proposé comme un exemple de cas auxquels les séries de sinus ne peuvent point être appliquées. Supposons donc que l'on ait à développer sous la forme $a \sin. x + b \sin. 2x + c \sin. 3x +$ &c. une fonction dont la valeur est constante lorsque x est comprise entre 0 et θ, et dont toutes les autres valeurs sont nulles lorsque x est comprise entre θ et π; on posera l'équation générale:

$$\tfrac{1}{2}\pi\phi x = \sin. x\, S(\phi x \sin. x\, dx) + \sin. 2x\, S(\phi x \sin. 2x\, dx)$$
$$+ \sin. 3x\, S(\phi x \sin. 3x\, dx) + \ldots,$$

dans laquelle les intégrales doivent être prises depuis 0 jusqu'à π. Or, il est facile de voir que, les valeurs de $\phi(x)$ qui entrent sous le signe S étant nulles depuis $x = \theta$ jusqu'à $x = \pi$, il suffira d'intégrer depuis $x = 0$ jusqu'à $x = \theta$. Cela posé, on trouvera facilement pour la série demandée, en supposant que la valeur constante de la fonction est h:

$$\frac{1}{2}\pi\phi x = h\left\{(1-\cos.\theta)\sin. x + \left(\frac{1-\cos. 2\theta}{2}\right)\sin. 2x\right.$$
$$\left. + \left(\frac{1-\cos. 3\theta}{3}\right)\sin. 3x + \left(\frac{1-\cos. 4\theta}{4}\right)\sin. 4x + \ldots \text{&c.}\right\}.$$

Si l'on fait $h = \tfrac{1}{2}\pi$ et que l'on représente le sinus verse de l'arc u par sin. V. u on aura

$$\phi x = \left\{\sin. V.\,\theta \sin. x + \frac{\sin. V.\, 2\theta}{2}\sin. 2x\right.$$
$$\left.+ \frac{\sin. V.\, 3\theta}{3}\sin. 3x + \frac{\sin. V.\, 4\theta}{4}\sin. 4x + \ldots \text{&c.}\right\},$$

résultat plus général que les précédents et qui contient une indéterminée θ susceptible d'une infinité de valeurs.

En donnant à θ la valeur particulière π, on trouvera la série qui a été donnée précédemment:

$\tfrac{1}{4}\pi = \sin. x + \tfrac{1}{3}\sin. 3x + \tfrac{1}{5}\sin. 5x + \tfrac{1}{7}\sin. 7x + \ldots$ &c.

L'équation

$$y = \left\{\sin. V.\,\alpha \sin. x + \frac{\sin. V.\, 2\alpha}{2}\sin. 2x + \frac{\sin. V.\, 3\alpha}{3}\sin. 3x + \ldots\right\}$$

appartient à la ligne $0hh\pi\alpha hhhh\, 3\pi\, \alpha hhhh\alpha \ldots$.

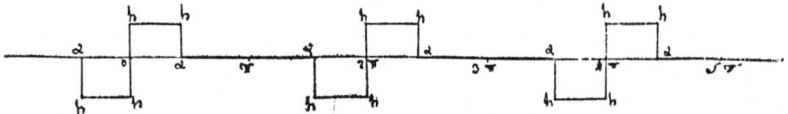

71.
Développement d'une fonction qui équivaut à sin. x dans un intervalle et est nulle dans l'intervalle suivant. Construction correspondante.

111

Dans l'exemple suivant, qui n'est pas moins remarquable, les valeurs de ϕx sont nulles pour une portion déterminée de l'axe $\alpha\pi$, et pour l'autre partie de l'axe elles sont proportionnelles aux ordonnées de la ligne des sinus. On suppose que la ligne 0α, dont la valeur est α, soit une partie de la demi-circonférence; ainsi on a $\alpha = \dfrac{\pi}{n}$. Les ordonnées de la courbe $0m\alpha$ sont égales à sin. x pour toutes les valeurs de x comprises entre 0 et α et sont nulles pour toutes les valeurs de x comprises entre α et π. En représentant par ϕx l'ordonnée variable $0SS\alpha\pi$, on aura en général

$$\tfrac{1}{2}\pi \phi x = \sin. x\, S(\phi x \sin. x\, dx) + \sin. 2x\, S(\phi x \sin. 2x\, dx)$$
$$+ \ldots + \sin. ix\, S(\phi x \sin. ix\, dx) + \ldots$$

Les intégrales doivent être prises depuis $x = 0$ jusqu'à $x = \pi$, mais il suffira dans le cas dont il s'agit de prendre ces intégrales depuis $x = 0$ jusqu'à $x = \alpha$ puisque toutes les autres ordonnées sont nulles. Cela posé, on aura

$$S(\sin. nx \sin. ix\, dx) = \tfrac{1}{2}(S(\cos. (n-i)x\, dx) - S(\cos. (n+1)x\, dx))$$
$$= C + \frac{1}{2}\frac{\sin.(n-i)x}{n-i} - \frac{1}{2}\frac{\sin.(n+i)x}{n+i},$$

ou seulement

$$\frac{1}{2}\left(\frac{\sin.(n-i)x}{n-i} - \frac{\sin.(n+i)x}{n+i}\right).$$

Si maintenant on fait $x = \alpha$ ou $\dfrac{\pi}{n}$, la valeur de l'intégrale totale sera

$$\frac{1}{2}\left(\frac{\sin.\left(\pi - \dfrac{i\pi}{n}\right)}{n-i} - \frac{\sin.\left(\pi + \dfrac{i\pi}{n}\right)}{n+i}\right) \quad \text{ou} \quad \frac{1}{2}\left\{\frac{\sin.\left(\dfrac{i\pi}{n}\right)}{n-i} + \frac{\sin.\left(\dfrac{i\pi}{n}\right)}{n+i}\right\}$$

ou $\quad \dfrac{n}{n^2 - i^2} \sin.\left(\dfrac{i\pi}{n}\right).$

On aura donc pour les coëfficients de sin. $x \ldots \dfrac{n}{n^2 - 1^2}\sin. \alpha$, de sin. $2x \ldots \dfrac{n}{n^2 - 2^2}\sin. 2\alpha$, de sin. $3x \ldots \dfrac{n}{n^2 - 3^2}\sin. 3\alpha$, et par conséquent

$$\tfrac{1}{2}\pi\phi x = \frac{n}{n^2-1^2}\sin.\,\alpha\sin.\,x + \frac{n}{n^2-2^2}\sin.\,2\alpha\sin.\,2x$$

$$+ \frac{n}{n^2-3^2}\sin.\,3\alpha\sin.\,3x\ \&c.,$$

ou mettant pour n sa valeur $\dfrac{\pi}{\alpha}$,

$$\phi x = 2\alpha\left(\frac{\sin.\,\alpha\sin.\,x}{\pi^2-\alpha^2} + \frac{\sin.\,2\alpha\sin.\,2x}{\pi^2-2^2.\,\alpha^2} + \frac{\sin.\,3\alpha\sin.\,3x}{\pi^2-3^2.\,\alpha^2}+\dots\right).$$

Si l'on supposait $n = 1$ ou $\alpha = \pi$, tous les termes de la série s'évanouiraient excepté le 1er qui devient $\frac{0}{0}$ ou sin. x; on aurait alors $\phi x = \sin.\,x$.

L'équation

$$y = 2\alpha\left(\frac{\sin.\,\alpha\sin.\,x}{\pi^2-\alpha^2} + \frac{\sin.\,2\alpha\sin.\,2x}{\pi^2-2^2.\,\alpha^2} + \frac{\sin.\,3\alpha\sin.\,3x}{\pi^2-3^2.\,\alpha^2}+\dots\right)$$

est celle de la ligne $0m\alpha\pi\alpha m\ 2\pi\ m\alpha\ 3\pi\ \alpha m\dots$ que représente la ligne ci-jointe.

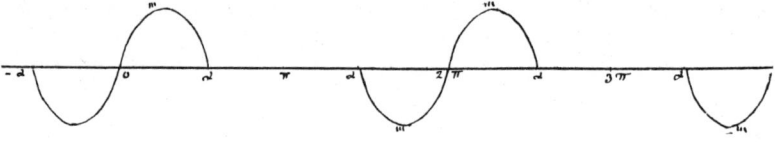

72. Expression analytique de l'ordonnée variable d'une ligne composée d'arcs paraboliques et de lignes droites.

On peut étendre la même analyse au cas singulier où l'ordonnée représentée par ϕx serait celle d'une ligne composée de différentes parties, dont les unes seraient des courbes et les autres des lignes droites. Par exemple, si la fonction dont on demande le développement en séries de cosinus d'arcs multiples a pour valeur $(\tfrac{1}{2}\pi)^2 - x^2$ depuis $x = 0$ jusqu'à $x = \tfrac{1}{2}\pi$ et est nulle depuis $x = \tfrac{1}{2}\pi$ jusqu'à $x = \pi$, on emploiera l'équation générale

$$\tfrac{1}{2}\pi\phi x = \tfrac{1}{2}S(\phi x\,dx) + \cos.\,x\,S(\phi x\cos.\,x\,dx) + \cos.\,2x\,S(\phi x\cos.\,2x\,dx)$$
$$+ \cos.\,3x\,S(\phi x\cos.\,3x\,dx) + \&c.,$$

et en effectuant les intégrations dans les limites données on trouvera que le terme général $S(((\tfrac{1}{2}\pi)^2 - x^2)\cos.\,ix\,dx)$ est égal à $\dfrac{2}{i^3}$ lorsque i est impair, à $\|\dfrac{\pi}{i^2}$ lorsque i est double d'un nombre impair, et à $-\dfrac{\pi}{i^2}$ lorsque i est quadruple d'un nombre impair.

Théorie de la propagation de la chaleur. Art. 72

D'un autre côté, on trouvera $\frac{1}{3} \cdot \frac{\pi^3}{2^3}$ pour la valeur du 1er terme $\frac{1}{2} S(\phi x \, dx)$. On aura donc le développement suivant

$$\frac{1}{2}\pi\phi x = \frac{1}{3}\frac{\pi^3}{2^3} + \frac{2\cos. x}{1^3} + \frac{\pi \cos. 2x}{2^2} + \frac{2\cos. 3x}{3^3}$$

$$-\frac{\pi \cos. 4x}{4^2} + \frac{2\cos. 5x}{5^3} + \frac{\pi \cos. 6x}{6^2} + \cdots$$

ou

$$\phi x = \frac{1}{2.3}\left(\frac{\pi}{2}\right)^3 + \frac{2}{\pi}\left\{\frac{\cos. x}{1^3} + \frac{\cos. 3x}{3^3} + \frac{\cos. 5x}{5^3} + \frac{\cos. 7x}{7^3} + \cdots\right\}$$

$$+ \left\{\frac{\cos. 2x}{2^2} - \frac{\cos. 4x}{4^2} + \frac{\cos. 6x}{6^2} - \frac{\cos. 8x}{8^2} + \frac{\cos. 10x}{10^2} - \cdots\right\}.^{14}$$

Pour vérifier cette équation dans un cas particulier on fera $x = \frac{1}{2}\pi$ et il faudra que la valeur de l'ordonnée soit nulle. En effet la valeur du $2^{\text{ème}}$ membre de l'équation est dans ce cas

$$\frac{1}{3}\frac{\pi^2}{8} - \left\{\frac{1}{2^2} + \frac{1}{4^2} + \frac{1}{6^2} + \frac{1}{8^2} + \frac{1}{10^2} + \cdots\right\}.$$

Or une série connue (Introd. ad Analysin Inf. Cap. X.)[15] donne

$$\frac{\pi^2}{2.3} = 1 + \frac{1}{2^2} + \frac{1}{3^2} + \frac{1}{4^2} + \frac{1}{5^2} + \cdots \,\&c.$$

---

[14][Ed.] Fourier stated the values of the coefficients wrongly, and then placed them wrongly into the series; and the pair of errors did not compensate, so that the series is not presented correctly. He maintained these mistakes in the 1811 paper [part 1, 313], and only partially rectified the errors in the *Théorie* [art. 227], although the series itself appeared in its correct form.

The analysis should read

$$\int_0^{\pi/2}\left(\left(\frac{\pi}{2}\right)^2 - x^2\right)\cos ix \, dx \begin{cases} = -\dfrac{\pi}{i^2} \text{ when } i = 4m \\[4pt] = +\dfrac{2}{i^3} \text{ when } i = 4m+1 \\[4pt] = +\dfrac{\pi}{i^2} \text{ when } i = 4m+2 \\[4pt] = -\dfrac{2}{i^3} \text{ when } i = 4m+3, \end{cases}$$

and thus

$$\tfrac{1}{2}\phi(x) = \frac{1}{2.3}\left(\frac{\pi}{2}\right)^3 + \frac{2}{\pi}\left\{\frac{\cos x}{1^3} - \frac{\cos 3x}{3^3} + \frac{\cos 5x}{5^3} - \cdots\right\} + \left\{\frac{\cos 2x}{2^2} - \frac{\cos 4x}{4^2} + \frac{\cos 6x}{6^2} - \cdots\right\}.$$

[15][Ed.] See L. Euler, *Introductio ad analysin infinitorum* (1748, Lausanne), 1, art. 168; *Opera Omnia*, (1) 8, 180–181.

ou

$$\frac{\pi^2}{2.3.2^2} = \frac{1}{2^2} + \frac{1}{4^2} + \frac{1}{6^2} + \frac{1}{8^2} + \frac{1}{10^2} + \cdots \&c.$$

L'équation

$$y = \frac{1}{2.3}\left(\frac{\pi}{2}\right)^3 + \frac{2}{\pi}\left\{\frac{\cos. x}{1^3} + \frac{\cos. 3x}{3^3} + \frac{\cos. 5x}{5^3} + \frac{\cos. 7x}{7^3} + \cdots\right\}$$

$$+ \left\{\frac{\cos. 2x}{2^2} - \frac{\cos. 4x}{4^2} + \frac{\cos. 6x}{6^2} - \frac{\cos. 8x}{8^2} + \cdots\right\}$$

appartient à la ligne composée d'arcs paraboliques et de lignes droites dont le cours est designé dans la figures par les lettres $m\frac{\pi}{2} \pi\ 3\frac{\pi}{2} m\ 2\pi\ 5\frac{\pi}{2} \ldots$, composée d'arcs paraboliques et de lignes droites.

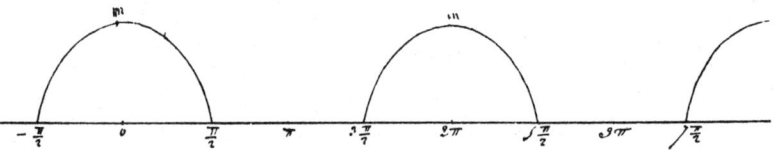

73.
Développement d'une fonction représentée par l'ordonnée variable de la ligne qui termine le trapèze.

Je choisirai pour exemple de ces sortes de développements le cas où la fonction de la variable x est l'ordonnée du contour d'un trapèze. On suppose que ϕx soit égale à x depuis $x = 0$ jusqu'à $x = \alpha$, que cette fonction soit égale à α depuis $x = \alpha$ jusqu'à $x = \pi - \alpha$, et enfin égale à $\pi - x$ depuis $x = \pi - \alpha$ jusqu'à $x = \pi$; il s'agit de développer ϕx en une série de sinus d'arcs multiples. On en servira de l'équation

$\frac{1}{2}\pi\phi x =$ sin. $x\ S\ \phi x$ sin. $x\ dx +$ sin. $2x\ S\ \phi x$ sin. $2x\ dx$

$\qquad +$ sin. $3x\ S\ \phi x$ sin. $3x\ dx + \ldots$.

Le terme général $S\ \phi x$ sin. $ix\ dx$ sera composé de trois parties différentes. Or il est facile de voir immédiatement que lorsque i est un nombre pair la somme de ces trois parties est nulle, à raison de la symétrie de la figure. Lorsque i est impair on trouve en intégrant par parties

$S\ x$ sin. $ix\ dx = -\frac{x}{i}$ cos. $ix + \frac{1}{i^2}$ sin. ix.

On prendra cette intégrale depuis $x = 0$ jusqu'à $x = \alpha$ et l'on remarquera que l'on doit trouver le même résultat en prenant la même intégrale entre les limites $x = \pi - \alpha$ et $x = \pi$. D'un autre côté, on aura pour la 2ème partie de l'intégrale totale prise depuis $x = \alpha$ jusqu'a $x = \pi - \alpha$:

$$\int \alpha \sin. ix \, dx = \frac{1}{i} \alpha \{\cos. i\alpha - \cos. i(\pi - \alpha)\} \text{ ou } \frac{2\alpha}{i} \cos. i\alpha.$$

On aura donc apres les réductions $\frac{2}{i^2} \sin. i\alpha$ pour le coëfficient de sin. ix lorsque i est un nombre impair, et zéro pour ce coëfficient lorsque i est un nombre pair. On parvient ainsi à l'équation

$$\| \; \frac{1}{2}\pi\phi x = 2\left\{\sin. \alpha \sin. x + \frac{1}{3^2}\sin. 3\alpha \sin. 3x + \frac{1}{5^2}\sin. 5\alpha \sin. 5x \ldots\right\}.$$

L'équation

$$y = \frac{4}{\pi}\left\{\sin. \alpha \sin. x + \frac{1}{3^2}\sin. 3\alpha \sin. 3x + \frac{1}{5^2}\sin. 5\alpha \sin. 5x + \ldots\right\}$$

est celle de la ligne $0mm\pi mm \, 2\pi \, mm \, 3\pi \ldots$ qui termine le trapèze construit sur une base égale à la demi-circonférence π.

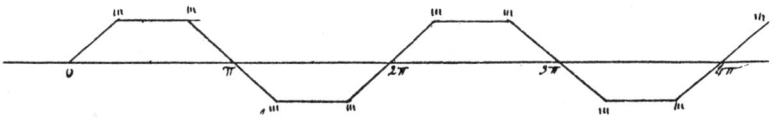

Si l'on supposait que la quantité donnée désignée par α vaut $\frac{1}{2}\pi$, le trapèze se confondrait avec le triangle isocèle et l'on aurait comme précédemment pour l'équation du contour de ce triangle

$$\frac{1}{2}\pi\phi x = 2\left(\sin. x - \frac{1}{3^2}\sin. 3x + \frac{1}{5^2}\sin. 5x - \frac{1}{7^2}\sin. 7x + \ldots\right).^{16}$$

---

[16][Ed.] In both the 1811 prize paper [part 1, 314–315] and the *Théorie* [art. 228] Fourier inserted here a further passage on the expression of the convergence of a series in terms of the n-th partial sum. [For a notice of this passage, see A. Pringsheim, "Über ein Eulersches Konvergenzkriterium," *Bibliotheca mathematica*, (3) 6 (1905), 252–256 (p. 256).]

**74.
Expression analytique de l'ordonnée variable de la surface qui termine un polyèdre.**

Puisque l'on peut donner à α une valeur quelconque prise entre zéro et $\frac{1}{2}\pi$ on regardera cette valeur de α comme une nouvelle coordonnée selon la construction suivante:

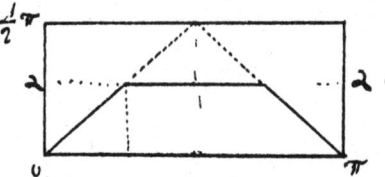

Ayant tracé le rectangle dont la base 0π est égale à la demie circonférence et dont la hauteur est $\frac{1}{2}\pi$, sur le milieu du côté parallèle à la base, on élevera perpendiculairement au plan du rectangle une ligne de longueur égale à $\frac{1}{2}\pi$, et par l'extrémité supérieure de cette ligne on tirera des droites aux quatre angles du rectangle. On formera ainsi une pyramide quadrangulaire; si l'on porte maintenant sur le petit côté du rectangle à partir du point 0 une ligne quelconque égale à α, et que par l'extrémité de cette ligne on mène, suivant la ligne $\alpha\alpha$ parallèle à la base un plan perpendiculaire à celui du rectangle, la section commune à ce plan et au solide sera le trapèze dont la hauteur est égale à α et l'ordonnée variable du contour de ce trapèze est égale, comme nous venons de le voir, à

$$\frac{4}{\pi}\left\{\sin.\ \alpha \sin.\ x + \frac{1}{3^2}\sin.\ 3\alpha \sin.\ 3x + \frac{1}{5^2}\sin.\ 5\alpha \sin.\ 5x + \ldots\right\}.$$

Il suit de là qu'en appellant x, y, z les coordonnées d'un point quelconque de la surface supérieure de la pyramide quadrangulaire que nous avons formée, on aura pour l'équation de la surface du polyèdre entre les limites $x = 0, x = \pi, y = 0, y = \frac{1}{2}\pi$:

$$\frac{1}{2}\pi z = \frac{\sin.\ y \sin.\ x}{1^2} + \frac{\sin.\ 3y \sin.\ 3x}{3^2} + \frac{\sin.\ 5y \sin.\ 5x}{5^2} + \frac{\sin.\ 7y \sin.\ 7x}{7^2}$$
$$+ \ldots \&c.$$

In his paper to the Institut de France in 1809 Fourier held his ground. His theorem on the expansion of a function in a trigonometric series, he said, opened up a new era for the solution of partial differential equations since it showed mathematically how discontinuous functions could be introduced in them.[17] And in a footnote he considered the roles of the different methods of calculating the coefficients in the series and revealed one of the most perceptive of all his discoveries:

8 ∥ Note 9

L'auteur du mémoire a employé plusieurs fois différentes méthodes pour obtenir le même résultat, ensorte qu'au premier aperçu on pourrait juger ces développements inutiles. Mais un examen attentif en fait reconnaître la nécessité; l'exemple suivant rendra cette réflexion plus sensible. La solution d'une des questions exigeait que la constante h fut développée en une série de cosinus d'arcs multiples. Si on écrit l'équation:

$$h = a \cos. x + b \cos. 3x + c \cos. 5x + d \cos. 7x + \ldots \&c.,$$

il est facile de déterminer les valeurs de $a, b, c, d, \ldots$ &c. On trouvera, par exemple, le coëfficient c en multipliant les deux membres de l'équation par cos. $5x$ et intégrant depuis $x = 0$ jusqu'à $x = \pi$, car chaque terme du second membre deviendra nul après l'intégration excepté le troisième, qui contient c. On détermine de la même manière les autres coëfficients. Or si l'on se fut content d'exposer dans le mémoire le procédé dont il s'agit, on n'aurait point démontré la vérité de l'équation

$$\tfrac{1}{4}\pi = \cos. x - \tfrac{1}{3} \cos. 3x + \tfrac{1}{5} \cos. 5x - \tfrac{1}{7} \cos. 7x + \ldots \&c.$$

En effet, si on écrivait l'équation

$$h = a \cos. x + c \cos. 5x + d \cos. 7x + f \cos. 11x + \ldots \&c.,$$

où l'on omet certains termes, par exemple tous les multiples de l'arc divisibles par 3, on déterminerait encore par le même procédé les coëfficients $a, c, d, \ldots$ et l'on arriverait ainsi à l'équation

$$\tfrac{1}{4}\pi = \cos. x + \tfrac{1}{5} \cos. 5x - \tfrac{1}{7} \cos. 7x + \ldots \&c.,$$

qui est fausse. De plus, cette méthode de déterminer les coëfficients n'apprend rien sur la convergence des séries et ne fait nullement connaître entre quelles limites les valeurs de x doivent être renfermées pour que l'équation soit vraie; et cependant si l'on prenait pour x des nombres qui ne fussent point compris entre ces limites, la série pourrait avoir une

---

[17]J. B. J. Fourier *Extrait*, 6.

valeur très-différente de $\frac{1}{4}\pi$. Les articles dans lesquels on a démontré le développement par d'autres méthodes ne sont donc superflus: mais il était utile en même temps de montrer que l'on peut obtenir les coëfficients en suivant un procédé très-simple, et qui se présente de lui-même. Au reste, il faut bien remarquer que ce dernier moyen de trouver les coëfficients n'est qu'une abréviation commode: mais qu'il serait entièrement insuffisant pour résoudre les difficultés d'analyse que présente la théorie de la chaleur. On en ferait même les applications les plus erronnées si l'on n'était point dirigé par une autre méthode. On peut étendre le réflexion précédente à toutes les parties du mémoire dans lesquelles on a examiné le ‖ même objet sous différents points de vue. L'auteur de cet ouvrage n'y a insérée d'autres détails que ceux dont la suppression laisserait quelqu'incertitude sur la vérité des résultats, ou ceux qui contribuent à la clarté. Il a paru d'ailleurs que la nouveauté et la difficulté du sujet exigerait ces développements.[18]

Fourier was pointing out that the quick method of calculating the coefficients was fundamentally wanting as a true foundation for the series because it took for granted the question of the completeness of the function spaces of the trigonometric functions. But this puts the point in the language in which it was developed — the theory of Hilbert spaces. Once again Fourier was a long way ahead of his time, and indeed he was able to make no real progress in solving the problem. In this manuscript and its later versions he simply advocated the infinite matrix method as the true means of calculating the coefficients; but in a retrospective section at the end of the *Théorie* he made his only mention of the problem in his published work, and followed it with an attempted proof of the completeness of the trigonometric functions reminiscent of his n-body analysis. He converted the basic series equation

(9.16) $$f(x) = \sum_{r=1}^{\infty} a_r \sin rx, \quad 0 \le x \le X,$$

---

[18]J. B. J. Fourier *Notes*, footnote 9.

into a system of n equations in n unknowns:

(9.17) $$f(idx) = \sum_{r=1}^{\infty} a_r \sin(ridx), \quad i = 1, 2, \ldots, n,$$

where

(9.18) $$ndx = X,$$

and applied the process of integration term-by-term to (9.17), where the values obtained for the constants would all have to exist together in order to preserve the validity of (9.17); but this argument really only reiterates the point made in 1809.[19] In fact, he had suggested a result earlier in the book whose subtle connection with the same problem he had not seen. Let

(9.19) $$f(x) = a + b \cos x + c \cos 2x + \ldots,$$

and

(9.20) $$\phi(x) = \alpha + \beta \cos x + \gamma \cos 2x + \ldots.$$

Then he stated that "it is easy" to calculate the values of

(9.21) $$a\alpha + b\beta + c\gamma + \ldots,$$

and, more generally, the function whose series is

(9.22) $$a\alpha + b\beta \cos x + c\gamma \cos 2x + \ldots.[20]$$

He did not give the formulae that he had in mind, but doubtless they were

(9.23) $$a\alpha + b\beta + c\gamma + \ldots = \frac{2}{\pi} \int_0^\pi f(u)\phi(u)\,du - a\alpha$$

and

(9.24) $$a\alpha + b\beta \cos x + c\gamma \cos 2x + \ldots = \frac{2}{\pi} \int_0^\pi f(u)\phi(u+x)\,du - a\alpha,$$

easily derivable from multiplying (9.20) for $(u+x)$ through by $f(u)$ and integrating over $[0, \pi]$. Thus Fourier had with (9.23) the result known today as "Parseval's formula." The result of Marc Antoine Parseval (1755–1836) himself—one of the eccentric figures on the fringe of Parisian science of the time—was some-

---

[19] J. B. J. Fourier *Théorie*, art. 424, remarks 1 and 2; and art. 425.

[20] J. B. J. Fourier *Théorie*, art. 235, remark 2.

what different and achieved in a paper of 1799, before Fourier himself began work on heat diffusion. In the notation of (9.23) we may write it as follows: let

(9.25) $$P(t) = a + bt + ct^2 + \ldots$$

and

(9.26) $$Q(t) = \alpha + \frac{\beta}{t} + \frac{\gamma}{t^2} + \ldots.$$

Then

(9.27) $$P(t)Q(t) = a\alpha + b\beta + c\gamma + \cdots + \sum_{m=1}^{\infty} H_m t^m + \sum_{m=1}^{\infty} K_m t^{-m},$$

where H_m and K_m are the coefficients arising from the products of unequal powers of (9.25) and (9.26). Putting $t = e^{iu}$ and $t = e^{-iu}$ into (9.27), adding the resulting equations together and integrating over $[0, \pi]$ gives

(9.28) $$a\alpha + b\beta + c\gamma + \cdots = \frac{1}{\pi} \int_0^{\pi} [P(e^{iu})Q(e^{iu}) + P(e^{-iu})Q(e^{-iu})]\, du.[21]$$

---

[21]M. A. Parseval, "Mémoire sur les séries et sur l'intégration complète d'une équation aux différences partielles du second ordre à coëfficiens constans," *Mémoires présentés à l'Institut de France par divers savans*, (1) 1 (1805), 638–648, esp. p. 640, where the proof of (9.28) is said to be "évident par lui-même"!

Little is known of either the life or work of Marc Antoine Parseval des Chênes, born on 27 April 1755 at Rosières-aux-Salines in the department of Marthe-et-Moselle, and died on 16 August 1836 in Paris. He was a member of the distinguished French family of Parseval and described himself as a "squire"; his marriage in 1795 to Ursule Guerillot was soon divorced, without issue. An ardent Royalist, he was imprisoned in 1792, and he later fled the country when Napoleon ordered his arrest for publishing poetry against the regime. His only publications seem to have been five papers to the 1805 volume of *Mémoires présentés par divers savans*, of which the above paper was one. [For the others, see ibid., 379–398, 478–492, 524–545 and 567–586. The manuscript of the first of these papers — an interesting analysis of the wave equation — is in the library of the Ecole Nationale des Ponts et Chaussées, together with reports by Lagrange and Laplace and a summary of his formula (9.28).] In the scientific world he was closest to Legendre, and his somewhat limited beauty earned him the nickname of *cochon savant* among his colleagues. In 1796, 1799, 1802, 1813, and 1828 he was nominated for election to the Institut de France or the Académie des Sciences, but his best performance was to be third to Lacroix's election in 1799. The fact that he continued to be put forward from time to time suggested that he was still working: indeed, he did present papers occasionally which were never published, and in 1823 Abel reported in a letter that Parseval's proof of the irrationality of e had been translated word for

9 Sine and Cosine Series for an Arbitrary Function

Fourier's ideas here (and Parseval's also) are now seen as part of the theory of function spaces, in that the conditions for the truth of (9.23) involve the completeness of the trigonometric functions. Once again, Fourier was ahead of his time: (9.23) had to be rediscovered at the end of the century when such studies were in the course of development.[22]

One final point can be made relevant to the text of this chapter. We have seen Fourier reserve the special symbol S for the integral forms of his coefficients in his trigonometric series: he used such a symbol also in the 1811 paper, but while preparing the *Théorie* he invented a new symbol which has become his best known contribution to mathematical notation.

The integral sign $\int$ had been introduced by Leibniz as an elongated S-symbol to reflect the formation of his integral as the limit of a sum, and it remained standard with the passage of time even though the geometrical interpretation of the integral diminished greatly in importance. Now Fourier, one of the first to resurrect Leibniz's geometrical foundations of integration, reinterpreted his S-symbol $\int$ as a simple route indicator: $_a\int^b$, as it were, marking the passage of the variable x from a to b. He first used $\int_a^b$ in a paper of 1816 summarizing the *Théorie*,[23] but it was only on its appearance in the book itself that it came to general attention; and then it was generally accepted at once.[24] The innovation was not achieved by accident; as this manuscript almost always shows, Fourier was a master of notations to represent his ideas as he was also of the ideas themselves and the virtuosity to develop them.[25]

---

word into German by Johan Philipp Gruson (1768–1857) and presented to the Berlin Academy as his own work. [See *Niels Henrik Abel, Mémorial publié à l'occasion du centenaire de sa naissance* (1902, Christiania), "Correspondance d'Abel...," 6 and 115.]

The above information is drawn mainly from the Archives of the Académie des Sciences; *Procès-Verbaux*; *Les Parsevals et leurs alliances pendant trois siècles, 1594–1900* (1901, Bergerac), 1, 281–282; and *Nouvelle biographie générale*, 39 (1862, Paris), col. 253. It partly answers the query raised by G. Eneström in *Bibliotheca mathematica*, (2) 6 (1892), 64.

[22]See C. J. de la Vallée Poussin, "Sur quelques applications de l'intégrale de Poisson," *Annales de la Société Scientifique de Bruxelles*, (1892–1893: publ. 1893), part 2, 18–34. A. Hurwitz, "Sur les séries de Fourier," *Comptes Rendues de l'Académie des Sciences*, 132 (1901), 1473–1475; *Mathematische Werke*, 1 (1932, Basel: reprinted 1962–1963, Basel and Stuttgart), 506–508.
[23]J. B. J. Fourier *1816a*, 361.
[24]Fourier defined $\int_a^b$ in art. 231 of the *Théorie*, but he first used it in art. 222.
[25]See his remarks on the importance of notations in mathematics in the *Théorie*, art. 431.

But we still have to reach the nub of Fourier's controversy with Lagrange. It came in the next section of the manuscript — a short article on the vibrating string problem. We preface his remarks with our own summary of that discussion.

10 Fourier's Reflections on the Vibrating String Problem

The analysis of the vibrating string was one of the most important investigations in the eighteenth century development of the rational mechanics of deformable media. The problem was to describe mathematically the small horizontal vibrations of a uniform heavy elastic string held at its ends: the importance of the analysis lay both in its general mathematical implications and in its physical consequences for acoustics. As a discussion it became vigorous, even bitter, especially concerning the types of solution admissible to the problem and the extent of their allowable generality; and none of the viewpoints put forward was free from difficulties.

Fourier's work did not resolve the discussion but his results on trigonometric series had implications for the generality of that type of solution. Our present interest lies mainly with this one feature, and so we shall not be adding to the number of general commentaries on the discussion;[1] and we begin with the first set of general results, namely the wave equation

(10.1) $$\frac{\partial^2 y}{\partial x^2} = \frac{1}{c^2} \frac{\partial^2 y}{\partial t^2}$$

to represent the motion, and its functional solution

(10.2) $$y = f(x+ct) + g(x-ct),$$

which the conditions for the fixed ends

(10.3) $$y = 0 \quad \text{when} \quad x = 0 \quad \text{and} \quad x = l \quad \text{for all } t$$

reduced to

(10.4) $$y = f(ct+x) - f(ct-x),$$

where f is a function of period $2l$. All these results appeared for the first time in a paper of 1747 by Jean le Rond d'Alembert (1717–1783),[2] which he succeeded with an examination of the

---

[1] This account is summarized from I. Grattan-Guinness *1970a*, ch. 1, where further references are given.
[2] J. le R. d'Alembert, "Recherches sur la courbe que forme une corde tenduë mise en vibration," *Mémoires de l'Académie Royale de Berlin*, 3 (1747: publ. 1749), 214–219. In his analysis he put $c = 1$, and used arc length s instead of our x.

allowable generality of the function f in the solution (10.4).[3] Predictably, he stuck, in true eighteenth century fashion, to differentiable functions as defined by algebraic expressions; but this provoked an immediate problem. If we put $t = 0$ in (10.4) then the general solution corresponds to the initial configuration of the string, which we denote by $h(x)$, and we have

(10.5) $\qquad h(x) = f(x) - f(-x).$

But if f is allowed only to be a differentiable function, then how could it permit h to have a corner in it, as it certainly would do if the string were set in motion by plucking?

This point seems to have been Euler's motivation to the problem; in a paper of the following year (1748) he derived d'Alembert's results by a method of his own, but then said that the function f in (10.4) must encompass "discontinuous" functions (that is, functions with corners) in order to cater for the above situation. In fact, f could be completely determined from the initial position and velocity functions, for if we put

(10.6) $\qquad y = h(x) \quad \text{and} \quad \dfrac{\partial y}{\partial t} = k(x) \quad \text{when} \quad t = 0$

into (10.4) then we obtain not only (10.5):

(10.7) $\qquad h(x) = f(x) - f(-x)$

with f of period $2l$, but also

(10.8) $\qquad \dfrac{1}{c}\int^{x} k(u)\,du = f(x) + f(-x)$

from which f can be found.[4]

Euler explained his new theory of functions in more detail in his analysis textbook of the same year: apparently a "discontinuous" function was to be understood to be composed

---

[3] J. le R. d'Alembert, "Suite des recherches sur la courbe que forme une corde tenduë mise en vibration," *Mémoires de l'Académie Royale de Berlin*, 3 (1747: publ. 1749), 220–253.
[4] L. Euler, "De vibratione chordarum exercitato," *Nova Acta Eruditorum*, (1749), 512–527 (see esp. pp. 516–521);

Opera Omnia, (2) 10, 50–62 (pp. 53–57). The paper also appeared in Euler's translation from Latin into French as "Sur la vibration des cordes," *Mémoires de l'Académie Royale de Berlin*, 4 (1748: publ. 1750), 69–85 (see pp. 73–78); *Opera Omnia*, (2) 10, 63–77 (pp. 67–70).

of the algebraic expressions appropriate to each of its "continuous" portions.[5] But d'Alembert was not impressed, and preferred his own view in a paper of 1750:[6] in this uncertain situation trigonometric series made their appearance in 1753. Their sponsor was Daniel Bernoulli (1700–1782): his argument for the generality of the relation

(10.9) $$f(x) = \alpha \sin \frac{\pi x}{l} + \beta \sin \frac{2\pi x}{l} + \cdots$$

was based not on mathematical properties, but on the apparent physical propensity of all bodies to superimpose the frequencies of their vibrations, as represented by the individual terms on the right hand side of (10.9).[7]

In 1754, Euler, who had considered trigonometric series in his first paper of 1748 as examples of functions satisfying the periodicity requirement of f in (10.4),[8] explained the reasons for their rejection. Yes, perhaps the infinity of unknown constants in (10.9) might seem to allow trigonometric series to be sufficiently general in representation; but in fact other and overriding reasons showed that these hopes could not be realized. *Periodicity was one insuperable difficulty*, and in the case of the sine series itself, oddness was another.[9]

Some discussion of Euler's criticism is needed to appreciate its significance. Certainly it is misplaced: the string stretches only between the fixed points and therefore the analysis applies only over the corresponding part of the real line, which is perfectly well covered by the trigonometric series in (10.9). But we must ask, therefore, what led Euler to this mistake. The

---

[5]L. Euler, *Introductio ad analysin infinitorum* (1748, Lausanne), 2, esp. art. 9; *Opera Omnia*, (1) 9, 11.
[6]J. le R. d'Alembert, "Addition au mémoire sur la courbe que forme une corde tenduë mise en vibration," *Mémoires de l'Académie Royale de Berlin*, 6 (1750: publ. 1752), 355–360. This was the paper in which d'Alembert introduced the method of separating the variables into the solution of partial differential equations.
[7]D. Bernoulli, "Réflexions et éclaircissemens sur les nouvelles vibrations des cordes exposées dans les mémoires de l'Académie de 1747 et 1748,"
Mémoires de l'Académie Royale de Berlin, 9 (1753: publ. 1755), 147–172; see also the sequel paper on pp. 173–195 for further discussion of superposition of frequencies.
[8]L. Euler (n. 4, p. 244), *Nova Acta Eruditorum*, (1749), 526; *Opera Omnia*, (2) 10, 61–62. *Mémoires de l'Académie Royale de Berlin*, 4 (1748: publ. 1750), 84–85; *Opera Omnia* (2) 10, 76.
[9]L. Euler, "Remarques sur les mémoires précédens de M. Bernoulli," *Mémoires de l'Académie Royale de Berlin*, 9 (1753; publ. 1755), 196–222 (see esp. pp. 200–201); *Opera Omnia*, (2) 10, 233–255 (pp. 236–237).

answer is to be found in the algebraic theory of functions beyond which he had been trying to advance in his textbook on analysis. Despite those new ideas he was still an algebraist through and through, and therefore he thought in terms of using algebraic functions over the whole of their range of real-valued definition. Hence the generality of the solution to the wave equation retained for him a connotation of *algebraic generality over the whole of the real line* as well as generality of shape: thus periodicity questions were identified with the algebraic periodicity of the expressions involved. His theory of "discontinuous" functions required the revolutionary step of assigning to each algebraic expression an interval of definition *quite independent of the expression involved*; but Euler, the master of algebraic methods, never realized this feature of his theory properly, for he needed it also for the problem of the periodicity of the trigonometric functions. We solve this difficulty by taking the represented function (itself possibly composed of "continuous" components) over the interval corresponding to the string, and defining periodicity *geometrically* from the shape which applies there; but when Euler spoke of "periodicity" he had in mind the *algebraic* periodicity of the trigonometric expressions. Thus his thoughts on the potential generality of the series solutions—their capability or otherwise of representing non-"continuous" functions—were confused by a failure to understand what sort of generality he was looking for with respect to the interval of representation. It seems impossible to say even that Euler, who had been certain of their limitation only to "continuous" functions in his first paper, continued confident on the point after Bernoulli's advocacy; rather, the periodicity question solved the problem decisively for him anyway. Later he claimed that a function which is zero over part of its interval and nonzero otherwise was not capable of representation by a trigonometric series;[10] and the refutation of this assertion had to wait for Fourier's solution

---

[10] L. Euler, "Sur le mouvement d'une corde, qui au commencement n'a été ébranlée que dans une partie," *Mémoires de l'Académie Royale de Berlin*, (1765: publ. 1767), 307–334 (see esp. p. 312); *Opera Omnia*, (2) 10, 426–450 (pp. 430–431). "Eclaircissemens sur le mouvement des cordes vibrantes," *Miscellanea Taurinensia*, 3 (1762–1765: publ. 1766), classe mathématique, 1–26 (see esp. pp. 11–12); *Opera Omnia*, (2) 10, 377–396 (p. 385).

of the periodicity question in his 1807 manuscript with the clear diagrams of represented functions and their geometric iteration along the real line—including several examples where the function was zero over part of its interval.[11]

Thus we see that the purely mathematical aspect of the discussion became misconceived in one fundamental point throughout its long run. For much more was written on it during the twenty years following Euler's mistake of 1754, but nothing which illuminated that mistake at all. However, to complete the background to Fourier's work, we must mention one contribution of that period.

Lagrange's long paper of 1759[12]—his twenty-fourth year—established his early reputation in the mathematical world. In it he followed Euler in supporting the functional solution over trigonometric series, and in its extended interpretation to "discontinuous" functions as determined by the initial position and velocity functions in (10.7) and (10.8); above all, he rejected trigonometric series because of their algebraic periodicity.[13] But he felt unhappy with Euler's method of deriving both equation and solution by the direct use of limits and infinitesimals, and he took his distrust of such procedures to the length of advocating shortly afterwards—and thenceforth throughout his life—Taylor's series as the foundation of the calculus, where the derivatives $F'(x), F''(x), \ldots$ were to be *defined* as the coefficients $a_1, a_2, \ldots$ in the expansion

(10.10)
$$F(x+h) = a_0 + a_1 h + \frac{1}{2!} a_2 h^2 + \ldots .^{14}$$

In his paper of 1759 Lagrange treated the vibrating string via an n-body model of the kind that Fourier was to use in his first investigations of heat diffusion; that is, n equal bodies

---

[11]That is, arts. 70–72 of this manuscript (our pp. 229–234).
[12]J. L. Lagrange, "Recherches sur la nature, et la propagation du son," *Miscellanea Taurinensia*, 1 (1754), classe mathématique, i–x and 1–112; *Oeuvres*, 1, 39–148.
[13]Ibid., 17–25; *Oeuvres*, 1, 63–71.
[14]Lagrange first stated his view in a footnote to a paper by P. (later Cardinal) Gerdil. [See *Miscellanea Taurinensia*, 2 (1760–1761: publ. 1762), classe philosophique, 17–18; *Oeuvres*, 7, 595–599.] For the fullest description of his ideas, see "Sur une nouvelle espèce de calcul relatif à la différentiation et à l'intégration des quantités variables," *Nouveaux mémoires de l'Académie Royale de Berlin*, (1772: publ. 1774), classe mathématique, 185–221 (see esp. pp. 190–194); *Oeuvres*, 3, 439–470 (pp. 446–450).

spaced regularly along a weightless cord between the fixed points. Only one part of his long-winded analysis concerns us here, namely, the point where he took n to infinity to obtain the solution

(10.11)
$$y = \frac{2}{l} \int_0^l \sum_{r=1}^{\infty} \sin\frac{r\pi X}{l} \sin\frac{r\pi x}{l} \cos\frac{r\pi ct}{l} Y(X)\, dX$$
$$+ \frac{2}{\pi c} \int_0^l \sum_{r=1}^{\infty} \sin\frac{r\pi X}{l} \sin\frac{r\pi x}{l} \sin\frac{r\pi ct}{l} V(X)\, dX,$$

where $Y(x)$ and $V(x)$ are the initial position and velocity functions of the string.[15]

This is surely a Fourier series: so why did Lagrange object so much to Fourier's own results? The answer is that in several ways (10.11) is *not* intended to lead to a Fourier series. The series comes from putting $t = 0$ in (10.11), and so gives merely the solution for a given moment in time and not the general solution for all moments for which Lagrange was seeking. In this respect his interest in general solutions corresponds to Fourier's in his own work; but in addition Lagrange had within his thinking the rejection of Bernoullian trigonometric solutions anyway. Equation (10.11) was for him only a step on the road to the Eulerian functional solution incorporating initial position and velocity functions, which he duly obtained in the succeeding paragraphs of his paper.[16] The abhorrence of trigonometric series is emphasized especially by the fact that (10.11) is not even in the correct form: the signs "Σ" and "$\int$" need interchanging. Lagrange would certainly have made that change had he wished to; but in fact he had earlier made the reverse change in order to operate with integral forms $\int_0^l (\ldots)$ rather than infinite series forms $\sum_{r=1}^{\infty} (\ldots)$ in (10.11), consistent with the pulse propagation interpretation of his analysis which he seems to have had in mind.[17]

---

[15] J. L. Lagrange (n. 12, p. 247) 56–57; *Oeuvres*, 1, 100–101.
[16] Ibid., 57–65; *Oeuvres*, 1, 101–108.
[17] In a miscellany on analysis of 1766 Lagrange devoted one passage to a derivation of the finite Fourier sine series of n terms in connection with his n-body model of the string, but still he did not take n to infinity. ["Solutions de différens problèmes de calcul intégral," *Miscellanea Taurinensia*, 3 (1762–1765: publ. 1766), classe mathématique, 179–380 (see esp. pp. 259–262); *Oeuvres*, 1, 469–668 (pp. 552–554).]

Art. 75

So Lagrange was a long way from Fourier series in 1759, and it was the subtle point about periodicity rather than technical questions such as convergence or the values of the coefficients which kept him from them. Fourier had studied the history of the vibrating string problem and knew well enough what Lagrange had thought and said;[18] but by 1807 he must have been so certain of his results with series that he can have thought only that the old man would welcome them and accept what he had to say on the vibrating string problem. But not so: for once Fourier's acute diplomatic sense let him down. Lagrange's objections were probably based not only on the (allegedly) doubtful convergence of the series, but also on their algebraic periodicity and perhaps even on the emphasis given to the method of separating variables which allowed them to arise in the first place. For him, trigonometric series had been suggested by Daniel Bernoulli on physical grounds and rejected by Euler, basically because of their algebraic periodicity; now they came from Fourier as the special case of series solution to the diffusion equation when $t = 0$, and so their rejection implied a rejection of Fourier's faith in that solution form, presumably in favor of some derivation or other of the functional solution.

Lagrange's intellectual career is not in general a story of profound changes of view, but of the development of new results *within fixed principles*: the principle of virtual work for mechanics, Taylor's series for analysis, functional solutions for partial differential equations, for example. The evening of his life was especially not a time for new principles to be welcomed.

Comparative references for this chapter

1807 manuscript: art. 75.
1811 paper: part 1, 316–319.
Théorie: arts. 229–230.

---

[18]BN MFF 22525/99–103 contain various notes on trigonometric series in the vibrating string discussion, including quotations from Lagrange and d'Alembert; and 22529/101–103 includes a list of the main papers.

**75.
Remarques diverses sur la nature des développements précédents et sur les difficultés que présente l'équation du mouvement des cordes sonores.**

114

L'exposition détaillée des résultats de notre analyse ne peut laisser aucun doute sur le véritable sens dans lequel ils doivent ∥ être pris; les développements de sinus et de cosinus multiples ont évidemment toute la généralité que comporte les fonctions arbitraires. On peut représenter par une série de sinus d'arcs multiples une fonction qui ne contiendrait que des puissances paires de la variable, par exemple la fonction cos. x. On peut résoudre en une série de cosinus d'arcs multiples une fonction quelconque, par exemple, celle qui ne contiendrait que des puissances impaires de la variable. On trouve facilement, en faisant usage des mêmes développements, les équations des lignes discontinues composées de droites formant des angles entre elles, ou formées d'arcs de parabole et de lignes droites; ou les équations des lignes qui, après s'être éloignées de l'axe pendant une partie de leur cours, se confondent subitement avec lui dans un intervalle déterminé. On peut enfin obtenir par le même moyen les équations des surfaces discontinues comme celles des polyèdres. Non seulement on reconnaît la possibilité des développements dont il s'agit, mais on peut en déterminer effectivement toutes les parties. La valeur d'un coëfficient quelconque dans l'équation

$$\phi x = a_1 \sin. x + a_2 \sin. 2x + a_3 \sin. 3x + a_4 \sin. 4x + \ldots a_i \sin. ix + \ldots$$

est celle d'une intégrale définie $S(\phi x \sin. ix\, dx)$ prise depuis $x = 0$ jusqu'à $x = \pi$. Quelque puisse être la fonction ϕx, l'intégrale a une valeur déterminée qui peut être introduite dans le calcul. Les valeurs de ces intégrales définies sont analogues à celle de l'aire totale $S(\phi x\, dx)$ comprise entre la courbe et l'axe dans un intervalle déterminé, ou à celles des quantités mécaniques, telles que les coordonnées du centre de gravité de cette aire. Il est évident que ces quantités ont des valeurs assignables, soit que la figure des corps soit regulière, soit qu'on donne à ces corps une forme discontinue et entièrement arbitraire.

Si l'on applique les principes que nous venons d'établir à la question du mouvement des cordes vibrantes, on résoudra toutes les difficultés que présentait l'analyse employée par Daniel Bernoulli. En effet, la solution proposée par ce grand géomètre ne paraissait point applicable au cas où la figure initiale de la corde est celle d'un triangle ou d'un trapèze, ou est telle qu'une partie seulement de cette corde est ébranlée,

115

tandis que les autres parties se confondent avec l'axe. Les inventeurs de l'analyse des équations ‖ aux différences partielles regardaient même cette application comme impossible. D'Alembert pensait que 《《l'équation

《《 $y = \alpha \sin. x + \beta \sin. 2x + \gamma \sin. 3x + \delta \sin. 4x + \&\text{c}.$

《《appartient évidemment à une courbe dont la courbure est
《《continue, au lieu que dans le cas du triangle isocèle la courbure
《《de la corde varie brusquement au point milieu où les deux
《《parties font un angle.》》 (V. Opuscul. mathemat. tome 1).[19]

《《 Je soutiens》》, dit Euler, 《《que cette solution, quelle que générale
《《qu'elle paraisse, n'est que très-particulière, et qu'elle n'épuise
《《point l'étendue de notre question. Pour nous assurer entière-
《《ment de cette insuffisance, on n'a qu'à considérer le cas où
《《l'on n'aurait ébranlé au commencement qu'une partie de la
《《corde, le reste ayant demeuré dans un repos parfait. Car ayant
《《posé cette partie $= b$, il faudrait déterminer en sorte l'expres-
《《sion trouvée pour y que prenant $x > b$ elle devînt $=$ zéro, et
《《cela pour toutes les valeurs possibles entre b et la longueur
《《de la corde, ce qui est manifestement impossible. Ainsi, le
《《mouvement que la corde recevra dans ce cas, ne saurait
《《jamais être représenté par l'expression donnée pour y.》》
(V. Nou. Mem. Tur. tom. III).[20]

---

[19][Ed.] J. le R. d'Alembert, "Recherches sur les vibrations des cordes sonores," *Opuscules mathematiques*, 1 (1761, Paris), 1–73 (p. 46). The full passage actually reads as follows:
   "Il ne l'est pas moins [certain] que la figure de la corde ne peut être représentée par l'équation $y = \alpha \sin. \pi x + \beta \sin. \pi x + \gamma \sin. \nu x$ &c. [sic] puisque cette équation appartient évidemment à une courbe dont la courbure est continue, au lieu que dans le cas présent la courbure de la corde varie brusquement au point milieu, oú les deux parties font un angle."

[20][Ed.] L. Euler (n. 10, p. 246), 11–12; *Opera Omnia*, (2) 10, 385. This was the passage cited by us in n. 10, and actually reads as follows (in the original version):
   "Je soutiens donc que cette solution quelque générale qu'elle paroisse, n'est que tres-particulière, & qu'elle n'épuise point l'étenduë de l'équation différentielle du second dégré $cc \left(\dfrac{ddy}{dx^2}\right) = \left(\dfrac{ddy}{dt^2}\right)$, qui renferme la solution complète de notre question. Pour nous assurer entièrement de cette insuffisance, on n'a qu'à considérer le cas où l'on n'auroit ébranlé au commencement qu'une partie de la corde comme AX, le reste BX aiant demeuré dans un repos parfait. Car posant cette partie ébranlée $= b$, il faudroit déterminer en sorte les expressions trouvées pour s & u, que prenant $x > b$ elles devinssent $= 0$, & cela pour toutes les valeurs possibles entre b et a, ce qui est manifestement impossible. Ainsi le mouvement, que la corde recevra dans ce cas, ne sauroit jamais être représenté par l'expression donné ci-dessus pour l'appliquée y."

Ces objections font assez connaître combien il était nécessaire de démontrer qu'une fonction quelconque peut toujours être développée en séries de sinus ou de cosinus d'arcs multiples, et de toutes les preuves de cette proposition, la plus complète est celle qui consiste à résoudre effectivement une fonction arbitraire en une telle série, en assignant les valeurs des coëfficients. Les théorèmes précédents satisfont à cette condition, et je me suis convaincu, en effet, que le mouvement de la corde sonore est aussi exactement représenté dans tous les cas possibles par les développements trigonométriques que par l'intégrale qui contient des fonctions arbitraires. On voit par là que le premier des géomètres que nous avons cités était parvenu par une analyse particulière à une solution qui ne diffère point, quant à l'étendue, de celle que fournit l'équation aux différences partielles. L'imperfection de cette solution consiste, ce me semble, en ce que l'auteur ne déterminait point les coëfficients par la comparaison avec l'état initial, et se ‖ contentait d'alléguer qu'ils pouvaient l'être. Mais les géomètres n'admettent que ce qu'ils ne peuvent point contester. Dans les recherches qui dépendent des équations aux différences partielles, il est souvent facile de trouver des solutions particulières dont la somme peut composer une intégrale générale; l'emploi de ces solutions exigeait que l'on determinât toutes les constantes qu'elles renferment. Il me paraît que la difficulté principale résidait dans cette détermination, parce qu'elle suppose le développement d'une fonction arbitraire. Il est très-remarquable que l'on puisse exprimer la valeur des coëfficients quoique la fonction proposée ne soit assujettie à aucune loi fixe, et que l'on obtienne l'équation analytique d'une ligne composée d'arcs d'une nature différente. On est conduit par-là à admettre dans le calcul des fonctions qui sont des valeurs égales toutes les fois que la variable reçoit une valeur quelconque comprise entre deux limites données; tandis que si l'on substitue dans les deux fonctions, au lieu de la variable, un nombre comprise dans un autre intervalle, les résultats des deux substitutions sont différents l'un de l'autre. Les fonctions qui jouissent de cette propriété sont représentées par des lignes différentes, qui ne coïncident que dans une portion déterminée de leur cours, et offrent une espèce singulière d'osculation finie, que l'on n'avait point encore proposée. Ces considérations prennent leur origine dans le calcul des équations aux différences partielles, auquel elles sont propres; elles jettent un nouveau jour sur le calcul et serviront à en étendre l'usage dans les théories physiques en général. Pour appliquer utilement ces équations, il faut donner à leurs intégrales une forme appropriée à la nature même de la question que l'on traite, et restreindre ou étendre la généralité des intégrales, ensorte qu'elle corresponde parfaitement à celle de la question. Dans la théorie dont nous nous occupons, la forme des intégrales est déterminée par la nature même des conditions physiques, ainsi qu'on le reconnaîtra dans la suite de ce mémoire; toute recherche d'autres intégrales serait ici entièrement infructueuse; mais il était nécessaire de faire coïncider les résultats avec un état initial quelconque. La résolution de la question suivante est fondée sur le développement d'une fonction arbitraire en sinus et cosinus d'arcs multiples; nous nous éleverons à des résultats plus généraux, lorsque la nature de la question l'exigera.

Fourier made only one reference to the vibrating string problem in his 1809 paper to the Institut de France: "on trouve dans l'emploi de ce nouveau théorème [on the representability of a function by a trigonometric series] la solution complète des diverses objections qui ont été proposées autrefois par Euler et d'Alembert dans la question du mouvement des cordes sonores."[21] Fourier could hold his ground as well as could Lagrange; but the impact of Lagrange's criticisms was to be seen in his later works, for he eliminated all the diagrams of functions from both the prize paper and the book, along with the sentence on our page 252 which contained his opinion that trigonometric series could provide as general a solution to the wave equation as could the functional solution; and in the book he even cut out the quotations from d'Alembert and Euler.[22] But he never lost faith in the truth of his series, and in the next section of his 1807 manuscript he even showed yet another of their properties: that sine and cosine terms could be used together to represent a function.

---

[21] J. B. J. Fourier *Extrait*, 6. In another draft letter to Laplace covering this paper, Fourier stressed that the series represented the function only over part of the real line. [See BN MFF 22501/72–74.]

[22] J. B. J. Fourier 1811 paper, part 1, 318; *Théorie*, art. 230.

11

Solution for the Annulus: The Full Fourier Series for an Arbitrary Function

Fourier now left the lamina and turned to his next body, the annulus of radius R, for which he had found in article 23 (our page 115) the equation

$$\frac{\partial z}{\partial t} = \frac{K}{CD}\frac{\partial^2 z}{\partial x^2} - \frac{hl}{CDS}z, \tag{11.1}$$

where x is the angular variable on the annulus. He began his solution with the transformation

$$z = e^{-ht}v, \tag{11.2}$$

which converted (11.1) into the orthodox diffusion equation

$$\frac{\partial v}{\partial t} = K\frac{\partial^2 v}{\partial x^2} \tag{11.3}$$

Art. 76 (where K represents the previous K/CD), and effectively eliminated external diffusion for the model. This was the first place in his paper that he tackled the diffusion equation: the (function of x) × (function of t) solution form which applied to it was

Arts. 77–78 either $e^{-kn^2t}\sin nx$ or $e^{-kn^2t}\cos nx$, and therefore the general solution would be made up of a linear combination of such

Arts. 79–80 terms. The arbitrary initial temperature distribution would lead, therefore, to the full "Fourier series":

$$\phi(x) = b_0 + \sum_{r=1}^{\infty}(a_r \sin rx + b_r \cos rx), \tag{11.4}$$

in which the integration term-by-term method over $[0, 2\pi]$

Arts. 81–83 would quickly find the values of the coefficients, and thus give the solution to (11.3):

$$\pi R z = e^{-ht}\left\{\frac{1}{2}\int_0^{2\pi}\phi\left(\frac{q}{R}\right)dq + \right. \tag{11.5}$$

Art. 84

$$\left.\sum_{r=1}^{\infty}\left[\sin rx \int_0^{2\pi}\phi\left(\frac{q}{R}\right)\sin rq\, dq + \cos rx \int_0^{2\pi}\phi\left(\frac{q}{R}\right)\cos rq\, dq\right]e^{-\frac{r^2Kt}{R^2}}\right\}.$$

The first application that Fourier made of (11.5) was to the steady-state version of (11.1):

$$\frac{d^2 z}{dx^2} = \frac{hl}{KS}z, \tag{11.6}$$

11 Solution for the Annulus

and to the solution

(11.7)
$$z = a\alpha^x + b\alpha^{-x}, \quad \alpha = e^{-\sqrt{hl/KS}},$$

which he had found in article 24 (our page 116). He put (11.7) into his general result (11.5) with $t = 0$ and thus obtained the cosine series for $(e^u + e^{-u})$ similar to the sine series for $(e^x - e^{-x})$ already found in article 60 (our pages 209–210). From (11.5) he was also able to find the general time-dependent solution for this case.

Arts. 85–86

Art. 87

The next application was to a solution where half the annulus was at 1 unit of temperature and the other half at 0 units, that is,

Art. 88

(11.8)
$$\phi(x) = \begin{cases} 1 & \text{when} \quad 0 \leq x \leq \pi \\ 0 & \text{when} \quad \pi < x \leq 2\pi. \end{cases}$$

Then he turned his attention to the mean temperature, showing that it would be shared by all points of the annulus if the interior conductivity was infinitely large or the radius infinitely small, and that in general it followed an exponential law of decay with time. Next he formulated the quantity of heat flow through a section of the annulus over a given period of time as a double integral, and then showed that the final distribution of temperature was such that the average for diametrically opposed points equaled the mean. In fact one pair of points would maintain the mean value constantly and divide the annulus into two halves which would mirror the variation of temperature along their respective lengths: each term of the general solution (11.5) could be interpreted this way and so the general solution could be seen as a combination of an infinity of examples of this kind of behavior.

Art. 89
Art. 90

Art. 91

Art. 92

Art. 92 bis
Art. 93

Art. 94

The purpose of these articles was partly to prepare for later experiments, partly to interpret the series solution as heat flow, and always to show the further power of his method in its handling (for the first time in the paper) of a time-dependent, as opposed to a steady-state, diffusion problem.

Comparative references for this chapter

1807 manuscript: arts. 76–94.
1811 paper; part 1, 320–342.
Théorie: arts. 238–246.

‖ 76.
Intégration de l'équation qui représente le mouvement de la chaleur dans un anneau solide. Examen du cas où la conductibilité extérieure est nulle.

117

L'équation qui exprime le mouvement de la chaleur dans une armille est

$$\frac{dz}{dt} = \frac{K}{C \cdot D}\frac{d^2z}{dx^2} - \frac{hl}{CDS}z.$$

Il s'agit maintenant d'intégrer cette équation. On écrira seulement

$$\frac{dz}{dt} = K\frac{d^2z}{dx^2} - hz.$$

La valeur de K représente $\frac{K}{C \cdot D}$, celle de h, $\frac{hl}{CDS}$;[1] x désigne la distance d'un point de l'anneau à l'origine et z la température que l'on observerait en ce point après un temps écoulé t.

On supposera d'abord

$$z = e^{-ht}v,$$

v étant une nouvelle indéterminée; on en tire

$$-he^{-ht}v + e^{-ht}\frac{dv}{dt} = Ke^{-ht}\frac{d^2v}{dx^2} - he^{-ht}v,$$

ou

$$\frac{dv}{dt} = K\frac{d^2v}{dx^2}.$$

Or cette équation convient au cas où la dissipation à la surface serait nulle, puisqu'on la déduirait de la précédente

$$\frac{dz}{dt} = K\frac{d^2z}{dx^2} - hz$$

en faisant h égale à zéro. On conclut de-là que les différents points de l'anneau se refroidissent successivement par l'action du milieu pour que cette circonstance trouble en aucune manière la loi de la distribution de la chaleur. En effet, si on calcule les valeurs de x qui répondent aux différents points de l'anneau dans le même instant, on connaîtra quel serait l'état du solide si la chaleur s'y propageait pour qu'il y eût aucune déperdition à la surface. Or, il sera facile d'en conclure quel serait son état

---

[1][Ed.] In other words, Fourier puts $C = D = S = l = 1$, and uses the same symbols K and h as before.

au même instant si cette déperdition eût eu lieu: il suffit de multiplier toutes les valeurs contemporaines de v par une même fraction, qui est e^{-ht}. On trouvera quelles eussent été les valeurs de z après un même temps écoulé t. Donc les températures désignées par z ont entr'elles les mêmes rapports que les températures désignées par v. Ainsi le refroidissement qui s'opère à la surface ne change point la loi de la distribution de la chaleur. Il en résulte seulement que la température de chaque point est moindre qu'elle n'eût été pour cette circonstance et elle diminue pour cette cause proportionnellement aux puissances successives de la fraction e^{-ht}.

**77.
Première solution qui satisfait à l'équation.**

118

La question étant réduite à intégrer l'équation

$$\frac{dv}{dt} = K \frac{d^2 v}{dx^2},$$

on remarquera que cette équation est satisfaite si l'on donne à v la valeur particulière ∥ ae^{mt} sin. nx, car en fesant la substitution on aura seulement à remplir la condition $m = -Kn^2$. On prendra donc pour une valeur particulière de v la fonction $ae^{-Kn^2 t}$ sin. nx. Pour que cette valeur de v convienne à la question, il faut qu'elle ne change point lorsque la distance x est augmentée de la quantité $2\pi R$, R désignant le rayon moyen de l'anneau. Donc $2n\pi R$ doit être un multiple i de la circonférence 2π, ce qui donne

$$2n\pi R = 2i\pi \quad \text{et} \quad n = \frac{i}{R}.$$

On peut prendre pour i un nombre entier quelconque. On le supposera toujours positif parce que s'il était négatif il suffirait de changer dans la valeur $ae^{-Kn^2 t}$ sin. nx le signe du coëfficient qui est indéterminé. Cette valeur particulière $ae^{-\frac{Ki^2}{R^2}t}$ sin. $\left(\frac{ix}{R}\right)$ ne pourrait satisfaire à la question proposée qu'autant qu'elle représenterait l'état initial du solide. Or en faisant $t = 0$ on trouve

$$v = a \sin. \left(\frac{ix}{R}\right).$$

Supposons donc que les valeurs initiales de v soient exprimées en effet par a sin. $\left(\frac{ix}{R}\right)$, i ayant la valeur 1, c'est-à-dire que les températures primitives soient proportionnelles au sinus de la distance de ces points à l'origine. Le mouvement de la chaleur dans l'intérieur de l'anneau sera exactement représenté par l'équation

$$v = ae^{-\frac{K}{R^2}t} \sin.\left(\frac{x}{R}\right),$$

et si l'on a égard à la déperdition de la chaleur par le surface, on trouvera

$$z = ae^{-\left(h+\frac{K}{R^2}\right)t} \sin.\left(\frac{x}{R}\right).$$

Dans le cas dont il s'agit, qui est le plus simple de tous ceux que l'on puisse concevoir, les températures conservent leurs rapports primitifs et celle d'un point quelconque diminue comme les puissances successives d'une fraction qui est la même pour tous les points.

78.
Des solutions particulières qui satisfont à la même équation.

On remarquera les mêmes propriétés si l'on suppose que les températures initiales sont proportionnelles aux sinus du double de la distance $\frac{x}{R}$, et cela a lieu en général lorsque ‖ les températures données sont représentées par $a \sin.\left(\frac{ix}{R}\right)$, i étant un nombre entier positif quelconque. On arrivera aux mêmes conséquences en prenant pour valeur particulière de v la quantité $ae^{mt} \cos. nx$, car substituant dans l'équation

$$\frac{dv}{dt} = K\frac{d^2v}{dx^2},$$

on a la même équation de condition $m = -Kn^2$. On aura aussi

$$2n\pi R = 2i\pi \quad \text{et} \quad n = \frac{i}{R}.$$

Donc l'équation

$$v = ae^{-\frac{Kit}{R^2}} \cos.\frac{ix}{R}$$

exprimera le mouvement de la chaleur dans l'anneau si les températures initiales sont représentées par $a \cos.\frac{ix}{R}$. Dans tous les cas où les températures données sont proportionnelles aux sinus ou aux cosinus d'un multiple de la distance $\frac{x}{R}$ les rapports établis entre ces températures subsistent continuellement pendant la durée infinie du refroidissement. Enfin il en serait de même si les températures initiales étaient représentées par la fonction $a\sin.\frac{ix}{R} + b\cos.\frac{ix}{R}$, i étant un nombre entier et a et b des coëfficients quelconques.

79. Formation de la solution générale.

Venons maintenant au cas général, dans lequel les températures initiales n'ont point les rapports dont on vient de parler, mais sont représentées par une fonction quelconque Fx. Donnons à cette fonction la forme $\phi\left(\frac{x}{R}\right)$ en sorte que l'on ait toujours $Fx = \phi\left(\frac{x}{R}\right)$. Supposons que la fonction $\phi\left(\frac{x}{R}\right)$ puisse être décomposée en une série de sinus et de cosinus d'arcs multiples affectée de coëfficients convenables en sorte que l'on ait l'équation:

(ϵ)
$$\phi\left(\frac{x}{R}\right) = \begin{array}{l} a_0 \sin. 0\frac{x}{R} \\ b_0 \cos. 0\frac{x}{R} \end{array} + \begin{array}{l} a_1 \sin. 1\frac{x}{R} \\ b_1 \cos. 1\frac{x}{R} \end{array} + \begin{array}{l} a_2 \sin. 2\frac{x}{R} \\ b_2 \cos. 2\frac{x}{R} \end{array} + \begin{array}{l} a_3 \sin. 3\frac{x}{R} \\ b_3 \cos. 3\frac{x}{R} \end{array} + \&c. \ldots$$

Les coëfficients $b_0 \begin{array}{ccc} a_1 & a_2 & a_3 \\ b_1 & b_2 & b_3 \end{array}$ &c. . . . sont regardés comme connus et calculés d'avance, leur nombre étant déterminé ou infini selon la nature de la fonction ϕx. Il est visible que la valeur de v sera alors représentée par l'équation:

$$v = b_0 + \left. \begin{array}{l} a_1 \sin.\left(\frac{x}{R}\right) \\ b_1 \cos.\left(\frac{x}{R}\right) \end{array} \right| e^{-\frac{Kt}{R^2}} + \left. \begin{array}{l} a_2 \sin.\left(2\frac{x}{R}\right) \\ b_2 \cos.\left(2\frac{x}{R}\right) \end{array} \right| e^{-\frac{2^2 Kt}{R^2}} + \left. \begin{array}{l} a_3 \sin.\left(3\frac{x}{R}\right) \\ b_3 \cos.\left(3\frac{x}{R}\right) \end{array} \right| e^{-\frac{3^2 Kt}{R^2}}$$

$+$ &c.

‖ En effet,

1° cette valeur v satisfera à l'équation

$$\frac{dv}{dt} = K\frac{d^2v}{dx^2}$$

parce qu'elle est la somme de plusieurs valeurs particulières;

2° elle ne changera point lorsqu'on augmentera la distance x d'un multiple quelconque de la circonférence de l'anneau;

3° elle satisfera à l'état initial parce qu'en faisant $t = 0$ on trouvera par hypothèse l'équation (ϵ). Donc toutes les conditions de la question seront remplies et il ne restera plus qu'à multiplier par e^{-ht} cette valeur de v.

80.
Propriétés physiques des solutions particulières.

A mesure que le temps t augmente, chacun des termes qui composent la valeur de v devient de plus en plus petit. Le système des températures tend continuellement à se confondre avec l'état régulier et constant dans lequel la différence de la température v à la quantité b_0 (qui est, comme on le verra plus bas, la température moyenne) est représentée par

$$\left(a_1 \sin. \frac{x}{R} + b_1 \cos. \frac{x}{R}\right) e^{-\frac{Kt}{R^2}}.$$

Ainsi les valeurs particulières, que nous avons considérées précédemment et dont nous composons la valeur générale, ont leur origine dans la question elle-même; chacune d'elles représente un état élémentaire qui peut subsister dès qu'il est une fois établi, et cette propriété ne convient qu'aux valeurs particulières dont il s'agit. Toutes les fois que l'état initial n'est point conformé à une de ces valeurs, les rapports qui existaient entre les températures contemporaines changent continuellement et le système converge vers un état extrême correspondant à une des valeurs particulières.

81.
Détermination des coëfficients qui affectent les sinus.[2]

La question est donc réduite à prouver que les coëfficients $a_0 \ a_1 \ a_2 \ a_3$ &c. peuvent être déterminés dans tous les cas lorsque $b_0 \ b_1 \ b_2 \ b_3$ la fonction $\phi\left(\dfrac{x}{R}\right)$ est entièrement arbitraire. On y parviendra par le procédé suivant. On écrira l'équation

(e)
$$\phi u = b_0 + \dfrac{a_1 \sin. u}{b_1 \cos. u} + \dfrac{a_2 \sin. 2u}{b_2 \cos. 2u} + \dfrac{a_3 \sin. 3u}{b_3 \cos. 3u} + \dfrac{a_4 \sin. 4u}{b_4 \cos. 4u} + \text{\&c.} \ldots$$

Si l'on multiplie chaque membre par du et que l'on intègre

---

[2][Ed.] This article and the next were heavily abbreviated in the 1811 paper [part 1, 326–328] and the *Théorie* [art. 241].

depuis $u = 0$ jusqu'à $u = 2\pi$ on aura

$$S(\phi u\, du) = b_0 \cdot 2\pi,$$

et tous les autres termes deviendront nuls. ‖ En effet, l'intégrale $\int \sin.(mu)\, du$ est $C - \dfrac{\cos. mu}{m}$, et déterminant la constante en sorte que l'intégrale commence lorsque $u = 0$, on a pour la valeur de cette intégrale $\dfrac{1 - \cos. mu}{m}$. Si m représente un nombre entier quelconque différent de 0 et que l'on suppose $u = 2\pi$, l'intégrale se réduira à zéro; donc l'intégration fait disparaître dans l'équation précédente tous les termes excepté le premier. Ainsi la valeur du coëfficient b_0 est $\dfrac{S(\phi u\, du)}{2\pi}$, le signe S indiquant que l'intégrale est prise depuis $u = 0$ jusqu'à $u = \pi$. Pour déterminer le coëfficient a_1 on multipliera les deux membres de l'équation par $\sin. u\, du$, et si l'on voulait déterminer le coëfficient b_1 on multiplierait l'équation par $\cos. u\, du$. En général, on déterminera un coëfficient quelconque en multipliant tous les termes de l'équation par la fonction de u qui est affectée de ce coëfficient. Ecrivant ensuite de part et d'autre les différentielles du, on intégrera depuis $u = 0$ jusqu'à $u = 2\pi$ et l'on obtiendra toujours par ce moyen, comme on va le démontrer, la valeur du coëfficient cherché. En effet, supposons que l'on veuille déterminer le coëfficient a_i de $\sin.(iu)$, on multipliera tous les termes de l'équation par $\sin.(iu)\, du$ et l'on intégrera depuis $u = 0$ jusqu'à $u = 2\pi$. Examinons en général quel sera le résultat de cette intégration pour les produits $\sin. iu \cos. ju\, du$ ou $\sin. iu \sin. ju\, du$, j étant de même que i un nombre entier. On aura

$$\int \sin. iu \cos. ju\, du = \int \{\tfrac{1}{2} \sin.(i+j)u\, du + \tfrac{1}{2} \sin.(i-j)u\, du\}$$
$$= C - \frac{\tfrac{1}{2}\cos.(i+j)u}{i+j} - \frac{\tfrac{1}{2}\cos.(i-j)u}{i-j}.$$

En déterminant la constante de sorte que l'intégrale soit nulle lorsque $u = 0$, on trouve

$$C = \frac{1}{2} \cdot \frac{1}{i+j} + \frac{1}{2} \cdot \frac{1}{i-j}.$$

La valeur de l'intégrale est donc

$$\frac{1}{2} \cdot \frac{(1-\cos.\ (i+j)u)}{i+j} + \frac{1}{2} \cdot \frac{(1-\cos.\ (i-j)u)}{i-j}.$$

122

Elle se réduit à zéro lorsqu'on fait $u = 2\pi$, et ce résultat a aussi lieu dans le cas où $i = j$. Il résulte de là que l'intégration fera disparaître tous les termes qui contiendront le ‖ produit d'un sinus par un cosinus. On aura en outre

$$\int (\sin.\ iu \sin.\ ju\ du) = \int (\tfrac{1}{2}\cos.\ (i-j)u\ du - \tfrac{1}{2}\cos.\ (i+j)u\ du)$$

$$= C + \frac{\tfrac{1}{2}\sin.\ (i-j)u}{i-j} - \frac{\tfrac{1}{2}\sin.\ (i+j)u}{i+j}.$$

La constante est nulle parce que l'intégrale doit commencer lorsque $u = 0$. Si l'on fait $u = 2\pi$ cette intégrale se réduit à zéro. Il faut en excepter le seul cas où i et j sont deux nombres égaux, car le terme $\dfrac{\tfrac{1}{2}\sin.\ (i-j)u}{i-j}$ se réduit à $\tfrac{0}{0}$. On regardera alors $i-j$ comme une quantité infiniment petite et l'on développera $\sin.\ (i-j)u$ selon les puissances de $i-j$. Effectuant en suite la division par $i-j$ on trouvera que la valeur exacte du terme $\dfrac{\tfrac{1}{2}\sin.\ (i-j)u}{i-j}$ est π lorsque $i = j$ et que l'on fait $u = 2\pi$. Il suit de là qu'en multipliant l'équation (e) par $\sin.\ iu$ et intégrant depuis $u = 0$ jusqu'à $u = 2\pi$, on fait disparaître tous les termes du second membre excepté celui qui contient le coëfficient a_i, lequel terme devient par cette intégration égale à $a_i\pi$. On aura donc, en désignant l'intégration totale par S,

$$S(\phi u \sin.\ (iu)\ du) = a_i\pi.$$

82.
Détermination des coëfficients qui affectent les cosinus.

On déterminera de la même manière le coëfficient b_i de $\cos.\ iu$. Il faudra pour cela multiplier tous les termes de l'équation par $\cos.\ (iu)$ et intégrer depuis $u = 0$ jusqu'à $u = 2\pi$. On a vu que tous les termes formés de produit d'un sinus par un cosinus deviennent nuls. A l'égard des termes qui contiendront le produit de deux cosinus, on aura

$$S(\cos.\ iu \cos.\ ju\ du) = S\ (\tfrac{1}{2}\cos.\ (i+j)u\ du + \tfrac{1}{2}\cos.\ (i-j)u\ du)$$

$$= C + \frac{\frac{1}{2}\sin. \,(i+j)u}{i+j} + \frac{\frac{1}{2}\sin. \,(i-j)u}{i-j}.$$

La constante est nulle parce que l'intégrale doit commencer lorsque $u = 0$, et si l'on fait ensuite $u = 2\pi$ l'intégrale se réduit à zéro. Il ‖ faut en excepter le cas où l'on a $i = j$; alors le terme $\frac{\frac{1}{2}\sin. \,(i-j)u}{i-j}$ devient $\frac{0}{0}$. Développant le sinus selon les puissances de $i-j$ et faisant ensuite $i-j = 0$ et $u = 2\pi$, l'on trouve π pour la valeur du terme. Ce que l'on vient de voir prouve en général que si on multiplie les termes de l'équation (e) par la fonction affectée d'un coëfficient quelconque du second membre, que l'on écrive la différentielle du de part et d'autre, et que l'on intègre depuis $u = 0$ jusqu'à $u = 2\pi$, cette intégration fera disparaître tous les termes du second membre excepté celui dans lequel se trouve le coëfficient que l'on a choisi. La valeur de ce terme unique sera le produit de π par le coëfficient dont il s'agit, si ce n'est pas le premier terme b_0 qui donne un résultat double $b_0 \cdot 2\pi$. Il est manifeste que ces valeurs des coëfficients sont des quantités existantes dans tous les cas possibles, quelque puisse être la fonction ϕu. En effet, cette fonction peut être représentée par l'ordonnée variable d'une courbe dont les abcisses seraient comprises dans l'intervalle de $u = 0$ à $u = 2\pi$; supposons donc que l'on trace une ligne courbe correspondante à cet intervalle. La figure de cette ligne sera arbitraire en sorte qu'elle pourrait être composée de portions de lignes courbes de nature différente. On peut même concevoir que les ordonnées deviennent subitement nulles pour une portion déterminée de l'axe, c'est-à-dire, que la ligne tracée se confond avec l'axe dans cette partie de son cours; or dans tous ces cas, l'aire désignée par l'intégrale totale $S(\phi u\, du)$ est une quantité subsistante et déterminée. Il en est de même de la quantité $S(\phi u \sin. \,iu\, du)$ ou ‖ $S(\phi u \cos. \,iu\, du)$; elle représente l'aire d'une certaine courbe que l'on formerait en multipliant chaque ordonnée ϕu de la ligne arbitraire par la fonction correspondante $\sin. \,(iu)$ ou $\cos. \,(iu)$. Ainsi tous les coëfficients $b_0 \; \begin{smallmatrix} a_1 & a_2 & a_3 \\ b_1 & b_2 & b_3 \end{smallmatrix}$ &c.... sont autant d'intégrales définies qui contiennent une fonction arbitraire ϕu et les aires correspondantes à ces intégrales ont toujours des valeurs fixes et déterminées.

83.
Equation générale qui exprime les développements d'une fonction arbitraire en sinus et cosinus d'arcs multiples.

En substituant dans l'équation (e) les valeurs trouvées pour les coëfficients, on aura l'équation suivante qui offre une propriété remarquable des lignes trigonométriques, et donne le développement d'une fonction arbitraire en sinus et en cosinus d'arcs multiples.

$$\pi \phi u = \tfrac{1}{2} S(\phi u \, du)$$

$$+ \begin{array}{l} \sin. u \, S(\phi u \sin. u \, du) \\ \cos. u \, S(\phi u \cos. u \, du) \end{array} + \begin{array}{l} \sin. 2u \, S(\phi u \sin. 2u \, du) \\ \cos. 2u \, S(\phi u \cos. 2u \, du) \end{array}$$

$$+ \begin{array}{l} \sin. 3u \, S(\phi u \sin. 3u \, du) \\ \cos. 3u \, S(\phi u \cos. 3u \, du) \end{array} + \begin{array}{l} \sin. 4u \, S(\phi u \sin. 4u \, du) \\ \cos. 4u \, S(\phi u \cos. 4u \, du) \end{array} + \&c.$$

Toutes les intégrales désignées par le signe S doivent être prises depuis $u = 0$ jusqu'à $u = 2\pi$.

84.
Equation qui exprime la solution complète de la question.

Si actuellement on met au lieu de u, $\dfrac{x}{R}$, et que les intégrations désignées par S aient lieu depuis $\dfrac{x}{R} = 0$ jusqu'à $\dfrac{x}{R} = 2\pi$, c'est-à-dire depuis $x = 0$ jusqu'à $x = 2\pi R$, on aura déterminé tous les coëfficients qui entrent dans l'équation (e). On peut maintenant former l'équation générale qui exprime le mouvement de la chaleur dans un anneau qui se refroidit librement à l'air après avoir été échauffée d'une manière quelconque. On trouvera pour cette équation, en observant que la fonction $\phi\left(\dfrac{x}{R}\right)$ doit être remplacée par $F(x)$;

(E)

$$\|\pi R z = e^{-ht} \left\{ \tfrac{1}{2} S(F(x)\,dx) + \left. \begin{array}{l} S\!\left(F(x) \sin.\!\left(\dfrac{x}{R}\right) dx\right) \sin.\!\left(\dfrac{x}{R}\right) \\ S\!\left(F(x) \cos.\!\left(\dfrac{x}{R}\right) dx\right) \cos.\!\left(\dfrac{x}{R}\right) \end{array}\right| e^{-\frac{Kt}{R^2}} \right.$$

$$+ \left. \begin{array}{l} S\!\left(F(x) \sin.\!\left(2\dfrac{x}{R}\right) dx\right) \sin.\!\left(2\dfrac{x}{R}\right) \\ S\!\left(F(x) \cos.\!\left(2\dfrac{x}{R}\right) dx\right) \cos.\!\left(2\dfrac{x}{R}\right) \end{array}\right| e^{-2^2 \frac{Kt}{R^2}}$$

$$\left. + \left. \begin{array}{l} S\!\left(F(x) \sin.\!\left(3\dfrac{x}{R}\right) dx\right) \sin.\!\left(3\dfrac{x}{R}\right) \\ S\!\left(F(x) \cos.\!\left(3\dfrac{x}{R}\right) dx\right) \cos.\!\left(3\dfrac{x}{R}\right) \end{array}\right| e^{-3^2 \frac{Kt}{R^2}} + \&c. \right\}.$$

Le premier terme $\dfrac{S(F(x)\,dx)}{2\pi R}$ qui sert à former la valeur de z est évidemment la température moyenne initiale, c'est-à-dire celle qu'aurait chaque point, si toute la chaleur initiale était également répartie entre tous les points. C'est dans cette dernière équation que consiste la solution complète de la question proposée.

On a supposé que l'anneau, après avoir été échauffé d'une manière quelconque, se refroidissait successivement; mais si au contraire on l'échauffait jusqu'à l'élever à des températures constantes et que l'on voulût déterminer les variations qui conduisent à cet état final, il faudrait employer une intégrale différente de celle que nous venons de donner. Le calcul précédent est fondé sur ce que l'anneau se refroidit librement et n'est pas exposé pendant son changement d'état à l'action d'une chaleur extérieure et déterminée.

85.
Application au cas où l'état initial de l'anneau est celui qui correspond aux températures permanentes.

On peut appliquer l'équation précédente quelque soit l'espèce de la fonction donnée Fx. Nous considérons ici deux cas particulières, savoir,

1° celui qui a lieu lorsque, l'anneau ayant été élevé par l'action d'un foyer à des températures permanentes, on supprime tout-à-coup ce foyer;

2° le cas où la moitié de l'anneau, ayant été échauffée également dans tous ses points, serait jointe à l'autre moitié qui aurait partout la température 0.

On a vu précédemment que les températures permanentes de l'anneau sont exprimées par l'équation

$$z = a\alpha^x + b\alpha^{-x}$$

et la quantité α a pour valeur $e^{-\sqrt{\frac{hl}{KS}}}$. Si l'on suppose qu'il y ait un seul foyer, il sera nécessaire que l'on ait l'équation $\dfrac{dz}{dx} = 0$ au point opposé à celui qui est occupé par le foyer. La condition

$$a\alpha^x - b\alpha^{-x} = 0$$

sera donc satisfaite en ce point. Regardons pour plus de facilité dans le calcul la fraction $\dfrac{hl}{KS}$ comme égale à l'unité et prenons le rayon R de l'anneau pour le rayon des tables trigonométriques,

$$\varpi R.z = e^{-ht}\left\{\frac{1}{2}\int f(x)dx \;\;+\;\; \frac{\int f(x)\sin(\frac{x}{R})dx\cdot\sin\frac{x}{R}}{\int f(x)\cos(\frac{x}{R})dx\cdot\cos\frac{x}{R}}\; e^{-\frac{Kt}{R^2}} \;\;+\;\; \frac{\int f(x)\sin 2\frac{x}{R}dx\cdot\sin 2\frac{x}{R}}{\int f(x)\cos 2\frac{x}{R}dx\cdot\cos 2\frac{x}{R}}\; e^{-\frac{2^2Kt}{R^2}} \;\;+\;\; \frac{\int f(x)\sin 3\frac{x}{R}dx\cdot\sin 3\frac{x}{R}}{\int f(x)\cos 3\frac{x}{R}dx\cdot\cos 3\frac{x}{R}}\; e^{-\frac{3^2Kt}{R^2}} + \text{&c.}\right\}$$

(E)

Le premier terme $\dfrac{\int Fx\,dx}{2\varpi R}$ qui sert à former la valeur de z est évidemment la température moyenne initiale, c'est à dire celle qu'aurait chaque point si toute la chaleur initiale était également répartie entre tous les points. c'est dans cette dernière équation que consiste ~~la~~ la solution complète de la question proposée.

On a supposé que l'anneau, après avoir été échauffé d'une manière quelconque se refroidissait successivement; mais si au contraire on l'échauffait jusqu'à l'élever à des températures constantes et que l'on voulut déterminer les variations qui conduisent à cet état final, il faudrait employer une intégrale différente de celle que nous venons de donner. le calcul précédent est fondé sur ce que l'anneau se refroidit librement et n'est point exposé pendant son changement d'état à l'action d'une chaleur extérieure et déterminée.

§. **Application au cas où l'état initial de l'anneau est celui qui correspond aux températures permanentes.**

On peut appliquer l'équation précédente quelque soit l'espèce de la fonction donnée Fx. nous considérerons ici deux cas particuliers, savoir, 1° celui qui a lieu lors que l'anneau ayant été élevé par l'action d'un foyer à des températures permanentes on supprime tout à coup ce foyer, 2° le cas où la moitié de l'anneau ayant été échauffée également dans tous les points serait jointe ~~subitement~~ à l'autre moitié qui aurait partout la température 0.

On a vu précédemment que les températures permanentes de l'anneau sont exprimées par l'équation $z = a\alpha^x + b\alpha^{-x}$ et la quantité α a pour valeur $e^{\frac{\sqrt{h.\ell}}{K.S}}$. si l'on suppose qu'il y ait un seul foyer, il sera nécessaire que l'on ait l'équation $\dfrac{\partial z}{\partial x} = 0$. au point opposé à celui qui est occupé par le foyer. la condition $a\alpha^x - b\alpha^{-x} = 0$. sera donc satisfaite en ce point. regardons pour plus de facilité dans le calcul la fraction $\dfrac{h\ell}{KS}$ ~~~~ égale à l'unité et prenons le rayon R de l'anneau pour le rayon des tables trigonométriques, on aura $z = ae^x + be^{-x}$. et $ae^{\pi} - be^{-\pi} = 0$. Donc l'état de l'anneau on aura

$$z = ae^x + be^{-x} \quad \text{et} \quad ae^\pi + be^{-\pi} = 0.$$

126 Donc l'état de l'anneau ‖ est représenté par l'équation

$$z = a\left(\frac{e^{-\pi+x} + e^{\pi-x}}{e^\pi}\right),$$

et désignant par u l'abcisse $x - \pi$, on a

$$z = a\left(\frac{e^u + e^{-u}}{e^\pi}\right).$$

Si la température fixe du point où le foyer est placée est désignée par A, on aura pour exprimer l'état de l'anneau l'équation

$$z = A\left(\frac{e^u + e^{-u}}{e^\pi + e^{-\pi}}\right)$$

les abcisses u étant remplies depuis le point opposé au foyer. On appliquera maintenant l'équation générale

$$\pi\phi x = \tfrac{1}{2} S(\phi x\, dx) + \frac{\sin. x\, S(\phi x \sin. x\, dx)}{\cos. x\, S(\phi x \cos. x\, dx)}$$

$$+ \frac{\sin. 2x\, S(\phi x \sin. 2x\, dx)}{\cos. 2x\, S(\phi x \cos. 2x\, dx)} + \&c. \ldots$$

De l'équation $x = u + \pi$ on conclura :

$$\begin{array}{ll}
\sin. x = -\sin. u \quad \text{et} & \cos. x = -\cos. u \\
\sin. 2x = \sin. 2u & \cos. 2x = \cos. 2u \\
\sin. 3x = -\sin. 3u & \cos. 3x = -\cos. 3u \\
\sin. 4x = \sin. 4u & \cos. 4x = \cos. 4u.
\end{array}$$

Par conséquent, en substituant Fu à ϕx et prenant les intégrales depuis $u = -\pi$ jusqu'à $u = \pi$, limites qui correspondent à celle-ci $x = 0, x = 2\pi$, on aura en u l'équation

$$\pi Fu = \tfrac{1}{2} S(Fu\, du) + \frac{\sin. u\, S(Fu \sin. u\, du)}{\cos. u\, S(Fu \cos. u\, du)}$$

$$+ \frac{\sin. 2u\, S(Fu \sin. 2u\, du)}{\cos. 2u\, S(Fu \cos. 2u\, du)} + \frac{\sin. 3u\, S(Fu \sin. 3u\, du)}{\cos. 3u\, S(Fu \cos. 3u\, du)} + \&c.$$

Prenons maintenant les intégrales $S((e^u + e^{-u})\sin. iu\, du)$ et $S((e^u + e^{-u})\cos. iu\, du)$, i étant un nombre entier positif. On aura

$$\int \{e^u + e^{-u}\} \sin. iu \, du = \text{const.} - \frac{1}{i} \{e^u + e^{-u}\} \cos. iu$$

$$+ \frac{1}{i^2} \{e^u - e^{-u}\} \sin. iu - \frac{1}{i^2} \int \{e^u + e^{-u}\} \sin. iu \, du$$

$$\int \{e^u + e^{-u}\} \cos. iu \, du = \text{const.} + \frac{1}{i} \{e^u + e^{-u}\} \sin. iu$$

$$+ \frac{1}{i^2} \{e^u - e^{-u}\} \cos. iu - \frac{1}{i^2} \int \{e^u + e^{-u}\} \cos. iu \, du,$$

équations qui se vérifient par la différentiation et d'où l'on tire

$$\int \{e^u + e^{-u}\} \sin. iu \, du$$

$$= \frac{C - \frac{1}{i} \{e^u + e^{-u}\} \cos. iu + \frac{1}{i^2} \{e^u - e^{-u}\} \sin. iu}{1 + \frac{1}{i^2}}$$

$$\int \{e^u + e^{-u}\} \cos. iu \, du$$

$$= \frac{C' + \frac{1}{i} \{e^u + e^{-u}\} \sin. iu + \frac{1}{i^2} \{e^u - e^{-u}\} \cos. iu}{1 + \frac{1}{i^2}}.$$

127 En déterminant les constantes, de sorte que les ∥ intégrales commencent lorsque $u = -\pi$, on a

$$0 = C - \frac{1}{i} (e^{-\pi} + e^{\pi})$$
$$0 = C' + \frac{1}{i^2} (e^{-\pi} - e^{\pi})$$

si le nombre i est pair,

et

$$0 = C + \frac{1}{i} (e^{-\pi} + e^{\pi})$$
$$0 = C' - \frac{1}{i^2} (e^{-\pi} - e^{\pi})$$

si le nombre est impair.

Retranchant ces équations des précédentes et faisant $u = \pi$, on a

$$S(e^u + e^{-u}) \sin. iu \, du = 0$$

et

$$S(e^u + e^{-u})\cos. iu\, du = \frac{2}{i^2+1}(e^\pi - e^{-\pi}) \text{ si le nombre } i \text{ est pair, et}$$

$$-\frac{2}{i^2+1}(e^\pi + e^{-\pi}) \text{ si le nombre } i \text{ est impair.}$$

Quant au terme $\frac{1}{2}S(e^u + e^{-u})\,du$, il a pour valeur $(e^\pi - e^{-\pi})$, l'intégrale étant prise depuis $u = -\pi$ jusqu'à $u = \pi$.

86. Développment de la fonction $e^u + e^{-u}$ en cosinus d'arcs multiples.

En faisant les substitutions dans l'équation qui donne le développement de Fu, on trouvera:

$$\pi(e^u + e^{-u}) = (e^\pi - e^{-\pi}) - \frac{2\cos. u}{1^2+1}(e^\pi - e^{-\pi})$$

$$+ \frac{2\cos. 2u}{2^2+1}(e^\pi - e^{-\pi}) - \frac{2\cos. 3u}{3^2+1}(e^\pi - e^{-\pi}) + \&c.$$

ou

$$\pi\left(\frac{e^u + e^{-u}}{e^\pi - e^{-\pi}}\right) = \left(1 - \frac{2\cos. u}{1^2+1} + \frac{2\cos. 2u}{2^2+1} - \frac{2\cos. 3u}{3^2+1}\right.$$

$$\left. + \frac{2\cos. 4u}{4^2+1} - \frac{2\cos. 5u}{5^2+1} + \ldots\right).$$

Cette équation donne le développment de la fonction $e^u + e^{-u}$ en série formée des cosinus d'arcs multiples. On a trouvé dans les articles précédents le développment de la fonction $e^u - e^{-u}$ en série de sinus d'arcs multiples; les séries de ce genre, qui servent à développer les fonctions les plus élémentaires de l'analyse, doivent toujours être remarquées.

87. Equation qui exprime l'état variable de l'anneau dans le cas précédent.

Si l'on substitue dans l'équation qui donne le développement de ϕx les coëfficients qui viennent d'être déterminés, on aura:

$$\pi\phi x = e^\pi - e^{-\pi} + \frac{\cos. x}{1^2+1}(e^\pi - e^{-\pi}) + \frac{\cos. 2x}{2^2+1}(e^\pi - e^{-\pi})$$

$$+ \frac{\cos. 3x}{3^2+1}(e^\pi - e^{-\pi}) + \&c.$$

On connaît maintenant les coëfficients qui entrent dans l'équation générale, et en les substituant, on a:

$$\pi z = \frac{e^{-ht}A}{e^{\pi}+e^{-\pi}}\Big((e^{\pi}-e^{-\pi}) + \frac{2\cos.x(e^{\pi}-e^{-\pi})}{1^2+1}e^{-Kt}$$

$$+ \frac{2\cos.2x(e^{\pi}-e^{-\pi})}{2^2+1}e^{-2^2Kt} + \frac{2\cos.3x(e^{\pi}-e^{-\pi})}{3^2+1}e^{-3^2Kt} + \&c.\Big),$$

128

ou, en désignant par m la ‖ chaleur moyenne initiale ou $\frac{A(e^{\pi}-e^{-\pi})}{\pi(e^{\pi}+e^{-\pi})}$, on a l'équation suivante qui exprime le mouvement de la chaleur dans un anneau, lorsqu'on expose cet anneau à un courant d'air froid après qu'il a été échauffé par un de ces points et élevé ainsi à des températures stationnaires:

$$z = 2e^{-ht}m\Big(\frac{1}{2} + \frac{\cos.x}{1^2+1}e^{-Kt} + \frac{\cos.2x}{2^2+1}e^{-2^2Kt} + \frac{\cos.3x}{3^2+1}e^{-3^2Kt}$$

$$+ \frac{\cos.4x}{4^2+1}e^{-4^2Kt} \&c.\Big).$$

88.
Application aux cas où la moitié de l'anneau est à une température constante et l'autre moitié à la température zéro.

Pour faire une seconde application de l'équation générale (e)[3] nous supposerons que la chaleur initiale est tellement distribuée qu'une moitié de l'anneau comprise depuis 0 jusqu'à π a dans tous ses points la température 1 et que l'autre partie est à la température 0. Il s'agit de déterminer l'état de l'anneau après un temps écoulé t. On fera d'abord usage de l'équation qui donne le développement de ϕx, savoir

$$(\pi)\phi x = \tfrac{1}{2}S(\phi x\,dx) + \frac{\sin.x\,S(\phi x\sin.x\,dx)}{\cos.x\,S(\phi x\cos.x\,dx)}$$

$$+ \sin.2x\,S(\phi x\sin.2x\,dx) + \sin.3x\,S(\phi x\sin.3x\,dx)$$
$$+ \cos.2x\,S(\phi x\cos.2x\,dx) + \cos.3x\,S(\phi x\cos.3x\,dx)$$

$$+ \&c.\ldots$$

La fonction arbitraire ϕx qui représente l'état initial est telle dans ce cas que sa valeur est 1 toutes les fois que la variable est comprise entre 0 et π, et que cette valeur est nulle pour toutes les valeurs de x comprises entre π et 2π. Il en résulte que l'on doit supposer $\phi x = 1$ et ne prendre les intégrales que depuis $x = 0$ jusqu'à $x = \pi$; les autres parties des intégrales sont nulles.

---

[3][Ed.] In art. 81; see our p. 260.

On trouvera donc $\tfrac{1}{2}S(\phi x\, dx) = \tfrac{1}{2}\pi$.

$S(\phi x \sin. x\, dx) = 1 - \cos. \pi$ et $S(\phi x \cos. x\, dx) = \sin. \pi$

$ = 2$ $ = 0.$

$S(\phi x \sin. 2x\, dx) = \tfrac{1}{2} - \tfrac{1}{2}\cos. 2\pi$ $S(\phi x \cos. 2x\, dx) = \tfrac{1}{2}\sin. 2\pi$

$ = 0$ $ = 0.$

$S(\phi x \sin. 3x\, dx) = \tfrac{1}{3} - \tfrac{1}{3}\cos. 3\pi$ $S(\phi x \cos. 3x\, dx) = \tfrac{1}{3}\sin. 3\pi$

$ = \tfrac{2}{3}$ $ = 0.$

$S(\phi x \sin. 4x\, dx) = \tfrac{1}{4} - \tfrac{1}{4}\cos. 4\pi$

$ = 0$

$S(\phi x \sin. 5x\, dx) = \tfrac{1}{5} - \tfrac{1}{5}\cos. 5\pi$ &c. ....

$ = \tfrac{2}{5}$

On obtiendra ainsi l'équation suivante, qui donne le développement de la fonction proposée dont la valeur est 1 depuis $x = 0$ jusqu'à $x = \pi$ et nulle depuis $x = \pi$ jusqu'à $x = 2\pi$:

$$1 = \frac{1}{2} + \frac{2}{\pi}\left(\sin. x + \frac{1}{3}\sin. 3x + \frac{1}{5}\sin. 5x + \frac{1}{7}\sin. 7x + \frac{1}{9}\sin. 9x + \&c. \ldots\right).$$

Cette équation se réduit à celle-ci:

$\tfrac{1}{4}\pi = \sin. x + \tfrac{1}{3}\sin. 3x + \tfrac{1}{5}\sin. 5x + \tfrac{1}{7}\sin. 7x + \tfrac{1}{9}\sin. 9x + \&c. \ldots$

à laquelle nous sommes parvenus précédemment et par une voie entièrement différente.[4] L'équation:

$$y = \frac{1}{2} + \frac{2}{\pi}\left(\sin. x + \frac{1}{3}\sin. 3x + \frac{1}{5}\sin. 5x + \frac{1}{7}\sin. 7x + \frac{1}{9}\sin. 9x + \ldots\right)$$

est celle de la ligne $0\ 0\ 1\ \pi\ 2\pi\ 2\ 3\ 3\pi\ 4\pi\ 4\ 5\ldots$ &c...., x étant l'abcisse et y l'ordonnée. Si maintenant on substitue dans

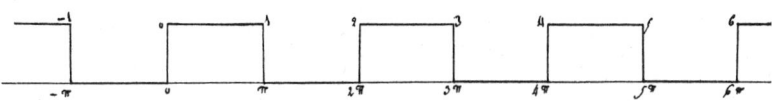

---

[4][Ed.] See art. 70, our p. 230.

l'équation générale $(c)^5$ les valeurs que l'on vient de trouver pour les coëfficients constants, on aura l'équation:

$$\tfrac{1}{2}\pi z = e^{-ht}(\tfrac{1}{4}\pi + \sin. x\, e^{-Kt} + \tfrac{1}{3}\sin. 3x\, e^{-3.3\,Kt} + \tfrac{1}{5}\sin. 5x\, e^{-5.5\,Kt}$$
$$+ \tfrac{1}{7}\sin. 7x\, e^{-7.7\,Kt} + \&c. \ldots)$$

qui exprime la loi suivant laquelle varie la température de chaque point de l'anneau et fait connaître son état après un temps donné. Nous nous bornerons aux deux applications précédentes et nous terminerons ∥ cet article par quelques observations[6] sur la solution générale donnée par l'équation:

$$\pi R z = e^{-ht}\left(\tfrac{1}{2}S\,Fx\,dx + \left.\begin{array}{l}\sin.\left(\dfrac{x}{R}\right)S\,Fx\sin.\left(\dfrac{x}{R}\right)dx \\ \cos.\left(\dfrac{x}{R}\right)S\,Fx\cos.\left(\dfrac{x}{R}\right)dx\end{array}\right| e^{-\frac{Kt}{R^2}}\right.$$

$$+ \left.\begin{array}{l}\sin.\left(2\dfrac{x}{R}\right)S\,Fx\sin.\left(2\dfrac{x}{R}\right)dx \\ \cos.\left(2\dfrac{x}{R}\right)S\,Fx\cos.\left(2\dfrac{x}{R}\right)dx\end{array}\right| e^{-2^2\frac{Kt}{R^2}}$$

$$+ \left.\begin{array}{l}\sin.\left(3\dfrac{x}{R}\right)S\,Fx\sin.\left(3\dfrac{x}{R}\right)dx \\ \cos.\left(3\dfrac{x}{R}\right)S\,Fx\cos.\left(3\dfrac{x}{R}\right)dx\end{array}\right| e^{-3^2\frac{Kt}{R^2}} + \&c. \ldots\bigg).$$

89. Remarque sur le cas où la conductibilité spécifique est infinie.

1° Si l'on suppose K infini, l'état de l'anneau sera exprimé par

$$\pi R z = e^{-ht}\tfrac{1}{2}S\,Fx\,dx$$

ou, désignant par m la température moyenne initiale,

$$z = e^{-ht}\,m.$$

La température d'un point quelconque deviendra subitement égale à la température moyenne m et les différents points conserveront toujours des températures égales, ce qui est une conséquence nécessaire de l'hypothèse où l'on admet une conductibilité infinie.

2° On aura le même résultat si le rayon R de l'anneau est infiniment petit.

---

[5][Ed.] In art. 79; see the unnumbered equation below (ϵ) on our p. 259.
[6][Ed.] These observations in fact occupy the next seven articles. Fourier deleted a sentence here at the bottom of p. 129 of the manuscript on the possible multiplicity of examples of the above type.

**90.
Calculs de la valeur de la température moyenne. Loi à laquelle les variations de cette température sont assujetties.**

3° Pour trouver la température moyenne de l'anneau après un temps t il faut prendre l'intégrale $S(z\,dx)$ depuis $x = 0$ jusqu'à $x = 2\pi R$ et diviser par $2\pi R$. On écrira donc:

$$\pi R\, S(z\,dx) = e^{-ht} S\left(a + \left.\begin{array}{l} a_1 \sin.\left(\dfrac{x}{R}\right) \\ b_1 \cos.\left(\dfrac{x}{R}\right) \end{array}\right| e^{-\frac{Kt}{R^2}} \right.$$

$$\left. + \left.\begin{array}{l} a_2 \sin.\left(2\dfrac{x}{R}\right) \\ b_2 \cos.\left(2\dfrac{x}{R}\right) \end{array}\right| e^{-2^2\frac{Kt}{R^2}} + \left.\begin{array}{l} a_3 \sin.\left(3\dfrac{x}{R}\right) \\ b_3 \cos.\left(3\dfrac{x}{R}\right) \end{array}\right| e^{-3^2\frac{Kt}{R^2}} + \&\text{c.}\right)dx.$$

On aura en général

$$S \cos.\left(i\frac{x}{R}\right) dx = C + \frac{R}{i}\sin.\left(i\frac{x}{R}\right)$$

et

$$S \sin.\left(i\frac{x}{R}\right) dx = C - \frac{R}{i}\cos.\left(i\frac{x}{R}\right).$$

Si l'on détermine les constantes en sorte que les intégrales soient nulles lorsque $x = 0$ et si on suppose ensuite $x = 2\pi R$, on trouvera que les valeurs totales des intégrales sont nulles. C'est pourquoi on aura:

$$\pi R\, S(z\,dx) = e^{-ht} 2a\pi R.$$

La température moyenne a donc pour valeur après le temps t la quantité $e^{-ht} m$. Ainsi la température moyenne de l'anneau décroît de la même manière que si la conductibilité était infinie ou de même que si tous les points étaient réunis ∥ en un seul. Les variations occasionnées par la propagation de la chaleur dans ce solide n'influent point sur la valeur de la température moyenne. Dans les trois cas que nous venons de considérer, la température moyenne décroît proportionellement aux puissances successives de la fraction e^{-ht}, ou, ce qui est la même chose, à l'ordonnée d'une courbe logarithmique, l'abcisse étant prise pour le temps. Cette loi a été connue de Newton, qui l'a vérifiée par diverses expériences.[7] La solution précédente

---

[7][Ed.] Fourier made various changes to this sentence. Firstly, he eliminated the words "connue de Newton" which we have reinstated, as he made no substitute for them; then he deleted a largely indecipherable phrase concerning Newton's observations. Presumably the change was made

nous fait voir que la loi dont il s'agit a lieu en effet pour un point quelconque d'une armille très-petite; que si les dimensions de l'anneau étaient plus considérables, le refroidissement d'un point suivrait une marche différente; mais que la température moyenne est toujours assujettie à cette même loi, quelque soit le diamètre de l'annulle. Au reste, il ne faut point perdre de vue que la section génératrice de l'armille est supposée avoir des dimensions assez petites, pour que les points de la même section ne diffèrent point sensiblement de température. Si cette condition n'avait point lieu les changements successifs de la température d'un point ou ceux de la température moyenne cesseraient d'être représentés par une logarithmique.

91.
Calculs de la quantité de chaleur qui s'échappe dans un temps donné par une portion déterminée de la surface ou par une section de l'anneau.

132

4° Si on voulait connaître quelle est la quantité de chaleur qui s'échappe dans un temps donné par la superficie d'une portion déterminée de l'anneau, il faudrait employer l'integrale $hS(dtS(zdx))$ et prendre cette intégrale entre les limites qui se rapportent à x et entre les limites qui se rapportent au temps. Par exemple, si l'on choisissait 0 et 2π pour les limites de x et 0 et $\frac{1}{0}$ pour les limites de t, c'est-à-dire, si l'on voulait déterminer toute la quantité de chaleur qui s'échappe ‖ de la superficie entière pendant toute la durée du refroidissement, il faudrait que l'on obtient un résultat égale à toute la chaleur initiale, c'est-à-dire $2\pi R.m$, m étant la température moyenne initiale.

5° Si l'on veut connaître combien il s'écoule de chaleur dans un temps donné à travers une section déterminée de l'anneau, il faudra employer l'intégrale $-KS\left(dt\dfrac{dz}{dx}\right)$ en mettant pour $\dfrac{dz}{dx}$ la valeur de ce rapport prise au point dont il s'agit.

92.
De la loi à laquelle est assujettie la distribution finale des températures.

6° La chaleur tend à se distribuer dans l'anneau suivant une loi qui mérite d'être remarquée. Plus la valeur du temps écoulé t augmente et plus les termes qui composent la valeur de z dans l'equation (E)[8] deviennent petits par rapport à ceux qui les précèdent, il y a donc une certaine valeur de t pour laquelle le mouvement de la chaleur commence à être sensiblement

---

because of Fourier's uncertainty of Newton's work: in both the 1811 paper [part 1, 335] and the *Théorie* [art. 244, remark 3], he wrote simply "cette loi est connue depuis long-temps." For an extended discussion of Newton's work we refer again to J. A. Ruffner (n. 3, p. 83).
[8][Ed.] Art. 84; see our p. 264.

représenté par l'équation

$$z = a + \left. \begin{array}{l} a_1 \sin.\left(\dfrac{x}{R}\right) \\ b_1 \cos.\left(\dfrac{x}{R}\right) \end{array} \right| e^{-\frac{Kt}{R^2}},$$

et cette même relation subsiste pendant la durée infinie du refroidissement. Dans cet état, si l'on choisit deux points de l'anneau situés à l'extrémité d'un même diamètre, en représentant par x_1 et x_2 leurs distances respectives à l'origine et par z_1 et z_2 les températures correspondantes, on aura

$$z_1 = \left(a + \left(a_1 \sin.\left(\dfrac{x_1}{R}\right) + b_1 \cos.\left(\dfrac{x_1}{R}\right) \right) e^{-\frac{Kt}{R^2}} \right) e^{-ht},$$

$$z_2 = \left(a + \left(a_1 \sin.\left(\dfrac{x_2}{R}\right) + b_1 \cos.\left(\dfrac{x_2}{R}\right) \right) e^{-\frac{Kt}{R^2}} \right) e^{-ht}.$$

Or il est visible que les sinus des arcs $\dfrac{x_1}{R}$ et $\dfrac{x_2}{R}$ ne diffèrent que par le signe et qu'il en est de même des quantités $\cos.\left(\dfrac{x_1}{R}\right)$, $\cos.\left(\dfrac{x_2}{R}\right)$, d'où l'on déduit

$$\frac{z_1 + z_2}{2} = ae^{-ht}.$$

Ainsi la demi-somme des températures des points opposés donne une quantité ae^{-ht}, qui serait encore la même si l'on avait choisi deux points situés aux extrémités d'un autre diamètre. Cette quantité ae^{-ht} est, comme on l'a vu plus haut, la valeur exacte de la température moyenne après le temps t. Ainsi ‖ la demi-somme des températures de deux points opposés décroît continuellement avec la température moyenne de l'anneau, et représente sa valeur sans erreur sensible après que le refroidissement a duré un certain temps.

92 bis.
Examen de cet état final.

Examinons plus particulièrement en quoi consiste ce dernier état qui est exprimé par l'équation

$$z = \left(a + \left. \begin{array}{l} a_1 \sin.\left(\dfrac{x}{R}\right) \\ b_1 \cos.\left(\dfrac{x}{R}\right) \end{array} \right| e^{-\frac{Kt}{R^2}} \right) e^{-ht}.$$

Si l'on cherche d'abord le point de l'anneau pour lequel on a l'équation

$$a_1 \sin. \frac{x}{R} + b_1 \cos. \frac{x}{R} = 0 \quad \text{ou} \quad \frac{x}{R} = \text{arc.tang.} \left(-\frac{b_1}{a_1}\right),$$

on voit que la température de ce point est à chaque instant la température moyenne de l'anneau; il en est de même du point diamétralement opposé, car l'abcisse x de ce dernier point satisferait encore à l'équation précédente:

$$\frac{x}{R} = \text{arc. tang.} \left(-\frac{b_1}{a_1}\right).$$

En désignant par X la distance à laquelle le premier de ces points est placé, on aura

$$b_1 = -a_1 \tan g. \left(\frac{X}{R}\right) = -a_1 \frac{\sin. \dfrac{X}{R}}{\cos. \dfrac{X}{R}},$$

et substituant cette valeur de b_1 on a

$$z = e^{-ht} \left(a + \frac{a_1}{\cos. \left(\dfrac{X}{R}\right)} \left(\sin. \frac{x}{R} \cos. \frac{X}{R} - \sin. \frac{X}{R} \cos. \frac{x}{R} \right) e^{-\frac{Kt}{R^2}} \right)$$

ou

$$z = e^{-ht} \left(a + \frac{a_1}{\cos. \left(\dfrac{X}{R}\right)} \sin. \left(\frac{x-X}{R}\right) e^{-\frac{Kt}{R^2}} \right).$$

Si l'on prend actuellement pour l'origine des abscisses le point qui répondait à l'abscisse X et que l'on désigne par u la nouvelle abscisse $x-X$, on aura

$$z = e^{-ht} \left(a + b \sin. \left(\frac{u}{R}\right) e^{-\frac{Kt}{R^2}} \right).$$

A l'origine où l'abscisse u est 0, et au point opposé, la température z est toujours égale à la température moyenne. Ces deux points divisent la circonférence de l'anneau en deux parties dont l'état est pareil mais opposé; chaque point de l'une de ces parties a une température qui excède la température moyenne, et la quantité de cet excès est proportionnelle aux sinus de la distance à l'origine. Chaque point de l'autre partie a une température moindre que la température moyenne, et la différence ‖ est la même que l'excès dans le point opposé. Cette distribution symétrique de la chaleur subsiste pendant toute la durée du refroidissement, et il s'établit aux deux extrémités de la moitié échauffée deux flux de chaleur dirigés vers la moitié froide et dont l'effet est de rapprocher continuellement l'une et l'autre partie de la température moyenne; le calcul fait connaître facilement pour chaque point la quantité et la direction du courant. En effet, on a vu que la quantité de chaleur qui s'écoule entre deux tranches consécutives est proportionnelle à la valeur de $\frac{dz}{dx}$ prise négativement; on a ici

$$\frac{dz}{dx} = \frac{b}{R} e^{-ht} e^{-\frac{Kt}{R^2}} \cos.\left(\frac{u}{R}\right).$$

Donc cette quantité de chaleur écoulée est dans l'état que nous considérons proportionnelle en chaque point au cosinus de la distance à l'origine. Ce cosinus doit être pris avec un signe contraire. Le point X désigne dans la figure ci-jointe celui qui conserve la température moyenne. Celui qui lui est opposé conserve aussi cette même température. La demi-somme des températures m et m' ou n et n' équivaut encore et à chaque instant à la température moyenne. En général, si en chaque point $XmnX'm'n'X$ de la circonférence on élève une ordonnée perpendiculaire au plan et proportionnelle à la différence entre la température et la température moyenne, les extrémités de ces ordonnées seront dans un même plan qui passerait par la ligne

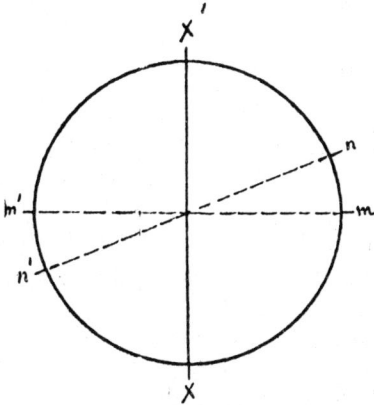

XX' et ferait un très-petit angle avec le plan de l'anneau. A mesure que le temps augmente, toutes les ordonnées positives ou négatives approchent de zéro et, conservant les mêmes rapports, elles diminuent comme les puissances successives de la fraction $e^{-\left(h+\frac{K}{R^2}\right)}$. Ainsi le sinus de l'angle formé entre les deux plans décroît rapidement suivant cette même loi. Le flux ∥ de chaleur est nul au point m également éloigné de X et X'; il est le plus grand possible au point X, et dirigé vers m il décroît depuis X jusqu'en m proportionnellement au cosinus de la distance au point X au-delà du point m. Ce flux change de direction et se porte vers X'; il augmente continuellement jusqu'en m au-delà du point X'; il est dirigé vers m' et devient nul en ce point; enfin au-delà de m' il change de direction et se porte vers m'. Telles sont les circonstances propres au mouvement final de la chaleur dans un anneau solide, échauffé d'une manière quelconque.

93.
Examen des cas particuliers où les températures conservent les mêmes rapports pendant le refroidissement.

On remarquera maintenant que dans l'équation générale qui donne la valeur de z chacun des termes est de la forme

$$\left(a \sin. i\frac{x}{R} + b \cos. i\frac{x}{R}\right) e^{-\frac{i^2 Kt}{R^2}}.$$

On pourra donc tirer par rapport à ce terme des conséquences analogues aux précédentes. En effet, désignant par X la distance pour laquelle la coëfficient $a_i \sin. \frac{ix}{R} + b_i \cos. \frac{ix}{R}$ est nul, on aura l'équation

$$a_i \sin. \frac{iX}{R} + b_i \cos. \frac{iX}{R} = 0, \quad \text{ou} \quad b_i = -a_i \tang. \frac{iX}{R},$$

et en substituant dans le terme dont il s'agit on a:

$$\frac{a_i}{\cos. \frac{iX}{R}} \left(\sin. \frac{ix}{R} \cos. \frac{iX}{R} - \sin. \frac{iX}{R} \cos. \frac{ix}{R}\right),[9] \quad \text{ou} \quad a \sin. i\left(\frac{x-X}{R}\right),$$

a étant un nouveau coëfficient. Il suit de là qu'en prenant pour l'origine des coordonnées le point dont l'abcisse était X et

---

[9][Ed.] Both here and in the corresponding place in the 1811 paper [part 1, 339], Fourier expressed the bracket in the inaccurate form $\left(\sin. x \cos. \frac{X}{R} - \cos. x \sin. \frac{X}{R}\right)$

In the *Théorie* [art. 246] he omitted the expression altogether.

désignant par u la nouvelle abcisse $x - X$, on aura pour exprimer les changements de cette partie de la valeur de z la fonction $a e^{-ht} e^{-\frac{i^2 K t}{R^2}} \sin.\left(\frac{iu}{R}\right)$. Si cette partie de la valeur de z subsistait seule en sorte que les coëfficients de toutes les autres fussent nuls, l'état de l'anneau représenté par la fonction $a e^{-ht} e^{-\frac{i^2 K t}{R^2}} \sin.\left(\frac{iu}{R}\right)$ et la température de chaque point serait proportionnelle au sinus du multiple i de la distance de ce point à l'origine. Cet état est analogue à celui que nous avons décrit ‖ précédemment, il en diffère en ce que le nombre des points qui ont une même température toujours égale à la température moyenne de l'anneau ne serait pas 2 seulement, mais en général égal à $2i$. Chacun de ces points ou noeuds sépare deux portions contiguës de l'anneau qui sont dans un état pareil mais opposé. La circonférence se trouve ainsi divisée en plusieurs parties égales, dont l'état est alternativement positives et négatives. Le flux de chaleur est le plus grand possible dans les noeuds, il se dirige toujours vers la portion qui est dans l'état négatif, et il est nul dans le point qui est à égale distance de deux noeuds consécutifs. Les rapports qui existent alors entre les températures se conservent pendant toute la durée du refroidissement, et ces températures varient ensemble très-rapidement proportionnellement aux puissances successives de la fraction $e^{-h} e^{-\frac{K i^2}{R^2}}$. Si l'on donne successivement à i les valeurs 0, 1, 2, 3, 4, &c., on connaîtra tous les états réguliers et élémentaires que la chaleur peut affecter pendant qu'elle se propage dans un anneau solide. Lorsqu'un de ces modes simples est une fois établi, il se conserve de lui-même et les rapports qui existaient entre les températures ne changent point.

94.
Du cas général où l'état de l'anneau est composé d'une manière quelconque des états précédents.

Il n'en pas de même lorsque les températures initiales des différents points ne sont pas proportionnelles à un-même multiple de la distance de ces points à l'origine; les rapports des températures varient alors continuellement; mais quelque soient ces rapports primitifs et de quelque manière que l'anneau ait été échauffé, le mouvement de la chaleur se décompose de lui-même en plusieurs mouvements simples pareils à ceux que nous venons de décrire, et qui s'accomplissent tous-à-la-fois sans se troubler. Le nombre de ces ‖ états distincts dépend de l'état initial qui est arbitraire; en général on peut le regarder comme infini. Dans chacune de ces états, la température est proportionnelle à un certain multiple de la distance à l'origine. La somme de toutes ces températures partielles faites pour un seul point dans un même instant est la température réelle de ce point. Or les parties qui composent cette somme décroissent beaucoup plus rapidement les unes que les autres. Il en résulte que ces états élémentaires de l'anneau, qui correspondent aux différentes valeurs de i et dont la superposition détermine le mouvement totale de la chaleur, disparaissent en quelque sorte les uns après les autres. Ils cessent bientôt d'avoir aucune influence sensible sur la valeur de la température, et laissent subsister seul le premier d'entre eux, pour lequel la valeur de i est la moindre de toutes. On se formera de cette manière une idée exacte de la loi suivant laquelle la chaleur se distribue dans une armille et se dissipe par la surface. L'état de l'armille devient de plus en plus symétrique, il ne tarde point à se confondre avec celui vers lequel il a une tendance naturelle, et qui consiste en ce que les températures de ces différents points doivent être proportionnelles au sinus d'un même multiple de la distance à l'origine. La disposition initiale n'apporte aucun changement à ces résultats.

In the 1809 paper to the Institut de France Fourier merely reiterated his remarks on the distribution of heat round the annulus as related to the mean temperature,[10] but in the *Théorie* he presented some new ideas on the representability of a function by the full Fourier series. On occasion in the manuscript we have seen Fourier refer to the capability of the sine or cosine series to represent respectively functions developable in odd or even powers of their variable and, consequently, to show the property of oddness or evenness over the real line. Fourier now demonstrated the full series as a combination of these ideas: over $[-\pi, +\pi]$ the sine terms would represent the odd function $\frac{1}{2}[f(x) - f(-x)]$ and the cosine terms the even function $\frac{1}{2}[f(x) + f(-x)]$ and so the full series would give the sum of these components, which is $f(x)$.[11]

---

[10] J. B. J. Fourier *Extrait*, 7–8.   [11] J. B. J. Fourier *Théorie*, arts. 231–234.

The purpose of this reasoning was clearly to avoid reliance on the integration term-by-term method of obtaining its coefficients, whose fallibility Fourier had seen all too clearly; but there is an element of confusion in his mind about the means of representation of a function by a series involved in this approach. It is not necessary to stipulate that the function should be odd (even) in order to have a sine (cosine) series, and Fourier's own example from article 66 (our pages 221–223) of the sine series for the even function cos x shows that he was aware of this. The origin of this confusion probably lay in the use made of power series in the infinite matrix method of calculating the coefficients, which we saw was a significant one to him; but without doubt he grew to realize that argument for representability of a function on the basis of the properties of its power expansion was only a useful means of demonstration rather than an essential feature of the reasoning.

Fourier was not quite finished with the annulus. He had one final point to make: the relation between his general solution and his old results for n bodies arranged in a circle. In the course of his explanation he revealed a most interesting and unexpected misconception of his earlier work.

12

Fourier's Reflections on His *n*-Body Analysis

Fourier's retrospective thoughts were upon his general solution in article 11 (our page 76):

(12.1)
$$\alpha_j = \frac{1}{n}\sum_{r=1}^{n} a_r + \frac{2}{n}\sum_{r=1}^{n}\left\{\left[\sin\left(\overline{j-1}\,\frac{2r\pi}{n}\right)\sum_{i=1}^{n} a_i \sin\left(\overline{i-1}\,\frac{2r\pi}{n}\right)\right.\right.$$
$$\left.+\cos\left(\overline{j-1}\,\frac{2r\pi}{n}\right)\sum_{i=1}^{n} a_i \cos\left(\overline{i-1}\,\frac{2r\pi}{n}\right)\right]$$
$$\left.\times\left[\exp\left(-\frac{2Kt}{m}\left(1-\cos\frac{2r\pi}{n}\right)\right)\right]\right\}.$$

We recall from page 82 that taking n to infinity in (12.1) caused the time-component to become constant, thus implying a (false) steady-state solution for the annulus. Now armed with the hindsight of his independently found solution for the annulus, Fourier could apply the same kind of reasoning that he had previously used to render homogeneous Biot's equation for the bar (our page 86). He not only modified the mass term by

(12.2)
$$m = \frac{2\pi}{n}$$

to preserve the constant total value, but also the coefficient K by the relation

(12.3)
$$K = \frac{kn}{2\pi}$$

(where *k is* a constant) on the grounds that the propensity for heat conduction became greater as the bodies moved closer together with the increase in their number. Then the limiting value for the *t*-component would become

(12.4)
$$\lim_{n\to\infty}\left[\exp\left(-\frac{2kn}{2\pi}\cdot\frac{nt}{2\pi}\left(\frac{1}{2}\left(\frac{2\pi r}{n}\right)^2 + O\left(\frac{1}{n^4}\right)\right)\right)\right] = e^{-kr^2 t}$$

as required, and thus lead in (12.1) to the full solution:

(12.5)
$$z = \frac{1}{2\pi}\int_0^{2\pi}\phi(u)\,du$$
$$+ \frac{1}{\pi}\sum_{r=1}^{\infty}\left[\sin rx \int_0^{2\pi}\phi(u)\sin ru\,du + \cos rx \int_0^{2\pi}\phi(u)\cos ru\,du\right]e^{-kr^2 t},$$

Art. 95

Art. 96

which corresponds to the solution for the annulus in article 84 (page 264), when its radius is unity.[1] Hence it is not necessary after all to resort to partial differential equations to solve the annulus problem; n-body analysis will work also, as long as the coefficient of conductivity K is handled properly.

So Fourier had reminded himself of his previous error, yet he did not notice that a new error had appeared. (12.5) is *not* the same as the annulus solution of article 84: it lacks the multiplying factor e^{-ht}, which may only be a small term in a large expression but nevertheless involved one of the most important ideas in his theory of heat diffusion — external conduction, and its distinction from internal conduction. We recall from Chapter 3 that in Fourier's n-body model heat was exchanged between bodies through linking channels or by shuttling layers, and so did not involve the atmosphere at all. Therefore it could not *in principle* be identified with the general solution to the annulus, because both internal and external diffusion took place there: rather it is the same as his solution for the annulus after the substitution

(12.6)
$$z = e^{-ht}v$$

into the original diffusion equation at the beginning of article 76 (our page 256).[2] But there is no doubt that Fourier was referring to the full solution (12.1), including e^{-ht}; as we can see in his text, he refers explicitly to its appearance in article 84. The examiners did not notice this extraordinary oversight; neither did Fourier, who put this part of his manuscript unaltered at the end of the (transplanted) section on the n-body analysis of Chapter 3, in both the prize paper and the *Théorie*.

Comparative references for this chapter

1807 manuscript: arts. 95–96.
1811 paper: part 1, 394–400.
Théorie: arts. 277–278.

---

[1] The solution is also given in equation (11.5) of the introduction to Chapter 11: see our p. 254.

[2] The analysis is also described in equations (11.2) and (11.3) of the introduction to Chapter 11; see our p. 254.

95.
Résolution de la question précédente déduite de l'équation qui exprime les températures variables de plusieurs masses disjointes.

Il ne nous reste plus pour achever cette théorie de la propagation de la chaleur dans un anneau solide, qu'à faire remarquer l'analogie de cette question avec celle où l'on considère des masses disjointes, disposées circulairement, et qui se communiquent la chaleur. Nous reprendrons la solution générale qui est représentée par l'équation

$$\alpha_j = \frac{1}{n} S(a_i) + \left| \begin{array}{c} \frac{2}{n}\sin.\left(\overline{j-1}\frac{2\pi}{n}\right) S\left(a_i \sin.\left(\overline{i-1}\frac{2\pi}{n}\right)\right) \\ \frac{2}{n}\cos.\left(\overline{j-1}\frac{2\pi}{n}\right) S\left(a_i \cos.\left(\overline{i-1}\frac{2\pi}{n}\right)\right) \end{array} \right| e^{-2\frac{Kt}{n}\sin. V.\frac{2\pi}{n}}$$

+ &c. (voyez page 27),[3]

138

‖ et nous déterminerons au moyen de cette équation le mouvement de la chaleur dans une armille en regardant le nombre n des masses comme infini. Supposons donc que n devienne successivement deux fois, quatre fois, &c. ... plus grand; que la masse m devient deux fois, quatre fois, huit fois plus petite; enfin que le coëfficient K qui mesure la facilité ou la vîtesse de la transmission devient en même temps deux fois, quatre fois, huit fois plus grand &c. (nous remarquerons ultérieurement ce qui rend cette dernière supposition nécessaire). On imaginera que le nombre n des corps était d'abord égal à 2, que chacune des masses était représentée par la longueur de la demi-circonférence π. L'on désignera par h la première valeur de K; ensuite on attribuera à cette même quantité les valeurs qui se correspondent dans la table suivante:

$n \ldots 2 \ldots 4 \ldots 8 \ldots$ &c.

$m \ldots \pi \ldots \frac{1}{2}\pi \ldots \frac{1}{4}\pi \ldots$ &c.

$K \ldots h \ldots 2h \ldots 4h \ldots$ &c.

On cherchera ce qui devient dans ces hypothèses successives l'équation générale qui donne la valeur de α_j, et le nombre n croissant sans limite. On déterminera quelle est la quantité dont s'approche continuellement le second membre de cette équation. Or il est facile de trouver l'expression de cette limite du second membre de l'équation générale. En effet, on aura

---

[3][Ed.] See our p. 76. We recall that Fourier was using there S as a summation sign, and not as the special integral sign of his later articles.

toujours $m = \dfrac{2\pi}{n}$, $K = \frac{1}{2}hn$. La circonférence entière 2π étant divisée en un nombre infini n de parties égales, si les valeurs successives de l'arc sont représentées par x, l'épaisseur de chaque masse sera dx et l'on aura

$$n = \frac{2\pi}{dx}, \quad m = dx, \quad K = \frac{\pi h}{dx}.$$

Les températures initiales $a_1, a_2, a_3, \ldots a_i, \ldots a_n$ dépendent alors de la valeur de l'arc x, et en considérant ces températures comme les états ‖ successifs d'une même variable la valeur générale a_i représente une fonction arbitraire de x. L'indice i sera alors remplacé par $\dfrac{x}{dx}$. A l'égard des quantités $\alpha_1, \alpha_2, \alpha_3, \ldots$ $\alpha_j, \ldots$ &c., ces températures sont des variables qui dépendent des deux quantités x et t. En désignant par z cette variable, on aura $z = \psi(x, t)$. L'indice j qui marque la place que l'un des corps occupe sera pareillement remplacé par $\dfrac{x}{dx}$. Ainsi pour appliquer l'analyse précédente au cas où l'on aurait une infinité de tranches formant un corps continu, dont la forme sera celle d'une armille, il faudra substituer aux quantités

$$n, \quad m, \quad K, \quad a_i, \quad i, \quad \alpha_j, \quad j \quad \text{celles qui leur correspondent:}$$

$$\frac{2\pi}{dx},\; dx,\; \frac{\pi h}{dx},\; \phi(x),\; \frac{x}{dx},\; \psi(x, t),\; \frac{x}{dx}.$$

Il sera facile de faire ces substitutions dans l'équation générale, et l'on décrira au lieu de sin. Vers. dx la valeur $\frac{1}{2}dx^2$ que prend cette expression dans l'analyse différentielle et i et j au lieu de $(i-1)$ et $(j-1)$. Le premier terme $\dfrac{1}{n}Sa_i$ devient la valeur de l'intégrale $\dfrac{1}{\pi}S(\phi(x)\,dx)$ prise depuis $x = 0$ jusqu'à $x = 2\pi$; et celle de $\dfrac{2}{n} S\left(a_i \sin.\left(\overline{i-1}\dfrac{2\pi}{n}\right)\right)$ est $\dfrac{2}{\pi}S(\phi x \sin. x\, dx)$, l'intégrale étant prise depuis $x = 0$ jusqu'à $x = 2\pi$. Celle de $\dfrac{2}{n} S\left(a_i \cos.\left(\overline{i-1}\dfrac{2\pi}{n}\right)\right)$ est $\dfrac{2}{\pi}S(\phi x \cos. x\, dx)$, l'intégrale étant prise entre les mêmes limites. Enfin, la valeur de $\dfrac{K}{m}$ étant $\dfrac{\pi h}{dx^2}$, on parviendra par ces substitutions à l'équation suivante:

$$\psi(x, t) = z = \frac{1}{2\pi} S(\phi x\, dx)$$

$$+ \left.\begin{array}{l} \dfrac{1}{\pi} \sin.\ xS(\phi x \sin.\ x\, dx) \\ \dfrac{1}{\pi} \cos.\ xS(\phi x \cos.\ x\, dx) \end{array}\right| e^{-\pi ht}$$

$$+ \left.\begin{array}{l} \dfrac{1}{\pi} \sin.\ 2xS(\phi x \sin.\ 2x\, dx) \\ \dfrac{1}{\pi} \cos.\ 2xS(\phi x \cos.\ 2x\, dx) \end{array}\right| e^{-4\pi ht}$$

$$+ \left.\begin{array}{l} \dfrac{1}{\pi} \sin.\ 3xS(\phi x \sin.\ 3x\, dx) \\ \dfrac{1}{\pi} \cos.\ 3xS(\phi x \cos.\ 3x\, dx) \end{array}\right| e^{-3.3\pi ht} + \&c.\ldots,$$

et représentant par K la quantité πh, on aura

140

$$\| \pi z = \tfrac{1}{2} S(\phi x\, dx)$$

$$+ \left.\begin{array}{l} \sin.\ xS(\phi x \sin.\ x\, dx) \\ \cos.\ xS(\phi x \cos.\ x\, dx) \end{array}\right| e^{-Kt}$$

$$+ \left.\begin{array}{l} \sin.\ 2xS(\phi x \sin.\ 2x\, dx) \\ \cos.\ 2xS(\phi x \cos.\ 2x\, dx) \end{array}\right| e^{-2.2Kt}$$

$$+ \left.\begin{array}{l} \sin.\ 3xS(\phi x \sin.\ 3x\, dx) \\ \cos.\ 3xS(\phi x \cos.\ 3x\, dx) \end{array}\right| e^{-3.3Kt} + \&c.\ldots$$

96. Comparaison des deux solutions et conséquences qui en résultent.

Cette solution, qui est la même que la précédente (art. 84),[4] donne lieu à diverses remarques.

1° Il ne serait pas nécessaire de recourir à l'analyse des équations aux différences partielles pour obtenir l'équation générale qui exprime le mouvement de la chaleur dans un anneau. On pourrait résoudre la question pour un nombre déterminé de corps et supposer ensuite ce nombre infini. Cette méthode de calcul a une clarté qui lui est propre. Elle est principalement utile pour suggérer l'emploi d'une méthode plus concise et plus commode, et pour résoudre les difficultés qu'il pourrait offrir. On voit d'abord que la distinction des valeurs particulières, qui, satisfaisant à l'équation aux différences partielles, composent la valeur générale, dérive de

---

[4][Ed.] See our p. 264.

l'intégration des équations différentielles linéaires qui ont des coëfficients constantes. Il faut ajouter ici que cette distinction est fondée sur les conditions physiques de la question.

2° Pour passer du cas des masses disjointes à celui d'un corps continu, nous avons supposé que le coëfficient K augmentait proportionnellement au nombre n, c'est-à-dire, en raison inverse de l'épaisseur des masses. Ce changement continuel du nombre K est fondé sur ce que nous avons démontré précédemment, savoir, que la quantité de chaleur qui s'écoule entre deux tranches d'un même prisme est proportionnelle à la valeur de $\dfrac{dy}{dx}$, x désignant l'abcisse qui repond à la section et y la température. Au reste, si l'on ne supposait point que le coëfficient K augmente à mesure que l'épaisseur des masses diminue, et que l'on retint une valeur constante pour ce coëfficient, on trouverait en faisant n infini un ‖ résultat différent de celui qu'on observe dans les corps continus. La diffusion de la chaleur serait infiniment lente; et, de quelque manière que la masse eût été échauffée, la température d'un point n'éprouverait aucun changement sensible pendant un temps déterminé, ce qui est contraire aux expériences. Donc, toutes les fois que l'on a recours à la considération d'un nombre indéfini de masses séparées qui se transmettent la chaleur et que l'on passe au cas du corps continu, il faut attribuer au coëfficient K qui mesure la vîtesse de la transmission une valeur variable proportionnelle au nombre de masses infiniment petites qui composent le corps donné. La véritable raison de ce changement continuel se déduit des démonstrations rapportées plus haut.

3° Si dans la dernière équation (e),[5] que nous venons d'obtenir pour exprimer la valeur de z ou $\psi(x, t)$, on suppose $t = 0$, il sera nécessaire que l'équation représente l'état initial. On aura donc par cette voie l'équation que nous avons obtenue précédemment

$$\pi\phi x = \tfrac{1}{2} S(\phi x\, dx) + \frac{\sin. x\, S(\phi x \sin. x\, dx)}{\cos. x\, S(\phi x \cos. x\, dx)} + \frac{\sin. 2x\, S(\phi x \sin. 2x\, dx)}{\cos. 2x\, S(\phi x \cos. 2x\, dx)}$$

$$+ \frac{\sin. 3x\, S(\phi x \sin. 3x\, dx)}{\cos. 3x\, S(\phi x \cos. 3x\, dx)} + \&c. \ldots$$

---

[5][Ed.] That is, the unnumbered equation at the end of art. 95 on our p. 286.

Ainsi ce théorème, qui donne le développement d'une fonction arbitraire ϕx en sinus et cosinus d'arcs multiples, se déduit des principes ordinaires du calcul.

4° On trouve ici l'origine du procédé que nous avons employé pour faire disparaître par des intégrations successives, tous les coëfficients excepté un seul, dans l'équation

$$\phi x = a + \frac{a_1 \sin. x}{b_1 \cos. x} + \frac{a_2 \sin. 2x}{b_2 \cos. 2x} + \frac{a_3 \sin. 3x}{b_3 \cos. 3x} + \&c. \ldots$$

Ces intégrations correspondent exactement aux éliminations des diverses inconnues dans les équations rapportées ∥ aux art. 10,[6] et l'on reconnaît clairement par cette comparaison des deux méthodes que l'équation ( )[7] a lieu pour toutes les valeurs de x comprises entre 0 et 2π, sans que l'on soit fondé à l'appliquer aux valeurs de x qui ne sont point comprises dans cet intervalle.

Pour former l'intégrale de l'équation qui exprime le mouvement de la chaleur dans une armille, il a été nécessaire de résoudre une fonction arbitraire en une série de sinus et cosinus d'arcs multiples; les nombres qui affectent la variable sous les signes sinus et cosinus sont les nombres de l'ordre naturel 1 ... 2 ... 3 ... 4 ... &c.: la question suivante présente une difficulté de plus. L'intégration exige que l'on resolve la fonction arbitraire en une série de sinus, mais les coëfficients de la variable sous le signe sinus ne sont plus les nombres 1 ... 2 ... 3 ... 4 ... &c.; ces coëfficients satisfont à une équation déterminée dont toutes les racines sont réelles et en nombre infini.

---

[6][Ed.] Fourier did not insert the article numbers here, and his use of "aux" shows that he had more than one article in mind; but the analysis to which he was referring was the "matrix inversion" technique of art. 10 on our pp. 63–75.

[7][Ed.] That is, the unnumbered equation in the previous paragraph giving the full Fourier series expansion of $\phi(x)$ over $[0, 2\pi]$.

13

Progress with the Sphere: A New Problem from External Heat Diffusion

We must presume that Fourier's mistaken identification of the solutions for n bodies in a circle with the solution for the annulus was made before the investigations on the sphere which we are about to examine; for the missing term e^{-ht} involved external diffusion, whose distinction from internal diffusion was to become prominent only with the analysis below. This was Fourier's first time-dependent problem for a body which contained interior as well as surface molecules, and it seems possible that he was encouraged by his success with the annulus to tackle the "real" physical situation of a cooling body rather than another limited analysis like that of the lamina, where a zero surface temperature would lead only to a solution of the same physically limited type. For now the diffusion equation

(13.1)
$$\frac{\partial z}{\partial t} = \frac{K}{CD}\left(\frac{\partial^2 z}{\partial x^2} + \frac{2}{x}\frac{\partial z}{\partial x}\right),$$

derived in article 25 (our page 120), which was transformed into the one-variable diffusion equation by

(13.2)
$$y = zx$$

and thus took the solution form

Art. 97
(13.3)
$$z = \frac{1}{x} a e^{-Kn^2 t} \sin nx,$$

represented only diffusion within the interior of the sphere. Fourier now had to construct an equation describing the external diffusion at the surface; and his success in this task opened up for him and his successors to a greatly enlarged extent the systematic study of "boundary-value problems" in mathematical physics. They had already been examined by his predecessors, especially in the field of hydrodynamics; but the form in which Fourier cast them and especially the physical phenomenon of diffusion of a property of matter (in this case, heat) which they represented set a pattern which was followed throughout the nineteenth century. He drew cleverly on his techniques to form the equation, interpreting the surface *both* as an external conductor *and* as the limiting case of the outer shell of the body within which heat was being conducted internally in proportion to the temperature gradient. (Indeed, it seems possible that he achieved clarity on the question of temperature gradient and the coefficient K of internal heat diffusion in the context of this particular problem.) The effect of this double interpretation of the surface (of area S) was that an external loss of heat would be given by the expression

(13.4) $$+[S \times h \times z]$$

while the (equal) supply of heat to the surface from the interior of the body was

(13.5) $$-\left[S \times K \times \frac{\partial z}{\partial x}\right].$$

Thus the equation of external conduction would arise from equating these two expressions:

(13.6) $$\frac{\partial z}{\partial x} + \frac{h}{K} z = 0.$$

When the solution (13.3) is substituted into (13.6) we obtain the transcendental equation

(13.7) $$\frac{nX}{\tan nX} = 1 - hX,$$

Art. 98

where X is the radius of the sphere. Then the general solution would be composed of the sum of expressions of the type (13.3) with the values of n given by the roots of (13.7):

(13.8) $$z = \sum_{r=1}^{\infty} \frac{1}{x} a_r \sin n_r x \, e^{-K n_r^2 t}$$

(now often called the "nonharmonic" series solution in contrast to the "harmonic" series found for the lamina, in which the multiple angles of the trigonometric functions are identified with the harmonics of tone in problems of sound such as the vibrating string). But for Fourier it was essential to show that the roots of (13.7) were real, in order that the t-term would fall monotonically to zero as time increased. Needless to say, he was experienced at problems with the roots of equations: here he relied on the geometrical representation of $\tan nX$ and $\left(\dfrac{nX}{1-hX}\right)$ as functions of n. The first function gives an infinite series of

Art. 99

asymptotic curves, each one cut once by the straight line through the origin which represents the second function. So the reality of the roots was assured, and to calculate them Fourier explained the method of stepwise iteration between curve and line. But he was well enough aware of the weakness of the method, for he remarked that the rate of convergence of the iteration was rather too slow for practical purposes.

Comparative references for this chapter

1807 manuscript: arts. 97–99.
1811 paper: part 1, 230, 400–405.[1]
Théorie: arts. 115, 283–288.

‖ **97.**
De l'intégration de l'équation qui représente le mouvement de la chaleur dans une sphère solide. Valeur particulière qui satisfait à cette équation.

143

Nous considérerons maintenant le mouvement de la chaleur dans une sphère solide. On a trouvé l'équation

$$\frac{dz}{dt} = \frac{K}{C \cdot D}\left[\frac{d^2z}{dx^2} + \frac{2}{x}\frac{dz}{dx}\right];$$

il s'agit de découvrir la forme que l'on doit donner à l'intégrale de cette équation, pour qu'elle représente la solution complète de la question. On écrira seulement K au lieu de la quantité $\frac{K}{C \cdot D}$. Si l'on fait maintenant $zx = y$, y étant une nouvelle indéterminée, on aura

$$x\frac{dz}{dt} = \frac{dy}{dt} \quad \text{et} \quad \frac{dz}{dx}x + z = \frac{dy}{dx}$$

et

$$2\frac{dz}{dx} + x\frac{d^2z}{dx^2} = \frac{d^2y}{dx^2},$$

d'où

$$\frac{dz}{dt} = \frac{1}{x}\frac{dy}{dt} \quad \text{et} \quad \frac{2}{x}\frac{dz}{dx} + \frac{d^2z}{dx^2} = \frac{1}{x}\frac{d^2y}{dx^2}.$$

---

[1] In the 1811 prize paper and the *Théorie* Fourier produced the surface diffusion equation for the various bodies to which he applied it alongside the derivation of the corresponding internal diffusion equation. But in this manuscript he produced the surface equation in the course of his general solutions to the internal equations.

Substituant, on a

$$\frac{dy}{dt} = K \frac{d^2y}{dx^2}.$$

Ainsi il faut intégrer cette dernière équation et l'on prendra ensuite $z = \frac{y}{x}$.

Soit $y = e^{-mt} u$, u étant fonction de x, on aura

$$mu = K \frac{d^2u}{dx^2}.$$

On voit d'abord que, la valeur de t devenant infinie, celle de z doit être nulle dans tous les points, puisque le corps est entièrement refroidi; on ne peut donc prendre pour m qu'une quantité négative. Or K est positif par hypothèse; on en conclut que la valeur de u dépend des arcs de cercle, ce qui résulte de la nature connue de l'équation $mu = K \frac{d^2u}{dz^2}$. Soit

$u = A \cos. ix + B \sin. ix;$

on a

$m[A \cos. ix + B \sin. ix] = -Ki^2 [A \cos. ix + B \sin. ix],$

ou

$m = -Ki^2.$

Ainsi la valeur particulière de y est $e^{-Kn^2t}[A \cos. nx + B \sin. nx]$. On peut donc prendre pour valeur particulière de z

$$z = \frac{e^{-Kn^2t}}{x} [A \cos. nx + B \sin. nx],$$

n étant un nombre quelconque et A et B des constantes arbitraires. Il est d'abord facile de voir que la constante A doit être nulle. En effet, la valeur de z qui exprime la température du centre lorsqu'on fait $x = 0$, ne peut point être infinie; donc le terme $A \cos. nx$ doit être omis, et l'on aura seulement pour exprimer les valeurs particulières de z,

$$z = \frac{ae^{-Kn^2t} \sin. nx}{x}.$$

98.
Equation déterminée dont les racines en nombre fini entrent dans les valeurs particulières.

144

De plus nous allons reconnaître que le nombre n ne peut pas être pris ∥ arbitrairement. En effet, il est nécessaire d'exprimer une condition qui se rapporte à l'état de la surface. On remarquera en premier lieu que la quantité de chaleur qui s'écoule dans un instant dt entre deux couches concentriques consécutives est en raison direct de l'étendue de la surface de contact, de la valeur de dt et de la quantité $-K\left[\dfrac{dz}{dx}\right]$, K étant la conductibilité propre au solide. Ainsi la quantité de cet écoulement considéré à la surface est $-K\left[\dfrac{dz}{dx}\right]S\,dt$, S étant la surface de la sphere, et la fonction $\dfrac{dz}{dx}$ prenant la valeur qui lui convient lorsque $x = X$. D'un autre côté, il est visible que la dernière onde de chaleur qui s'écoule de la sphère dans le milieu est d'autant moindre que la surface est plus refroidie, et que ce flux de chaleur dépend de l'excès de la température de la surface sur celle du milieu, ensorte qu'il est proportionnel à la dernière valeur de z.

Il suit de là que lorsque $x = X$ on a

$$-KS\left[\dfrac{dz}{dx}\right]dt = hSz\,dt \qquad \text{ou} \qquad \dfrac{dz}{dx} + \dfrac{h}{K}z = 0$$

$\left(\text{On écrira seulement } h \text{ au lieu de } \dfrac{h}{K}.\right)$ Ce coëfficient $\dfrac{h}{K}$ est une constante que l'expérience seule peut faire connaître, et qui est une fraction très-petite lorsque le milieu est l'air et que la masse est métallique. On employera l'équation $\dfrac{dz}{dx} + hz = 0$ pour déterminer le nombre n. On aura donc

$$d\left[\dfrac{\sin.\,[nx]}{x}\right] + h\dfrac{\sin.\,[nx]}{x} = 0 \quad \text{ou} \quad \dfrac{n}{x}\cos.\,nx + \left[\dfrac{h}{x} - \dfrac{1}{x^2}\right]\sin.\,nx = 0$$

$$\text{ou} \quad \dfrac{nx}{\tang.\,nx} = 1 - hx.$$

Cette condition doit être remplie lorsque le rayon a la valeur X.

Ainsi le nombre n satisfait à l'équation déterminée

$$\dfrac{nX}{\tang.\,nX} = 1 - hX.$$

Soit τ le nombre connu $1 - hX$ et $nX = \epsilon$; on aura

$$\frac{\epsilon}{\text{tang. } \epsilon} = \tau.$$

Il faut donc trouver un arc ϵ qui divisé par sa tangente donne un quotient connu τ, et l'on aura ensuite $n = \frac{\epsilon}{X}$; or il est visible qu'il y a une infinité de tels arcs qui ont avec leur tangente un rapport donné, ensorte que le nombre n n'est point unique, mais que l'équation de condition

$$\frac{nX}{\text{tang. } nX} = 1 - hX$$

a une infinité de racines réelles.

99.
Examen de cette équation et construction qui en représente les racines.

145

Voici le moyen de reconnaître la nature de cette équation et de déterminer les racines.

Soit $u = \text{tang. } \epsilon$ l'équation d'une ligne dont l'arc ϵ est l'abscisse et la tangente u l'ordonnée; soit $u = \frac{\epsilon}{\tau}$ l'équation d'une droite dont ϵ et u désignent aussi les coordonnées. Si l'on élimine $\parallel u$ avec ces équations, on a la proposée

$$\frac{\epsilon}{\tau} = \text{tang. } \epsilon.$$

Donc l'inconnue ϵ est l'abscisse du point d'intersection de la courbe et de la droite. Cette ligne courbe est composée d'arcs asymptotiques comme le représente la figure ci-jointe.[2] Toutes

---

[2][Ed.] Fourier forgot to include the diagram, which would have looked like the following:

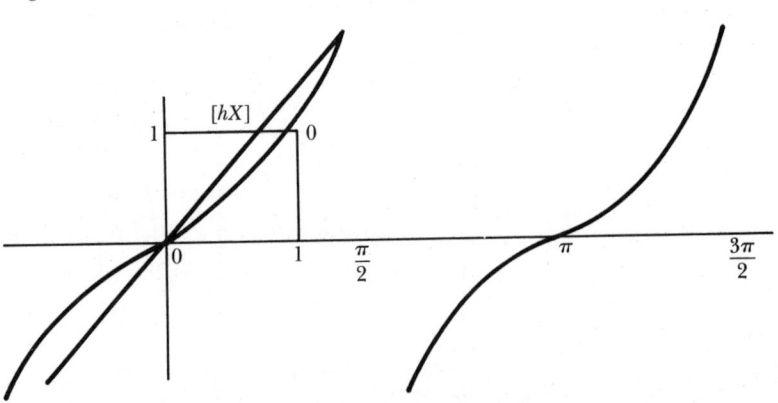

les ordonnées correspondantes aux abscisses $\frac{1}{2}\pi, \frac{3}{2}\pi, \frac{5}{2}\pi, \frac{7}{2}\pi$, &c. sont infinies et toutes celles qui répondent aux abscisses 0, π, 2π, 3π, &c. sont nulles. Pour mener la droite dont l'équation est

$$u = \frac{\epsilon}{\tau} = \frac{\epsilon}{1-hX},$$

on construit le quarré *0101* et, portant la quantité hX de *0* en $[hX]$, on joint le point $[hX]$ avec l'origine. La courbe dont l'équation est $u = $ tang. ϵ a pour tangente à l'origine une ligne qui divise l'angle droit en deux parties égales, parce que la dernière raison de l'arc et de la tangente est 1. On conclut de là que la droite passe à l'origine au-dessus de la courbe et qu'il y a par conséquent un point d'intersection entre cette droite et la première branche. Il est également évident que la même droite coupe toutes les branches ultérieures. Donc l'équation $\dfrac{\epsilon}{\text{tang. }\epsilon} = \tau$ a toutes ses racines réelles. La première est comprise entre 0 et $\frac{1}{2}\pi$, la seconde entre π et $\frac{3}{2}\pi$, la troisième entre 2π et $\frac{5}{2}\pi$, ainsi de suite. Ces racines approchent sensiblement de leurs limites supérieures lorsque leur rang est très-avancé.

Si l'on veut calculer la valeur d'une de ces racines, par exemple de la première, on emploiera la règle suivante. On

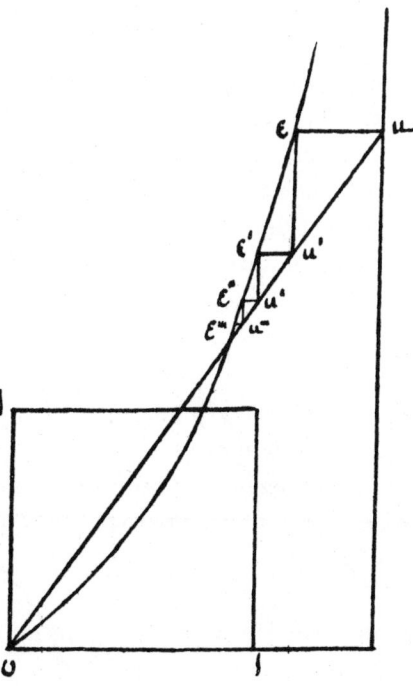

écrira ces deux équations $\epsilon = A$ tang. u et $u = \dfrac{\epsilon}{\tau}$, où A tang. u désigne la longueur de l'arc dont la tangente est u. Ensuite on prendra un nombre quelconque pour u, on en concluera au moyen de la première équation la valeur de ϵ, on substituera cette valeur dans la seconde équation et l'on en déduira la valeur de u, on substituera cette seconde valeur de u dans la première équation, on en déduira la valeur de ϵ, on substituera cette valeur de ϵ dans la seconde équation, on en concluera une troisième valeur de u qui, étant substituée dans la première équation, donnera une nouvelle valeur de ϵ. On continuera ainsi de déterminer u par la seconde équation et ϵ par la première. Cette ‖ opération donnera des valeurs de plus en plus approchées de l'inconnue ϵ. La construction suivante rend cette convergence manifeste.

En effet, si le point u correspond à la valeur arbitraire que l'on attribue à l'ordonnée u, et que l'on substitue cette valeur dans la première équation, le point ϵ correspondra à l'abscisse que l'on aura calculée au moyen de cette équation $\epsilon = A$ tang. u. Si l'on substitue cette abscisse ϵ dans la seconde équation, on trouvera une ordonnée u' qui correspond au point u'. Substituant u' dans la première équation, on trouvera une abscisse ϵ' qui repond au point ϵ'. Ensuite cette abscisse, étant substituée dans la seconde équation, fera connaître une ordonnée u'' qui, étant substituée dans la première, fera connaître un troisième abscisse ϵ'', ainsi de suite à l'infini. C'est-à-dire que, pour représenter l'emploi continuel et alternatif des deux équations précédentes, il faut par le point u' mener l'horizontale jusqu'à la courbe, par le point d'intersection ϵ mener la verticale jusqu'à la droite par le point d'intersection u', mener l'horizontale jusqu'à la courbe par le point d'intersection ϵ', mener la verticale jusqu'à la droite; ainsi de suite à l'infini, en s'abaissant de plus en plus vers le point cherché.

La figure précédente représente le cas où l'ordonnée prise arbitrairement pour u est plus grande que celle qui répond au point d'intersection. Si l'on choisit au contraire pour la valeur initiale de u une quantité trop petite et que l'on employe de la même manière les deux équations $\epsilon = A$ tang. u, $u = \dfrac{\epsilon}{\tau}$, on parviendra encore à des valeurs de plus en plus approchées de l'inconnue ϵ. La seconde figure fait connaître que dans ce cas on s'élève continuellement vers le point d'intersection, en passant par les points u, ϵ; u', ϵ'; u'', ϵ''; &c. qui terminent des droites horizontales et verticales.

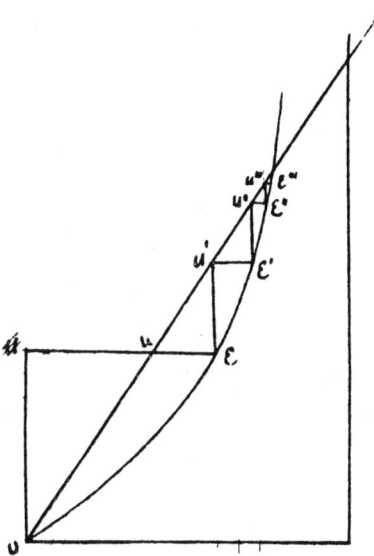

On obtient, en partant d'une valeur de u trop petite, des quantites $\epsilon, \epsilon', \epsilon'', \epsilon''', \epsilon^{IV}, \ldots$ qui convergent vers l'inconnue et sont plus petites qu'elles, et l'on obtient en partant d'une valeur de u trop grande des quantités qui convergent aussi vers l'inconnue et dont chacune est plus grande qu'elle. On connaîtra donc des limites de plus en plus voisines et entre lesquelles la grandeur cherchée sera toujours comprise. L'une et l'autre ‖ approximation est représentée par la formule:

$$\epsilon = A \text{ tang. } \left(\frac{1}{\tau} A \text{ tang. } \left(\frac{1}{\tau} A \text{ tang. } \left(\frac{1}{\tau} A \text{ tang. } \left(\frac{1}{\tau} A \text{ tang. } \alpha\right)\right)\right)\right).$$

Lorsqu'on aura effectué quelques-unes des opérations indiquées, les résultats successifs différeront moins, et l'on sera parvenu à une valeur approchée de ϵ. On pourrait aussi appliquer les deux équations $\epsilon = A \text{ tang. } u$ et $u = \dfrac{\epsilon}{\tau}$ dans un sens différent, en leur donnant cette forme $u = \text{tangente } \epsilon$ et $\epsilon = \tau u$. On prendrait pour ϵ une valeur arbitraire, et, en la substituant dans la première équation, on trouverait la valeur de u qui, étant substituée dans la seconde équation, donnerait une seconde valeur de ϵ.

On employe ensuite cette nouvelle valeur de ϵ de la même
manière qu'on a employé la première. Mais il est facile de
reconnaître par les constructions, qu'en suivant le cours de ces
opérations, on s'éloigne de plus en plus de point d'intersection
au lieu de s'en approcher comme dans le cas précédent. Les
valeurs successives de ϵ que l'on obtiendrait diminueraient
continuellement jusqu'à zéro, ou augmenteraient sans limite.
On passerait successivement de ϵ'' en u'', de u'' en ϵ', de ϵ' en u',
de u' en ϵ, ainsi de suite à l'infini.

La règle que l'on vient d'exposer pouvant s'appliquer au
calcul de chacune des racines de l'équation $\dfrac{\epsilon}{\text{tang. }\epsilon} = 1 - hX$, on
peut regarder toutes ces racines comme des nombres connus;
au reste, il était seulement nécessaire de se convaincre que
l'équation a une infinité de racines qui sont toutes réelles.

On a rapporté ici ce procédé d'approximation, parce
qu'il est fondé sur une construction remarquable qu'on peut
employer utilement dans plusieurs cas; mais l'application qu'on
ferait à la résolution de l'équation dont il s'agit serait beaucoup
trop lente: il faudrait donc recourir dans la pratique à une autre
méthode d'approximation.[3]

The examiners found much to discuss in this part of the paper.
In the first place the truth of the equation for external diffusion
was questioned: it is difficult to see why, and Fourier maintained
his position in his 1809 *Notes*, hinting (without explanation) at
another way of looking at the argument by considering the case
of constant surface temperature.[4] But the main problem was
the demonstration of the reality of the roots of

(13.9) $$\frac{\epsilon}{\tan \epsilon} = \lambda.$$

Granted that Fourier had proved the existence of an infinity
of real roots, how could he be sure that there were no complex
ones as well, which would make the time-component of the
corresponding terms oscillatory? The example

(13.10) $$\tan x = 0$$

---

[3][Ed.] Fourier added this last cautionary paragraph himself in the margin of his p. 147.

[4]J. B. J. Fourier *Notes*, footnote 6.

seems to have been suggested by the examiners. Obviously it has the real roots of sin $x = 0$; but could it not have the complex roots of sec $x = 0$ also?

This is Fourier's reply, given in a footnote to a passage of the *Extrait* briefly discussing the general solution for the sphere:

Note 5

La solution de cette question a donné lieu à diverses objections qui n'auraient point été prévues dans le mémoire. On a demandé si l'équation

$$\frac{\epsilon}{\text{tang.}\,\epsilon} = \lambda$$

a, en effet, lorsque λ est moindre que l'unité, toutes ses racines réelles, comme l'auteur se suppose; et l'on a proposé pour exemple l'équation

$$\text{tang.}\,x = 0,$$

en remarquant que cette équation paraît avoir des racines imaginaires et que cependant la construction employé par l'auteur indique que cette dernière équation a toutes ses racines réelles. Pour faire voir que l'équation tang. $x = 0$ a des racines imaginaires, on l'écrit sous cette forme:

$$\frac{\sin.\,x}{\cos.\,x} = 0 \quad \text{ou} \quad \sin.\,x\,\sec.\,x = 0,$$

qui se décompose en deux autres, sin. $x = 0$ et sec. $x = 0$. La première n'a que des racines réelles, ce qui a été démontré par Euler.[5] La seconde n'a évidemment que des racines imaginaires et l'on peut ∥ facilement trouver ces racines. Donc l'équation tang. $x = 0$ aurait

1° toutes les racines réelles de l'équation sin. $x = 0$,

2° toutes les racines imaginaires de l'équation sec. $x = 0$.

On confirme cette objection, en remarquant que dans le développement de tang. $x = 0$ les coëfficients des puissances de x ne sont point égaux aux sommes des produits des divers ordres que l'on formerait en combinant les seules racines réelles, d'où

---

[5][Ed.] L. Euler, *Introductio ad analysin infinitorum* (1748, Lausanne), 1, art. 158; *Opera Omnia*, (1) 8, 168–169.

l'on pourrait conclure que ces coëfficients contiennent aussi les produits correspondantes aux racines imaginaires.

L'auteur repond à cette objection que l'équation tang. $x = 0$ n'a en effet, comme la précédente λ tang. $\epsilon - \epsilon = 0$, que des racines réelles. Les racines de l'équation sec. $x = 0$ n'appartiennent certainement point à l'équation tang. $x = 0$; autrement, il y aurait un triangle rectangle dont un côté serait 1 et les deux autres nuls, car on a toujours l'équation

$$\overline{\text{tang. } x^2} + 1 = \overline{\text{sec. } x^2}.$$

On voit par là que chaque racine de l'équation sec. $x = 0$ ne rend point tang. x nulle, mais donne à cette fonction la valeur $\sqrt{-1}$. Si donc l'on cherchait les racines de l'équation sec. $x = 0$ et qu'on les substituât dans tang. x, on trouverait $\sqrt{-1}$. Mais si on les substituait dans sin. x, cette dernière fonction prendrait une valeur infinie. Le produit sin. x sec. x deviendrait donc $\frac{0}{0}$; et en évaluant ce dernier résultat on trouverait encore $\sqrt{-1}$. La séparation de l'équation tang. $x = 0$ en ces deux facteurs sin. $x = 0$, sec. $x = 0$, ne peut avoir lieu. Cette décomposition n'est vraie en général que pour les équations algébriques parce qu'elles n'ont point de dénominateur. C'est pour cette même raison que les coëfficients de x dans le développement de tang. x ne sont point formés des seules racines réelles. Le développement de la fonction sin. x est le produit

$$x\left(1 - \frac{x^2}{\pi^2}\right)\left(1 - \frac{x^2}{2^2 \cdot \pi^2}\right)\left(1 - \frac{x^2}{3^2 \cdot \pi^2}\right)\left(1 - \frac{x^2}{4^2 \cdot \pi^2}\right)\ldots \&c.$$

d'un nombre infini de facteurs et n'a point de dénominateur. Cette série

$$x - \frac{x^3}{2 \cdot 3} + \frac{x^5}{2 \cdot 3 \cdot 4 \cdot 5} - \frac{x^7}{2 \cdot 3 \cdot 4 \cdot 5 \cdot 6 \cdot 7} + \ldots \&c.,$$

qui est toujours convergente quelle que soit la valeur de x, peut être comparée à une équation algébrique sans dénominateur; et les coëfficients des différentes puissances de x ont les mêmes propriétés que ceux des équations algébriques. Il n'en est pas de même de la fonction tang. x. Son développement représente le produit suivant:

$$\frac{x\left(1 - \frac{x^2}{2^2 \cdot \pi^2}\right)\left(1 - \frac{x^2}{3^2 \cdot \pi^2}\right)\left(1 - \frac{x^2}{4^2 \cdot \pi^2}\right)\left(1 - \frac{x^2}{5^2 \cdot \pi^2}\right)\ldots}{\left(1 - \frac{4x^2}{\pi^2}\right)\left(1 - \frac{4x^2}{3^2 \cdot \pi^2}\right)\left(1 - \frac{4x^2}{5^2 \cdot \pi^2}\right)\left(1 - \frac{4x^2}{7^2 \cdot \pi^2}\right)\ldots}.$$

4 Les coëfficients de ce développement ne sont ‖ donc point formés des seuls nombres qui entrent dans le numérateur mais encore de ceux que contient le dénominateur. A l'égard des équations

$$\lambda \tang. \epsilon - \epsilon = 0 \qquad (\lambda \text{ étant} < 1),$$

ou de celles du même genre que l'on a employées dans le mémoire, il est certain qu'elles n'ont aucunes racines imaginaires. On le reconnaît d'abord en substituant au lieu de ϵ une quantité de la forme $\alpha + \beta \sqrt{-1}$. En examinant avec soin le résultat de cette substitution, on voit qu'il ne peut jamais devenir nul en prenant pour α et β des grandeurs réelles, à moins que β ne soit nulle.

D'un autre côté, la construction dont on s'est servi dans le mémoire a l'avantage de faire voir exactement pour quoi il n'y a que des racines réelles, et entre quelles limites elles sont placées. C'est pour cela qu'on a choisi cette forme de démonstration, qui est plus propre qu'aucune autre à expliquer la nature de ces équations.

On peut aussi prouver par le seul calcul que l'équation

$$\lambda \tang. \epsilon - \epsilon = 0$$

n'a que des racines réelles. Pour cela il faut la mettre sous cette forme:

$$\frac{\lambda \sin. \epsilon - \epsilon \cos. \epsilon}{\cos. \epsilon} = 0.$$

On fait voir en premier lieu que le facteur

$$\frac{1}{\cos. \epsilon} = 0 \qquad \text{ou} \qquad \sec. \epsilon = 0$$

n'a point de racine qui appartienne à l'équation

$$\lambda \tang. \epsilon - \epsilon = 0.$$

Ensuite on démontre que le numérateur $\lambda \sin. \epsilon - \epsilon \cos. \epsilon$ est un produit de facteurs réels du 1er degré. Pour parvenir à ce résultat on met au lieu de $\sin. \epsilon$ et $\cos. \epsilon$ un nombre fini des premiers facteurs linéaires qui entrent respectivement dans l'expression de ces fonctions, et l'on prouve que, quel que soit le nombre de ces facteurs, la fonction $\lambda \sin. \epsilon - \epsilon \cos. \epsilon$ devient une quantité algébrique qui, égalée à zéro, forme une équation dont toutes les racines sont réelles. Pour établir cette dernière proposition, on se sert de règles données par la théorie connue des équations algébriques.

Enfin, il est très-facile de reconnaître que la vérité de la solution exposée dans le mémoire n'est point fondée sur les propriétés qu'ont les équations précédentes de n'avoir point de racines imaginaires. Il suffit que ces équations aient une infinité de racines réelles pour que l'intégrale puisse coïncider avec l'état initial du solide, quel que soit cet état, et par conséquent représenter tous les états subséquents.[6]

So Fourier was able to argue well for his position; but he still lacked a general proof of the reality of the roots of transcendental equations. Such a proof did not come for another twenty years, after many rivalries and much discussion; and then it was found by Poisson, who had long been interested in the question and might have suggested the possible counterexample $\tan x = 0$ to the examiners in 1807.

As with much of Poisson's writing, the layout of the argument is unclear and the notation is confusing; but clearly he was impressed by the type of equation applicable to the sphere, and was led to his proof of the reality of the roots by his own work on heat diffusion. He started with the following generalization of the sphere equation:

(13.11)
$$\frac{\partial z}{\partial t} = \frac{\partial^2 z}{\partial x^2} + g(x) z,$$

which covered other bodies also, along with Fourier's external diffusion condition

(13.12)
$$z + \alpha \frac{\partial z}{\partial x} = 0.$$

The exponential solution form

(13.13)
$$z = y(x) e^{\rho t}$$

---

[6]J. B. J. Fourier *Notes*, footnote 5. The part of the *Extrait* to which it is a footnote is on pp. 8–9. For notes by Fourier on the reality of the roots of $\tan x = 0$, $\sin x = 0$, &c., see BN MFF 22516/ 111, 121, 138–140, 142–149 and 177–178.

would lead in (13.11) to the equation

(13.14) $$\rho y = \frac{d^2 y}{dx^2} + g(x) y,$$

whose general solution is

(13.15) $$y = c_1 f_1(x, \rho) + c_2 f_2(x, \rho),$$

where ρ is included in the arguments of f_1 and f_2 to stress its presence. The task in hand was to prove the reality of all the values of ρ. Poisson's argument was based mainly on orthogonality relations, for his main step was to prove that if ρ_0 was a particular value of ρ with corresponding solution y_0 in (13.15), then

(13.16) $$\int_a^b z y_0 \, dx = A e^{\rho_0 t},$$

where a and b are given limits on the variable and A is a constant. Inserting the general solution

(13.17) $$z = \sum_\rho y(x) e^{\rho t}$$

from (13.13) into (13.16) yielded

(13.18) $$\int_a^b \sum_\rho y(x) e^{\rho t} y_0(x) \, dx = A e^{\rho_0 t},$$

which was true of all t. Therefore, equating like exponents of t from either side of (13.18), he obtained

(13.19) $$\int_a^b y(x) y_0(x) \, dx = 0$$

when y is different from y_0, and

(13.20) $$\int_a^b (y_0(x))^2 \, dx = A$$

when $y = y_0$. Let us now suppose that ρ_0 is complex and that the ρ for y in (13.19) is its complex conjugate. Then (13.15) shows that y and y_0 are also complex conjugates: if we write them in the form $(X \pm Y\sqrt{-1})$, (13.19) gives

(13.21) $$\int_a^b (X^2 + Y^2) \, dx = 0.$$

Since the integrand is positive this means that

(13.22) $$X = Y = 0,$$

a pair of equations solvable for ρ and ρ_0 in terms of the variable x, contrary to the supposition that they are constants. Thus the assumption that ρ_0 is complex has to be abandoned.[7]

Fourier could have done with reasoning of this kind in 1807; again we can say that he had argued his point more or less sufficiently well for his present needs. We return now to his manuscript to see his development of the general solution for the sphere.

---

[7] S. D. Poisson, "Note sur les racines des équations transcendantes," *Bulletin des sciences, par la Société Philomathique de Paris*, (1826), 145–148.

14 Solution for the Sphere: "Nonharmonic" Series Solutions

We left Fourier with his general solution form

(14.1) $$z = \frac{1}{x} a e^{-Kn^2 t} \sin nx,$$

which built up the "nonharmonic" solution

(14.2) $$z = \sum_{r=1}^{\infty} \frac{1}{x} a_r e^{-Kn_r^2 t} \sin n_r x$$

via the apparent infinity of real roots of

(14.3) $$\frac{\tan nX}{nX} = 1 - hX.$$

Art. 100 After remarking on (14.1) and (14.3), Fourier formed (14.2) and turned to the question of the evaluation of the a_r: as with "harmonic" series, they would in the first place arise from the initial temperature distribution

(14.4) $$z = F(x) \quad \text{when} \quad t = 0, \quad 0 \leq x \leq X.$$

He did not attempt a further sophistication of the infinite matrix method, although in principle it would have been feasible: instead he used the rapid method of integration term-by-term to find that

(14.5) $$a_r = \frac{2 \int_0^X u F(u) \sin n_r u \, du}{\left[X - \dfrac{\sin 2n_r X}{2n_r} \right]}$$

(where the "weighting factor" u in the integrand arose from the original substitution of $y = zx$ into the diffusion equation for the sphere), which was then inserted into (14.2) to give the solution desired.[1]

Art. 101

---

[1] William Thomson, the Lord Kelvin (1824–1907), opened his scientific career around his sixteenth year with some investigations of nonharmonic series solutions. Although this work was not in itself a great advance it marked an early and important use of Fourier's ideas in Britain, where especially under Kelvin's influence and continued researches they led to an extremely strong line of development. [See Lord Kelvin, "On Fourier's expansions of functions in trigonometric series," *Cambridge mathematical journal*, 2 (1839–1841), 258–262; "Note on a passage in Fourier's Heat," ibid., 3 (1841–1843), 25–27; "On the linear motion of heat," ibid., 3 (1841–1843), 170–174 and 206–211. Collectively in *Mathematical and physical papers*, 1, 1–21.]

As with the annulus solution in Chapter 11, Fourier devoted the rest of this section to developing a variety of consequences from the solution, including some susceptible to experimental test. Noting that the first term in (14.2) would grow in dominance as time advanced, he concentrated on the particular case of uniform initial distribution of heat (that is, $F(x) = 1$), achievable by the immersion of the sphere for a long time in a hot liquid. When the external conductivity coefficient h was small, the first term became

$$e^{-\frac{3ht}{CDX}},$$

where in the analysis K is replaced by the expression $\frac{K}{CD}$ (with C as specific heat and D as density) which it usually abbreviates in the paper. This term would dominate because of the smallness of h, and show that the time taken to lose half the heat varied with the inverse of the radius. The same analysis would be true if X, rather than h, was small. Hence by noting the temperatures z_1 and z_2 of a sphere at times t_1 and t_2, (14.6) would lead to

$$\frac{hS}{VDC} = -\frac{\log z_2 - \log z_1}{t_2 - t_1}$$

(where V is the volume of the sphere), and thus to calculations of the ratio of the specific heats or external conductivities of different substances.

Fourier then identified his examination of the small sphere in article 105 with the thermometer and its exchange of heat with the liquid or gas whose temperature it was measuring. From first principles he developed expressions for the temperatures of both thermometer and environment and thus for the inaccuracy of readings, involving the coefficients of external conductivity of the liquid of the thermometer into the atmosphere and into the environment under measurement. He then presented his first experimental results, concerning the values of these coefficients, and passed on to the application of (14.6) and (14.7) to the cooling of a liquid in a vessel. Again the thermometer was an important example, for its reservoir fulfilled these conditions and so its cooling through the walls of

Art. 111
Art. 112

the vessel could be analyzed. As with the annulus he found an expression for the mean temperature, which took the form of a series of terms of the type (14.6). He wrote the series as

(14.8)
$$A\alpha^t + B\beta^t + C\gamma^t + \ldots$$

in which again the first member dominated, and so led to the relation

(14.9)
$$t_2 - t_1 = \frac{\log z_2 - \log z_1}{-\log \alpha}$$

Art. 113

between the temperatures z_1 and z_2 at times t_1 and t_2: another result suitable for (later) experiment. Finally, he took the case of the sphere of large radius, when the roots of (14.3) would tend towards $\pi, 2\pi, 3\pi, \ldots$ and the first term of the general solution (14.2) would dominate. He showed that the tendency to uniform distribution was again exemplified by this case, but that this time the rate of fall of temperature varied with the inverse square of its radius, not according to the simple inverse law of the small sphere.

Art. 114

We see again in this section Fourier's strong desire to develop his results as statements about heat diffusion as well as mathematical theorems. One of the most impressive features of the manuscript is the constant interplay between new mathematical results and their interpretation in the physical problem at hand; it is this quality which gives it its position as a landmark in pure and applied mathematics alike.

Comparative references for this chapter

1807 manuscript: arts. 100–114.
1811 paper: part 1, 406–426.
Théorie: arts. 289–304.

100. Propriété de l'état qui correspond à une valeur particulière.

On connaît actuellement une forme particulière que l'on peut donner à la fonction z, et qui satisfait à toutes les conditions de la question. Cette solution est représentée par l'équation

$$z = \frac{Ae^{-Kn^2t}\sin.[nx]}{x} \quad \text{ou} \quad z = \frac{ae^{-Kn^2t}\sin.[nx]}{nx}.$$

Le coëfficient a est un nombre quelconque et le nombre n est tel que l'on a $\dfrac{nX}{\text{tang. } nX} = 1 - hX$. Il en résulte que si les températures initiales des différentes couches étaient proportionnelles au quotient $\dfrac{\sin.\,[nx]}{nx}$, elles diminueraient toutes à la fois en ∥ conservant entr'elles pendant la durée du refroidissement les rapports qui avaient été établis, et la température de chaque point s'abaisserait comme l'ordonnée d'une logarithmique.

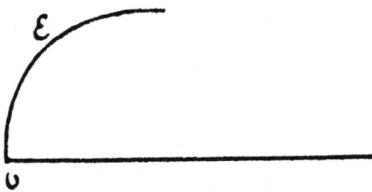

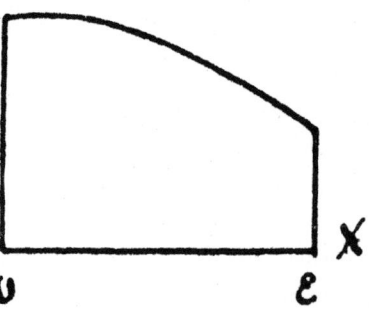

Supposons donc que, l'arc $O\epsilon$ étant divisé en parties égales et pris pour abscisse, on élève en chaque point une ordonnée égale au rapport du sinus à l'arc. Le système de toutes ces ordonnées sera celui des températures initiales qu'il faut attribuer aux différentes couches depuis le rayon 0 jusqu'au rayon total X. L'arc ϵ, dont la longueur représente le rayon X, ne doit pas être pris arbitrairement, il est nécessaire que cet arc ait avec sa tangente un rapport donné. Comme il y a une infinité d'arcs qui satisfont à cette condition, on peut aussi former une infinité de systèmes de températures initiales qui peuvent subsister d'eux-mêmes dans la sphère sans que les rapports des températures changent pendant la durée de refroidissement.

101.
Formation de l'intégrale et détermination des constantes arbitraires.

Il reste maintenant à prouver qu'un état initial quelconque peut toujours être décomposé en un certain nombre, ou en une infinité d'états partiels, dont chacun représente un de ces systèmes de températures que l'on a considérés précédemment, et dans lesquels l'ordonnée varie proportionellement au rapport du sinus à l'arc; car le mouvement général de la chaleur dans l'intérieur de la sphère sera alors décomposé en autant de mouvements particuliers, dont chacun s'accomplira librement comme s'il subsistait seul.

Désignant par n_1, n_2, n_3, n_4, n_5, &c. les quantités qui satisfont à l'équation $\dfrac{nX}{\text{tang. } nX} = 1 - hX$, et que l'on suppose rangées par ordre en commençant par la plus petite, on formera l'équation générale

$$xz = a_1 e^{-Kn_1^2 t} \sin. n_1 x + a_2 e^{-Kn_2^2 t} \sin. n_2 x + a_3 e^{-Kn_3^2 t} \sin. n_3 x$$
$$+ a_4 e^{-Kn_4^2 t} \sin. n_4 x + \&c.$$

Si l'on fait $t = 0$, on aura pour exprimer l'état initial des températures:

$$xz = a_1 \sin. n_1 x + a_2 \sin. n_2 x + a_3 \sin. n_3 x + a_4 \sin. n_4 x + \&c.$$

La question consiste à s'assurer si l'on peut dans tous les cas déterminer les coëfficients arbitraires a_1, a_2, a_3, a_4, &c. Supposons donc que l'on connaisse les valeurs de z depuis $x = 0$ jusqu'à $x = X$ et représentons ce système de valeurs absolument arbitraires par Fx. ‖ On aura

$$Fx = \frac{a_1 \sin. n_1 x + a_2 \sin. n_2 x + a_3 \sin. n_3 x + a_4 \sin. n_4 x + \ldots}{x}.$$

Pour déterminer le coëfficient a_1 on multipliera les deux membres de l'équation par $x \sin. n_1 x \, dx$ et l'on intégrera depuis $x = 0$ jusqu'à $x = X$.

On a en général

$$S(\sin. mx \sin. nx \, dx) = -\tfrac{1}{2} S(\cos. \overline{m+nx \, dx}) + \tfrac{1}{2} S(\cos. \overline{m-nx \, dx})$$
$$= \frac{1}{2[m+n]} (-\sin. \overline{m+nx}) + \frac{1}{2[m-n]} (\sin. \overline{m-nx}),$$

l'intégrale commençant avec x. La valeur de l'intégrale prise depuis $x = 0$ jusqu'à $x = X$ est

$$\frac{1}{2[m^2 - n^2]} \{-\overline{m-n} \sin. \overline{m+n}X + \overline{m+n} \sin. \overline{m-n}X\}$$

ou

$$\frac{1}{2[m^2 - n^2]} \begin{cases} -m \sin. mX \cos. nX - m \cos. mX \sin. nX \\ +m \sin. mX \cos. nX - m \cos. mX \sin. nX \\ +n \sin. mX \cos. nX + n \cos. mX \sin. nX \\ +n \sin. mX \cos. nX - n \cos. mX \sin. nX \end{cases}$$

ou

$$\frac{1}{m^2 - n^2} \{-m \sin. nX \cos. mX + n \sin. mX \cos. nX\}.$$

Or, si m et n sont des nombres choisis parmi les racines n_1, n_2, n_3, n_4, &c. qui satisfont à l'équation

$$\frac{nX}{\tang. nX} = 1 - hX,$$

on aura

$$\frac{mX}{\tang. (mX)} = \frac{nX}{\tang. (nX)}$$

ou $\quad \dfrac{m \cos. (mX)}{\sin. (mX)} - \dfrac{n \cos. (nX)}{\sin. (nX)} = 0$,

ou $\quad m \cos. mX \sin. nX - n \cos. nX \sin. mX = 0$.

On voit par là que la valeur totale de l'intégrale est nulle, mais il y a un seul cas où cette intégrale ne s'évanouit pas, c'est lorsque $m = n$; elle devient alors $\frac{0}{0}$. Si l'on fait $m = q + n$, l'intégrale est exprimée ainsi:

$$-\frac{1}{2[2n+q]} \sin. [2n+q]X + \frac{1}{2q} \sin. qX.$$

Faisant $q = 0$, le premier terme vaut $-\dfrac{1}{4n} \sin. 2nX$ et le seconde $\frac{0}{0}$. Différentiant le numérateur et le dénominateur par rapport à q, on a $\frac{1}{2}X \cos. qX$, ou, faisant $q = 0$, $\frac{1}{2}X$. Ainsi la valeur de l'intégrale est

$$\tfrac{1}{2}X - \frac{1}{4n} \sin. 2nX.$$

Il résulte de là que pour avoir la valeur du coëfficient a_1 dans l'équation [a],[2] il faut écrire

$$2S(x\sin.(n_1 x)Fx\,dx) = a_1\left[X - \frac{1}{2n_1}\sin.2n_1 X\right],$$

le signe S indiquant que l'on doit prendre l'intégrale depuis $x = 0$ ‖ jusqu'à $x = X$. On aura pareillement

$$2S(x\sin.(n_2 x)Fx\,dx) = a_2\left[X - \frac{1}{2n_2}\sin.2n_2 X\right].$$

Or il est aisé de voir que l'intégrale définie $2S(x\sin.[nx]Fx\,dx)$ a toujours une valeur déterminée, quelle que puisse être la fonction arbitraire F. En effet, si cette fonction Fx est représentée par l'ordonnée variable d'une ligne qu'on aurait tracée d'une manière quelconque, la fonction $x\sin.nx\,Fx$ correspondra aussi à l'ordonnée d'une seconde ligne que l'on construirait facilement au moyen de la première. L'aire terminée par cette dernière ligne entre les abcisses $x = 0$, $x = X$ est la valeur de la moitié du coëfficient. La fonction arbitraire Fx entre dans chaque coëfficient sous le signe de l'intégration, et donne à la valeur de z toute la généralité que la question comporte. On parvient ainsi à l'équation suivante:

$$\frac{xz}{2} = \frac{\sin.[n_1 x]S[x\sin.[n_1 x]Fx\,dx]}{X - \frac{1}{2n_1}\sin.2n_1 X}e^{-Kn_1^2 t}$$

$$+ \frac{\sin.[n_2 x]S[x\sin.[n_2 x]Fx\,dx]}{X - \frac{1}{2n_2}\sin.2n_2 X}e^{-Kn_2^2 t}$$

$$+ \frac{\sin.[n_3 x]S[x\sin.[n_3 x]Fx\,dx]}{X - \frac{1}{2n_3}\sin.2n_3 X}e^{-Kn_3^2 t} + \&c.$$

Telle est la forme que l'on doit donner à l'intégrale de l'équation

$$\frac{dz}{dt} = K\frac{d^2 z}{dx^2} + \frac{2}{x}\frac{dz}{dx},$$

pour qu'elle représente la solution cherchée. En effet, toutes les

---

[2][Ed.] That is, the unnumbered equation stating the series expansion of Fx at the top of his p. 149 [see our p. 309].

conditions de la question seront remplies:

1° L'équation aux différences partielles sera satisfaite.

2° La quantité de chaleur qui s'écoule à la surface conviendra à la fois à l'action mutuelle des dernières couches, et à l'action de l'air sur la surface; c'est-à-dire, que l'équation $\frac{dz}{dx} + \frac{h}{K} z = 0$, à laquelle chacune des parties de la valeur de z satisfait lorsque $x = X$, aura lieu pareillement lorsqu'on prendra pour z la somme de toutes ces parties.

3° La solution donnée conviendra à l'état initial, lorsqu'on supposera $t = 0$.

102.
Du système final des températures.

Les racines $n_1, n_2, n_3, n_4, \ldots$ de l'équation

$$\frac{nX}{\operatorname{tang.} nX} = 1 - \frac{h}{K} X$$

151

sont très-inégales, d'où l'on conclut ‖ que si la valeur du temps écoulé t est considérable, chaque terme de la valeur de z est extrêmement petit par rapport à celui qui le précède à gauche. A mesure que le temps du refroidissement augmente, les dernières parties de la valeur de z cessent d'avoir aucune influence sensible et ces états partiels et élémentaires qui composent d'abord le mouvement général, afin qu'il puisse comprendre l'état initial, disparaissent en quelque sorte et s'effacent rapidement en laissant subsister seul le premier d'entr'eux. Dans ce dernier état les températures des différentes couches décroissent depuis le centre jusqu'à la surface de même que dans le cercle le rapport du sinus à l'arc décroît à mesure que cet arc augmente. Cette loi règle naturellement la distribution de la chaleur dans une sphère solide, lorsqu'elle commence à subsister; elle se conserve pendant toute la durée du refroidissement; et quel que soit l'état initial du système, elle tend de plus en plus à s'établir, et lorsque le refroidissement a duré quelque temps on peut supposer qu'elle existe sans erreur sensible.

103.
Du cas où la température initiale est la même pour tous les points de la sphère.

Nous appliquerons maintenant la solution générale au cas où la sphère, ayant été long-temps plongée dans un liquide, a acquis dans tous ses points une même température. Dans ce cas la fonction Fx est 1, et la détermination des coëfficients se réduit à intégrer $x \sin. nx\, dx$ depuis $x = 0$ jusqu'à $x = X$. On a

$$S(x \sin. nx\, dx) = -\frac{x}{n} \cos. nx + S\left(\frac{1}{n} \cos. nx\, dx\right)$$

$$= \text{cons.} - \frac{x}{n} \cos. (nx) + \frac{1}{n^2} \sin. (nx),$$

ou, en complètant l'intégrale,

$$\frac{\sin. (nX) - nX \cos. (nX)}{n^2}.$$

Donc la valeur d'un coëfficient quelconque est exprimée ainsi:

$$a_n = \frac{2[\sin. (nX) - nX \cos. (nX)]}{[nX - \sin. nX \cos. nX]n} \quad \text{ou} \quad \frac{2\left\{1 - \dfrac{nX \cos. nX}{\sin. nX}\right\}}{\left[\dfrac{nX}{\sin. nX} - \cos. nX\right]n}.$$

L'équation qui donne la valeur de n est

$$\frac{nX \cos. nX}{\sin. nX} = 1 - \frac{h}{K} X.$$

‖On trouvera donc

$$a_n = \frac{2hX}{\left[\dfrac{nX}{\sin. nX} - \cos. nX\right]n} = \frac{2hX}{n[nX \cosec. nX - \cos. nX]}.$$

Il est aisé maintenant de former la valeur générale de z, qui est

$$\frac{zxK}{2Xh} = \frac{e^{-Kn_1^2 t} \sin. n_1 x}{[n_1 X \cosec. n_1 X - \cos. n_1 X] n_1}$$

$$+ \frac{e^{-Kn_2^2 t} \sin. n_2 x}{[n_2 X \cosec. n_2 X - \cos. n_2 X] n_2} + \&c._3 + \&c._4 + \ldots$$

En désignant par $\epsilon_1, \epsilon_2, \epsilon_3, \epsilon_4, \ldots$ &c. les racines de l'équation

$$\frac{\epsilon}{\tang. \epsilon} = 1 - \frac{h}{K} X$$

et les supposant rangées par ordres en commençant par la plus petite ϵ_1, remplaçant $n_1 X, n_2 X$, &c. par $\epsilon_1, \epsilon_2, \epsilon_3$, &c. et se rappelant que la quantité K qui entre dans l'exposant doit être divisée par CD, on aura, pour exprimer les variations des températures pendant le refroidissement d'une sphère solide qui avait été uniformément échauffée, l'équation:

$$z = 2\frac{h}{K}X\left\{\frac{\dfrac{\sin.\left[\epsilon_1\dfrac{x}{X}\right]}{\epsilon_1\dfrac{x}{X}}e^{-\frac{K\epsilon_1^2}{CDX^2}t}}{\epsilon_1\cosec.\epsilon_1 - \cos.\epsilon_1}\right.$$

$$\left.+\frac{\dfrac{\sin.\left[\epsilon_2\dfrac{x}{X}\right]}{\epsilon_2\dfrac{x}{X}}e^{-\frac{K\epsilon_2^2}{CDX^2}t}}{\epsilon_2\cosec.\epsilon_2 - \cos.\epsilon_2} + \frac{\dfrac{\sin.\left[\epsilon_3\dfrac{x}{X}\right]}{\epsilon_3\dfrac{x}{X}}e^{-\frac{K\epsilon_3^2}{CDX^2}t}}{\epsilon_3\cosec.\epsilon_3 - \cos.\epsilon_3} + \&c.\right\}.$$

104.
Du cas où la conductibilité extérieure est extrêmement petite.

La solution précédente peut donner lieu à diverses remarques.

1° Si l'on suppose que le coëfficient h qui mesure la facilité avec laquelle la chaleur passe dans l'air a une très-petite valeur, il est facile de voir à l'inspection de la figure[3] que, la quantité $\dfrac{hX}{K}$ que l'on retranche de l'unité étant une très-petite quantité, la moindre des valeurs de ϵ ou KX sera très-voisine de zéro, ensorte que l'équation

$$\frac{\epsilon\cos.\epsilon}{\sin.\epsilon} = 1 - \frac{hX}{K} \qquad \text{sera réduite à} \qquad \frac{\epsilon\left[1-\dfrac{\epsilon^2}{2}\right]}{\epsilon - \dfrac{\epsilon^3}{2.3}} = 1 - \frac{hX}{K},$$

ou, effectuant la division indiquée et omettant les puissances ‖ plus élevées de ϵ,

$$\epsilon^2 = \frac{3hX}{K}.$$

D'un autre côté, la quantité $\dfrac{\epsilon}{\sin.\epsilon} - \cos.\epsilon$ devient dans la même hypothèse

$$\frac{\epsilon}{\epsilon - \dfrac{\epsilon^3}{2.3}} - 1 + \frac{\epsilon^2}{2} \qquad \text{ou} \qquad 2\frac{\epsilon^2}{3} \qquad \text{ou} \qquad \frac{2hX}{K}.$$

Quant au terme $\dfrac{\sin.\left[\epsilon\dfrac{x}{X}\right]}{\epsilon\dfrac{x}{X}}$ il se réduit à l'unité. En faisant ces

---

[3][Ed.] Fourier is referring to the diagram which he forgot to include in art. 99, and which we have supplied in n. 2, p. 294.

substitutions dans l'équation générale, on aura

$$z = e^{-3\frac{ht}{CDX}} + 2h \text{ \&c.}$$

On peut remarquer que les termes suivants décroissent très-rapidement en comparaison du premier, parce que la seconde racine n_2 est beaucoup plus grande que zéro, ensorte que dans le cas où h est une quantité très-petite on doit prendre, pour exprimer la valeur de z, l'équation

$$z = e^{-\frac{3ht}{CDX}}.$$

Ainsi la température de chacune des couches de la sphère, qui était d'abord la même, demeure sensiblement égale dans toute l'étendue de la sphère et diminue pour chacune des couches comme les termes d'une progression géométrique, ou les puissances successives de la même fraction $e^{-\frac{3h}{CDX}}$.

La température initiale, qui est 1, se réduit après le temps t à $e^{-\frac{3ht}{CDX}}$; pour que cette température initiale devienne la fraction $\frac{1}{m}$, il faut que

$$\frac{3ht}{CDX} = l(m) \qquad \text{ou} \qquad t = \frac{CDX\, l(m)}{3h}.$$

Ainsi, pour des sphères de même matière qui ont des diamètres différents, les temps qu'elles mettent à perdre la moitié de leur chaleur actuelle, lorsque la conductibilité extérieure est extrêmement petite, sont proportionnels à leurs diamètres.

105.
Du refroidissement dans les sphères de petite dimension.

2° Supposons que le rayon X de la sphère a une très-petite valeur. Il est facile de voir, à l'inspection de la figure,[4] que la première racine ϵ_1 sera très-petite, comme dans le cas précédent, ensorte qu'on trouvera de même

$$z = e^{-\frac{3ht}{CDX}}.$$

Ainsi, pour les sphères d'un petit diamètre, les temps nécessaires à la dissipation d'une partie déterminée de la chaleur sont proportionnels aux diamètres. On voit par ce qui précède que dans une sphère solide qui se refroidit depuis long-temps,

---

[4][Ed.] Again, Fourier is referring to the diagram given by us in n. 2, p. 294.

154

il est nécessaire que les températures décroissent, depuis le centre jusqu'à la surface, en même raison que le rapport du sinus à ∥ l'arc décroît depuis son origine, où il est 1, jusqu'à l'extrémité de l'arc total. Lorsque la sphère a un petit diamètre les températures des couches successives diffèrent très-peu, parce que l'arc total qui représente le rayon de la sphère a très-peu d'étendue. Alors la variation de la température z commune à tous ces points est exprimée par l'équation

$$z = e^{-\frac{3ht}{CDX}}.$$

La vîtesse du refroidissement, qui est en général représentée par l'exposant négatif de e, croît selon la raison inverse du rayon, c'est-à-dire, qu'en comparant les temps respectifs que deux petites sphères employent à perdre la moitié ou une partie aliquote quelconque de leur chaleur actuelle, on doit trouver que ces temps sont proportionnels aux diamètres.

**106.
Remarque sur le résultat précédent et les applications qu'on peut faire pour mesurer les chaleurs spécifiques.**

Ce dernier résultat est pour ainsi dire manifeste. En effet, si un corps quelconque est assez petit pour que l'on puisse regarder comme égales les températures des différents points, il est facile de reconnaître la loi du refroidissement. Soit 1 la température initiale commune à tous les points, et z la valeur de cette température après le temps écoulé t. Il est visible que pendant l'instant dt la quantité de chaleur qui s'écoule dans le milieu supposé entretenu à la température 0 est $hSz\,dt$, S désignant la surface extérieure du corps. D'un autre côté, C désignant la quantité de chaleur nécessaire pour élever l'unité de poids de la température 0 à la température 1, on aura VDC pour l'expression de la quantité de chaleur qui porterait le volume V du corps, dont la densité est D, de la température 0 à la température 1; donc $\dfrac{h\,Sz\,dt}{VDC}$ est la quantité dont la température z est diminuée lorsque le corps perd une quantité de chaleur égale à $hSz\,dt$. On doit donc avoir l'équation

$$dz = -\frac{hzS\,dt}{VDC},$$

d'où il suit que la température variable z est donnée par l'équation

$$z = e^{-\frac{hSt}{VDC}}.$$

Si le corps a la forme sphérique, on aura, en appelant X le rayon total, $V = \dfrac{SX}{3}$. On obtient donc l'équation suivante:

$$z = e^{-\frac{3ht}{CDX}}$$

à laquelle nous étions parvenus par une analyse entièrement différente.

Supposons que l'on puisse observer pendant le refroidissement du corps dont il s'agit deux températures z_1 et z_2 correspondantes aux temps t_1 et t_2, on aura:

$$\left.\begin{array}{l} l(z_1) + \dfrac{hSt_1}{VDC} = 0 \\ l(z_2) + \dfrac{hSt_2}{VDC} = 0 \end{array}\right\} \quad \text{et} \quad \dfrac{hS}{VDC} = \dfrac{l(z_2) - l(z_1)}{t_2 - t_1}.$$

On connaîtra donc facilement par l'expérience l'exposant $\dfrac{hS}{VDC}$. Si l'on fait cette même observation sur des corps différents, et que l'on sache quel est le rapport de leur chaleur spécifique, on trouvera celui des coëfficients h qui mesurent la facilité avec laquelle la chaleur se dissipe par la surface. Réciproquement, si on est fondé à regarder cette dernière propriété de la surface comme étant la même dans deux corps différents, on connaîtra le rapport des chaleurs spécifiques. On voit par-là qu'en observant les temps du refroidissement pour divers liquides, ou autres substances enfermées successivement dans un même vase, on peut déterminer les chaleurs spécifiques de ces substances.

Nous remarquerons encore que le coëfficient K qui mesure la conductibilité propre n'entre point dans l'équation

$$z = e^{-\frac{3ht}{CDX}}.$$

Ainsi les temps du refroidissement pour les corps de petites dimensions ne dépendent point de la conductibilité intérieure, et l'observation de ces temps ne peut rien apprendre sur cette dernière propriété; mais on pourrait la déterminer en mesurant les temps des refroidissements pour des vases de différentes épaisseurs.

107.

Du mouvement d'un thermomètre plongé dans un liquide qui se refroidit.

Ce que nous avons dit plus haut sur le refroidissement d'une sphère de petite dimension, s'applique au mouvement du thermomètre dans l'air ou dans les liquides; nous ajouterons les remarques suivantes sur l'usage de cet instrument.

Supposons qu'un thermomètre à mercure soit plongé dans un vase rempli d'eau échauffée, et que le vase se refroidisse librement dans l'air dont la température est constante, il s'agit de déterminer la loi des abaissements successifs du thermomètre.

Si la température du liquide était constante et que le thermomètre y fut plongé, il changerait de température en ‖ s'approchant très-rapidement de celle du liquide. Soit v la température variable indiquée par le thermomètre, c'est-à-dire, son élévation au-dessus de la température de l'air; soit u l'élévation du liquide au-dessus de la température de l'air, et t le temps correspondant à ces deux variables. Au commencement de l'instant dt qui va s'écouler, la différence de la température du thermomètre à celle du mercure étant $(v-u)$, la variable v tend à diminuer et elle perdra dans l'instant dt une quantité qui, d'après les principes de la propagation de la chaleur, est proportionnelle à $(v-u)$, ensorte que l'on aura l'équation

$$dv = -h[v-u]\,dt.$$

Pendant le même instant dt la variable u tend à diminuer, et elle perd une quantité qui est proportionnelle à u, ensorte que l'on a l'équation

$$du = -Hu\,dt.$$

Il est facile d'intégrer les deux équations précédentes; il faut remarquer que le coëfficient H exprime la vîtesse du refroidissement du liquide dans l'air, quantité que l'on peut facilement reconnaître par l'expérience. Le coëfficient h exprime la vîtesse avec laquelle le thermomètre se refroidit dans le liquide, vîtesse qui est beaucoup plus grande que H. On peut pareillement trouver par l'expérience le coëfficient h, en faisant refroidir le thermomètre dans le liquide entretenu à une température constante.

Reprenons les deux équations

$$du = -Hu\,dt$$

et

$$dv = -h[v-u]\,dt.$$

De la première on tire

$$u = Ae^{-Ht},$$

ce qui donne pour la seconde l'équation linéaire du premier ordre

$$\frac{dv}{dt} = -hv + Ahe^{-Ht}.$$

On trouve pour l'intégrale de cette dernière équation

$$v = Be^{-ht} + \frac{Ahe^{-Ht}}{h-H}.$$

Les quantités A et B sont des constantes arbitraires; en les remplaçant par d'autres constantes a, b, on a

$$v = be^{-ht} + ahe^{-Ht}$$

$$u = a[h-H]e^{-Ht}.$$

Ainsi l'on a l'équation finale

$$v - u = be^{-ht} + Hae^{-Ht}.$$

157 Supposons maintenant que la valeur initiale de $v-u \parallel$ soit Δ, c'est-à-dire, que la hauteur du thermomètre surpasse celle du liquide de Δ au commencement de l'immersion, et que la valeur initiale de u soit E. On aura pour calculer a et b les équations:

$$E = a[h-H]$$

$$\Delta = b + Ha,$$

d'où l'on conclut

$$v - u = \frac{HE}{h-H} e^{-Ht} + \left[\Delta - \frac{HE}{h-H}\right] e^{-ht}$$

et

$$u = Ee^{-Ht},$$

ou

$$v - u = \Delta e^{-ht} + \frac{HE}{h-H}[e^{-Ht} - e^{-ht}].$$

La quantité $v-u$ est l'erreur du thermomètre, c'est-à-dire, la différence qui se trouve entre la température indiquée par le thermomètre et la température réelle du liquide au même instant. Cette différence est variable et l'équation précédente nous fait connaître suivant quelle loi elle tend à décroître. On voit par l'expression de cette différence $v-u$ que deux de ses termes contiennent e^{-ht}. Ces termes diminuent très-rapidement avec la vîtesse qu'aurait le thermomètre si on le plongeait dans le liquide à température constante. A l'égard du terme qui contient e^{-Ht}, son décroissement est beaucoup plus lent et s'opère avec la vîtesse du refroidissement du vase dans l'air; il résulte de là qu'après un temps bien peu considérable l'erreur du thermomètre est représentée par le seul terme

$$\frac{HE}{h-H}e^{-Ht} \quad \text{ou} \quad \frac{H}{h-H}u.$$

108.
Remarques diverses sur les résultats précédents.

Voici maintenant ce que l'expérience apprend sur les valeurs de H et h. On a plongé dans l'eau à $8°\frac{1}{2}$ de Réaumur un thermomètre qui avait d'abord été échauffé, et il est descendu dans l'eau de 40° à 20° en 6 secondes; on a répété plusieurs fois et avec soin cette expérience. On trouve après cela que la valeur de e^{-h} est 0,000042, si le temps est compté en minutes; c'est-à-dire, que l'élévation du thermomètre étant E au commencement d'une minute, elle sera $E[0,000042]$ à la fin de cette minute. On trouve aussi

$$h \log. e = -4{,}3761271.$$

‖ On a laissé d'un autre côté se refroidir dans l'air à 12° un vase de porcelaine rempli d'eau échauffée à 60° environ. La valeur de e^{-H} dans ce cas a été trouvée de 0,98514. Celle de $H \log. e$ est $-0{,}006500$. On voit par-là combien est petite la valeur de la fraction e^{-h} et qu'après une seule minute chaque terme multiplié par e^{-ht} n'est pas la moitié de la dix-millième partie de ce qu'il était au commencement de cette minute; on doit donc n'avoir aucun égard à ces termes dans la valeur de $v-u$; il reste l'équation

$$v-u = \frac{Hu}{h-H} \quad \text{ou} \quad v-u = \frac{Hu}{h} - \frac{H}{h-H} \cdot \frac{Hu}{h}.$$

D'après les valeurs trouvées pour H et h on voit que cette dernière quantité est plus de 673 fois plus grande que H, c'est-à-dire, que le thermomètre se refroidit dans l'eau plus de six cents fois plus vite que la vase ne se refroidit dans l'air. Ainsi le terme $\frac{Hu}{h}$ est certainement moindre que la 600ème partie de l'élévation de la température de l'eau au-dessus de celle de l'air, et comme le terme $\dfrac{H}{h-H} \cdot \dfrac{Hu}{h}$ est moindre que la sixcentième partie du précédent qui est déjà très-petit. Il s'ensuit que l'équation qu'on doit employer pour représenter très-exactement l'erreur du thermomètre est

$$v - u = \frac{Hu}{h}.$$

En général, si h est une quantité très-grande par rapport à H, on aura toujours l'équation

$$v - u = \frac{Hu}{h}.$$

Il résulte de-là des conséquences utiles dans la comparaison des thermomètres.

La température marquée par un thermomètre plongé dans un liquide qui se refroidit est toujours un peu plus forte que celle du liquide.

Cet excès ou erreur du thermomètre diminue en même temps que l'élévation du thermomètre, et on trouvera la quantité de la correction en multipliant ∥ l'élévation actuelle u du thermomètre par le rapport de la vîtesse H du refroidissement du vase dans l'air à la vîtesse h du refroidissement du thermomètre dans le liquide. A la vérité on pourrait supposer que le thermomètre, lorsqu'il a été plongé dans le liquide, marquait une température inférieure; c'est même ce qui arrive presque toujours, mais cet état ne dure pas. En effet le thermomètre tend à monter pour se rapprocher de la température du liquide. En même temps le liquide tend à se refroidir, de sorte que le thermomètre devient d'abord à la même température que le liquide; ensuite il indique toujours une température extrêmement peu différente, mais supérieure.

109. Comparaison de plusieurs thermomètres plongés dans un même liquide qui se refroidit.

On voit par ces résultats que si on plonge dans un même vase, rempli d'un liquide qui se refroidit lentement, différents thermomètres, ils doivent tous indiquer à très-peu près la même température dans le même instant. Appelant $h, h', h'', \ldots$ les vîtesses du refroidissement de chacun de ces thermomètres dans le liquide, on aura:

$$\frac{Hu}{h} \ldots \frac{Hu}{h'} \ldots \frac{Hu}{h''} \ldots \&c.$$

pour les erreurs respectives. Si deux thermomètres sont également sensibles, c'est-à-dire, si les quantités h et h' sont les mêmes, ils différeront également de la température du liquide et seront par conséquent toujours d'accord. Les coëfficients h, h', h'' ont de très-grandes valeurs, ensorte que les erreurs des thermomètres sont des quantités fort petites et souvent inappréciables. Il faut encore ajouter que les différences d'un thermomètre à un autre sont encore beaucoup plus petites, puisqu'elles sont les différences entre des quantités de même signe et très-petites.

Si un thermomètre est construit avec soin et peut être regardé comme exact, il sera facile de construire plusieurs autres thermomètres d'une exactitude égale. Il suffira de placer tous les thermomètres que l'on voudra diviser dans un vase rempli d'un liquide qui se refroidit lentement, et d'y placer en même temps le thermomètre qui doit servir de modèle. On n'aura plus qu'à observer de degré en degré, ou à de plus grands intervalles.

160 ‖ On marquera les points où le mercure se trouve en même temps dans les différents thermomètres. Ces points seront ceux des divisions cherchées.[5] Ce procédé donnera des résultats d'autant plus exacts que le refroidissement du vase dans l'air sera plus lent, et que les thermomètres seront plus sensibles et plus également sensibles. La lenteur du refroidissement du vase dépend de ses dimensions, ainsi on peut les régler à volonté. Dans l'expérience dont on a fait mention le vase cylindrique avait environ 4 pouces de hauteur sur trois de diamètre. La température du liquide s'est abaissée de 52° de Réaumur à 34° en 50'. La température constante dans l'appartement était 12°.

**110.
Du refroidissement des corps dont les points conservent une température commune.**

L'équation précédente

$$z = e^{-\frac{hSt}{VDC}}$$

exprime les variations de la température d'un corps lorsque tous ses points ont et conservent une température sensiblement égale; on peut donc l'appliquer au cas où un vase rempli d'un liquide, dont la masse peut être agitée par intervalles, se refroidit

---

[5][Ed.] Fourier omitted the rest of this article, and also the next two, from his published works, substituting a short passage on the design of thermometers. [See the 1811 paper, part 1, 422; *Théorie*, art. 300*.]

dans l'air. Cette équation fait connaître qu'en général la durée du refroidissement est en raison directe du volume et en raison inverse de la surface, et pour des vases de figures semblables elle est en raison de la longueur des dimensions homologues. Pour mesurer la vîtesse du refroidissement, il faut observer différentes températures successives $z_1, z_2, z_3, z_4, \ldots$ &c., correspondantes aux temps $t_1, t_2, t_3, t_4, \ldots$. Si a est la température constante de l'air pendant la durée de l'expérience, les élévations successives se trouveront en diminuant chaque température z de la quantité a. Soient $y_1, y_2, y_3, y_4, \ldots$ ces élévations, on aura l'équation

$$y = Ae^{-\frac{hS}{VDC}t} = Ae^{-Ht}$$

en désignant par H l'exposant $\frac{hS}{VDC}$. On aura aussi les équations

$$\begin{cases} y_1 = Ae^{-Ht_1} \\ \\ y_2 = Ae^{-Ht_2} \\ \\ y_3 = Ae^{-Ht_3} \end{cases} \quad \text{ou} \quad \begin{aligned} H &= \frac{ly_1 - ly_2}{t_2 - t_1} \\ \\ H &= \frac{ly_2 - ly_3}{t_3 - t_2} \end{aligned}$$

&c.

Ainsi la vîtesse du refroidissement se trouve en divisant la différence des logarithmes de deux élévations successives par l'intervalle de temps qui sépare les deux observations.

‖ 111.
Mesure de la sensibilité du thermomètre et remarque sur le refroidissement dans l'air tranquille.

161

On employera la même règle pour mesurer la sensibilité des divers thermomètres. En effet, soit h la conductibilité du verre au liquide, S la surface du réservoir du thermomètre. y est l'élévation actuelle du thermomètre au-dessus de la température constante du liquide dans lequel il est plongé. La quantité de chaleur qui sort de la surface du réservoir pendant l'instant dt est $hSy\,dt$. D'un autre côté, soit V le volume du mercure contenu dans le réservoir, D la densité du mercure, C sa capacité de chaleur, V' le volume de l'enveloppe qui forme le réservoir, D' la densité du verre, C' sa chaleur spécifique, il s'ensuit que

$VDC + V'D'C'$ est la quantité de chaleur nécessaire pour porter de la température 0 à la température 1 le réservoir rempli de mercure; donc $\dfrac{hSy\,dt}{VDC+V'D'C'}$ est la quantité dont la température y est diminuée, et l'on a

$$dy = -\frac{hSy\,dt}{VDC+V'D'C'}$$

ou

$$dy = -Hy\,dt, \qquad H \text{ désignant} \qquad \frac{hS}{VDC+V'D'C'},$$

ou

$$y = Ae^{-Ht}.$$

Le coëfficient H qui détermine la vîtesse du refroidissement est la mesure propre de la sensibilité du thermomètre. Il est exprimé par l'équation

$$H = \frac{hS}{VDC+V'D'C'}.$$

Si l'on n'a point égard au terme $V'D'C'$, qui est en effet très-petit, l'on aura

$$H = \frac{hS}{VDC}.$$

h est la conductibilité extérieure du verre plongé dans le liquide dont il s'agit, regardant cette quantité comme la même dans les différents thermomètres, ainsi que D et C. On en conclut que pour différents thermomètres de mercure la sensibilité est la même lorsque les volumes des réservoirs sont proportionnels aux surfaces, c'est-à-dire, lorsque le quotient de la surface par le volume donne le même nombre pour chaque thermomètre. En général la sensibilité du thermomètre est en raison directe de la surface et en raison inverse du volume; ainsi pour des thermomètres dont les réservoirs ont des figures semblables, les sensibilités respectives sont en raison inverse des lignes homologues.

‖Cette règle a été déjà donnée par Richmann;[6] elle est

---

[6][Ed.] See G. W. Richmann, "De   quantite caloris, quae post miscelem

exacte lorsque l'on n'a point égard à la différence du verre au mercure dans la composition du volume, et lorsque le verre des différents thermomètres a la même conductibilité extérieure. La sensibilité du thermomètre, ou la vîtesse avec laquelle il prend la température du milieu dans lequel il est plongé, dépend évidemment de la nature de ce milieu. Le thermomètre employé dans l'expérience précédente se refroidit environ 33 fois plus vite dans l'eau que dans l'air, et l'on a eu des résultats différents pour les différents liquides.

Il ne faut point perdre de vue que l'équation $y = Ae^{-Ht}$ ne représente le mouvement du thermomètre, ou le refroidissement d'un vase rempli de liquide et fermé, que lorsque l'on suppose les pertes instantanées de la chaleur proportionnelles à l'excès de température; cela n'a point lieu rigoureusement dans l'air tranquille, parce que la vîtesse du courant qui porte vers le haut les molécules échauffées diminue de plus en plus. La même cause produit un effet encore beaucoup plus sensible dans les liquides; il suit de-là que le coëfficient H n'est point exactement constante, mais les expériences ont prouvé qu'il change peu de valeur lorsque la température ne s'abaisse pas d'une quantité considérable. Au reste, dans les remarques que nous venons de faire sur la comparaison des thermomètres, il s'agissait principalement de prouver que le vase rempli du liquide se refroidit dans l'air beaucoup plus lentement que le thermomètre échauffé ne se refroidit dans l'eau, et que le rapport des ces vîtesses est une fraction extrêmement petite.

112. Calcul de la température moyenne de la sphère.

3° On a représenté par z dans la solution précédente la température que reçoit, après le temps t, une couche sphèrique intérieure placée à la distance x du centre. Il s'agit maintenant de calculer la valeur de la température moyenne de la sphère, ou celle qu'aurait cette sphère, si toute la quantité de chaleur qu'elle contient était également distribuée entre tous les points de la masse. Le solide de la sphère, dont le rayon est x, étant $\frac{4\pi x^3}{3}$, la quantité de chaleur contenue dans une enveloppe

---

fluidorum certo gradu calidorum oriri debet, cogitationes," *Novi commentarii Academiae Scientiarum Petropolitanae*, 1 (1747–1748: publ. 1750), 152–167; and also the sequel papers on pp. 168–205. For commentary, see V. P. Zoubov, "La formule calorimétrique et ses origines," *Mélanges Alexandre Koyré. I. L'aventure de la science* (1964, Paris), 654–661.

163

sphérique dont la température est z et qui est placée à la distance x sera $\parallel 4z\, d\left[\dfrac{\pi x^3}{3}\right]$. Ainsi la chaleur moyenne est:

$$\frac{4\, S\left(z\, d\left[\dfrac{\pi x^3}{3}\right]\right)}{4\pi \dfrac{X^3}{3}} \qquad \text{ou} \qquad \frac{S\,[x^2 z\, dx]}{X^3},$$

l'intégrale étant prise depuis $x = 0$ jusqu'à $x = X$. On mettra pour z sa valeur

$$\frac{a_1}{x} e^{-Kn_1^2 t} \sin.\, n_1 x + \frac{a_2}{x} e^{-Kn_2^2 t} \sin.\, n_2 x + \frac{a_3}{x} e^{-Kn_3^2 t} \sin.\, n_3 x + \&c.,$$

et on aura à déterminer l'intégrale

$$S(x \sin.\, nx\, dx), \qquad \text{qui est} \qquad \text{cons.} - \frac{x}{n} \cos.\,(nx) + \frac{1}{n^2} \sin.\,(nx),$$

ou, complètant l'intégrale, $\dfrac{\sin.\, nX - nX \cos.\, nX}{n^2}$; on aura donc pour exprimer la quantité de chaleur totale l'équation suivante:

$$\frac{3}{X^3} \cdot 1\, S\,[x^2 z\, dx] = \frac{3}{X^3} \left(\frac{a_1[\sin.\, n_1 X - n_1 X \cos.\, n_1 X]}{n_1^2} e^{-Kn_1^2 t} \right.$$

$$\left. + \frac{a_2[\sin.\, n_2 X - n_2 X \cos.\, n_2 X]}{n_2^2} e^{-Kn_2^2 t} + \&c. \right).$$

On a trouvé précédemment

$$a = \frac{2[\sin.\, nX - nX \cos.\, nX]}{[nX - \tfrac{1}{2}\sin.\, 2nX]n}.$$

On aura donc

$$\frac{3}{X^3} S\,[x^2 z\, dx] = \frac{3[\sin.\, n_1 X - n_1 X \cos.\, n_1 X]^2}{[2n_1 X - \sin.\, 2n_1 X]n_1^3 X^3} 4 e^{-Kn_1^2 t}$$

$$+ \frac{3[\sin.\, n_2 X - n_2 X \cos.\, n_2 X]^2}{[2n_2 X - \sin.\, 2n_2 X]n_2^3 X^3} 4 e^{-Kn_2^2 t} + \&c.,$$

ou, désignant par z la température moyenne:

$$\frac{z}{3.4} = \frac{[\sin.\, \epsilon_1 - \epsilon_1 \cos.\, \epsilon_1]^2}{(2\epsilon_1 - \sin.\, 2\epsilon_1)\epsilon_1^2 \cdot \epsilon_1} e^{-K\frac{\epsilon_1^2}{CDX^2} t} + \frac{[\sin.\, \epsilon_2 - \epsilon_2 \cos.\, \epsilon_2]^2}{(2\epsilon_2 - \sin.\, 2\epsilon_2)\epsilon_2^2 \cdot \epsilon_2} e^{-K\frac{\epsilon_2^2}{CDX^2} t}$$

$$+ \frac{[\sin.\, \epsilon_3 - \epsilon_3 \cos.\, \epsilon_3]^2}{(2\epsilon_3 - \sin.\, 2\epsilon_3)\epsilon_3^2 \cdot \epsilon_3} e^{-K\frac{\epsilon_3^2}{CDX^2} t} + \&c.$$

113.
De la manière d'observer la vîtesse du refroidissement final.[7]

Cette expression de la température moyenne est composée de termes qui sont toujours positifs. En effet le numérateur de chaque terme est évidemment positif. Il en est de même des dénominateurs, l'arc étant toujours plus grand que son sinus. Ainsi la valeur de la température moyenne a la forme suivante:

$$A\alpha^t + B\beta^t + C\gamma^t + \&c. \ldots$$

Les coëfficients $A, B, C \ldots$ sont positifs et les quantités $\alpha, \beta, \gamma \ldots$ &c. sont des fractions positives et décroissantes. Supposons maintenant que l'on veuille connaître par la voie de l'expérience la fraction α dont les puissances successives règlent le refroidissement final. ∥ On observera quelle est après un temps t la valeur actuelle z de la température moyenne, ce qui peut se connaître du moins sans erreur considérable au moyen d'un thermomètre placé dans la sphère et entouré d'un liquide. On observera la température z' après un temps plus considérable t', et en général on mesurera les valeurs $z'' \ldots z''' \ldots z^{IV} \ldots$ &c. de la température qui correspondent aux valeurs successives du temps $t'' \ldots t''' \ldots t^{IV} \ldots$ &c. Prenant l'équation

$$\frac{z'}{z} = \frac{A\alpha^{t'} + B\beta^{t'} + C\gamma^{t'} + D\delta^{t'} + \ldots}{A\alpha^t + B\beta^t + C\gamma^t + D\delta^t + \ldots}$$

et mettant au lieu de t', $t + \theta$, on a:

$$\frac{z'}{z} = \alpha^\theta - \left\{ \frac{B\beta^t[\alpha^\theta - \beta^\theta] + C\gamma^t[\alpha^\theta - \gamma^\theta] + \ldots}{A\alpha^t + B\beta^t + C\gamma^t + \ldots} \right\}.$$

On voit par là que la quantité $\sqrt[\theta]{\frac{z'}{z}}$ est toujours moindre que α, si le temps t qui correspond à la première des deux observations devient de plus en plus grand, et que l'excès θ de t' sur t conserve la même valeur. La quantité dont $\frac{z'}{z}$ est moindre que α^θ devient beaucoup plus petite qu'elle n'aurait été pour une moindre valeur de t. En effet, si t est une quantité très-grand, on peut écrire

$$\frac{z'}{z} = \alpha^\theta - \left\{ \frac{B\beta^t[\alpha^\theta - \beta^\theta]}{A\alpha^t} \right\},$$

---

[7][Ed.] This article and the next were much condensed in the published versions. [1811 paper, part 1, 425–426; *Théorie*, arts. 303–304.]

parce que les quantités $\alpha, \beta, \gamma, \delta, \ldots$ sont des fractions continuellement décroissantes. On a donc

$$\sqrt[\theta]{\frac{z'}{z}} = \alpha \sqrt[\theta]{1 - \left\{\frac{B}{A}\left(\frac{\beta}{\alpha}\right)^t \left[1 - \left(\frac{\beta}{\alpha}\right)^\theta\right]\right\}}.$$

Lorsque θ est aussi un nombre considérable:

$$\sqrt[\theta]{\frac{z'}{z}} = \alpha \left\{1 - \frac{1}{\theta}\frac{B}{A}\left[\frac{\beta}{\alpha}\right]^t\right\}.$$

Ces résultats font voir comment les valeurs que l'expérience donnera pour $\sqrt[\theta]{\frac{z'}{z}}$ doivent continuellement approcher de α.

On tire de-là une règle pratique pour déterminer par l'observation la valeur de la fraction α. Il faut mesurer les températures correspondantes à différents temps:

$$t, t+\theta \quad t', t'+\theta \quad t'', t''+\theta \quad t''', t'''+\theta \quad \ldots \&c.,$$

lesquelles sont désignées par

$$m, \mu \quad m', \mu' \quad m'', \mu'' \quad m''', \mu''' \quad \ldots$$

et calculer chaque fois la valeur de $\sqrt[\theta]{\frac{\mu'}{\mu}}$ en retranchant le logarithme de μ de celui de μ' et divisant le reste par θ. Le quotient étant ∥ cherché dans les tables donnera les valeurs approchées dont il s'agit; les quantités $\sqrt[\theta]{\frac{\mu}{m}} \ldots \sqrt[\theta]{\frac{\mu'}{m'}} \ldots \sqrt[\theta]{\frac{\mu''}{m''}} \ldots$ &c. doivent converger vers une limite déterminée, et augmenter continuellement jusqu'à ce qu'elles se confondent avec la valeur cherchée. On reconnaîtra donc par l'expérience même si le temps t est assez grand pour que la quantité $\sqrt[\theta]{\frac{\mu}{m}}$ puisse être prise pour α, cela a lieu lorsque les quantités précédentes, cessant d'augmenter, se confondent avec une valeur fixe que l'on peut alors regarder comme égale à la quantité α. Cette fraction α équivaut à $e^{-\frac{Kn^2}{CD}}$, et il est facile de voir que le logarithme de α, ou l'exposant négatif $-\frac{Kn^2}{CD}$, mesure la vîtesse du refroidissement final, En effet, lorsque le temps t a une valeur considérable, on a l'équation

$$z = A\alpha^t.$$

On en conclut

$$\frac{z}{z'} = \alpha^{[t-t']}, \quad \text{ou} \quad t' - t = \frac{l\left[\frac{z}{z'}\right]}{-l\alpha}.$$

Supposons maintenant que l'on observe les refroidissements de divers corps en mesurant le temps qui doit s'écouler pour que la température z soit réduite à la moitié, ou à tiers, ou en général à $\frac{z}{m}$; on fera

$$z' = \frac{z}{m} \quad \text{et l'on aura} \quad t' - t = \frac{lm}{-l\alpha}.$$

Ainsi les temps nécessaires pour que la température soit réduite à une même partie d'elle-même sont en raison inverse du logarithme de α, ou, ce qui est la même chose, la vîtesse avec laquelle le refroidissement s'opère est proportionnelle à ce logarithme. On peut donc prendre le logarithme de la fraction α, ou l'exposant de e dans le premier terme de la valeur de z, pour la mesure de la vîtesse du refroidissement final.

114. Rapports des durées du refroidissement dans les sphères de différents diamètres.

4° Nous considérerons le cas où, toutes les autres conditions demeurant les mêmes, la valeur X du rayon de la sphère devient infiniment grande; on reprendra la construction rapportée en l'article 99[8] et, la quantité $\frac{hX}{K}$ que l'on porte depuis 0 sur la parallèle $0\ 1$ prolongée devenant infinie, il est visible que la droite menée par l'origine et qui doit couper les différentes branches de la courbe change entièrement de position. Elle se confond dans ce cas avec l'axe même des x et l'on trouve pour les différentes valeurs de $\epsilon \parallel$ les quantités $\pi \ldots 2\pi \ldots 3\pi \ldots 4\pi \ldots$ &c., le terme de la valeur de z qui contient $e^{-\frac{K\epsilon_1}{CDX^2}t}$ devenant à mesure que le temps augmente beaucoup plus grand que les suivants. Cette valeur de z se trouve exprimée par le premier terme seulement. L'exposant $\frac{Kn^2}{CD}$ étant égal à $\frac{K}{CD} \cdot \frac{\pi^2}{X^2}$, on voit que le refroidissement final est très-lent dans les sphères d'un grand diamètre, et que l'exposant de e qui mesure la vîtesse du refroidissement est en raison inverse du quarré des diamètres.

---

[8][Ed.] See our pp. 294–298.

On peut, d'après les remarques précédentes, se former une idée exacte des variations qu'éprouvent les températures pendant le refroidissement d'une sphère solide. Les valeurs initiales de ces températures changent successivement à mesure que la chaleur se dissipe par la surface. Si ces valeurs sont d'abord égales, ou si elles diminuent depuis la surface jusqu'au centre, elles ne peuvent point conserver ces premiers rapports, et, dans tous les cas, le système tend de plus vers un état durable qu'il ne tarde point à atteindre sensiblement. Dans ce dernier état les températures décroissent depuis le centre jusqu'à la surface. Si l'on représente par un certain arc de cercle moindre que le quart de la circonférence le rayon total de la sphère, et que, divisant cet arc en parties égales, on prenne en chaque point le quotient du sinus par l'arc, le système de ces quotients représentant celui qui s'établit de lui-même entre les températures des couches d'une égale épaisseur dès que ces derniers rapports ont lieu, ils contiennent de subsister pendant toute la durée du refroidissement. Alors, chacune des températures diminue comme l'ordonnée d'une logarithmique, le temps étant pris pour abcisse. On peut reconnaître que cet ordre est établi en observant plusieurs valeurs successives $z, z', z'', z''', \ldots$ qui désignent la température moyenne correspondante aux temps $t, t+\theta, t+2\theta, t+3\theta$, &c. La suite de ces valeurs converge toujours vers une progression géométrique, et lorsque les quotients successives $\frac{z}{z'}, \frac{z'}{z''}, \frac{z''}{z'''}$, &c. ne changent plus, on en conclut que les rapports dont nous avons parlé sont établis entre les ∥ températures lorsque la sphère est d'un petit diamètre. Ces quotients sont sensiblement égaux dès que le corps commence à se refroidir.

La durée du refroidissement pour un intervalle donné, c'est-à-dire, le temps nécessaire pour que la température moyenne z soit réduite à une partie déterminée d'elle-même $\frac{z}{m}$, est d'autant plus grande que la sphère a un plus grand diamètre. Si deux sphères de même matière et de dimensions différentes sont parvenues à cet état final, où les températures s'abaissent en conservant leurs rapports, et que l'on veuille comparer les durées d'un même refroidissement, c'est-à-dire, le temps que la température moyenne z de la première employe pour se réduire à $\frac{z}{m}$ et le temps que la température z' de la seconde met à devenir $\frac{z'}{m}$, il faudra considérer trois cas différents. Si les sphères ont l'une et l'autre un petit diamètre, les durées θ et θ' sont dans le rapport même des diamètres; si les sphères ont l'une et l'autre un diamètre très-grand, les durées θ et θ' sont dans le rapport des quarrés des diamètres, et si les sphères ont des dimensions comprises entre ces limites, le rapport des temps sera plus grand que celui des diamètres et moindre que le rapport de leurs quarrés.[9]

In his 1809 paper to the Institut de France Fourier simply restated the results on the distribution of heat within the sphere, and the cooling times for spheres of small and large dimensions.[10] But we have not yet seen all of his thoughts for the sphere, for in the next article (115) of his 1807 paper he presented some further results for it. We shall not be seeing them yet, however, for we have transplanted the article to Chapter 17. In the two chapters in between we see what he had to say on the cylinder, after which the strange calculations of article 115 should be more intelligible.

---

[9][Ed.] At this point in the 1811 paper [part 1, 426–428], and in the *Théorie* [art. 305], Fourier added a new argument for the reality of the roots. The idea has some slight similarity with Poisson's later proof of 1826 which we described on our pp. 302–304, but as Fourier did not develop it here, it cannot be said to be an anticipation.

[10]J. B. J. Fourier *Extrait*, 8–9.

15

Progress with the Cylinder: The Use of the Theory of Equations

We saw in article 26 (our page 122) Fourier form the equation

(15.1) $$\frac{\partial v}{\partial t} = K\left(\frac{\partial^2 v}{\partial x^2} + \frac{1}{x}\frac{\partial v}{\partial x}\right)$$

for axially symmetric diffusion of heat in a circular cylinder of radius R and infinite length. The equation is so similar to that for the sphere,

(15.2) $$\frac{\partial v}{\partial t} = K\left(\frac{\partial^2 v}{\partial x^2} + \frac{2}{x}\frac{\partial v}{\partial x}\right),$$

that he must have felt that his solution of it in a "nonharmonic" series would also be applicable in some form to (15.1). Yet this does not happen: separation of variables does not lead to the diffusion equation in any version, and in his paper he elected to separate by the form

(15.3) $$v = e^{-mt}\, u(x)$$

that he had used for the annulus, and so obtain for u the ordinary differential equation

(15.4) $$\frac{d^2 u}{dx^2} + \frac{1}{x}\frac{du}{dx} + \frac{m}{K} u = 0.$$

What now? His knowledge of ordinary differential equations let him realize that (15.4) would have a series solution, and in fact he found

Art. 116
(15.5) $$u(x) = \sum_{r=0}^{\infty} \left(-\frac{gx^2}{2^2}\right)^r \left(\frac{1}{r!}\right)^2, \quad g = \frac{m}{K}.$$

Equations (15.3) and (15.5) together provided the solution form, and so he could turn to the condition on the surface which, as with the sphere, he found to be

(15.6) $$\frac{K}{h}\frac{\partial v}{\partial x} + v = 0 \quad \text{when} \quad x = R,$$

leading via (15.5) to the equation

Art. 117
(15.7) $$\frac{h}{K} \sum_{r=0}^{\infty} \left[\left(-\frac{gR^2}{2^2}\right)^r \left(\frac{1}{r!}\right)^2\right] = \sum_{r=1}^{\infty} \left[\left(\frac{2r}{R}\right)\left(-\frac{gR^2}{2^2}\right)^r \left(\frac{1}{r!}\right)^2\right].$$

The roots $g_1, g_2, \ldots$ of (15.7) would be infinite because of the infinite powers of R involved and so lead to the general solution

(15.8)
$$v = \sum_{r=1}^{\infty} a_r e^{-g_r Kt} u_r(x),$$

Art. 118

where $u_r(x)$ took the value of (15.5) when $g = g_r$. But once again Fourier was faced with proving the reality of these roots. Writing

(15.9)
$$\frac{gR^2}{2^2} = \theta \quad \text{and} \quad u(R) \equiv f(\theta)$$

turned (15.8) into

Art. 119
(15.10)
$$\frac{hR}{2K} + \theta \frac{f'(\theta)}{f(\theta)} = 0$$

and (15.4) to

Art. 120
(15.11)
$$\theta \frac{d^2 y}{d\theta^2} + \frac{dy}{d\theta} + y = 0,$$

and the proof of the reality of $g_1, g_2, \ldots$ was based on taking a version of his generalization of Descartes's rule of signs from Chapter 1 (pages 13–14) that if any root p of any of the equations in the sequence

(15.12)
$$f(\theta) = 0, f'(\theta) = 0, f''(\theta) = 0, \ldots$$

is substituted into its neighbors and gives opposite signs to the (nonzero) values obtained, then each of those equations would have only real roots. Fourier did not prove his result here—we recall that in fact he had published nothing on equations by 1807—but he used it on the ith derivative of (15.11)

(15.13)
$$\theta \frac{d^{(i+2)} y}{d\theta^{(i+2)}} + (i+1) \frac{d^{(i+1)} y}{d\theta^{(i+1)}} + \frac{d^{(i)} y}{d\theta^{(i)}} = 0$$

to show that if we take y to be the $f(\theta)$ of (15.12) and p a positive root of $f^{(i+1)}(\theta) = 0$, then, by inspection of (15.13), $f^{(i+2)}(p)$ and $f^{(i)}(p)$ clearly have opposite signs. On the other hand, if θ takes a negative value in (15.9) then the corresponding negative value for g would give a divergent series of positive terms in (15.5); hence $f(\theta)$ cannot have negative roots, and so they must be all real and positive. But the need is to show the reality of the roots of (15.10) rather than of $f(\theta)$. This follows easily,

334   15 Progress with the Cylinder: Use of the Theory of Equations

however; if θ_1 and θ_3 are consecutive roots of $f'(\theta)$ and θ_2 an intermediate root of $f(\theta)$, then $\theta \dfrac{f'(\theta)}{f(\theta)}$ jumps from $\pm \infty$ to $\mp \infty$ across θ_2 and therefore takes all values between $-\infty$ and $+\infty$ as θ passes from zero at θ_1 to zero at θ_3. In particular, then, it takes the value $\left(-\dfrac{hR}{2K}\right)$ of (15.10) somewhere within $[\theta_1, \theta_3]$ and so (15.10)

Art. 121 does have the infinity of real roots required.

This section of Fourier's paper shows the most advanced thinking on equations that he applied to heat diffusion. Again he was a pioneer: the difficult and important subject of the separation of roots of an equation had the genesis of some of its ideas here, and later we shall see further stages of their development. At least on these results Fourier avoided opposition from the examiners.

Comparative references for this chapter

1807 manuscript: arts. 116–121.
1811 paper: part 1, 233, 429–435.
Théorie: arts. 120, 306–309.

‖ 116.
Equation qui représente le mouvement de la chaleur dans un cylindre. Valeur particulière qui satisfait à l'équation.

Nous passons à la résolution de l'équation

$$\frac{dv}{dt} = K\left\{\frac{d^2v}{dx^2} + \frac{1}{x}\frac{dv}{dx}\right\},$$

qui représente le mouvement de la chaleur dans le cylindre. On donnera en premier lieu à v la valeur particulière exprimée par l'équation

$$v = e^{-mt}u.$$

171

m est un nombre arbitraire et u une fonction de x; on aura, après avoir substitué la valeur de v, l'équation

$$\frac{m}{K}u + \frac{d^2u}{dx^2} + \frac{1}{x}\frac{du}{dx} = 0.$$

On choisira donc pour u une valeur qui satisfasse à l'équation différentielle précédente; cette valeur de u est une fonction qui contient x et $\dfrac{m}{K}$. Nous désignons cette dernière quantité par g, et nous prendrons pour exprimer la valeur de u la série

$$1 - \frac{gx^2}{2^2} + \frac{g^2 x^4}{2^2 \cdot 4^2} - \frac{g^3 x^6}{2^2 \cdot 4^2 \cdot 6^2} + \frac{g^4 x^8}{2^2 \cdot 4^2 \cdot 6^2 \cdot 8^2} \&\text{c.},$$

qui dérive en effet de l'équation différentielle, comme on le verra bientôt, et qui peut être sommée. Si l'on reprend maintenant l'équation

$$\frac{dv}{dt} = K \left\{ \frac{d^2v}{dx^2} + \frac{1}{x} \frac{dv}{dx} \right\},$$

on aura une valeur particulière de v, en écrivant

$$v = e^{-gKt} u.$$

u doit satisfaire à l'équation du second ordre

$$gu + \frac{d^2u}{dx^2} + \frac{1}{x} \frac{du}{dx} = 0,$$

et elle est exprimée par la série suivante;

$$1 - \frac{gx^2}{2^2} + \frac{g^2 x^4}{2^2 \cdot 4^2} - \frac{g^3 x^6}{2^2 \cdot 4^2 \cdot 6^2} + \&\text{c.}$$

117.
Condition relative à la surface.

Il faut maintenant considérer que l'état de la surface extérieure du cylindre est assujetti à une condition physique que l'on n'a point exprimée; elle consiste en ce que la quantité de chaleur qui s'échappe à tout instant de cette surface est proportionnelle à sa température; ainsi on déterminera cette quantité de chaleur dissipé, et elle doit être comparée à $hv\,dt$, h étant un coëfficient constant qui dépend de la nature de la surface extérieure et de celle du milieu environnant, et dt la durée de l'instant. Or une couche cylindrique quelconque, dont la température est v, reçoit de celle qui l'enveloppe une quantité de chaleur qui dépend du coëfficient K, mesure de la conductibilité intérieure, et du rapport différentiel $\frac{dv}{dx}$. Cette chaleur transmise a pour expression $\frac{KS\,dv}{dx}$, S étant la surface extérieure du cylindre. On aura donc l'équation

$$hSv\,dt = -KS \frac{dv}{dx} dt,$$

ou

$$hv + K\frac{dv}{dx} = 0.$$

Cette condition doit avoir lieu lorsque le rayon x a la valeur totale R. ‖ En donnant à u sa valeur

172

$$1 - \frac{gx^2}{2^2} + \frac{g^2x^4}{2^2 \cdot 4^2} - \frac{g^3x^6}{2^2 \cdot 4^2 \cdot 6^2} + \&c.$$

et faisant ensuite $x = R$, on aura cette équation déterminée:

$$\frac{h}{K}\left(1 - \frac{gR^2}{2^2} + \frac{g^2R^4}{2^2 \cdot 4^2} - \frac{g^3R^6}{2^2 \cdot 4^2 \cdot 6^2} + \cdots\right)$$

$$= \frac{2gR}{2^2} - \frac{4g^2R^3}{2^2 \cdot 4^2} + \frac{6g^3R^5}{2^2 \cdot 4^2 \cdot 6^2} \cdots$$

**118.
Formation de la solution générale.**

On voit maintenant que la quantité g, qui entre dans la valeur particulière de v, ou $e^{-gKt}u$, n'est point arbitraire. Il est nécessaire que cette valeur de g satisfasse à l'équation précédente qui contient g et R. Or nous prouverons par la suite que cette équation en g, dans laquelle h, K et R sont des quantités données, a une infinité de racines, et l'on reconnaîtra que toutes les valeurs de g sont réelles; d'où il suit que l'on peut donner à la variable v dans l'équation

$$\frac{dv}{dt} = K\left(\frac{d^2v}{dx^2} + \frac{1}{x}\frac{dv}{dx}\right)$$

une infinité de valeurs particulières de la forme $e^{-gKt}u$ qui différeront seulement par la quantité g. On pourra donc composer une valeur plus générale de v de toutes ces valeurs particulières multipliées par des coëfficients arbitraires. L'intégrale qui servira à résoudre dans toute son étendue la question proposée est donnée par l'équation suivante:

$$v = a_1 e^{-g_1Kt}u_1 + a_2 e^{-g_2Kt}u_2 + a_3 e^{-g_3Kt}u_3 + \&c.$$

$g_1 \ldots g_2 \ldots g_3 \ldots g_4 \ldots$ &c. désignent toutes les valeurs de g qui satisfont à l'équation déterminée. u_1, u_2, u_3, &c. désignent les valeurs de u qui correspondent à ces différentes racines de l'équation en g et $a_1 \ldots a_2 \ldots a_3 \ldots a_4 \ldots$ &c. sont des coëfficients arbitraires qui ne peuvent être déterminés que par l'état initial du cylindre.

119.
De l'équation déterminée dont les racines, en nombre infini, entrent dans l'intégrale.

Il faut, avant d'aller plus loin, reconnaître la nature de l'équation déterminée qui doit donner la valeur de g, et prouver que toutes les racines de cette équation sont réelles, recherche qui exige un examen attentif. Dans la série

$$1 - \frac{gR^2}{2^2} + \frac{g^2R^4}{2^2 \cdot 4^2} - \frac{g^3R^6}{2^2 \cdot 4^2 \cdot 6^2} + \frac{g^4R^8}{2^2 \cdot 4^2 \cdot 6^2 \cdot 8^2} - \&c.,$$

qui exprime la valeur que reçoit u lorsque $x = R$, on remplacera $\frac{gR^2}{2^2}$ par la quantité θ et, désignant par $f(\theta)$ ou y une fonction de θ, on aura

$$y = f\theta = 1 - \theta + \frac{\theta^2}{2^2} - \frac{\theta^3}{2^2 \cdot 3^2} + \parallel \frac{\theta^4}{2^2 \cdot 3^2 \cdot 4^2} - \&c.$$

L'équation déterminée

$$\frac{hR}{2K} = \frac{\dfrac{gR^2}{2^2} - \dfrac{2g^2R^4}{2^2 \cdot 4^2} + \dfrac{3g^3R^6}{2^2 \cdot 4^2 \cdot 6^2} - \&c.}{1 - \dfrac{gR^2}{2^2} + \dfrac{g^2R^4}{2^2 \cdot 4^2} - \dfrac{g^3R^6}{2^2 \cdot 4^2 \cdot 6^2} + \cdots},$$

que devient

$$\frac{hR}{2K} = \frac{\theta - \dfrac{2\theta^2}{2^2} + \dfrac{3\theta^3}{2^2 \cdot 3^2} - \dfrac{4\theta^4}{2^2 \cdot 3^2 \cdot 4^2} + \cdots}{1 - \theta + \dfrac{\theta^2}{2^2} - \dfrac{\theta^3}{2^2 \cdot 3^2} + \dfrac{\theta^4}{2^2 \cdot 3^2 \cdot 4^2} - \cdots}$$

ou

$$\frac{hR}{2K} = -\frac{\theta f'\theta}{f\theta},$$

est d'un degré infiniment élevé et nous reconnaîtrons qu'elle a toutes ses racines réelles et positives. Chacune d'elles fournira une valeur pour g, au moyen de l'équation

$$\frac{gR^2}{2^2} = \theta,$$

et l'on obtiendra ainsi les quantités $g_1 \ldots g_2 \ldots g_3 \ldots g_4 \ldots$ qui entrent en nombre infini dans la solution cherchée.

120.
Equations différentielles auxquelles satisfait la fonction qui entre dans l'équation déterminée.

La question est donc de démontrer que l'équation

$$\frac{hR}{2K} + \frac{\theta f'\theta}{f\theta} = 0$$

doit avoir toutes ses racines réelles. Nous établirons en effet que l'équation $f(\theta) = 0$ a toutes ses racines réelles, qu'il en est de même par conséquent de l'équation $f'(\theta) = 0$, et qu'il s'ensuit de-là que l'équation $a = \dfrac{\theta f'(\theta)}{f(\theta)}$ a aussi toutes ses racines réelles, a étant un nombre quelconque. L'équation

$$y = 1 - \theta + \frac{\theta^2}{2^2} - \frac{\theta^3}{2^2 \cdot 3^2} + \frac{\theta^4}{2^2 \cdot 3^2 \cdot 4^2} - \&c.$$

donne

$$\frac{dy}{d\theta} = -1 + \frac{2\theta}{2^2} - \frac{3\theta^2}{2^2 \cdot 3^2} + \frac{4\theta^3}{2^2 \cdot 3^2 \cdot 4^2} - \frac{5\theta^4}{2^2 \cdot 3^2 \cdot 4^2 \cdot 5^2} + \cdots$$

et

$$\frac{d^2y}{d\theta^2} = \frac{2}{2^2} - \frac{2 \cdot 3 \cdot \theta}{2^2 \cdot 3^2} + \frac{3 \cdot 4 \cdot \theta^2}{2^2 \cdot 3^2 \cdot 4^2} - \frac{4 \cdot 5 \cdot \theta^3}{2^2 \cdot 3^2 \cdot 4^2 \cdot 5^2} + \cdots$$

Multipliant la troisième par θ et ajoutant aux deux autres, on a

$$y + \frac{dy}{d\theta} + \theta \frac{d^2y}{d\theta^2} = 0.$$

Ainsi la fonction de θ dont il s'agit satisfait à l'équation différentielle précédente. On écrira comme il suit cette équation et toutes celles que l'on en déduit par la différentiation:[1]

$$\| \quad y + \frac{dy}{d\theta} + \theta \frac{d^2y}{d\theta^2} = 0$$

$$\frac{dy}{d\theta} + 2\frac{d^2y}{d\theta^2} + \theta \frac{d^3y}{d\theta^3} = 0$$

$$\frac{d^2y}{d\theta^2} + 3\frac{d^3y}{d\theta^3} + \theta \frac{d^4y}{d\theta^4} = 0,$$

---

[1][Ed.] Fourier deleted almost a page of discussion here: as usual his crossing-out was most efficient, but he seems to have been considering the roots of the surface equation, expressed either as g's or θ's, from its first derivative. These thoughts were superseded by the results which now follow.

et en général

$$\frac{d^i y}{d\theta^i} + (i+1)\frac{d^{(i+1)}y}{d\theta^{(i+1)}} + \theta\frac{d^{(i+2)}y}{d\theta^{(i+2)}} = 0.$$

121. L'équation déterminée a toutes ses racines réelles.

175

Si l'on écrit l'équation algébrique en x, $X = 0$, et toutes celles qui en dérivent la différentiation, savoir..

$$\frac{dX}{dx} = 0, \quad \frac{d^2 X}{dx^2} = 0, \quad \frac{d^3 X}{dx^3} = 0, \quad \frac{d^4 X}{dx^4} = 0, \quad \&c. \ldots$$

et que toute racine d'une quelconque de ces équations étant substituée dans celle qui la précède et dans celle qui la suit, donne deux résultats de signe opposé, il est certain que la proposée $X = 0$ a toutes ses racines réelles, et que par conséquent il en est de même de toutes les équations subordonnées $\frac{dX}{dx} = 0$, $\frac{d^2 X}{dx^2} = 0$, $\frac{d^3 X}{dx^3} = 0$, &c.[2] Il suffit donc de prouver que les équations $y = 0, \frac{dy}{d\theta} = 0, \frac{d^2 y}{d\theta^2} = 0, \frac{d^3 y}{d\theta^3} = 0$, &c. remplissent la condition précédente. Or cela se déduit de l'équation générale

$$\frac{d^i y}{d\theta^i} + (i+1)\frac{d^{(i+1)}y}{d\theta^{(i+1)}} + \theta\frac{d^{(i+2)}y}{d\theta^{(i+2)}} = 0.$$

En effet, si l'on donne à θ une valeur positive qui rend nulle le différentiel $\frac{d^{(i+1)}y}{d\theta^{(i+1)}}$, les deux autres termes $\frac{d^i y}{d\theta^i}$ et $\frac{d^{(i+2)}y}{d\theta^{(i+2)}}$ recevront des valeurs de signe opposé. A l'égard des valeurs négatives de θ, il est visible d'après la nature de la fonction $f(\theta)$ qu'aucune quantité négative mise à la place de θ ne pourrait rendre nulle, ni cette fonction, ni aucune de celles qui en dérivent par la différentiation; car la substitution d'une quantité négative quelconque depuis 0 jusqu'à $\frac{1}{0}$ donne des résultats de même signe. On est donc assuré que l'équation $y = 0$ a toutes ses racines

---

[2][J.F.] Ces propositions sont fondées sur la théorie des équations algébriques et ont été démontrées depuis longtemps.

 [Ed.] Fourier added this remark in his own hand in the margin of his p. 175. In the later versions he incorporated the remark into the text, and in the 1811 paper added a footnote referring—very modestly—to de Gua, to whose work we gave reference in n. 14, p. 9. [See 1811 paper, part 1, 433; *Théorie*, art. 308.]

réelles et positives. Il suit de là que l'équation $f'(\theta) = 0$, ou $y' = 0$, a aussi toutes ses racines réelles, ce qui est une conséquence des principes de l'algèbre. Examinons maintenant quelles sont les valeurs successives que reçoit le terme $\frac{\theta y'}{y}$ lorsqu'on donne à θ des valeurs continuellement croissantes depuis $\theta = 0$ jusqu'à $\theta = \frac{1}{0}$. Lorsqu'une valeur de θ rend y' nulle, la quantité $\frac{\theta y'}{y}$ devient nulle aussi; elle devient infinie lorsque θ rend y nulle. Or il suit de la théorie des équations que, dans le cas dont il s'agit, toute racine de $y = 0$ est placée entre deux racines de $y' = 0$, et réciproquement, en désignant par θ_1 et θ_3 deux racines ‖ consécutives de cette dernière équation et par θ_2 la racine de l'équation $y = 0$ qui est placée entre θ_1 et θ_3, on voit que la quantité $\frac{\theta y'}{y}$ est nulle lorsque $\theta = \theta_1$, infinie lorsque $\theta = \theta_2$, et nulle lorsque $\theta = \theta_3$. Il est donc nécessaire que cette quantité $\frac{\theta y'}{y}$ prenne toutes ses valeurs possibles depuis 0 jusqu'à l'infini dans l'intervalle de θ_1 à θ_2, et prenne aussi toutes les valeurs possibles du signe opposé depuis l'infini jusqu'à 0 dans l'intervalle de θ_2 à θ_3. Donc l'équation $A = \frac{\theta y'}{y}$ a nécessairement une racine réelle entre θ_1 et θ_3, et comme l'équation $y' = 0$ a une infinité de racines réelles, il s'ensuit que l'équation $A = \frac{\theta y'}{y}$ a aussi une infinité de racines réelles. On est parvenu à démontrer de cette manière que l'équation déterminée

$$\frac{hR}{2K} = \frac{\theta - \frac{2\theta^2}{2^2} + \frac{3\theta^3}{2^2 \cdot 3^2} - \cdots}{1 - \theta + \frac{\theta^2}{2^2} - \cdots},$$

ou

$$\frac{hR}{2K} = \frac{\frac{gR^2}{2^2} - \frac{2g^2R^4}{2^2 \cdot 4^2} + \cdots}{1 - \frac{gR^2}{2^2} + \frac{g^2R^4}{2^2 \cdot 4^2} - \cdots},$$

dont l'inconnue est g, a toutes ses racines réelles et positives. On voit maintenant que la fonction u de x, qui est exprimée par

$$1 - \frac{gx^2}{2^2} + \frac{g^2 x^4}{2^2 \cdot 4^2} - \frac{g^3 x^6}{2^2 \cdot 4^2 \cdot 6^2} + \cdots$$

et qui satisfait à l'équation

$$gu + \frac{d^2 u}{dx^2} + \frac{1}{x}\frac{du}{dx} = 0,$$

reçoit une infinité de valeurs différentes lorsque l'on met à la place de g les racines de l'équation déterminée.

16

Solution for the Cylinder: The Appearance of Transcendental Functions

Fourier had found his general solution form for the cylinder and had shown the reality and infinity of the roots of the transcendental equation on which the solution was founded. Now he was faced with the problem of finding the values of the coefficients, presumably by some kind of infinite matrix or integration term-by-term method. He began with a general investigation of the properties of his function of θ. From the ith derivative of its ordinary differential equation

(16.1) $$\theta \frac{d^{(i+2)}y}{d\theta^{(i+2)}} + (i+1)\frac{d^{(i+1)}y}{d\theta^{(i+1)}} + \frac{d^{(i)}y}{d\theta^{(i)}} = 0,$$

which he had used in article 121 (our page 339) to show the reality of the roots of the transcendental equation, he found the series form

(16.2) $$y = 1 - \theta + \frac{\theta^2}{2^2} - \frac{\theta^3}{2^2 \cdot 3^2} + \dots$$

Art. 122 of the function directly. He summed (16.2) by showing that it was the constant term in the expansion in e^{iq} of

(16.3) $$\tfrac{1}{2}(e^{i\alpha \sin q} + e^{-i\alpha \sin q}) \quad \text{or} \quad \cos(\alpha \sin q), \quad \alpha = 2\sqrt{\theta},$$

that is, A in

(16.4) $$\cos(\alpha \sin q) = A + B\cos 2q + C\cos 4q + \dots.$$

Therefore by standard Fourier series calculation the function given by the series in (16.2) had the integral form:

(16.5) $$y = \frac{1}{\pi}\int_0^\pi \cos(\alpha \sin q)\, dq.$$

Hence, returning to the original notation of the axis variable x by the relations

(16.6) $$\theta = g\frac{x^2}{2^2}, \quad g = \frac{m}{K},$$

the ordinary differential equation

(16.7) $$\frac{d^2u}{dx^2} + \frac{1}{x}\frac{du}{dx} + gu = 0$$

had a series solution

(16.8)
$$u(x) = 1 - \frac{gx^2}{2^2} + \frac{g^2 x^4}{2^2 \cdot 4^2} - \cdots$$

Art. 123

which could also be expressed, from (16.5) and (16.6), as

(16.9)
$$u(x) = \frac{1}{\pi} \int_0^\pi \cos(x\sqrt{g} \sin q) \, dq.$$

Art. 124

This was one of the two solutions to (16.7): by known methods Fourier found the second solution. But since this solution contained a factor of the form $\log x$ it would be inadmissible in the cylinder problem, for it would give a negative infinite temperature along the axis of the cylinder; so only the forms (16.8) and (16.9) would apply. After showing the identity of the forms (16.8) and (16.9) of $u(x)$ by expanding the integrand of the latter as a power series, he sketched its graph from the results he had found and turned the expression $\left(-\dfrac{\theta f'(\theta)}{f(\theta)}\right)$ of his transcendental equation into a continued fraction — a common analytical procedure of the time.

Art. 125

Art. 126

Art. 127

Art. 128

Now he felt ready to tackle the calculations of the coefficients in the general solution. The transcendental equation itself

(16.10)
$$-\frac{\theta f'(\theta)}{f(\theta)} = \frac{hR}{2K}$$

had roots $\theta_1, \theta_2, \ldots$, and therefore, from (16.6), the corresponding values of m were $-\dfrac{2^2 K \theta_1}{R^2}, -\dfrac{2^2 K \theta_2}{R^2}, \ldots$. Thus the general solution form

(16.11)
$$v = \sum_{r=1}^\infty a_r e^{-m_r t} u_r(x)$$

Art. 129

of article 118 (our page 336) became, from (16.9),

(16.12)
$$v = \sum_{r=1}^\infty a_r \exp\left(-\frac{2^2 K t \theta_r}{R^2}\right) \int_0^\pi \cos\left(\frac{2x}{R} \sqrt{\theta_r} \sin q\right) dq.$$

The boundary condition

(16.13)
$$v = \phi(x) \text{ when } x = R \text{ for all } t$$

led, in the notation of (16.11), to the equation

(16.14) $$\phi(x) = \sum_{r=1}^{\infty} a_r u_r(x).$$

In order to calculate the coefficients in (16.14), Fourier tried integration term-by-term rather than infinite matrices, but with what functions was he to multiply through (16.14)? Here he remembered his "weighting factor" x in the solution for the sphere which brought orthogonality to his nonharmonic series, and generalized the idea to introduce a series of functions $\sigma_1(x), \sigma_2(x), \ldots$ which would calculate $a_1, a_2, \ldots$ respectively *by assumption of orthogonality*. In (16.14) they gave a series of terms of the type

Art. 130

(16.15) $$\int_0^R u(x)\sigma(x)\,dx,$$

which led by integration by parts and (16.7) to the equation

(16.16) $$-\frac{m}{K}\int_0^R u(x)\sigma(x)\,dx = \int_0^R \left[u(x)\frac{d^2\sigma(x)}{dx^2} - u(x)\frac{d}{dx}\left(\frac{\sigma(x)}{x}\right)\right]dx$$
$$+ \left[\frac{du(x)}{dx}\sigma(x) - u(x)\frac{d\sigma(x)}{dx} + \frac{u(x)\sigma(x)}{x}\right]_0^R.$$

Now Fourier took the integrands on either side of (16.16) to be the same: that is,

Art. 131

(16.17) $$\frac{m}{K}\sigma = \frac{m}{n}\frac{d^2\sigma}{dx^2} - \frac{m}{n}\frac{d}{dx}\left(\frac{\sigma}{x}\right),$$

where n is a new constant, which led to the ordinary differential equation

(16.18) $$\frac{d^2\sigma}{dx^2} - \frac{d}{dx}\left(\frac{\sigma}{x}\right) + \frac{n}{K}\sigma = 0$$

for σ to satisfy, and reduced (16.16) to

$$\left(\frac{n-m}{K}\right)\int_0^R u(x)\sigma(x)\,dx$$

(16.19) $$= \left[\frac{du(x)}{dx}\sigma(x) - u(x)\frac{d\sigma(x)}{dx} + \frac{u(x)\sigma(x)}{x}\right]_0^R.$$

After this ingenious step Fourier was able to find $\sigma(x)$. In fact, the substitution

(16.20) $$\sigma(x) = x\,s(x)$$

16 Solution for the Cylinder: Transcendental Functions

Art. 132

converted (16.18) precisely into (16.7), showing that in fact $s(x) = u(x)$ and therefore, for the series of functions $u_1(x)$, $u_2(x), \ldots$ in (16.14):

(16.21) $\quad \sigma_i(x) = x\, u_i(x), \quad i = 1, 2, \ldots .$

Hence in (16.19),

$$\left(\frac{n-m}{K}\right) \int_0^R u_i(x)\, \sigma_i(x)\, dx$$

(16.22)
$$= \left[\frac{du_i(x)}{dx} x u_i(x) - [u_i(x)]^2 - x u_i(x) \frac{du_i(x)}{dx} + [u_i(x)]^2\right]$$

(16.23)
$$= 0,$$

which was the orthogonality property for which Fourier had been looking. Returning therefore, to (16.14), multiplying through by $x\, u_i(x)$ and integrating over $[0, R]$ he obtained after some further analysis

Arts. 133–134

$$\int_0^R \phi(x) x\, u_i(x)\, dx = a_i \int_0^R x [u_i(x)]^2\, dx$$

(16.24)
$$= \frac{a_i R^2 [u_i(R)]^2}{2} \left(1 + \frac{hR}{2^2 K \sqrt{\theta_i}}\right)^2,$$

giving at last the full solution in (16.12):

Art. 135

(16.25)
$$v = \frac{2}{R^2} \sum_{i=1}^{\infty} \frac{\int_0^R \phi(q) q u_i(q)\, dq}{\left[u_i(R)\left(1 + \frac{hR}{2^2 K \sqrt{\theta_i}}\right)\right]^2} u_i(x) \exp\left(-\frac{2^2 K t \theta_i}{R^2}\right).$$

Art. 136
Arts. 137–138

Art. 139

Fourier concluded his analysis of the cylinder with the usual variety of conclusions concerning the physical situation from (16.25): asymptotic behavior of the solution, special cases of large and small values for external conductivity and radius, and determination of the rate of cooling as a function of the radius. The examiners appeared to have nothing to say on this section of his paper, where he revealed his great mastery of mathematical techniques. The many alterations in the manuscript reflect the continuing difficulties he was experiencing with the presentation of the argument, and our summary of it above mostly avoids the frequent and sometimes unnecessary changes of notation which he made at many of its stages. We indicate their occurrence with appropriately placed footnotes.

16 Solution for the Cylinder: Transcendental Functions

Comparative references for this chapter

1807 manuscript: arts. 122–139.
1811 paper: part 1, 435–457.
Théorie: arts. 310–320.

122. Développement de la fonction précédente en série.

Nous allons poursuivre cet examen de la nature de la fonction u et de l'équation différentielle à laquelle elle satisfait. On peut d'abord remarquer que si la fonction $f(\theta)$ n'était point déjà résolue en série, on déduirait ce développement de l'équation générale

$$\frac{d^i y}{d\theta^i} + (i+1)\frac{d^{(i+1)}y}{d\theta^{(i+1)}} + \theta \frac{d^{(i+2)}y}{d\theta^{(i+2)}} = 0.$$

En effet, si l'on donne à θ la valeur 0, et que l'on désigne par $y^{(i)}$ la valeur que reçoit le rapport différentiel de l'ordre i, on aura en général

$$y^{(i+1)} = -\frac{y^{(i)}}{i+1}.$$

Or les coëfficients des puissances de la variable dans le développement de la fonction dépendent des valeurs que reçoivent les rapports différentiels lorsqu'on fait la variable nulle. Donc l'équation

$$y^{(i+1)} = -\frac{y^{(i)}}{i+1}$$

servira à déterminer tous ces coëfficients en supposant le premier connu. Si l'on prend 1 pour ce 1$^\text{er}$ coëfficient on aura la série

$$y = 1 - \theta + \frac{\theta^2}{2^2} - \frac{\theta^3}{2^2 \cdot 3^2} + \frac{\theta^4}{2^2 \cdot 3^2 \cdot 4^2} - \&c.$$

Maintenant si dans l'équation proposée

$$gu + \frac{d^2 u}{dx^2} + \frac{1}{x}\frac{du}{dx} = 0$$

on fait $\|\frac{gx^2}{2^2} = \theta$, et que l'on cherche la nouvelle équation en u

et θ, en regardant u comme une fonction de θ, on trouvera

$$u + \frac{du}{d\theta} + \theta \frac{d^2u}{d\theta^2} = 0,$$

d'où l'on peut conclure, comme on vient de le voir,

$$u = 1 - \theta + \frac{\theta^2}{2^2} - \frac{\theta^3}{2^2 \cdot 3^2} + \frac{\theta^4}{2^2 \cdot 3^2 \cdot 4^2} - \&\text{c.}$$

et par conséquent

$$u = 1 - \frac{gx^2}{2^2} + \frac{g^2 x^4}{2^2 \cdot 4^2} - \&\text{c.}$$

123.
Sommation de la série par les intégrales définies.

Je passe à la sommation de la série qui exprime la valeur de u. Il faut pour obtenir ce résultat considérer que la fonction cos. (α sin. x) peut être aisément développée en cosinus d'arcs multiples. En effet, on aura les transformations connues:

$$\cos.(\alpha \sin. x) = \frac{1}{2}\left(e^{\alpha\sqrt{-1}\sin. x} + e^{-\alpha\sqrt{-1}\sin. x}\right)$$

$$= \frac{1}{2}\left(e^{\alpha\sqrt{-1}\left(\frac{e^{x\sqrt{-1}} - e^{-x\sqrt{-1}}}{2\sqrt{-1}}\right)} + e^{-\alpha\sqrt{-1}\left(\frac{e^{x\sqrt{-1}} - e^{-x\sqrt{-1}}}{2\sqrt{-1}}\right)}\right)$$

ou

$$2\cos.(\alpha \sin. x) = e^{\frac{1}{2}\alpha e^{x\sqrt{-1}}} \cdot e^{-\frac{1}{2}\alpha e^{-x\sqrt{-1}}} + e^{-\frac{1}{2}\alpha e^{x\sqrt{-1}}} \cdot e^{\frac{1}{2}\alpha e^{-x\sqrt{-1}}}.$$

Représentant par ω la quantité $e^{x\sqrt{-1}}$, on aura

$$2\cos.(\alpha \sin. x) = e^{\frac{1}{2}\alpha\omega} \cdot e^{-\frac{1}{2}\alpha\omega^{-1}} + e^{-\frac{1}{2}\alpha\omega} \cdot e^{\frac{1}{2}\alpha\omega^{-1}}.$$

On employera ensuite les équations

$$e^{\frac{1}{2}\alpha\omega} = 1 + \frac{\alpha}{2}\omega + \frac{\alpha^2}{2\cdot 4}\omega^2 + \frac{\alpha^3}{2\cdot 4\cdot 6}\omega^3 + \frac{\alpha^4}{2\cdot 4\cdot 6\cdot 8}\omega^4 + \ldots$$

$$e^{-\frac{1}{2}\alpha\omega^{-1}} = 1 - \frac{\alpha}{2}\omega^{-1} + \frac{\alpha^2}{2\cdot 4}\omega^{-2} - \frac{\alpha^3}{2\cdot 4\cdot 6}\omega^{-3} + \frac{\alpha^4}{2\cdot 4\cdot 6\cdot 8}\omega^{-4} - \ldots$$

$$e^{\frac{1}{2}\alpha\omega^{-1}} = 1 + \frac{\alpha}{2}\omega^{-1} + \frac{\alpha^2}{2\cdot 4}\omega^{-2} + \frac{\alpha^3}{2\cdot 4\cdot 6}\omega^{-3} + \frac{\alpha^4}{2\cdot 4\cdot 6\cdot 8}\omega^{-4} + \ldots$$

$$e^{-\frac{1}{2}\alpha\omega} = 1 - \frac{\alpha}{2}\omega + \frac{\alpha^2}{2\cdot 4}\omega^2 - \frac{\alpha^3}{2\cdot 4\cdot 6}\omega^3 + \frac{\alpha^4}{2\cdot 4\cdot 6\cdot 8}\omega^4 - \ldots$$

Le terme qui ne contient point ω dans le développement de la quantité

$$e^{\frac{1}{2}\alpha\omega} \cdot e^{-\frac{1}{2}\alpha\omega^{-1}} + e^{-\frac{1}{2}\alpha\omega} \cdot e^{\frac{1}{2}\alpha\omega^{-1}}$$

est

$$2\left(1 - \frac{\alpha^2}{2^2} + \frac{\alpha^4}{2^2 \cdot 4^2} - \frac{\alpha^6}{2^2 \cdot 4^2 \cdot 6^2} + \frac{\alpha^8}{2^2 \cdot 4^2 \cdot 6^2 \cdot 8^2} - \cdots\right).$$

Les coëfficients de ω^1, de ω^3, de ω^5, ... sont nuls. Il en est de même des coëfficients des termes qui contiennent ω^{-1} ... ω^{-3} ... ω^{-5} ... ω^{-7} ... &c.

Le coëfficient de ω^2 est

$$2\left(\frac{\alpha^2}{2 \cdot 4} - \frac{\alpha^4}{2^2 \cdot 4 \cdot 6} + \frac{\alpha^6}{2^2 \cdot 4^2 \cdot 6 \cdot 8} - \frac{\alpha^8}{2^2 \cdot 4^2 \cdot 6^2 \cdot 8 \cdot 10} + \&c.\right).$$

Le coëfficient de ω^{-2} est le même que celui de ω^2.

Le coëfficient de ω^4 est $2\left(\dfrac{\alpha^4}{2 \cdot 4 \cdot 6 \cdot 8} - \dfrac{\alpha^6}{2^2 \cdot 4 \cdot 6 \cdot 8 \cdot 10} + \cdots\right).$

Le coëfficient de ω^{-4} est le même que celui de ω^4 ....
Il est aisé d'exprimer la loi suivant laquelle ces coëfficients se succèdent, mais sans s'y arrêter, on remarquera que $\omega^2 + \omega^{-2}$, ou $e^{2x\sqrt{-1}} + e^{-2x\sqrt{-1}}$, équivaut à 2 cos. $2x$, que $\omega^4 + \omega^{-4}$ équivaut à 2 cos. $4x$, ainsi de suite. Il suit de là que la quantité 2 cos. (α sin. x) peut être développée par ce moyen en une série de la forme

$A + B$ cos. $2x + C$ cos. $4x + D$ cos. $6x + $ &c.,

et que le premier coëfficient A est égal à

$$2\left(1 - \frac{\alpha^2}{2^2} + \frac{\alpha^4}{2^2 \cdot 4^2} - \frac{\alpha^6}{2^2 \cdot 4^2 \cdot 6^2} + \&c.\right).$$

Si l'on compare maintenant l'équation générale que nous avons donnée ‖ précédemment:

$$\tfrac{1}{2}\phi(x) = \tfrac{1}{2}\int (\phi x\, dx) + \cos. x \int (\phi x \cos. x\, dx) + \&c. \ldots$$

à celle-ci:

2 cos. (α sin. x) $= A + B$ cos. $2x + C$ cos. $4x + $ &c. ... ,

on trouvera les valeurs des coëfficients A, B, C, &c. exprimées par des intégrales définies. Il suffit ici de trouver celle du premier coëfficient A. On aura donc

$$\tfrac{1}{2}A = \frac{1}{\pi}\int (\cos.(\alpha \sin. x)\,dx),$$

l'intégrale devant être prise depuis $x = 0$ jusqu'à $x = \pi$. Donc la valeur de la série

$$1 - \frac{\alpha^2}{2^2} + \frac{\alpha^4}{2^2 \cdot 4^2} - \frac{\alpha^6}{2^2 \cdot 4^2 \cdot 6^2} + \cdots$$

est celle de l'intégrale définie $\dfrac{1}{\pi}\int (\cos.(\alpha \sin. x)\,dx)$ prise depuis $x = 0$ jusqu'à $x = \pi$. On trouverait de la même manière par la comparaison des deux équations les valeurs des coëfficients suivants $B, C, \ldots$ &c. J'ai indiqué ces résultats parce qu'ils sont utiles dans d'autres recherches. Il suit de là que la valeur particulière de u qui satisfait à l'équation

$$gu + \frac{d^2u}{dx^2} + \frac{1}{x}\frac{du}{dx} = 0$$

est $\dfrac{1}{\pi}\int (\cos.(x\sqrt{g}\sin. s)\,ds)$, l'intégrale étant prise depuis $s = 0$ jusqu'à $s = \pi$.

124. Intégrale complète de l'équation différentielle qui correspond à la valeur particulière.

Il faut maintenant trouver l'intégrale complète de cette même équation différentielle

$$gu + \frac{d^2u}{dx^2} + \frac{1}{x}\frac{du}{dx} = 0.$$

Appelant q la valeur particulière que l'on vient de trouver pour u et s une autre fonction de x, on supposera $u = qs$, d'où

$$\frac{du}{dx} = q\frac{ds}{dx} + s\frac{dq}{dx}$$

et

$$\frac{d^2u}{dx^2} = q\frac{d^2s}{dx^2} + 2\frac{dq}{dx}\frac{ds}{dx} + s\frac{d^2q}{dx^2}.$$

En substituant, on aura

$$s\left(gq + \frac{d^2q}{dx^2} + \frac{1}{x}\frac{dq}{dx}\right) + \left(2\frac{dq}{dx} + \frac{q}{x}\right)\frac{ds}{dx} + q\frac{d^2s}{dx^2} = 0,$$

qui se réduit à

$$\left(2\frac{dq}{dx}+\frac{q}{x}\right)\frac{ds}{dx}+q\frac{d^2s}{dx^2}=0.$$

En supposant $\frac{ds}{dx}=\sigma$, on a

$$2\frac{dq}{q}+\frac{dx}{x}+\frac{d\sigma}{\sigma}=0.$$

Donc

$$2l(q)+l(x)+l(\sigma)=l(\text{const.}) \qquad \text{et} \qquad \sigma=\frac{c}{q^2x}.$$

Donc

$$s=a+b\int\frac{dx}{q^2x}.$$

On conclut de-là que l'intégrale complète de l'équation

$$gu+\frac{d^2u}{dx^2}+\frac{1}{x}\frac{du}{dx}=0$$

est

$$u=q\left(a+b\int\frac{dx}{q^2x}\right);$$

a et b sont les deux constantes arbitraires, et q a pour valeur $\frac{1}{\pi}\int(\cos.(x\sqrt{g}\sin.s)\,ds)$, cette dernière intégrale devant être prise depuis $s=0$ jusqu'à $s=\pi$. En se servant pour désigner cette intégrale du signe S, on aura

$$u=\left(a+b\int\frac{dx}{x\{S(\cos.(x\sqrt{g}\sin.s)\,ds)\}^2}\right)S(\cos.(x\sqrt{g}\sin.s)\,ds)$$

pour l'intégrale complète de l'équation du second ordre

$$gu+\frac{d^2u}{dx^2}+\frac{1}{x}\frac{du}{dx}=0.$$

Si l'on suppose

$$x\sqrt{g}=t$$

‖ on aura

$$u+\frac{d^2u}{dt^2}+\frac{1}{t}\frac{du}{dt}=0,$$

Théorie de la propagation de la chaleur. Art. 125

dont l'intégrale complète est

$$u = \left(a + b\int \frac{dt}{t\{S(\cos.\,(t\sin.\,s)\,ds)\}^2}\right) S(\cos.\,(t\sin.\,s)\,ds).$$

125. Valeurs que l'on doit donner aux constantes dans cette intégrale complète.[1]

On en conclut que la valeur de u développée en série est de cette forme:

$$u = a + bt^2 + ct^4 + dt^6 + et^8 + \ldots$$
$$+ l(t)(A + Bt^2 + Ct^4 + Dt^6 + Et^8 + \ldots),$$

et si l'on substitue une valeur de u dans l'équation

$$u + \frac{d^2u}{dt^2} + \frac{1}{t}\frac{du}{dt} = 0,$$

on déterminera les coëfficients A, B, C, D, &c. On a trouvé ainsi pour l'expression en série de l'intégrale complète:

$$u = (Al(t) + a)\left(1 - \frac{t^2}{2^2} + \frac{t^4}{2^2.4^2} - \frac{t^6}{2^2.4^2.6^2} + \frac{t^8}{2^2.4^2.6^2.8^2} - \ldots\right)$$
$$+ A\left(\frac{t^2}{2^2} - \frac{t^4}{2^2.4^2}\left(1 + \frac{1}{2}\right) + \frac{t^6}{2^2.4^2.6^2}\left(1 + \frac{1}{2} + \frac{1}{3}\right)\right.$$
$$\left. - \frac{t^8}{2^2.4^2.6^2.8^2}\left(1 + \frac{1}{2} + \frac{1}{3} + \frac{1}{4}\right) + \text{&c.}\right).$$

Il est facile de reconnaître la loi que suivent les termes de cette équation. L'intégrale complète de l'équation

$$\frac{m}{K}u + \frac{d^2u}{dx^2} + \frac{1}{x}\frac{du}{dx} = 0$$

est donc donnée par l'équation

$$u = a + bx^2\frac{m}{K} + cx^4\frac{m^2}{K^2} + dx^6\frac{m^3}{K^3} + \ldots$$
$$+ l\left(x\sqrt{\frac{m}{K}}\right)\left(A + Bx^2\frac{m}{K} + Cx^4\frac{m^2}{K^2} + \ldots\right),$$

et la valeur prise pour 0 qui doit satisfaire à l'équation aux différences partielles

$$\frac{dv}{dt} = K\left(\frac{d^2v}{dx^2} + \frac{1}{x}\frac{dv}{dx}\right)$$

---

[1][Ed.] Fourier omitted this article in the later versions, simply stating that he would take the case given by $b = 0$. [1811 paper, part 1, 439; Théorie, art. 310.]

est exprimée ainsi:

$v = e^{-mt}u.$

Mais il est visible que lorsque $x = 0$, c'est-à-dire, pour les points de l'axe du cylindre, la température initiale v est une quantité finie, d'où il faut que l'expression de u ne doit point contenir $l(x)$. Cette remarque réduit la valeur précédente de u à celle qui est donnée ainsi:

$$u = a + bx^2 \frac{m}{K} + cx^4 \frac{m^2}{K^2} + \&c. \ldots,$$

c'est-à-dire, qu'au lieu d'employer l'intégrale complète

$$u = \left(a + b \int \frac{dx}{x\left\{S\left(\cos.\left(x\sqrt{\frac{m}{K}}\sin. s\right)ds\right)\right\}^2}\right) S\left(\cos.\left(x\sqrt{\frac{m}{K}}\sin. s\right)ds\right),$$

il faut supposer que la constante arbitraire b est nulle et l'on aura seulement:

$$u = aS\left(\cos.\left(x\sqrt{\frac{m}{K}}\sin. s\right)ds\right).$$

126.
Développement de l'intégrale définie qui exprime la valeur particulière.

J'ajouterai la remarque suivante qui offre un autre moyen d'obtenir cette valeur de u. L'équation

$$\frac{1}{\pi}\int \cos.(t\sin. u)\,du = 1 - \frac{t^2}{2^2} + \frac{t^4}{2^2 . 4^2} - \frac{t^6}{2^2 . 4^2 . 6^2}$$
$$+ \frac{t^8}{2^2 . 4^2 . 6^2 . 8^2} - \&c.$$

se vérifie d'elle-même. En effet, on a

$$\int \cos.(t\sin. u)\,du = \int du\left(1 - \frac{t^2\sin.^2 u}{2} + \frac{t^4\sin.^4 u}{2.3.4} - \frac{t^6\sin.^6 u}{2.3.4.5.6}\right.$$
$$\left.+ \frac{t^8\sin.^8 u}{2.3.4.5.6.7.8}\&c.\right)$$

en intégrant depuis $u = 0$ jusqu'à $u = \pi$, et désignant par $s_2\pi \ldots s_4\pi \ldots s_6\pi \ldots s_8\pi \ldots$ les intégrales définies $S(\sin.^2 u\,du) \ldots S(\sin.^4 u\,du) \ldots S(\sin.^6 u\,du) \ldots \&c.$ on aura

$$\frac{1}{\pi}S(\cos.(t\sin. u)\,du) = -\frac{t^2}{1.2}s_2 + \frac{t^4 s_4}{1.2.3.4} - \frac{t^6 s_6}{1.2.3.4.5.6}$$
$$+ \frac{t^8 s_8}{1.2.3.4.5.6.7.8}\&c.$$

Il ne s'agit plus que de trouver $s_2 \ldots s_4 \ldots s_6 \ldots$ &c. Or la puissance $(\sin. u)^n$ peut être dèveloppée ainsi:

$$(\sin. u)^n = A_n + B_n \cos. 2u + C_n \cos. 4u + \&c.$$

En multipliant par du et intégrant entre les limites $u = 0$ et $u = \pi$, on aura seulement:

$$S(du. \overline{\sin. u^n}) = A_n . \pi,$$

les autres termes s'évanouissant. Or on a, d'après les formules connues:

$$A_2 = \frac{1}{2^2} \cdot \frac{2}{1}$$

$$A_4 = \frac{1}{2^4} \cdot \frac{3.4}{1.2}$$

$$A_6 = \frac{1}{2^6} \cdot \frac{4.5.6}{1.2.3}$$

$$A_8 = \frac{1}{2^8} \cdot \frac{5.6.7.8}{1.2.3.4}.$$

En substituant ces valeurs de $s_2 \ldots s_4 \ldots s_6 \ldots s_8 \ldots$ &c. on a

$$\frac{1}{\pi}\int \cos. (t \sin. u) \, du = t - \frac{t^2}{2^2} + \frac{t^4}{2^2 . 4^2} - \frac{t^6}{2^2 . 4^2 . 6^2} + \&c.$$

On peut rendre ce résultat plus général en prenant au lieu de $\cos. (t \sin. u)$ une fonction quelconque ϕ de $t \sin. u$. Supposons donc que l'on ait une fonction ϕz, qui soit ainsi développée:

$$\phi z = \phi + z\phi' + \frac{z^2}{1.2}\phi'' + \frac{z^3}{1.2.3}\phi''' + \frac{z^4}{1.2.3.4}\phi^{IV} + \&c. \ldots$$

On aura

(e)

$$\phi(t \sin. u) = \phi + \frac{t \sin. u}{1}\phi' + \frac{t^2}{1.2}\sin.^2 u \, \phi'' + \&c. \ldots$$

et

$$\frac{1}{\pi}\int du \, \phi(t \sin. u) = \phi + \frac{t\phi'}{1}s_1 + \frac{t^2\phi''}{1.2}s_2 + \frac{t^3\phi'''}{1.2.3}s_3 + \frac{t^4\phi^{IV}}{1.2.3.4}s_4$$
$$+ \&c.$$

Or il est facile de voir que $s_1 \ldots s_3 \ldots s_5 \ldots s_7 \ldots$ &c. ont des valeurs nulles. A l'égard de $s_2 \ldots s_4 \ldots s_6 \ldots$ &c., leurs valeurs sont les quantités que nous avons désignées précédemment par $A_2 \ldots A_4 \ldots A_6 \ldots$ &c. C'est pourquoi en substituant ces valeurs dans l'équation (*e*) on aura

$$\frac{1}{\pi}\int du\, \phi(t \sin. u) = \phi + \frac{\phi'' t^2}{2^2} + \frac{\phi^{IV} t^4}{2^2 . 4^2} + \frac{\phi^{VI} t^6}{2^2 . 4^2 . 6^2} + \&c.^2$$

Ce résultat peut être appliqué généralement, mais dans le cas dont il s'agit la fonction $\phi(z)$ représente cos. *z*. On aura

$$\phi(0) \quad \text{ou} \quad \phi = 1, \quad \phi'' = -1, \quad \phi^{IV} = 1, \quad \phi^{VI} = -1,$$

ainsi de suite, ce qui reproduit la série

$$1 - \frac{t^2}{2^2} + \frac{t^4}{2^2 . 4^2} - \frac{t^6}{2^2 . 4^2 . 6^2} + \frac{t^8}{2^2 . 4^2 . 6^2 . 8^2} - \&c.$$

**127.
Construction de la function qui entre dans l'équation déterminée.**

181

Pour connaître plus clairement la nature de la fonction $f\theta$, nous considérerons la figure de la ligne qui a pour ∥ équation

$$y = 1 - \frac{\theta}{1^2} + \frac{\theta^2}{1^2 . 2^2} - \frac{\theta^3}{1^2 . 2^2 . 3^2} + \frac{\theta^4}{1^2 . 2^2 . 3^3 . 4^4} - \ldots \&c.,$$

θ étant l'abcisse et *y* l'ordonnée. Cette valeur de *y* satisfait à l'équation

$$y + \frac{dy}{d\theta} + \theta \frac{d^2 y}{d\theta^2} = 0,$$

et de plus lorsque $\theta = 0, y = 1, \frac{dy}{d\theta} = -1$. En examinant avec attention l'équation différentielle précédente et les relations qu'elle exprime entre $y, \frac{dy}{d\theta}$ et $\frac{d^2 y}{d\theta^2}$, on reconnaît que la courbe dont il s'agit a la forme que l'on a représentée ici.

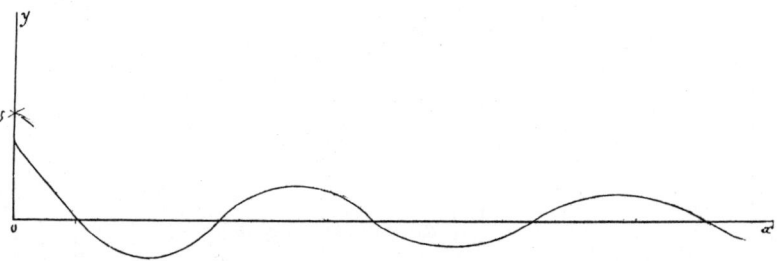

[Ed.] As Darboux pointed out in J. B. J. Fourier *Oeuvres*, 1, 344, the analysis here is not accurate but can easily be repaired. $s_1 = s_3 = \ldots = 0$ and $s_2 = 2A_2, \ldots$ over $[0, 2\pi]$; then this general result is obtained by

1° L'équation

$$y + \frac{dy}{d\theta} + \theta\frac{d^2y}{d\theta^2} = 0$$

fait voir qu'en chaque point d'intersection la courbe tourne sa concavité vers l'axe. Car si on suppose $y = 0$, θ étant toujours positive, $\frac{d^2y}{d\theta^2}$ est de signe contraire à $\frac{dy}{d\theta}$.

2° En chaque point où $\frac{dy}{d\theta}$ est nul les valeurs de y et $\frac{d^2y}{d\theta^2}$ sont de signe opposé. Donc la courbe tourne dans chacun de ses points sa concavité vers l'axe.

3° Lorsque $\frac{d^2y}{d\theta^2}$ est nul les valeurs de y et de $\frac{dy}{d\theta}$ sont de signe opposé. Donc, si dans un de ces points l'ordonnée y est positive, sa fluxion est négative et la courbe tend à se rapprocher de l'axe. Si au contraire l'ordonnée est négative, sa fluxion est positive et la courbe se rapproche encore de l'axe. On conclut de ces trois remarques que chacun des axes de cette courbe comprise entre trois points d'intersection consécutifs se divise en trois parties, dans chacune desquelles la courbe tend à se rapprocher de l'axe. Dans la première, comprise entre le point d'intersection et le point du maximum, la courbe s'éloigne de l'axe par sa direction et s'en rapproche par sa courbure, ensorte que dans le temps qu'elle coupe l'axe elle se dispose à le couper. Encore une fois, dans la seconde partie, comprise entre le point du maximum et le point d'inflexion, la courbe tend à se rapprocher de l'axe tant à tant de sa direction qu'à cause de sa courbure. Enfin, dans la troisième partie, comprise entre le point d'inflexion et le point d'intersection, la courbe s'éloigne de l'axe par sa courbure et s'en rapproche par sa direction. Ce sont ces propriétés qui donnent à la courbe une infinité de points d'intersection, on ‖ ne lui permettant point de s'éloigner de l'axe à l'infini.

4° L'équation

$$y + \frac{dy}{d\theta} + \theta\frac{d^2y}{d\theta^2} = 0$$

---

splitting $[0, 2\pi]$ into $[0, \pi]$ and $[\pi, 2\pi]$ and transforming the latter interval into the former by substitution.

Fourier omitted the next article from the 1811 paper and the *Théorie*.

peut être mise sous cette forme

$$\int y\,d\theta = -\theta\frac{dy}{d\theta},$$

ce qui fait connaître que l'aire de la courbe est toujours mesurée par l'interceptée 0s, dont la grandeur est déterminée à l'origine par la ligne ps parallèle à la tangente en m.[3] En effet cette ligne 0s a pour expression $-\theta\frac{dy}{d\theta}$. Cette propriété pourrait servir à déterminer par des constructions la figure de la courbe. On en conclut que dans les points où la tangente est parallèle à l'axe l'aire de la courbe comptée depuis l'origine est nulle, car en ces points l'interceptée 0s a une valeur nulle. Donc l'aire positive est continuellement détruite par l'aire négative qui la suit. Ainsi la courbe passe alternativement au-dessus et au-dessous de l'axe en formant des aires de valeur égale et de signe opposé.

Il est facile présentement de connaître la forme de la courbe qui a pour équation $y' = \frac{dy}{d\theta} = f'(\theta)$. Cette courbe coupe l'axe lorsque la précédente est parallèle à l'axe et elle est elle-même parallèle à l'axe lorsque la précédente a un point d'inflexion.

La courbe dont l'ordonnée serait égale à $\theta f'\theta$ aurait aussi les mêmes points d'intersection que celle dont l'équation est $y = f'\theta$, et de plus elle coupe l'axe à l'origine lorsque $\theta = 0$; la figure représente ces trois courbes.

---

[3][Ed.] As Fourier has not properly completed his diagram, we give a version here.

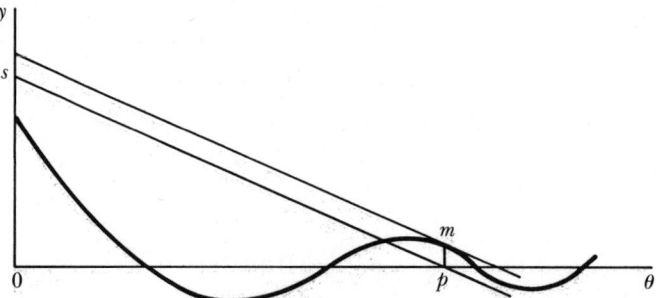

In Fourier's next diagram, drawn on the top of his p. 183, $f(\theta)$ is represented by the continuous firm line, $f'(\theta)$ by the broken line, $\theta f'(\theta)$ by the dotted line, and $\theta f'(\theta)/f(\theta)$ by the discontinuous firm line.

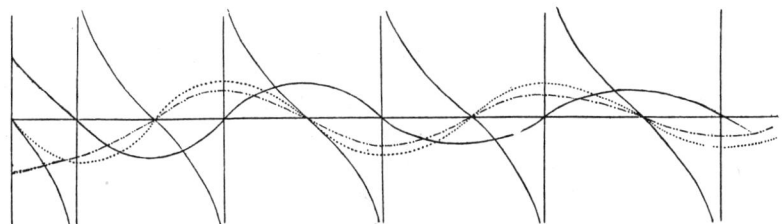

Si l'on prend maintenant le quotient continuel de l'ordonnée de la troisième courbe par l'ordonnée de la première, on formera une quatrième courbe dont l'équation est

$$z = \theta \frac{f'\theta}{f\theta}.$$

Cette dernière courbe, celle que nous avions principalement à considérer, est composée d'une infinité d'axes asymptotiques. Les points d'intersection répondent aux points de maximum de la première courbe et les ordonnées asymptotiques répondent aux points d'intersection de cette première courbe. Il résulte clairement de ces constructions que l'équation

$$\frac{hR}{2K} + \theta \frac{f'\theta}{f\theta} = 0$$

a une infinité de racines réelles positives en θ. En effet, si l'on marque à l'origine une ordonnée égale à $-\frac{hR}{2K}$ et que par l'extrémité on mène une parallèle à l'axe, cette dernière ligne aura une infinité de points d'intersection avec celle qui a pour équation $z = \theta \frac{f'\theta}{f\theta}$.

|| 128.
Résolution de cette fonction en fraction continue.

183

La construction précédente fait connaître la nature de la fonction $\theta \frac{f'\theta}{f\theta}$ qui entre dans l'équation déterminée. On peut mettre cette même fonction sous une forme analytique, qui mérite d'être remarquée. L'indéterminée y ou $f(\theta)$ satisfait à l'équation

$$y + \frac{dy}{d\theta} + \theta \frac{d^2y}{d\theta^2} = 0,$$

d'où l'on déduit par des différentiations successives les

16 Solution for the Cylinder: Transcendental Functions

équations

$$\frac{dy}{d\theta} + 2\frac{d^2y}{d\theta^2} + \theta\frac{d^3y}{d\theta^3} = 0,$$

$$\frac{d^2y}{d\theta^2} + 3\frac{d^3y}{d\theta^3} + \theta\frac{d^4y}{d\theta^4} = 0,$$

et généralement

$$\frac{d^i y}{d\theta^i} + (i+1)\frac{d^{(i+1)}y}{d\theta^{(i+1)}} + \theta\frac{d^{(i+2)}y}{d\theta^{(i+2)}} = 0.$$

Au moyen de ces équations, il est facile de résoudre en fractions continues la fonction dont il s'agit, ou $-\theta\dfrac{f'\theta}{f\theta}$. En effet, en mettant par abréviation les quantités y', y'', y''', y^{IV}, ... &c. au lieu de celles-ci: $\dfrac{dy}{d\theta}, \dfrac{d^2y}{d\theta^2}, \dfrac{d^3y}{d\theta^3}, \ldots$ &c., on aura les équations:

$$-y = y' + \theta y'' \qquad \frac{y'}{y} = -\frac{y'}{y' + \theta y''} = -\frac{1}{1 + \theta\dfrac{y''}{y'}}$$

$$-y' = 2y'' + \theta y''' \qquad \frac{y''}{y'} = -\frac{y''}{2y'' + \theta y'''} = -\frac{1}{2 + \theta\dfrac{y'''}{y''}}$$

ou

$$-y'' = 3y''' + \theta y^{IV} \qquad \frac{y'''}{y''} = -\frac{y'''}{3y''' + \theta y^{IV}} = -\frac{1}{3 + \theta\dfrac{y^{IV}}{y'''}}$$

$$-y''' = 4y^{IV} + \theta y^{V} \qquad \frac{y^{IV}}{y'''} = -\frac{y^{IV}}{4y^{IV} + \theta y^{V}} = -\frac{1}{4 + \theta\dfrac{y^{V}}{y^{IV}}}$$

.... &c.,

d'où l'on conclut

$$\frac{y'}{y} = -\cfrac{1}{1 - \cfrac{\theta}{2 - \cfrac{\theta}{3 - \cfrac{\theta}{4 - \cfrac{\theta}{5 - \;\;\text{&c.}}}}}}$$

184

‖ Ainsi la fonction $-\theta\dfrac{f'\theta}{f\theta}$ est la valeur de la fraction continuée à l'infini

$$\cfrac{\theta}{1-\cfrac{\theta}{2-\cfrac{\theta}{3-\cfrac{\theta}{4-\cfrac{\theta}{5-\ \&c.}}}}}$$

129.
Equation générale qui exprime le mouvement de la chaleur dans un cylindre.

On pourrait tirer de cette expression diverses conséquences sur la fonction dont il s'agit et sur son analogie avec les fonctions circulaires. Nous ne nous arrêterons point à ces détails, et reprennant l'équation

$$\frac{hR}{K}+\theta\frac{f'\theta}{f\theta}=0,$$

nous désignerons ses différentes racines par $\theta_1\ldots\theta_2\ldots\theta_3\ldots\theta_4\ldots$ &c. Cela posé, voici les résultats de l'analyse précédente. Le rayon variable de la couche cylindrique étant désigné par x et la température de cette couche étant v, qui est fonction de x et du temps t, cette fonction cherchée v doit satisfaire à l'équation aux différences partielles

$$\frac{dv}{dt}=K\left\{\frac{d^2v}{dx^2}+\frac{1}{x}\frac{dv}{dx}\right\}.$$

On peut prendre pour v la valeur suivante:

$$v=e^{-mt}u.$$

u est une fonction de x qui satisfait à l'équation différentielle

$$\frac{m}{K}u+\frac{d^2u}{dx^2}+\frac{1}{x}\frac{du}{dx}=0.$$

Si l'on fait

$$\theta=\frac{m}{K}\frac{x^2}{2^2}, \qquad \text{on aura} \qquad u+\frac{du}{d\theta}+\theta\frac{d^2u}{d\theta^2}=0.$$

La valeur suivante:

$$u=1-\frac{\theta}{1^2}+\frac{\theta^2}{1^2\cdot 2^2}-\frac{\theta^3}{1^2\cdot 2^2\cdot 3^2}+\frac{\theta^4}{1^2\cdot 2^2\cdot 3^2\cdot 4^2}-\&c.$$

satisfait à l'équation en u et θ. On prendra donc pour la valeur de u en x celle-ci:

$$1 - \frac{m}{K}\frac{x^2}{2^2} + \frac{m^2}{K^2}\frac{x^4}{2^2 \cdot 4^2} - \frac{m^3}{K^3}\frac{x^6}{2^2 \cdot 4^2 \cdot 6^2} + \&c.$$

La somme de cette série est $\frac{1}{\pi} S \left(\cos.\left(x\sqrt{\frac{m}{K}} \sin. q \right) dq \right)$, l'intégrale étant prise depuis $q = 0$ jusqu'à $q = \pi$. Cette valeur de u en x et m satisfait à l'équation différentielle

$$\frac{m}{K} u + \frac{d^2 u}{dx^2} + \frac{1}{x}\frac{du}{dx} = 0$$

et conserve une valeur finie lorsque x est nulle. De plus, l'équation

$$\frac{h}{K} u + \frac{du}{dx} = 0$$

doit être satisfaite lorsque $x = R$. R est ∥ le rayon entier du cylindre, h est un coëfficient qui dépend de la facilité avec laquelle la chaleur se dissipe par la surface, soit par l'irradiation, soit par le contact du milieu. Cette condition n'aurait pas lieu si l'on donnait à la quantité m qui entre dans la fonction u une valeur quelconque. Il faut que l'on ait l'équation

(e)
$$\frac{hR}{2K} = \cfrac{\theta}{1 - \cfrac{\theta}{2 - \cfrac{\theta}{3 - \cfrac{\theta}{4 - \cfrac{\theta}{5 - \&c.}}}}}$$

θ est égale à $\dfrac{m}{K}\dfrac{R^2}{2^2}$; ainsi l'équation déterminée qui doit donner la valeur de m est celle-ci:

$$\frac{hR}{2K} = \cfrac{\dfrac{m}{K}\dfrac{R^2}{2^2}}{1 - \cfrac{\dfrac{m}{K}\dfrac{R^2}{2^2}}{2 - \cfrac{\dfrac{m}{K}\dfrac{R^2}{2^2}}{3 - \quad \&c.}}}$$

h, K, et R étant des quantités connues, on trouve au moyen de

Théorie de la propagation de la chaleur. Art. 130

l'équation (e) pour θ une infinité de valeurs réelles positives que l'on désigne par $\theta_1 \ldots \theta_2 \ldots \theta_3 \ldots$ &c. Les valeurs correspondantes de m sont $\dfrac{2^2 K \theta_1}{R^2}, \ldots \dfrac{2^2 K \theta_2}{R^2}, \ldots \dfrac{2^2 K \theta_3}{R^2}$, &c. Ainsi la valeur particulière de v est exprimée ainsi:

$$\pi v = e^{-\frac{2^2 K t \theta}{R^2}} S\left(\cos.\left(\frac{2x}{R}\sqrt{\theta}\sin. q\right) dq\right),$$

et l'on peut mettre au lieu de θ une quelconque des racines $\theta_1 \ldots \theta_2 \ldots \theta_3 \ldots$ &c. On peut maintenant former la valeur générale de v, qui est exprimée par l'équation suivante:

$$\pi v = a_1 e^{-\frac{2^2 K t \theta_1}{R^2}} S\left(\cos.\left(\frac{2x}{R}\sqrt{\theta_1}\sin. q\right) dq\right)$$

$$+ a_2 e^{-\frac{2^2 K t \theta_2}{R^2}} S\left(\cos.\left(\frac{2x}{R}\sqrt{\theta_2}\sin. q\right) dq\right)$$

$$+ a_3 e^{-\frac{2^2 K t \theta_3}{R^2}} S\left(\cos.\left(\frac{2x}{R}\sqrt{\theta_3}\sin. q\right) dq\right) + \text{&c.}$$

$a_1 \ldots a_2 \ldots a_3 \ldots a_4 \ldots$ &c. sont des coëfficients arbitraires, q est une variable qui disparaît après les intégrations, parce qu'elles doivent toutes avoir lieu depuis $q = 0$ jusqu'à $q = \pi$.

130.
Calcul des coëfficients qui entrent dans cette intégrale.

186

Il s'agit donc ‖ de déterminer les coëfficients $a_1 \ldots a_2 \ldots a_3 \ldots a_4 \ldots$ &c. au moyen de l'état initial. On reprendra l'équation

$$v = a_1 e^{-m_1 t} u_1 + a_2 e^{-m_2 t} u_2 + a_3 e^{-m_3 t} u_3 + \text{&c.},$$

dans laquelle $u_1 \ldots u_2 \ldots u_3 \ldots$ sont les différentes valeurs que prend la fonction u ou

$$1 - \frac{m}{K}\frac{R^2}{2^2} + \frac{m^2}{K^2}\frac{R^4}{2^2 . 4^2} - \text{&c.}^4$$

Lorsque l'on met successivement au lieu de $\dfrac{m}{K}$ les valeurs $g_1 \ldots g_2 \ldots g_3 \ldots$ &c. lorsque le temps t est nul, la température est exprimée ainsi:

$$v = a_1 u_1 + a_2 u_2 + a_3 u_3 + a_4 u_4 + \ldots$$

---

[4][Ed.] This function is $u(R)$, the value of $u(x)$ when $x = R$. Fourier intends here the general series form
$$u(x) = 1 - \frac{m}{K}\frac{x^2}{2^2} + \frac{m^2}{K^2}\frac{x^4}{2^2 . 4^2} - \cdots.$$

et v est une fonction arbitraire de x; soit $\phi(x)$ cette fonction, et représentons la fonction u_i, dont l'indice est i, par $\psi(x\sqrt{g_i})$.[5] On aura ainsi l'équation

$$\phi(x) = a_1\psi(x\sqrt{g_1}) + \ldots a_i\psi(x\sqrt{g_i}) + \ldots \&c.,$$

dans laquelle il faut déterminer les coëfficients $a_1 \ldots a_2 \ldots a_3 \ldots a_i \ldots \&c.$ Pour déterminer le premier coëfficient a_1, on multipliera chacun des membres de l'équation par $\sigma_1\, dx$, σ_1 étant une fonction de x, et l'on intégrera depuis $x = 0$ jusqu'à $x = R$. On verra bientôt que cette fonction σ_1 peut être telle qu'après les intégrations le second membre se réduira au premier terme seulement, dans lequel se trouve le coëfficient a_1; toutes les autres intégrales auront une valeur nulle. Pour déterminer le second coëfficient a_2, on multipliera pareillement les deux termes de l'équation

$$\phi(x) = a_1 u_1 + a_2 u_2 + a_3 u_3 + \ldots a_i u_i + \&c.$$

par le facteur $\sigma_2\, dx$, et l'on intégrera depuis $x = 0$ jusqu'à $x = R$. Il en résultera que toutes les intégrales du second membre s'évanouiront excepté une seule, savoir, celle qui est affectée du coëfficient a_2. En général on emploie une suite de fonctions $\sigma_1, \sigma_2, \sigma_3, \sigma_i \ldots$ analogues aux fonctions successives $u_1, u_2, u_3, \ldots u_i, \&c.$ Chacune de ces premières fonctions a la propriété de faire disparaître par l'intégration tous les termes qui contiennent des intégrales définies, excepté un seul. On obtient de cette manière la valeur de chacun des coëfficients $a_1 \ldots a_2 \ldots a_3 \ldots a_4 \ldots \&c.$

131. Recherches des facteurs qui doivent servir à la détermination de ces coëfficients.

Il faut maintenant rechercher ∥ quelles sont les fonctions $\sigma_1, \sigma_2, \sigma_3, \sigma_i, \&c.$ qui jouissent de la propriété dont il s'agit. Chacun des termes du second membre de l'équation est une intégrale définie de cette forme

$$a \int (\sigma u\, dx);$$

---

[5][Ed.] In the text this function is always written as $\phi(x\sqrt{g_i})$, but we have followed the intention expressed in Fourier's later published versions of writing it as $\psi(x\sqrt{g_i})$ to avoid confusion with the arbitrary function $\phi(x)$ under representation by the infinite series of functions $\psi(x\sqrt{g_i})$, $i = 1, 2, \ldots$.

The notation situation to date is

$$\psi(x\sqrt{g_i}) \equiv \psi\left(x\sqrt{\frac{m_i}{K}}\right) \equiv u_i(x).$$

u est une fonction de x qui satisfait à l'équation

$$\frac{m}{K}u + \frac{1}{x}\frac{du}{dx} + \frac{d^2u}{dx^2} = 0.$$

On aura donc

$$a\int (\sigma u\, dx) = -a\frac{K}{m}\int \left(\frac{\sigma}{x}\frac{du}{dx} + \sigma\frac{d^2u}{dx^2}\right)dx.$$

Si l'on développe au moyen de l'intégration par parties les termes

$$\int\left(\frac{\sigma}{x}\frac{du}{dx}\,dx\right) \quad \text{et} \quad \int\left(\sigma\frac{d^2u}{dx^2}\,dx\right),$$

on aura

$$\int\left(\frac{\sigma}{x}\frac{du}{dx}\,dx\right) = c + u\frac{\sigma}{x} - \int\left(u\,d\left(\frac{\sigma}{x}\right)\right)$$

et

$$\int\left(\sigma\frac{d^2u}{dx^2}\,dx\right) = c' + \frac{du}{dx}\sigma - u\frac{d\sigma}{dx} + \int\left(u\frac{d^2\sigma}{dx^2}\,dx\right),$$

ce qui est vérifié par la différentiation. Les intégrales développées

$$\int\left(\frac{\sigma}{x}\frac{du}{dx}\,dx\right) \quad \text{et} \quad \int\left(\sigma\frac{d^2u}{dx^2}\,dx\right)$$

devant être prises entre les limites $x = 0$ et $x = R$, il faudra déterminer par cette condition les quantités qui entrent dans le développement, et ne sont point sous le signe $\int$. Pour désigner la valeur que reçoit une expression quelconque lorsqu'on y suppose à x sa première valeur zéro, on affectera cette expression de l'indice α, et on lui donnera l'indice ω pour indiquer ce que devient une fonction de x lorsqu'on donne à cette variable x sa dernière valeur R. On aura donc, en supposant dans les deux dernières équations $x = 0$, ce qui fait évanouir par l'hypothèse les intégrales

$$0 = c + \left(u\frac{\sigma}{x}\right)_\alpha$$

et
$$0 = c' + \left(\frac{du}{dx}\sigma - u\frac{d\sigma}{dx}\right)_\alpha.$$

On en conclut les valeurs des constantes c et c'. Faisant ensuite $x = R$ dans ces mêmes équations, et employant le signe S pour indiquer que l'intégrale est complète, on aura

$$S\left(\frac{\sigma}{x}\frac{du}{dx}dx\right) = \left(u\frac{\sigma}{x}\right)_\omega - \left(u\frac{\sigma}{x}\right)_\alpha - S\left(u\,d\left(\frac{\sigma}{x}\right)\right),$$

et

$$S\left(\sigma\frac{d^2u}{dx^2}dx\right) = \left(\frac{du}{dx}\sigma - u\frac{d\sigma}{dx}\right)_\omega - \left(\frac{du}{dx}\sigma - u\frac{d\sigma}{dx}\right)_\alpha + S\left(u\frac{d^2\sigma}{dx^2}dx\right).$$

On parvient ainsi à l'équation:

188
$$-\frac{m}{K}S(\sigma u\,dx) = S\left(u\frac{d^2\sigma}{dx^2} - \| u\frac{d\left(\frac{\sigma}{x}\right)}{dx}\right)dx + \left(\frac{du}{dx}\sigma - u\frac{d\sigma}{dx} + u\frac{\sigma}{x}\right)_\omega$$
$$-\left(\frac{du}{dx}\sigma - u\frac{d\sigma}{dx} + u\frac{\sigma}{x}\right)_\alpha.$$

On voit maintenant que si la quantité $\dfrac{d^2\sigma}{dx^2} - \dfrac{d\left(\frac{\sigma}{x}\right)}{dx}$ qui multiplie u sous le signe d'intégration dans le second membre était égal au produit de σ par un coëfficient constant, les termes

$$S\left(u\left(\frac{d^2\sigma}{dx^2} - \frac{d\left(\frac{\sigma}{x}\right)}{dx}\right)dx\right) \qquad \text{et} \qquad S(\sigma u\,dx)$$

pourraient être réunis en un seul; et que l'on obtiendrait pour l'intégrale cherchée $S(\sigma u\,dx)$ une valeur qui ne contiendrait que des quantités déterminées, et aucun signe d'intégration. Il ne resterait plus qu'à égaler cette valeur à zéro.

132. Equation différentielle à laquelle ces facteurs satisfont.

Supposons donc que le facteur σ satisfasse à l'équation différentielle du second ordre

$$\frac{n}{K}\sigma + \frac{d^2\sigma}{dx^2} - \frac{d\left(\frac{\sigma}{x}\right)}{dx} = 0,$$

de même que la fonction u satisfait à l'équation

$$\frac{m}{K} u + \frac{d^2 u}{dx^2} + \frac{1}{x} \frac{du}{dx} = 0,$$

m et n étant des coëfficients constants. On aura

$$\left(\frac{n-m}{K}\right) \int (\sigma u\, dx) = \left(\frac{du}{dx} \sigma - u \frac{d\sigma}{dx} + u \frac{\sigma}{x}\right)_\omega - \left(\frac{du}{dx} \sigma - u \frac{d\sigma}{dx} + u \frac{\sigma}{x}\right)_\alpha.$$

Il existe entre u et σ une relation très-simple, qui se découvre lorsque dans l'équation

$$\frac{n}{K} \sigma + \frac{d^2 \sigma}{dx^2} - \frac{d\left(\frac{\sigma}{x}\right)}{dx} = 0$$

on suppose $\sigma = xs$; on a par le résultat de cette substitution l'équation suivante:

$$\frac{n}{K} s + \frac{d^2 s}{dx^2} + \frac{1}{x} \frac{ds}{dx} = 0,$$

ce qui fait voir que la fonction s n'est rien autre chose que la fonction qui satisfait à l'équation

$$\frac{m}{K} u + \frac{d^2 u}{dx^2} + \frac{1}{x} \frac{du}{dx} = 0.$$

133.
Valeurs et propriétés de ces facteurs.

189

Il suffira pour trouver s de changer m en n dans la valeur de u. Or, on a vu précédemment que u est une fonction de $x\sqrt{\frac{m}{K}}$ que nous avons désignée par $\psi\left(x\sqrt{\frac{m}{K}}\right)$; c'est pourquoi on aura

$$u = \psi\left(x\sqrt{\frac{m}{K}}\right) \parallel \text{et} \qquad \sigma = x\,\psi\left(x\sqrt{\frac{m}{K}}\right).$$

On aura maintenant

$$\frac{du}{dx} \sigma - u \frac{d\sigma}{dx} + u \frac{\sigma}{x} = x\sqrt{\frac{m}{K}}\, \psi'\left(x\sqrt{\frac{m}{K}}\right) \psi\left(x\sqrt{\frac{n}{K}}\right)$$
$$- x\sqrt{\frac{n}{K}}\, \psi'\left(x\sqrt{\frac{n}{K}}\right) \psi\left(x\sqrt{\frac{m}{K}}\right) - \psi\left(x\sqrt{\frac{m}{K}}\right)\psi\left(x\sqrt{\frac{n}{K}}\right)$$
$$+ \psi\left(x\sqrt{\frac{m}{K}}\right)\psi\left(x\sqrt{\frac{n}{K}}\right).$$

Les deux dernières termes se détruisent d'eux-mêmes et il est visible qu'en faisant $x = 0$, ce qui correspond à l'indice α, le second membre entier s'évanouit. On conclut de là l'équation suivante:

$$\left(\frac{n-m}{K}\right) \int (\sigma u \, dx) = R \sqrt{\frac{m}{K}} \, \psi'\!\left(R \sqrt{\frac{m}{K}}\right)\!\psi\!\left(R \sqrt{\frac{m}{K}}\right)$$

(f)
$$- R \sqrt{\frac{n}{K}} \, \psi'\!\left(R \sqrt{\frac{n}{K}}\right)\!\psi\!\left(R \sqrt{\frac{n}{K}}\right).$$

Il est aisé de voir maintenant que le second membre de cette équation est toujours nul lorsque les quantités m et n sont du nombre de celles que nous avons désignées précédemment par $m_1 \ldots m_2 \ldots m_3 \ldots$ &c. et qui sont données par l'équation déterminée

$$\frac{hR}{2K} = \cfrac{\frac{m}{K}\frac{R^2}{2^2}}{1 - \cfrac{\frac{m}{K}\frac{R^2}{2^2}}{2 - \cfrac{\frac{m}{K}\frac{R^2}{2^2}}{3 - }}} \quad \&c.$$

On a en effet

$$\frac{hR}{2K} = -R \sqrt{\frac{m}{K}} \, \frac{\psi'\!\left(R \sqrt{\frac{m}{K}}\right)}{\psi\!\left(R \sqrt{\frac{m}{K}}\right)}$$

et

$$\frac{hR}{2K} = R \sqrt{\frac{n}{K}} \, \frac{\psi'\!\left(R \sqrt{\frac{n}{K}}\right)}{\psi\!\left(R \sqrt{\frac{n}{K}}\right)},$$

et en comparant ces deux valeurs de $\frac{hR}{2K}$ on trouve que le second membre de l'équation précédente (f) s'évanouit. Il en résulte donc qu'après que l'on a multiplié par $\sigma \, dx$ les deux membres de l'équation

$$\phi x = a_1 u_1 + a_2 u_2 + a_3 u_3 + \ldots a_i u_i + \ldots$$

et intégré de part et d'autre depuis $x = 0 \parallel$ jusqu'à $x = R$, chacune des intégrales définies qui composent le second membre s'évanouit. Il suffit de prendre pour σ la quantité xu ou $x\psi\left(x\sqrt{\frac{m}{K}}\right)$. Il faut excepter le seul cas où n est égale à m, alors la valeur de $\int(\sigma u\,dx)$ tirée de l'équation se réduit à $\frac{0}{0}$ et on la détermine par les règles connues. Soit $\sqrt{\frac{m}{K}}=\mu$ et $\sqrt{\frac{n}{K}}=\nu$: on aura

$$\int (x\psi(x\mu)\psi(x\nu)\,dx) = \frac{\mu R\psi'(\mu R)\psi(\nu R)-\nu R\psi'(\nu R)\psi(\mu R)}{\nu^2-\mu^2}.$$

Le second membre, étant différentié au numérateur et au dénominateur par rapport à ν, donnera en faisant $\mu=\nu$:

$$\frac{\mu R^2\psi'^2-R\psi\psi'-\mu R^2\psi\psi''}{2\mu}.$$

On a d'un autre côté l'équation

$$\mu^2 u + \frac{1}{u}\frac{du}{dx} + \frac{d^2u}{dx^2} = 0$$

ou

$$\mu^2\psi + \frac{\mu}{x}\psi' + \mu^2\psi'' = 0,$$

et celle-ci:

$$\frac{hx}{2K}\psi + \mu x\psi' = 0,$$

ou, faisant $\lambda = \frac{h}{2K}$,

$$\lambda\psi + \mu\psi' = 0.$$

On pourra donc éliminer dans l'intégrale qu'il s'agit d'évaluer les quantités ψ' et ψ''. En divisant la seconde équation par x et retranchant de la première, on aura

$$\left(\mu^2-\frac{\lambda}{x}\right)\psi + \mu^2\psi'' = 0.$$

Substituant pour ψ' et ψ'' leurs valeurs exprimées en ψ, on trouvera pour la valeur de l'intégrale cherchée $\frac{R^2\psi^2}{2}\left(\frac{\mu^2+\lambda^2}{\mu^2}\right)$; et $\frac{R^2 U_i^2}{2}\left(1+\frac{h^2}{2^2 K m_i}\right)$, en mettant pour μ et λ leurs valeurs et désignant par U_i la valeur que prend la fonction u ou $\psi\left(x\sqrt{\dfrac{m_i}{K}}\right)$ lorsqu'on suppose $x = R$.[6] i est l'indice qui désigne le rang de la racine m tirée de l'équation déterminée

$$\frac{hR}{2K} = \cfrac{\dfrac{m}{K}\dfrac{R^2}{2^2}}{1 - \cfrac{\dfrac{m}{K}\dfrac{R^2}{2^2}}{2-}} \quad \&c.$$

191 ‖ De l'équation

$$\frac{m_i}{K}\frac{R^2}{2^2} = \theta_i$$

on tire la valeur de m_i, qui, étant substituée dans $\dfrac{R^2 U_i^2}{2}\left(1 + \dfrac{h^2}{2^2 K m_i}\right)$, donnera $\dfrac{R^2 U_i^2}{2}\left(1 + \left(\dfrac{hR}{2^2 K \sqrt{\theta_i}}\right)^2\right)$. Il résulte de l'analyse précédente que l'on a les deux équations suivantes:

$$\int (x u_j u_i\, dx) = 0$$

et

$$\int (x u_i^2\, dx) = \frac{R^2 U_i^2}{2}\left(1 + \left(\frac{hR}{2^2 K \sqrt{\theta_i}}\right)^2\right).$$

La première a lieu toutes les fois que les nombres i et j sont différents et la seconde lorsque ces nombres sont égaux.

134.
Valeurs des constantes qui entrent dans l'intégrale.

Après avoir établi ces deux propositions, nous reprendrons l'équation

$$\phi(x) = a_1 u_1 + a_2 u_2 + a_3 u_3 + \ldots a_i u_i + \&c.$$

dans laquelle il faut déterminer les coëfficients $a_1 \ldots a_2 \ldots a_3 \ldots$ &c. Pour trouver un de ces coëfficients designés par a_i, on multipliera les deux membres de l'équation par $x u_i\, dx$, et l'on intégrera depuis $x = 0$ jusqu'à $x = R$. Le second membre

---

[6][Ed.] That is,
$U_i \equiv u_i(R) \equiv \psi(R\mu_i) \equiv \psi\left(R\sqrt{\dfrac{m_i}{K}}\right)$,
$M = \sqrt{\dfrac{m_i}{K}}$, $\lambda = \dfrac{h}{2K}$.

Hence
$\dfrac{R^2 \psi^2}{2}\left(\dfrac{\mu^2 + \lambda^2}{\mu^2}\right) = \dfrac{R^2 U_i^2}{2}\left(1 + \dfrac{h^2}{4K^2}\cdot\dfrac{K}{m_i}\right).$

sera réduit par cette intégration à un seul terme, et l'on aura l'équation

$$2\int (x\phi(x)u_i\,dx) = a_i R^2 U_i^2 \left(1+\left(\frac{hR}{2^2 K\sqrt{\theta_i}}\right)^2\right)$$

qui donne la valeur de a_i. Les coëfficients $a_1 \ldots a_2 \ldots a_3 \ldots a_4 \ldots a_i \ldots$ &c. étant ainsi déterminés, la condition exprimée par l'équation

$$\phi(x) = a_1 u_1 + a_2 u_2 + a_3 u_3 + \ldots \&c.,$$

qui se rapporte à l'état initial, sera remplie.

135. Equation qui fournit la solution complète de la question.

Nous pouvons maintenant donner la solution complète de la question proposée. Elle est exprimée par l'équation suivante:

$$v\frac{R^2}{2} = \frac{\int (x\phi(x)u_1\,dx)}{U_1^2\left(1+\left(\frac{hR}{2^2 K\sqrt{\theta_1}}\right)^2\right)} u_1 e^{-\frac{2^2 Kt}{R^2}\theta_1}$$

$$+\frac{\int (x\phi(x)u_2\,dx)}{U_2^2\left(1+\left(\frac{hR}{2^2 K\sqrt{\theta_2}}\right)^2\right)} u_2 e^{-\frac{2^2 Kt}{R^2}\theta_2}$$

$$+\frac{\int (x\phi(x)u_3\,dx)}{U_3^2\left(1+\left(\frac{hR}{2^2 K\sqrt{\theta_3}}\right)^2\right)} u_3 e^{-\frac{2^2 Kt}{R^2}\theta_3} + \ldots \&c.$$

La fonction de x qui est designée par u_i dans l'équation précédente a pour expression $\frac{1}{\pi}\int \left(\cos.\left(\frac{2x}{R}\sqrt{\theta_i}\sin. q\right)dq\right)$. Toutes les intégrales doivent être prises dans l'équation générale depuis $x = 0$ jusqu'à $x = R$, et pour trouver la fonction $u \|$ on doit intégrer depuis $q = 0$ jusqu'à $q = \pi$. $\phi(x)$ est la valeur initiale de la température prise dans l'intérieur du cylindre à la distance x de l'axe, et cette fonction est entièrement arbitraire.[7] R est le rayon entier du cylindre, K est le coëfficient constant qui mesure la conductibilité de la substance solide dont le cylindre

---

[7][Ed.] Fourier compressed the rest of the text of this chapter into a few summarizing paragraphs in the published versions of the work. [See 1811 paper, part 1, 455–457; *Théorie*, art. 320.]

193.

On a remarqué précédemment que telle est la forme de la courbe dont les ordonnées y sont $f\theta$ ou $1-\theta+\frac{\theta^2}{1^2 2^2}+\frac{\theta^3}{1^2 2^2 3^2}+\frac{\theta^4}{1^2 2^2 3^2 4^2}+\cdots$ — et dont θ est l'abcisse. Si l'on suppose $\theta=\frac{\varepsilon^2}{2}$ et que l'on prenne ε pour nouvelle abcisse et pour ordonnée la même quantité y ou $f\theta$ qui devient $F\varepsilon$ ou $1-\frac{\varepsilon^2}{2}+\frac{\varepsilon^4}{2\cdot 2^2}-\frac{\varepsilon^6}{2\cdot 2^2\cdot 2^2}\cdots$
il sera facile de connaître la forme de la nouvelle courbe dont y et ε sont les coordonnées. Il faudra conserver les ordonnées de la courbe précédente et réduire les abcisses ensorte que l'on ait l'équation $\theta=\frac{\varepsilon^2}{2}$.

Pour exprimer en ε la fonction $-\frac{\theta f'\theta}{f\theta}$ qui entre dans l'équation déterminée on écrira $f\theta=F(\varepsilon)$ dont on tire $\frac{df\theta}{d\varepsilon}=F'\varepsilon$. On a donc $\frac{\theta f'\theta}{f\theta}=\frac{F'\varepsilon}{\varepsilon F\varepsilon}\cdot\frac{d\varepsilon}{d\theta}$. L'équation $-\frac{\theta f'\theta}{f\theta}=\frac{\varepsilon F'\varepsilon}{F\varepsilon}$. Donne $\frac{d\theta}{d\varepsilon}=\frac{2\varepsilon}{2}$. Donc $-\frac{\theta f'\theta}{f\theta}=\frac{\varepsilon F'\varepsilon}{2F\varepsilon}$. Donc l'équation déterminée $\frac{hR}{2K}=-\frac{\theta f'\theta}{f\theta}$ devient $\frac{hR}{K}=-\frac{\varepsilon F'\varepsilon}{F\varepsilon}$. Le second membre exprime le quotient de l'abcisse ε par la sous-tangente $\frac{F\varepsilon}{F'\varepsilon}$. Il suit de là que pour trouver la courbe dont ε est l'abcisse les points $1, 2, 3, 4\ldots$ qui correspondent aux valeurs $\theta_1, \theta_2, \theta_3, \theta_4\ldots$ etc. Donnera par l'équation $\frac{hR}{2K}+\frac{\theta f'\theta}{f\theta}=0$. Il faut marquer les points m, m', m''... pour lesquels le rapport de l'abcisse à la sous tangente est une constante égale à $\frac{hR}{K}$. En appelant la valeur particulière de v qui satisfait à l'équation $\frac{dv}{dt}=K\left(\frac{d^2v}{dx^2}+\frac{1}{x}\frac{dv}{dx}\right)$ est exprimée ainsi $v=\ell^{-gt}\left(1-\frac{m}{\alpha^2}x^2+\frac{m^2}{\alpha^2}\frac{x^4}{2^2}-\frac{m^3}{\alpha^3}\frac{x^6}{2^2\cdot 3^2}\ldots\right)$ On a donc $\varepsilon=x\frac{\sqrt{m}}{\alpha}$. Ainsi les abcisses ε sont proportionnels aux différentes valeurs du rayon x et les ordonnées $F\varepsilon$ sont proportionnelles aux températures qui répondent aux valeurs de x. On conclut de là que l'abcisse $o1$ représente dans la courbe que l'on vient de décrire le rayon total du cylindre et que toutes les ordonnées comprises depuis o jusqu'à 1 représentent les températures des différentes couches depuis l'axe jusqu'à la surface.

On pourrait aussi prendre pour le rayon total du cylindre la seconde abcisse $o2$ et généralement une des abcisses $o1, o2, o3, o4\ldots$ etc. Les ordonnées comprises entre l'origine o et l'extrémité de l'abcisse que l'on a choisie représentent les températures des couches depuis le centre jusqu'à la surface. On peut former de cette manière une infinité d'états particuliers dans chacun desquels les rapports établis entre les températures initiales se conservent jusqu'à la fin du refroidissement lorsque l'état initial n'est point un de ceux dont il s'agit. Mais qui est composé de plusieurs de ces états les rapports des températures changent continuellement à mesure que le temps augmente et en général le solide arrive bientôt à cet état où les températures des différentes couches décroissent depuis le centre jusqu'à la surface comme les ordonnées de la courbe précédente depuis le point o jusqu'au point 1.

Des cas où la surface extérieure du cylindre acquiert et conserve la température du milieu.

Si dans l'équation déterminée $\frac{hR}{K}=\frac{\varepsilon F'\varepsilon}{F\varepsilon}$ dont le second membre est le quotient de l'abcisse par la sous-tangente on suppose que h est une quantité très considérable le point m sera très voisin du point où la courbe coupe l'axe. Dans ce cas il arrive que la surface extérieure du cylindre conserve à la température du milieu pendant que l'axe et les couches intérieures sont sensiblement échauffées. Si au contraire la constante $\frac{hR}{2K}$ est une quantité finie, la surface du cylindre conserva est formeé, h est le coëfficient constant qui mesure la facilité avec laquelle la chaleur se dissipe le milieu par la surface extérieure du cylindre, t est le temps écoulé, et v est la temperature variable prise après le temps écoulé t à la distance x de l'axe du cylindre. Ainsi v est une fonction de t et de x qui est donnée par l'équation précédente.

Si l'on suppose que le cylindre ait été longtemps plongé dans un fluide entretenu à une température constante, toute la masse se trouvera également échauffée et la fonction $\phi(x)$ qui représente l'état initial sera remplacée par l'unité. Après cette substitution l'équation générale représentera exactement toutes les circonstances du refroidissement.

136.
Des températures finales et de la courbe qui les représente.

Si l'on suppose que le temps écoulé t soit infini, il est visible que le second membre de l'équation ne contiendra plus qu'un seul terme, savoir, celui où se trouve la moindre de toutes les racines $\theta_1, \theta_2, \theta_3, \theta_4, \ldots$ &c. C'est pourquoi, en supposant que ces racines soient rangées selon leur grandeur, et que θ_1 soit la moindre de toutes, on aura l'équation

$$\frac{vR^2}{2} = \frac{\int (x\phi(x)u_1\,dx)}{U_1{}^2\left(1+\left(\dfrac{hR}{2^2K\sqrt{\theta_1}}\right)^2\right)} u_1\, e^{-\frac{2^2Kt}{R^2}\theta_1}$$

pour exprimer l'état dont le corps qui le refroidit approche d'autant plus que le temps écoulé est plus grand.

‖ On a remarqué précédemment quelle est la forme de la courbe dont les ordonnées y sont $f\theta$ ou

$$1 - \theta + \frac{\theta^2}{1^2 \cdot 2^2} - \frac{\theta^3}{1^2 \cdot 2^2 \cdot 3^2} + \frac{\theta^4}{1^2 \cdot 2^2 \cdot 3^3 \cdot 4^2} - \&c.$$

et dont θ est l'abcisse. Si l'on suppose $\theta = \dfrac{\epsilon^2}{2^2}$ [8] et que l'on prenne ϵ pour nouvelle abcisse et pour ordonnée la même quantité y ou $f\theta$, qui devient $F\epsilon$ ou

$$1 - \frac{\epsilon^2}{2^2} + \frac{\epsilon^4}{2^2 \cdot 4^2} - \frac{\epsilon^6}{2^2 \cdot 4^2 \cdot 6^2} + \&c.,$$

---

[8][Ed.] Thus we have
$$\theta = \frac{m}{K}\frac{R^2}{2^2} = g\frac{R^2}{2^2} = \frac{\epsilon^2}{2^2}$$

Therefore the new variable ϵ is given by
$$\epsilon^2 \equiv \frac{m}{K}R^2.$$

il sera facile de connaître la forme de la nouvelle courbe dont y et ϵ sont ses coordonnées. Il faudra conserver les ordonnées de la courbe précédente et réduire les abcisses, ensorte que l'on ait l'équation $\theta = \dfrac{\epsilon^2}{2^2}$.

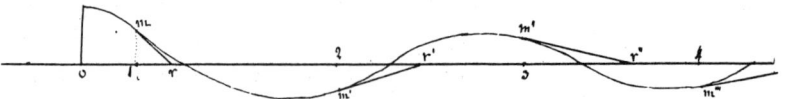

Pour exprimer en ϵ la fonction $-\theta\dfrac{f'\theta}{f\theta}$ qui entre dans l'équation déterminée on écrira $f\theta = F\epsilon$, d'où l'on tire $\dfrac{d\theta f'\theta}{d\epsilon} = F'\epsilon$. On a donc $-\theta\dfrac{f'\theta}{f\theta} = -\dfrac{\theta F'\epsilon}{\dfrac{d\theta}{d\epsilon}F\epsilon}$.

L'équation $\theta = \dfrac{\epsilon^2}{2^2}$ donne $\dfrac{d\theta}{d\epsilon} = \dfrac{2\epsilon}{2^2}$. Donc $-\theta\dfrac{f'\theta}{f\theta} = -\epsilon\dfrac{F'\epsilon}{2F\epsilon}$.

Donc l'équation déterminée $\dfrac{hR}{2K} = -2\theta\dfrac{f'\theta}{f\theta}$ devient $\dfrac{hR}{2K} = -\epsilon\dfrac{F'\epsilon}{F\epsilon}$.

Le second membre exprime le quotient de l'abcisse ϵ par la sous-tangente $\dfrac{F\epsilon}{F'\epsilon}$. Il suit de là que pour trouver la courbe dont ϵ est l'abcisse les points $1, 2, 3, 4, \ldots$ &c. qui correspondent aux valeurs $\theta_1, \theta_2, \theta_3, \theta_4, \ldots$ &c. données par l'équation

$$\dfrac{hR}{2K} + 2\theta\dfrac{f'\theta}{f\theta} = 0,$$

il faut marquer les points $m, m', m'',$ &c. pour lesquels le rapport de l'abcisse à la sous-tangente est une constante égale à $\dfrac{hR}{K}$.

On a vu que la valeur particulière de v qui satisfera à l'équation

$$\dfrac{dv}{dt} = K\left(\dfrac{d^2v}{dx^2} + \dfrac{1}{x}\dfrac{dv}{dx}\right)$$

est exprimée ainsi:

$$v = e^{-mt}\left(1 - \dfrac{m}{K}\cdot\dfrac{x^2}{2^2} + \dfrac{m^2}{K^2}\cdot\dfrac{x^4}{2^2\cdot 4^2} - \dfrac{m^3}{K^3}\cdot\dfrac{x^6}{2^2\cdot 4^2\cdot 6^2} + \cdots \&c.\right).$$

On a donc $\epsilon = x\sqrt{\dfrac{m}{K}}$. Ainsi les abcisses ϵ sont proportionnelles aux différentes valeurs du rayon x et les ordonnées $F\epsilon$ sont proportionnelles aux températures qui répondent aux valeurs de x. On conclut de là que l'abcisse $0\,1$ représente dans la courbe que l'on vient de décrir le rayon total du cylindre et que toutes les ordonnées comprises depuis 0 jusqu'à 1 représentent les températures des différentes couches depuis le centre jusqu'à la surface.

On pourrait aussi prendre pour le rayon total du cylindre la seconde abcisse $0\,2$, et généralement une des abcisses $0\,1, 0\,2, 0\,3, 0\,4, \ldots$ &c. Les ordonnées comprises entre l'origine 0 et l'extrémité de l'abcisse que l'on a choisie représentent les températures des couches depuis le centre jusqu'à la surface. On peut former de cette manière une infinité d'états particuliers, dans chacun desquels les rapports établis entre les températures initiales se conservent jusqu'à la fin du refroidissement lorsque l'état initial n'est point un de ceux dont il s'agit, mais qu'il est composé de plusieurs d'entr'eux. Les rapports des températures changent continuellement à mesure que le temps augmente, et en général le solide arrive bientôt à cet état où les températures des différentes couches décroissent depuis le centre jusqu'à la surface comme les ordonnées de la courbe précédente, depuis le point 0 jusqu'au point 1.

137.
Des cas où la surface extérieure du cylindre acquiert et conserve la température du milieu.

Si dans l'équation déterminée

$$\frac{hR}{K} = \epsilon\,\frac{F'\epsilon}{F\epsilon},$$

dont le second membre est le quotient de l'abcisse par la sous-tangente, on suppose que h est une quantité très-considérable, le point m sera très-voisin du point où la courbe coupe l'axe. Dans ce cas il arrive que la surface extérieure du cylindre conserve la température du milieu pendant que l'axe et les couches intérieures sont sensiblement échauffées. Si, au contraire, la constante $\frac{hR}{2K}$ est une quantité finie, la surface du cylindre conserve ∥ de même que les couches intérieures une température supérieure à celle du milieu. La surface extérieure parvient donc à la température du milieu infiniment plus promptement que les couches intérieures lorsque le coëfficient h, qui mesure la conductibilité extérieure, a une valeur infinie, ou lorsque la conductibilité intérieure, dont la mesure est K, est infiniment petite. Le même effet a lieu lorsque le rayon du cylindre est infiniment grand. Dans tous les cas la distribution de la chaleur est telle que la surface extérieure du solide conserve pendant un temps infini une température très-voisine de celle du milieu, quoique les couches intérieures soient encore sensiblement échauffées.

138.
Des cas où tous les points de la masse conservent des températures sensiblement égales.

La distribution des dernières températures s'affectue suivant une loi entièrement différente, lorsque la constante $\frac{hR}{2K}$ est extrêmement petite. Il est visible alors à l'inspection de la figure (page 193)[9] que, le point 1 étant très-rapproché du point 0, les ordonnées de la courbe sont extrêmement peu différentes depuis le point 0 jusqu'au point 1, qui répond à la surface du cylindre. Dans ce cas toute la masse du solide acquiert bientôt et conserve des températures sensiblement égales depuis le centre jusqu'à la surface. Cet effet a lieu lorsque la facilité de l'irradiation de la chaleur est extrêmement petite ou lorsque la conductibilité K est extrêmement grande, ou encore lorsque, ces quantités h et K ayant entre elles un rapport fini, le rayon du cylindre est fort petit. Cet effet a toujours été observé dans les corps de très-petites dimensions, que l'on fournit aux expériences. On peut dans ce cas regarder tous les points de la masse comme ayant le même température à chaque instant.

139.
Rapports des durées du refroidissement final dans des cylindres de rayons différents.

195

Examinons en ∥ dernier lieu comment la vîtesse du refroidissement varie selon la dimension du cylindre. Si le rayon R est très-petit, la quantité ϵ_1 sera très-petite, comme on le voit par la figure (page 193).[10] Il en est de même de la quantité θ_1, qui est une racine de l'équation

$$\frac{hR}{2K} = \frac{\theta\left(1 - \frac{2\theta}{2^2} + \frac{3\theta^2}{2^2 \cdot 3^2} - \&c.\right)}{1 - \theta + \frac{\theta^2}{2^2} - \frac{\theta^3}{2^2 \cdot 3^2} + \cdots}$$

en regardant θ dans cette équation comme une quantité très-petite. On prendra pour θ_1 la valeur $\frac{hR}{2K}$ et, la substituant dans

---

[9][Ed.] See our p. 372.   [10][Ed.] See our p. 372.

16 Solution for the Cylinder: Transcendental Functions

$e^{-\frac{2^2 Kt}{R^2}\theta_1}$, on aura la fraction $e^{-\frac{2ht}{R^2}}$ dont l'exposant mesure la vîtesse du refroidissement. On voit que cette vîtesse est ici en raison inverse du rayon du cylindre. C'est pourquoi si le solide a de petites dimensions, la vîtesse du refroidissement est en raison inverse du rayon total. Si, au contraire, le rayon R a une valeur extrêmement grande, il faut recourir à la figure (page 193)[11] et considérer que si deux cylindres avaient des rayons différents R et R' d'une longueur infinie, la quantité désignée par θ_1 serait la même pour l'une et l'autre, et égale à $\frac{E^2}{2^2}$, E étant l'abcisse qui répond au point d'intersection; ainsi dans la fraction $e^{-\frac{2^2 Kt}{R^2}\theta_1}$, la quantité θ_1 restant la même lorsque le rayon R changera, l'exposant $-\frac{2^2 Kt}{R^2}\theta_1$ sera proportionnel au quarré du rayon R. Il résulte de-là que si deux cylindres, dont les rayons sont R et R', sont exposés à l'action de l'air froid après avoir été echauffés, le système des températures tend de plus en plus à l'état que nous venons de décrire, et lorsque cet état a lieu sensiblement dans l'un de ces corps, les températures de ses points diminuent toutes à la fois sans que leurs rapports soient changés. Alors chacune d'elles varie comme l'ordonnée d'une logarithmique, le temps désignant l'abcisse. Cela a lieu également dans les deux cylindres, mais ‖ la raison de la progression géométrique n'est point la même dans les deux corps. Si la température cylindrique dont le rayon est R passe de la valeur A à la valeur moindre B dans un temps T, la température du second corps passera de A à B dans un temps différent T'. Si les deux cylindres ont peu d'épaisseur le rapport des temps T et T' sera celui des rayons. Si, au contraire, les diamètres des cylindres sont très-grands, le rapport des temps T et T' sera celui du quarré de ces diamètres.

What has Fourier achieved here with his new mathematical results? Nothing less than the basic theory of the "Bessel function" $J_0(x)$: its series and integral forms, the reality of its roots, orthogonality and the consequent capability of repre-

---

[11][Ed.] See our p. 372.

senting a function over an interval, and a form for the function of the second kind. But Friedrich Wilhelm Bessel (1784–1846) began his researches more than a decade after Fourier presented his manuscript to the Institut de France, and independently of him.[12] So the name "Bessel function" is a misnomer; it was Fourier who first recognized its potentialities.[13] He investigated only the zero-order function $J_0(x)$ because it was all that his axially symmetric diffusion problem needed, and had he taken an asymmetric case then further results could hardly have been beyond him. His guide for what he later described as "the

---

[12]Bessel's principal papers on his function were: "Analytische Auflösung der Kepler'schen Aufgabe," *Abhandlungen der Akademie der Wissenschaften in Berlin*, (1816–1817: publ. 1819), mathematische Klasse, 49–55; and "Untersuchungen des Teils der planetarischen Störungen, welcher aus der Bewegung der Sonne entsteht," ibid., (1824: publ. 1826), mathematische Klasse, 1–52. [Also in his *Gesammelte Abhandlungen*, 1, 17–20 and 84–109 respectively. The latter is partly translated into English in D. E. Smith (ed.), *A source book in mathematics* (1929, New York: reprinted 1959, New York), 663–669.] His work in theoretical astronomy brought him not only to his function but seemingly also to Fourier series independently of Fourier, for at the opening of the first paper above he stated the series without reference either to its derivation or any of the mathematical problems involved. In 1828 his allied interest in trigonometric interpolation led to a formula for the error in a least-square estimation which itself leads to "Bessel's inequality":

$$\frac{1}{\pi}\int_0^\pi [f(x)]^2\,dx \leq \tfrac{1}{2}a_0^2$$
$$+ \sum_{r=1}^\infty (a_r^2 + b_r^2),$$

a result bearing some relation to "Parseval's formula" of Fourier's *Théorie* on p. 239. ["Über die Bestimmung des Gesetzes einer periodischen Erscheinung," *Astronomische Nachrichten*, 6, (1828), cols. 333–348; *Gesammelte Abhandlungen*, 2, 364–372.] In 1839 he *did* attempt a mathematical proof of the convergence of Fourier series, but the analysis added nothing to results then known. ["Über den Ausdruck einer Function $\phi(x)$ durch Cosinusse und Sinusse der Vielfachen von x," *Astronomische Nachrichten*, 16 (1839), cols. 229–238; *Gesammelte Abhandlungen*, 2, 393–398.]

[13]For brief notes on the eighteenth century uses of "Bessel functions" see G. W. Watson, *A treatise on the theory of Bessel functions* (2nd edition: 1944, Cambridge), 1–9; C. A. Truesdell. "The rational mechanics of flexible or elastic bodies 1638–1788," L. Euler *Opera Omnia*, (2)11, section 2 (1960, Zurich), parts 2–4, passim.; and "Editor's introduction," L. Euler *Opera Omnia*, (2)13 (1955, Zurich), passim. The name "Bessel function" seems to have been used from the 1850s onwards: it was criticized in 1868 by E. Heine, who suggested the "Fourier-Bessel" function, in view of Fourier's achievements. ["Die Fourier-Bessel'sche Funktion," *Journal für die reine und angewandte Mathematik*, 69 (1868), 128–141 (see p. 128).]

A comprehensive history of the transcendental functions is still awaited: for a brief summary, see A. Wangerin, "Theorie der Kugelfunctionen und der verwandten Functionen, inbesondere die Laméschen und Besselschen . . .," *Encyclopaedie der mathematischen Wissenschaften. Analysis*, 1, part 2 (1904–1916, Leipzig), 695–759.

most remarkable of the problems which we have hitherto propounded"[14] had clearly been the "nonharmonic" solution for the sphere, and their introduction of the method of "weighting functions" (in this case, the very simple function x) to produce the desired orthogonality property formed yet another important and influential contribution by Fourier to the methods of mathematical physics during his century. The results for the sphere also acted as an inspiration for Fourier himself, this time to try a new problem for the sphere, where he came remarkably close to another transcendental function about which little was known at the time. We return now to article 115.

---

[14]J. B. Fourier *Théorie*, art. 428, remark 5.

17 A New Diffusion Problem for the Sphere

After his success with the cylinder, Fourier constructed a steady-state problem in which cylindrically symmetric diffusion took place within a sphere. The fact that it *was* a sphere problem was the reason why he presented his results after his main work on the sphere and before the cylinder problem; but the influence of that problem is clear, for the analysis proceeds in a similar way and was doubtless intended to exploit further the properties for the new mathematical function $J_0(x)$. However he was only partly successful, and perhaps for that reason he presented the results that he had found in a muddled way; more or less the reverse of their development, in fact. So our summary this time takes the form of a reordering of his material together with an indication of the further possibilities that he missed.

We take a cylindrical axis system on the sphere, with x measuring the distance from its center to an arbitrary plane section perpendicular to the diameter of symmetry and y the radial distance of an arbitrary point of the section from its own intersection with the diameter. From first principles the partial differential equation to represent the phenomenon is found to be

(17.1) $$\frac{\partial^2 v}{\partial x^2} + \frac{\partial^2 v}{\partial y^2} + \frac{1}{y}\frac{\partial v}{\partial y} = 0.$$

After the separation of variables, the function of x is trigonometric while $u(y)$ satisfies

(17.2) $$\frac{d^2 u}{dy^2} + \frac{1}{y}\frac{du}{dy} - n^2 u = 0.$$

This is very similar to the equation

(17.3) $$\frac{d^2 u}{dx^2} + \frac{1}{x}\frac{du}{dx} + gu = 0, \quad g > 0,$$

for the axis variable of the cylinder, and in fact it also has a series solution:

(17.4) $$u(y) = 1 + \frac{(ny)^2}{2^2} + \frac{(ny)^4}{2^2 \cdot 4^2} + \cdots .$$

Now for the integral form of the solution. Fourier did not indicate how he found it, but one may guess that he used the

17 A New Diffusion Problem for the Sphere

integral

(17.5)
$$I_r = \int_0^\pi \cos^r p \, dp = \begin{cases} \dfrac{r!}{2^2 \cdot 4^2 \cdots r^2} \pi & \text{when } r \text{ is even} \\ 0 & \text{when } r \text{ is odd} \\ \pi & \text{when } r \text{ is zero} \end{cases}$$

to convert (17.4) to

$$u(y) = \frac{I_0}{\pi} + \frac{(ny)I_1}{\pi} + \frac{(ny)^2}{2!\pi} I_2 + \frac{(ny)^3}{3!\pi} I_3 + \cdots$$

$$= \frac{1}{\pi} \int_0^\pi \left[1 + (ny \cos p) + \frac{(ny \cos p)^2}{2!} + \frac{(ny \cos p)^3}{3!} + \cdots \right] dp$$

(17.6)
$$= \frac{1}{\pi} \int_0^\pi e^{ny \cos p} \, dp$$

and so yield the solution form

(17.7)
$$v = A \cos nx \int_0^\pi e^{ny \cos p} \, dp$$

to (17.1). The general solution is made up in the usual way as

(17.8)
$$v = \sum_{r=1}^\infty A_r \cos n_r x \int_0^\pi e^{r y \cos p} \, dp,$$

where the n_r are the roots of the transcendental equation arising from the surface diffusion condition, and the constants A_r are to be obtained from the orthogonality property of the trigonometric terms. But Fourier proceeded no further than (17.7); he may have had difficulty in formulating the external diffusion condition in the two space variables, and hence finding the n_r. So he concluded the section with some general remarks on heat flow and distribution for this problem, and omitted it altogether from the book. Yet if he had changed coordinates to the polar system

Art. 115

(17.9)
$$x = r \cos \theta, \quad y = r \sin \theta,$$

where r is the radius variable and θ the angle between the radius and the fixed diameter, then the partial differential equation (17.1) would have become

(17.10)
$$\frac{\partial^2 v}{\partial r^2} + \frac{2}{r} \frac{\partial v}{\partial r} + \frac{1}{r^2} \frac{\partial^2 v}{\partial \theta^2} + \frac{\cot \theta}{r^2} \frac{\partial v}{\partial \theta} = 0,$$

in which separation of variables would have led to the ordinary differential equation for θ:

(17.11) $$\frac{d^2w}{d\theta^2} + \cot\theta \frac{dw}{d\theta} + kw = 0,$$

where k is the constant of variable separation. But (17.11) is "Legendre's equation"; if we make the further transformation

(17.12) $$q = \cos\theta, \quad k = n(n+1),$$

we see it in its most familiar modern form

(17.13) $$(1-q^2)\frac{d^2w}{dq^2} - 2q\frac{dw}{dq} + n(n+1)w = 0,$$

with solutions the "Legendre polynomials" $P_n(q)$ and $Q_n(q)$. Had Fourier taken the step of forming (17.10), then there is little doubt that he would have been capable of finding properties beyond those already known. They had been developed in the context of the attraction of homogeneous spheroids in theoretical astronomy,[1] and so he may well not have known of them, but in any case such a transformation of coordinates would have infringed *his essentially cylindrical thinking about the problem*: since the symmetry of heat diffusion was cylindrical, the coordinate system had to be cylindrical also.

Comparative references for this chapter

1807 paper: art. 115.
1811 paper: part 2, 171–179; *Oeuvres*, 2, 20–27.

---

[1] There was rivalry in their study between Laplace and Legendre, after whom they have become known. Their functions arose as coefficients of the powers of $\cos\theta$ in the equation

$$\frac{1}{(1-2q\cos\theta+\cos^2\theta)^{1/2}} = \sum_{r=0}^{\infty} P_r(q)\cos^r\theta.$$

[See A. M. Legendre, "Recherches sur l'attraction des sphéroïdes homogènes," *Mémoires présentés à l'Académie des Sciences par divers savans*, 10 (1785), 411–434; "Recherches sur la figure des planètes," *Mémoires de l'Académie Royale des Sciences*, (1784: publ. 1787), 370–389; and later, *Exercises de calcul intégral*, 2 (1817, Paris), 247–312. P. S. Laplace, "Théorie des attractions des sphéroïdes et de la figure des planètes," *Mémoires de l'Académie Royale des Sciences*, (1782: publ. 1785), 113–196; *Oeuvres* (2nd edition), 10, 339–419. Many of the mathematical results then appeared in his *Traité de mécanique celeste*, 2 (1798, Paris), 23–49; *Oeuvres*, 2 (2nd edition), 24–53.]

115.
Remarque sur la distribution de la chaleur dans une sphère dont la surface conserve de ses différents points des températures fixes et inégales.

La remarque suivante a pour objet de faire connaître comment la chaleur se distribue dans une sphère solide, lorsque les points de la surface sont assujettis à une température fixe et inégale.

On suppose que tous les points de la circonférence d'un grand cercle tracée sur la surface ont acquis et conservent une température commune; que tous les points de la circonférence d'un cercle quelconque, tracée sur la surface parallèlement au premier, ont aussi une température permanente et commune différente de celle des points de l'équateur et que la température fixe décroît ainsi depuis l'équateur jusqu'au pole suivant une loi déterminée. Le solide, étant échauffé continuellement par sa surface, parviendra après un temps infini à un état invariable, et la température d'un point intérieur quelconque n'éprouvera aucun changement. Il est manifeste que si, par le centre d'un parallèle, on décrit une circonférence d'un rayon quelconque, tous les points de cette circonférence auront la même température.

Cela posé, on va démontrer que l'équation suivante:

$$v = \cos. x \, S(e^{y \cos. r} \, dr)$$

représente un état particulier de solide qui subsisterait de lui-même s'il était formé. x désigne la distance d'un point du solide au plan de l'équateur et y sa distance à l'axe perpendiculaire à l'équateur. v est la température permanente du même point. L'indéterminée r disparaît après l'intégration qui doit être prise depuis $r = 0$ jusqu'à $r = \pi$. L'équation

$$v = \cos. x \, S(e^{y \cos. r} \, dr)$$

satisfait à la question, en ce que si chaque point du solide recevait la température ∥ indiquée par cette équation, et que tous les points de la surface fussent entretenus par un foyer extérieur à cette température initiale, il n'y aurait dans l'intérieur de la sphère aucun changement. Pour vérifier cette solution particulière, on établira

1° que l'équation

$$v = \cos. x \, S(e^{y \cos. r} \, dr)$$

satisfait à l'équation aux différences partielles:

$$\frac{d^2v}{dx^2} + \frac{d^2v}{dy^2} + \frac{1}{y}\frac{dv}{dy} = 0.$$

indiquée par cette équation, et que tous les points de la surface fussent entretenus par un foyer extérieur, à cette température initiale, il n'y aurait dans l'intérieur de la sphère, aucun changement. Pour vérifier cette solution particulière, on établira 1°. que l'équation $v = \cos x \int (e^{y \cos r} . \partial r)$ satisfait à l'équation aux différences partielles: $\frac{\partial^2 v}{\partial x^2} + \frac{\partial^2 v}{\partial y^2} + \frac{1}{y} \cdot \frac{\partial v}{\partial y} = 0$
2°. que l'état du solide est permanent lorsque cette dernière équation est satisfaite et lorsque les points de la surface sont entretenus à leur température initiale.

En désignant par u la fonction de y, qui équivaut à l'intégrale définie $\int e^{y \cos r} . \partial r$ on aura $v = u \cos x$ et substituant, on a $-u + \frac{\partial^2 u}{\partial y^2} + \frac{1}{y} \frac{\partial u}{\partial y} = 0$, équation différentielle du second ordre à laquelle la valeur de u satisfait. Pour s'en assurer, on donnera à l'intégrale définie $\int e^{y \cos r} . \partial r$ la forme exprimée par l'équation suivante: $\int (e^{y \cos r} . \partial r) = \overline{\pi} (1 + \frac{y^2}{2^2} + \frac{y^4}{2^2 . 4^2} + \frac{y^6}{2^2 . 4^2 . 6^2} + \frac{y^8}{2^2 . 4^2 . 6^2 . 8^2} + \&c.)$ que nous démontrerons plus bas.

Or, l'équation $u = \overline{\pi} (1 + \frac{y^2}{2^2} + \frac{y^4}{2^2 . 4^2} + \frac{y^6}{2^2 . 4^2 . 6^2} + \&c.)$ satisfait évidemment à l'équation différentielle $u - \frac{\partial^2 u}{\partial y^2} + \frac{1}{y} \frac{\partial u}{\partial y}$. Donc, 1°. la valeur particulière donnée par l'équation $v = \cos x \int e^{y \cos r} . \partial r$ ou $\overline{\pi} = \cos x (1 + \frac{y^2}{2^2} + \frac{y^4}{2^2 . 4^2} + \frac{y^6}{2^2 . 4^2 . 6^2} + \&c.)$ satisfait à l'équation aux différences partielles $\frac{\partial^2 v}{\partial x^2} + \frac{\partial^2 v}{\partial y^2} + \frac{1}{y} \frac{\partial v}{\partial y} = 0$.

2°. Cette dernière équation exprime la condition qui est nécessaire pour que chaque point du solide conserve sa température. En effet, imaginons que l'axe étant divisé en une infinité de parties égales ∂x, on élève dans le plan d'un méridien, toutes les ordonnées perpendiculaires à cet axe et qui passent par les points de division; et pareillement que le diamètre de l'équateur dans le plan du même méridien, étant divisé en un nombre infini de parties égales ∂y, on élève tous les points de division des perpendiculaires qui coupent les précédentes, on aura divisé ainsi l'aire du méridien en rectangles infiniment petits, et si le plan de ce méridien tourne sur l'axe, le solide sera divisé lui-même en une infinité d'éléments dont la figure est celle d'une ar

Chacun de ces éléments est placé entre deux autres dans le sens des x et entre deux autres dans le sens des y. La quantité de chaleur qui passe d'un élément à celui qui est placé après lui dans le sens des x, est égale à $-K \frac{\partial v}{\partial x} . 2 \overline{\pi} y . \partial y$. Ce second élément transmet donc à celui qui le suit dans le même sens des x, une quantité de chaleur exprimée par $-K (\frac{\partial v}{\partial x}) . 2 \overline{\pi} y \partial y - \partial (K (\frac{\partial v}{\partial x}) . 2 \overline{\pi} . y \partial y)$ ∂ indiquant la différentiation par rapport à x. Donc, l'élément intermédiaire acquiert dans le sens des x à raison de sa place une quantité de chaleur égale à $\partial (K \frac{\partial v}{\partial x} . 2 \overline{\pi} y . \partial y)$. On voit de la même manière qu'un élément transmet à celui qui est placé après lui dans le sens des y, une quantité de chaleur exprimée par $-K (\frac{\partial v}{\partial y}) . 2 \overline{\pi} . y \partial x$, que ce second élément communique à celui qui suit dans le même sens, une quantité de chaleur égale à $-K (\frac{\partial v}{\partial y}) 2 \overline{\pi} y \partial y - d (K (\frac{\partial v}{\partial y}) 2 \overline{\pi} . y \partial x)$ d étant le signe de la différentiation par rapport à y. Donc, l'élément intermédiaire acquiert à raison de sa place dans le sens des y, une quantité de chaleur égale à $d (K \frac{\partial v}{\partial y} . 2 \overline{\pi} y . \partial x)$.

Il suit de là, que la température de chaque point du solide sera invariable, si l'on a l'équation: $\partial (\frac{\partial v}{\partial x} . y . \partial x) + d (\frac{\partial v}{\partial y} y dx) = 0$. Ou $\frac{\partial^2 v}{\partial x^2} + \frac{\partial^2 v}{\partial y^2} + \frac{1}{y} . \frac{\partial v}{\partial y} = 0$ et si en même-temps, tous les points de la surface, sont exposés à une action extérieure, qui les oblige de conserver leurs températures initiales.

Il est nécessaire de remarquer que l'équation $v = \cos x \int e^{y \cos r} . \partial r$, n'exprime qu'un état particulier et possible du solide. Il existe une infinité de solutions pareilles, et cette dernière n'aurait lieu, qu'autant que la température fixe diminuerait à la surface,

2° que l'état du solide est permanent lorsque cette dernière équation est satisfaite et lorsque les points de la surface sont entretenus à leur température initiale.

En désignant par u la fonction de y qui équivaut à l'intégrale définie $S(e^{y\cos.r}dr)$, on aura

$$v = u \cos. x,$$

et substituant, on a

$$-u + \frac{d^2u}{dy^2} + \frac{1}{y}\frac{du}{dy} = 0,$$

équation différentielle du second ordre à laquelle la valeur de u satisfait. Pour s'en assurer, on donnera à l'intégrale définie $S(e^{y\cos.r}dr)$ la forme exprimée par l'équation suivante:

$$S(e^{y\cos.r}dr) = \pi\left(1 + \frac{y^2}{2^2} + \frac{y^4}{2^2.4^2} + \frac{y^6}{2^2.4^2.6^2} + \frac{y^8}{2^2.4^2.6^2.8^2} + \&c.\right)$$

que nous démontrerons plus bas.

Or, l'équation

$$u = \pi\left(1 + \frac{y^2}{2^2} + \frac{y^4}{2^2.4^2} + \frac{y^6}{2^2.4^2.6^2} + \&c.\right)$$

satisfait évidemment à l'équation différentielle

$$u = \frac{d^2u}{dy^2} + \frac{1}{y}\frac{du}{dy};$$

donc,

1° la valeur particulière donnée par l'équation

$$v = \cos. x \, S(e^{y\cos.r}\, dr)$$

ou

$$\pi v = \cos. x\left(1 + \frac{y^2}{2^2} + \frac{y^4}{2^2.4^2} + \frac{y^6}{2^2.4^2.6^2} + \&c.\right)$$

satisfait à l'équation aux différences partielles

$$\frac{d^2v}{dx^2} + \frac{d^2v}{dy^2} + \frac{1}{y}\frac{dv}{dy} = 0.$$

2° cette dernière équation exprime la condition qui est nécessaire pour que chaque point du solide conserve la température. En effet, imaginons que, l'axe étant divisé en une infinité de parties égales dx, on élève dans le plan d'un méridien toutes les ordonnées perpendiculaires à cet axe et qui passent par les points de division; et pareillement que, le diamètre de l'équateur dans le plan du meme méridien étant divisé en un nombre infini de parties égales dy, on élève tous les points de division des perpendiculaires qui coupent les précédentes, on aura divisé ainsi l'aire du méridien en rectangles infiniment petits, et si le plan de ce méridien tourne sur l'axe, le solide sera divisé lui-même en une infinité d'éléments dont la figure est celle d'une armille.[2]

Chacun de ces éléments est placé entre deux autres dans le sens des x et entre deux autres dans le sens des y. La quantité de chaleur qui passe d'un élément à celui qui est placé après lui dans le sens des y est égale à $-K\frac{dv}{dx}2\pi y\,dy$. Ce second élément transmet donc à celui qui le suit dans le même sens des x une quantité de chaleur exprimée par

$$-K\frac{dv}{dx}2\pi y\,dy - d\left(K\frac{dv}{dx}2\pi y\,dy\right),$$

d indiquant la différentiation par rapport à x. Donc, l'élément intermédiaire acquiert dans le sens des x à raison de sa place une quantité de chaleur égale à $d\left(K\frac{dv}{dx}2\pi y\,dy\right)$. On voit de la même manière qu'un élément transmet à celui qui est placé après lui dans le sens des y une quantité de chaleur exprimée par $-K\frac{dv}{dy}2\pi y\,dx$; que ce second élément communique à celui qui suit dans le même sens une quantité de chaleur égale à

$$-K\frac{dv}{dy}2\pi y\,dx - d\left(K\frac{dv}{dy}2\pi y\,dx\right),$$

d étant le signe de la différentiation par rapport à y. Donc, l'élément intermédiaire acquiert à raison de sa place dans le sens des y une quantité de chaleur égale à $d\left(K\frac{dv}{dy}2\pi y\,dx\right)$.

Il suit de là que la température de chaque point du

---

[2][Ed.] Only the letters "ar" of this word are given in the text [see the reproduction of p. 168 of the manuscript]; presumably the copyist could not decipher Fourier's handwriting. We take the word "armille" from the reproduction of the sentence in the 1811 paper, part 2, 174; *Oeuvres*, 2, 23.

solide sera invariable, si l'on a l'équation:

$$d\left(\frac{dv}{dx}y\,dy\right) + d\left(\frac{dv}{dy}y\,dx\right) = 0$$

ou

$$\frac{d^2v}{dx^2} + \frac{d^2v}{dy^2} + \frac{1}{y}\frac{dv}{dy} = 0,$$

et si en même temps tous les points de la surface sont exposés à une action extérieure, qui les oblige de conserver leurs températures initiales.

Il est nécessaire de remarquer que l'équation

$$v = \cos. x\, S\, (e^{y\cos.r}\,dr)$$

n'exprime qu'un état particulier et possible du solide. Il existe une infinité de solutions pareilles, et cette dernière n'aurait lieu qu'autant que la température fixe diminuerait à la surface, ‖ depuis l'équateur jusqu'au pole, suivant une loi conforme à cette même équation

$$v = \cos. x\, S\, (e^{y\cos.r}\,dr).$$

On pourrait aussi choisir l'équation

$$v = A\cos. nx\, S\, (e^{ny\cos.r}\,dr)$$

ou

$$v = A\cos. nx\left(1 + \frac{n^2y^2}{2^2} + \frac{n^4y^4}{2^2.4^2} + \frac{n^6y^6}{2^2.4^2.6^2} + \frac{n^8y^8}{2^2.4^2.6^2.8^2} + \&c.\right),$$

dans laquelle A est une constante indéterminée et n un nombre arbitraire, et l'on voit que la somme de plusieurs de ces valeurs particulières satisferait encore à l'équation aux différences partielles. Mais on n'a en vue dans cette remarque que de faire distinguer, par l'examen d'un cas particulier, comment la chaleur se propage dans la sphère solide dont la surface est inégalement échauffée. C'est ce que l'on peut facilement reconnaître par l'analyse précédente.

Dans l'état particulier, que nous considérons et qui est exprimé par l'équation

$$v = \cos. x\left(1 + \frac{y^2}{2^2} + \frac{y^4}{2^2.4^2} + \frac{y^6}{2^2.4^2.6^2} + \&c.\right),$$

le rayon de la sphère étant pris pour l'unité, la température des points de la surface décroît depuis l'équateur jusqu'au pole. En effet, lorsque la valeur de x augmente dans l'équation précédente, la valeur de y qui répond au point de la surface diminue. Ainsi, le facteur

$$1 + \frac{y^2}{2^2} + \frac{y^4}{2^2.4^2} + \ldots$$

a des valeurs d'autant moindre que x est plus grand. Il en est de même du facteur cos. x. Donc la température v d'un point de la surface décroît plus vite que le cosinus de la distance perpendiculaire de ce point au plan de l'équateur. Pour les points de l'axe, où $y = 0$, la température décroît comme le cosinus de la distance perpendiculaire au plan de l'équateur, et en général, si par un point quelconque du plan de l'équateur on élève une perpendiculaire jusqu'à la surface de la sphère, la température décroît comme le cosinus de la distance perpendiculaire à l'équateur.

Si dans l'équation

$$v = \cos. x \left(1 + \frac{y^2}{2^2} + \frac{y^4}{2^2.4^2} + \frac{y^6}{2^2.4^2.6^2} + \ldots \right)$$

on suppose x constant, on voit qu'en suivant le diamètre de l'équateur, la température augmente depuis le centre jusqu'à la surface; car la valeur de la série augmente avec celle de y. Il en sera de même pour un parallèle quelconque; la température croîtra dans le plan de ce parallèle suivant le rayon, depuis le centre jusqu'à la surface. Ainsi, la température du centre de la sphère est plus grande que celle du pole, et moindre que celle de l'équateur, et le point le moins échauffé de la sphère est celui qui est placé au pole.

Pour connaître les directions suivant lesquelles la chaleur se propage, il faut imaginer que le solide est divisé comme précédemment en une infinité d'anneaux dont tous les centres sont placés sur l'axe de la sphère. Tous les éléments qui, ayant un même rayon y, ne diffèrent que par leur distance x à l'équateur, sont inégalement échauffés, et leur température décroît en s'éloignant de l'équateur. Chacun de ces éléments communique donc une certaine quantité de chaleur à celui qui est placé après lui, et ce second en communique aussi à l'élément suivant. Mais l'anneau intermédiaire donne à celui qui le suit plus de chaleur qu'il n'en reçoit de celui qu'il précède; circonstance qui est indiquée par le facteur cos. x, dont la différentielle seconde est négative. Les éléments du solide, qui sont placés à la même distance x de l'équateur et diffèrent par la grandeur du rayon y, sont aussi inégalement échauffés et leur température va en augmentant à mesure qu'on s'éloigne de la surface. Chacun de ces anneaux concentriques échauffe celui qu'il renferme. Mais il transmet à celui qui est au-dessous moins de chaleur qu'il n'en reçoit de l'anneau supérieur; ce qui se conclut du facteur

$$1+\frac{y^2}{2^2}+\frac{y^4}{2^2.4^2}+\frac{y^6}{2^2.4^2.6^2}+\ldots,$$

dont la différentielle seconde est positive.

Il résulte de cette distribution de la chaleur qu'un élément quelconque du solide ∥ transmet au suivant, dans le sens perpendiculaire de l'équateur, plus de chaleur qu'il n'en reçoit dans le même sens de celui qui le précède, et que ce même élément donne à celui qui est placé au-dessous de lui, dans le sens du rayon perpendiculaire à l'axe de la sphère, une quantité de chaleur moindre que celle qu'il reçoit en même temps et dans le même sens de l'anneau supérieur. Ces deux effets opposés se compensent exactement, et il arrive que chaque element perd, dans le sens parallèle à l'axe, toute la chaleur qu'il acquiert dans le sens perpendiculaire à l'axe; en sorte que la température ne varie point. On reconnaît distinctement, d'après cela, la route que suit la chaleur dans l'intérieur de la sphère; elle penche par les parties de la surface voisines de l'équateur, et se dissipe par les régions polaires. Dans ces dernières parties, le solide laisse échapper par sa surface plus de chaleur que le foyer extérieur ne lui en communique, et, au contraire, les roues voisines de l'équateur reçoivent de ce même foyer plus de chaleur qu'elles n'en laissent échapper. Chacun des éléments infiniment petits, placé dans l'intérieur du solide, échauffe celui qui est placé au-dessous de lui et plus près de l'axe, et il échauffe aussi celui qui est placé à côté de lui plus loin de l'équateur. Ainsi la chaleur que le foyer extérieur donne aux roues équatoriales se propage dans ces deux sens à la fois. Une partie de cette chaleur se détourne du côté des poles, et une autre partie s'avance plus près du centre de la sphère. Cette dernière partie se décompose elle-même en deux autres, dont une se détourne en s'éloignant de l'équateur et l'autre s'approche de l'axe; ainsi de suite jusqu'aux centres de l'équateur et des parallèles. C'est de cette manière que la chaleur se transmet dans toute la masse et que chacun des points, recevant autant qu'il perd, conserve sa température.

18 Steady-State Diffusion in the Rectangular Prism

We return now to the section of Fourier's paper following his analysis of the cylinder, where he tackled the steady-state problem in a rectangular prism of square cross-section of side $2l$ (as opposed to Biot's "prism" of Chapter 4, where the cross-sectional area was ignored and the problem treated as of one spatial dimension), and infinite length in the direction of the x-axis. As we saw in article 27 (our page 124) the equation for the problem was

(18.1) $$\frac{\partial^2 v}{\partial x^2} + \frac{\partial^2 v}{\partial y^2} + \frac{\partial^2 v}{\partial z^2} = 0,$$

and in order to preserve finite temperature throughout the body the solution form after separation of variables was

(18.2) $$ae^{-mx} \cos ny \cos pz,$$

where

Art. 140

(18.3) $$m^2 = n^2 + p^2.$$

External diffusion took place over all surfaces, and so both

(18.4) $$K\frac{\partial v}{\partial y} + hv = 0, \quad y = \pm l,$$

and

(18.5) $$K\frac{\partial v}{\partial z} + hv = 0, \quad z = \pm l,$$

applied, which after the insertion of (18.2) led in all cases to the transcendental equation

Art. 141

(18.6) $$nl \tan nl = \frac{hl}{K}$$

and thus to the "nonharmonic" double series solution

Art. 142

(18.7) $$v = \sum_{r=1}^{\infty} \sum_{s=1}^{\infty} a_r b_s e^{-\sqrt{n_r^2 + n_s^2}\, x} \cos n_r y \cos n_s z.$$

As with Biot's bar, Fourier took a constant hot temperature of 1 unit to apply over the hot end of the prism. Therefore, putting $x = 0$ in (18.7), he found that

(18.8) $$1 = \sum_{r=1}^{\infty} a_r \cos n_r y \sum_{s=1}^{\infty} b_s \cos n_s z$$

and by assumption

(18.9)
$$1 = \sum_{r=1}^{\infty} a_r \cos n_r y$$

and

(18.10)
$$1 = \sum_{s=1}^{\infty} b_s \cos n_s z.$$

The coefficients were calculated in the usual way of multiplying through (18.9) or (18.10) by $\cos n_r y$ or $\cos n_s z$, integrating over $[0, l]$ and thus producing the general solution

Art. 143
Art. 144
(18.11)
$$\tfrac{1}{4} v = \sum_{r=1}^{\infty} \sum_{s=1}^{\infty} e^{-\sqrt{n_r^2 + n_s^2}\, x} \frac{\sin n_r l \cos n_r y \sin n_s l \cos n_s z}{(2n_r l + \sin 2n_r l)(2n_s l + \sin 2n_s l)}.$$

One feature of the solution remained unproved, however: the reality of the roots of (18.6). Perhaps Fourier had postponed the problem against the possibility that he might be able to find a more sophisticated proof; but in the end he relied on a geometrical argument in which the function

(18.12)
$$u = \epsilon \tan \epsilon, \quad \epsilon = nl$$

follows $\tan \epsilon$ in being composed of an infinity of asymptotic curves and is therefore cut an infinity of times by the line

Art. 145
(18.13)
$$u = \frac{hl}{K}.$$

As usual Fourier concluded with a discussion of the physical interpretation of his solution: the distribution of heat at a great distance from the hot end; the case when the bar is of small cross-section, when (18.11) reduces to the solution

Art. 146

(18.14)
$$v = e^{-x \sqrt{\frac{2h}{Kl}}}$$

Art. 147
Art. 148
Art. 149

Art. 150

Art. 151

of Biot's bar in article 19 (our page 103); the flow of heat across an arbitrary cross section of the prism, and then into the atmosphere over the subsequent part of the surface. As with the lamina in article 49 (our pages 175–181), he showed that these two quantities balanced each other out as they should, and finally he examined the solution when the cross-sectional area became infinite — a problem that was to become of great importance later.

| **Comparative references for this chapter** | 1807 manuscript: arts. 140–151.
1811 paper: part 1, 237–238, 458–472.
Théorie: arts. 124–125, 321–332. |

|| **140.
Intégration de l'équation qui exprime la propagation de la chaleur dans un prisme. Solution particulière de cette équation.**

On a vu que le mouvement uniforme de la chaleur dans l'intérieur d'un prisme d'une longueur infinie, assujetti par son extrémité à une température constante, est exprimé par l'équation

$$\frac{d^2v}{dx^2}+\frac{d^2v}{dy^2}+\frac{d^2v}{dz^2}=0.$$

Il s'agit de découvrir la forme que doit recevoir l'intégrale de cette équation pour fournir la solution complète de la question. On cherchera en premier lieu une valeur particulière de v,

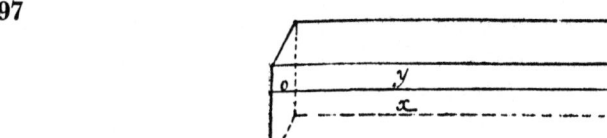

en remarquant que cette fonction v ne doit point changer de valeur lorsque y change de signe, ou lorsque z change de signe, et que de plus elle doit être infiniment petite lorsque la distance x est infiniment grande. D'après cela, il est facile de voir que l'on peut prendre pour la valeur particulière de v la fonction

$$ae^{-mx}\cos.(ny)\cos.(pz).$$

En effet, en la substituant, on trouvera la condition

$$-m^2+n^2+p^2=0.$$

Ainsi, en mettant pour n et p des quantités quelconques et prenant

$$m=\sqrt{n^2+p^2},$$

la valeur de v satisfera à l'équation aux différences partielles.

**141.
Condition relative à la surface.**

Maintenant, il est visible que $-K\dfrac{dv}{dy}\,dx\,dz$ exprime la quantité de chaleur qui passe dans l'unité de temps de la molécule dont les moindres coordonnées sont x, y, z, à la molécule dont les moindres coordonnées sont $x, y + dy, z$; car il résulte des principes que cette quantité de chaleur est proportionnelle à K, à $\dfrac{dv}{dy}$ et à la surface de contact qui est $dx\,dz$. D'un autre côté, lorsque y a sa plus grande valeur Y ou l, ce flux de chaleur est proportionnel à la température v de la surface en ce point, et a pour mesure $hv\,dx\,dz$, ou le produit de la conductibilité extérieure de la température et de l'étendue de la surface de contact. Il est donc nécessaire que lorsque $y = Y$ on ait cette équation de condition:

$$K\frac{dv}{dy} + hv = 0.$$

On aura par la même raison, lorsque $z = Z$ ou l, la seconde équation:

$$K\frac{dv}{dz} + hv = 0.$$

Si l'on prend maintenant pour v sa valeur particulière précédente, on aura

$$-n \sin.(ny) + \frac{h}{K}\cos.(ny) = 0 \quad \text{et} \quad -p\sin.(pz) + \frac{h}{K}\cos.(pz) = 0,$$

ou

$$\frac{h}{K} = n\text{ tang.}(ny) \qquad \text{et} \quad \frac{h}{K} = p\text{ tang.}(pz).$$

Multipliant ces équations par Y ou par Z, ou, ce qui est la même chose, par l, on aura

$$\frac{hl}{K} = nl\text{ tang.}(nl) \qquad \text{et} \quad \frac{hl}{K} = pl\text{ tang.}(pl).$$

On voit par-là que, si l'on avait un arc ϵ tel que ϵ tang. ϵ équivaut à la quantité toute connue $\dfrac{hl}{K}$, on prendrait pour n ou pour p la quantité $\dfrac{\epsilon}{l}$. Or il est facile de voir qu'il y a une infinité d'arcs qui, multipliés ∥ respectivement par leur tangente, donnent un produit déterminé $\dfrac{hl}{K}$; d'où il suit que l'on peut trouver pour n ou pour p une infinité de valeurs différentes.

142.
Formation de la solution générale.

Si l'on désigne par $\epsilon_1, \epsilon_2, \epsilon_3, \epsilon_4, \epsilon_i$, &c. les arcs en nombre infini qui satisfont à l'équation déterminée ϵ tang. $\epsilon = \dfrac{hl}{K}$, on pourra prendre pour n un quelconque de ces arcs divisé par l. Il en sera de même de la quantité p. Il faudra ensuite prendre $m^2 = n^2 + p^2$. Si l'on donnait à n ou à p d'autres valeurs on satisferait à l'équation différentielle, mais non point à la condition relative à la surface.

On peut donc trouver de cette manière une infinité de valeurs particulières de v, et comme la somme de plusieurs quelconques de ces valeurs satisfait encore à l'équation, on pourra former une valeur plus générale de v.

L'on prendra successivement pour n toutes les valeurs possibles, qui sont:

$$\frac{\epsilon_1}{l}, \frac{\epsilon_2}{l}, \frac{\epsilon_3}{l}, \ldots \frac{\epsilon_i}{l}, \ldots \&c.$$

et on prendra ces mêmes valeurs pour p. Ensuite, désignant par $a_1, a_2, a_3, \ldots$ &c., $b_1, b_2, b_3, \ldots$ &c. des coëfficients indéterminés, on exprimera la valeur de z par l'équation suivante:

$$v = (a_1 e^{-x\sqrt{n_1^2 + n_1^2}} \cos. n_1 y + a_2 e^{-x\sqrt{n_2^2 + n_1^2}} \cos. n_2 y$$
$$+ a_3 e^{-x\sqrt{n_3^2 + n_1^2}} \cos. n_3 y + \ldots) b_1 \cos. n_1 z$$
$$+ (a_1 e^{-x\sqrt{n_1^2 + n_2^2}} \cos. n_1 y + a_2 e^{-x\sqrt{n_2^2 + n_2^2}} \cos. n_2 y + \ldots) b_2 \cos. n_2 z$$
$$+ (a_1 e^{-x\sqrt{n_1^2 + n_3^2}} \cos. n_1 y + \ldots\ldots\ldots\ldots\ldots) b_3 \cos. n_3 z$$
$$+ \&c.$$

143.
Détermination des constantes arbitraires qui entrent dans l'intégrale.

Si l'on suppose maintenant que x est zéro, il faudra que chaque point de la surface A conserve une température constante. Il est donc nécessaire qu'en faisant $x = 0$, la valeur de v soit toujours la même, quelque valeur que l'on puisse donner à y ou à z, pourvu que ces valeurs soient comprises entre 0 et l.

Or, en faisant $x = 0$, on trouve:

$$v = (a_1 \cos. n_1 y + a_2 \cos. n_2 y + a_3 \cos. n_3 y + \ldots \&c.) \times$$
$$(b_1 \cos. n_1 z + b_2 \cos. n_2 z + b_3 \cos. n_3 z + \ldots \&c.).$$

En désignant par 1 la température constante de l'extrémité A, on prendra les deux équations:

$$1 = a_1 \cos. (n_1 y) + a_2 \cos. (n_2 y) + \ldots \&c.$$

et

$$1 = b_1 \cos.(n_1 z) + b_2 \cos.(n_2 z) + \ldots \&c.$$

Il suffit donc de déterminer les coëfficients $a_1, a_2, a_3, a_4, \ldots$ &c. dont le nombre est infini, en sorte que le second membre de l'équation ∥ précédente soit toujours égal à l'unité quelque valeur que l'on donne à y entre 0 et l.

Posant l'équation

$$1 = a_1 \cos.(n_1 y) + a_2 \cos.(n_2 y)$$
$$+ a_3 \cos.(n_3 y) + \ldots a_i \cos.(n_i y) + \ldots \&c.,$$

on multipliera les deux membres de l'équation par $\cos.(n_1 y)\, dy$ et l'on prendra l'intégrale depuis $y = 0$ jusqu'à $y = l$. On déterminera ainsi le premier coëfficient a_1. On suivra un procédé analogue pour déterminer les coëfficients suivants.

En général si l'on multiplie les deux membres de l'équation par $\cos.(ry)\, dy$ et que l'on intègre, on aura pour le seul terme du second membre qui serait représenté par $a \cos.(ny)$ l'intégrale

$$a \int (\cos.(ny) \cos.(ry)\, dy)$$

ou

$$\left(\frac{a}{2} \int \cos.\overline{n - r}y\, dy + \frac{a}{2} \int \cos.\overline{n + r}y\, dy \right)$$

ou

$$\frac{a}{2} \left(\frac{\sin.\overline{n - r}y}{n - r} + \frac{\sin.\overline{n + r}y}{n + r} \right),$$

et faisant $y = l$ on aura

$$\frac{a}{2} \left(\frac{\overline{n + r} \sin.\overline{n - r}\, l + \overline{n - r} \sin.\overline{n + r}\, l}{n^2 - r^2} \right)$$

pour la valeur de ce terme intégral qui entre dans le second membre. Cette valeur devient

$$\{(\sin.(nl)\cos.(rl) - \cos.(nl)\sin.(rl))\overline{n + r}$$
$$+ (\sin.(nl)\cos.(rl) + \cos.(nl)\sin.(rl))\overline{n - r}\} \frac{a}{2(n^2 - r^2)}.$$

Or, on avait pour déterminer une valeur quelconque de

n l'équation

$$n \text{ tang.} (nl) = \frac{h}{K}.$$

Si donc on prend pour r une racine de cette même équation on aura

$$n \text{ tang. } nl = r \text{ tang. } rl$$

ou

$$\frac{n \sin. nl}{\cos. nl} - \frac{r \sin. rl}{\cos. rl} = 0$$

ou

$$n \sin. nl \cos. rl - r \cos. nl \sin. rl = 0.$$

En réduisant le terme intégral précédent, on trouve

$$\frac{a}{2(n^2 - r^2)} (n \sin. nl \cos. rl - r \cos. nl \sin. rl).$$

C'est pourquoi la valeur de ce terme intégral est manifestement nulle. Il faut en excepter le seul cas où $n = r$: car la valeur du terme devient alors $\tfrac{0}{0}$.

En reprenant dans ce cas l'intégrale

$$\frac{a}{2} \left(\frac{\sin. \overline{n-r}\, y}{n-r} + \frac{\sin. \overline{n+r}\, y}{n+r} \right),$$

on voit que si $n = r$ le second terme vaut $\dfrac{\sin. (2nl)}{2n}$ lorsque $y = l$ et que le premier terme qui devient $\tfrac{0}{0}$ vaut l: car, $\overline{n-r}\,y$ étant un arc nul, on a

$$\frac{\sin. \overline{(n-r\,y)}}{n-r} = \frac{\overline{n-r}\,y}{n-r} = y.$$

On aura donc pour la valeur du terme intégral lorsque $n = r$ la quantité

$$\frac{1}{2} \left(l + \frac{\sin. 2nl}{2n} \right).$$

Il résulte de-là que, si dans l'équation

$$1 = a_1 \cos. (n_1 y) + a_2 \cos. (n_2 y) + a_3 \cos. (n_3 y) + \&\text{c.}$$

on veut déterminer ‖ le coëfficient d'un terme du second membre désigné par $a \cos. ny$, il faut multiplier les deux membres par $\cos. (ny)\,dy$ et intégrer depuis $y = 0$ jusqu'à $y = l$. On aura pour résultat l'équation

$$\int \cos. (ny)\,dy = \frac{1}{2} a \left(l + \frac{\sin. 2nl}{2n} \right) = \frac{1}{n} \sin. nl,$$

d'où l'on tire

$$\frac{\sin. (nl)}{2nl + \sin. (2nl)} = \frac{1}{4} a.$$

On déterminera de cette manière les coëfficients $a_1, a_2, a_3, a_4, \ldots$ &c. Il en sera de même des coëfficients $b_1, b_2, b_3, \ldots$ qui seront respectivement les mêmes que les précédents.

Il est aisé maintenant de former la valeur générale de v.

1° Elle satisfera à l'équation

$$\frac{d^2 v}{dx^2} + \frac{d^2 v}{dy^2} + \frac{d^2 v}{dz^2} = 0.$$

2° Elle satisfera aux deux conditions

$$K \frac{dv}{dy} + hv = 0 \quad \text{et} \quad K \frac{dv}{dz} + hv = 0.$$

3° Elle donnera une valeur constante 1 pour v lorsqu'on fera $x = 0$, quelles que soient d'ailleurs les valeurs de y et de z comprises entre 0 et l.

Ainsi, elle résoudra dans toute son étendue la question proposée.

On aurait pu développer comme il suit la valeur du terme intégrale:

$$\int (\cos. (ny) \cos. (ry)\,dy) = \left(\frac{1}{n} \cos. (ry) \sin. (ny) - \frac{r}{n^2} \cos. ny \sin. ry \right)$$
$$+ \int \left(\frac{r^2}{n^2} \cos. ry \cos. ny\,dy \right)$$

ou

$$\int (\cos. ny \cos. ry\,dy) \left(1 - \frac{r^2}{n^2} \right)$$
$$= \frac{n \cos. (ry) \sin. (ny) - r \cos. (ny) \sin. (ry)}{n^2}$$

ou

$$\int (\cos. ny \cos. ry\, dy)$$
$$= \frac{n \cos. ry \sin. ny - r \cos. ny \sin. ry}{n^2 - r^2}.$$

Le numérateur du second membre est nul toutes les fois que n et r sont des racines différentes de l'équation déterminée qui donnent toutes les valeurs de n. Ainsi l'intégrale est nulle dans tous ces cas, mais lorsque $n = r$ l'intégrale devient $\frac{0}{0}$ et si l'on différentie le numérateur par rapport à n seulement, on a

$$\frac{\cos. ry \cos. ny - ny \cos. ry \sin. ny + ry \sin. ny \sin. ry}{2n}$$

et faisant $n = r$, on a pour la valeur du terme intégral dans ce cas

$$\frac{y}{2} + \frac{1}{2}\frac{\sin.(2ny)}{2n}.$$

On a donc comme précédemment l'équation:

$$\frac{1}{n}\sin.(nl) = \frac{1}{2}a\left(1 + \frac{\sin.(2nl)}{2n}\right)$$

ou

$$\frac{1}{4}a = \frac{\sin. nl}{2nl + \sin. 2nl}.$$

On peut maintenant former la série

$$\frac{1}{4} = \frac{\sin. n_1 l \cos. n_1 y}{2n_1 l + \sin. 2n_1 l} + \frac{\sin. n_2 l \cos. n_2 y}{2n_2 l + \sin. 2n_2 l} + \&c.$$

En désignant les arcs $n_1 l \ldots n_2 l \ldots n_3 l \ldots$ &c. par $\epsilon_1 \ldots \epsilon_2 \ldots \epsilon_3 \ldots$ &c., ‖ on aura l'équation

$$\frac{1}{4} = \frac{\sin. \epsilon_1 \cos.\left(\epsilon_1 \frac{y}{l}\right)}{2\epsilon_1 + \sin. 2\epsilon_1} + \frac{\sin. \epsilon_2 \cos.\left(\epsilon_2 \frac{y}{l}\right)}{2\epsilon_2 + \sin. 2\epsilon_2} + \frac{\sin. \epsilon_3 \cos.\left(\epsilon_3 \frac{y}{l}\right)}{2\epsilon_3 + \sin. 2\epsilon_3} + \&c.,$$

qui a lieu pour toutes les valeurs de y comprises entre 0 et l, et par conséquent aussi pour toutes celles qui sont comprises entre 0 et $-l$.

144.
Equation qui exprime la solution complète de la question.

En substituant les valeurs connues de $a_1, b_1, a_2, b_2, a_3, b_3, \ldots$ &c. dans la valeur générale de v (page 198),[1] on aura l'équation suivante qui contient la solution complète du problème proposé:

$$\frac{v}{4.4} = \frac{\sin.(n_1 l)\cos.(n_1 z)}{2n_1 l + \sin.(2n_1 l)} \left\{ \frac{\sin.(n_1 l)\cos.(n_1 y)}{2n_1 l + \sin.(2n_1 l)} e^{-x\sqrt{n_1^2 + n_1^2}} \right.$$

$$+ \frac{\sin.(n_2 l)\cos.(n_2 y)}{2n_2 l + \sin.(2n_2 l)} e^{-x\sqrt{n_1^2 + n_2^2}}$$

$$\left. + \frac{\sin.(n_3 l)\cos.(n_3 y)}{2n_3 l + \sin.(2n_3 l)} e^{-x\sqrt{n_1^2 + n_3^2}} + \&c. \right\}$$

$$+ \frac{\sin.(n_2 l)\cos.(n_2 z)}{2n_2 l + \sin.(2n_2 l)} \left\{ \frac{\sin.(n_1 l)\cos.(n_1 y)}{2n_1 l + \sin.(2n_1 l)} e^{-x\sqrt{n_2^2 + n_1^2}} \right.$$

$$\left. + \frac{\sin.(n_2 l)\cos.(n_2 y)}{2n_2 l + \sin.(2n_2 l)} e^{-x\sqrt{n_2^2 + n_2^2}} + \&c. \right\}$$

$$+ \frac{\sin.(n_3 l)\cos.(n_3 z)}{2n_3 l + \sin.(2n_3 l)} \left\{ \frac{\sin.(n_1 l)\cos.(n_1 y)}{2n_1 l + \sin.(2n_1 l)} e^{-x\sqrt{n_3^2 + n_1^2}} \right.$$

$$\left. + \frac{\sin.(n_2 l)\cos.(n_2 y)}{2n_2 l + \sin.(2n_2 l)} e^{-x\sqrt{n_3^2 + n_2^2}} + \&c. \right\}$$

$$+ \frac{\sin.(n_4 l)\cos.(n_4 z)}{2n_4 l + \sin.(2n_4 l)} \left\{ \frac{\sin.(n_1 l)\cos.(n_1 y)}{2n_1 l + \sin.(2n_1 l)} e^{-x\sqrt{n_4^2 + n_1^2}} + \&c. \right\}$$

$+ \&c. \ldots$

Les quantités désignées par $n_1, n_2, n_3, n_4, \ldots$ &c. sont en nombre infini et respectivement égales aux quantités $\frac{\epsilon_1}{l}, \frac{\epsilon_2}{l}, \frac{\epsilon_3}{l}, \frac{\epsilon_4}{l}, \ldots$ &c. Les arcs $\epsilon_1, \epsilon_2, \epsilon_3, \ldots$ &c. sont les racines de l'équation déterminée

$$\epsilon \tang. \epsilon = \frac{hl}{K}.$$

h est la mesure de la conductibilité intérieure.
K représente la conductibilité de molécule à molécule.
l est la demi-épaisseur du prisme.[2]

---

[1][Ed.] See our p. 393.
[2][Ed.] In the *Théorie* Fourier added a section arguing from physical grounds for the uniqueness of this solution [see arts. 326–327].

145.
De l'équation déterminée dont les racines en nombre infini entrent dans l'intégrale.

Nous ajouterons à cette solution les remarques suivantes:

1° Il est facile de connaître la nature de l'équation déterminée

$$\epsilon \text{ tang. } \epsilon = \frac{hl}{K}.$$

Il suffit de supposer que l'on ait construit la courbe $u = \epsilon$ tang. ϵ, l'arc ϵ étant pris pour abcisse et u pour ordonnée. Cette ligne est composée d'une infinité de branches asymptotiques comme le représente la figure.

Les abcisses qui correspondent aux asymptotes sont $\frac{1}{2}\pi, \frac{3}{2}\pi, \frac{5}{2}\pi, \frac{7}{2}\pi, \ldots$ &c. et celles qui correspondent aux points d'intersection sont $0, \ldots 1\pi, \ldots 2\pi, \ldots 3\pi, \ldots$ &c. Si maintenant on élève à l'origine une ordonnée égale à la quantité connue $\frac{hl}{K}$, et que par l'extrémité on mène une parallèle à l'axe des abcisses, les points d'intersection donneront les racines de l'équation

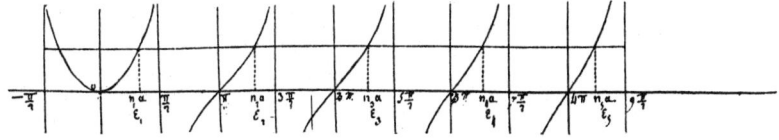

proposée ϵ tang. $\epsilon = \frac{hl}{K}$. La construction ∥ indique les limites entre lesquelles chaque racine est placée; et nous ne nous arrêterons point aux procédés de calcul qu'il faut employer pour déterminer les valeurs des racines; les recherches de ce genre ne présentent aucune difficulté.

146.
De l'état du prisme à une grande distance de l'origine.

2° On conclut facilement de l'équation générale, page 198,[3] que plus la valeur de x devient considérable, plus le terme de la valeur de v dans lequel se trouve la fraction $e^{-x\sqrt{2n_1^2}}$ devient grand par rapport à chacun des suivants. En effet, $n_1, n_2, n_3, n_4, \ldots$ étant des quantités positives et croissantes, la fraction $e^{-\sqrt{n_1^2+n_1^2}}$ est la plus grande de toutes les fractions analogues qui entrent dans les termes suivants. Si l'on donne à x une grandeur infinie la valeur exacte de v sera $e^{-x\sqrt{2n_1^2}}$.

---

[3][Ed.] See our p. 393.

Supposons maintenant que l'on puisse observer la température d'un point de l'axe du prisme situé à une distance x extrêmement grande, et la température d'un point de cet axe situé à la distance $x+1$, 1 étant l'unité de mesure; on aura alors $y = 0$, $z = 0$ et le rapport de la second température à la première sera sensiblement égal à la fraction $e^{-\sqrt{2n_1^2}}$. Cette valeur du rapport des températures des deux points de l'axe est d'autant plus exacte que la distance x est plus grande. Il suit de-là que, si l'on marquait sur l'axe des points dont chacun fût distant du précédent de l'unité de mesure x, le rapport de la température d'un point à celle du point qui précède convergerait continuellement vers la fraction $e^{-\sqrt{2n_1^2}}$. Ainsi les températures des points placés à distances égales finissent par décroître en proportion géométrique. Cette loi aura toujours lieu quelle que soit l'épaisseur de la barre, pourvu que l'on considère des points situés à une grande distance de l'origine de la chaleur. Il est facile de voir au moyen de la construction, que si la quantité appellée l, qui est la demi-épaisseur, est fort petite, n_1 a une valeur beaucoup plus petite que n_2 ou n_3 ... &c. Il résulte de-là que la première fraction $e^{-\sqrt{2n_1^2}}$ est beaucoup plus grande qu'aucune des fractions analogues. Ainsi, dans le cas où l'épaisseur de la barre est très-petite, il n'est pas nécessaire de s'éloigner de la source de la chaleur, pour que les températures des points également distants décroissent en proportion géométrique; cette loi règne alors dans toute l'étendue de la barre.

147.
Du cas où l'épaisseur de la barre est très-petite.

203

3° Si la demi-épaisseur l est une très-petite quantité, la valeur ‖ générale de v se réduit au premier terme qui contient $e^{-x\sqrt{2n_1^2}}$. Ainsi la fonction v, qui exprime la température d'un point dont les coordonnées sont x, y et z, est donnée dans ce cas par l'équation

$$v = \left(\frac{4\sin.(nl)}{2nl + \sin.(2nl)}\right)^2 \cos. ny \cos. nz \, e^{-x\sqrt{2n^2}}.$$

L'arc ϵ ou nl devient extrêmement petit, comme on le voit par la construction. L'équation

$$\epsilon \tang. \epsilon = \frac{hl}{K}$$

se réduit alors à

$$\epsilon^2 = \frac{hl}{K}.$$

Donc la première valeur de ϵ, ou ϵ_1, est $\sqrt{\frac{hl}{K}}$. A l'inspection de la figure on connaît les valeurs des autres racines.

Les quantités $\quad\quad\quad \epsilon_1, \quad\quad \epsilon_2, \epsilon_3, \epsilon_4, \epsilon_5, \ldots$ &c.

ont les valeurs suivantes: $\sqrt{\frac{hl}{K}}, \quad \pi, 2\pi, 3\pi, 4\pi, \ldots$ &c.

Les valeurs de $\quad\quad\quad n_1, \quad\quad n_2, n_3, n_4, n_5, \ldots$

sont donc $\quad\quad\quad \sqrt{\frac{h}{K}}\frac{1}{\sqrt{l}}, \frac{\pi}{l}, \frac{2\pi}{l}, \frac{3\pi}{l}, \frac{4\pi}{l}, \ldots.$

On en conclut, comme on l'a dit plus haut, que si l est une très-petite quantité, la première valeur n_1 est incomparablement plus grande que toutes les autres; et que l'on est fondé à omettre dans la valeur générale de v tous les termes qui suivent le 1er. Si maintenant on substitue dans ce premier terme la valeur trouvée pour n_1, en remarquant que l'arc nl ou l'arc $2nl$ sont égaux à leurs sinus, on aura

$$v = \cos.\left(\sqrt{\frac{hl}{K}}\frac{y}{l}\right)e^{-x\sqrt{\frac{2h}{Kl}}}.$$

Le facteur $\sqrt{\frac{hl}{K}}$ qui entre sous le cosinus étant très-petit, il s'ensuit que la température varie très-peu pour les différents points d'une même section. Lorsque la demi-épaisseur l est très-petite, ce résultat est, pour ainsi dire, évident par lui-même; mais il est utile de remarquer comment il est expliqué par le calcul. La solution générale se réduit en effet à un seul terme, à raison de la ténuité de la barre, et l'on a, en remplaçant par l'unité les cosinus d'arcs extrêmement petits,

$$v = e^{-x\sqrt{\frac{2h}{Kl}}},$$

équation qui exprime dans le cas dont il s'agit les températures stationnaires. On avait trouvé cette même équation précédemment (page 41);[4] on l'obtient ici par une analyse entièrement différente.

---

[4][Ed.] See our pp. 102–103.

148.
Calcul de la quantité de chaleur qui s'écoule en un temps donné par une section du prisme.

204

4° La solution précédente fait connaître en quoi consiste le mouvement de la chaleur dans l'intérieur du solide.

Il est facile de voir que lorsque le prisme a acquis dans tous ses points les températures stationnaires que nous ‖ considérons, il existe dans chaque section perpendiculaire à l'axe un flux uniforme de chaleur qui se porte vers l'extrémité non échauffée. Pour déterminer la quantité de ce flux qui répond à une abcisse x, il faut considérer que celle qui traverse pendant l'unité de temps un élément de la section est égale au produit du coëfficient K, de l'aire $dy\,dz$ de cet élément, et du rapport $\frac{dv}{dx}$ pris avec une signe contraire. Il faut donc prendre l'intégrale
$$-K \int \left(dy \int \left(dz \frac{dv}{dx} \right) \right)$$
depuis $y = 0$ jusqu'à $y = l$, demi-épaisseur de la barre, et ensuite depuis $x = 0$ jusqu'à $x = l$. On aura ainsi la quatrième partie du flux total.

La valeur générale de v est composée de termes dont chacun est de cette forme:
$$a \cos.(my) \cos.(nz) e^{-x\sqrt{m^2+n^2}}.$$

m satisfait à l'équation
$$ml \tang.(ml) = \frac{hl}{K},$$

et n satisfait à la même équation
$$nl \tang.(nl) = \frac{hl}{K}.$$

Le différentiel $\frac{dv}{dx}$ sera formé de termes pareils à
$$-a\sqrt{m^2+n^2} \cos.(my) \cos.(nz) e^{-x\sqrt{m^2+n^2}},$$

et l'intégrale cherchée donnera
$$K \frac{\sqrt{m^2+n^2}}{mn} \sin.(ml) \sin.(nl) e^{-x\sqrt{m^2+n^2}}.$$

En réunissant tous les termes analogues à celui-ci, on aura la valeur exacte du quart du flux total. On connaît ainsi la loi suivant laquelle décroît la quantité qui traverse une section du prisme, et l'on voit que les parties éloignées reçoivent très-peu de chaleur du foyer, parce que celle qui en émane immédiatement se détourne en partie vers la surface, pour se dissiper dans l'air. La chaleur qui traverse une section quelconque du prisme forme en quelque sorte une onde dont la densité varie d'un point de la section à l'autre. Elle est continuellement employée à remplacer la chaleur qui s'échappe par la surface dans toute l'extrémité du prisme située à la droite de la section. Il est nécessaire que toute la chaleur qui sort pendant un certain temps de cette partie du prisme soit exactement compensée par celle qui y pénètre en vertu de la conductibilité intérieure du solide.

149.
Calcul de la quantité de chaleur qui s'échappe par une portion déterminée de la surface.

205

Pour vérifier ∥ ce résultat, il faut calculer le produit du flux établi à la surface. $dx\,dy$ est un élément de la surface, et v étant la température, $hv\,dx\,dy$ est la quantité de chaleur qui sort de cet élément pendant l'unité de temps. Donc l'intégrale $h\int(dx\int(dy\,v))$ exprime la chaleur totale émanée d'une portion finie de la surface.

Il faut maintenant employer la valeur connue de v en y supposant $z = l$, puis intégrer une fois depuis $y = 0$ jusqu'à $y = l$ et une seconde fois depuis $x = x$ jusqu'à $x = \frac{1}{0}$. On trouvera ainsi la moitié de la chaleur qui sort de la surface supérieure du prisme, et prenant quatre fois le résultat on aura la chaleur perdue par les surfaces supérieures et inférieures.

Si l'on prend maintenant l'intégrale $h\int(dx\int(dz\,v))$ que l'on donne à y dans v la valeur l, et que l'on intègre une fois depuis $z = 0$ jusqu'à $z = l$ et une seconde fois depuis $x = 0$ jusqu'à $x = \frac{1}{0}$, on aura la quatrième partie de la chaleur qui s'échappe par les surfaces laterales.

L'intégrale $h\int(dx\int(dy\,v))$, étant prise entre les limites designées, donne

$$\frac{ha}{m\sqrt{m^2+n^2}} \sin.(ml)\cos.(nl)\,e^{-x\sqrt{m^2+n^2}}$$

et l'intégrale $h\int(dx\int(dz\,v))$ donne

$$\frac{ha}{n\sqrt{m^2+n^2}} \cos.(ml)\sin.(nl)\,e^{-x\sqrt{m^2+n^2}}.$$

Donc la quantité de chaleur que le prisme perd à la surface dans toute la partie située à la droite de la section dont l'abcisse est x, se compose de tous les termes analogues à celle-ci:

$$\frac{4ha}{\sqrt{m^2+n^2}} e^{-x\sqrt{m^2+n^2}} \left(\frac{1}{m}\sin.(ml)\cos.(nl) + \frac{1}{n}\cos.(ml)\sin.(nl)\right).$$

150.
Comparaison des deux résultats précédents.

D'un autre côté, la quantité de chaleur qui pénètre pendant le même temps à travers la section dont l'abcisse est x se compose des termes analogues à celui-ci:

$$\frac{4Ka\sqrt{m^2+n^2}}{mn} e^{-x\sqrt{m^2+n^2}} \sin.(ml)\sin.(nl).$$

Il ne reste donc qu'à examiner si l'on a l'équation

$$\frac{K\sqrt{m^2+n^2}}{mn}\sin.(ml)\sin.(nl) = \frac{h}{m\sqrt{m^2+n^2}}\sin.(ml)\cos.(nl)$$

$$+ \frac{h}{n\sqrt{m^2+n^2}}\cos.(ml)\sin.(nl)$$

ou

$$K\sqrt{m^2+n^2}\sin.(ml)\sin.(nl) = hn\sin.(ml)\cos.(nl)$$

$$+ hm\cos.(ml)\sin.(nl).$$

‖ Or, on a séparément

$$Km^2\sin.ml\sin.nl = hm\cos.ml\sin.nl \quad \text{ou} \quad m\frac{\sin.ml}{\cos.ml} = \frac{h}{K},$$

et

$$Kn^2\sin.ml\sin.nl = hn\sin.ml\cos.nl \quad \text{ou} \quad n\frac{\sin.nl}{\cos.nl} = \frac{h}{K}.$$

Cette compensation, qui s'établit sans cesse entre la chaleur dissipée et la chaleur transmise, est une conséquence manifeste de l'hypothèse, et le calcul ne reproduit ici que la condition qui avait d'abord été exprimée; mais il est utile de remarquer cette conformité dans une matière nouvelle et qui n'avait point encore été soumise à une analyse exacte.

151.
Du cas où l'épaisseur du prisme est une quantité très-grande.

5° Supposons que le demi-côté l du quarré qui sert de base au prisme soit une ligne extrêmement grande et que l'on veuille connaître la loi suivant laquelle les températures décroissent pour les différents[5] points de l'axe. On donnera à y et z des valeurs nulles dans l'équation générale, et à l une valeur infinie. Or, la construction rapportée (page 201)[6] fait connaître que, si la quantité l qui entre dans la constante $\frac{hl}{K}$ est infinie, la première partie de ϵ est $\frac{1}{2}\pi$, la seconde est $\frac{3}{2}\pi$ et la troisième $\frac{5}{2}\pi \ldots$. On fera les substitutions dans l'équation générale et l'on remplacera $n_1 l \ldots n_2 l \ldots n_3 l \ldots n_4 l \ldots$ par leurs valeurs $\frac{1}{2}\pi \ldots \frac{3}{2}\pi \ldots \frac{5}{2}\pi \ldots \frac{7}{2}\pi \ldots$ et l'on mettra ainsi la fraction α au lieu de $e^{-\frac{\pi}{2} \cdot \frac{x}{l}}$. On trouvera alors

$$v(\tfrac{1}{4}\pi)^2 = \quad 1\{\alpha^{\sqrt{1^2+1^2}} - \tfrac{1}{3}\alpha^{\sqrt{1^2+3^2}} + \tfrac{1}{5}\alpha^{\sqrt{1^2+5^2}} - \tfrac{1}{7}\alpha^{\sqrt{1^2+7^2}} + \ldots\}$$

$$-\tfrac{1}{3}\{\alpha^{\sqrt{3^2+1^2}} - \tfrac{1}{3}\alpha^{\sqrt{3^2+3^2}} + \tfrac{1}{5}\alpha^{\sqrt{3^2+5^2}} - \&c. \ldots \ldots \ldots\}$$

$$+\tfrac{1}{5}\{\alpha^{\sqrt{5^2+1^2}} - \tfrac{1}{3}\alpha^{\sqrt{5^2+3^2}} + \&c. \ldots \ldots \ldots \ldots \ldots \}$$

$$-\tfrac{1}{7}\{\alpha^{\sqrt{7^2+1^2}} - \&c. \ldots \ldots \ldots \ldots \ldots \ldots \ldots \ldots \}.$$

On voit par ce résultat que la température des différents points de l'axe décroit rapidement à mesure que l'on s'éloigne de l'origine. Si on suppose $x = l$ on trouve $v = \quad$.[7] Si donc on plaçait sur un support échauffé et maintenu à une température permanente un prisme d'une hauteur infinie, ayant pour base un quarré dont le demi-côté l est très-grand, la chaleur se propagerait dans l'intérieur du prisme et se dissiperait par sa surface dans l'air environnant que l'on suppose à la température 0. Lorsque le solide serait parvenu à un état fixe, les points de l'axe auraient des températures très-inégales et à une hauteur égale à la moitié du côté de la base, la température du point le plus échauffé serait moindre que la cinquième partie de la température de la base.[8]

---

[5][Ed.] The three words "pour les différents" were accidentally omitted by the copyist: we have taken them from the 1811 paper [part 1, 471] and the *Théorie* [art. 332].

[6][Ed.] See our p. 399. Fourier did not give his own page reference here, but doubtless he was referring to the graph showing the intersection of

$y = \dfrac{hl}{K}$ with the asymptotic curves of

$y = \epsilon \tan \epsilon$.

[7][Ed.] Fourier did not provide the copyist with the cumbersome expression derivable from the double-series solution above, but his subsequent remarks are deduced from it: see n. 8 below.

[8][Ed.] Fourier's deduction seems to have been as follows: the hot end of the support is at temperature 1, given by $x = 0$ in the double series solution. When $x = l$ the unstated expression referred to in n. 7 above is not larger than its leading term,

18 Steady-State Diffusion in the Rectangular Prism

In his 1809 paper to the Institut de France Fourier reiterated his result from article 150 (our page 404) that the flow of heat through a cross section of the prism equalled the loss to the atmosphere over the surface, and he remarked on this further example of the "wave" behavior of heat.[9] His work on the prism was intended as a preparation for the last problem, in which the diffusion equation appeared in its fullest form: a time-dependent problem for the cube.

---

which is

$$\left(\frac{4}{\pi}\right)^2 e^{-\frac{\pi}{\sqrt{2}}} = 0.12744 < \frac{1}{5}.$$

Although Fourier reproduced this paragraph in the later works, he did not give the reasoning there either. [See the 1811 paper, part 1, 472; *Théorie*, art. 332.]

[9] J. B. J. Fourier *Extrait*, 9–10. But he might have been asked to justify his assumption that the coefficients of the solution (18.7) can be split into the form $a_r b_s$ (see our p. 389). This can be done however; see Darboux's analysis in J. B. J. Fourier *Oeuvres*, 1, 361–362.

19 Time-Dependent Diffusion in the Cube

Fourier was now ready to tackle the full equation

(19.1) $$\frac{\partial v}{\partial t} = K\left(\frac{\partial^2 v}{\partial x^2} + \frac{\partial^2 v}{\partial y^2} + \frac{\partial^2 v}{\partial z^2}\right),$$

for the diffusion of heat within a cube of side $2a$ with the origin of coordinates placed at its center. The solution was a development of the analysis of the rectangular prism: the basic form was

(19.2) $$\cos nx \cos py \cos qz\, e^{-K(n^2+p^2+q^2)t},$$

and the surface conditions

(19.3) $$K\frac{\partial v}{\partial x} + hv = 0, \quad x = \pm a,$$

(19.4) $$K\frac{\partial v}{\partial y} + hv = 0, \quad y = \pm a,$$

(19.5) $$K\frac{\partial v}{\partial z} + hv = 0, \quad z = \pm a,$$

led again to the transcendental equation

(19.6) $$na \tan na = \frac{ha}{K},$$

Art. 152 whose real roots $n_1, n_2, \ldots$ provided the triple series solution

Art. 153
$$v = \sum_{q=1}^{\infty}\sum_{r=1}^{\infty}\sum_{s=1}^{\infty}(A_q \cos n_q x\, e^{-Kn_q^2 t})$$

(19.7) $$\times (B_r \cos n_r y\, e^{-Kn_r^2 t})(C_s \cos n_s z\, e^{-Kn_s^2 t}).$$

Art. 154 But the constants were again calculated only for the uniform initial distribution of temperature of 1 unit over the whole surface. The spatial symmetry of (19.7), interpreted as a product of functions of x and t, y and t, and z and t, showed that the problem could be taken as three separate diffusion problems
Art. 155 relative to each of the spatial axes.

Fourier's remarks on the solution were of the usual kind:
Arts. 156–157 asymptotic behavior of the solution, mean temperature and
Art. 158 finally the comparative rates of cooling for the cube and sphere — another result for experimental test.

Comparative references for this chapter
1807 manuscript: arts. 152–158.
1811 paper: part 1, 473–485.
Théorie: arts. 333–340.

152.
Intégration de l'équation qui représente le mouvement de la chaleur dans un cube. Solution particulière qui satisfait à l'équation.

207

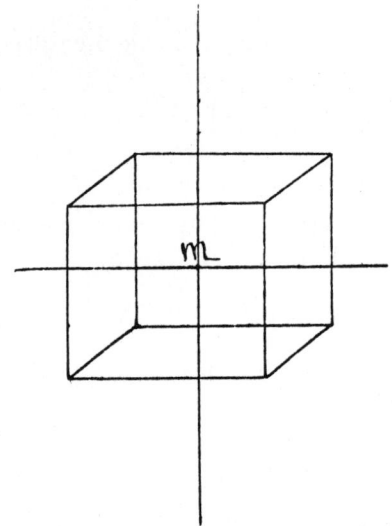

Nous allons présentement considérer l'équation

$$\frac{dv}{dt} = K\left\{\frac{d^2v}{dx^2} + \frac{d^2v}{dy^2} + \frac{d^2v}{dz^2}\right\},$$

qui exprime le mouvement varié de la chaleur dans un solide de forme cubique exposé à l'action de l'air. On supposera

$$v = e^{-mt} \cos.(nx) \cos.(py) \cos.(qz),$$

et en substituant dans la proposée on aura l'équation de condition:

$$m = K[n^2 + p^2 + q^2].$$

Il suit de là que si on met au lieu de n, p, q, des quantités quelconques, et si l'on prend pour m la quantité $K[n^2 + p^2 + q^2]$, la valeur précédente de v satisfera toujours à l'équation aux différences partielles.

On aura donc pour une solution particulière:

$$v = e^{-Kt[n^2+p^2+q^2]} \cos.(nx) \cos.(py) \cos.(qz).$$

L'état de la question exige que si x change de signe, y et z demeurant les mêmes, la valeur de v ne change point, et que cela ait aussi lieu par rapport à y et par rapport à z. Or cette condition est remplie par la valeur de v. Il faut maintenant exprimer les conditions qui se rapportent à l'état de la surface. Il résulte des principes établis plus haut que ces conditions sont exprimées par les équations suivantes:

$$\begin{cases} K\dfrac{dv}{dx}+hv=0 \\[4pt] K\dfrac{dv}{dy}+hv=0 \\[4pt] K\dfrac{dv}{dz}+hv=0. \end{cases}$$

Elles doivent être satisfaites lorsque x a sa plus grande valeur a, lorsque $y = a$ et lorsque $z = a$. (On prend le centre du cube pour l'origine des coordonnées.)

On a

$$\frac{dv}{dx} = e^{-mt} \sin.(nx)\cos.(py)\cos.(qz)$$

et

$$e^{-mt} n \sin.(nx)\cos.(py)\cos.(qz) + \frac{h}{K} e^{-mt} \cos.(nx)\cos.(py)\cos.(qz) = 0,$$

ou

$$-n \tang.(nx) + \frac{h}{K} = 0,$$

qui doit avoir lieu lorsque $x = a$. On aura donc

$$n \tang.(na) = \frac{h}{K} \quad \text{ou} \quad na \tang.(na) = \frac{ha}{K}.$$

Soit $\dfrac{h}{K} = g$ et $na = \epsilon$; on aura

$$\epsilon \tang. \epsilon = ga.$$

Il résulte de là que l'on ne peut pas prendre pour n une valeur quelconque, car l'équation $n \tang.(na) = g$ ne serait ‖ pas nécessairement satisfaite, et la condition $K\dfrac{dv}{dx} + hv = 0$ n'aurait point lieu. Pour trouver la valeur de n il faut résoudre l'équation déterminée $\epsilon \tang. \epsilon = ga$, ce qui donnera la valeur de ϵ, et l'on prendra $n = \dfrac{\epsilon}{a}$.

Or l'équation $\epsilon \tang. \epsilon = ga$ a une infinité de racines réelles. Donc on pourra trouver pour n une infinité de valeurs différentes et il n'y aura que celles-là parmi lesquelles on pourra choisir.

On trouvera de la même manière les équations relatives à p et q et l'on a

$$\begin{cases} n \text{ tang. } na = g \\ p \text{ tang. } pa = g \\ q \text{ tang. } qa = g. \end{cases}$$

Tout se réduit donc à la résolution de l'équation ϵ tang. $\epsilon = ga$.

La construction que l'on a employée pour la solution de la question précédente [Page 201, figu.   ][1] représente clairement les différentes valeurs que l'on peut prendre pour n. Nous désignerons ces racines, en commençant par la plus petite, par n_1, n_2, n_3, n_4, &c.

Ainsi on pourra prendre pour v la valeur particulière donnée par l'équation

$$v = ae^{-Kt[n^2+p^2+q^2]} \cos. nx \cos. py \cos. qz,$$

pourvu que l'on mette au lieu de n, p, q, une quelconque des quantités $n_1, n_2, n_3, n_4, \ldots$ &c.

153.
Formation de la solution générale.

On peut former ainsi une infinité de valeurs particulières de v, et il est visible que la somme de plusieurs de ces valeurs en nombre quelconque donnera encore une valeur de v. De plus l'équation de condition $K\dfrac{dv}{dx} + hv = 0$ sera également satisfaite par la somme des valeurs particulières. On reconnaîtra d'après cela que l'on peut former une valeur de v aussi générale que la question l'exige, en assemblant un nombre infini de valeurs particulières. Nous prendrons pour cette valeur générale celle qui est donnée par l'équation:

$$v = \begin{cases} [A_1 \cos. (n_1 x) \, e^{-Kn_1^2 t} + A_2 \cos. (n_2 x) \, e^{-Kn_2^2 t} \\ \qquad + A_3 \cos. (n_3 x) \, e^{-Kn_3^2 t} + A_4 \cos. (n_4 x) \, e^{-Kn_4^2 t} + \ldots] \times \\ [\quad \cos. (n_1 y) \, e^{-Kn_1^2 t} + \quad \cos. (n_2 y) \, e^{-Kn_2^2 t} \\ \qquad + \cos. (n_3 y) e^{-Kn_3^2 t} + \quad \cos. (n_4 y) \, e^{-Kn_4^2 t} + \ldots] \times \\ [\quad \cos. (n_1 z) \, e^{-Kn_1^2 t} + \quad \cos. (n_2 z) \, e^{-Kn_2^2 t} \\ \qquad + \cos. (n_3 z) \, e^{-Kn_3^2 t} + \ldots \ldots \ldots \ldots \ldots \ldots]. \end{cases}$$

---

[1][Ed.] Fourier is referring to the diagram in art. 145: see our p. 399.

209

Le second membre doit se former par le produit des trois facteurs écrits dans les trois lignes horizontales, et les quantités A_1, A_2, A_3, A_4, &c. sont des coëfficients absolument arbitraires.

**154.
Détermination des constantes qui entrent dans l'intégrale.**

Or, selon l'hypothèse, si l'on fait $t = 0$ la valeur de v doit être la même pour tous les points du cube. Il faut donc déterminer A_1, A_2, A_3, &c. en sorte que la valeur de v soit égale à l'unité lorsque $t = 0$, quelle que soit la valeur que l'on donne soit à x, soit à y, soit à z, pourvu que chacune de ces valeurs soit comprise entre $-a$ et $+a$. On posera d'abord l'équation

$$1 = a_1 \cos.(n_1 x) + a_2 \cos.(n_2 x) + a_3 \cos.(n_3 x) + a_4 \cos.(n_4 x) + \&c.$$

dans laquelle il s'agit de déterminer a_1, a_2, a_3, a_4, &c. à l'infini. On multipliera chaque membre par $\cos.(n_1 x)$ et l'on intégrera depuis $x = -a$ jusqu'à $x = a$. Or il résulte de l'analyse qui a été employée précédemment [voyez page 200][2] que l'on a l'équation

$$\frac{1}{2} = \frac{\sin.(n_1 a) \cos.(n_1 x)}{n_1 a \left[1 + \frac{\sin.(2n_1 a)}{2n_1 a}\right]}$$

$$+ \frac{\sin.(n_2 a) \cos.(n_2 x)}{n_2 a \left[1 + \frac{\sin.(2n_2 a)}{2n_2 a}\right]} + \frac{\sin.(n_3 a) \cos.(n_3 x)}{n_3 a \left[1 + \frac{\sin.(2n_3 a)}{2n_3 a}\right]}$$

$$+ \&c.$$

Désignant par μ_1 la quantité $\frac{1}{2} \cdot \frac{1 + \sin.(2n_1 a)}{2n_1 a}$ et par $\mu_2, \mu_3, \ldots$ &c. les quantités analogues, on aura:

$$1 = \frac{\sin.(n_1 a)}{n_1 a \mu_1} \cos.(n_1 x)$$

$$+ \frac{\sin.(n_2 a)}{n_2 a \mu_2} \cos.(n_2 x) + \frac{\sin.(n_3 a)}{n_3 a \mu_3} \cos.(n_3 x)$$

$$+ \&c.$$

Cette équation aura toujours lieu lorsque l'on donnera à x une valeur quelconque comprise entre $-a$ et a.

On peut maintenant conclure la valeur de v; elle est

---

[2][Ed.] See our p. 397; $a = 1$ there.

exprimée par l'équation suivante:

$$v = \begin{cases} \left[\dfrac{\sin. n_1 a}{n_1 a \mu_1} \cos. n_1 x \, e^{-K n_1^2 t} + \dfrac{\sin. n_2 a}{n_2 a \mu_2} \cos. n_2 x \, e^{-K n_2^2 t} \right. \\ \left. \qquad\qquad\qquad + \dfrac{\sin. n_3 a}{n_3 a \mu_3} \cos. n_3 x \, e^{-K n_3^2 t} + \&c. \right] \times \\ \left[\dfrac{\sin. n_1 a}{n_1 a \mu_1} \cos. n_1 y \, e^{-K n_1^2 t} + \dfrac{\sin. n_2 a}{n_2 a \mu_2} \cos. n_2 y \, e^{-K n_2^2 t} + \ldots \right] \times \\ \left[\dfrac{\sin. n_1 a}{n_1 a \mu_1} \cos. n_1 z \, e^{-K n_1^2 t} + \ldots\ldots\ldots\ldots\ldots\ldots\ldots \right], \end{cases}$$

dans laquelle le second membre est égal au produit de ∥ trois facteurs séparés.

155. Remarque sur la nature de cette intégrale.

On voit par là que la valeur de v est égale au produit de trois fonctions semblables, l'une de x, l'autre de y, la troisième de z. On aurait pu arriver directement à cette conclusion de la manière suivante.

Dans l'équation $\dfrac{dv}{dt} = K\left[\dfrac{d^2 v}{dx^2} + \dfrac{d^2 v}{dy^2} + \dfrac{d^2 v}{dz^2}\right]$ on supposera $v = X \cdot Y \cdot Z$; en denotant par X une fonction de x et t seulement, par Y une fonction de y et t, par Z une fonction de z et t, on aura

$$XY\frac{dZ}{dt} + XZ\frac{dY}{dt} + YZ\frac{dX}{dt} = K\left[XY\frac{d^2 Z}{dz^2} + XZ\frac{d^2 Y}{dy^2} + YZ\frac{d^2 X}{dx^2}\right].$$

On prendra les trois équations séparées:

$$\frac{dZ}{dt} = K\frac{d^2 Z}{dz^2}$$

$$\frac{dY}{dt} = K\frac{d^2 Y}{dy^2}$$

$$\frac{dX}{dt} = K\frac{d^2 X}{dx^2}.$$

De plus on doit avoir ces équations de condition pour la surface:

$$K\frac{dv}{dx} + hv = 0$$

$$K\frac{dv}{dy} + hv = 0$$

$$K\frac{dv}{dz}+hv=0,$$

qui fournissent celle-ci:

$$K\frac{dX}{dx}+hX=0$$

$$K\frac{dY}{dy}+hY=0$$

$$K\frac{dZ}{dz}+hZ=0.$$

Il suit de là que, pour résoudre complètement la question, il suffit de prendre l'équation

$$\frac{du}{dt}=K\frac{d^2u}{ds^2},$$

et d'y ajouter l'équation de condition:

$$K\frac{du}{ds}+hu=0,$$

qui doit avoir lieu lorsque $s=a$. On mettra ensuite à la place de s, ou x, ou y, ou z, et l'on aura trois fonctions X, Y, Z dont le produit $X . Y . Z$ est la valeur générale de v. Ainsi la question proposée est resolue comme il suit:

$$v = \phi[x,t] . \phi[y,t] . \phi[z,t],$$

dans laquelle

$$\phi[x,t] = \frac{\sin. (n_1a)}{n_1a\mu_1} \cos. (n_1x) \, e^{-Kn_1^2t} + \frac{\sin. (n_2a)}{n_2a\mu_2} \cos. (n_2x) \, e^{-Kn_2^2t}$$

$$+ \&c.$$

211 ‖ n_1 ainsi que $n_2, n_3, \ldots$ sont données par l'équation suivante:

$$\epsilon \text{ tang. } \epsilon = \frac{ha}{K} \quad \text{et} \quad n_1a = \epsilon.$$

La valeur de μ_1 est $\frac{1}{2}\left[1+\frac{\sin. (2n_1a)}{2n_1a}\right]$. Il en est de même des quantités analogues $\mu_2 \ldots \mu_3 \ldots \mu_4 \ldots$ &c. On trouvera de la même manière les fonctions $\phi[y,t]$ et $\phi[z,t]$. On peut se convaincre que cette valeur de v résoud la question dans toute son étendue et que l'intégrale complète de l'équation aux différences partielles doit nécessairement prendre cette forme pour exprimer les températures variables du solide.

En effet, la valeur de v satisfait à l'équation aux différences partielles et aux conditions relatives à la surface; donc les variations des températures qui résultent dans un instant de l'action mutuelle des molécules et de l'action de l'air sur la surface sont celles que l'on trouverait en différentiant la valeur de v par rapport à t. Il s'ensuit que, si au commencement d'un instant la fonction v représente le système des tempèratures, elle représentera encore celles qui ont lieu au commencement de l'instant suivant, et l'on prouve de même que l'état variable du solide sera toujours exprimé par la fonction v dans laquelle on augmentera successivement la valeur de t. Or cette même fonction v convient à l'état initial; donc elle représentera tous les états ulterieurs du solide. Ainsi on est assuré que toute solution qui donnerait pour v une fonction différente de la précédente serait erronée.

**156.
Système des températures finales.**

Si l'on suppose que la valeur du temps t est devenue très-considérable, on ne devra plus faire usage que du premier terme de la valeur de v. Il est donné par l'équation suivante:

$$v = \left[\frac{\sin. n_1 a}{n_1 a \mu_1} \right]^3 \cos. n_1 x \cos. n_1 y \cos. n_1 z \, e^{-3Kn_1^2 t}.$$

Voilà donc l'état principal vers lequel le système des températures tend continuellement et qu'il atteint sans erreur sensible, après une certaine valeur du temps. Dans cet état la température de chacun des points pris en particulier décroît proportionnellement aux puissances ∥ de la fraction $e^{-3Kn_1^2}$. Alors les états successifs sont tous semblables, et ne diffèrent que par la quantité des températures qui diminuent toutes comme les termes d'une même progression géométrique. On trouvera facilement au moyen de l'équation précédente la loi suivant laquelle les températures décroissent d'un point à l'autre dans le sens des diagonales, ou des arêtes du cube, ou enfin d'une ligne donnée de position. On reconnaîtra aussi quelle est la nature des surfaces qui déterminent les couches de même température. On voit clairement que dans l'état extrême et uniforme que nous considérons ici les points d'une même couche conservent toujours la même température, ce qui n'avait point lieu dans l'état initial, et dans ceux qui lui succèdent immédiatement. Pendant la durée infinie de cet état principal et uniforme la masse se subdivise en une infinité de couches dont tous les points ont une température commune.

157. Calcul de la température moyenne.

Il faut maintenant rechercher la valeur de la température moyenne de la masse qui s'obtient en ajoutant les produits du volume de chaque molécule par sa température et divisant par le volume entier. v, fonction de x, y, z, et t, étant la température d'un point quelconque, on aura $\dfrac{\int [v\, dx\, dy\, dz]}{a^3}$ pour la valeur de la température moyenne V. L'intégrale doit être prise successivement par rapport à x, à y et à z depuis $x = 0$ jusqu'à $x = a$. La valeur de v étant de cette forme $X \cdot Y \cdot Z$, on aura

$$V = \int X\, dx \cdot \int Y\, dy \cdot \int Z\, dz.$$

Ainsi la valeur de la température moyenne est $\left(\dfrac{\int [X\, dx]}{a}\right)^3$, car les trois intégrales totales ont une valeur commune. En employant la valeur de X, qui est

$$\frac{\sin.\,[n_1 a]}{[n_1 a]\mu_1} \cos.\,[n_1 x]\, e^{-Kn_1^2 t} + \frac{\sin.\,[n_2 a]}{[n_2 a]\mu_2} \cos.\,[n_2 x]\, e^{-Kn_2^2 t} + \&c.,$$

on trouvera

$$a^3 V = \left[\frac{(\sin.\,[n_1 a])^2}{[n_1 a]^2 \mu_1} a e^{-Kn_1^2 t} + \frac{(\sin.\,[n_2 a])^2}{[n_2 a]^2 \mu_2} a e^{-Kn_2^2 t} + \&c.\right]^3$$

ou

$$V = \left[\frac{(\sin.\,[n_1 a])^2}{[n_1 a]^2 \mu_1}\, e^{-Kn_1^2 t} + \frac{(\sin.\,[n_2 a])^2}{[n_2 a]^2 \mu_2}\, e^{-Kn_2^2 t} + \&c.\right]^3.$$

La quantité $n_1 a$ est représentée plus haut par ϵ_1, qui est une racine de ∥ l'équation $\epsilon\, \text{tang.}\, \epsilon = \dfrac{ha}{K}$ et μ est égale à $\dfrac{1}{2}\left[1 + \dfrac{\sin.\,[2\epsilon]}{2\epsilon}\right]$. On a donc, en désignant les différentes racines de cette équation par

$\epsilon_1, \epsilon_2, \epsilon_3, \ldots$ &c. :

$$2\sqrt[3]{V} = \left[\frac{\sin. \epsilon_1}{\epsilon_1}\right]^2 \frac{e^{-K\frac{\epsilon_1^2}{a^2}t}}{\left[1 + \frac{\sin. 2\epsilon_1}{2\epsilon_1}\right]} + \left[\frac{\sin. \epsilon_2}{\epsilon_2}\right]^2 \frac{e^{-K\frac{\epsilon_2^2}{a^2}t}}{\left[1 + \frac{\sin. 2\epsilon_2}{2\epsilon_2}\right]}$$

$$+ \left[\frac{\sin. \epsilon_3}{\epsilon_3}\right]^2 \frac{e^{-K\frac{\epsilon_3^2}{a^2}t}}{\left[1 + \frac{\sin. 2\epsilon_3}{2\epsilon_3}\right]} + \text{\&c.}$$

La construction qui a été rapportée [page 201][3] fait voir que ϵ_1 est entre 0 et $\frac{1}{2}\pi$, ϵ_2 entre π et $\frac{3}{2}\pi$, ϵ_3 entre 2π et $\frac{5}{2}\pi$, ... Les moindres limites $\pi \ldots 2\pi \ldots 3\pi \ldots$ &c. approchent de plus en plus des racines $\epsilon_2 \ldots \epsilon_3 \ldots \epsilon_4 \ldots$ &c. et finissent par se confondre avec elles, lorsque l'indice n est très-grand. Les arcs doubles $2\epsilon_1 \ldots 2\epsilon_2 \ldots 2\epsilon_3 \ldots$ &c. sont compris entre 0 et $\pi \ldots$ entre 2π et $3\pi \ldots$ entre 4π et $5\pi \ldots$; c'est pourquoi les sinus de ces arcs sont tous positifs. Les quantités $\left[1 + \frac{\sin. 2\epsilon_1}{2\epsilon_1}\right] \ldots$ $\left[1 + \frac{\sin. 2\epsilon_2}{2\epsilon_2}\right] \ldots$ &c. sont positives et comprises entre 1 et 2. Il résulte de là que tous les termes qui entrent dans la valeur de $2\sqrt[3]{V}$ sont positifs. Ainsi on peut tirer les mêmes conséquences que dans le cas où le corps qui se refroidit a la forme sphérique [voyez pages 152–154 et 165–167].[4]

158.
Rapport des durées du refroidissement pour le cube et pour la sphère.

Proposons-nous maintenant de comparer la vîtesse du refroidissement dans le cube à celle que l'on a trouvée pour une masse sphérique. Nous avons vu que pour l'un et l'autre de ces corps le système des températures converge vers un état durable qu'il atteint sensiblement après un certain temps. Alors les températures des différents points du cube diminuent toutes ensemble en conservant les mêmes rapports, et chacune d'elles en particulier décroît comme les termes d'une progression géométrique. Il en est de même de la sphère solide; mais la raison de la progression géométrique n'est pas la même dans les deux corps. Il résulte des deux solutions que pour la sphère la raison est e^{-Kn^2} et pour le cube $e^{-3\frac{\epsilon^2 K}{a^2}}$. La quantité n est donnée

---

[3][Ed.] See our p. 399.
[4][Ed.] That is, arts. 104–105 and 114; see our pp. 314–316 and 329–331.

par l'équation

$$\frac{na \cos. na}{\sin. na} = 1 - \frac{ha}{K},$$

a étant le demi-diamètre de la sphère, et la quantité ϵ est donnée par l'équation

$$\epsilon \tang. \epsilon = \frac{ha}{K},$$

a étant le demi-côté du cube. Cela posé, on considérera deux cas différents: celui où le rayon ∥ de la sphère et le côté du cube sont l'un et l'autre égaux à a, quantité très-petite, et celui où la même quantité a est très-grande. La quantité ϵ est donnée par l'équation

$$\epsilon \tang. \epsilon = \frac{ha}{K} \quad \text{ou} \quad \frac{na \sin. ma}{\cos. ma} = \frac{ha}{K}.$$

Supposons d'abord que les deux corps ont une petite dimension. On voit par la construction de la page 201[5] que, $\frac{ha}{K}$ ayant une très-petite valeur, il en sera de même de ϵ. On aura donc

$$\frac{ha}{K} = \frac{\sin. \epsilon}{\cos. \epsilon} \epsilon = \epsilon^2 + \&c. = \epsilon^2.$$

La fraction $e^{-3\frac{\epsilon^2 K}{a}}$ est égale à $e^{-\frac{3h}{a}}$. Ainsi les dernières températures que l'on observe sont représentées par une quantité de cette forme: $Ae^{-3\frac{h}{a}t}$. Si maintenant dans l'équation

$$\frac{na \cos. (na)}{\sin. (na)} = 1 - \frac{ha}{K},$$

on fait $na = \beta$, on aura

$$\frac{\beta \cos. \beta}{\sin. \beta} = 1 - \frac{ha}{K}.$$

Or la construction de la page   ,[6] qui se rapporte

$$\beta \cot \beta = 1 - \frac{ha}{K} \qquad (1)$$

when a is small, is that (1) reduces to the equation

$$\beta \simeq \tan \beta, \qquad (2)$$

which possesses the small root mentioned (since $\beta < \tan \beta$).

---

[5][Ed.] See our p. 399.
[6][Ed.] This sentence is unclear. The construction to which Fourier is referring seems to be the diagram showing the reality of the roots of $\epsilon \cot \epsilon = $ constant, which he forgot to insert in art. 99 [see n. 2, p. 294]. Analytically, the reason why β is small in

à la sphère, fait voir que si a est très-petite, la quantité β est aussi très-petite. Par conséquent on aura

$$1 - \frac{ha}{K} = \frac{\beta\left[1 - \frac{\beta^2}{2} + \ldots\right]}{\beta - \frac{\beta^2}{2\cdot 3} + \ldots},$$

et omettant les puissances supérieures de β :

$$\frac{ha}{K} = \frac{\beta^2}{3} = \frac{n^2 a^2}{3} \quad \text{ou} \quad \frac{h}{K} = \frac{n^2 a}{3}.$$

Ainsi la fraction e^{-Kn^2} est $e^{-\frac{3h}{a}}$.

On conclut de là que si le rayon a de la sphère est très-petit, la vîtesse finale du refroidissement dans cette sphère et dans le cube circonscrit sont égales, et qu'elles sont l'une et l'autre en raison inverse du rayon; c'est-à-dire, que si la température d'un cube dont le demi-côté est a passe de la valeur A à la valeur B dans le temps t, une sphère dont le demi-diamètre est a passera aussi dans le même temps de la température A à la température B. Si la quantité a venait à changer pour l'un et l'autre corps et devenait a', le temps nécessaire pour passer de A à B aurait une autre valeur t', et le rapport des temps t et t' serait celui des || demi-côtés a et a' Il n'en est pas de même lorsque le rayon a est extrêmement grand. La construction de la page   [7] fait voir que dans ce cas ϵ équivaut à $\frac{1}{2}\pi$, et la construction qui se rapporte à la sphère donne pour les valeurs de na ou β les quantités $\pi \ldots 2\pi \ldots 3\pi \ldots$ &c.

On aura $\epsilon = \frac{1}{2}\pi$ et $\beta = \pi$; on trouvera donc facilement dans ce cas les valeurs des fractions $e^{-3\epsilon^2 K}$ et $e^{-K\frac{\beta^2}{a^2}}$; ces valeurs sont $e^{-\frac{3K\pi^2}{4a^2}}$ et $e^{\frac{K\pi^2}{a^2}}$. On tire de là deux conséquences remarquables :

1° Si deux cubes ont des dimensions considérables, que a et a' soient leurs demi-côtés, que le premier emploie le temps t pour passer de la température A à la température B, et que le second emploie le temps t' pour ce même intervalle, les temps t et t' seront proportionnels aux quarrés des demi-côtés.

2° Si un cube a pour demi-côté une longueur considérable

---

[7][Ed.] This again is a reference to the   construction discussed in n. 6, p. 417.

a, et qu'une sphère ait la même quantité *a* pour rayon, que pendant le temps *t* la température du cube s'abaisse de *A* à *B*, il s'écoulera un temps différent *t* pendant que la température de la sphere s'abaissera de *A* en *B*, et les temps *t* et *t'* seront dans le rapport de 4 à 3. Ainsi le cube et la sphère inscrite se refroidissent également vite, lorsqu'ils ont une petite dimension, et dans ce cas la durée du refroidissement est pour l'un et l'autre corps proportionnelle à l'épaisseur. Si le cube et la sphère inscrite ont une grande dimension, la durée du refroidissement final n'est pas la même pour les deux solides. Cette durée est plus grande pour le cube que pour la sphère dans le raison de 4 à 3, et pour chacun des corps en particulier la durée du même refroidissement augmente comme le quarré du diamètre.

The last surviving page of Fourier's 1809 paper to the Institut de France dealt with the cube. Again, he simply reviewed his results, especially those of article 158 (our pages 416–419) on the cooling times of the cube and the sphere.[8]

We recall that the aim of his *n*-body analysis had been to take *n* to infinity in order to obtain a solution for the corresponding continuous body, and that a fault in the model brought these hopes to an end. The situation with the present analysis with the cube was somewhat similar: this time the intention was to take the side *a* to infinity and so obtain heat diffusion in an infinite body, and again it failed. Let us take the general solution in the form Fourier gave in article 155 (our page 413):

$$v = \phi(x,t)\phi(y,t)\phi(z,t), \quad (19.8)$$

where

$$\phi(p,t) = \sum_{r=1}^{\infty} \frac{2 \sin n_r a \sin n_r p}{n_r a + \frac{1}{2}\sin 2 n_r a} e^{-K n_r^2 t}, \quad p \equiv x, y \text{ or } z, \quad (19.9)$$

and the n_r are given by

$$na \tan na = \frac{ha}{K}. \quad (19.10)$$

---

[8] J. B. J. Fourier *Extrait*, 10. The criticism of the assumed form of the coefficients, given in n. 9, p. 406, also applies to the analysis of the cube.

In the first place, an increase in the value of a would lead to a corresponding reduction in the value of n, in order that the product na could maintain its equality with the values of the roots of (19.10) (which themselves would increase slightly with the increase in magnitude of ha/K). Therefore each n would tend towards zero and so the time-term $e^{-Kn_r^2 t}$ would approach unity, implying, as with the n-body analysis, a false steady-state situation in the limiting case. In addition, the periodicity of the trigonometric series caused the mathematical difficulty of allowing the representation of a function only over a finite interval, and so could not possibly cover an infinite range of values of the variable. But above all, *the whole approach* was no longer valid. Equation (19.10) arises from the surface diffusion into the atmosphere, but the infinite body has no surfaces and therefore no diffusion can take place over them: so it is a meaningless result, and the form of the solution (19.8)–(19.9), so successful with finite continuous bodies, now collapses completely.

Once again Fourier was at a standstill; but this time he could not find his way out of trouble, and so he concluded his paper with a report on his experiments.

20 Fourier's Experimental Work

Fourier had already reported experiments on the cooling of a thermometer placed in a liquid in articles 108–109 (our pages 320–322). His main experimental results were given in this final section, and divided into four series:
1. distribution of temperature in a heated annulus;
2. rate of cooling of an annulus;
3. rate of cooling of a sphere;
4. comparison of the rates of cooling of a sphere and a cube.

Art. 159 After a preface on his high hopes for the experiments, Fourier described a polished iron annulus about a foot in diameter placed on three wooden supports and heated at one point by an adjustable Argand lamp. Six holes had been half drilled through the annulus, in regular spacing over two opposing quadrants, to take thermometers. For this particular experiment, however, only four holes held thermometers: the remaining space in each of these holes was filled with mercury, which was also poured into the two other holes. The lamp was lighted underneath the annulus at one point and the eventual steady temperatures of all thermometers, along with the air temperature, were read. Now according to article 24 (our page 118) the

Art. 160 final distribution of temperature should be such that

$$(20.1) \qquad \frac{z_2 + z_4}{z_3} = \text{constant},$$

where z_2, z_3, and z_4 are the temperatures of three points of which the middle one was equidistant between the other two. From the dimensions of his annulus Fourier calculated the value of the constant expression in (20.1) and found good correlation with it

Art. 161 from a series of experiments of the above type.

The second series of tests was carried out on the same annulus, with the four thermometers placed at its cardinal points, to measure the rate of fall of temperature of these points after the annulus had been heated for about half an hour in the same manner as before. Measurements were taken over three hours, with one man on each thermometer and a fifth

Art. 162 watching the clock to give the time for simultaneous readings. The principal theoretical prediction under investigation was the assertion of article 92 (our pages 274–275) that in the final distribution of temperature the average of the temperatures of diametrically opposing points equaled the mean temperature. Now the arrangement of thermometers gave two pairs of opposing points: from each set of readings Fourier calculated the average value for each pair of the set and noted the tendency for the two values to move closer together as time advanced. Indeed, the difference in the values fell from its initial level of 30° to remain within $\frac{1}{2}$° after 25 minutes, which was probably within the accuracy of his instruments.

Art. 163

Art. 164 In Fourier's third experiment a thermometer was inserted into the center of a small polished iron sphere, which was heated up and then allowed to cool. Now in article 113 (our pages 327–329) he had shown that the law of cooling approximately obeyed the law

(20.2)
$$y = A\alpha^t, \quad 0 < \alpha < 1,$$

and therefore that the constant α could be calculated from the equation

(20.3)
$$\log \alpha = -\frac{\log y_1 - \log y_2}{t_2 - t_1},$$

where y_1 and y_2 are the temperatures at times t_1 and t_2. He used his readings in consecutive pairs to calculate a series of values of α which showed themselves to be close together and slightly increasing in value with time. This effect he found also with similar experiments on other spheres and he offered reasons

Art. 165 for why it should happen. He also investigated other parameters in the experiments: the rate of cooling appeared to be unaffected by the manner of initially heating the sphere, while it was more or less doubled when the polished surface was blackened over. He also tried cooling the sphere in a liquid instead of in the atmosphere, but the experiment seemed to be unsuccessful, for

Art. 166 he dismissed it as of little interest to the reader!

Finally Fourier compared the sphere with a cube of the same (small) width. The previous cooling experiment was carried out on both objects: according to article 158 (our page 418) the rates of cooling should be equal when they were of small dimension, but in fact there was a discrepancy of six minutes in a 20° drop which needed explaining away in the possible sources

Art. 167 of inaccuracy.

Fourier took a great deal of trouble with his experiments

and probably spent a substantial proportion of his prefectural salary on equipment: bodies of various sizes and shapes specially prepared with drill holes to take the latest Réaumur-scaled thermometers. His experimental notebooks contain evidence of much work beyond that described or mentioned in his text,[1] and after the presentation of his 1807 manuscript he carried out still more experiments;[2] but in the 1811 paper he made only minor changes to the presentation here, and omitted all experimental work from the *Théorie*.

Comparative references for this chapter

1807 manuscript: arts. 159–167.
1811 paper: part 2, 213–233; *Oeuvres*, 2, 63–82.

216 (blank)

‖**159.**
De l'objet qu'on s'est proposé dans ces expériences, et principes sur la communication de la chaleur.

217

On a exposé dans le mémoire précédent les principes mathématiques de la théorie de la chaleur, et l'on a résolu les questions relatives à sa propagation, en intégrant convenablement les équations aux différences partielles auxquelles ces questions sont ramenées. Toutes ces conséquences se déduisent clairement d'une seule proposition fondamentale qui est connue depuis longtemps; que le raisonnement suggère sans la démontrer entièrement, et que toutes les expériences ont confirmé jusqu'ici.[3] Des observations, faites avec beaucoup de soin, feront connaître par la suite les corrections que l'on doit apporter à ce principe. La théorie que nous formons aujourd'hui représente l'état actuel des observations. Les expériences que je vais rapporter ont pour but de rendre sensibles et de constater indépendamment du calcul les dispositions regulières que la chaleur affecte suivant notre théorie dans l'intérieur des solides. Nous sommes assurés, par exemple, que si on laisse refroidir pendant un certain temps un anneau solide qui a été échauffé

---

[1] See BN MFF 22526 for a jumble of notes on dated (mainly in 1806 and 1807) and undated experiments on specified and unspecified bodies.
[2] BN MFF 22526/16, 29–30, 46, 76, 78–79 and 145–152 record unspecified experiments which took place in the early 1810s and 1820s. Other undated experiments may well belong to these later periods also.
[3] [Ed.] Fourier now deleted an extended but superfluous section on the principles of heat communication. He also made various other changes on this page of the manuscript.

218

d'une manière quelconque, il doit parvenir à un état regulier, qui dure jusqu'à la fin du refroidissement et pendant lequel ‖ les températures sont proportionnelles aux perpendiculaires abaissées sur un diamètre: mais l'observation seule peut faire connaître le moment où cette distribution symétrique de la chaleur commence à être sensible.

160. Observations des températures permanentes d'un anneau métallique.

La première expérience a été faite sur un anneau de fer poli exposé par un de ses points à l'action d'une chaleur constante. On a placé sur trois supports de bois sec, un anneau de fer poli d'environ un pied de diamètre (les dimensions exactes sont rapportées plus bas); son plan est horizontal, il est percé

Le diamètre total est $0^m, 345$.
Le diamètre intérieur nr est 0, 293.
L'épaisseur mn est 0,026.
La hauteur pq 0,040.
Pour chacun des trous le diamètre est 0,0145.
La hauteur ... 0,0270.

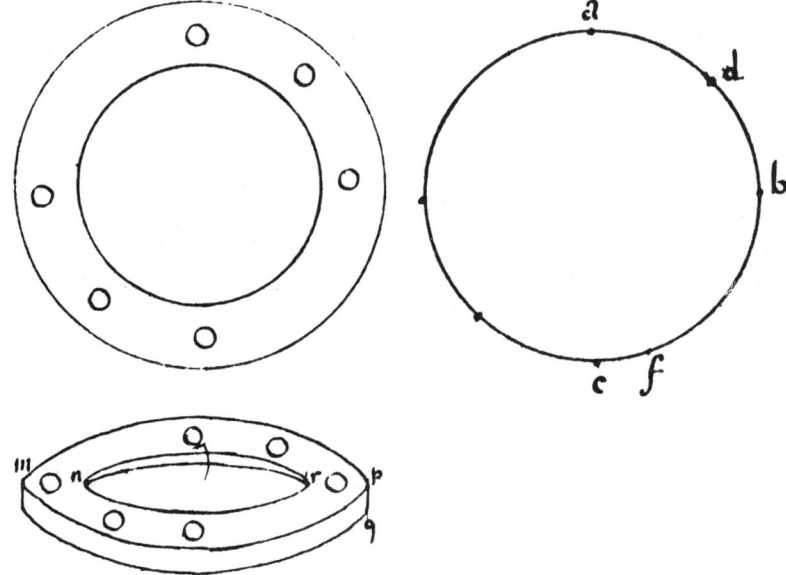

de six trous disposés comme on le voit dans la figure; les trois premiers occupent le quart de la circonférence, et leur distance est le huitième de cette circonférence; les trois autres leur sont diamétralement opposés. Ces trous ne pénètrent point jusqu'à la surface inférieure, mais seulement au-delà du milieu de l'épaisseur. On a placé 4 thermomètres aux points a, b, c, d. Le centre du reservoir de chaque thermomètre correspond au milieu de l'épaisseur. Après le thermomètre a été posé, on a rempli les trous avec du mercure; les deux qui restaient et n'avaient point de thermomètre, ont été aussi remplis de mercure. On a placé au-dessous du point f à la droite du thermomètre c une lampe d'Argant.[4] On pouvait augmenter ou diminuer l'activité de la flamme. Le thermomètre placé dans le lieu où l'on faisait l'expérience marquait constamment $17°\tfrac{2}{3}$ à l'echelle de Réaumur. L'air était tranquille, une pièce voisine était très-échauffée, et l'on ouvrait, lorsqu'il était nécessaire, la porte de communication de cette pièce avec celle où l'on observait.[5]

On est parvenu ainsi à obtenir une température constante. Le thermomètre c, et successivement les thermomètres b, d, a, se sont élevés; on a maintenu le thermomètre c à une élévation constante de $99°\tfrac{1}{3}$. Le mouvement des autres thermomètres s'est rallenti, et ensuite il a cessé. Les températures ont été stationnaires pendant un longtemps, il s'est écoulé $4^h\,24^m$ depuis le moment où le foyer a été placé jusqu'à celui où l'on a mesuré les températures fixes. Les résultats de ces mesures sont contenus dans la table suivante [Table A]. Les points $0, 1, 2, 3, 4, 5, 6, 7$ désignent les points de division de la circonférence partagée en huit parties égales, et $z_0, z_1, z_2, z_3, z_4, z_5, z_6, z_7$ désignent les quantités dont la température de ces points surpasse la température de l'air. Le point c correspond ∥ au point 0, et l'on connaît par l'expérience les quantités z_0, z_2, z_3, z_4.

[Table A]

	Le thermomètre marque	Excès de la température du point sur celle de l'air	Température de l'air
c	$99°\tfrac{1}{3}$	$z_0 = 81\tfrac{2}{3}$	
b	66	$z_2 = 48\tfrac{1}{3}$	$17°\tfrac{2}{3}$
d	$50\tfrac{7}{12}$	$z_3 = 32\tfrac{11}{12}$	
a	44	$z_4 = 26\tfrac{1}{3}$	

[4][Ed.] This is Fourier's reference to the Argand lamp. Introduced in the 1780s by Aimé Argand (1755–1803), the lamp burned oil in a round wick with a glass chimney. The system increased output of both light and heat and also provided a controlled draft.

[5][Ed.] In the 1811 paper Fourier added at this point a section on the attainment of the steady-state situation, and also an unnecessary theoretical section on the analysis which is given in both article 161 below and correspondingly later in the 1811 work. [See 1811 paper, part 2, 216–217; Oeuvres, 2, 65–66.]

**161.
Comparaison des résultats théoriques à ceux de cinq expériences différentes.**

Il résulte de la théorie[6] que les élévations $z_0, z_1, z_2, z_3, z_4, z_5$, &c. forment une série récurrente, et que le quotient $\frac{z_2 + z_4}{z_3}$ est un nombre constant qui ne dépend que de la nature et des dimensions de l'anneau, et se trouverait toujours le même, de quelque manière que l'on plaçât les foyers de chaleur constante. On avait pour objet de trouver le quotient, afin de le comparer à celui que donneraient d'autres observations. On n'avait alors que quatre thermomètres convenables; mais l'on pouvait suppléer au nombre des thermomètres, en variant les observations. On a trouvé $\frac{z_2 + z_4}{z_3} = 2{,}2683$, valeur du quotient cherché. On pouvait d'abord vérifier ce résultat par le calcul suivant; on a vu que le quotient $\frac{z_2 + z_4}{z_3}$ serait différent, si la distance de deux thermomètres consécutifs, au lieu d'être égale au huitième de la circonférence, était égale à la quatrième partie de cette circonférence. On suppose qu'il y ait un thermomètre au point 6 et l'on désigne par z_6 l'élévation de la température de ce point au-dessus de celle de l'air. Soit $\frac{z_2 + z_4}{z_3} = q$ et $\frac{z_2 + z_6}{z_4} = r$; on a trouvé entre q et r la relation suivante:

$$q = \omega + \frac{1}{\omega} \quad \text{et} \quad r = \omega^2 + \frac{1}{\omega^2}.$$

Si l'on élimine ω entre ces deux équations, en remarquant que

$$\omega^2 + \frac{1}{\omega^2}\| = \left(\omega + \frac{1}{\omega}\right)^2 - 2,$$

on a

$$r = q^2 - 2 \quad \text{et} \quad q = \sqrt{r + 2}.$$

Ainsi en déterminant r on en pourra conclure une nouvelle valeur de q. Pour trouver r, on aura les deux équations

$$\frac{z_2 + z_6}{z_4} = r \quad \text{et} \quad \frac{z_4 + z_0}{z_6} = r.$$

Eliminant z_6, qui est inconnue, on a

$$r^2 z_4 - r z_2 = z_4 + z_0.$$

---

[6][Ed.] This is his reference to art. 24;   see our p. 118.

On peut donc obtenir la valeur de r au moyen de z_0, z_2, z_4, comme on a obtenu celle de q au moyen de z_2, z_3, z_4. En faisant le calcul on a trouvé $r = 3{,}140$; et de l'équation $q = \sqrt{r+2}$ on a conclu $q = 2{,}2673$. Cette seconde valeur diffère extrêmement peu de la première. Au reste, cette conformité résulte en partie de la compensation fortuite des erreurs. On a réitéré diverses expériences du même genre, en variant la position des 4 thermomètres; on a placé plusieurs foyers à la fois, en apportant la plus grande attention pour que les thermomètres demeurâssent stationnaires, ce à quoi on peut toujours parvenir. On a changé aussi la température de l'appartement, et on a prolongé la durée de l'état fixe des températures. Voici les divers résultats que l'on a obtenus.

Une seconde expérience a donné deux valeurs de q exprimées ainsi:
$\begin{cases} q = 2{,}29 \\ q = 2{,}28 \end{cases}$. Une troisième a donné aussi deux valeurs de q, savoir:
$\begin{cases} q = 2{,}32 \\ q = 2{,}30 \end{cases}$. Une quatrième où l'on n'avait employé que trois thermomètres a donné une seule valeur, savoir $q = 2{,}2284$. Une cinquième a donné deux valeurs, savoir: $\begin{cases} q = 2{,}29 \\ q = 2{,}29 \end{cases}$. Enfin l'expérience qu'on vient de rapporter, a donné deux valeurs, savoir: $\begin{cases} q = 2{,}267 \\ q = 2{,}268 \end{cases}$. On ne pouvait point attendre des résultats plus conformés entr'eux, soit à cause des erreurs provenant des thermomètres, soit à raison d'autres circonstances propres à l'expérience.[7] En effet, les résultats théoriques auxquels nous sommes parvenus supposent que l'air est déplacé avec une vîtesse uniforme; mais le courant d'air, ∥ qui s'établit près de la surface de l'anneau et emporte dans le sens vertical les molécules échauffées et devenues plus légères, a une vîtesse moindre dans les parties dont la température est moins élevée. Les points de l'anneau situés dans une même section perpendiculaire à son plan, n'ont point, comme on le suppose, une égale température; la différence, quelque petite qu'elle soit, influe sur les

---

[7][Ed.] In the 1811 paper, Fourier revised some of his calculations of q and then reported another experiment. In a later paragraph he remarked that the first sequence of experiments was done in 1806 and the last one in 1811 [1811 paper, part 2, 219–220; Oeuvres, 2, 69–70].

valeurs des températures fixes. Il en est de même des interruptions qu'éprouve la masse de l'anneau, à raison des trous qui reçoivent les thermomètres et sont remplis de mercure. Enfin il doit s'écouler une petite quantité de chaleur dans les supports. Toutes ces circonstances doivent altérer les résultats, et les éloigner de ceux que donne la théorie; on voit cependant qu'elles n'empêchent point qu'on obtient des valeurs très-voisines des véritables.

162. Observation des températures variables d'un anneau métallique. 2ème expérience sur la propagation de la chaleur dans un anneau métallique.

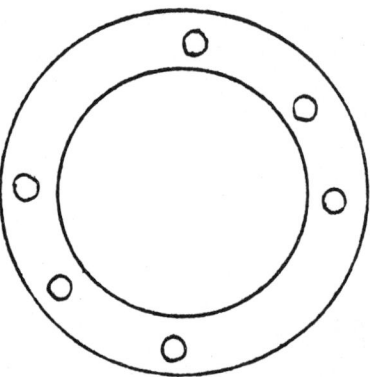

On a placé sur trois supports de bois sec un anneau de fer poli d'environ 1 pied de diamètre (la note de la page).[8] Son plan est horizontal, il est percé de six trous placés comme on le voit dans la figure. Les trois premiers occupent le quart de la circonférence, et leur distance est du huitième de cette circonférence; les trois autres leur sont diamètralement opposés. Ces trous ne pénètrent point jusqu'à la surface inférieure, mais seulement au delà du milieu de l'épaisseur. On a placé quatre thermomètres aux points a, b, c, d.[9] Le centre du réservoir de chaque thermomètre correspond au milieu de l'épaisseur. Lorsque les thermomètres sont posés, on remplit les trous avec de mercure. Les deux qui restaient aux points n'avaient point de thermomètres, et avaient été aussi rempli de mercure. Un cinquième thermomètre servait à mesurer la température du lieu de l'expérience. On a exposé le point f pendant vingt six minutes environ à la flamme d'une lampe d'Argant. Pendant ce temps

---

[8][Ed.] Fourier forgot to append a list of dimensions of the annulus; presumably it was the same model as before, in which case the measurements were given below the diagram on our p. 424.

[9][Ed.] See the previous, lettered, diagram of the circle on our p. 424.

222

les thermomètres c, b, d, a se sont ‖ élevés successivement. On a ôté le foyer à 7^{heures} 31′. En ce moment le thermomètre c marquait $127°\frac{2}{3}$ environ, et les autres thermomètres marquaient exactement, savoir:

$b \ldots 55°\frac{1}{2}$

$a \ldots 25°$

$d \ldots 35°\frac{4}{6}$,

et celui de la chambre, désigné par

$t \ldots 18°\frac{1}{2}$ (un peu au-delà).

A 7^{heures} 34′ le thermomètre c était descendu à $111°\frac{2}{3}$ environ, et les autres thermomètres marqueraient exactment, savoir:

$b \ldots 57\frac{4}{5}$

$a \ldots 26$

$d \ldots 37\frac{5}{6}$

$t \ldots 18\frac{1}{2}$ (au-delà).

On a commencé alors à mesurer les températures avec le plus grand soin. Une personne observait un seul thermomètre, et toutes étaient averties au même instant, par celle qui observait la pendule; on remarquait aussitôt la position du mercure dans le thermomètre, et on en tenait note. La table suivante [Table B] contient tous les résultats.[10]

224 (blank)

225

‖ En déterminant par la théorie le mouvement de la chaleur dans une armille, nous avons remarqué que la loi de la propagation devient de plus en plus simple à mesure que le temps du refroidissement augmente, et qu'après un certain temps écoulé la distribution de la chaleur est symétrique. Dans ce dernier état, qui dure jusqu'à la fin du refroidissement, la circonférence est divisée en deux parties inégalement échauffée. Tous les points d'une moitié de l'anneau ont une température supérieure à la température moyenne et tous les points de la

---

[10][Ed.] The table is covered with calculations, which appear to have been intended for the version of the 1811 paper, where several of the calculations carried out here were changed and some of the measurements omitted. It is presented on the next double page.

moitié opposée ont des températures qui diffèrent en sens contraire de cette valeur moyenne. La quantité de la différence est en général représentée par le sinus de l'arc compris depuis chaque point jusqu'à l'extrémité du diamètre.[11]

163.
Comparaison de la théorie avec diverses expériences de ce genre.

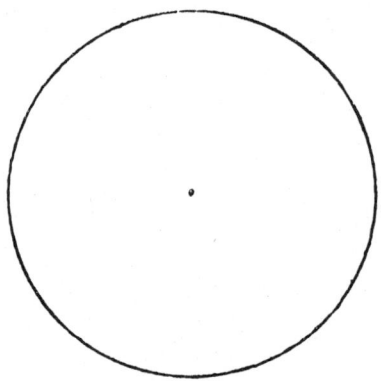

[Table B]

Temps	Thermomètre c	Thermomètre b	Thermomètre a	Thermomètre d
$7^h39'$	$90\frac{1}{3}$ ($89\frac{2}{3}$)	59	28	$40\frac{1}{3}$ ($40\frac{2}{3}$)
7.45'	$76\frac{1}{3}$ ($75\frac{2}{3}$)	$56\frac{1}{2}$	$30\frac{1}{2}$	42 ($42\frac{1}{3}$)
7.51'	$66\frac{3}{4}$ ($66\frac{1}{12}$)	$53\frac{1}{3}$	$32\frac{1}{4}$	42 ($42\frac{1}{3}$)
7.56'	$60\frac{1}{4}$ ($59\frac{5}{6}$)	$50\frac{1}{2}$	$33\frac{2}{3}$	$41\frac{1}{2}$ ($41\frac{5}{6}$)
8.1'	$55\frac{3}{5}$ ($54\frac{14}{15}$)	$47\frac{5}{6}$	$34\frac{1}{2}$	$40\frac{4}{5}$ ($41\frac{2}{15}$)
8.5'	$52\frac{1}{3}$ ($51\frac{2}{3}$)	$45\frac{4}{5}$	$34\frac{5}{6}$	40 ($40\frac{1}{3}$)
8.12'	$47\frac{1}{2}$ ($46\frac{5}{6}$)	43	35	$38\frac{3}{8}$ ($38\frac{14}{15}$)
8.17'	$44\frac{1}{3}$ ($43\frac{2}{3}$)	41	$34\frac{7}{8}$	$37\frac{1}{3}$ (38)
8.21'	43 ($42\frac{1}{3}$)	$39\frac{4}{5}$	$34\frac{1}{2}$	$36\frac{5}{6}$ ($37\frac{1}{6}$)
8.25'	41 ($40\frac{1}{3}$)	$37\frac{3}{4}$	$34\frac{1}{4}$	36 ($36\frac{1}{3}$)
8.27'	$40\frac{1}{4}$ ($39\frac{8}{15}$)	37	34	$35\frac{3}{5}$ ($35\frac{13}{15}$)
‖ 8.31'	38	37 un peu au-dessous	$33\frac{1}{2}$	$35\frac{1}{4}$ faible
8.34'	$37\frac{1}{5}$	36	33 faible	$34\frac{11}{15}$
8.38'	$35\frac{5}{6}$	35	$32\frac{3}{4}$	$33\frac{3}{5}$
8.43'	$34\frac{1}{3}$	$33\frac{5}{8}$	32 fort	$33\frac{1}{6}$
8 oublié	$33\frac{2}{3}$	$33\frac{1}{4}$	$31\frac{3}{4}$	$32\frac{11}{15}$
8.50'	$32\frac{5}{6}$	$32\frac{2}{5}$	$31\frac{1}{4}$	32
8.53'	$31\frac{14}{15}$	$31\frac{1}{2}$	$31\frac{1}{15}$	$31\frac{1}{3}$
8.57'	$30\frac{8}{15}$	$31\frac{1}{3}$	$30\frac{1}{2}$ faible	31
9	$30\frac{1}{3}$	$30\frac{2}{3}$	$30\frac{1}{3}$	$30\frac{1}{3}$ un peu fort
9.24'	$27\frac{1}{3}$	$27\frac{2}{3}$	$27\frac{5}{8}$	$27\frac{5}{8}$
9.29'	$26\frac{5}{6}$	$27\frac{1}{4}$	$27\frac{1}{4}$	$27\frac{1}{3}$
9.34'	$26\frac{2}{3}$ un peu fort	$26\frac{5}{6}$ un peu fort	$26\frac{3}{4}$	$26\frac{1}{2}$
9.57'	$24\frac{1}{3}$	25	25	$24\frac{14}{15}$
10.28'	$22\frac{5}{6}$	$23\frac{1}{3}$	$23\frac{1}{2}$	$23\frac{1}{3}$

L'expérience a été terminée à 10.28' du soir.

[11][Ed.] Most of this paragraph was originally written out on p. 222 of the

On avait pour but, dans l'expérience précédente, de connaître le moment où le solide commence à entrer dans l'état que nous venons de décrire. Comme la température moyenne équivaut dans cet état à la demi-somme des températures de deux points situés aux extrémités d'un même diamètre, et que par conséquent cette demi-somme est la même pour deux points quelconques pourvu qu'ils soient opposés, j'ai choisi cette propriété comme l'indice de la disposition symétrique qu'il s'agit de rendre sensible. Tout se réduisait donc à observer pour le même instant la valeur de la demi-somme des températures a et c et la demi-somme des températures b et d, et à examiner au moyen des resultats précédents s'il arrive après un certain temps que ces deux demi-sommes deviennent et demeurent égales. Or les résultats des expériences sont à cet égard très-remarquables, et

Thermomètre t	Somme $\frac{1}{2}(a+c)$	Somme $\frac{1}{2}(b+d)$	Différence des deux demi-sommes
$18\frac{1}{2}$ un peu haut	58,833	49,833	$+9$
$18\frac{1}{2}$ id.	53,083	49,416	$+3,667$
$18\frac{1}{2}$ id.	49,333	47,833	$+1,500$
$18\frac{1}{2}$ id.	46,750	46,166	$+0,584$
$18\frac{3}{4}$	44,716	44,483	$+0,233$
$18\frac{3}{4}$	43,250	43,066	$+0,184$
$18\frac{3}{4}$	40,917	40,966	$-0,049$
$18\frac{3}{4}$	39,291	39,500	$-0,209$
$18\frac{3}{4}$	38,415	38,316	$+0,099$
$18\frac{3}{4}$	37,333	37,041	$+0,292$
$18\frac{3}{4}$	36,766	36,466	$+0,300$
$18\frac{3}{8}$ fort	35,750	36,166	$+0,584$
19	35	35,366	$-0,366$
19 un peu faible	34,291	34,466	$-0,175$
19 id.	33,166	33,500	$-0,334$
19 id.	32,708	32,950	$-0,242$
19 id.	32,041	32,200	$-0,159$
19 id.	31,366	31,733	$-0,367$
19 id.	30,516	31,100	$-0,584$
19 id.	30,229	30,500	$-0,271$
19 id.	27,583	27,750	$-0,167$
19 id.	27,083	27,291	$-0,208$
19 id.	26,541	26,833	$-0,292$
$18\frac{2}{3}$	24,666	24,966	$-0,300$
19 un peu faible	23,166	23,083	$+0,073$

manuscript, after a short table of results; then Fourier substituted the large table of readings on pp. 222 and 223, and so oblitérated this paragraph, writing it out again in his own hand at the top of p. 225. [See the reproduction of p. 225 of the manuscript on our p. 432.]

En déterminant par la théorie le mouvement de la chaleur dans une armille, nous avons remarqué que la loi de la propagation devient de plus en plus simple à mesure que le temps du refroidissement augmente, et qu'après un certain temps écoulé la distribution de la chaleur est symétrique. Dans ce dernier état qui dure jusqu'à la fin du refroidissement la circonférence est divisée en deux parties inégalement échauffées ; tous les points d'une moitié de l'anneau ont une température supérieure à la température moyenne et tous les points de la moitié opposée ont des températures qui diffèrent en sens contraire de cette valeur moyenne.

163. Comparaison de la théorie avec diverses expériences de ce genre.

La quantité de la différence est en général représentée par le sinus de l'arc compris depuis chaque point jusqu'à l'extrémité du diamètre. […]

[…] on avait pour but dans l'expérience précédente […] de connaître le moment où le solide commence à entrer dans l'état que nous venons de décrire. […] Comme la température moyenne équivaut, et cet état, à la demi somme des températures de deux points situés aux extrémités d'un même diamètre, et que par conséquent, cette demi somme est la même pour deux points quelconques, pourvu qu'ils soient opposés ; j'ai choisi cette propriété comme l'indice de la disposition symétrique qu'il s'agit de rendre sensible. Tout se réduisait donc à observer pour le même instant la valeur de la demi somme des températures a et c, et la demi somme des températures b et d, et à examiner au moyen des résultats précédents, s'il arrive après un certain temps, que ces deux demi sommes deviennent et demeurent égales. Or les résultats des expériences sont à cet égard très remarquables, et ne laissent aucun doute sur la propriété dont il s'agit.

en effet, lorsqu'on a éloigné le foyer à $7^h 31'$ la demi somme $\frac{1}{2}(a+c)$ valoit environ $76°\frac{1}{3}$ et la demi somme $\frac{1}{2}(b+d)$ valoit $45°\frac{2}{3}$. ces deux quantités, loin d'être égales, différoient de $30°\frac{2}{3}$. à $7^h 34'$ la demi somme $\frac{1}{2}(a+c)$ valoit environ $68\frac{5}{6}$ et la demi somme $\frac{1}{2}(b+d)$ valoit encore $47\frac{5}{6}$; ainsi la différence étoit $21°$. en continuant jusqu'à la fin de l'expérience ; cette comparaison des deux demi sommes il est facile de juger si elles tendent à devenir égales, et si elles restent sensiblement dans cet état d'égalité, ou si au contraire elles peuvent se séparer, et donner des différences négatives. on a marqué dans la table précédente pour chaque valeur du temps écoulé, la valeur correspondante de la demi somme $\frac{1}{2}(a+c)$ celle de la demi somme $\frac{1}{2}(b+d)$ et la différence des deux valeurs. on voit par cette table que la différence des demi sommes qui étoit […]

ne laissent aucun doute sur la propriété dont il s'agit. En effet, lorsqu'on a éloigné le foyer à $7^h\,31'$ la demi-somme $\frac{1}{2}(a+c)$ valait environ $76°\frac{1}{3}$ et la demi-somme $\frac{1}{2}(b+d)$ valait $45°\frac{2}{3}$. Ces deux quantités, loin d'être égales, différaient de $30°\frac{2}{3}$. A $7^h\,34'$ la demi-somme $\frac{1}{2}(a+c)$ valait environ $68°\frac{5}{6}$ et la demi-somme $\frac{1}{2}(b+d)$ valait $47°\frac{5}{6}$; ainsi la différence était encore $21°$. En continuant jusqu'à la fin de l'expérience cette comparaison des deux demi-sommes, il est facile de juger si elles tendent à devenir égales, et si elles restent sensiblement dans cet état d'égalité; ou si, au contraire, elles peuvent se séparer et donner des différences négatives. On a marqué dans la table précédente, pour chaque valeur du temps écoulé, la valeur correspondante de la demi-somme $\frac{1}{2}(a+c)$, celle de la demi-somme $\frac{1}{2}(b+d)$, et la différence des deux valeurs. On voit par cette table que la différence des demi-sommes, qui était ‖ d'abord $30°$, 66, a été réduite en trois minutes à $21°$. Elle est devenue $9°$ pendant les 5 minutes suivantes. Elle a ensuite continué à décroître rapidement, et n'est point devenue négative. Cette différence des demi-sommes a passé en $25'$ de la valeur de $30°$ à celle d'un demi-degré environ. Elle a conservé des valeurs très-petites moindres qu'un demi-degré pendant toute la durée du refroidissement. Il faut ajouter que les valeurs apparentes de cette différence résultent en majeure partie des erreurs presqu'inévitables des instruments et des observations. D'ailleurs on a fait l'expérience dans l'air tranquille au lieu de déterminer un courant d'air d'une vîtesse uniforme, comme la théorie le suppose, il était facile de prévoir que l'omission de cette condition n'aurait point une influence considérable sur les résultats. On a souvent répété des expériences de ce genre, en faisant varier toutes les circonstances, ou successivement, ou ensemble. On a plusieurs fois employé six thermomètres dont trois étaient opposés à trois autres. Alors on a comparé les trois demi-sommes, et l'on a toujours reconnu qu'elles tendaient rapidement à devenir égales, et qu'ensuite elles demeuraient dans cet état pendant toute la durée de l'expérience. On a échauffé l'anneau au moyen de deux foyers, et d'autres fois on a transporté le foyer en divers endroits, afin d'occasionner le plus d'inégalité possible dans la distribution de la chaleur. ‖ Enfin on a fait concourir le frottement à la production de la chaleur; mais de quelque manière que l'anneau ait été échauffé, on a toujours observé que les demi-sommes convergent vers une valeur commune qu'elles n'outrepassent jamais; ensorte qu'on a reconnu par le fait l'impossibilité d'obtenir un résultat différent. Au reste, ces sortes d'expériences n'ajoutent rien à la certitude des résultats théoriques, ils dérivent nécessairement des principes de la communication de la chaleur. Ils ont toute l'exactitude de ce principe, et seraient assujettis aux mêmes corrections, si des observations ultérieures en faisaient connaître la nécessité.

164. Observation du refroidissement d'une sphère métallique. Troisième expérience sur le refroidissement des solides de forme sphérique ou cubique.

On a exposé, pendant trente minutes environ, à l'action d'un foyer de chaleur une masse de fer de forme sphérique et dont la surface était exactement polie. Le diamètre de la sphère est d'environ 4 pouces (les dimensions precises sont rapportées plus bas);[12] un thermomètre construit avec soin pénétrait au-delà du centre de la sphère; le trou cylindrique qui recevait ce thermomètre était rempli de mercure. L'expérience a eu lieu dans l'air tranquille au milieu d'une pièce assez vaste entretenue à une température constante, au moyen d'un poêle placé dans une pièce voisine. Le thermomètre qui indiquait la température de l'air, auprès de la sphère échauffée, marquait $12°\frac{1}{2}$. La température de la sphère s'est élevée au-delà de 100 degrés de Réaumur. Alors on l'a séparée du foyer, et on l'a exposée isolement à l'air. Elle était suspendue par deux cordons de soie qui passaient dans deux anneaux très-petits fixés à la surface. Le thermomètre s'est abaissé successivement. La table suivante [Table C] donne les valeurs du temps et les élévations correspondantes du thermomètre de la chambre et du thermomètre de la sphère depuis 63° jusqu'à 43°.

165. Comparaison de la théorie avec les résultats de l'expérience précédente.

En resolvant la question de la propagation de la chaleur dans une sphère, nous avons remarqué que la température se rapprochait continuellement d'un système durable dans lequel elles décroissent en même temps, sans que leurs rapports soient changés. Alors ces températures varient depuis le centre jusqu'à la surface, de même que le rapport du sinus à l'arc varie depuis

---

[12][J. F.]
Le diamètre de la sphère est de $0^m, 1106$.
Le diamètre du trou cylindrique est $0^m, 015$.
La profondeur du trou cylindrique est $0^m, 080$.
Le poids du solide, sans celui du mercure, est $5310^g, 7$.
[Ed.] This footnote was written in the margin of p. 227 of the manuscript, opposite the body of the article.

une extrémité de la demie circonférence jusqu'à l'extrémité d'un arc moindre que cette demi-circonférence. Chacune des températures en particulier, et par conséquent la température moyenne, décroît comme l'ordonnée d'une logarithmique dont le temps est l'abcisse. On peut reconnaître, au moyen de l'observation, le moment où cette disposition devient sensible. En effet, il suffit d'examiner si le mouvement du thermomètre ‖ peut être représenté par une logarithmique; car cette dernière propriété n'appartient qu'à l'état régulier dont on a parlé plus haut. Soient z_1 et z_2 deux températures indiquées par le thermomètre de la sphère et correspondantes aux temps t_1 et t_2; soit a la température constante de l'air, et y l'élévation réelle $z - a$; si la valeur de y est donnée par l'équation $y = A\alpha^t$, A étant une quantité constante et α une fraction, on aura

$$\begin{cases} y_1 = A\alpha^{t_1} \\ y_2 = A\alpha^{t_2} \end{cases} \quad \text{d'où l'on tire} \quad -\log. \alpha = \frac{\log. y_1 - \log. y_2}{t_2 - t_1}.$$

En prenant les deux températures 63° et 58° qui donne 50,5 et 45,5 pour les deux valeurs y_1 et y_2, on trouve pour la fraction α la valeur 0,99406. Si l'on fait le même calcul pour l'intervalle suivant, c'est-à-dire en prenant $y_1 = 45,5$, $y_2 = 40,5$ et $t_2 - t_1 = 20'$, on trouve une valeur de α fort peu différente de la première, savoir, 0,99420. Le troisième intervalle donne $\alpha = 0,99382$,[13] et

[Table C]

Valeur du temps	Différence des temps	Valeur de z, température de la sphère. Le thermomètre de la sphère marque	Valeur de a, température de la chambre. Le thermomètre marque	Valeur de y, élévation au-dessus de la température de l'air	Valeur de α dans l'équation $y = A\alpha^t$
$8^h.41'$		63°	$12°\frac{1}{2}$ un peu au-delà	50,5	
	$17'\frac{1}{2}$				0,99406
$8^h.58'\frac{1}{2}$		58°	$12°\frac{1}{2}$ un peu au-delà	45,5	
	$20'$				0,99420
$9^h.18'\frac{1}{2}$		53°	$12°\frac{1}{2}$	40,5	
	$22'\frac{1}{3}$				0,99416
$9^h.40'\frac{5}{6}$		48°	$12°$	35,5	
	$26'\frac{1}{2}$				0,99422
$10^h. 7'\frac{1}{3}$		43°	$12°\frac{1}{2}$ un peu au-delà	30,5	

[13][Ed.] By logarithmic calculation, this value should be 0.99413. In the 1811 paper Fourier gave 0.99416 [part 2, 228; Oeuvres, 2, 78].

le quatrième donne $\alpha = 0{,}99422$. On a porté dans la table précédente ces différentes valeurs de α.

On voit par ces résultats que, si l'on considère deux élévations consécutives, par exemple $50°\frac{1}{2}$ et $45°\frac{1}{2}$, comme les deux termes extrêmes d'une progression géométrique, et que l'on insère entr'eux un nombre de moyens proportionnels géométriques égal en nombre de minutes écoulées moins un, on trouve pour la raison de la progression une fraction α qui diffère très-peu de celle qu'on aurait trouvée pour l'intervalle suivant formé des élévations $45°\frac{1}{2}$ et $40°\frac{1}{2}$. Le mouvement du thermomètre peut donc être sensiblement représenté par une courbe logarithmique. En effet, si l'on suppose dans l'équation

$$y = A\alpha^t, \quad A = 50{,}406 \quad \text{et} \quad \alpha = 0{,}99415,$$

on aura les valeurs suivantes [Table D] qui diffèrent très-peu de celles que l'on a observées.

Le refroidissement depuis $63°$ jusqu'à $43°$ a duré plus de quatrevingt six minutes, et dans cet intervalle le mouvement du thermomètre est conformé à l'équation $y = A\alpha^t$, à moins d'un sixième de dégré près, erreur qui est une très-petite partie de la température. Si l'on avait observé les abaissements de thermomètre de degrés en degrés, toutes les valeurs trouvées par l'expérience auraient coïncédé aussi exactement avec celle que la théorie fournit. On peut conclure de ce qui précède que lorsqu'on a observé la température variable de la sphère, la chaleur était en effet distribuée dans ce solide suivant la loi que le calcul nous a fait connaître et qui consiste en ce que l'élévation de la température décroît depuis le centre jusqu'à la surface proportionnellement au quotient du sinus par l'arc.[14]

[Table D]

230

Valeurs observées	Valeurs déduites de l'équation $y = A\alpha^t = (50{,}406)(0{,}99415)^t$	Différences
50,5	50,406	0,094
45,5	45,500	0,000
40,5	40,466	0,034
35,5	35,500	0,000
30,5	30,352	0,148

[14][Ed.] In the 1811 paper Fourier omitted the opening part of this paragraph.

231

Au reste, il y a diverses circonstances qui troublent ici le mouvement de la chaleur et altèrent un peu l'exactitude des ∥ résultats. La partie de la masse qui est formée du mercure et du thermomètre est dans un état bien différent de celui que la théorie considère, et le thermomètre n'indique pas exactement la température moyenne du solide. Mais la cause qui influe le plus sur les résultats est la diminution continuelle de la vîtesse de l'air. Ses molécules qui s'échauffent à la surface de la sphère sont emportées vers le haut par un courant dont la vîtesse se ralentit à mesure que le corps devient plus froid. Or il y a une partie de la chaleur perdue par la surface qui dépend de la vîtesse du courant; et par conséquent le refroidissement devient moins prompt, et la fraction α par laquelle on doit multiplier la température pour connaître ce qu'elle devient après une minute, acquiert des valeurs de plus en plus grandes. Cet effet s'est manifesté dans toutes nos observations, mais il est peu sensible dans celle-ci parce qu'on s'est borné à un intervalle de 20°. La loi du refroidissement dans un air tranquille diffère de celle que l'on observerait, si le corps était exposé à un courant d'air invariable. Il serait facile de déterminer cette première loi avec une approximation suffisante, et l'on en conclurait les différences qui existent entre les résultats de la première hypothèse et ceux de la seconde; mais je ne me suis point proposé de traiter cet objet, qui se rapporte à la propagation de la chaleur dans les fluides.

166. Remarque sur divers expériences de ce genre.

232

Indépendamment de l'expérience précédente, on en a fait plusieurs du même genre sur des sphères de diverses dimensions. Lorsqu'on a commencé ces observations, on prennait le soin d'échauffer la sphère de fer uniformément, en la retenant dans un bain de mercure entretenu à une température permanente. Après que l'immersion ∥ avait duré un temps assez considérable, et quand le thermomètre placé dans le solide indiquait constamment la température requise, on retirait la boule et on la suspendait au milieu de l'air froid afin d'observer les abaissements successifs du thermomètre. On a toujours remarqué que la valeur de la fraction α augmente, quoique très-lentement, à mesure que la durée du refroidissement augmente. Cette valeur peut être regardée comme constante lorsque la différence des deux températures extrêmes n'est pas considérable. On a plusieurs fois dans nos expériences observé les abaissements du thermomètre de degrés en degrés depuis 100° jusqu'à 12° ou 15°. On est parvenu, dans tous les cas, à des résultats semblables à ceux que l'on vient d'exposer. On a plongé les sphères dans un liquide entretenu à une température constante; on les a entourées de sable fin ou de limaille continuellement échauffés; on a placé au-dessous une lampe allumée que l'on retirait ensuite; on n'a point remarqué dans les résultats de différences qui pûssent être attribuées à la manière dont le solide avait été échauffé. Il paraît que la diffusion de la chaleur dans la masse s'opère assez facilement, et que dans une sphère d'une dimension médiocre les températures arrivent bientôt à cet état où elles sont représentées par les quotients du sinus par l'arc. On peut dans ces expériences, et sans craindre d'altérer la précision des résultats, suspendre les corps dans l'air et les échauffer au moyen d'une ou plusieurs lampes. On retire ensuite ces foyers, et l'on attend que le refroidissement ait duré quelque temps, avant d'observer les abaissements du thermomètre. Nous avons fait différentes expériences de ce genre, et quelques autres qui avaient pour but de reconnaître la conductibilité des divers liquides. Quelques fois l'on a couvert les corps ‖ d'un enduit noir, ce qui rendait presque double la vîtesse du refroidissement. D'autres fois on a opéré ce refroidissement par l'immersion dans divers liquides, mais ces résultats mériteraient peu l'attention du lecteur, et n'auraient ni l'interêt de la nouveauté, ni l'avantage plus précieux d'une grande précision.

167. Observation des durées du refroidissement de la sphère et du cube circonscrit.

Je rapporterai seulement deux observations faites avec beaucoup de soin sur une sphère, et sur un cube de fer d'une égale épaisseur.

1° On a placé dans l'air entretenu à une température constante une sphère solide de fer d'environ 2 pouces de diamètre. (Voyez la notice des dimensions exactes.)[15] La surface était parfaitement polie, et l'on y avait fixé deux anneaux très-

---

[15][J. F.]
Le diamètre de la sphère est $0^m, 0552$.
Le diamètre du trou cylindrique est $0^m, 015$.
La profondeur de ce trou est $0^m, 038$.

Le poids de la sphère, sans celui du mercure, est $653^g, 7$.
      [Ed.] Written in the margin of p. 233, opposite the text.

petits où l'on passait deux cordons destinés à suspendre la masse. La sphère était percée d'un trou cylindrique où l'on mettait un thermomètre; le centre du reservoir coïncidait avec le centre de la sphère, et l'on remplissait le trou avec du mercure. On a placé sous la sphère une lampe allumée; le thermomètre s'est élevé à plus de 103°. On a retiré le foyer et on a remarqué assez longtemps après les températures suivantes:

à $6^h.34'$ le thermomètre a passé à 63°.

à $7^h.\ 7'.40''$ le thermomètre a passé à 43°.

L'expérience a eu lieu dans l'air tranquille. Un poêle échauffait une pièce voisine, et l'on entr'ouvrait, s'il était nécessaire, la porte de communication afin de maintenir la température de l'appartement, qui était de $12°\frac{3}{16}$.

2° On a exposé de la même manière à l'action du foyer une masse cubique de fer dont la surface a été très-bien polie. Le côté du cube est d'environ deux pouces (voyez la note où les dimensions exactes sont rapportées).[16] Le thermomètre dont on s'était servi pour la sphère a été ‖ placé dans le cube, au milieu du trou cylindrique qui pénétrait un peu au-delà du centre, et que l'on a rempli avec du mercure; le thermomètre s'est élevé à 80 degrés (une plus grande élévation ne changerait pas les résultats). Alors on a éloigné le foyer, et l'on a observé quelques temps après les températures suivantes:

à $8^h.17'.36''$ le thermomètre a passé à 63°.

à $8^h.56'.40''$ le thermomètre a passé à 43°.

Le thermomètre placé dans l'air marquait $12°\frac{3}{8}$.

Ainsi la température s'est abaissée de 63° à 43° en $33'.40''$ pour la sphère, et de 63° à 43° en $39'.4''$ pour le cube, dont le côté est égal au diamètre de la sphère.

En comparant ces résultats, il est nécessaire de remarquer, comme on la fait précédemment (page 221),[17] que plusieurs circonstances concourent à en altérer l'exactitude. Il faut

---

[16][J. F.]
Le côté du cube est $0^m,05535$.
Le diamètre du trou cylindrique est $0^m,015$.
La profondeur de ce trou est $0^m,042$.
Le poids du cube, sans celui du mercure, est 1245^g.
[Ed.] Written in the margin of p. 233, opposite the text.

[17][Ed.] That is, the remark at the end of art. 161 on our p. 428.

observer surtout que la partie du solide qui est formée de mercure se trouve dans un état différent de celui que la théorie suppose; et les dimensions des trous cylindriques sont telles dans les différents solides que la cause précédente a d'autant plus d'effet que les corps ont de moindre dimensions. Cette cause tend à augmenter le rapport des durées du refroidissement.

Fourier ignored almost entirely his experimental work in his 1809 paper to the Institut de France: his only remark was a short footnote to say that the experiments he had reported in the manuscript were those related to its theoretical content and that both they and the others he had done had brought a new level of precision to heat experimentation.[18] Nevertheless, they must have been something of a disappointment to him; for all the trouble and expense he devoted to them the results he obtained were frequently under the influence of major causes of inexactitude, and regularly in his text he had to mention these difficulties. Certainly one cannot attribute any of the dispute with the examiners to them, for experimental error and "fine detail" of measurement was a major difficulty of the time.

Doubtless his main source of difficulty was the accuracy of his thermometers. He did not mention which ones he had bought, but from the design of his experiments they were clearly of the type that carried a reservoir for the liquid. In addition to the usual problems of uniform capillarity and elimination of atmospheric pressure influences after sealing, there were difficulties arising from the calibration of the Réaumur scale, difficulties that eighteenth-century reforms had not entirely resolved and that were to contribute to its decline in importance in the nineteenth century.[19]

---

[18]J. B. J. Fourier *Notes*, footnote 3.
[19]See W. E. K. Middleton, *A History of the Thermometer and Its Use in Meteorology* (1966, Baltimore), esp. ch. 5.

21 Scientific Progress and Political Difficulties

We have now seen what the examiners saw between December 1807 and October 1809. From time to time we have drawn attention to features of the principal manuscript: its almost autobiographical structure, the frequent interplay between the mathematical derivation of a solution and its physical consequences as heat diffusion, the virtuosity of much of the mathematical reasoning together with the realization of some of its foundational difficulties, and above all, the constant growth of ambition in the sophistication and generality of the problems brought to analysis — one of the prime consequences of the distinction between the internal "phenomenon" equation and the initial and surface conditions. The most consistent mathematical feature in the paper is the faith in the trigonometric-exponential form of solution. It first arose by accident, as it were, out of the solution of the differential equations derived from the n-body discrete model (and also perhaps from Fourier's knowledge of eighteenth-century superposition of special solutions). The n-body analysis fell short of its goal of leading to the solution of the corresponding continuous body, but it put Fourier on the track of a solution form of whose power he must have felt certain, and when he came to the continuous body problems directly by means of the formation of the partial differential equation he still tried to find solutions of that type. Beginning with a simple steady-state problem in the lamina in which external diffusion was eliminated, he advanced from the special case of a uniformly hot edge to an arbitrary temperature distribution along it, and thus to the equation for the representation of a general function by a trigonometric series. To these series he brought the solution of the old problem of their periodicity and manner of representation of the function, and thus a deep understanding of the theory of functions of his day. With the calculation of the integral forms of their coefficients came not only a similar perception of the limitations of contemporary integration but also contact with infinite matrices and function spaces — branches of mathematics which waited for most of the century for their further development. When he turned to the sphere he refused to be content with a steady-state surface type of problem of the kind which he had tackled in the lamina, but instead went boldly for the question of a cooling body and so posed for himself the new difficulty of expressing the external diffusion of heat. The introduction of temperature gradient, in connection with internal conductivity, served him well here and led him to the external diffusion equation, which, when applied to the solution of the (internal) diffusion equation, produced the "nonharmonic" series form and the reality of roots of transcendental equations. Fourier was lucky in already having a special interest in the theory of equations and he was able to offer convincing, if not completely rigorous, demonstrations of the reality of the roots with which he was concerned. When he came to the cooling cylinder he found for the first time that the trigonometric functions were not suitable; but, preserving the basic solution form of the product of functions of each variable, he applied his mathematical imagination to the utmost to discover a comprehensive range of properties of the new function that took over from the trigonometric functions in the solution form, including the reality of the roots of the equation which arose from the external diffusion condition. Finally, there were the multiple nonharmonic series solutions for the rectangular prism and the cube, with only the advance to the diffusion of heat in the body of infinite dimensions still uncompleted.

Poisson's five-page summary in the March 1808 issue of the *Nouveau bulletin des sciences, par la Société Philomathique de Paris*, of which he was then mathematical editor, managed to exclude almost all indication of these discoveries. After mentioning Biot's interest in heat diffusion and asserting that Newton's law of cooling was the sole principle on which Fourier's reasoning was based, he stated the three-dimensional diffusion equation, and of all the problems that Fourier had tackled he described only the most elementary one of the steady-state situation in the lamina, including the calculation by term-by-term integration of the coefficients in the trigonometric series for an arbitrary function. This seemed to Poisson to be only a mathematical hypothesis, irrelevant to physical problems with its artificial boundary conditions. The "more complicated" other problems were solved, apparently, by similar procedures which would presumably be subject to similar limitations: the only points worth drawing to the reader's attention were the asymptotic behavior of the solution and the comparative rates of cooling of the sphere and cube. Of the experiments, Poisson mentioned only the cooling of the metal annulus and the fact that Fourier intended to repeat them with more accurate instruments.[1]

Meanwhile the pressure on Fourier continued unabated. There were the prefectural duties to be revived after the six-month break in Paris: on 9 February 1808, he wrote to the minister of the interior to tell him that his stay was ending that morning (and that he would be back in Grenoble in four days!).[2] Without doubt the work was as relentless as ever, and in addition the completion of his Egyptological studies became urgent. The multivolumed work which he had conceived was to be called the *Description de l'Egypte*, and in order to complete the introduction he left his prefecture to a deputy at various times during 1808 and 1809 to retire to his retreat at the Chateau de Beauregard.[3] He showed the highest levels of scholarship in the preparation of the work, sending Jacques Champollion-Figeac to and fro between Grenoble and the Chateau with books and articles, and answers to many inquiries.[4] The main paper was more or less ready by June 1809, and he left his prefecture soon afterwards for about a year to take it to Paris for editing and printing.[5] Napoleon's reactions were favorable: he appointed Fourier in August to a barony with an allowance of 4000 francs per annum,[6] had the work printed for his personal examination, and for its appearance in the *Description de l'Egypte* suggested only minor alterations and the title "Préface historique." By

---

[1] J. B. J. Fourier *1808a*.
[2] See the letter to the Ministry of the Interior in A. L. Champollion-Figeac *1881a*, 376.
[3] See A. L. Champollion-Figeac *1881a*, 374 and 376.
[4] See J. J. Champollion-Figeac *1844a*, 76–81; A. L. Champollion-Figeac *1881a*, 378–379.
[5] The dating of his departure is uncertain. While J. J. Champollion-Figeac places it in the autumn of 1809 [see his *1844a*, 81], Fourier must have left by late July, for he missed a new prefectural problem set by Napoleon's relations with Pope Pius VII. The plea for concessions from Napoleon by the Pope in 1804 [see p. 19] had been unsuccessful, and during the next five years relations declined to the point that, when the Pope refused to recognize Joseph Bonaparte as King of Naples, Napoleon occupied Rome in February 1808 and removed him to exile in France from 1809 to 1814. The Pope spent a short period at Grenoble in July and August 1809, and there was daily correspondence between Paris and Fourier's deputy on his movements in the area and his next destination. [See the documents in A. L. Champollion-Figeac *1880a*, 223–277.]
[6] See J. J. Champollion-Figeac *1844a*, 305. [Fourier's coat of arms may be seen in H. Simon, *Armorial général de l'Empire française* (1812, Paris), 1, *planche* 58, with description on p. 59.]

September 1809 Fourier could tell the minister of the interior that printing had been completed.[7] If the Egyptian campaign had been a failure, the twenty-one volumes that appeared from the imperial presses between 1809 and 1828 gave little indication of the fact: the format was so imposing that a combined bookcase and reading stand was designed specially to contain the volumes. For the world of scholarship the *Description de l'Egypte* laid the foundations of modern Egyptology.[8]

During his Paris visit, Fourier also developed his scientific interests. As we know, he left his supplementary papers on heat diffusion at the Institut de France in October 1809, and he made a new contact on its problems: not, however, one of the many young scientists then beginning their careers in Paris, but one of the elder statesmen in French science—Laplace.

To appreciate Laplace's contribution from the personal as well as its intellectual aspects, let us consider Fourier's general position. To the Paris scientific circles of 1807 he must have been something of an unknown quantity. Certainly they would

---

[7] See the letter in A. L. Champollion-Figeac *1881a*, 377–378.

[8] The full title of the work was: *Description de l'Egypte, ou receuil des observations et des recherches qu'on été faites en Egypte pendant l'expedition de l'armée française*. It was divided into three sections—*Antiquités* (9 volumes), *Etat moderne* (5 volumes) and *Histoire naturelle* (6 volumes)—with separate volumes in each section for text and plates and an additional volume of maps. [For details of the organization of the work, see *Antiquités (planches)*, 1 (1809), 1–8; and T. Baring, *A bibliographical account and collation of "La Description de l'Egypte"* (1836, London), 5–20.]

Apart from the "Préface historique" [*1809a*] Fourier also published a summary paper *1809b* of a larger (uncompleted) work on the sciences and government in Egypt. He had certainly been preparing a substantial treatise: in October 1809, Jean Champollion-Figeac reported from Paris to his elder brother that Fourier had just read him an 83-page paper on Egypt under the pharoahs [see A. L. Champollion-Figeac *1881a*, 403]. In 1818 he published a paper *1818d* on Egyptian astronomical monuments: some of his datings were improved by the Champollion-Figeacs, and Biot took great delight in pointing out Fourier's errors when he published his own researches on Egypt in 1823. [See J. B. Biot, *Recherches sur plusiers points de l'astronomique égyptienne, appliquées aux monuments astronomiques trouvés en Egypte* (1823, Paris), esp. pp. xvii–xviii, xxv–xxxi, 138–148, and 229–241. For commentary on Biot's work, see J. J. Champollion-Figeac *1844a*, 57–72.] At that time Fourier was having trouble of his own: for a second edition of the *Description de l'Egypte* began to appear in the 1820s, after the fall of Napoleon, and all the Napoleonic references in the "Préface historique" had to be excised! [This version is listed as *1821a*. For a careful comparison of the different editions of this work, based upon the version printed for Napoleon himself, see J. J. Champollion-Figeac *1844a*, 88–172.]

remember a gifted teacher and mathematician at the Ecole Polytechnique years before, but since then there had been heavy administrative duties in Egypt and Grenoble, and the prospect of him also having been able to develop important new scientific work must have seemed remote. The new star on the mathematical scene to take over from Lagrange and Laplace was Poisson, then in his late twenties and already moving into important political positions in the Paris scientific community: his mathematical editorship of the *Bulletin* of the Société Philomathique, for example, gave him the perfect opportunity to publish the denigrating review of Fourier's manuscript in the only journal then supplying rapid publication of papers and summaries of work presented to the Institut de France. He exploited his position to the full, and must have been gladdened by Lagrange's rejection of Fourier's work; but Laplace's relations with Fourier became ambiguous in a way characteristic of his natural political sensibility. He and Berthollet were at this time developing their scientific Société d'Arcueil in their country houses in Arcueil near Paris:[9] the main emphasis had been towards experimental work, in which Berthollet was the more prominent of the two leaders; and one can imagine that Laplace would have been glad to strengthen the theoretical side of the society's work, of which he and Poisson were the only exponents. Fourier's paper showed him that such a theoretical talent was on hand, and during Fourier's 1809 visit he began to develop the study of heat diffusion with him[10] — while maintaining contact with Poisson (and also Biot, another member of the society, largely interested in experimental sciences) at the same time. He made an encouraging reference to Fourier's manu-

---

[9] For an exhaustive study of this society and of the organization of French science at the time, see M. P. Crosland, *The Society of Arcueil* (1967, London).
[10] BN MFF 22501/68–74 contains drafts of four letters to Laplace which from their contexts belong to the 1809 period. Two of them [68 and 72–74] deal with the subject matter of the supplementary papers sent to the Institut de France, another [69–70] discusses radiant heat, and the fourth [71] acknowledges the receipt of Laplace's "Extrait d'un mémoire sur la théorie des tubes capillaires," *Journal de Physique*, 62 (1806), 120–128 [also in *Oeuvres*, 14, 217–227]. In the first of the letters on the supplementary papers, Fourier mentioned that he had sent part of the 1807 paper to Poisson and Biot: in the ensuing rivalry Biot did not participate and Fourier's six-month stay in Paris between September 1807 and February 1808 more or less coincided with his own absence from the capital. [See M. P. Crosland, ibid., 287.]

script in a paper presented a few weeks later at the Institut de France and published in 1809,[11] and in another announced a new solution of the diffusion equation, which seemed to have its origins both in Fourier's manuscript and some earlier published work by Poisson.

Unlike Fourier, Poisson was impressed by functional solutions to the vibrating string problem,[12] and in 1806 he tackled, seemingly as a mathematical exercise, the one-variable diffusion equation

(21.1) $$\frac{\partial z}{\partial x} = \frac{\partial^2 z}{\partial y^2},$$

with the initial conditions

(21.2) $$z = f(x) \quad \text{and} \quad \frac{\partial z}{\partial y} = g(x) \quad \text{when} \quad y = 0,$$

and found the power series-functional solution

(21.3) $$z = f(x) + yg(x) + \frac{y^2}{2!} f'(x) + \frac{y^3}{3!} g'(x) + \ldots .^{13}$$

Laplace also studied (21.1) — again as a mathematical exercise — and his solution form was too similar to be coincidental. Using the initial condition

(21.4) $$v = \phi(x) \quad \text{when} \quad t = 0, \quad -\infty < x < +\infty,$$

he developed previous work of his own to deduce the Poissonic

---

[11] P. S. Laplace, "Sur les mouvements de la lumière dans les milieux diaphanes," *Mémoires de la classe des sciences mathématiques et physiques de l'Institut de France*, (1809: publ. 1810), 300–342 (see p. 338); *Oeuvres*, 12, 265–298 (p. 295). Lacroix also praised the manuscript; see his *Traité du calcul différentiel et du calcul intégral* (2nd edition), 3 (1819, Paris), 562.

[12] See especially a long paper on the propagation of sound read in 1807, where Poisson also discussed some of the physical aspects of the vibrating string analysis. ["Mémoire sur la theorie du son," *Journal de l'Ecole Polytechnique, cahier* 14, 7 (1807), 319–392; see esp. pp. 319–329 and 335–337.]

In his summary of Fourier's manuscript he also remarked on Fourier's avoidance of the complex variable functional solution

$$v = \phi(x + y\sqrt{-1}) + \phi(x + y\sqrt{-1})$$

of the lamina equation

$$\frac{\partial^2 v}{\partial x^2} + \frac{\partial^2 v}{\partial y^2} = 0.$$

[J. B. J. Fourier *1808a*, 114; *Oeuvres*, 2, 217–218.]

[13] S. D. Poisson, "Mémoire sur les solutions particulières des équations différentielles et des équations aux différences," *Journal de l'Ecole Polytechnique, cahier* 13, 6 (1806), 60–116 (see pp. 109–111).

solution

(21.5) $$y = \sum_{r=0}^{\infty} \frac{t^r}{r!} \phi^{(2r)}(x)$$

and then used the standard result

(21.6) $$\int_{-\infty}^{+\infty} z^{2r} e^{-z^2} dz = \frac{(2r)!}{4^r r!} \sqrt{\pi}$$

to convert (21.5) to

$$y = \sum_{r=0}^{\infty} \int_{-\infty}^{+\infty} \frac{4^r z^{2r} t^r e^{-z^2}}{\sqrt{\pi}\,(2r)!} \phi^{(2r)}(x)\, dz$$

(21.7) $$= \frac{1}{\sqrt{\pi}} \int_{-\infty}^{+\infty} \sum_{r=0}^{\infty} \frac{(4z^2 t)^r}{(2r)!} \phi^{(2r)}(x)\, dz.$$

Equation (21.7) contains only even-order derivatives of $\phi(x)$, but odd-order powers could be introduced by means of another known result, similar to (21.6):

(21.8) $$\int_{-\infty}^{+\infty} z^{2r+1} e^{-z^2} dz = 0,$$

giving in (21.7)

(21.9) $$y = \frac{1}{\sqrt{\pi}} \int_{-\infty}^{+\infty} \sum_{r=0}^{\infty} \frac{(2z\sqrt{t})^r}{r!} \phi^{(r)}(x)\, e^{-z^2}\, dz.$$

Now the integrand of (21.9) (apart from e^{-z^2}) is the Taylor series expansion of $\phi(x+2z\sqrt{t})$, and therefore (21.9) can be simplified to give finally the functional solution

(21.10) $$y = \frac{1}{\sqrt{\pi}} \int_{-\infty}^{+\infty} \phi(x+2z\sqrt{t})\, e^{-z^2}\, dz$$

on which we shall see Poisson draw heavily in much of his own work on heat diffusion.[14]

Fourier's reliance on Laplace's result was not so complete, but the analysis did give him the clue for which he had been looking: instead of a series solution, he had to find an *integral* solution, with the arbitrary function encased within the inte-

---

[14]P. S. Laplace, "Mémoire sur divers points d'analyse," *Journal de l'Ecole Polytechnique, cahier* 15, 8 (1809), 229–264 (pp. 235–244); *Oeuvres*, 14, 178–214 (pp. 184–193).

grand. He worked not from Laplace's (21.10), however, but on a similar development of his own series solution to the diffusion equation (21.1):

(21.11)
$$v = \sum_r a_r \cos(q_r x) e^{-q_r^2 t}.$$

The q_r were quite unspecified and so Fourier took them to be a sequence of evenly and infinitesimally spaced points $dq, 2dq, 3dq, \ldots$. The corresponding set of arbitrary constants $a_1, a_2, a_3, \ldots$ became an arbitrary function Q of the variable q as it passed from 0 to $+\infty$, and therefore the summation form of (21.11) changed to an integral

(21.12)
$$v = \int_0^\infty Q(q) \cos qx\, e^{-q^2 t}\, dq,$$

in which the initial condition

(21.13)
$$v = f(x) \quad \text{when} \quad t = 0, \quad 0 \leq x \leq +\infty$$

would give

(21.14)
$$f(x) = \int_0^\infty Q(q) \cos qx\, dq.$$

Now the problem was to solve (21.14) for Q. Yet again Fourier had come across a mathematical novelty: the solution of an integral equation. His approach was to reverse the deduction of (21.14) by converting it back to the summation

(21.15)
$$f(x) = \sum_{r=0}^\infty Q_r \cos q_r x\, dq,$$

where this time

(21.16)
$$q_r = r\, dq,$$

and evaluate the coefficients Q_r by the usual method of integrating term-by-term, in this case over the interval $\left[0, \dfrac{\pi}{dx}\right]$. This gave him

(21.17)
$$Q_r = \frac{2}{\pi} \int_0^{\frac{\pi}{dx}} f(x) \cos q_r x\, dx$$

and therefore in the limiting case

(21.18)
$$Q(q) = \frac{2}{\pi} \int_0^\infty f(x) \cos qx\, dx.$$

Substituting back into (21.14) he had finally the "Fourier Integral Theorem":

(21.19) $$f(x) = \frac{2}{\pi} \int_0^\infty \int_0^\infty f(u) \cos qu \cos qx \, du \, dq.$$

Therefore the general solution (21.12) would become

(21.20) $$v = \frac{2}{\pi} \int_0^\infty \int_0^\infty f(u) \cos qu \cos qx \, e^{-q^2 t} \, du \, dq.$$

This brought Fourier to another rich source of ideas: integral solutions to partial differential equations. Equation (21.20) corresponded to a cosine series; a sine integral form could in fact be derived from the sine series

(21.21) $$\tfrac{1}{2}\pi f(x) = \sum_{r=1}^\infty \sin rx \int_0^\pi f(u) \sin ru \, du$$

by changing the variable u to $\dfrac{u}{n}$ and therefore the interval of integration to $[0, n\pi]$, and converting the summation into a second integral when n tended to infinity, thus giving

(21.22) $$f(x) = \frac{2}{\pi} \int_0^\infty \int_0^\infty f(u) \sin qu \sin qx \, du \, dq.$$

Finally, a full Fourier integral over $[-\infty, +\infty]$ could be put together as a combination of the cosine and sine integrals (21.19) and (21.22):

$$f(x) = \frac{1}{\pi} \int_0^{+\infty} \int_{-\infty}^{+\infty} f(u)(\cos qu \cos qx + \sin qu \sin qx) \, du \, dq$$

(21.23) $$= \frac{1}{\pi} \int_0^{+\infty} \int_{-\infty}^{+\infty} f(u) \cos(q(u-x)) \, du \, dq.$$

So Fourier had a new section of work which eventually appeared in the 1811 prize paper: the development and application both of his own integral solutions and also Laplace's solution (21.10), of which he found his own proof.[15] He also discussed with Laplace problems in the physical aspects of heat, and the two other new sections of the 1811 paper, dealing with terrestrial temperatures and radiant heat, were partly due to

---

[15] J. B. J. Fourier 1811 paper, part 1, 485–513; *Théorie*, esp. arts. 342–385.

discussion of manuscripts which Laplace had not then published.[16]

Fourier was too shrewd to be overwhelmed by favors from a politician like Laplace: he never joined the Société d'Arcueil, made no acknowledgment at all to Laplace in the 1811 paper and only guarded references to his integral solution (21.10) of the diffusion equation in the *Théorie*.[17] Yet he seems to have been indebted to him also for the promotion of his work in the Institut de France. Poisson was of course aware of Laplace's encouragement, and did what he could to support Lagrange's opposition to Fourier's work. Doubtless because of that opposition, Delambre, the *secrétaire perpétuel*, did not mention the manuscript in any of his yearly analyses of work for the period, as in normal circumstances he would have done; indeed, only three months after Fourier had presented it, he wrote a report for Napoleon on the development of science since the French Revolution and told him that in mathematics the chances of progress were very slight, with insurmountable difficulties preventing major breakthroughs and leaving only minor points of detail to be cleared up![18] But later in 1808 a prize paper was set up, on the theory of vibration of elastic surfaces. Poisson was one of the examiners, and the preamble to the prize — which reads very much like Poisson in his fawning style on the work of the Great Men — discussed the superiority of the functional solutions of the wave equation offered by d'Alembert over the trigonometric series solution suggested

---

[16]J. B. J. Fourier 1811 paper, part 2, 153–171 and 179–213; *Oeuvres*, 2, 3–20 and 28–63. (The section of the paper in between these two passages contained a version of the abortive solution for the sphere with cylindrical symmetry of heat distribution from Chapter 17.) Fourier's acknowledgment to Laplace for these topics is contained in a footnote to an unpublished critical review of other work of the time in heat diffusion [see BN MFF 22525/105].

We recall from page 24 that Fourier appeared to have submitted supplementary papers to the Institut de France on these topics also, which have not survived.

[17]J. B. J. Fourier *Théorie*, arts. 364 and 398.

[18]J. B. Delambre, *Rapport historique sur les progrès des sciences mathématiques depuis 1789, et leur état actuel* (1st edition: 1810. Paris), 99–100 (quarto version), 131–132 (octavo version); quoted in English in I. Grattan-Guinness *1969a*, 250. The work is not the same as the survey of the same title, published in the format of the *Mémoires* of the Institut de France at that time and presumably intended for the use of the members of the Institut de France themselves.

by Daniel Bernoulli.[19] The prize was set for January 1812, but no suitable papers were offered and it was reset for October 1813. Still no papers arrived, and on the following 1 August Poisson read his own paper on the subject at the Institut de France. However, Legendre, another of the examiners for the prize, objected that a paper on a subject then offered for competition should not be read at all. Poisson replied that his paper was not related to the prize, and continued reading; but Legendre's point was felt to be worth the consideration of a special commission which was set up the following week—and never reported![20]

Meanwhile Laplace and Fourier had been able to make progress on the promotion of heat diffusion. On 1 January 1810, a prize problem on the mathematical theory of heat and its experimental verification was proposed by the Institut de France.[21] By a chance which was perhaps not accidental, the prize was set for 6 January 1812, the same day as for the problem on the vibration of elastic surfaces: the entries for the heat diffusion prize had to be with the secretariat of the Institut de France by 1 October 1811. On 23 September they received from Monsieur Antoine Cardon-Michiels, property holder of Bergues in the Nord department, a 21-page document on heat as a symbol of man's return to the fire and on the marriage of ideas in heat for vegetables, plants, and minerals. On 28 September there arrived from Baron Joseph Fourier, prefect of the department of Isère, a 215-page work on the mathematical theory of heat and its experimental verification. Fourier had had to prepare the copy in a great hurry, and it arrived in Paris only just in time: it was copied out on paper of a larger format than had been used in 1807, which is the reason why there are twenty

---

[19]*Histoire de la classe des sciences mathématiques et physiques de l'Institut de France*, (1808: publ. 1809), 235–241.

[20]See *Procès-Verbaux*, 5, 385 and 386; and on the resetting of the prize in 1813, pp. 250–251. Poisson's paper appeared as "Mémoire sur les surfaces elastiques," *Mémoires de la classe des sciences mathématiques et physiques de l'Institut de France*, (1812), part 2 (publ. 1816), 167–225.

[21]*Histoire de la classe des sciences mathématiques et physiques de l'Institut de France*, (1809: publ. 1810), 96. A fortnight later the president of the scientific class of the Institut de France reminded the examiners of their obligations to the 1807 manuscript; presumably this was the delayed product of maneuvers behind the scenes by Fourier and Laplace. [See *Procès-Verbaux*, 4, 299.]

fewer pages for a larger work.[22] The panel of examiners was made up of Lagrange, Laplace, and Lacroix—veterans from the 1807 campaign—but instead of Monge they were joined by Etienne Louis Malus (1775–1812) and René Just Haüy (1743–1822). Neither of the new recruits was primarily a mathematician, but Malus was a member of the Société d'Arcueil and Haüy was quite well connected with it, and it may be that Laplace was trying to force approval of the paper past the objections of Lagrange. According to the annotations on the title page of the manuscript, all the examiners except Haüy had seen it by 7 October,[23] but when the examiners presented their report on 6 January 1812 to the Institut de France, Lagrange had not changed his mind. Fourier had been allowed to triumph over Cardon-Michiels (whose essay was in fact not mentioned) and indeed "cette pièce renferme les véritables équations différentielles de la transmission de la chaleur, soit à l'intérieur des corps, soit à leur surface: et la nouveauté du sujet, jointé à son importance, a déterminé la Classe à couronner cet Ouvrage, en observant cependant que la manière dont l'Auteur parvient à ses équations n'est pas exempte de difficultés, et que son analyse, pour les intégrer, laisse encore quelque chose à desirer, soit relativement à la généralité, soit même du côté de la rigueur."[24]

So Fourier had won the prize and the 3000 francs medallion that went with it, but that was all. He had not captured Lagrange's support, but only the criticism which he felt to be personal; and he was no nearer publication either. Although the winners of prize competitions received prestige and a gold medal for their work, there was often little more. If the winner was not a member of the Institut de France then his paper would be put into its Archives to await publication in the *Mémoires présentés par divers savants*; but the wait was often a long one (the journal did not appear at all between 1811 and 1827), with the

---

[22]See the recollections of Jacques Champollion-Figeac, who took it up to Paris himself, in his *1844a*, 44–48. Both manuscripts submitted now lie in the Archives of the Académie des Sciences: the paper by Cardon-Michiels is complete, but the sheet containing pp. 108–109 of Fourier's paper is now missing.

[23]See n. 22 above.
[24]Quoted in J. B. J. Fourier *Oeuvres*, 1, vii–viii. The manuscript of this report is kept in the Archives of the Académie des Sciences, Paris. The result was announced at the meeting of 16 December 1811 [see *Procès-Verbaux*, 4, 562].

21 Scientific Progress and Political Difficulties

result that challenging new work could be kept out of the public domain for the established members to assimilate and extend its results in their own publications. Fourier's paper had posed just such challenges: so back to the secretariat it went. He wrote to Delambre at the end of 1814 to try to clarify the examiners' position and Delambre told him that the usual procedure of publication could take place;[25] but even though Lagrange died in 1813, Fourier knew well enough that the procedure of non-publication would continue. So he started a third version of his researches, this time in the form of a book which would contain not only the results that he had so far obtained, but still further extensions—especially to the physical aspects of heat—on which he had started to work. During the next three years he managed to get much of it written, despite the continuing pressure of his office and a long convalescence in 1812 at Aix-les-Bains in the Savoie department;[26] but his work on it was then dramatically disturbed by the political developments of his time.

In April 1814 Napoleon abdicated and the monarchy was restored. Fourier, as a prominent Bonapartist, was in a difficult position; but the integrity of his conduct in Isère stood him in good stead, and he was protected by the local aristocracy and kept his appointment. But his situation was made much more embarrassing by the fact that Napoleon was going to be brought through Grenoble on his way to exile on the island of Elba. How could Fourier receive his old leader while serving the new regime? He prepared the town for the reception, but at the last minute received a message to say that the route had been changed to bypass Grenoble after all. So Fourier could breathe again—and thank his own ability to achieve diplomatic ends by work behind the scenes![27]

---

[25]Letter from Delambre, 6 December 1812, now in BN MFF 22529/119–120. In it Delambre also remarked that the winner of a prize could add a supplement to his paper to meet the examiners' criticisms if he wished, but Fourier refused to take the hint.
[26]See G. Letonnelier *1923a*, 137.
    Less documentation exists of his later years at Grenoble than of his earlier period, but in 1813 he was invited by the minister of the interior to describe his achievements and in reply he remarked on his labors and especially the Alps road and the draining of the marshes—both of which were then near completion. [See G. Letonnelier *1923a*, 141–142.]
[27]See J. J. Champollion-Figeac *1844a*, 36–37. On pp. 35–36 he reports that at the beginning of 1814 Fourier had to deal with an invasion of Grenoble by the Austrians.

Embarrassment was to return in even greater measure in the following March, however, when Napoleon returned and landed at the Golfe Juan. Grenoble was again on the path to Paris, and this time there would be no escape from a meeting. The news of the return was a great shock to everybody, and Fourier felt that he could not support it: therefore a meeting had to be avoided at all costs. He carried out all the duties necessary for the defense of the department, and issued a proclamation to all its inhabitants instructing them to oppose the invasion from the South. The preparations for the defense of Grenoble continued apace, but Napoleon was finding only support during his progress through the southern areas, and when he reached Grenoble on 7 March the gates were forced open and he was greeted by the wild enthusiasm of the town.

But the prefect of Isère was not there to join in the celebrations: he had done his duty as an official of the new government and therefore could not face the Emperor. So he tried to effect a compromise by making available to the returning hero all the apartments of his office, decorated and staffed to his wishes (which he knew well enough from their days in Egypt), and as Napoleon entered Grenoble, Fourier left by another gate with a small party (including his assistant Lepasquier) to stay with his friend the comte d'Artois (who was to become King Charles X in 1824 until the Revolution of 1830) at Lyons. Napoleon seemed to be furious, for he issued a decree from Grenoble on 9 March:

"Le Préfet du Départment de l'Isère est suspendu de ses fonctions. Il est tenu d'avoir evacué le territoire de la 7e Division militaire dans l'espace de cinq jours, sous peine d'être arrêté et traité comme ennemi de la Nation."[28]

Meanwhile Lepasquier had been sent ahead to Lyons, to find that the count had left the city. So Fourier's party returned towards Grenoble on 9 March from their stopping place as Napoleon left Grenoble. The two old friends met on the morning of the tenth at Bourgoin, where Fourier had organized the draining of the marshes. Napoleon's decree of the previous day had not meant what it said: although he had appointed a new

---

[28]Archives Nationales. Fourier–Isère. Compte rendu administratif. F^{16} I 160; quoted in J. J. Champollion-Figeac *1844a*, 226. The "7e Division militaire" comprised the department of Isère and three neighboring departments.

prefect for Isère, he still wanted Fourier's friendship, and the results of the meeting were summarized in a decree issued by Napoleon from Lyons on the twelfth:

"Nous avons decrété et decrétons ce que suit:

Art. 1er Le comte Fourrier [sic] est nommé Préfet du département de Rhône...."[29]

So Fourier had a new title and a new job, and his political sensibility let him accept Napoleon again as the authority in France and move to Lyons. But his new post did not last long. As he had predicted to Napoleon at Bourgoin, the new regime would not last; before the end of the "Hundred Days" he had revoked his new title and resigned on 1 June in protest against the severity of the regime, especially of the orders of the mathematician Lazare Carnot (1753–1823), who was then the minister of the interior.[30] He went to Paris in the hope of resuming his first love of an academic career, but on 18 June the battle of Waterloo brought the Napoleonic era to an end, and under the Bourbon monarchy he had little chance of employment or even recognition. He requested a pension: the application was granted and then refused, and even the 4000 francs that

---

[29] Archives Nationales. Fourier–Isère. Compte rendu administratif. F^{16} I 160; quoted in J. J. Champollion-Figeac *1844a*, 243.

The authoritative account of this period is due to Jacques Champollion-Figeac, who was also in Grenoble at the time. In *1844a*, see pp. 184–198 for correspondence between Fourier and other prefects and Paris on Napoleon's entry, pp. 206–211 on Fourier's departure, and pp. 211–241 on Napoleon's activities in Grenoble (including those with Champollion-Figeac himself).

[30] J. J. Champollion-Figeac *1844a*, 250–254. The date of Fourier's resignation is disputed. Jacques Champollion-Figeac criticized Arago's statement that the resignation was on 1 May [in *1838a*, cxxviii; *Oeuvres*, 1, 359]; but Victor Cousin also gave 1 May as the date and acknowledged Champollion-Figeac as his source of information [see *1831b*, 36]. Further, G. Letonnelier claimed, from research of a colleague, that Fourier resigned on 12 May. [See *1923a*, 146.] Fourier never took the letters patent of his new title. [See J. J. Champollion-Figeac *1844a*, 347–348.]

When he reached Lyons, Fourier wrote a formal letter of thanks to Jacques Champollion-Figeac for all his help [quoted in J. J. Champollion-Figeac *1844a*, 249–250; A. L. Champollion-Figeac *1880a*, 188]. During his brief period of office he employed as head of his Bureau of Statistics Charles Fourier (1772–1837) [see C. Pellarin, *Notice biographique sur Charles Fourier* (1839, Paris), 30]. Charles was later to surpass Joseph (to whom he was not related) for renown of the name Fourier with his philosophical writings, and to the extent that in 1862 Victor Hugo wrote of the two of them:

"Il y avait à l'Académie des Sciences un Fourier célèbre que la postérité a oublié et dans je ne sais quel grenier un Fourier obscur dont l'avenir souviendra." [*Les Miserables*, 1 (1862, Brussels), 335. For a misunderstanding of this quotation see E. Duché *1871a*, 218.]

went with his Napoleonic barony of 1809 was annulled.[31] This was the low point in his life.

But Fourier was able to meet the challenge. The personal qualities that had made him a successful prefect and seen him through the turmoil of the previous year were now applied to establishing himself in the Paris scientific community. His first successful contact was with a former student from the Ecole Polytechnique. The comte de Chabrol de Volvic (1775–1843) had entered the Ecole Polytechnique in 1794 when Fourier taught there and then had joined the Egyptian campaign, and in 1815 he was, as Fourier had just ceased to be, the prefect of a department. But Chabrol's area was the Seine, including Paris, and he was able to offer Fourier the directorship of the Bureau of Statistics for the department, a post commanding a modest salary and allowing plenty of time for research. Fourier accepted the offer and held the position for the rest of his life. At last he was able to work fulltime on scientific research, and on 27 May 1816, he was elected *académicien libre* to the scientific class of the Institut de France. But King Louis XVIII refused to approve the election. The severity of the anti-Napoleonite policy can be judged from the case of Monge, who in his dying years was a victim of acts of humiliation from a regime which chose to forget his unparalleled contributions to the resurrection of French higher education. Shortly afterwards, however, the old Académies were restored in place of the classes of the Institut de France (with both Monge and Lazare Carnot excluded from membership); a vacancy arose for physics in the Académie des Sciences in May 1817, and the Viscount Dubouchage (1749–1821), an old friend of Fourier's from Grenoble who was now navy minister, secured the royal approval to the election. Thus Fourier had another source of income for the rest of his life.[32]

In contrast with Fourier's earlier life, his time in Paris was unimpaired by activities outside academic circles, although

---

[31]See J. J. Champollion-Figeac *1844a*, 305.
[32]A letter of self-recommendation by Fourier to a member of the Institut de France now survives in its library [see *Anciens et nouveaux fonds*, volume 1976].

For the general details of Fourier's last years in Paris see: D. F. J. Arago *1838a*, cxxix–cxxxviii; *Oeuvres*, 1, 360–369. V. Cousin *1831b*, 36–43. E. Duché *1871a*, 236–242.

his administrative experience became useful when he was elected in 1822 as one of the *secrétaires perpétuels* of the Académie des Sciences on the death of Delambre. The Académie set up a committee—including Laplace, Legendre, Lacroix, and Dominique François Arago (1786–1853)—on 4 November 1822, to decide on nominees to succeed Delambre: the following week they decided on Fourier, Biot, and Arago, but Arago declined on the grounds of his already heavy commitments. He also refused to support Biot for the post; although they had both been members of the Arcueil group, their relations had become embittered for some years previous to the election, and when it took place the following week Biot received only ten votes to Fourier's thirty-eight. The King confirmed the appointment early in the following year.[33]

In 1822 Fourier's book *Théorie analytique de la chaleur* was published; soon afterwards he was to score another success with the publication of his 1811 prize paper in two parts in volumes of the *Mémoires de l'Académie Royale des Sciences* in 1824 and 1826. The first part covered the theoretical work of the 1807 manuscript and the new section on integral solutions, while the second included the new sections on terrestrial temperatures and radiant heat, and also the parts of the 1807 manuscript on cylindrically symmetric heat diffusion in the sphere and the experiments which we gave earlier in Chapters 17 and 20. It may be that copies had been available prior to publication, for in a letter to the president of the scientific class of the Institut de France of April 1818, recommending himself for the election which was eventually not approved, Fourier reported that 350 pages of the paper were already printed.[34] At all events, by the time that it appeared much more had been achieved on its problem both by Fourier himself and by others, and so to its opening page he added a footnote announcing that he was now printing an unaltered version[35]—and indeed, in contrast to the text of the 1807 paper, the manuscript is almost entirely free from alteration.[36] At the end of the second part he put an

---

[33]See *Procès-Verbaux*, 7, 384, 386, 394, and 413; M. P. Crosland, *The Society of Arcueil* (1967, London), 461, 462, and 332–335; and V. Cousin *1831b*, 37.
[34]The letter is now in the Fourier dossier in the Archives of the Académie des Sciences in Paris.
[35]J. B. J. Fourier 1811 paper, part 1, 185.
[36]As mentioned in n. 22, p. 452, the manuscript is now in the Archives of the Académie des Sciences in Paris.

addendum reaffirming the unaltered printing of his manuscript, citing other papers of his since published on heat diffusion, and stating that Delambre—who had ignored the prize paper in his analyses of work for the period, as he had the 1807 manuscript—had put the printing in hand in 1821.[37]

During the 1820s Fourier built up in Paris an influential circle of friends on whose work he exerted an influence which we shall describe later. He wrote various biographical works, especially the *éloges* of distinguished members of the Académie des Sciences who died while he was *secrétaire perpétuel*: his first such duty was to write on his predecessor Delambre, and the most noteworthy death following was that of Laplace in 1827.[38] He also had to appoint examiners for papers sent in to the Académie des Sciences: in this connection a paper on the resolution of equations sent in in 1830 by a young man called Evariste Galois (1809–1832) was unfortunately lost. Galois believed it to have been deliberately mislaid, although such action would not have been in character for Fourier; but the treatment of Galois's work by the Académie was not untypical of Paris at this time. He had sent in his first paper in 1829: Fourier, as *secrétaire perpétuel*, sent it to Augustin Louis Cauchy (1789–1857) who, though interested in Galois's work, apparently mislaid it. Galois sent in a second paper, which disappeared at the time of Fourier's death. Afterwards Galois inquired of its whereabouts, but it could not be found; so he wrote a third version which was returned with the assessment "unintelligible" by Poisson. Six months later, Galois was killed in a duel.[39]

---

[37]J. B. J. Fourier 1811 paper, part 2, 245–246; *Oeuvres*, 2, 93–94.

[38]His five *éloges* are listed in the first part of the bibliography as *1824c, 1827b, 1827d, 1829b* and *1831c*; in their preparation he was helped by the young scientist Alexander Bertrand (1795–1831) [see *Ecole Polytechnique. Livre du centenaire 1794–1894*, 3 (1897, Paris), 401–403].

For the *Biographie Universelle* he wrote biographies on Jean Joseph Rallier des Ourmes (1701–1770), Francois Viète (1540–1603) and John Wallis (1616–1703) [see *1824e, 1827g* and *1827h*]. He did not sign the first two articles, but the attributions are given in V. Parisot *1856a*, 534. In *1844a*, 312, J. J. Champollion-Figeac refers to two more biographical articles by Fourier, which we have not yet managed to trace.

He contributed notes *1829e* to a translation of Pliny's *Historia Naturalis*; again, he did not sign them, but probably they were to chapters 9–12 of book 5, where Pliny describes Egypt; for the annotator mentions the Champollion-Figeacs and the *Description de l'Egypte*.

[39]On this story see, for example, R. Taton, "Les relations d'Evariste Galois avec les mathématiciens de son temps," *Revue d'Histoire des*

In 1826 Fourier met and became concerned with the treatment of the work of another young genius who suffered badly at the hands of the Académie des Sciences, and whose work was admired by Galois — the Norwegian mathematician Niels Henrik Abel (1802–1829). In October of that year Abel submitted a masterpiece to the Académie on transcendental functions. Fourier, as *secrétaire perpétuel*, passed it to Legendre and Cauchy: Cauchy took it but never looked at it, but shortly before Abel's death, Carl Gustav Jacob Jacobi (1804–1851), who was interested in the same subject, saw a reference to the manuscript in one of Abel's later published papers and inquired after it through Legendre. It was returned to the Académie but was not published until 1841, and then only because the question of its publication had been raised to governmental level between the French and the Norwegians; and even then the manuscript vanished during printing and was not rediscovered until the 1950s.[40] Fourier cannot be held responsible for much of this sad incident (although he was certainly negligent in not requesting the return of the manuscript from Cauchy during his own lifetime); indeed, he had established both himself and his circle on the editorial panel of the mathematics, physics and chemistry section of the *Bulletin universel des sciences et de l'industrie*, edited under the general direction of the baron de Ferrusac (1786–1836), and it seems probable that through his good offices Abel obtained much needed employment in editorial work on the *Bulletin*.

But mention of Ferrusac's journal and of Cauchy is to involve the scientific work and intrigues of the time. They were Fourier's main preoccupation during his last fifteen years in Paris, and to them we now turn.

Sciences, 1 (1947), 114–130; and especially the new information in his "Sur les relations scientifiques d'Augustin Cauchy et d'Evariste Galois," ibid., 24 (1971), 123–148.

[40]Abel's paper appeared as "Mémoire sur une propriété générale d'une classe très-étendue de fonctions transcendantes," *Mémoires présentés à l'Académie des Sciences par divers savants*, (2) 7 (1841), 176–264; *Oeuvres* (ed. L. Sylow and S. Lie), 1, 145–211. For a full account of this affair, see O. Ore, *Niels Henrik Abel, Mathematician Extraordinary* (1957, Minneapolis), 246–261.

22 Paris: The Final Years

Toward the end of 1816, about eighteen months after his return to Paris, Fourier published in the *Annales de chimie et de physique* a summary paper of his forthcoming book on the theory of heat. In it he announced that the publication was nearly ready; but that was pure optimism for, as we know, *Théorie analytique de la chaleur* did not appear until 1822 and then it did not follow the plan outlined there. In 1816 the public learned of the imminent arrival of a general treatise on both the analytical and physical aspects of heat diffusion called the *Théorie de la chaleur,* including not only all the mathematical developments of the 1807 manuscript and the extensions in the 1811 paper, but much more on physical questions and a chapter on the history of theories of heat.[1] The delay was doubtless in part due to difficulties with the physical and historical sections which were finally omitted and later promised for an (unwritten) sequel on *Théorie physique de la chaleur*;[2] but another factor may have been the intensity of rivalry which was provoked by the emergence of Cauchy as a mathematical force.

Cauchy's work began to appear in the early 1810s and continued to flow forth without ceasing for almost half a century. From the beginning it revealed both the quality of mind and weakness of character of its author. Cauchy was from the Catholic and Royalist middle class, and by so much did his background influence his personality that with his writings flowed a need to display his superiority over others which was almost always undoubted anyway, and a bigotry which caused him sometimes to oppose or denigrate the efforts of even the weakest and most inexperienced of his contemporaries. The history of Fourier's later work on heat diffusion is inextricably bound up with rows and rivalries with both Cauchy and Poisson which he could not avoid,[3] and involves many other workers and several new problems. He did not create whole new fields

---

[1] J. B. J. Fourier *1816a*, esp. pp. 363–375. In view of the historical importance of this paper, it is much to be regretted that Darboux omitted it from his edition of Fourier's works. Although there is some internal evidence to suggest that Fourier may not have written it himself, it was certainly written by someone fully conversant with his work.

[2] The promise was given in *1825a*, 364; *Oeuvres,* 2, 448.

[3] On these rivalries see I. Grattan-Guinness *1970a*, esp. chs. 2 and 5; H. Burkhardt *1908a*, 409–526 passim; and G. Bachelard *1928a*, 33–93 passim.

by his efforts, as he had done before 1807 and then in the integral solutions for the 1811 prize paper; so we shall limit our account of them to those events referring most closely to the work that we have already seen.

In 1814 Cauchy wrote a long and important essay on the validity of using complex variables in the evaluation of integrals. The paper was to lay the foundations of his theory of functions of a complex variable, but in 1814 it met opposition from Legendre of the kind that Fourier had encountered from Lagrange. Like Fourier's 1811 paper, it languished with the secretariat of the Institut de France and like his 1807 manuscript, it received an insulting summary from Poisson who was interested in the problem also.[4] Then, like Fourier himself, Cauchy won a prize problem, with a paper—on the motion of water waves—that also remained with the secretariat of the Institut de France. The interest for us of this paper is that, seemingly independently of Fourier, he began to develop for himself integral solutions to partial differential equations;[5] and the correspondence of interest became even closer when two years later, in 1817, he found Fourier's reciprocal relations

$$(22.1) \qquad f(x) = \sqrt{\frac{2}{\pi}} \int_0^\infty g(q) \cos qx \, dq$$

and

$$(22.2) \qquad g(q) = \sqrt{\frac{2}{\pi}} \int_0^\infty f(x) \cos xq \, dx,$$

and thus "Fourier's Integral Theorem."[6]

The question of independent discovery of these important results may be summarized as follows. Cauchy had been

---

[4]S. D. Poisson, "Mémoire sur les intégrales définies," *Bulletin des sciences, par la Société Philomathique de Paris*, (1814), 185–188; also in A. L. Cauchy *Oeuvres*, (2) 2, 194–198. The main paper eventually appeared as "Mémoire sur les intégrales définies," *Mémoires présentés à l'Académie des Sciences par divers savants*, (2) 1 (1827), 601–799; *Oeuvres*, (1) 1, 319–506. For an account of the dispute with Legendre, see I. Grattan-Guinness *1970a*, ch. 2.
[5]This paper appeared at the same time as the 1814 paper on the evaluation of integrals as "Théorie de la propagation des ondes à la surface d'un fluide pesant d'une profondeur indéfinie," *Mémoires présentés à l'Académie des Sciences par divers savants*, (2) 1 (1827), 3–312; *Oeuvres*, (1) 1, 4–318.
[6]A. L. Cauchy, "Sur une loi de réciprocité qui existe entre certaines fonctions," *Bulletin des sciences, par la Société Philomathique de Paris*, (1817), 121–124; *Oeuvres*, (2) 2, 223–227.

nominated for election to the scientific class of the Institut de France in 1813 and 1814, but his extreme youth (and perhaps his personality also) failed to win him sufficient support. But on the restoration of the Académies in 1816 Cauchy was nominated to one of the vacancies in the Académie des Sciences arising from the expulsion of Monge and Lazare Carnot, and — to the resentment of some of the members — he accepted the position with alacrity. Therefore from that date onwards, if not before, Cauchy could have examined Fourier's 1811 manuscript: indeed he must have known of the famous controversy with Lagrange over trigonometric series. In addition, Fourier had published his integral theorem in his 1816 summary paper of his forthcoming book,[7] and Cauchy could have seen that too. Nevertheless, the note in which he published the result has the excited tone of newly discovered work, and when Fourier acquainted him with his priority for the result he published an acknowledgment in the following year.[8] So all three rivals — Fourier, Cauchy, and Poisson — were investigating the power of the new method in the solution of linear partial differential equations to represent a variety of physical phenomena. In general terms their relative achievements may be summarized in terms of the historical situation to which we referred on pages 444–446 when discussing the reaction to Fourier's 1807 manuscript.

In the early years of the century the four aging Grand Masters of Parisian mathematics were Lagrange, Laplace, Legendre, and Monge. The generation to succeed them was not emerging: the only obvious talent was a brilliant young graduate of the Ecole Polytechnique called Siméon Denis Poisson, and he was regarded, especially by Lagrange and Laplace, as the heir apparent to the mathematical crown. Then in 1807, Joseph Fourier presented work which, to Laplace at least, showed that a greater mind was available; and within another five years Augustin Louis Cauchy began to make his substantial presence felt. So the heir apparent lost his position twice over, in spite

---

[7] J. B. J. Fourier *1816a*, 361.
[8] A. L. Cauchy, "Second note sur les fonctions réciproques, "*Bulletin des sciences, par la Société Philomathique de Paris*, (1818), 178–181; *Oeuvres*, (2) 2, 228–232. We note from p. 241 that Fourier introduced his notation $\int_a^b$ on the same page of his 1816 paper as he stated his integral theorem; Cauchy did not use the symbol in either of these papers, which would imply that he was not familiar with Fourier's paper.

of his very considerable talents and energy. On the one hand, he was inferior to Fourier in originality of conception of problems and methods; he lacked his virtuosity in formal analysis and he could not match his intuition for the physical significance of the mathematical solution. On the other hand, he lost to Cauchy both for the natural feeling for the validity of mathematical processes and also for an ability to extend and transform in such radical ways the methods and results of others. There was little middle ground between the particular gifts of Cauchy and Fourier where Poisson, ambitious in his work but derivative from Lagrange and Laplace in his style, could display his eminence. Thus, in the ruthless scientific atmosphere of Paris, he had no choice but to try to compete with his rivals on equal terms; and the more he tried, the more obvious did the inferiority of his achievements become. The only advantages he had, followed from the favor with which he was viewed by his elders: his work did not meet with the opposition that Fourier and Cauchy experienced, and his influential positions in the educational institutions and societies of Paris (such as his mathematical editorship of the *Bulletin* of the Société Philomathique) enabled him to publish dismissive reviews of his rivals' work and then papers of his own which were actually written after and under the influence of the denigrated manuscripts. Thus his later contributions, such as the 1826 proof of the reality of the roots of transcendental functions which we described on pages 302–304, have to be interpreted in a political as well as an intellectual context.

Fourier seems to have kept as much as possible out of the way of the battle, which raged between the other two almost incessantly, but an incident of 1818 brought him into conflict. In June of that year he presented a paper to the Académie des Sciences on the vibration of an elastic plate. We recall that Poisson was interested in the question, and as in 1807 he performed his usual service of a denigrating review in the *Bulletin* of the Société Philomathique;[9] so Fourier celebrated his recent election to the Society with a fine polemical piece of his own in

---

[9]S. D. Poisson, "Remarques sur les rapports qui existent entre la propagation des ondes à la surface de l'eau, et leur propagation dans une plaque élastique," *Bulletin des sciences, par la Société Philomathique de Paris*, (1818), 97–99.

the *Bulletin*, in which he embraced his own interest in heat diffusion, Cauchy's in water waves, and Poisson's in elastic surfaces. The unity behind these three problems was the undisclosed method he used to write down general solutions for all of them:

$$(22.3) \quad v = \frac{1}{\pi} \int_{-\infty}^{+\infty} f(\alpha)\, d\alpha \int_0^\infty e^{-\mu^2 t} \cos(\mu(x-\alpha))\, d\mu$$

for the diffusion of heat in an infinite prism,

$$(22.4) \quad v = \frac{1}{\pi} \int_{-\infty}^{+\infty} f(\alpha)\, d\alpha \int_0^\infty \cos(\sqrt{\mu}\, t) \cos(\mu(x-\alpha))\, d\mu$$

for the surface motion of waves, and

$$(22.5) \quad v = \frac{1}{\pi} \int_{-\infty}^{+\infty} f(\alpha)\, d\alpha \int_0^\infty \cos(\mu^2 t) \cos(\mu(x-\alpha))\, d\mu$$

for the vibration of an elastic surface.[10] Only in the *Théorie* of 1822 did he allow his rivals to learn of his method of solution of the partial differential equations involved: *operator calculus*.

Here we find another important technique of which Fourier was the inventor, and in his book he gave a fairly clear hint of its origins. He took the diffusion equation in the form

$$(22.6) \quad \frac{\partial v}{\partial t} = \frac{\partial^2 v}{\partial x^2}$$

with

$$(22.7) \quad v = \phi(x) \quad \text{when} \quad t = 0,$$

and after developing his series and integral solutions, considered also the Poisson–Laplace power series form

$$(22.8) \quad v = \sum_{r=0}^{\infty} \frac{1}{r!} \phi^{(2r)}(x) t^r.$$

Fourier took it in a different direction from them, however, developing it into the version

$$(22.9) \quad v = e^{tD^2} \phi(x),$$

where

$$(22.10) \quad D \equiv \frac{d}{dx}.$$

---

[10] J. B. J. Fourier *1818c*, esp. p. 132;   *Oeuvres*, 2, 261.

Now the double integral solution to (22.6) was already known to be

(22.11) $$v = \frac{1}{\pi} \int_{-\infty}^{+\infty} \phi(\alpha)\, d\alpha \int_{0}^{\infty} e^{-t\mu^2} \cos(\mu(x-\alpha))\, d\mu,$$

and the analogy between the e^{tD^2} in (22.9) and $e^{-t\mu^2}$ in (22.11) led Fourier to the line of thought of which he had stated some results in his 1818 paper. In the *Théorie* he not only reworked his earlier solutions (including inserting a section of his paper to the Académie des Sciences on elastic surfaces), but also extended the class of equations solvable by this method; for example, for the equation

(22.12) $$\frac{\partial v}{\partial t} = a\frac{\partial^2 v}{\partial x^2} + b\frac{\partial^4 v}{\partial x^4} + c\frac{\partial^6 v}{\partial x^6} + \ldots$$

(22.13) $$= (aD^2 + bD^4 + cD^6 + \ldots)v,$$

he found the solution

(22.14) $$v = \frac{1}{2\pi} \int_{-\infty}^{+\infty} f(\alpha)\, d\alpha \int_{-\infty}^{+\infty} e^{-t(a\mu^2+b\mu^4+c\mu^6+\ldots)} \cos(\mu(x-\alpha))\, d\mu.^{11}$$

Another benefit to Fourier of this work was that through his interest in vibrating surfaces he won the friendship and support of Navier and of Sophie Germain (1776–1831).[12]

Operator calculus was Fourier's last major analytical achievement in mathematical physics: during the 1820s he produced further work that we shall consider in due course, but the period was largely that of (delayed!) recognition of his achievements, especially with the publication of his two major works on heat diffusion. We have covered most of the many

---

[11] J. B. J. Fourier *Théorie*, arts. 396–414, esp. arts. 398–401 for the development of the idea from Laplace and Poisson; arts. 402–404 for the further examples; and arts. 405–408 for the section of the paper of 1818 on elastic plates, to which he refers in art. 422. Scattered sections of versions of that paper survive in BN MFF 22522/3–16 and 160–183.
   Fourier's work was probably independent of and perhaps even prior to some slight and rather unclear considerations of operator methods to solve ordinary differential equations in J. F. W. Herschel, "Consideration of various points of analysis," *Philosophical Transactions of the Royal Society of London*, 104 (1814), 440–468 (see esp. pp. 465–468).

[12] Letters from Fourier are in Sophie Germain's collections of letters in BN MFF 9118 and 4073 (*nouvelles acquisitions*); they were published in *Oeuvres philosophiques de Sophie Germain* (ed. H. Stupuy: 1879, Paris), 350–351, 357–367, 368–369. Among Fourier's manuscripts 22522 deals largely with elastic surfaces; see especially folios 17–49 and 58–62.

problems with which they dealt in the appropriate contexts, but we may now pass some general remarks on the relation between them and their remarkable unpublished predecessor.

In the notes at the end of his publication of the 1811 paper, Fourier claimed that the prize work was formed from the 1807 manuscript and the notes sent to the Institut de France, with the omission of diagrams and superfluous analysis being the only changes;[13] but we have seen that the changes were considerably more substantial, and in fact greater than those between the prize paper and the book where there are often considerable sections in common. Without doubt, he had the 1807 manuscript in his possession during the preparation of the later versions of the work: presumably he had also at least a copy of the 1811 paper available between 1812 and 1815, when most of the *Théorie* was written. While there were new sections on both physical and mathematical aspects of the subjects in the published works, they both lack some of the drive and excitement of the original paper. In 1807 Fourier was fresh with success in a new line of research and eager to show the development of his thought; but especially by the time of the *Théorie* the material was familiar enough to him to be elected to the status of a Subject, founded on Principles and Concepts to be given elaborate Discussion and Exact Definition; thus for example, the n-body analysis, the source for his later achievements, was removed from its proper place as the first section of the work to an alcove after the analysis of the annulus, where it lay like a relic of history, without point or significance.[14]

Meanwhile the Subject which the n-body analysis had inspired was exciting the interest of others by the time that Fourier published the *Théorie*; for his great rival, Poisson, published his own work between 1821 and 1823 in a series of papers which occupied most of the twelfth volume of the *Journal de l'Ecole Polytechnique*. The two main ones, each about 150 pages long, were given titles of papers on heat diffusion, but his other three contributions to the volume dealt with related topics in the solution of linear partial differential equations. He had presented his first paper to the Institut de France

---

[13] J. B. J. Fourier 1811 paper, part 2, 245–246; *Oeuvres*, 2, 93–94.
[14] Unlike the other two major works, no part of the manuscript of the *Théorie* seems to have survived.

in May 1815, and had published extracts at that time,[15] but later he had withdrawn it and added new sections which doubled its length.[16] It is not difficult to imagine what caused him to extend his paper: both Fourier's and Cauchy's researches were surpassing his, and he had to catch up. Now that Fourier was in a powerful position in Paris, Poisson began with acknowledgments of his priority of achievement of the principal features:[17] indeed, he had obviously studied his 1807 and 1811 papers in great detail, for the problems which he tried to solve were almost all sophistications of those which Fourier had already dealt with, such as the diffusion of heat inside a body with *variable* conductivity or composed of two different substances, and external diffusion into an environment of variable temperature. But his analysis showed the incoherence of argument and obscurity of notation characteristic of his sustained efforts in this field, and he reported no experimental work at all, referring to Fourier and Biot on such questions. However, as he said himself, his methods of deriving the results were quite different from Fourier's, being based on the following principles:

1. the use of Taylor's series to produce both the internal and surface diffusion equations, and

2. solutions to these equations based on Laplace's form

(22.15)
$$v = \frac{1}{\sqrt{\pi}} \int_{-\infty}^{+\infty} e^{-p^2} f(x + 2p\sqrt{t}) \, dp$$

of 1809 — although the maze of transformations to which they

---

[15] S. D. Poisson, "Mémoire sur la distribution de la chaleur dans les corps solides," *Bulletin des sciences, par la Société Philomathique de Paris*, (1815), 85–91; and "Extrait d'un mémoire sur la distribution de la chaleur dans les corps solides," *Journal de physique*, 80 (1815), 434–441. Poisson's work on heat diffusion is discussed in H. Burkhardt *1908a*, 473–489, 506–517; and G. Bachelard *1928a*, 73–88.

In August 1816, Fourier wrote to the editors of the *Annales de chimie et de physique* commenting on a work on heat diffusion which they had sent him [see BN MFF 22525/159–162 for a copy, and the draft in 21–23]. It seems quite possible that they had sent him one of these two papers, as both Biot and Poisson are mentioned in the letter; and perhaps it was this incident which provoked him to write the summary *1816a* of the *Théorie* which he published in that journal.

[16] See S. D. Poisson, "Mémoire sur la distribution de la chaleur dans les corps solides," *Journal de l'Ecole Polytechnique, cahier* 19, 12 (1823), 1–144 (see p. 1).

[17] Ibid., 1–2: see also p. 6. On pp. 434–435 of his summary paper to the *Journal de physique* mentioned in n. 15 above, he even admitted that his analysis was less simple than Fourier's, but it left no doubt of the certainty of the results!

were subjected often turned them finally into Fourier series solutions!

After the drive and clarity of Fourier's work Poisson's does not offer rewarding reading, and we shall mention only the most valuable of his contributions, which occur here and there in the course of an illogical wander from problem to problem. He spent much of his time in his first main paper in deriving the diffusion equations, including

$$k\frac{\partial v}{\partial x} = k'\frac{\partial v'}{\partial x} \text{ (and } v = v') \tag{22.16}$$

for the diffusion across the join of two materials of conductivities k and k' with temperatures v and v',[18] and

$$K\left(\lambda\frac{\partial v}{\partial x} + \lambda'\frac{\partial v}{\partial y} + \lambda''\frac{\partial v}{\partial z}\right) + hv = 0 \tag{22.17}$$

for the general surface diffusion condition at a point (x, y, z) with direction cosines $(\lambda, \lambda', \lambda'')$. Fourier had given this result in his 1811 paper, but, as Poisson remarked, without proof (from which, presumably, he could have learned!).[19] Poisson also produced the diffusion equation for an inhomogeneous body:

$$\frac{\partial v}{\partial t} = K\left(\frac{\partial^2 v}{\partial x^2} + \frac{\partial^2 v}{\partial y^2} + \frac{\partial^2 v}{\partial z^2}\right) + \left(\frac{\partial K}{\partial x}\frac{\partial v}{\partial x} + \frac{\partial K}{\partial y}\frac{\partial v}{\partial y} + \frac{\partial K}{\partial z}\frac{\partial v}{\partial z}\right),[20] \tag{22.18}$$

and modified the surface diffusion equation to

$$\frac{\partial v}{\partial t} + h(v - \phi(t)) = 0 \tag{22.19}$$

in the case of variable external temperature $\phi(t)$, finding that in the particular case where

$$\phi(t) = A \sin(\alpha t + \epsilon) \tag{22.20}$$

there was to be added to the general solution a trigonometric term of the same periodicity and also a term including the factor $t^{-3/2}$, and therefore in the case of an arbitrary $\phi(t)$ (considered as a Fourier series of terms of the form of (22.20)) a new series

---

[18] Ibid., 21–22.
[19] Ibid., 99–104. Fourier's statement of (22.17) is in the 1811 paper, part 1, 248; in arts. 146–147 of the *Théorie* he gave a simple proof using elementary ideas from the geometry of surfaces.
[20] Ibid., 85–87.

of each type.[21] When he came to "nonharmonic" solutions, the great critic of Fourier's efforts to prove the reality of the roots of transcendental equations supplied no proof at all himself,[22] and in the second main paper remarked on the impossibility of such a proof![23] But some of his solutions were genuine advances: in another paper in the journal he found to the cylinder equation

(22.21)
$$\frac{\partial v}{\partial t} = a^2 \frac{\partial^2 v}{\partial x^2} + \frac{1}{x} \frac{\partial v}{\partial x}$$

the integral solution

(22.22)
$$v = \int_{-\infty}^{+\infty} \int_0^{+\pi} f(x \cos p + 2a\alpha \sqrt{t}) \, e^{-\alpha^2} dp \, d\alpha.^{24}$$

In yet another paper he expounded the basic properties of Legendre polynomials,[25] and then in his second main paper on heat diffusion he showed his finest work in taking the diffusion equation in spherical polar coordinates (r, θ, ϕ):

(22.23)
$$\frac{\partial}{\partial t}(rv) = a^2 \left[\frac{\partial^2}{\partial r^2}(rv) + \frac{1}{r^2 \sin \theta} \frac{\partial}{\partial \theta} \left(\sin \theta \frac{\partial}{\partial \theta}(rv) \right) \right.$$
$$\left. + \frac{1}{r^2 \sin^2 \theta} \frac{\partial^2}{\partial \phi^2}(rv) \right]$$

for the problem of a sphere with an arbitrary initial temperature distribution on its surface, and producing a Fourier

---

[21] Ibid., 69–79. He did not develop the solution in this last case.

[22] See ibid., 112–144 for the problems in which nonharmonic series arise.

[23] S. D. Poisson, "Second mémoire sur la distribution de la chaleur dans les corps solides," *Journal de l'Ecole Polytechnique, cahier* 19, 12 (1823), 249–403 (see pp. 381–384). The remark was based on the refutation of the method of cascades by the example

$$e^x + be^{nx} = 0,$$

and was doubtless aimed for Fourier: in a later paper Fourier remarked that the conditions for the validity of this method did not apply to this example. [see *1831d*, esp. pp. 120–125; *Oeuvres*, 2, 186–192.] Fourier also referred to another paper on this subject, recently presented to the Académie des Sciences by Poisson; doubtless this was Poisson's "Note sur les racines des équations transcendantes," *Mémoires de l'Académie Royale des Sciences*, 9 (1830), 89–95, of which the manuscript survives in BN MFF 22507/46–47.

[24] S. D. Poisson, "Mémoire sur l'intégration des équations linéaires aux différences partielles," *Journal de l'Ecole Polytechnique, cahier* 19, 12 (1823), 215–248 (p. 245).

[25] S. D. Poisson, "Addition au mémoire précédent et au mémoire sur la manière d'exprimer les fonctions par des séries de quantités périodiques," *Journal de l'Ecole Polytechnique, cahier* 19, 12 (1823), 145–162.

double-series solution in which each term involved both (22.22) and the Legendre polynomials.[26]

The difficulty of Poisson's political position at this time can be gauged from the introduction to the second main paper. By 1821 Fourier's status had risen to the extent that he ousted Poisson from the mathematical editorship of the *Bulletin* of the Société Philomathique in that year:[27] in addition, the greater power of his series solutions to the various diffusion equations over Laplace's functional solution was very clear. Thus Poisson wrote in his preamble that he was going to solve more complicated problems by series-based solutions, despite their lack of "completeness" because of the difficulty over the reality of the roots of transcendental equations; but at the same time Laplace was not to be forgotten, for Poisson also mentioned that in forming the diffusion equations he would make use of Laplace's Newtonian hypothesis that heat was a short-distance phenomenon (and so follow Laplace's other disciple, Biot, in rejecting Fourier's interpretation of heat as action by molecular contact).[28] Thus the second paper overlapped the first; and apart from the positive achievements which we have already mentioned, it almost surpassed it in obscurity of expression.[29] Poisson was really beginning to reveal his inferiority, and we can see it especially in connection with a problem in which Fourier showed a level of profundity over both Cauchy and Poisson: the mathematical demonstration of the convergence of Fourier series.

---

[26]S. D. Poisson (n. 23, p. 469); see pp. 286–309, esp. p. 306.

[27]Fourier held the job for a year, and then relinquished it to Louis Francoeur (1773–1849), doubtless because of the heavy commitments arising from his election as *secrétaire perpétuel* of the Académie des Sciences in 1822.

[28]S. D. Poisson (n. 23, p. 469), 249–258: for Biot's use of Laplace's hypothesis, see our p. 84.

[29]See especially Poisson's unintelligible derivation of the general surface diffusion condition (22.17) in ibid., 259–272.

Fourier wrote various largely critical notes on Poisson's two main papers on heat diffusion, which are now scattered through BN MFF 22524 and 22525. In 1835, five years after Fourier's death, Poisson published his own book on heat diffusion, with a supplement in 1837. He used the lack of reply well: the book compares in level with the *Théorie* as do his first papers on heat with Fourier's, but he managed to attribute the diffusion equation to Biot and trigonometric series to Lagrange [see S. D. Poisson, *Théorie mathématique de la chaleur* (1835, Paris), 1–2 and 200–202].

The editor of Fourier's manuscripts attributed to Poisson a list of quotations, in reverse page order, of comments from the margin of (a copy of?) the *Théorie*; but the reasons for this attribution are not given and are not obvious [see BN MFF 22525/ 182–186].

The details of this investigation in the 1820s have been given elsewhere,[30] but we may summarize the situation as follows. Poisson was the first to publish a proof in 1820, and he reproduced it in some version or other throughout his life. Its principal weakness was the assumption that the sum of a series $\sum_{r=1}^{\infty} u_r(x)$ could always be taken as the limiting value of $\sum_{r=1}^{\infty} p^r u_r(x)$ as $p \to 1$, for he failed to realize that even if $\sum_{r=1}^{\infty} p^r u_r(x)$ were convergent when $p < 1$ it may well fail to be so when the limiting value is taken. In 1826 Cauchy rejected the proof in sarcastic style by expounding a version of it to produce the Fourier series, and then remarking that the need to demonstrate its convergence was an important problem; but his own (better) proof depended on the assumption that if $u_r \to v_r$ as $r \to \infty$ then $\sum_{r=1}^{\infty} u_r$ and $\sum_{r=1}^{\infty} v_r$ converge or diverge together.[31] The mistake here was pointed out in 1829 by a young man then beginning his mathematical career—Peter Lejeune-Dirichlet (1805–1859). Like Abel, Dirichlet visited Paris in 1826, and there he formed such a strong personal attachment for Fourier that he added to his main interest in the theory of numbers work on problems suggested by heat diffusion. His principal paper was on the convergence of Fourier series: having remarked on the inadequacy of Cauchy's proof, he developed another from an outline given by Fourier at the end of the *Théorie*. We saw on pages 213–215 Fourier's awareness in his 1807 manuscript of the need to found integrals geometrically; in the *Théorie* he applied the idea to argue for the truth of his integral results. Starting with his

---

[30]See I. Grattan-Guinness *1970a*, ch. 5.

[31]A. L. Cauchy, "Mémoire sur les développements des fonctions en séries périodiques," *Mémoires de l'Académie Royale des Sciences*, 6 (1823: publ. 1827), 603–612; *Oeuvres*, (1) 2, 12–19. See also a proof of 1827 using his new residue calculus and assuming the convergence required to be proved ["Sur les résidues des fonctions exprimées par des intégrales définies," *Exercices de mathématiques*, 2 (1827, Paris), 341–370 (see esp. pp. 356–358 and 363–365); *Oeuvres*, (2) 7, 393–430 (pp. 409–411 and 417–419)].

Poisson's most substantial writing on the problem was in the final paper that he contributed to the 1823 volume of the *Journal de l'Ecole Polytechnique*, where he discussed also finite trigonometric series and Fourier integrals and attributed the trigonometric series to Lagrange ["Suite du mémoire sur les intégrales définies et sur la sommation des séries...," *cahier* 19, 12 (1823), 404–509 (see esp. pp. 432–456)].

integral theorem in the form

(22.24)
$$f(x) = \frac{1}{\pi} \int_{-\infty}^{+\infty} f(\alpha)\, d\alpha \int_0^{\infty} \cos(p(x-\alpha))\, dp,$$

he carried out the first integration to give

(22.25)
$$f(x) = \frac{1}{\pi} \int_{-\infty}^{+\infty} f(\alpha) \frac{\sin(p(x-\alpha))}{x-\alpha}\, d\alpha,$$

where p takes an infinite value. Then he took the known result

(22.26)
$$\frac{\pi}{2} = \int_0^{\infty} \frac{\sin pu}{u}\, du$$

and interpreted it as a sequence of areas of alternating sign created by the oscillation of $\sin pu$ as u increased, which would compensate in pairs except in the vicinity of $u = 0$ where the asymmetry would provide the value $\pi/2$. The same reasoning would apply to (22.25); the exceptional point being $\alpha = x$, the value of the integral was

$$2\left[\frac{1}{\pi} f(x) \frac{\pi}{2}\right] = f(x),$$

as required. The argument made no restriction on $f(x)$ as long as it was single-valued;[32] and it could also be used to show the convergence of the series. Taking, in fact, the sum of the first n terms of the full series over $\left[-\frac{X}{2}, +\frac{X}{2}\right]$:

(22.27)
$$\frac{1}{X} \int_{-\frac{X}{2}}^{+\frac{X}{2}} f(\alpha)\, d\alpha + \frac{2}{X} \int_{-\frac{X}{2}}^{+\frac{X}{2}} \sum_{r=1}^{n} f(\alpha) \cos\left(\frac{2r\pi}{X}(\alpha - x)\right) d\alpha$$

in the form

$$s_n(x) = \frac{1}{X} \int_{-\frac{X}{2}}^{+\frac{X}{2}} f(\alpha) \cos\left(\frac{2n\pi}{X}(\alpha - x)\right) d\alpha$$

(22.28)
$$+ \frac{1}{X} \int_{-\frac{X}{2}}^{+\frac{X}{2}} f(\alpha) \sin\left(\frac{2n\pi}{X}(\alpha - x)\right) \left[\frac{\sin\left(\frac{2\pi}{X}(\alpha - x)\right)}{1 - \cos\left(\frac{2\pi}{X}(\alpha - x)\right)}\right] d\alpha,$$

---

[32] J. B. J. Fourier *Théorie*, arts. 415–417.

the first integral of (22.28) tended to zero as n tended to infinity; but the singularity in the second at $\alpha = x$ led to the expression

$$\frac{2}{X} \int_{x}^{x+\delta} f(x) \sin\left(\frac{2n\pi}{X}(\alpha-x)\right) \left[\frac{\frac{2\pi}{X}(\alpha-x)}{\frac{1}{2} \cdot \frac{2\pi}{X}(\alpha-x)^2} \right] d\alpha$$

(22.29)
$$= \frac{4f(x)}{X} \int_{x}^{x+\delta} \frac{\sin\left(\frac{2n\pi}{X}(\alpha-x)\right)}{\frac{2\pi}{X}(\alpha-x)} d\alpha = f(x)$$

as required, if we convert (22.19) into the form of the standard result (22.26) and take n to infinity.[33]

Dirichlet used the interval $[0, \pi]$ and took an alternative version of (22.28) for the sum of the first n terms of the series, given by

(22.30)
$$s_n(x) = \frac{1}{2\pi} \int_{0}^{\pi} f(\alpha) \frac{\sin\left((n+\tfrac{1}{2})(x-\alpha)\right)}{\sin\left(\tfrac{1}{2}(x-\alpha)\right)} d\alpha.$$

Then he followed Fourier in interpreting the integral of (22.30) as an area composed of a succession of components of alternating sign caused by the oscillation of $\sin\left((n+\tfrac{1}{2})(x-\alpha)\right)$, and refined Fourier's intuitive argument by imposing conditions on $f(x)$ to ensure the convergence of $s_n(x)$, and to the sum $f(x)$. Beginning with monotonic decrease to zero, he gradually relaxed the conditions until he demonstrated convergence for a function satisfying the "Dirichlet conditions" of a finite number of turning values and discontinuities in an otherwise monotonic and continuous function.[34] Thus he was inspired by Fourier's

---

[33] J. B. J. Fourier *Théorie*, art. 423; see also art. 418. Fourier made various mistakes of presentation of his argument, taking the integral of (22.27) to be over $[0, X]$ in art. 418, misquoting it as over $[-X, +X]$ in art. 423 and then introducing compensating errors to give the correct answer. The basic approach, however, is quite valid.

[34] P. L. Dirichlet, "Sur la convergence des séries trigonométriques qui servent à représenter une fonction arbitraire entre des limites données," *Journal für die reine und angewandte Mathematik*, 4 (1829), 157–169;

Gesammelte Werke, 1, 117–132. One of Dirichlet's results was that the series takes the arithmetic mean of the left- and right-hand limiting values of the function, and it implies a weakness in Fourier's advocacy of series solutions to the wave equation in p. 252 above. For at a "corner point" in the string the derivative of the function is discontinuous and takes no value, whereas Dirichlet's results suggest that the (derived) Fourier series will actually have a value, namely, the arithmetic mean.

ideas to produce one of the most important proofs in analysis of that time, and to inaugurate a line of discussion which was to occupy a prominent place in mathematical analysis for the rest of the century.

Dirichlet's other paper on Fourier's work appeared in 1830. It was a demonstration of a result stated without proof by Fourier in a paper of 1829: the solution of the one-variable diffusion equation for a bar of length π with the given temperature variations $f(t)$ and $\phi(t)$ at the ends and the initial distribution $\psi(x)$ along its length. Perhaps Fourier only stated the answer

$$\begin{aligned}v = &\frac{x}{\pi}f(t) + \frac{2}{\pi}\sum_{r=1}^{\infty}\left[\frac{1}{r}e^{-r^2t}\sin rx \cos r\pi \left(f(0) + \int^t f'(u)\, e^{r^2u}\, du\right)\right] \\ &+ \left(\frac{\pi-x}{\pi}\right)\phi(t) - \frac{2}{\pi}\sum_{r=1}^{\infty}\left[\frac{1}{r}e^{-r^2t}\sin rx \left(\phi(0) + \int^t \phi'(u)\, e^{r^2u}\, du\right)\right] \\ &+ \frac{2}{\pi}\sum_{r=1}^{\infty}\left[e^{-r^2t}\sin rx \int_0^{\pi} \psi(u) \sin ru\, du\right],\end{aligned}$$

(22.31)

in order not to let Poisson see how he had found it and to give Dirichlet the chance to show his abilities: at all events, he devoted the rest of that part of his paper only to the examination of various of its special cases.[35] The remainder of the paper appeared only in synoptic form, but the topics that Fourier intended to cover dealt with most of his late ideas for the analytical aspects of heat diffusion. The next section was to have contained further developments of (22.31), including the case where the given variations of temperature at the ends of the bar were periodic functions (reminiscent of Poisson's analysis of (22.20) where the atmospheric temperature was a trigonometric function of time). Then he had planned a historical section on both the theories of heat (as he had

---

[35] J. B. J. Fourier *1829c*, 581–610; *Oeuvres*, 2, 147–171. Dirichlet's paper appeared as "Solution d'une question relative à la théorie mathématique de la chaleur," *Journal für die reine und angewandte Mathematik*, 5 (1830), 287–295; *Gesammelte Werke*, 1, 161–172.
For much new information on Dirichlet, see K.-R. Biermann, "Johann Peter Gustav Lejeune-Dirichlet . . . ," *Abhandlungen der Deutschen Akademie der Wissenschaften, Klasse für Mathematik, . . .* , (1959), no. 2. This source also includes some indications for Fourier's friendship with Alexander von Humboldt (1769–1859).

promised in his 1816 summary paper for the *Théorie*) including the relevant mathematics such as his own account of the vibrating string problem, and of eighteenth-century solutions of partial differential equations in general.[36] He was also now aware of the use of Legendre polynomials in heat diffusion and promised some applications of his own.[37] Doubtless he had learned from Poisson here, but he still felt critical of Poisson's remarks on the futility of trying to prove the reality of the roots of transcendental equations,[38] although he did not mention Poisson's proof of 1826.

The final paragraphs of this paper contained perhaps the most important promise of new work, to which Poisson had also already given some thought: heat diffusion in inhomogeneous bodies, where the coefficients of conductivity were variable. Fourier's general conclusion was that a process of successive linear approximation would bring such cases to mathematical description; but alas, like so many of his late ideas, this one never reached fulfilment. He was too near the end of his life.[39]

---

[36] J. B. J. Fourier *1829c*, 610–620; *Oeuvres*, 2, 171–179. Various efforts at the history of theories of heat survive: see especially BN MFF 22525/3–11, 16–20, 152–156 and 163–168; and 22529/79–87 and 91–99.

[37] J. B. J. Fourier *1829c*, 613; *Oeuvres*, 2, 174. BN MFF 22523/97–103 contains some use of the generating functions of the polynomials in connection with heat diffusion in the sphere; and 104–111 includes work on the cooling of a sphere in the presence of periodic atmospheric temperature.

[38] J. B. J. Fourier *1829c*, 616–620; *Oeuvres*, 2, 176–179.

On p. 26 we referred to the note in BN MFF 22529/125 on the preparation of the 1807 manuscript; seemingly there were allegations of priority from Poisson on results using Legendre polynomials, for the reminiscent remarks in the note were the prelude to a repudiation of these suggestions by a reference to the abortive analysis of the cylindrically symmetrical diffusion problem in the sphere which appeared on our pp. 381–388 as art. 115 of the manuscript.

[39] J. B. J. Fourier *1829c*, 620–622; *Oeuvres*, 2, 179–181.

There are quite a few late manuscripts dealing with nonlinear problems, especially in BN MFF 22524. For example, in a "very well prepared" analysis of the sphere in folios 47–61 (second pagination) Fourier modified the diffusion equation to

$$\frac{\partial v}{\partial t} = a\frac{\partial^2 v}{\partial x^2} + bv + \frac{b\epsilon}{2!}v^2 + \frac{b\epsilon^2}{3!}v^3 + \ldots, \quad (1)$$

where ϵ is a small quantity, and tried to develop the solution form

$$v = u + \epsilon u_1 + \epsilon^2 u_2 + \ldots \quad (2)$$

by inserting it into (1) and equating coefficients of the powers of ϵ on either side. In general his achievements in this kind of problem do not seem to be of great importance.

One of Fourier's chief unfulfilled projects was the sequel volume to the *Théorie* on the physical aspects of heat, but he did publish a substantial amount of work on these problems, especially concerning the interior and surface temperatures of the earth and the rate of its cooling when interpreted as a sphere of large radius.[40] This work was the first "modern" investigation of these problems and excited much interest, including the first *public* support of Laplace.[41] His pioneering spirit was also evident in respect of the physical constants of heat. After the uncertain start which had led to the failure of his n-body analyses, he was very careful over the physical constants: we saw his treatment in the 1807 manuscript, while in the 1811 paper he even included a table of units and dimensions of both the physical and geometrical constants in order to check the validity of the solution for the cylinder,[42] and in the *Théorie* he devoted sections to the formulation of the physical constants in terms of temperature and quantity of heat.[43] This work was an important part of Fourier's achievement in linking "rational mechanics" and "physics," and represented a major advance over current practice. He also extended his experimental interests and worked in 1823 with the Danish scientist Hans Christian Oersted (1777–1851) on thermo-

---

[40]See especially a paper on the cooling of the earth, which appeared in various forms (including an Italian translation) in 1820 and 1821 [*1820a, 1820b, 1820d* and *1821c*], and also a paper on terrestrial temperatures which was published twice [*1824a* and *1827e*].

[41]Laplace's support was deliberate to the point of being systematic. He praised Fourier both in "Sur la diminution de la durée du jour par le refroidissement de la terre," and also in an "Addition au mémoire sur la diminution...," publishing these papers in three of the Paris journals in 1819 and 1820 and in part in an 1823 installment of the last volume of his *Mécanique celeste*. [See *Annales de chimie et de physique*, 13 (1820), 410–417; and 14 (1820), 315–316. *Connaissance des tems*, (1823: publ. 1820), 245–257; and 324–327. *Bulletin des sciences, par la Société Philomathique de Paris*, (1820), 81–85 and 108–109. *Mécanique celeste*, 5 (1823–1825, Paris), 18–21 and 72–85; *Oeuvres*, 5 (2nd edition), 24–28 and 82–96. The titles of these papers varied slightly in their different appearances.]

Virtually no manuscripts of Laplace survive. His house at Arcueil was looted in 1871, and many of them were lost then. Later the rest of his estate was moved to a chateau at Calvados, which was destroyed by fire in 1925. [See *Nature*, 4 (1871), 108; and 119 (1927), 493–494.]

[42]J. B. J. Fourier 1811 paper, part 1, 455–456.

[43]J. B. J. Fourier, *Théorie*, arts. 22–56; see also arts. 157–162. For a discussion of Fourier's work on physical constants see J. R. Ravetz *1959a*; and for eighteenth century representation of constants, J. R. Ravetz, "The representation of physical quantities in eighteenth century mathematical physics," *Isis*, 52 (1961), 7–20.

electric effects, publishing a joint paper later in the year.[44] Then in 1824 an event took place in which Fourier did *not* show any interest: Lazare Carnot's son, Sadi Carnot (1796–1832), published a pamphlet on the possibilities of heat as power.[45]

Fourier was not the only person to treat the event with indifference; for over a decade little notice was taken of what seemed to be another obscure and unimportant tract on the caloric theory of heat. This theory purported to explain the phenomenon of heat transference in terms of the expansion or contraction of an indetectable gas called "caloric" existing in the pores of the cooling or heating body. For various technical and conceptual reasons it had fallen into disfavor by the time that Carnot's paper appeared, and to an extent sufficient to reduce severely the chances of attention that the work had; but in fact the paper dealt in its outdated language with the idea of the change of heat (or quantity of caloric) as a source of motive power. Carnot's description of this action led him to his theory of cyclic processes and so to the question of the nature of heat: his theory was his great contribution to science but his antiquated ideas on heat spoiled the recognition of its novelty and importance. There were various people in Paris then who were interested in foundational questions of heat,[46] but Fourier never

---

[44] J. B. J. Fourier *1823a*. In welcome contrast to the usual kind of Parisian "collaboration" of the time, Oersted had to persuade Fourier to allow the paper to be published as a joint effort rather than being due to Oersted alone. [See the letter from Oersted of 22 March 1823 in BN MFF 22527/116 along with other letters from Oersted at that time. 22527 is entirely composed of experimental notes from the 1820s.]

[45] N. L. S. Carnot, *Réflexions sur la puissance motrice du feu* (1824, Paris).

[46] On the work of the period, see R. Fox, "The background to the discovery of Dulong and Petit's law," *The British journal for the history of science*, 4 (1968), 1–22; his forthcoming *The Caloric Theory of Gases from Lavoisier to Regnault* (1970, Oxford); E. Mendoza (ed.), *Reflections on the Motive Power of Fire* (1960, New York) [translations of N. L. S. Carnot, ibid., and other papers]; and S. G. Brush, "The wave theory of heat. A forgotten stage in the transition from the caloric theory to thermodynamics," *The British journal for the history of science*, 5 (1970), 145–167.

In W. S. Scott, *The Conflict between Atomism and Conservation Theory 1644–1860* (1970, London and New York), 213, it is asserted that a source of controversy for Fourier's 1807 manuscript was the uncertainties concerning Newton's law of cooling. There is no doubt that there was continuing difficulty in experimental physics at this time because of calibration problems in deciding the veracity of the law, but the documentary evidence related to Fourier's monograph (especially the surviving supplementary papers submitted to the Institut de France) suggest little significance for the law in the reception that the work received.

became one of them: neither his published work nor his manuscripts discussed such problems beyond the idea of "waves" of heat mentioned on page 145, which arose as a physical—*but not necessarily ontological*—interpretation of his series solutions. His chief interest was in the mathematical description of heat diffusion from a given initial situation. How that situation arose in the first place was not a question with which he concerned himself: indeed, he seems to have regarded heat as a basic action of nature in terms of which other effects might be explained but which was not itself to be expressed in terms of other phenomena.[47] This attitude can be naturally interpreted as what we now call a "positivist" view of heat, rejecting "metaphysical" explanations of phenomena as not susceptible to direct measurement or detection. Thus for him, *heat was heat*: he opposed especially the Laplacian philosophy that heat, and indeed all physical phenomena, were consequences of Newtonian action over (small) distances, and so would not have accepted either Biot's explanation of the homogeneity of the diffusion equation for the bar or Poisson's formulation of the equations announced in the preamble to his second main paper on heat diffusion. Our use of the term "positivist" to describe Fourier's position is not accidental, for Auguste Comte (1798–1857), one of the founders of modern positivism, took Fourier's work on heat diffusion to be the paradigm of mathematics and physics alike and dedicated the whole of his *Cours de philosophie positive* to him when he began to deliver his lectures at the Ecole Polytechnique in 1829, with Fourier in the audience.[48]

At the time of Comte's lectures Fourier was trying to complete his other main mathematical interest in a book on the theory of equations. We recall from pages 8–14 that his first mathematical achievement had been to find the inductive proof of Descartes's rule of signs, and then a generalization for the estimate of the number of real roots of a polynomial equation $f(x) = 0$ within a given interval $a \leq x \leq b$. We may state the generalization as follows: writing the sequence of derivatives

---

[47]For his views on the nature of heat, see the *Théorie*, "Discours préliminaire" and arts. 11–21; and *1824a* (or *1827e*) passim.

[48]A. Comte, *Cours de philosophie positive* (6 vols: 1830–42, Paris); see the dedication at the front of vol. 1. References to Fourier's work are to be found regularly throughout vol. 1 and the last third of vol. 2.

of $f(x)$ in the order

(22.32) $$f^{(m)}(x), f^{(m-1)}(x), \ldots, f'(x), f(x)$$

and taking the signs of the values of each term when $x = a$ and $x = b$, we calculate the number of variations (that is, changes of consecutive sign) k_a and k_b in each sign sequence and define

(22.33) $$I = k_b - k_a$$

as the *index* of $f(x)$ for $a \leq x \leq b$. Then Fourier's early theorem was that *I is an upper bound on the number of real roots of $f(x)$ within $a \leq x \leq b$*. He published it in 1818, more than thirty years after its discovery,[49] and never published his inductive proof of Descartes's rule at all. The delay led to the predictable priority row, but not with Poisson or Cauchy, but with a certain Ferdinand François Desiré Budan de BoisLaurent. Budan was a doctor by profession, but in 1807 he had advanced his mathematical interests sufficiently to publish a pamphlet on the resolution of equations, whose main theorems were of a similar form to Fourier's analysis of the signs of the sequence (22.32).[50] Poisson wrote to Fourier in April 1807, informing him of the publication and advising him to publish his own results quickly;[51] but Fourier was too deeply immersed in his paper on heat diffusion for presentation to the Institut de France and was not able to heed the valuable advice. Meanwhile Budan sent a paper to the Institut de France in 1811, which was recommended for publication by Lagrange and Legendre in the *Mémoires présentés par divers savants*; but the journal did not appear again until 1827 and after the appearance of Fourier's paper in 1818 and a second one in 1820[52] Budan grew impatient at the delay and issued in 1822 a second edition of his 1807 pamphlet with the 1811 paper as an appendix.[53] Fourier seems to have been un-

---

[49] J. B. J. Fourier *1818b*.
[50] F. Budan de BoisLaurent, *Nouvelle méthode pour la résolution des équations numériques d'un degré quelconque* (1807, Paris).
[51] The letter is quoted in J. B. J. Fourier *1831a*, xxi. It was written eight months before Fourier presented his manuscript on heat diffusion, and its friendly character suggests that perhaps Poisson was then unaware of what Fourier was achieving in that subject.
[52] J. B. J. Fourier *1820c*.
[53] F. Budan de BoisLaurent, *Nouvelle méthode pour la résolution des équations numériques d'un degré quelconque, augmentée d'un appendice concernant les suites syntagmatiques* (1822, Paris). Budan sent a copy to the Académie des Sciences in 1830; Fourier, as *secrétaire perpétuel*, asked the applied

moved, and in 1829 he was to receive heartening approval of his work in its extension by a member of his circle—Jacques Sturm (1803–1855). Sturm improved Fourier's estimate of the upper bound for the number of real roots of $f(x) = 0$ within the interval $[a, b]$ to an exact determination of the number, from consideration of the signs in the sequence

(22.34) $$f(x), f'(x), f_2(x), f_3(x), \ldots$$

when $x = a$ and $x = b$, where $f_2(x), f_3(x), \ldots$ are defined algorithmically by

(22.35) $$\left.\begin{array}{l} f(x) = r_1(x)f'(x) - f_2(x) \\ f'(x) = r_2(x)f_2(x) - f_3(x) \\ f_2(x) = r_3(x)f_3(x) - f_4(x) \\ \cdots\cdots\cdots\cdots\cdots\cdots\cdots \end{array}\right\}.$$

Sturm doubtless knew of Budan's work, but he had no doubt of the source of his inspiration, reporting that his result was an extension of Fourier's theorem on which Fourier had shown him unpublished manuscripts.[54] Presumably these were for Fourier's book on equations; on his death they were taken over by Navier, who found among them an *Exposé synoptique* of the entire work and prepared an edition comprising Fourier's introductory material, the *Exposé synoptique*, the first *livre* and a completion of the second from other manuscripts. The other five *livres* remained unwritten, but Navier wrote an introduction of his own recounting the history of Fourier's early work on equations together with attestations from Fourier's former mathematician Louis Poinsot (1777–1859) to examine it! [See *Procès-Verbaux*, 9, 427.]

Budan's name has often been attached to Fourier's theorem: the reason may well be Arago's *éloge* of Fourier, where he surprisingly found in favor of Budan [*1838a*, lxxviii; *Oeuvres*, 1, 304–305]. In his edition of Fourier's works, however, Darboux made a careful comparison of the two men's work and claimed both Fourier's priority and superiority of result. [See J. B. J. Fourier *Oeuvres*, 2, 310–314; and also C. Runge, "Separation und Approximation der Wurzeln," *Encyclopaedie der mathematischen Wissenschaften. Arithmetik und Algebra* (1898–1904, Leipzig), 405–448 (pp. 411–416).

[54] See Sturm's acknowledgments in "Analyse d'un mémoire sur la résolution des équations numériques," *Bulletin des sciences et de l'industrie, sciences mathématiques, astronomiques, physiques et chimiques*, 11 (1829), 419–425 (p. 419) [quoted by Darboux in J. B. J. Fourier *Oeuvres*, 2, 310]; and "Sur la résolution des équations numériques," *Mémoires présentés à l'Académie des Sciences par divers savants*, (2) 6 (1835), 271–318 (p. 274).

colleagues and students, and published the book in 1831 as *Analyse des équations déterminées*.[55]

Apart from the generalized rule of signs the first *livre* dealt also with the detection of complex roots. Fourier knew that it was their possible presence that prevented his rule from giving the exact number of real roots, and he tried to show how they affected the changes in the sign sequence. They arose, of course, in complex conjugate pairs and corresponded to a real root $x = c$ of some derivative $f^{(n)}(x)$ of $f(x)$ for which $f(c) \neq 0$; and he saw that $f^{(n-1)}(x)$ and $f^{(n+1)}(x)$ would take either the same or opposing signs around $x = c$ and so give respectively the following subsequence of signs in (22.32):

(22.36)

		$\ldots f^{(n-1)}(x)$	$f^{(n)}(x)$	$f^{(n-1)}(x) \ldots$
from	$x < c$:	$\pm$	$\mp$	$\pm$
to	$x > c$:	$\pm$	$\pm$	$\pm$
or				
from	$x < c$:	$\pm$	$\mp$	$\mp$
to	$x > c$:	$\pm$	$\pm$	$\mp$

Thus there was a loss of two or no variations and a consequent increase of two or zero in the index. The argument could be generalized to the case of several vanishing derivatives, with a resultant even-valued jump in the value of the index. Thus if double or multiple real roots of $f(x)$ were not present, complex pairs were.[56]

---

[55] J. B. J. Fourier *1831a*. Manuscripts of the book survive in BN MFF as follows: Navier's introduction: none. Preface: 22502/117–119 (as printed). Introduction: 22502/20–38 (as printed). *Exposé synoptique:* 22502/39–104 (as printed), with an incomplete draft in 125–161. First *livre*: 22503/79–151 (a draft). Second *livre*: 22504/1–64 (a draft). Contents list: 22509/136–148, up to the end of *livre* 2 and including a title list of *livre* 3, but excluding the *Exposé synoptique*: in other words, intended for the full version.

Of the attestations and manuscripts mentioned by Navier, 22511/76–78 contains the last four pages of the copy of the 1789 paper quoted by him on pp. iii–xii of his editorial introduction, 22510/132–145 the paper on the generalized rule and approximation to roots dated by Navier on pp. xvii–xviii as from 1804 (although not listed by us in n. 6, p. 82, as among the manuscripts of Fourier on equations from that period, for the attestations quoted by Navier have not survived), and 22507/139–194 the manuscript mentioned by him on p. xxiii as having been dated in 1804 and then redated for 14 January 1822 at the end by Fourier and presented to the Académie des Sciences. [This paper does appear as number 4 of our list on p. 82.]

Unfortunately, Darboux did not include the book in his edition of Fourier's works.

[56] J. B. J. Fourier *1831a*, esp. 90–92 and 102–105.

The second *livre* dealt mainly with methods of approximation to a root, which we saw Fourier discuss in his 1807 manuscript in connection with the calculation of values for a nonharmonic series. The chief result was a refinement of the Newton-Raphson method of approximation to a root by constructing subtangents. If the first guess is G_1, then a closer estimate is given by the subtangent G_1G_2 to $y = f(x)$ at P_1 (see diagram). Similarly G_3 improves on G_2, and the sequence of points $G_1, G_2, G_3, \ldots$ moves steadily toward the required root R. But it had always been obvious that there were cases where the method did not work—for example, when the root R of

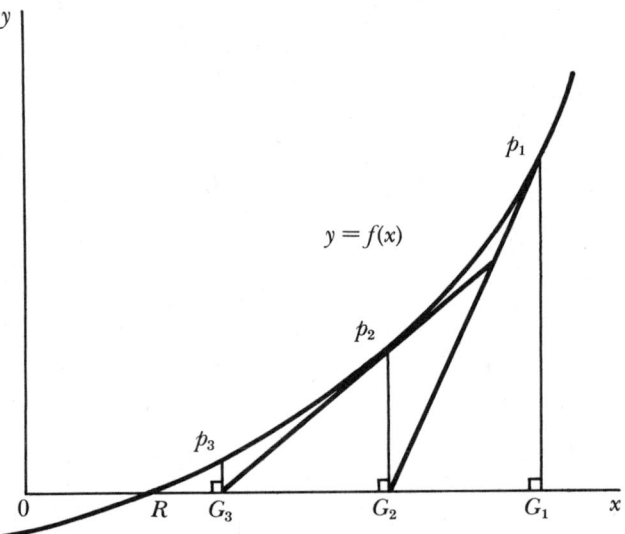

our diagram was approached from the left instead of the right.

Fourier's refinement was firstly to use the sign sequence to locate an interval within which the index for $f(x)$ was 1, when $f(a)$ and $f(b)$ would take opposite signs and $f'(x)$ have no real root within the interval. Then, expressing the exact value r for the root as

(22.37) $$r = b - \frac{f(b)}{f(b-\theta\beta)}, \quad \beta = b-r, \quad 0 < \theta < 1,$$

he approximated by the Newtonian values $g_1, g_2, \ldots$ defined iteratively by

(22.38) $$g_1 = b, \quad g_{n+1} = g_n - \frac{f(g_n)}{f'(g_n)}.$$

Then he applied the same approach to produce a series of approximations to r of his own from the other side, given by

(22.39)
$$h_1 = a, \quad h_{n+1} = h_n - \frac{f(h_n)}{f'(g_n)}$$

rather than Newton's own

(22.40)
$$h_1 = a, \quad h_{n+1} = h_n - \frac{f(h_n)}{f'(h_n)},$$

which would not necessarily lead to convergence. Thus the root could be approached from both sides: indeed Fourier showed that the improvement of approximation was given by

(22.41)
$$g_2 - h_2 = -\frac{1}{2!} \frac{f''(p)}{f'(a)} (g_1 - h_1)^2, \quad a < p < b.^{57}$$

Fourier's plans for the remaining five *livres* of his book can only be gathered from his *Exposé synoptique*. They were considerable: in the fifth *livre*, especially, he had intended to apply his generalized rule of signs to transcendental equations such as he had found in heat diffusion. The cause of the breakdown of the rule was the fact that the sign sequence (22.35) was infinite, and so lacked a first term on which the calculation of the index was based. To resolve the difficulty he recommended finding an interval over which some derivative had no roots at all and could therefore serve as a "relative zero" for the theory; but the detection of both the derivative and the interval was a problem left unresolved, and the results of the analyses would in any case apply only over the interval concerned whereas the transcendental equation would probably have roots all along the real line. Fourier seems to have been aware of these limitations, for he recommended instead the conversion of the

---

[57] J. B. J. Fourier *1831a*, 159–171. In his first published paper *1818b* on equations Fourier also stated (without proof) this method of approximation, but he does not seem to have been aware of its anticipation in J. Raymonde Mourraille's *Traité de la résolution des équations invariables* (1770, Paris), 342–345. F. Cajori, who pointed out this work in his *1911a*, also mentioned that Fourier's assumption that $f'(x)$ is $>$ or < 0 is not necessary and was not made by Mourraille. Fourier followed its proof in *1831a* with rather lengthy discussions of minor points on pp. 171–185 which do go beyond Mourraille, and on pp. 221–227 he investigated second-order parabolic approximations and showed that the improvement of approximation would be given by $g_2 - h_2 \propto (g_1 - h_1)^3$.

Note also Fourier's ingenious division algorithm on pp. 189–197.

function into an infinite product form, and graphical techniques such as he had used in his 1807 manuscript; and still he did not mention Poisson's proof of 1826.[58]

The *Exposé synoptique* ended remarkably, with one of the most farsighted of all Fourier's problems:

"on expose les principes de l'analyse des inégalités. Cette partie de notre ouvrage concerne un nouveau genre de questions qui offrent des applications variées à la géométrie, à l'analyse algébrique et à la théorie des probabilités."[59]

"Linear programming" is the name today for Fourier's new type of problem—and of almost fashionable importance it is, too. Fourier's interest in it in the 1820s must be one of the most remarkable anticipations of all recent research: Darboux, writing in his edition of Fourier's works more than sixty years later, could say with some justice that Fourier's enthusiasm for the problem seemed to be somewhat exaggerated![60] Fourier's first publication in this field was a very brief paper of 1826 giving a simple example of six inequalities in two unknowns, represented geometrically as areas bounded by six lines of which the common part was a hexagon.[61] But this was far from the full extent of his interest in such questions, for, as *secrétaire perpétuel*, he reported his own other ideas in the analyses of work for 1823 and 1824; and these summaries appeared almost intact in the *Exposé synoptique* of his book.[62] Here Fourier indicated the

---

[58]J. B. J. Fourier *1831a*, 59–67. The third *livre* was to discuss further methods of distinguishing between real and complex roots. [See pp. 37–47; BN MFF 22505/72, 88–96, 103–131 and 158–164 contain drafts of parts of this *livre*.] The fourth *livre* was to deal with polynomials whose coefficients were the product of powers of constants. [See pp. 47–59; 22506 contains scattered sheets on this *livre*.] The sixth was to investigate the relation between the roots of a polynomial and the terms generated by the recurrence relation of its coefficients. [See pp. 66–75; 22507/139–194, the paper mentioned in n. 55, p. 481 as having been redated by Fourier from 1804 to 1822, dealt with this problem.]
[59]J. B. J. Fourier *1831a*, 75.

[60]J. B. J. Fourier *Oeuvres*, 2, v–vi.
[61]J. B. J. Fourier *1826a*.
[62]Darboux also put them in Fourier's works at the end of his publication of *1826a*. The comparative references are as follows: the passage of his 1823 report *1827a* is on pp. xxix–xli: pp. xxix–xxxvii of it appears on pp. 75–82 of the book and in the *Oeuvres*, 2, 321–324. The part of the report omitted by both Fourier from his book and Darboux from the edition dealt with estimating errors and was superseded by the more careful treatment in the 1824 report *1827c*, in which the full passage on inequalities is on pp. xlvii–lv. It appears intact in the *Oeuvres*, 2, 325–328, and pp. xlvii–l in a slightly reduced form on pp. 82–84 of the book.

range of applications he had in mind: statics, where the inequalities would represent the safe loading of struts; mean-square approximation, especially in connection with the compilation of statistical tables and the assessment of a large number of observations; and so on. Each problem required the determination of some optimum value, and Fourier was as aware as any contemporary student of linear programming that the system of equations enclosed a convex space whose extreme point relative to the required parameter would represent the required optimum;[63] and during his final years he devoted much time to the solution of inequalities and the development of still more applications of them.[64]

So his book on equations promised many things, and had he lived to complete it it would have been one of the most important works on its subject. But the book which appeared was not of his highest standards. The two completed *livres* dealt with three main problems—the detection of real roots by the generalized rule of signs, methods of approximation to their values, and the distinction between real and complex roots—but the presentation of the results was often muddled, with new ideas on one question put into the middle of a discussion of another; and there were also several minor details of argument which would have received correction from a fully alert mind. Nevertheless, even as it is, it is a notable testimony to a life's interest and when it appeared Gauss praised it for its thoroughness of presentation,[65] although Budan de BoisLaurent was

---

[63]J. B. J. Fourier *1831a*, 83–84; *Oeuvres*, 2, 326. The passage of the 1824 report deleted from his book by Fourier dealt with an alternative method of finding the optimum by successively eliminating the variables. Clearly he later saw the impracticability of the method.
[64]BN MFF 22508 and 22511 contain many manuscripts on inequalities, including applications to elections and voting on the one hand and problems of real numbers on the other. [See especially 22508/2–7 and 192–195; and 22511/40–41, 63–75, 110–117, and 168–176. This last document was a paper read to the Académie des Sciences in November 1823 and developed in the passage of his analysis of work for that year.] For a note on this aspect of Fourier's work, see I. Grattan-Guinness *1970b*.
[65]C. F. Gauss, *Göttingische gelehrte Anzeigen*, (1833), 321–325; *Werke*, 3, 119–121. We recall that in the *Analyse* was given the first publication of Fourier's youthful discovery of the inductive proof of Descartes's rule of signs: three years previously Gauss had published basically the same proof as "Beweis eines algebraisches Lehrsatzes," *Journal für die reine und angewandte Mathematik*, 3 (1828), 1–4; *Werke*, 3, 65–70.

aggrieved by what he considered to be plagiarism of his own work appearing under another name.[66]

We mentioned that one of Fourier's applications of inequalities was to mean-square approximation. In his work at the Bureau of Statistics of the Seine department he gave much attention to the estimation of errors; during his directorship the bureau published four reports on the city of Paris, in which he presented two papers on the calculation of the mean and standard deviation of a large number of observations and the probability that a function of the quantities under measurement lay within given limits.[67] The study of statistics was then at a rudimentary stage of development and was dominated by Laplacian subjectivism concerning probability. Laplace's interest in the subject had sprung from his lectures on the subject at the Ecole Normale in 1795:[68] Fourier himself taught probability at the Ecole Polytechnique shortly afterwards[69] and used his statistical knowledge to estimate the heights of the pyramids of Cheops while he was in Egypt,[70] and his reports of the 1820s giving an *objective* account of statistical studies were a considerable novelty.

The quality of Fourier's work began to be recognized by the establishments of the intellectual world. In 1823 he was made a foreign member of the Royal Society, while in 1827 he was elected to the Académie Française and the Académie de Médecine, and made president of the Conseil de Perfectionnement of the Ecole Polytechnique on the death of Laplace. He

---

[66]F. Budan de BoisLaurent, *Quelques observations sur l'ouvrage posthume de Fourier, et sur l'avertissement placé en tête par son éditeur* (1832, Paris).
[67]The papers are *1826e* [of which manuscript drafts survive in BN MFF 22518/6–20 and 22–29] and *1829d* [of which drafts and a copy are in 22518/84–117]. A summary of both papers was made by Navier for presentation to the Académie des Sciences [see 22521/248–264]. 22517 also contains many notes on the errors of measurement.
[68]Laplace's *Théorie analytique des probabilités* and *Essai philosophique sur la probabilité* came out in regular new editions during the 1810s and 1820s.
In 1814, while still at Grenoble, Fourier asked Jacques Champollion-Figeac in Paris to obtain the second edition of the *Théorie analytique des probabilités* for him, having received a copy of the first edition of 1812 from Laplace personally [see G. Letonnelier *1921a*, 203–204]. He made many notes on the book [see especially BN MFF 22515/124–151], and in 1818 lectured on probability to a scientific society in Paris called the Athenée des Arts. [The notes are now in 22515/97–123.]
[69]According to a note, now in BN MFF 22515/96.
[70]See Fourier's reference in *1829d*, art. 14; *Oeuvres*, 2, 569.

built up a circle of devotees, such as Sturm, Navier, Sophie Germain, and Dirichlet; they were joined later by Joseph Liouville (1809–1882) who was pursuing his own investigations into heat diffusion in the later 1820s and was later to combine with Sturm on the solution of partial differential equations. Liouville's first paper on heat diffusion dealt with the inhomogeneous bar, and it appeared in 1830 in the *Annales* edited by Joseph Diez Gergonne (1771–1859).[71] The excessively self-praising character of the youthful work promoted Gergonne to write a footnote at its end recommending the young man to add to his undoubted talent a care in presentation of the argument, so that his future work would be less unintelligible and read less like a novel. Gergonne commented that his own administrative duties had prevented him from carrying out the necessary revision to Liouville's paper himself: perhaps they also caused him to abandon his journal, for it came to an end with the first *fascicule* of the next volume. By an ironic chance it was Liouville who edited the *Journal des mathématiques pures et appliquées* which succeeded Gergonne's *Annales* in 1836; its first two volumes were largely filled with papers by Sturm and himself on various types of solution to partial differential equations.[72]

From 1818 until 1829 Fourier lived in an apartment at 15, rue pavée St. André des Arts (now 15, rue Séguier) in the center of the city; then he moved to another apartment, at 19, rue d'Enfer opposite the Jardin de Luxembourg. The house no longer exists, but a plaque is to be erected on the site, now occupied by 73, Boulevard St. Michel. During his last five years he was increasingly hampered by illness, especially chronic rheumatism, which caused him to discourage the diffusion of

---

[71] J. Liouville, "Mémoire sur la théorie analytique de la chaleur," *Annales de mathématiques pures et appliquées*, 21 (1830–1831), 133–181.

[72] On Sturm's work in particular, see M. Bôcher, "The published and unpublished work of Charles Sturm on algebraic and differential equations," *Bulletin of the American Mathematical Society*, 18 (1912), 1–18. Sturm and Liouville have been studied by G. Loria in "Charles Sturm et son oeuvre mathématique (1803–1855)." *L'enseignement mathématique*, (1) 37 (1938), 249–274; and "J. Liouville and his work." *Scripta mathematica*, 4 (1936), 147–154, 257–262, 301–306 [French original in *Archeion*, 18 (1936), 117–139]. On Sturm's veneration of Fourier, see E. Prouhet, "Notice sur la vie et les travaux de M. Ch. Sturm," in C. Sturm, *Cours d'Analyse de l'Ecole Polytechnique* (2nd ed.), 1 (1863, Paris), ix–xxv (pp. xi–xii).

heat in his quarters to the extent of wearing thick woolen clothes and keeping the stove in his apartment well lit at all times. Possibly he had also caught malaria in Egypt: certainly his constitution weakened considerably during these last years, causing him to be absent frequently from meetings of the Académie des Sciences,[73] and in his last months his valet had to place him in a boxlike chair from which only his head and arms protruded, in order that he could work.[74] In this position his physical effort during the day could be kept at a minimum, but at night he suffered badly from insomnia and had to sleep in an almost upright position. Despite all these handicaps he worked relentlessly, producing almost illegible manuscripts on all his different interests. On 4 May 1830 he was stricken by some attack while descending stairs, but he worked on regardless until he collapsed and died at his home in the rue d'Enfer on the afternoon of the sixteenth. It may be that he suffered from myxoedema, a disease affecting the thyroid gland. Not only does it lead to sensitivity to cold and also thickening of the lips and tongue to obstruct speech and breathing, and possibly angina pectoris, but it also causes a dulling of the memory which is apparent in his rambling late papers,[75] in the confusions in the *Analyse des équations déterminées*, and in administrative failures such as the mishandling of Abel's and Galois's papers. At all events, his doctors diagnosed a nervous angina with further heart complications as the cause of death; he was in his sixty-third year.

The first tangible tribute to Fourier was a bust which was prepared in 1831 but destroyed during the Second World War. Among the subscribers were Navier and Chabrol de Volvic with 50 francs each; Parseval and Cousin with 20 francs; and Lacroix, Germain, and Jacques Champollion-Figeac with 10 francs.[76] Then in 1849 a bronze statue was erected in his home town of Auxerre: the subscriptions were started by a legacy of 4000 francs for a bust left by a certain Gau de Gentilly, who studied the *Description de l'Egypte* in the Auxerre public library. The

---

[73]See the attendance records in *Procès-Verbaux*, 8, 645–661; and 9, 737–753.
[74]See V. Parisot *1856a*, 529. Fourier kept the same servant Joseph from his days at Grenoble until his death [according to J. J. Champollion-Figeac *1844a*, 257].
[75]See especially *1827f*, *1829c*, and *1831d*.
[76]The list of subscribers is in the Fourier dossier in the Archives of the Académie des Sciences.

statue that was finally subscribed stood in the Jardin des Plantes in Auxerre and later in a small botanical garden called the Cours de la Comédie, and it showed Fourier in the dress of an académicien holding a sheaf of scientific papers. It was melted down during the Second World War by the Nazis for use as gun metal, but on the night before its destruction the mayor of Auxerre, M. Jean Moreau, stole from it the two bas-reliefs showing Fourier reading his *éloge* of Kléber in Cairo and inspecting the marshes at Bourgoin; after the war they were mounted on the walls of the Town Hall, and are shown as our plates 2 and 3.[77] In 1952 a medallion in Fourier's name was founded at Auxerre,[78] while at the bicentenary celebrations of his birth in 1968 an exhibition of documents from Fourier's time was held at the Town Hall, and the secondary school in Auxerre was renamed the Lycée Fourier.[79]

Thus we can record a certain amount of approbation for Fourier in the 140 years since his death, and indeed we can mention also the writings on his life and work which we have listed on pages 498–502 below as the last part of our bibliography; but we are still far from a full realization of what he achieved or how he lived his life. Yet it seems clear that, great and profound though his achievements were, his work would have been still greater had his life been different. The fault was not his own; he wanted for himself only the fulfillment of his intellectual genius, but the circumstances of his time and his own lack of financial independence and social standing made his administrative and diplomatic ability indispensible to his country, forcing him to devote much of the prime of his life to a career for which he had not sought. Yet his public work was as brilliant as his scientific career, and his character as inspiring as his intellect. Like most people in this world, he started at the bottom; but as his superior gifts carried him to the top he preserved his honor in a difficult time, and when he died he left behind him a memory of gratitude among those who had been under his care, as well as important problems for his scientific colleagues.

---

[77]On the preparation and unveiling of the statue see E. Duché *1871a*, 252–253: and Unsigned *1849a*. There is also a valueless posthumous "portrait" of Fourier kept at Auxerre Town Hall.
[78]For its inaugural speech see A. Denjoy *1952a*.
[79]For a speech given on that occasion, see P. Vernotte *1968a*. In 1949 an Institut Fourier was founded at the University of Grenoble, which publishes its own *Annales*.

The funeral service took place two days after his death, at the Eglise St. Jacques dé Haut Pas near to his last home, and the burial was in a small grave in the cemetery of St. Père Lachaise on the outskirts of Paris.[80] His last days had been enriched by a long discussion with young Jean Champollion-Figeac, newly back from a visit to Egyptian monuments.[81] Jean died only two years later, and had himself buried close to Fourier. As for Fourier himself, he must have chosen his resting place long before he died; for nearby lies his beloved master, Gaspard Monge.

---

[80]Formal obituary notices were read by representatives of the Académie des Sciences and the Commission des Monuments d'Egypte [see C. M. D. de Feletz *1830a*; and P. A. Girard et al. *1830a*]. The funeral was reported on by the Académie des Sciences on the next day [see *Procès-Verbaux*, 9, 444], and noticed in the *Journal des savans* [see C. A. Vielh de BoisJolin *1830a*]. An ode to Fourier by Théodore Quérit Lorin (1775–1857), who was in charge of stenography at the Ecole Normale in 1795 and must have known Fourier from that time, survives in the Bibliothèque Municipale, Auxerre, Fonds Lorin 81, folios 180–184.

[81]According to J. J. Champollion-Figeac *1844a*, 311–312.

Bibliography

As mentioned in the introduction, we deal in three sections with Fourier's life and work, and abbreviations of works frequently cited in our text are given in the margin opposite the full details.

**Section 1
Fourier's
Publications.**

These are listed in chronological order of publication: thus papers in journals are assigned to the official date of publication of the volume concerned, as opposed to the year of designation of the volume, the year of appearance of the relevant installment or the year of composition, all of which may be different but which are often not known. Within a year papers are listed in alphabetical order of the journal in question, and in our cross-referential explanatory remarks we continue to use our system of dating references. To this dating an asterisk is put against all denotations of works which were not included in Darboux's edition of Fourier's *Oeuvres* (where the list of works at the beginning of volume 2 is both incomplete and rather inaccurate). We include also principal translations of our acquaintance, but omit extracts of works used in anthologies. We also omit official pronouncements in newspapers and journals in Egypt, Grenoble, and Lyons, minor remarks from the Académie des Sciences reported in the *Procès-Verbaux*, and (usually) reports to the Académie to which he contributed.

**Papers published by
Fourier himself,
with locations in
Darboux's edition
of his works.**

1798a. "Mémoire sur la statique, contenant la démonstration du principe des vitesses virtuelles, et la théorie des momens," *Journal de l'Ecole Polytechnique*, cahier 5, 2 (1798), 20–60; *Oeuvres*, 2, 475–521.

1799a.* "Rapport sur les oasis," *La décade égyptienne*, 1 (1799–1800), 150–160.

1800a.* [On the curvature of surfaces.] *Séances des Ecoles Normales* (second edition), *débats*, 1 (1800), 28–31 and 148–149.

1808a. [By S. D. Poisson.] "Mémoire sur la propagation de la chaleur dans les corps solides (Extrait)," *Nouveau bulletin des sciences, par la Société Philomathique de Paris*, 1 (1808), 112–116; *Oeuvres*, 2, 213–221.

1809a.* "Préface historique," *Description de l'Egypte* (first edition), *antiquités (planches)*, 1 (1809), i–xcii.

1809b.* "Recherches sur les sciences et le gouvernement de l'Egypte," *Description de l'Egypte* (first edition), *antiquités (mémoires)*, 1 (1809), 803–824; (second edition), 9 (1829), 1–42.

1816a.* "Théorie de la chaleur," *Annales de chimie et de physique*, 3 (1816), 350–375.

1817a. "Note sur la chaleur rayonnante," *Annales de chimie et de physique*, 4 (1817), 128–145; *Oeuvres*, 2, 331–348.

1817b. "Questions sur la théorie-physique de la chaleur rayonnante," *Annales de chimie et de physique*, 6 (1817), 259–303; *Oeuvres*, 2, 349–386.

1818a. "Sur la température des habitations et sur le mouvement varié de la chaleur dans les prismes rectangulaires," *Bulletin des sciences, par la Société Philomathique de Paris*, (1818), 1–11; *Oeuvres*, 2, 223–239.

1818b. "Question d'analyse algébrique," *Bulletin des sciences, par la Société Philomathique de Paris*, (1818), 61–67; *Oeuvres*, 2, 241–253.

1818c. "Note relative aux vibrations des surfaces élastiques et au mouvement des ondes," *Bulletin des sciences, par la Société Philomathique de Paris* (1818), 129–136; *Oeuvres*, 2, 255–267.

1818d.* "Première mémoire sur les monumens astronomiques de l'Egypte," *Description de l'Egypte* (first edition), *antiquités (mémoires)*, 2 (1818), 71–86; (second edition), 9 (1829), 43–74.

1819a.* "Extrait d'un mémoire sur la théorie analytique des assurances," *Annales de chimie et de physique*, 10 (1819), 177–189.

1820a. "Extrait d'un mémoire sur la refroidissement séculaire du globe terrestre," *Annales de chimie et de physique*, 13 (1820), 418–438; *Oeuvres*, 2, 269–288.

1820b.* "Extrait d'un mémoire sur le refroidissement séculaire du globe terrestre," *Bulletin des sciences, par la Société Philomathique de Paris*, (1820), 58–70. [Virtually the same as *1820a*.]

1820c. "Sur l'usage du théorème de Descartes dans la recherche des limites des racines," *Bulletin des sciences, par la Société Philomathique de Paris*, (1820), 156–165 and 181–187; *Oeuvres*, 2, 289–314 [including notes by G. Darboux].

1820d.* "Sur le mouvement de la chaleur dans une sphère solide, dont le rayon est très-grand," *Journal de physique*, 90 (1820), 234–236. [Summary of *1820a*.]

1821a.* "Préface historique," *Description de l'Egypte* (second edition), 1 (1821), i–civ. [Revised version of *1809a*.]

1821b.* "Notions générales sur la population," *Recherches statistiques sur la ville de Paris et le département de la Seine*, (1821), lx–lxxviii.

Théorie

1822a. *Théorie analytique de la chaleur* (1822, Paris); *Oeuvres*, 1 [with notes by G. Darboux].

1822b.* [With A. M. Ampère and D. F. J. Arago.] "Rapport fait à l'Académie sur un mémoire de Fresnel, relatif à la double refraction," *Annales de chimie et de physique*, 20 (1822), 337–344.

1823a.* [With H. C. Oersted.] "Sur quelques nouvelles expériences thermo-électriques," *Annales de chimie et de physique*, 22 (1823), 375–389; *H. C. Oersted. Scientific papers*, 2 (1920, Copenhagen), 272–282.

1823b.* "Mémoire sur la population de la ville de Paris depuis la fin du XVIIe siècle," *Recherches statistiques sur la ville de Paris et le département de la Seine*, (1823), xiii–xxviii.

1824a.* "Remarques générales sur la température du globe terrestre et des espaces planétaires," *Annales de chimie et de physique*, 27 (1824), 136–167.

1824b. "Résumé théorique des propriétés de la chaleur rayonnante," *Annales de chimie et de physique*, 27 (1824), 236–281; *Oeuvres*, 2, 387–424.

1824c.* "Eloge de M. Delambre," *Histoire de l'Académie Royale des Sciences*, 4 (1819–1820: publ. 1824), cciv–ccxxvii.

1811 paper, part 1

1824d.* "Théorie du mouvement de la chaleur dans les corps solides," *Mémoires de l'Académie Royale des Sciences*, 4 (1819–1820: publ. 1824), 185–555.

1824e.* "Jean-Joseph Rallier des Ourmes," *Biographie universelle ancienne et moderne*, 37 (1824, Paris), 23–24.

1824f.* "Règle usuelle pour la recherche des résultats moyens d'un grand nombre d'observations," *Bulletin des sciences et de l'industrie, sciences mathématiques, physiques, astronomiques et chimiques*, 2 (1824), 88–90.

1825a. "Remarques sur la théorie mathématique de la chaleur rayonnante," *Annales de chimie et de physique*, 28 (1825), 337–365; *Oeuvres*, 2, 425–449.

1826a. "Solution d'une question particulière du calcul des inégalités," *Bulletin des sciences, par la Société Philomathique de Paris*, (1826), 99–100; *Oeuvres*, 2, 315–328 [including notes by G. Darboux and extracts from *1827b* and *1827d*].

1826b. [With S. F. Lacroix and S. D. Poisson.] "Rapport sur les tontines, présenté dans la séance du 9 Avril, 1821," *Histoire de l'Académie Royale des Sciences*, 5 (1821–1822: publ. 1826), 26–43; *Oeuvres*, 2, 615–633.

1826c.* "Analyse des travaux de l'Académie Royale des Sciences, pendant l'année 1822. Partie mathématique," *Histoire de l'Académie Royale des Sciences*, 5 (1821–1822: publ. 1826), 231–320.

1811 paper, part 2

1826d. "Suite du mémoire intitulé: Théorie du mouvement de la chaleur dans les corps solides," *Mémoires de l'Académie Royale des Sciences*, 5 (1821–1822: publ. 1826), 153–246; *Oeuvres*, 2, 1–94.

1826e.* "Mémoire sur les résultats moyens déduits d'un grand nombre d'observations," *Recherches statistiques sur la ville de Paris et la département de la Seine*, (1826), ix–xxxv; *Oeuvres*, 2, 523–545.

1826f.* "Mémoire sur la distinction des racines imaginaires, et sur l'application des théorèmes d'analyse algébrique à diverses équations transcendantes, et spécialement à celles qui dépendent de la théorie de la chaleur," *Bulletin des sciences, par la Société Philomathique de Paris*, (1826), 177–180. [Extract from *1827f.*]

1827a.* "Analyse des travaux de l'Académie Royale des Sciences, pendant l'année 1823. Partie mathématique," *Histoire de l'Académie Royale des Sciences*, 6 (1823: publ. 1827), i–lx.

1827b.* "Eloge historique de Sir William Herschel," *Histoire de l'Académie Royale de Sciences*, 6 (1823: publ. 1827), lxi–lxxxi.

1827c.* "Analyse des travaux de l'Académie Royale des Sciences, pendant l'année 1824. Partie mathématique," *Histoire de l'Académie Royale des Sciences*, 7 (1827), i–xci.

1827d.* "Eloge historique de M. Breguet," *Histoire de l'Académie Royale des Sciences*, 7 (1827), xcii–cix.

1827e. "Mémoire sur les températures du globe terrestre et des espaces planétaires," *Mémoires de l'Académie Royale des Sciences*, 7 (1827), 569–604; *Oeuvres*, 2, 95–125. [Virtually the same as *1824a.*]

1827f. "Mémoire sur la distinction des racines imaginaires, et sur l'application des théorèmes d'analyse algébrique aux équations transcendantes qui dépendent de la théorie de la chaleur," *Mémoires de l'Académie Royale des Sciences*, 7 (1827), 605–624; *Oeuvres*, 2, 127–144.

1827g.* "François Viète," *Biographie universelle ancienne et moderne*, 48 (1827, Paris), 444–447.

1827h.* "Jean Wallis," *Biographie universelle ancienne et moderne*, 50 (1827, Paris), 130–134.

1828a. "Recherches expérimentales sur la faculté conductrice des corps minces soumis à l'action de la chaleur; et description d'un nouveau thermomètre de contact," *Annales de chimie et de physique*, 37 (1828), 291–315; *Oeuvres*, 2, 451–472.

1829a.* "Analyse des travaux de l'Académie Royale des Sciences pendant l'année 1825. Partie mathématique," *Histoire de l'Académie Royale des Sciences*, 8 (1829), i–lxxii.

1829b.* "Eloge historique de M. Charles," *Histoire de l'Académie Royale des Sciences*, 8 (1829), lxxiii–lxxxviii.

1829c. "Mémoire sur la théorie analytique de la chaleur," *Mémoires de l'Académie Royale des Sciences*, 8 (1829), 581–622; *Oeuvres*, 2, 145–181.

1829d. "Second mémoire sur les résultats moyens et les erreurs des mesures," *Recherches statistiques sur la ville de Paris et le département de la Seine*, (1829), ix–xlviii; *Oeuvres*, 2, 547–590.

1829e.* [Unsigned annotations to *Histoire Naturelle de Pliny* (20 vols. 1829–1840, Paris): probably to 4 (1829), 191–209.]

1830a.* "Analyse des travaux de l'Académie Royale des Sciences, pendant l'année 1826. Partie mathématique," *Histoire de l'Académie Royale des Sciences*, 9 (1830), i–xcv.

1831a.* *Analyse des équations déterminées. Première partie* (1831, Paris). [Edited for publication by C. L. M. H. Navier.]

1831b.* "Analyse des travaux de l'Académie Royale des Sciences, pendant l'année 1827. Partie mathématique," *Histoire de l'Académie Royale des Sciences*, 10 (1831), i–lxxix [sic: should be lxxxi].

1831c.* "Eloge historique de M. le marquis de Laplace," *Histoire de l'Académie Royale des Sciences*, 10 (1831), lxxxi–cii.

1831d. "Remarques générales sur l'application des principes de l'analyse algébrique aux équations transcendantes," *Mémoires de l'Académie Royale des Sciences*, 10 (1831), 119–146; *Oeuvres*, 2, 183–210.

1833a. "Mémoire d'analyse sur le mouvement de la chaleur dans les fluides," *Mémoires de l'Académie Royale des Sciences*, 12 (1833), 507–530; *Oeuvres*, 2, 593–614.

Translations, reprints, and new publications of Fourier's works.

1821c. "Sul raffreddamento secolare del globo terrestre," *Giornale di fisica, chimica, storia naturale, medecina ed arti*, (2) 4 (1821), 49–59. [Edited Italian translation of *1820a.*]

1836a. Cauchy's *Vorlesungen über die Differential-rechnung, mit Fourier's Auflösungmethode der bestimmtem Gleichungen verbunden* (1836, Brunswick), 251–372. [German translation of *livres* 1 and 2 of *1831a* by C. H. Schnuse, preceded by a translation of A. L. Cauchy's *Leçons sur le calcul différentiel* (1829, Paris).]

1878a. The Analytical Theory of Heat (1878, Cambridge: reprinted 1955, New York). [English translation of *1822a* by A. Freeman, with notes by him and by R. L. Ellis.]

1883a. Théorie analytique de la chaleur (1883, Breslau). [Reprint of *1822a.*]

1884a. Die analytische Theorie der Wärme (1884, Berlin). [German translation of *1822a* by B. Weinstein.]

Oeuvres, 1

1888a. Oeuvres de Fourier. Tome premier (1888, Paris). [New edition of *1822a*, with notes, by G. Darboux.]

1889a. "Une discussion sur la ligne droite par Fourier et Monge," *Mathesis* (Gand), (1) 9 (1889), 139–141. [An edition of *Séances des Ecoles Normales* (second edition), *débats*, 1 (1800), 28–33, with notes by an anonymous editor; compare *1800a.*]

Oeuvres, 2

1890a. Oeuvres de Fourier. Tome second (1890, Paris). [Issue of Fourier's papers, selected and annotated by G. Darboux.]

1902a. Die Auflösung der bestimmten Gleichungen. Ostwald's Klassiker der exacten Wissenschaften, no. 127 (1902, Leipzig). [German translation of *1831a*, with notes, by A. Löwy.]

1904a. "Extraits des notes de voyage de Fourier," *Bibliothèque égyptologique* (ed. G. Maspéro), 6 (1904, Paris), 165–214.

Section 2
Main Sources of Scientific Manuscript.

We indicate only the principal collections of scientific papers, which are all in various Paris libraries. The mass of his prefectural and administrative documents are scattered widely throughout France, many being in the Archives départmentales de l'Isère at Grenoble; and official letters as *secrétaire perpétuel* of the Académie des Sciences in various public collections and learned institutions in France and beyond. We have left the detailed locations of these sources for future work.

Bibliothèque Nationale, Paris: manuscrits fonds français.

Volumes 22501–22529: copyists and holograph. These volumes are listed, with their editor's titles, in *Bibliothèque Nationale: Catalogue général des manuscrits français. Nos. 20065–22884 du fonds français* (1898, Paris), 516–517.

22501. Miscellaneous notes on psychology, logic, music and letters. 84 folios.

22502. Notes and drafts for introduction and *Exposé synoptique* of *1831a*. 181 folios.

22503. Generalized rule of signs; notes and drafts of *livre* 1 of *1831a*. 181 folios.

22504. Versions of *livre* 2 of *1831a*; other notes on approximations to roots. 153 folios.

22505. Continued fractions, including notes of *livre* 3 of *1831a*. 173 folios.

22506. *Equations littérales*; notes for *livre* 4 of *1831a*. 177 folios.

22507. Roots of transcendental functions, and analysis of recurrent series; notes for *livres* 5 and 6 of *1831a*. 194 folios.

22508. Applications of inequalities, for *livre* 7 of *1831a*. 209 folios.

22509. Miscellaneous notes on theory of equations: studies of others' work, etc. 148 folios.

22510. Miscellaneous notes on theory of equations and analysis. 153 folios.

22511. Theory and application of inequalities. 240 folios.

22512. Roots of algebraic equations; complex numbers. 184 folios.

22513. Roots of algebraic equations; scattered notes. 250 folios.

22514. Generalized rule of signs, approximation to roots; inequalities. 137 folios.

22515. Theory of probability; applications to insurance. 175 folios.

22516. Real and imaginary roots of transcendental equations. 229 folios.

22517. Estimation of errors of measurement from series of observations. 228 folios.

22518. Errors of measurement; drafts of papers for reports of the Bureau of Statistics, especially *1826e* and *1829d*. 117 folios.

22519. Principles of geometry; notes on trigonometric series. 73 folios.

22520. Mechanics; principles of dynamics and statics; friction. 135 folios.

22521. Parallel axiom of Euclidean geometry; statics. 264 folios.

22522. Motion of elastic surfaces and lamina. 184 folios.

22523. Terrestrial temperatures; heat distribution in spheres, cylinders and infinite prisms. 251 folios.

22524. Heat diffusion in bodies with a coefficient of conductibility varying with position and/or temperature. 223 folios (including a misnumbering of pages).

1805 draft

22525. Notes on the history of theories of heat; commentaries on Biot and Poisson; corrections to proofs of *1822a*; manuscript of the 1805 draft. 212 folios.

22526. Notes of experiments on cooling bodies. 152 folios.

22527. Experimental notes on thermometers and thermoscopes; letters from Oersted. 126 folios.

22528. Miscellaneous calculations concerning heat diffusion. 213 folios.

22529. Notes on various aspects of heat diffusion; various letters. 153 folios.

There are also various letters to Sophie Germain in volumes 9118 and 4023 (*nouvelles acquisitions*).

Library of the Ecole Nationale des Ponts et Chaussées, Paris.

Leçons d'analyse de l'Ecole Polytechnique. [1795? One set of lecture notes in 24 folios: copyist.] MS 668.

Leçons d'analyse et mécanique professées à l'Ecole Polytechnique. [1794–1796? 8 sets of lecture notes in 386 folios: holograph.] MS 1852.

1807 manuscript

Sur la propagation de la chaleur. [1807. 121 folios, recto and verso: copyists], together with the following three papers:

Convergence

Note sur la convergence de la série $\sin x - \frac{1}{2}\sin 2x + \frac{1}{3}\sin 3x - \frac{1}{4}\sin 4x + \ldots$. [1808? 8 folios: copyists.]

Extrait

Extrait du mémoire sur la chaleur. [1809? 11 folios (incomplete): copyist.]

Notes

Notes jointes à l'extrait du mémoire sur la chaleur. [1809. 10 folios: copyist.]

All as MS 1851.

There are other minor notes in this library.

Bibliography

Library of the Institut de France, Paris: Anciens et nouveaux fonds.

Calcul différentiel et intégral. [1794–1796? 10 sets of lecture notes in 559 folios: holograph.] Volume 2044.

Also a few other small papers, documents and letters. See, for example, pages 12, 14, 24, and 456.

Académie des Sciences, Paris.

Manuscripts of *1824d*, *1826d*, and *1831d*; a small number of letters and documents in the Fourier dossier in the Archives.

Section 3 Principal Writings on Fourier's Life and Work.

We list only works which include detailed or extended sections on his life and/or work, and therefore have omitted works giving only passing reference to Fourier's work, and the articles in encyclopedias, anthologies, and general histories of science and mathematics which are entirely derivative from the works given below.

Arago, D. F. J.
1838a. "Eloge historique de Joseph Fourier," *Mémoires de l'Académie Royale des Sciences*, 14 (1838), lxix–cxxxviii; *Oeuvres* (ed. J. A. Barral), 1, 295–369. [English translation in *Biographies of Distinguished Scientific Men* (1857, London), 242–286; *Annual Reports of the Smithsonian Institution*, (1871: publ. 1873), 137–176.]

Bachelard, G.
1928a. *Etude sur l'évolution d'un problème de physique. La propagation thermique dans les solides* (1928, Paris). [See especially chs. 2–5.]

Bell, E. T.
1937a. *Men of Mathematics* (1937, New York: and various reissues), ch. 12. [Listed here only because of its unfortunately ready availability.]

Bellone, E.
1967a. "Il significato metodologico dell'eliminazione dei modelli del calorico promossa da Joseph Fourier," *Physis*, 7 (1967), 301–310.

Bose, A. C.
1915a. "Fourier, his life and work," *Bulletin of the Calcutta Mathematical Society*, 7 (1915–1916), 33–48.
1917a. "Fourier series and its influence on some of the developments of mathematical analysis," *Bulletin of the Calcutta Mathematical Society*, 9 (1917–1918), 71–84.

Bureau, F.
1953a. "La théorie analytique de la chaleur de J. B. J. Fourier," *Bulletin de la classe des sciences, Académie Royale de Belgique*, (5) 39 (1953), 1116–1127.

Burkhardt, H.
1908a. "Entwicklungen nach oscillierenden Functionen und Integration der Differentialgleichungen der mathematischen Physik," *Jahresbericht der deutschen Mathematiker-Vereinigung*,

10, part 2 (1901–1908). [See especially sects. 7 and 8.]
1914a. "Trigonometrische Reihen und Integrale (bis etwa 1850)," *Encyclopädie der mathematischen Wissenschaften. Analysis*, 2, part 1, section 2 (1904–1916, Leipzig), 825–1354. [See especially chs. 2 and 3.]

Cajori, F.
1911a. "Fourier's improvement of the Newton-Raphson method of approximation anticipated by Mourraille," *Bibliotheca mathematica*, (3) 11 (1911), 132–137.

Challe, A.
1858a. "Lettres de Joseph Fourier," *Bulletin de la Société des sciences historiques et naturelles de l'Yonne*, (1) 12 (1858), 105–134.

Champollion-Figeac, A. L.
1880a. Chroniques dauphinoises et documents inédits relatifs au Dauphiné pendant la Revolution. Les savants du département de l'Isère et la Société des Sciences, les Lettres et des Arts de Grenoble 1794–1810 (1880, Vienne).
1881a. Chroniques dauphinoises et documents inédits relatifs au Dauphiné pendant la Revolution. Seconde partie historique 1794–1810 (1881, Vienne).

Champollion-Figeac, J. J.
1844a. Fourier et Napoléon, l'Egypte et les cents jours (1844, Paris). [Seemingly an amalgamation and extension of *l'Egypte et les cents jours* (1826, Paris) [see Letonnelier *1923a*, 146] and *Napoléon et Fourier* (1831, Paris) [see Unsigned *1858a*].]

Cousin, V.
1831a. Discours prononcés dans la séance publique tenue par l'Académie Française pour la reception de M. Cousin le 5 Mai, 1831 (1831, Paris); *Fragments et souvenirs* (3rd ed.: 1857, Paris), 283–300.
1831b. Notes biographiques pour faire suite à l'éloge de M. Fourier (1831, Paris).
1831c. Note additionnelle à l'éloge de M. Fourier (1831, Paris); *Fragments et souvenirs* (3rd. ed.: 1857, Paris), 301–392 [including *1831b* also].

Daev, V. D. (Даев, В. Д.)
1940a. "Открытие Фуре. К истории тригонометрических рядов," *Известия Воронежского государвственного педагогического Института*, 7(1940), 5–26.

Denjoy, A.
1952a. Inauguration d'un médallion à l'éffigie de Joseph Fourier (1952, Paris); *Institut de France. Académie des Sciences. Notices et discours*, 3 (1957), 420–443.

Duché, E.
1871a. "Joseph Fourier, sa vie et ses travaux," *Bulletin de la Société des sciences historiques et naturelles de l'Yonne*, (2) 5 (1871), 217–262.

Feletz, C. M. D. de
1830a. Funerailles de M. le Baron Fourier, le 18 Mai, 1830 (1830, Paris).

Girard, P. A., Cuvier, G., and Jomard, E. F.
1830a. Discours prononcés aux funérailles de M. le Baron Fourier (1830, Paris).

Grattan-Guinness, I.
1969a. "Joseph Fourier and the revolution in mathematical physics," *Journal of the Institute of Mathematics and its Applications*, 5 (1969), 230–253.
1970a. The Development of the Foundations of Mathematical Analysis from Euler to Riemann (1970, Cambridge, Mass.). [See especially chs. 1, 2 and 5.]
1970b. "Joseph Fourier's anticipation of linear programming," *Operational research quarterly*, 21 (1970).
1970c. "Bolzano, Cauchy and the 'new analysis' of the early nineteenth century," *Archive for history of exact sciences*, 6 (1970), 372–400. [See parts 6 and 7.]

Herivel, J.
1968a. "Joseph Fourier," *Endeavour*, 27 (1968), 65–67.

Procès-Verbaux

Institut de France
Procès-Verbaux des séances de l'Académie [des Sciences] tenues depuis la fondation jusqu'au mois d'août, 1835 (10 vols: 1910–1922, Hendaye). [Scattered references to Fourier's activities in the Académie des Sciences, mainly in vols. 7–9.]

Jourdain, P. E. B.
1913a. "Note on Fourier's influence on the conceptions of mathematics," *Proceedings of the 5th International Congress of Mathematics*, 2 (1913, Cambridge), 526–527.
1913b. "The origin of Cauchy's conceptions of a definite integral and of the continuity of a function," *Isis*, 1 (1913), 661–703. [See especially arts. 6–10.]
1914a. "The theories of irrational numbers, . . . ," *Journal of the Indian Mathematical Society*, 6 (1914), 162–175, 203–215. [See especially art. 3.]
1917a. "The influence of Fourier's theory of the conduction of heat on the development of pure mathematics," *Scientia*, 22 (1917), 245–254.

Langer, R.
1947a. "Fourier Series, the genesis and evolution of a theory," *American Mathematical Monthly*, 54 (1947), supplement. [See especially pp. 30–45.]

Letonnelier, G.
1921a. "Un prêtre égyptien à la bibliothèque de Grenoble," *Petite revue des bibliophiles dauphinois*, (2) 1 (1921), 198–204.
1923a. "Le préfet Fourier," *Bulletin de l'Académie Delphinale*, (5) 13 (1922: publ. 1923), 131–147.
1932a. "La correspondance du préfet Fourier relative aux frères Champollion," *Bulletin de l'Académie Delphinale*, (6) 3 (1932: publ. 1933), xl–xli.

Marie, M.
1887a. Histoire des sciences mathématiques et physiques, 11 (1887, Paris), 11–42.

Mauger, G. G.
1837a. "Joseph Fourier," *Annuaire statistique de l'Yonne*, (1837), 270–276.

Modin, A. A. (Модин, А. А.)
1960a. "К истории тригономет рического рядов (по второй половины XIX веке)," *Ученые записки педагогического института, Ярославль*, 34 (1960), part 2 (Математика), 155–171. [See especially pp. 160–163.]

Paplauskas, A. B. (Паплаускас, А. Б.)
1961a. "О развитии теории тригонометрического рядов в начале XIX веке," *Труды института истории естествознания и техники*, 43 (1961), 206–263. [See especially pp. 212–226 and 243–263.]
1966a. Тригонотетрические ряды от Эйлера до Лебега (1966, Moscow). [See especially chs. 2–4.]

Parisot, V.
1856a. "Fourier," *Biographie universelle ancienne et moderne*, 14(1856, Paris), 525–534.

Ravetz, J. R.
1959a. "Joseph Fourier and the nineteenth century revolution in mathematical physics," *Actes du IXe Congrès International d'Histoire des Sciences* (1959, Barcelona and Madrid), 574–578.
1960a. "Preliminary notes on the study of J. B. J. Fourier," *Archives internationales d'histoire des sciences*, (1960), 247–251.

Ravetz, J. R., and Grattan-Guinness, I.
Fourier. "Fourier," *Dictionary of Scientific Biography* [forthcoming].

Sologub, V. S.(Сологуб, В. С.)
1967a. "Крайові звгачі теорії теплопровігности в роботах Фуре," *Нариси з исторії техники і природознавства*, 9 (1967), 41–56.

Unsigned
1822a. "Fourier," *Biographie nouvelle des contemporains*, 7 (1822, Paris), 266–267.
1834a. "Fourier," *Biographie universelle et portative des contemporains*, 2 (1834, Paris), 1729–1732.
1849a. "Séance extraordinaire du 4 Mai. Présidence de M. Gallois," *Bulletin de la Société des sciences historiques et naturelles de l'Yonne*, (1) 3 (1849), 119–131.
1857a. "Fourier," *Nouvelle biographie générale*, 18(1857, Paris), cols. 345–348.
1858a. [Notice of letters from Fourier to Bonard, and a brochure by J. J. Champollion-Figeac called *Napoléon et Fourier* (1831, Paris).] *Bulletin de la Société des sciences historiques et naturelles de l'Yonne*, (1) 12 (1858), 11.

Vernotte, P.
1968a. Jean Joseph Fourier, novateur extraordinaire (1968, unpublished).

Vielh de Boisjolin, C. A.
1830a. [Attributed: notice of Fourier's funeral service.] *Journal des savans*, (1830), 311–314.

Vleck, E. B. van
1914a. "The influence of Fourier's series upon the development of mathematics," *Science*, 39 (1914), 113–124.

Plate 1 Engraving by Dutertre of Fourier, about 1800 (see page 15). In the possession of the Chateau de Versailles.

Although the artistic value of this drawing is slight, it is the only other known surviving portrait of Fourier in addition to the well-known plate 4.

Plate 2

Bas-relief of Fourier delivering the *éloge* of Kléber in Egypt in 1800 (see page 15). This is one of the two surviving bas-reliefs of the bronze statue to Fourier in Auxerre described on page 489, and is mounted on the walls of the Town Hall. Fourier is the standing figure in the center of the design.

Plate 3

Bas-relief of Fourier inspecting the marshes at Bourgoin during the 1800s (see pages 19–20). This is the other surviving bas-relief from the Auxerre statue described on page 489, and is also mounted on the walls of the Town Hall. Fourier is the central figure standing in front of the tree and pointing into the distance.

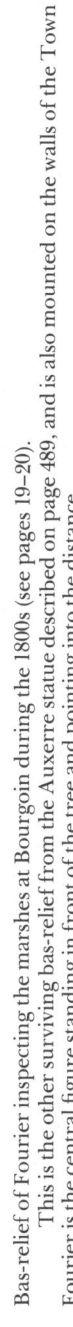

Plate 4

Engraving by Boilly of Fourier, 1823. In the possession of the Académie des Sciences, Paris.
    This is the well-known portrait of Fourier: for a similar study, perhaps also by Boilly, see Fourier's *Oeuvres*, 2, frontispiece. We have not located this portrait, and do not know if it still exists.

Name Index

Names preceded by an asterisk appear also in the Subject Index.

Abel, N. H., 240, 459, 471, 488
Adam, C., 9
Alembert, J. le R. d', 243–245, 249, 251, 253, 450
Arago, D. F. J., 1, 455–457, 480
Argand, A., 425
Artois, Comte d'. *See* Charles X
Auxerre, Bishop of, 1

Bachelard, G., 460, 467
Baring, T., 444
Berlioz, H., 17
Bernkopf, M., 190
Bernoulli, D., 170, 185, 245, 246, 249, 250, 451
Berthollet, C. L., 4, 14, 16, 21, 445
Bertrand, A., 458
*Bessel, F. W., 376
Biermann, K.-R., 474
*Biot, J. B., 83–85, 87, 107, 109, 111, 182, 186, 282, 389, 390, 442, 444
Bôcher, M., 487
Boisjolin, C. A. Viehl de. *See* Viehl de Boisjolin
Boislaurent, F. F. D. Budan de, 479, 485, 486
Bonaparte, J., 443
Bonaparte, N., 14, 16, 18, 21, 240, 443, 444, 450, 453–455
Bonard, 2, 4, 8, 16
Brunot, A., xi
Brush, S. G., 477
Burkhardt, H., 460, 467

Cajori, F., 109, 483
Cardon-Michiels, A., 451, 452
Carnot, L., 455, 456, 462, 477
Carnot, N. L. S., 477
Cauchy, A. L., 458–464, 467, 470, 471, 479
Chabrol de Volvic, Comte de. *See* Volvic
Challe, A., 2, 4, 8, 16, 21
Champollion-Figeac, A. L., 17–23, 443, 444, 455
Champollion-Figeac, J. F., 17, 24, 444, 458, 490
Champollion-Figeac, J. J., 1, 15–17, 20, 21, 24, 443, 444, 452–456, 458, 486, 488, 490
Charles X, King of France, 454
Charles-Roux, F., 15
Comte, A., 478
Corancez, L. A. O. de, 16
Cousin, J. A. J., 2, 132
Cousin, V., 1, 2, 15, 16, 455–457, 488
Crosland, M. P., 5, 85, 445, 457

Daev, V. D., 190
Darboux, G., xi, xv, 75, 190, 354, 406, 460, 480, 481, 484
Delambre, J. B. J., 24, 25, 31, 33, 450, 453, 457, 458
de la Salette, J., 17, 20
Denjoy, A., 489
*Descartes, R., 9
Didot, F., 26
Dirichlet, J. G. P. Lejeune-, 471, 473, 474, 487
Dubouchage, Vicomte, 456
Duché, E., 1, 2, 4, 8, 21, 455, 456, 489

Eneström, G., 241
Euler, L., 9, 38, 75, 132, 162–165, 169, 170, 183, 191, 192, 206, 222, 233, 244–247, 249, 251, 253, 299, 376

Faugeras, J., xi
Fayet, J., 5
Feletz, C. M. D. de, 490
Ferrusac, Baron de, 459
Firmin Didot. *See* Didot
Fourcy, A., 4, 5, 16
Fourier, C., 455
*Fourier, J. B. J., passim
Fox, R., 477
Francoeur, L., 470

Galois, E., 458, 459, 488
Gauss, C. F., 485
Gentilly, G. de, 488
Geoffroy-Saint-Hilaire, E., 15
Gerdil, P., 247
Gergonne, J. D., 487
Germain, S., 465, 487, 488
Girard, P. A., 490
Grattan-Guinness, I., 85, 170, 173, 191–193, 243, 450, 460, 461, 471, 485
Gruson, J. P., 241
Gua de Malves, J. de. *See* Malves
Guerillot, U., 240

Hamy, E. J., 15
Harriot, T., 9
Haüy, R. J., 452
Heine, E., 376
Herschel, J. F. W., 465
Hugo, V., 455
Humboldt, A. von, 476
Hurwitz, A., 241

Jacobi, C. G. J., 459
Jomard, E. F., 22
Jourdain, P. E. B., 173, 190

Kelvin, Baron, 305
Kléber, J. B., 14, 15, 489

Lacroix, S. F., 23, 24, 33, 132, 191, 240, 446, 452, 457, 488
Lagrange, J. L., 3, 5, 8, 24, 25, 33, 169, 171, 172, 182, 192, 240, 242, 247–49, 253, 445, 450, 452, 453, 461–463, 470, 471, 479
Lancret, M. A., 22, 23
Langer, R. E., 190, 191
*Laplace, P. S., 3, 4, 8, 24, 33, 83, 84, 107, 240, 253, 380, 444–452, 457, 458, 462, 463, 465, 470, 476, 486
Latham, M. L., 9
Lavoisier, A. L. de, 83
*Legendre, A. M., 1, 2, 240, 380, 451, 457, 459, 461, 462, 479
Leibniz, G. W., 161, 171, 241
Lejeune-Dirichlet, J. G. P. See Dirichlet
Lepasquier, A. A., 17, 26, 454
Letonnelier, G., 18, 19, 21, 23, 453, 455, 486
Lie, S., 459
Liouville, J., 487
Loria, G., 487
Lorin, T. Q., 490
Louis XVIII, King of France, 456

Malus, E. L., 452
Malves, J. de Gua de, 9, 339
Mauger, G. G., 1
Mendoza, E., 477
Menou, J. F. A., 14, 15
Middleton, W. E. K., 440
Moitton, Mme, 1
Monge, G., 2–5, 7, 14, 16, 21, 22, 24, 33, 110, 133, 452, 456, 462, 490
Moreau, J., 489
Mourâd, Bey, 15
Mourraille, J. R., 483

Napoleon Bonaparte. See Bonaparte, N.
Navier, C. L. M. H., ix, x, 26, 465, 480, 481, 486–488
Newton, Sir I., vii, 9, 92, 183, 273, 274

Oersted, H. C., 476, 477
Olson, R. G., 83
Ore, O., 459
Ourmes, J. J. R. des, 458

Paplauskas, A. B., 190
Parisot, V., 1, 458, 488
*Parseval, M. A., 239–241, 488
Pellarin, C., 455
Pinet, G., 4
Piola, G., 190
Pius VII, Pope, 18, 19, 443
Pliny, 458

Poinsot, L., 480
*Poisson, S. D., 24, 107, 182, 241, 302–304, 331, 442, 443, 445–447, 450, 451, 458, 460–471, 474, 475, 478, 479, 484
Poussin, C. J. de la Vallée, 241
Prevost, P., 23
Pringsheim, A., 235
Prony, G. C. F. Riche de, 8
Prouhet, E., 487

Ravetz, J. R., xi, 193, 476
Raynaud, A., 17
Riche de Prony, G. C. F. See Prony
Richmann, G. W., 324
Robespierre, M., 3, 5
Rousseau, M. F., 15
Ruffner, J. A., 83, 274
Runge, C., 480

Saint-Just, L. A. L. de, 3
Scott, W. S., 477
Séalt, R. de, 17
Segner, J. A. von, 9, 10
Simon, H., 443
Sitty-Nefiçah (wife of Bey Mourâd), 15
Smith, D. E., 9, 376
Stieltjes, T. J. van, 190
Stupuy, H., 465
*Sturm, J., 480, 487
Sylow, L., 459

Tannery, P., 9
Taton, R., xi, 5, 23, 134, 458
Thomson, W. See Kelvin, Baron
Truesdell, C. A., 38, 132, 376

Vallée Poussin, C. J., de la. See Poussin
Vernotte, P., 489
Veygoux, L. C. A. D. de, 15
Viehl de Boisjolin, C. A., 490
Viète, F., 458
Vleck, E. B. van, 190
Volvic, Comte de Chabrol de, 456, 488

*Wallis, J., 458
Wangerin, A., 376
Watson, G. W., 376
Weierstrass, K., 173
Whiteside, D. T., xi
Williams, L. P., 5

Yushkevich, A. P., 192

Zoubov, V. P., 325

Subject Index

Topics which receive substantial treatment in the book have been used as main entries, even if normally they would appear as subentries for some more general heading. Thus the various types of body (disjoint masses, annulus, lamina, and so on) which Fourier submitted to detailed analysis are used as main entries; "Heat diffusion" covers only fundamental principles, the general types of equation, physical aspects and constants, and experiments. Further, the purely mathematical investigations are entered under appropriate mathematical headings, with a substantial amount of subentry structure under "Equations," "Fourier series," and "Functions." The heading "Fourier" mainly covers only details of his career, chief publications, and manuscripts (as documents).

The titles of journals are listed wherever possible as subentries of their sponsoring institutions, and theorems under the name of the person after whom they have become known. References to the texts of Fourier's manuscripts are in italics; all other references are in roman. If a topic carries over from text to commentary (or vice versa) the collective reference is telescoped. Thus, for example, "72–74, *74–78*" becomes "72–*78*"; and an additional citation "*78*–80" would condense this further to "72–80".

Throughout, references are located as precisely as possible; thus the great majority are to be found in subentries to main headings, which themselves are used only to locate correspondingly general passages in the book.

I. Grattan-Guinness

Académie de Médecine (Paris), 486
Académie des Sciences (Paris), xi, 2, 31, 240, 455–459, 462–463, 465, 469, 479–481, 485–486, 488, 490–491, 496. *See also* Fourier, as *secrétaire perpétuel;* Institut de France
   Archives of, 26, 241, 452, 457, 488, 498
   Mémoires of, ix, 9, 457
Académie Française (Paris), 486
Aix-les-Bains, 453
Annales de chimie . . . , 460, 467
Annales de mathématiques . . . , 487
Annulus, heat diffusion in, 28, *33–34*, 82, 254, 280, *288*, *429*, 466. *See also* Fourier series, full
   equation for, 112–*116*, 254, *256–259*
   experiments on, 112, 303, 421–422, *424–431*, *433–434*, 443. *See also* Heat diffusion, experiments in
   general solution for, 254, *259–260*, *264–265*, *267*, *272*, *281–286*, *288*–289, 306, 332
   miscellaneous deductions for, 255, *272–280*
   particular solutions for, 112, *116–119*, 254–255, *257–260*, *269–272*
Archaeology, 17, 20
Arcueil, 445, 476. *See also* Société d'Arcueil
Argand lamp, 421, *425–428*
Astronomy, 376, 380, 444
Athenée des Arts (Paris), 486
Auxerre, 1–4, 8, 488–490

Bar, heat diffusion in, 83, 87, 109–112, 389–390, 487
   Biot's work on, 83–85, 107, *186*, 282, 389–390, 442
   equations for, 84-87, *100–102*, 109, 111
   miscellaneous deductions for, 87, *103–107*, 112
   solutions for, 87, *102–103*, 108, 474
Bergues, 451
Berlin Academy, 9, 241
Bessel function, 375–378, 442. *See also* Cylinder
   equation for, 332–*335*, *338*, *341–342*, *346–347*, *349–352*, *354–359*, *364–365*,

Bessel function *(continued)*
    367–368, 378
    expansion of a function in a series of, 344, *361–369*, 375–376
    integral form of, 342–343, *347–354*, *360*, *369*
    power series form of, 332, *335–338*, *341*–343, *346–349*, *352–354*, *359–361*, *370–371*, 375
    reality of roots of, *354–355*, *370–371*, 375
Bessel's inequality, 376
Bibliothèque Nationale (Paris), x–xi, 14, 26, 82, 496
Biographie Universelle, 458
Boundary conditions *or* values, 131–133, 181, 243–244, 289, 343
Bourgoin, 19, 454–455, 489
Briançon, 19
Bulletin universel... (Ferrusac), 459

Cairo, 14–15, 489
Calvados, 426
Chateau de Beauregard (Pariset), 22, 443
Collège de Montaigu (Paris), 1
Comité de Surveillance (Auxerre), 2–3
Complex variables, 181–182, 446, 461. *See also* Equations, roots (real and complex) of polynomial
Conductivity. *See* Heat diffusion, external/internal
Convergence. *See* Fourier series/Series, convergence of
Cube, heat diffusion in, 406–407, 419, 442
    comparison between sphere and, 407, *416*–419, 421–422, *438–440*, 442–443
    equation for, 112, *124–126*, 407–*408*, *412–413*
    experiments on, 421–422, *438–440*. *See also* Heat diffusion, experiments in
    general solution for, 407, *410–414*, 419. *See also* Fourier series, double *or* multiple
    miscellaneous deductions for, 407, *414*
    particular solution for, 407–*408*, *410*
    surface condition for, 407–*410*, *412–414*
Cylinder, heat diffusion in, 127, 331, 376–378, 389, 399, 442
    equation for, 112, *121–122*, *127–128*, 332, *334–336*, *359*, *372*, 469
    general solution for, 333, *336–337*, 342–343, 345, *360–361*, *369*, *371*. *See also* Bessel function
    miscellaneous deductions for, 345, *370–371*, *373–375*
    particular solution for, 332, *334–335*
    surface condition for, 332, *335–338*, *357*, *359–360*, *371*

Density, 109, 111, *113–114*, *121*, 123, *126*, 306, *323–324*
Descartes's rule of signs, 2, 8–12, 82. *See also* Equations
    Fourier's generalization of, 13–14, 82, 333–334, *339–340*, 478–481, 483, 485
    Fourier's proof of, 10–13, 478–479, 485
    Sturm's generalization of, 480
Differential operators. *See* Partial differential equations, solutions of
Differentials, 109–110, 112, *166–167*, *261*
Diffusion equation. *See* Heat diffusion, internal, equation of
Disjoint masses, heat diffusion between, ix, 36, 89, *182–183*. *See also* n-body analysis *or* model
    in a circle,
        equation for, 37, *55–57*
        miscellaneous deductions for, 38, *77–81*
        solution for, 37, *57–66*, *75–77*, 81, 281–282, *284*, 289
    in a line, 85
        equations for, 36–37, *39–41*, *43–45*
        miscellaneous deductions for, *52–54*
        solutions for, 37–38, *41–42*, *45–52*, 81, 282, *284*, 289
    limiting case of continuous body for, *54–55*, 81–82, 133, 282–*288*, 419

Subject Index

Divergence. *See* Fourier series/Series, divergence of

Ecole Centrale des Travaux Publics (Paris), 4. *See also* Ecole Polytechnique
Ecole Nationale des Ponts et Chaussées (Paris), library of, ix, xi, 6, 9, 26, 240, 497
Ecole Normale (Paris), 3–4, 22, 486, 490
    Séances of, 4
Ecole Polytechnique (Paris), 4–6, 8–9, 13, 16–17, 82, 85, 170, 445, 456, 462, 478, 486
    Journal of, 8, 22, 466, 471
Eglise St. Jacques de Haut Pas (Paris), 490
Egypt, 14–16, 21, 23, 82, 444–445, 454, 458, 486, 488, 491
Egyptian campaign, 14–16, 444, 456. *See also* Institut d'Egypte
    Courier de l'Egypte of, 15, 22
    Description de l'Egypte of, 22–23, 443–444, 458, 488
    expedition to Upper Egypt of, 15–16, 22
Egyptology, 17, 23, 443–444, 490
Eigenvalues, 37
Elastic bodies *or* surfaces, 23, *186*, 450–451, 463–465
Elba, 453
Equations
    algebraic, *46*, 82, *300–302*, *339*
    approximation to roots of, 14, 82, 291, *295–298*, 481–483, 485
    resolution of, 82, 458
    roots (real and complex) of polynomial, 9–14, *46*, *48*, 82, 182, *426–427*, 481, 484–485. *See also* Descartes's rule of signs
    theory of, 2, 5–6, 8, 15–16, 22, 82, 458, 478
    transcendental, 24, 288, 290, *293–295*, 298, 305, *308*, *310*, *312–315*, 332, *336–337*, *340*, 343, *357–360*, *366*, *371*, *373*, *379*, 389, *392*, *395*, *397–398*, *400–402*, *404–405*, *407*, *409–410*, *413*, *415*–420, 442, 483. *See also* Heat diffusion, external, equation of
    continued fraction form of, 343, *358–360*, *366*, *368*
    reality of roots of, 290–291, 294–305, *308*, *312*, 331, 333–334, *336*, 343, *356–357*, *370–374*, 390, *392–393*, *399*, *405*, *409–411*, *417*, *442*, 463, 468–470, 475, 484. *See also* Bessel function, reality of roots of
Experiments, 21, 445. *See also* Heat diffusion, experiments in

Fourier
    correspondence of, 2–4, 8, 16, 20, 22–23, 25, 107, 253, 445, 453, 465, 479
    death *or* funeral of, 480, 488–490
    diplomatic *or* political affairs of, 1–5, 15, 18–19, 443, 453–456
    edition of works (*Oeuvres*) of, ix, xii, 460, 481, 484, 491
    education of, 1–4, 22
    1805 draft by, xi–xii, 28, 36, 81, 85–86, 109–110, 131, 133, 145–147, 174, 182–187, 192
    1807 manuscript by, vii–xii, 10, 16–17, 22, 24–28, 31, 36, 81, 86–87, 89, 107, 110, 130–131, 133, 147, 171, 173–174, 182, 186–187, 238, 247, 253, 291, 307, 331, 376, 423, 441–443, 445–446, 450–451, 457–458, 460–462, 466–467, 471, 475–477, 479, 482, 484
    controversy over, 24–25, 169–172, 182, 242, 249, 253, 298–299, 444–446, 450–453, 462, 477. *See also* rivalries concerning
    editing of, xi, 26–28
    illustrated pages of, 30, 32, 88, 136, 179, 266, 372, 382, 432
    1808 and 1809 papers by, ix–x, xii, 4–26, 81, 107, 130, 144, 169–172, 236, 253, 280, 298–299, 331, 406, 419, 440, 444–445, 450, 466, 477
    1811 paper by, viii–ix, xii, 25–28, 36, 103, 107, 147, 152, 156, 173, 233, 235, 241, 253, 260, 274, 278, 283, 291, 322, 327, 331, 339, 351, 355, 369, 384, 405–406, 423, 425, 427, 429, 435–436, 449–453, 457–458, 460–462, 465–468, 476
    1822 book (*Théorie*) by, ix, xii, 26–28, 36, 103, 107, 147, 152, 156, 173, 181–

Fourier (*continued*)
  182, 233, 235, 238, 241, 253, 260, 274, 278, 280, 283, 291, 322, 327, 331, 339, 351, 355, 369, 379, 398, 405–406, 423, 450, 453, 457, 460, 464–468, 470–471, 473, 475–476
    1816 summary paper of, 241, 460, 462, 467, 475
    1831 book (*Analyse . . .*) by, 478, 480–486, 488
    friendships of, 16, 455–456, 458, 474, 486–487. See also Laplace, correspondence *or* relations with Fourier of
    health of, 21, 487–488
    honors of, 18, 443, 452, 455–456
    manuscripts of, ix–x, 5, 10, 26, 85, 451–452, 457, 466, 478, 480–481, 488, 496–498
    miscellaneous researches of, 8, 15–16, 22–23. See also Descartes's rule of signs; Egyptology; Linear programming; Statistics
    philosophical views of, 85, 172–173, 477–478
    portraits and other representations of, 15, 21, 488–489, plates 1–4
    prefecture of Isère of, 16–21, 23, 147, 443, 453–455. See also Grenoble; Isère
    prefecture of Rhône of, 455–456
    relatives of, 21
    rivalries concerning, 24, 35, 87, 107, 182, 302, 445, 460, 462–464, 470–471, 475, 479–480. See also Parisian science, rivalries in
    salary and other earnings of, 21, 423, 443, 452, 455–456
    as *secrétaire perpétuel*, 14, 457–459, 470, 479–480, 484, 488, 496
    teaching of, 2, 4–13, 16, 170, 456, 486
Fourier integral, viii, 447–450, 457, 461, 464–465, 469, 471, 487
  theorem, 449, 461–462, 471–472
Fourier series, viii, 24, 170, 187, 190, 243, 245, 248–249, 376, 462, 464, 468, 470–471, 473, 478. See also Functions, trigonometric
  coefficients of, *138*, 174, 190, 193, 211, *213–215*, 225, 233, 241, 245, 249–*250*, 252, 406, 419. See also Integral, as an area
    calculation of, *35*, 133, *139–140*, 193–194, 236–*238*, 441
      by elimination *or* infinite matrices, 146–*156*, *185*, 187–190, *194–205*, *208–213*, *216*, *238*, 281, 305, 342. See also Infinite matrices
      by term-by-term integration, 182, *185*, 191–192, *216–218*, *223–224*, *237*–239, 254, *260–263*, 281, *288*, 305, *309 313*, 342, *353*, 390, *394–396*, 407, 411, 442, 448. See also Functions, trigonometric, completeness *or* orthogonality of
  convergence of, 24, 31, 146, *158–159*, 161, *166*–173, *219*, *237*, 249
    general proofs of, 376, 470–474
  cosine, *133*, *139–140*, 146–*148*, *156–159*, *161–169*, 171–172, *184*, 187, 191–*194*, *207*, *223–229*, *232–234*, *237*, 239, 255, *269*, 281, *348*, *353*, 449
  development of, by direct methods, 146–147, *159–165*, 170–171, *287–288*
  divergence of, 147
  double *or* multiple, 192, *236*, 389, *393*, 405, 442, 470. See also Cube/Rectangular prism, general solution for
  finite, 37, *66*, *72–74*, *159–169*, 171, 192, *211*, 218, 239, 248, 471–472
  full, 82, 253–254, *259–260*, *264*, *267–270*, 280, *287–288*, 472–473
  generality of, *182–183*, *185*, 187, 191, *194*, *214–217*, 225, *250–253*, *263*, 452
  nonharmonic, *288*, 290, 305, *309–311*, 332, 344, 389–390, *393–397*, *411*, 442, 469, 482. See also Equations, transcendental; Sphere, general solution for
  representability of a function by a, 146–147, *157–159*, 165, *169*–172, *183–185*, 192–193, *218–223*, *226–227*, *229–232*, *234–235*, 245–249, *252–253*, *271*, 280–281, 420, 441
  sine, 147–*148*, *162–165*, *169*, 172, *184–185*, 187, 189, *194–195*, *206–223*, 225, 227, *230–232*, *234–235*, *237–238*, 245, *250–251*, 255, *271*, 281, 449, 468
  term-by-term differentiation *or* integration of given, 46, *160*, *162*, *164*, 172, *179*, *207*, 239–240
French Revolution, 1, 5, 450
Friction, 23, *433*

Subject Index

Functions
   algebraic theory of, 192, 244–246, 441
   Bessel. *See* Bessel function
   contiguous, 193
   continuous, 81, 193, 473
   with corners ("discontinuous"), 193, 244–247, 473
   differentiable ("continuous"), 192–193, 244, 246–247
   discontinuous, 133, *183–185*, 193, 236, 473
   even, 280–281
   finite-valued, 193
   maxima and minima of, 8, 473
   monotonic, 473
   odd, 245, 280–281
   periodic, 243–246, 474. *See also* trigonometric
   single-valued, 193, 472
   transcendental, 376–377, 459. *See also* Bessel function; Legendre polynomials
   trigonometric, *67–73*, *184*, 187–188, 191, *203*, *221–222*, *228*, 290, *300*, 302, *347–349*, *353*, 378, 442, 468, 472, 474, 479. *See also* Fourier series
      completeness *or* orthogonality of, 238, 241, 344, 379
      periodicity of, 245–247, 249, 420
      which are zero over part of the interval, *229–234*, 246–247, *251*, *263*, *270*

Geometry, 3, 5, 9, 22, 484
Golfe Juan, 454
Grenoble, 16–23, 26, 36, 85, 443, 445, 453–456, 486, 488, 491, 496

Heat, nature of, 84, 107, 144–145, 470, 476–478. *See also* Fourier/Laplace, philosophical views of
Heat diffusion, vii–ix, 10, 23–24, 28, *35*, 83–86, *89*, *186*, 441, 445, 450–451, 460, 463, 466, 471, 478, 483. *See also* Specific heat
   experiments in, 28, 83, 85, *90*, *92–93*, *99*, *104*, 112, *273*, *317–318*, *374*, 407, 420, *423–424*, 440, 443, 457, 467, 476–477. *See also* Annulus/Cube/Sphere/ Thermometers, experiments on
      comparison with theory and, 35, *93*, *99–100*, 111–112, *186*, *327–328*, *421–423*, *426–431*, *433–437*, 440
      errors in, *427–428*, *437*, *439–440*
   external *or* surface, 24, 83, 108, 111–112, *120*, *122*, *124*, *126*, 181, *186*, 254, 283, 289, 298, 302, 389, *403–404*, 420, *438*, 441–442, 467
      coefficient of ("h"), 83–87, *91–94*, *99*, *101*, *103–106*, 111, *113*, *120*, *124*, *126*, 131,*183*, *256*, 283, 290, 306, *314–325*, *335*, 345, *360*, *370*, *373–374*, *392*, *398*, 475
      equation of, 111, 298, 442, 452, 467–468, 470. *See also* Equations, transcendental
   history of, 83, 460, 474–475
   inhomogeneous, 467–468, 475, 487
   internal, 83, 108, 111, 283, 289, 291, *403*, *423*, *438*, 441–442, 467
      coefficient of ("K"), 36, *40–43*, 76, 83–87, *94–95*, *98–99*, *101*, *103–105*, *107*, 111, *113–114*, *119–121*, *123–124*, *126*, *134*, *176*, *183*, 255, *272–273*, *282–285*, *287*, 290, *292–293*, 306, *317*, *335*, *369*, *371*, *374*, *392*, *398*, 468, 475
      equation of ("diffusion equation"), 83–87, *100*, 110–111, *126–127*, *130–131*, *135*, 181–*183*, 291, 442, 452, 464, 467–468, 470. *See also* Partial differential equations
         homogeneity of, 84–87, 107, 282, 478
         linearity of, 132, 145
         solutions of, 133, 171–173, *194*, *423*, 441–442, 446–449, 457, 464–465. *See also* Fourier integral/series; Laplace, solution to diffusion equation of
   physical aspects of, 24, 86, *93*, *185*, 398, 406, *437–438*, 445, 449, 457, 460, 466, 476. *See also* Temperature, terrestrial
   Poisson's work on, 24, 107, 302, 446–447, 466–470, 478
   principles of, *33–36*, *39–40*, *80–81*, 86, *89–92*, *99–100*, *140–141*, 174, 282, *423*. *See also* Newton's law of cooling

Subject Index

Heat diffusion *(continued)*
  uniformity of, *94–98*, 107–108, 130, *180*
Hilbert spaces, 238

Infinite bodies, heat diffusion in, 390, *404–405*, 419–420, 442, 449, 464
Infinite matrices, 189–191, 238, 344, 441. *See also* Fourier series, coefficients of, calculation of
Infinitesimals, *40*, *55*, *57*, 85, *101–102*, *113–114*, *119*, *121*, *175*, *182–183*, 247, *262*, *272*, *285*, *384*, *387*, 448
Institut d'Egypte (Cairo), 14–16, 22. *See also* Egyptian campaign
  La Décade Egyptienne of, 15
Institut de France (Paris), vii–ix, 14, 24, 26–27, 84, 144, 169–170, 236, 240, 253, 280, 331, 376, 406, 419, 440, 444, 446, 450–453, 456–457, 461–462, 466, 477, 479. *See also* Académie des Sciences
  library of, 6, 12, 14, 24, 172, 456, 498
  Mémoires of, 27, 450
  Mémoires présentés par divers savans of, 240, 452, *479*
Institut Fourier (Grenoble), 489
Integral, *183*, 248, *253*, 461. *See also* Fourier integral; Fourier series, coefficients of
  as an area, 191–192, *213–215*, 218, 225, 241, *250*, *263*, *311*, 471–472
  as the limit of a sum, 192, *285*, 448–449
Integration, 192, 441
  by parts, 146–147, *161*, *166*, 171, *212*, *226*, *234*, *268*, *313*, 344, *363–364*
  term-by-term. *See* Fourier series/Series, term-by-term differentiation *or* integration of
Isère, 16–19, 21, 451, 453–455. *See also* Fourier, prefecture of Isère of; Grenoble
  Annales du département . . . of, 18

Jardin des Plantes (Paris), 3
Journal de physique, 467
Journal des mathématiques . . . , 487
Journal des savans, 490

La Côté St. André, 17
Lamina, heat diffusion in, 110, *169*, 173–174, 187, 289, 390, 441–442
  equation for, 131, *134–135*, *141*, *193*
  general solution for, 132–133, *137–139*, *141–144*, *147*, 290. *See also* Fourier series
  particular solutions for, *140–143*, 174–182, 446
Laplace
  correspondence *or* relations with Fourier of, 107, 253, 444–446, 450–452, 476, 486. *See also* Parisian science, rivalries in
  manuscripts of, 450, 476
  philosophical views of, 84, 107, 470, 478, 486
  solution to diffusion equation of, 446–447, 449, 464, 467, 470. *See also* Heat diffusion, internal, equation of
  teaching of, 4, 486
Legendre polynomials, 379–380, 469–470, 475. *See also* Sphere, heat diffusion in, cylindrically symmetrical case of
Linear programming, 484–485
Lyons, 19, 454–455, 491

Marengo, 15
Mechanics, 8, 15–16, 23, 133, 145, 243, 476, 485. *See also* Virtual work
Minister *or* Ministry of the Interior, 18–20, 22–23, 443–444, 453, 455
Montargis, 2

n-body analysis *or* model, 23, 38, 81, 83, 85, 132–133, 182, 211, 238, 247–248, 281–283, *286*, 419–420, 441, 466, 476. *See also* Disjoint masses

Newton's law of cooling, 83, *92*, *183*, *273–274*, 422, 442, 477. *See also* Heat diffusion, principles of
Notations, 27, 37, 47, 109–110, *119–126*, 137, 163, 211, 241, 284, 345, 362, 368, 371, 384, 462
Numbers, theory of, 471

Ordinary differential equations, 9, 132, *160*, *162–164*, 189, *211*, *318–319*, *324*, 333, 378, 465. *See also* Bessel function, equation for; Partial differential equations

Paris, 3, 8, 19, 24, 26, 240, 443–445, 451–452, 454–459, 463, 467, 486–487, 490, 496
Parisian science, 5, 107, 240, 444–446, 456–460, 462–463, 476
   rivalries in, 380, 450–453, 457, 460–467, 470, 475. *See also* Fourier, rivalries concerning
Parseval's formula, 239–241, 376
Partial differential equations, vii, *186*, 229, 283, *286–287*, 441. *See also* Heat diffusion, internal, equation for; Ordinary differential equations
   solutions of, viii, *132–133*, 145, 180–*183*, 190, *194*, 248–249, *252*, 446, 475, 487
     integral, 449, 461–462, 464. *See also* Fourier integral; Laplace, solution to diffusion equation of
     by operator calculus, 464–465
     by separation of variables, vii, 131–133, 245, 249, 332, 378, 380, 389, *412*. *See also* Superposition of solutions
   series. *See* Fourier series
Physical constants, 476. *See also* Density; Specific heat
Pinerolo, 19
Positivism, 478. *See also* Fourier, philosophical views of
Prism. *See* Bar; Rectangular prism
Probability, 484, 486

Rational mechanics. *See* Mechanics
Rectangular prism, heat diffusion in, 407, 442
   equation for, 112, *122–124*, 309, 389, *391*, *396*, 398
   general solution for, 389–390, *393*. *See also* Fourier series, double *or* multiple
   miscellaneous deductions for, 390, *398–406*
   particular solution for, 391
   surface condition for, 389, *391–392*, *396*
Rhône, 455
Rigor, 190–191, 452
Rome, 443
Rosières-aux-Salines, 240
Royal Society (London), 486

St. Benoît-sur-Loire, 2
St. Florentin, 3
St. Père Lachaise (Paris), 490
Seine, 456
   Bureau of Statistics of department of, 456, 486
Separation of variables. *See* Partial differential equations, solutions of
Series, 248. *See also* Fourier series
   convergence of, 170–171, 173, 190, 210, 235, *300*, 471
   divergence of, 171, 192, 333, 471
   recurrent, *47*, *58–59*, *61*, *67*, *71–72*, *82*, *118*, *426*, 484
   term-by-term differentiation *or* integration of, 190, *211*, 240, 303, 344–345, *362*, *366*, *368*
Société d'Arcueil, 445, 450, 452, 457
Société des Sciences . . . (Grenoble), 20
Société Philomathique (Paris), 463
   (*Nouveau*) *Bulletin* of, 442, 445, 463–464, 470

Subject Index

Société Populaire (Auxerre), 2
Sound, *185–186*, 243, 446
Specific heat, 36, 83, 86, *89–90*, *99*, 109, 111, *113–114*, *120–121*, *126*, 130, 306, *316–317*, *323–324*. *See also* Heat diffusion, external/internal, coefficient of
Sphere, heat diffusion in, 28, *34–35*, 127, 289, *434*, 441–442, 475
   comparison between cube and, 407, *416*–419, 421–422, *438–440*, 442–443
   cylindrically symmetric case of, 331, 378–*381*, *383–388*, 450, 457, 475. *See also* Legendre polynomials
   equation for, 112, *119–120*, *128–129*, 289, *291–298*, 302, 305, 332, 469, 475
   experiments on, 306–307, 421–422, *434*–440. *See also* Heat diffusion, experiments in
   general solution for, 289–290, 299, 304–305, *309*, *311–312*, 377, 470. *See also* Fourier series, nonharmonic
   miscellaneous deductions for, 306–307, *312*, *314–320*, *322*, *325*–331
   particular solutions for, *291–292*, *307–308*, *312–314*
   surface condition for, 289–291, *293*, 312
Statics. *See* Mechanics
Statistics, 15, 20, 485–486
Superposition of solutions, 132, 144–145, 245, 252, 279–280, 286–287, *309*, *410*, 441
Surface diffusion. *See* Heat diffusion, external *or* surface

Taylor's theorem, 7, 13, 187–190, *194*, *208–209*, 247, 249, *353*, 447, 467
Temperature
   definition of, *89–90*, 476
   gradient, 87, *99*, *101*–102, 107–108, 130, 174, *287*, 290, 442
   terrestrial, 24, 449, 457, 476
Thermometers, *116*, 306–307, *318–325*, 421–*429*, *433*–440
   calibration of, 83, 440, 477
   experiments on, *320–322*
Toulon, 16
Trigonometric series. *See* Fourier series
Turin, 19

Vibrating string problem, 75, 172, 182–183, 185, 242–253, 290, 446, 475. *See also* Wave equation
Virtual work, principle of, 8, 22, 249. *See also* Mechanics

Wallis's formula, 146, *152–153*, *156*
Waterloo, 455
Water waves, 461, 464
Wave equation, 240, 243, 251. *See also* Vibrating string problem
   functional solution of, 243–245, 247–249, 253, 446, 450
   series solution of, 245, 247–*251*, 253, 450–451, 473

Yonne, 1